FOM-Edition

FOM Hochschule für Oekonomie & Management

Thomas Christiaans • Matthias Ross

Wirtschaftsmathematik für das Bachelor-Studium

Lehr- und Arbeitsbuch

Springer Gabler

FOM Hochschule

Prof. Dr. Thomas Christiaans
Siegen, Deutschland

Prof. Dr. Matthias Ross
Hamburg, Deutschland

Dieses Werk erscheint in der FOM-Edition, herausgegeben von FOM Hochschule für Oekonomie & Management.

ISBN 978-3-658-02171-9
ISBN 978-3-658-02172-6 (eBook)
DOI 10.1007/978-3-658-02172-6

Die Deutsche Nationalbibliothek verzeichnet diese Publikation in der Deutschen Nationalbibliografie; detaillierte bibliografische Daten sind im Internet über http://dnb.d-nb.de abrufbar.

Springer Gabler

Lektorat: Angela Pfeiffer

Gedruckt auf säurefreiem und chlorfrei gebleichtem Papier

Springer Gabler ist eine Marke von Springer DE.
Springer DE ist Teil der Fachverlagsgruppe Springer Science+Business Media.
www.springer-gabler.de

Vorwort

Dieses Lehrbuch richtet sich an Studierende der wirtschaftswissenschaftlichen Studiengänge an Universitäten und (Fach-)Hochschulen. Es beinhaltet die mathematischen Grundlagen, die an fast allen wirtschaftswissenschaftlichen Fachbereichen gelehrt werden. Darüber hinaus werden Bezüge zu vielen betriebs- und volkswirtschaftlichen Fragestellungen hergestellt, die eine direkte Anwendung der vermittelten Methoden auf die jeweiligen wirtschaftlichen Aspekte ermöglichen.

Viele Studierende der Wirtschaftswissenschaften empfinden die Mathematik als schwierig und können gerade zu Beginn des Studiums gar nicht absehen, warum sie erforderlich ist. In weiten Teilen dieses Buches ziehen wir deshalb anschauliche ökonomische Fragestellungen als Motivation für das Erlernen entsprechender mathematischer Techniken heran, die dann an konkreten wirtschaftswissenschaftlichen Aufgaben erprobt werden. Beispielhaft seien hier die Zins-, Tilgungs- und Rentenrechnung, festverzinsliche Wertpapiere, die Produktionsplanung, die Kostenminimierung und die Gewinnmaximierung genannt.

Die Abschnitte sind mehrheitlich an einer ökonomischen Fragestellung aufgehängt und stellen anschließend die passende mathematische Methodik vor, die dann anhand von weiteren Beispielen in der Breite veranschaulicht wird. Die jeweils folgenden Übungsaufgaben orientieren sich zuerst direkt an den Beispielen und nehmen dann langsam an Komplexität zu. Die einfachen Aufgaben tragen zu einer Verinnerlichung der Methodik bei und die schwierigeren Aufgaben vermitteln die eigenständige Nutzung der verschiedenen Techniken für neue Fragestellungen. Damit der eigene Kenntnisstand unmittelbar überprüft werden kann, haben wir die teilweise ausführlichen Lösungen fortlaufend in den Text integriert. Da wir der festen Überzeugung sind, dass ein eigenständiges Verständnis der mathematischen Methoden nur durch die Anwendung möglich ist, stellen die rund 800 Übungsaufgaben einen zentralen Aspekt dieses Lehrbuchs dar.

Gerade in den fortgeschrittenen Abschnitten verwenden wir vornehmlich Beispiele und Übungsaufgaben, die eher einfach zu berechnen sind. Wir glauben, dass Einsteiger so besser ein Verständnis des Stoffes erreichen können, als wenn sie durch unnötig schwierige Berechnungen den Überblick über den Kern der Argumentation verlieren. Insgesamt konzentrieren wir uns auf die für die Wirtschaftswissenschaften relevanten Themen. So ersetzen wir zum Beispiel die Theorie der Grenzwerte, die von vielen Studierenden als äußerst schwierig angesehen wird und die kaum direkte ökonomische Anwendungen hat, durch Plausibilitätsargumente. Trigonometrische Funktionen, mit denen der typische Studierende allenfalls einmal am Rande konfrontiert wird, wenn er einen fortgeschrittenen Kurs über Konjunkturtheorie besucht, werden gar nicht behandelt. Der Schwerpunkt des Buches liegt nicht auf einer mathematisch exakten Darstellung nach dem Muster *Annahmen – Satz – Beweis*, sondern auf einer Vermittlung der für die wirtschaftswissenschaftlichen Anwendungen zentralen Methoden (ohne dabei übermäßig zu vereinfachen).

Für viele Studierende liegt die Schulmathematik aufgrund einer Ausbildung oder Berufstätigkeit bereits mehrere Jahre zurück. Dieses Lehrbuch enthält daher relativ viel Schulmathematik und beginnt mit einem Grundlagen-Kapitel, mit dem die grundlegenden schulischen Rechentechniken wiederholt und eingeübt werden können. Entsprechend vorgebildete Studierende können dieses Kapitel auch gerne überspringen oder nur Teilbereiche nacharbeiten.

Wir sind der Meinung, dass es trotz einer teils vereinfachten Darstellung sinnvoll und möglich ist, die zentralen mathematischen Methoden für Wirtschaftswissenschaftler abzudecken.

Das Buch enthält einige mit einem Stern gekennzeichnete Abschnitte, die fortgeschrittenere Themen behandeln, und ein Ergänzungskapitel, in dem Bereiche wie die Integralrechnung und die Wahrscheinlichkeitsrechnung kurz dargestellt werden, die zwar in Einführungsvorlesungen oft nicht oder erst später im Rahmen der Statistik behandelt werden, aber trotzdem für Studierende höherer Semester wichtig sind. Schließlich geben wir Ausblicke auf eine fortgeschrittene Darstellung in kleingedruckten Anmerkungen. Am Ende jedes Kapitels finden sich einige wenige, kommentierte Literaturhinweise, die denjenigen Lesern, die sich weitergehend mit mathematischen Methoden beschäftigen möchten, Anregungen geben. Die zitierte Literatur ist dabei so ausgewählt, dass sie mit dem Vorwissen aus dem vorliegenden Buch zu bewältigen ist. Sie stellt nur eine kleine, subjektive Auswahl ohne jegliche Wertung in Bezug auf nicht zitierte Literatur dar, weil wir es nicht für sinnvoll halten, Einsteiger mit zu vielen Hinweisen zu konfrontieren.

Die folgende Übersicht zeigt, dass die einzelnen Kapitel weitgehend unabhängig voneinander gelesen werden können. Das Kapitel 1 enthält grundlegende Rechentechniken. Lediglich die Kapitel 4, 5 und 6 (Funktionen einer und mehrerer Variablen) bauen naturgemäß aufeinander auf. Bei den Funktionen mehrerer Variablen wird an einigen Stellen die lineare Algebra aus dem Kapitel 3 benötigt, der Abschnitt über die Integralechung im Ergänzungskapitel 7 setzt die Kenntnis der Differentialrechnung aus dem Kapitel 5 voraus.

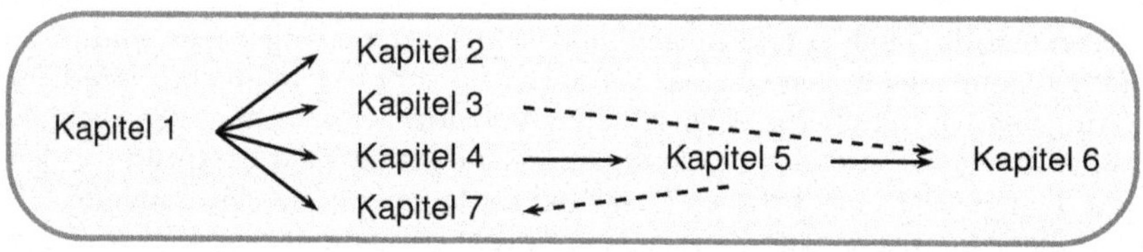

Unsere Kollegen Torsten Finke, Matthias Gehrke, Gerd von Harten, Bianca Krol, Karsten Lübke, Nils Mahnke, Eva Schwarzenberg und Klemens Waldhör haben Teile des Buches gelesen und uns wertvolle Hinweise zur Verbesserung gegeben. Die Leiter der Module mit mathematischen Inhalten an der FOM Hochschule, Torsten Finke, Matthias Gehrke und Michael Göke, haben uns bei der Abstimmung des Stoffes auf die Lehrinhalte an der FOM Hochschule unterstützt. Ihnen allen gilt unser herzlicher Dank. Wären wir allen Hinweisen gefolgt, hätten wir sicher ein zu umfangreiches Lehrbuch geschrieben. Schließlich möchten wir dem Prorektor für Forschung der FOM Hochschule, Thomas Heupel, und dem Springer Gabler-Verlag für die Aufnahme des Buches in die Reihe FOM-Edition danken.

Trotz aller Sorgfalt sind wir nicht so vermessen zu glauben, dass das Buch aus dem Stand heraus fehlerfrei ist. Wir bitten daher jeden, der (auch kleinere) Fehler, Unklarheiten oder andere Unzulänglichkeiten findet, sie uns mitzuteilen (`lehrbuch.mathematik@fom.de`).

Siegen und Hamburg

Thomas Christiaans
Matthias Ross

Inhalt

Symbole

Allgemeine Hinweise

Diese Liste enthält nur die häufig verwendeten Symbole. In der Mengenlehre werden Großbuchstaben generell für Mengen, Kleinbuchstaben für Elemente verwendet. Analoges gilt in der Wahrscheinlichkeitsrechung für Ereignisse und Ergebnisse sowie in der Matrizenrechnung für Matrizen und Vektoren. Funktionen werden allgemein als $y = f(x)$ geschrieben, in Anwendungen jedoch mit aussagekräftigeren Symbolen. In einer Nachfragefunktion steht etwa x für die Menge und p für den Preis. Statt $x = f(p)$ schreiben wir dann $x = x(p)$.

Vergleichssymbole

$=$	gleich	$\geqq$	größer oder gleich
$\approx$	ungefähr gleich	$<$	kleiner
$\neq$	ungleich	$\leqq$	kleiner oder gleich
$>$	größer		

Häufig verwendete griechische Buchstaben

α	alpha	π	pi
β	beta	Π	Pi
γ	gamma	ρ	rho
δ	delta	σ	sigma
Δ	Delta	Σ	Sigma
ϵ, ε	epsilon	ϕ	phi
η	eta	Φ	Phi
λ	lambda	ω	omega
μ	mü	Ω	Omega
ν	nü		

Mengen und Logik

(a, b)	offenes Intervall von a bis b	$\cup$	Vereinigungsmenge
$[a, b]$	abgeschlossenes Intervall	$\setminus$	Differenz von Mengen
$(a, b]$	halboffenes Intervall	$\bar{A}$	Komplement der Menge A
$[a, b)$	halboffenes Intervall	$\emptyset$	leere Menge
$\{a, b\}$	Menge mit den Elementen a und b	$\in$	Element von
		$\wedge$	logisches „und"
N	Menge der natürlichen Zahlen	$\vee$	logisches „oder"
		$\bar{p}$	Negation von p
N_0	natürliche Zahlen einschließlich 0	$\rightarrow$	Konditional
		$\leftrightarrow$	Bikonditional
R	Menge der reellen Zahlen	$\Rightarrow$	Implikation
R^2	reelle Zahlenebene	$\Leftrightarrow$	Äquivalenz
Z	Menge der ganzen Zahlen	$\forall$	für alle
$\subset$	Teilmenge	$\exists$	es gibt
$\cap$	Schnittmenge		

Finanzmathematik

A	Annuität	$q = 1 + i$	Aufzinsungsfaktor
i	Zinssatz	r	nachschüssige Rentenrate
i_{nom}	Nominalzinssatz	r'	vorschüssige Rentenrate
i_{eff}	Effektivzinssatz	R_0, R_n	Bar- und Endwert nachschüssige Rente
i'	konformer Periodenzinssatz		
K_0	Startkapital	R'_0, R'_n	Bar- und Endwert vorschüssige Rente
K_t	Kapital zum Zeitpunkt t		
K_n	Endkapital	S	Kreditbetrag
n	Laufzeit	Z	Zinsen

Lineare Algebra

A	Matrix	x	Spaltenvektor
A^T	transponierte Matrix	x^T	Zeilenvektor
A^{-1}	inverse Matrix	$x^T y$	Skalarprodukt zweier Vektoren
$\det(A)$	Determinante der Matrix A		
$\|A\|$	Determinante der Matrix A	$x \cdot y$	Skalarprodukt zweier Vektoren
$\text{Rg}(A)$	Rang der Matrix A		
E	Einheitsmatrix	$\sum$	Summenzeichen

Funktionen

D	Definitionsbereich	$\Delta y, \Delta x$	Änderungen
e	$= 2{,}71828\ldots$ Eulersche Zahl	$f(x_1, x_2)$	Funktion f von x_1 und x_2
$\lim$	Grenzwert	$f_{x_1}(x_1, x_2)$	partielle Ableitung nach x_1
$\ln$	natürlicher Logarithmus	$\frac{\partial y}{\partial x_1}$	partielle Ableitung nach x_1
$f(x)$	Funktion f von x		
$f'(x)$	erste Ableitung	dy, dx_1, dx_2	Differentiale
$\frac{dy}{dx}$	erste Ableitung	$\int$	Integral
		η, ε	Elastizität
dy, dx	Differentiale	∞	unendlich

Wahrscheinlichkeitsrechnung

A	Ereignis	$E(X)$	Erwartungswert von X
$P(A)$	Wahrscheinlichkeit von A	$\mu(X)$	Erwartungswert von X
$P(A\|B)$	bedingte Wahrscheinlichkeit	$\text{Var}(X)$	Varianz von X
$n!$	Fakultät	$\sigma^2(X)$	Varianz von X
$\binom{n}{k}$	Binomialkoeffizient	$X \sim B(n;p)$	X ist binomialverteilt
X	Zufallsvariable	$X \sim N(0;1)$	X ist standardnormalverteilt
$P(X \leqq x)$	Wahrscheinlichkeit, dass X kleiner oder gleich x ist	$\Phi(x)$	Verteilungsfunktion der Standardnormalverteilung

1 Grundlagen

1.1 Zahlenmengen, Intervalle und Symbole

Das Rechnen mit Zahlen ist die verbreitetste Nutzung der Mathematik. Die meisten Menschen rechnen quasi automatisch bei fast allen Geldgeschäften, beim Zählen von Teilen und Stücken, beim Messen von Entfernungen oder Geschwindigkeiten. In diesem Kapitel werden keine ökonomischen Anwendungen dargestellt, sondern nur Grundlagen, die in den späteren Abschnitten, aber auch in vielen Bereichen der Wirtschaftswissenschaften ihre Anwendung ohne weitere Erklärungen finden. Hierzu gehören die Bruchrechnung, Potenzen, Logarithmen, das Umformen von Termen und das Auflösen von Gleichungen sowie das Summenzeichen. Sollten Sie dieses Schulwissen bereits ausreichend beherrschen, dann können Sie dieses Kapitel gerne überspringen oder sich nur diejenigen Unterabschnitte herausgreifen, die Ihnen noch Schwierigkeiten bereiten. Überprüfen Sie Ihr Wissen einfach, indem Sie einige der Übungsaufgaben lösen, die am Ende jedes Unterabschnitts angeboten werden.

Mengen

Eine **Menge** ist eine Zusammenstellung von unterschiedlichen Elementen. Mengen werden meistens durch geschweifte Klammern beschrieben. Mit $A = \{1;2;3\}$ wird beispielsweise eine Menge beschrieben, die als Elemente die Zahlen 1, 2 und 3 enthält. Entweder gehört ein Element zu einer bestimmten Menge oder nicht:

$$a \in A : a \text{ ist Element von } A$$

$$a \notin A : a \text{ ist nicht Element von } A$$

Eine Menge, die kein Element enthält, heißt **leere Menge** und wird mit $\emptyset$ oder $\{\}$ bezeichnet. Sind A und B Mengen, so heißt A eine **Teilmenge** von B, kurz $A \subset B$, wenn jedes Element von A auch Element von B ist.

Beispiele

- $A = \{1;2;3\}$, dann ist $2 \in A$, aber $4 \notin A$.
- Mit $A = \{1;2;3\}$ und $B = \{1;2;3;4\}$, gilt $A \subset B$.
- $A = \{a \mid a^2 = 1\} = \{-1;1\}$. Die Menge A besteht aus denjenigen Elementen a, für die gilt, dass a^2 gleich eins ist. Das Symbol | bedeutet damit „für die gilt:".
- $A = \{1;1;1;2;3\}$ ist keine Menge, da nicht alle Elemente unterscheidbar sind.
- $A = \{\text{alle Einwohner von Deutschland}\}$ ist eine Menge.

Zahlenmengen

Die Zahlenmengen sind die am häufigsten verwendeten Mengen, da sie Grundlage nahezu aller Berechnungen sind. Die **natürlichen Zahlen** sind alle positiven ganzen Zahlen:

$$N = \{1,2,3,\ldots\}$$

Wird N um die 0 erweitert, erhalten wir die **erweiterten natürlichen Zahlen**

$$N_0 = \{0, 1, 2, 3, \ldots\} = N \cup \{0\},$$

wobei $\cup$ „Vereinigung" heißt und hier bedeutet, dass die Menge N mit der Menge, die nur die 0 enthält, zu einer neuen Menge zusammengefasst wird. Die erweiterten natürlichen Zahlen N_0 zuzüglich der negativen ganzen Zahlen sind die **ganzen Zahlen**:

$$Z = \{\ldots, -2, -1, 0, 1, 2, \ldots\}$$

Alle Zahlen, die sich als Quotient (Bruch) zweier ganzer Zahlen darstellen lassen, heißen **rationale Zahlen**:

$$Q = \left\{ x \;\middle|\; x = \frac{p}{q}; p, q \in Z; q \neq 0 \right\}$$

Jede rationale Zahl kann als endliche oder periodische Dezimalzahl dargestellt werden, zum Beispiel $2/5 = 0{,}4$ oder $1/3 = 0{,}\bar{3}$. Wird Q noch um die **irrationalen Zahlen**, das sind die unendlichen und nicht periodischen Dezimalzahlen wie zum Beispiel $\pi = 3{,}14159265\ldots$ oder $\sqrt{2} = 1{,}41421356\ldots$ ergänzt, haben wir die **reellen Zahlen**:

$$R = \{x \mid x \text{ ist rational oder irrational}\}$$

Wenn Sie sich einen Zahlenstrahl vorstellen, der geometrisch die Zahlen zwischen minus unendlich ($-\infty$) und unendlich (∞) repräsentiert, so gibt es auf diesem Strahl Punkte, denen keine rationale Zahl entspricht. Dagegen können Sie jedem Punkt eindeutig eine reelle Zahl zuordnen. Die reellen Zahlen sind also in dem Sinne vollständig, dass sie einen Zahlenstrahl lückenlos ausfüllen. Für die Zahlenmengen gilt: $N \subset N_0 \subset Z \subset Q \subset R$.

Häufig werden Teilmengen der reellen Zahlen benötigt, zum Beispiel:

- Reelle Zahlen ohne 0: $R \setminus \{0\}$, wobei das Symbol $\setminus$ für „ohne" steht, das heißt, $R \setminus \{0\}$ wird gelesen als „R ohne 0".
- Nichtnegative reelle Zahlen: $R_+ = \{x \in R \mid x \geqq 0\}$
- Positive reelle Zahlen: $R_{++} = \{x \in R \mid x > 0\}$
- Nichtpositive reelle Zahlen: $R_- = \{x \in R \mid x \leqq 0\}$
- Negative reelle Zahlen: $R_{--} = \{x \in R \mid x < 0\}$

Eingehender werden Mengen im Abschnitt 7.2 behandelt.

Intervalle

Innerhalb der Menge der reellen Zahlen R werden Teilbereiche, zum Beispiel alle Zahlen zwischen -10 und 20, als **Intervalle** dargestellt:

- (a, b) ist das **offene Intervall** zwischen a und b ohne die Zahlen a und b selber, zum Beispiel $(-10, 20) = \{x \in R \mid -10 < x < 20\}$.
- $[a, b]$ ist das **abgeschlossene Intervall** zwischen a und b einschließlich der Grenzen a und b, zum Beispiel $[-10, 20] = \{x \in R \mid -10 \leqq x \leqq 20\}$.
- $(a, b]$ ist das **halboffene Intervall** zwischen a und b ohne a, aber einschließlich b, zum Beispiel $(-10, 20] = \{x \in R \mid -10 < x \leqq 20\}$.
- $[a, b)$ ist analog das **halboffene Intervall** zwischen a und b ohne b, aber einschließlich a.

Runden

Aus Gründen der Übersichtlichkeit werden Zahlen mit vielen oder sogar unendlich vielen Stellen nach dem Komma häufig durch eine verringerte Anzahl an Stellen dargestellt. Diese Verringerung der Stellenanzahl wird **Runden** genannt. Die auch in diesem Lehrbuch verwendete und gängige Methode des **kaufmännischen Rundens** funktioniert folgendermaßen:

- Wenn die erste durch Rundung wegfallende Ziffer eine 0, 1, 2, 3 oder 4 ist, verbleibt die Ziffer an der letzten nicht gerundeten Stelle unverändert.
- Wenn die erste durch Rundung wegfallende Ziffer eine 5, 6, 7, 8 oder 9 ist, wird die Ziffer der letzten nicht gerundeten Stelle um eins erhöht. Falls diese Ziffer eine 9 ist, wird auf 0 gerundet und die vorletzte nicht gerundete Stelle um eins erhöht.
- Wenn nicht anders gefordert, wird in der Regel auf zwei Stellen nach dem Komma gerundet. Allerdings gibt es Anwendungen, bei denen das zu ungenau ist. Wenn Sie zum Beispiel den Prozentsatz $5,09\%$ als gerundeten Dezimalbruch $0,05$ darstellen, wird das in der Regel nicht ausreichend genau sein. In solchen Fällen sollten vier Nachkommastellen angegeben werden, also 0,0509.

Beispiele

- Wird die Zahl 3,4951 auf eine Dezimalstelle gerundet, ergibt sich 3,5, bei zwei Dezimalstellen 3,50 und bei drei Dezimalstellen 3,495.
- Wird die Zahl 2,7549 auf eine Dezimalstelle gerundet, ergibt sich 2,8, bei zwei Dezimalstellen 2,75 und bei drei Dezimalstellen 2,755.

Aufgaben

1.1 Ordnen Sie den folgenden Zahlen die entsprechenden Zahlenmengen N, N_0, Z, Q und R zu:
(a) 1; (b) 3,2; (c) -11; (d) $\sqrt{10}$; (e) $\frac{1}{3}$; (f) 0.

1.2 Runden Sie die nachfolgenden Zahlen auf keine, eine, zwei und drei Nachkommastellen:
(a) 7,3456; (b) 2,3952; (c) $-9,9549$.

Lösungen

1.1 (a) $1 \in N, N_0, Z, Q, R$; (b) $3{,}2 \in Q, R$; (c) $-11 \in Z, Q, R$; (d) $\sqrt{10} \in R$; (e) $\frac{1}{3} \in Q, R$; (f) $0 \in N_0, Z, Q, R$.

1.2 (a) 7; 7,3; 7,35; 7,346; (b)2; 2,4; 2,40; 2,395; (c) -10; $-10{,}0$; $-9{,}95$; $-9{,}955$.

1.2 Grundrechenarten und Klammern

Als **Grundrechenarten** bezeichnet man die Addition $(+)$ und Multiplikation $(\cdot)$ sowie deren jeweilige Umkehrungen, die Subtraktion $(-)$ und Division $(\div, :,$ oder $/)$. Grundsätzlich wird von links nach rechts gerechnet, wobei diese Reihenfolge aber durch weitere Konventionen verändert werden kann. Durch Klammern umschlossene Ausdrücke werden vorrangig, und falls mehrere Klammerausdrücke ineinander verschachtelt sind, von innen nach außen berechnet. Anschließend werden Potenzen, Wurzeln und Ausdrücke auf oder unter Brüchen berechnet. Schließlich werden Produkte und Quotienten als umklammert angesehen (**Punktrechnung vor Strichrechnung**). Zuletzt werden Addition und Subtraktion durchgeführt.

Werden zwei negative Ausdrücke multipliziert oder dividiert, ergibt sich ein positives Vorzeichen, welches zur Vereinfachung fast immer weggelassen wird. Ein negatives Vorzeichen vor einer Klammer bedeutet entsprechend, dass der gesamte Klammerausdruck sein Vorzeichen ändert oder dass der gesamte Klammerausdruck mit -1 multipliziert wird. Letztlich hat sich als Vereinfachung auch durchgesetzt, dass der Punkt, der die Multiplikation beschreibt, immer dann fortgelassen wird, wenn sich hieraus keine veränderte Interpretation ergibt. Statt $4 \cdot x \cdot y$ wird einfach $4xy$ geschrieben.

Beispiele

- $2+3\cdot 4 = 2+12 = 14$
- $3+(-9) = 3-9 = -6$
- $4-(2-1) = 4-2+1 = 3$
- $25-2(3\cdot 4) = 25-2\cdot 12 = 1$
- $(-4)(-5) = 20$

Bei der Addition und der Multiplikation ist die Reihenfolge, mit der die Berechnungen durchgeführt werden, aufgrund des **Kommutativgesetzes** ($a+b=b+a$ und $a\cdot b = b\cdot a$ für alle reellen Zahlen) und des **Assoziativgesetzes** [$(a+b)+c = a+(b+c)$ und $(a\cdot b)\cdot c = a\cdot(b\cdot c)$] egal. Das **Distributivgesetz** [$a\cdot(b+c) = a\cdot b + a\cdot c$] erleichtert das Ausmultiplizieren von Klammerausdrücken und ist beim sogenannten Ausklammern hilfreich.

Beispiele

- $x+4-(4-x) = x+4-4+x = 2x$
- $4(3x+1) = 12x+4$
- $-3(-2+3x) = 6-9x$
- $(12xy-6y) = 6y(2x-1)$
- $(4+x)(5+x) = 20+4x+5x+x^2 = 20+9x+x^2$
- $(4+x)(5+y) = 20+4y+5x+xy$

Die Ausdrücke x und y stehen in diesen Beispielen für sogenannte **Variablen**, für die beliebige reelle Zahlen eingesetzt werden können. x^2 ist ein Abkürzung für $x\cdot x$. Dagegen sind **Konstanten** feste Zahlen.

Aufgaben

1.3 Vereinfachen und berechnen Sie:

(a) $4+(-2)-3(2-(4-8)\div 2)+9$; (b) $4-2(-3(5-4)-4(-1))$;

(c) $(4-2((3^2-5^2)-4)-43)$; (d) $4-12/(2+4)8+8\div 2+7$;

(e) $x+2x-3(x-3x)-x(-2+9)-2(-x)$; (f) $(x+y)(x+y)$;

(g) $6x-4y-4xy+2x(-3+2y)-y(x-4)$; (h) $(x-y)(x-y)$;

(i) $(s+t)(s+t)+(s-t)(s-t)+2(s+t)(s-t)$; (j) $(x+y)(x-y)$;

(k) $(2s-3t)(3s-2t)-6(s-t)(s+t)-12t(t-s)+st$;

(l) $4(2x-5y)-(6x+(3x-2y)-(5x+3y)-(-x+6y))-(3x-9y)$.

Lösungen

1.3 (a) -1; (b) 2; (c) 1; (d) -1; (e) $4x$; (f) $x^2+2xy+y^2$; (g) $-xy$; (h) $x^2-2xy+y^2$; (i) $4s^2$; (j) x^2-y^2; (k) 0; (l) 0.

1.3 Bruchrechnung

Immer wenn eine Zahl a durch eine Zahl b, die nicht 0 sein darf, geteilt wird, spricht man von einem **Quotienten**, für den es auch eine andere Darstellungsmöglichkeit gibt, nämlich den **Bruch**:

$$a\div b=a:b=a/b=\frac{a}{b}$$

Der Term auf dem Bruchstrich wird als **Zähler** bezeichnet, der Term unter dem Bruchstrich als **Nenner**.

Für Brüche gelten neben den bereits bekannten einige zusätzliche Rechenregeln, die es ermöglichen, mit den Ergebnissen innerhalb der Bruchrechnung zu verbleiben. Bei Berechnungen mit Zahlen kann dann häufig auf Taschenrechner oder andere Hilfsmittel verzichtet werden. Weiterhin ermöglicht die Bruchrechnung Berechnungen mit Variablen, Platzhaltern oder Buchstaben.

Erweitern eines Bruchs

Multipliziert man den Zähler und den Nenner eines Bruchs mit der gleichen Zahl $c\neq 0$, dieser Vorgang wird **Erweiterung** genannt, dann ändert sich der Wert des Bruchs nicht:

$$\frac{a}{b}=\frac{a\cdot c}{b\cdot c}$$

Kürzen eines Bruchs

Natürlich gilt diese Gleichheit auch rückwärts. Wenn im Zähler und Nenner jeweils ein Produkt mit teilweise gleichen Faktoren steht, können wir diejenigen Faktoren, die identisch sind, jeweils paarweise weglassen. Dieser Vorgang wird auch **Kürzen** genannt. Da Brüche, die aus kleineren Zahlen bestehen, eleganter und für die meisten Menschen besser verständlich sind, wird mittels Kürzen häufig versucht, die kleinstmöglichen ganzen Zahlen in Zähler und Nenner zu verwenden.

Sehr hilfreich für das Kürzen ist, die Ausdrücke in Zähler und Nenner jeweils in ihre **Primfaktoren** aufzuteilen, das sind die kleinstmöglichen ganzen Zahlen außer eins, die als Produkt jeweils den Ausdruck ergeben. Gleiche Primfaktoren können bequem paarweise im Zähler und Nenner einfach weggelassen werden.

Beispiele

- $\frac{12}{8} = \frac{2 \cdot 2 \cdot 3}{2 \cdot 2 \cdot 2} = \frac{3}{2}$
- $\frac{105}{21} = \frac{3 \cdot 5 \cdot 7}{3 \cdot 7} = \frac{5}{1} = 5$

Dezimalzahlen und Brüche

Brüche können in Dezimalzahlen umgewandelt werden. Die erste Stelle vor dem Komma einer Dezimalzahl beschreibt die Anzahl der Einer, die zweite die Anzahl der Zehner, die dritte die Anzahl der Hunderter usw. Hinter dem Komma beschreibt die erste Stelle die Zehntel, die zweite die Hundertstel usw. Die Zahl 0,125 bedeutet deshalb 1 Zehntel und 2 Hundertstel und 5 Tausendstel, was zusammen gleich 125 Tausendstel oder $\frac{125}{1.000}$ ist.

Um Brüche in Dezimalzahlen umzuwandeln, werden die Brüche so lange erweitert, bis im Nenner eine Zehnerpotenz steht $(1, 10, 100, \ldots)$. Anschließend kann die Dezimalzahl direkt aus dem Zählerwert abgelesen werden, wobei nur noch das Komma an die richtige Stelle gesetzt werden muss. Lautet der Bruch auf Zehntel, wird das Komma um eine Stelle nach links verschoben, bei Hundertstel zwei Stellen usw. Aus zum Beispiel 1/8 wird damit:

$$\frac{1}{8} = \frac{125}{1.000} = 0{,}125$$

Manche Brüche, zum Beispiel 1/3, lassen sich nicht auf eine Zehnerpotenz im Nenner erweitern. Die Regelmäßigkeit in der Ziffernfolge, die während solcher Suche nach immer höheren Zehnerpotenzen entsteht, wird auch als **Periodizität** bezeichnet. Die sich wiederholende Sequenz wird mit einem Balken über den jeweiligen Ziffern dargestellt. Diese Sequenz lässt sich am einfachsten herausfinden, wenn man die schriftliche Division anwendet. Für das Beispiel 1/3 erkennt man, dass immer wieder ein Rest von 1 verbleibt, der unendlich oft zu einer weiteren 3 als Nachkommastelle führt:

$$\begin{array}{lcl} 1 \div 3 & = & 0{,}33\ldots = 0{,}\bar{3} \quad \text{(gelesen: „0 Komma Periode 3")} \\ \underline{0} & & \\ 10 & & \\ \underline{9} & & \\ 10 & & \\ \underline{9} & & \\ \ldots & & \end{array}$$

Aufgaben

1.4 Kürzen Sie die folgenden Brüche weitestmöglich, und stellen Sie das Ergebnis als Dezimalzahl dar:

(a) $\frac{12}{16}$; (b) $\frac{18}{12}$; (c) $\frac{110}{330}$; (d) $\frac{90}{100}$; (e) $\frac{-210}{315}$; (f) $\frac{-55}{-11}$;

(g) $\frac{28}{42}$; (h) $\frac{xy}{(2x-x)y}$; (i) $\frac{12x-24y}{4x-8y}$; (j) $\frac{4y-4z}{2y-2z}$; (k) $\frac{20xy}{5y\cdot 4x}$; (l) $\frac{3x\cdot 4y}{4x\cdot 3y}$.

Lösungen

1.4 (a) $\frac{2\cdot2\cdot3}{2\cdot2\cdot2\cdot2}=\frac{3}{4}=0{,}75$; (b) $\frac{2\cdot3\cdot3}{2\cdot2\cdot3}=\frac{3}{2}=1{,}5$; (c) $\frac{2\cdot5\cdot11}{2\cdot3\cdot5\cdot11}=\frac{1}{3}=0{,}\overline{3}$; (d) $\frac{3\cdot3\cdot10}{2\cdot5\cdot10}=\frac{9}{10}=0{,}9$;

(e) $\frac{-1\cdot2\cdot3\cdot5\cdot7}{3\cdot3\cdot5\cdot7}=-\frac{2}{3}=-0{,}\overline{6}$; (f) $\frac{-1\cdot5\cdot11}{-1\cdot11}=\frac{5}{1}=5$; (g) $\frac{2\cdot2\cdot7}{2\cdot3\cdot7}=\frac{2}{3}=0{,}\overline{6}$; (h) 1; (i) $\frac{12(x-2y)}{4(x-2y)}=3$;

(j) $\frac{4(y-z)}{2(y-z)}=2$; (k) $\frac{4\cdot5\cdot x\cdot y}{4\cdot5\cdot x\cdot y}=1$; (l) $\frac{3\cdot4\cdot x\cdot y}{3\cdot4\cdot x\cdot y}=1$.

Multiplikation von Brüchen

In der Bruchrechnung gelten nun die folgenden Rechenregeln. Zwei Brüche werden miteinander **multipliziert**, indem jeweils die beiden Zähler multipliziert und die beiden Nenner multipliziert werden:

$$\frac{a}{b}\cdot\frac{c}{d}=\frac{a\cdot c}{b\cdot d}$$

Addition und Subtraktion von Brüchen

Die **Addition** und **Subtraktion** zweier Brüche ist nur dann möglich, wenn die Nenner der beiden Brüche identisch sind. Dann bleibt der gemeinsame Nenner bestehen und die Zähler werden addiert oder subtrahiert:

$$\frac{a}{c}\pm\frac{b}{c}=\frac{a\pm b}{c}$$

Falls die Nenner zweier Brüche nicht gleich sind, müssen die Brüche mittels Erweiterung auf einen einheitlichen Nenner gebracht werden. Für die Brüche $\frac{1}{2}$ und $\frac{1}{3}$ ist beispielsweise der kleinste gemeinsame Nenner, der sogenannte **Hauptnenner**, die Zahl 6.

Division von Brüchen

Wird ein Bruch durch einen anderen Bruch **dividiert**, dann entspricht dies einer Multiplikation mit dem **Kehrwert**, das heißt, Zähler und Nenner desjenigen Bruchs, durch den dividiert wird, werden vertauscht:

$$\frac{a}{b}\div\frac{c}{d}=\frac{a}{b}\cdot\frac{d}{c}$$

Beispiele

- $\frac{1}{2}+\frac{2}{3}=\frac{1\cdot3}{2\cdot3}+\frac{2\cdot2}{3\cdot2}=\frac{3+4}{6}=\frac{7}{6}$
- $\frac{2}{3}-\frac{3}{5}=\frac{2\cdot5}{15}-\frac{3\cdot3}{15}=\frac{1}{15}$

- $\frac{2}{3} \cdot \frac{9}{4} = \frac{2 \cdot 3 \cdot 3}{3 \cdot 2 \cdot 2} = \frac{3}{2} = 1{,}5$
- $\frac{6}{7} \div \frac{2}{7} = \frac{6}{7} \cdot \frac{7}{2} = \frac{6 \cdot 7}{7 \cdot 2} = 3$

Aufgaben

1.5 Berechnen und kürzen Sie weitestmöglich:

(a) $\frac{1}{8} + \frac{1}{12}$; (b) $\frac{11}{8} - \frac{3}{12}$; (c) $\frac{3}{4} + \frac{1}{5} + \frac{1}{20}$; (d) $4 - \frac{1}{4} - \frac{7}{2}$;

(e) $\frac{2}{3} + \frac{1}{2} - \frac{1}{6}$; (f) $\left(\frac{3}{5} + \frac{1}{7}\right) \frac{7}{13}$; (g) $5x \cdot \frac{2+2x}{x(10+10x)}$; (h) $xy\left(\frac{1}{y} + \frac{1}{x}\right)$;

(i) $\frac{1}{2} \div \frac{1}{4} \cdot \frac{1}{6} \div \frac{1}{8} \cdot \frac{1}{10} \div \frac{1}{12}$; (j) $\frac{1}{2} \div \frac{3}{4} \cdot \frac{5}{6} \div \frac{7}{8} \cdot \frac{9}{10} \div \frac{11}{12}$; (k) $\frac{6 \cdot \left(\frac{4}{x} + 8\right)}{\frac{1}{4x}(12 + 24x)}$.

Lösungen

1.5 (a) $\frac{3+2}{24} = \frac{5}{24}$; (b) $\frac{33-6}{24} = \frac{9}{8}$; (c) $\frac{15+4+1}{20} = 1$; (d) $\frac{16-1-14}{4} = \frac{1}{4} = 0{,}25$;

(e) $\frac{4+3-1}{6} = 1$; (f) $\frac{26}{35} \cdot \frac{7}{13} = \frac{2}{5} = 0{,}4$; (g) 1; (h) $xy\left(\frac{x+y}{xy}\right) = x + y$; (i) $\frac{16}{5} = 3{,}2$;

(j) $\frac{48}{77}$; (k) $\frac{24+48x}{x} \cdot \frac{4x}{12+24x} = 8$.

1.4 Potenzrechnung, Wurzeln und Logarithmen

Potenzen

Die wiederholte Multiplikation mit der gleichen Zahl wird vereinfachend durch einen Exponenten, das ist eine Hochzahl, die rechts oberhalb des Ausdrucks notiert wird, beschrieben. Der Ausdruck $2 \cdot 2 \cdot 2 \cdot 2$ wird durch 2^4 abgekürzt. Allgemein hat ein **Potenzausdruck** oder kurz eine **Potenz** deshalb die Gestalt

$$a^x,$$

wobei a als **Basis** und x als **Exponent** oder auch **Hochzahl** bezeichnet wird. Für die Basis a können immer alle positiven reellen Zahlen eingesetzt werden. Von der anschaulichen Definition der mehrfachen Multiplikation her müsste der Exponent eine natürliche Zahl sein. Man kann jedoch zeigen, dass die Potenz auch für alle ganzen Zahlen, alle rationalen Zahlen und sogar alle reellen Zahlen als Exponenten definiert werden kann, wobei dann im Allgemeinen aber die Basis positiv sein muss. In Ausnahmefällen darf die Basis auch 0 oder negativ werden. Überprüfen Sie das gerne mit Ihrem Taschenrechner.

(Potenzregeln) Ähnlich wie bei der Bruchrechnung ergeben sich durch die Potenzschreibweise zusätzliche Rechenregeln, die einen vereinfachten Umgang mit den Potenzen ermöglichen (alle Regeln gelten für alle reellen Exponenten, wenn $a > 0$ und $b > 0$):

(a)	$a^x \cdot a^y = a^{x+y}$	(b)	$a^x \cdot b^x = (a \cdot b)^x$
(c)	$a^{-x} = \frac{1}{a^x}$	(d)	$(a^x)^y = a^{x \cdot y}$
(e)	$\frac{a^x}{b^x} = \left(\frac{a}{b}\right)^x$	(f)	$\frac{a^x}{a^y} = a^{x-y}$
(g)	$\sqrt[n]{a} = a^{\frac{1}{n}}$	(h)	$a^0 = 1$

Multipliziert man zwei gleiche Basen mit unterschiedlichen Exponenten, dann besagt die Regel (a), dass die Exponenten addiert werden können. Regel (b) bezieht sich auf unterschiedliche Basen, aber gleiche Exponenten, wobei in diesen Fällen die Basen multipliziert werden. Negative Exponenten bedeuten gemäß (c), dass der Gesamtterm bei umgedrehtem Vorzeichen des Exponenten in den Nenner gesetzt werden kann. Potenziert man einen Potenzausdruck, dann entspricht das gemäß (d) einer Multiplikation der jeweiligen Exponenten. Regel (e) ergibt sich aus der Kombination von (b), (c) und (d), denn:

$$\frac{a^x}{b^x} = a^x \cdot \left(b^{-1}\right)^x = \left(\frac{a}{b}\right)^x$$

Ebenso ergibt sich Regel (f) aus der Kombination von (a) und (c). Regel (h) besagt, dass jede Zahl außer 0, die mit 0 potenziert wird, 1 ergibt.

Wurzelrechnung

Die **n-te Wurzel** von a sucht diejenige Zahl b, die hoch n den Term a ergibt:

$$\sqrt[n]{a} = b \quad \text{ist gleichbedeutend mit} \quad b^n = a$$

Die **Quadratwurzel** von a ist der am häufigsten verwendete Spezialfall, der diejenige Zahl b sucht, die hoch 2 (oder zum Quadrat) den Term a ergibt. Zur Vereinfachung wird die 2 über der Wurzel meistens weggelassen ($\sqrt[2]{a} = \sqrt{a}$).

Die Potenzregel (g) gibt damit auch den rationalen Zahlen in der Potenz, also allen Zahlen, die als Bruch darstellbar sind, eine intuitive Bedeutung. Betrachten wir als Beispiel:

$$4^{2,5} = 4^{\frac{5}{2}} = \left(4^5\right)^{\frac{1}{2}} = \sqrt[2]{4^5} = \sqrt{4^5} = 32$$

Mit einem Bruch in der Potenz kann also immer mit dem jeweiligen Nenner die entsprechende Wurzel gezogen werden.

Aber auch irrationale Zahlen, also Zahlen, die durch eine unendliche Anzahl an nicht-periodischen Nachkommastellen gekennzeichnet sind, können im Exponenten einer Potenz stehen. Da diese Zahlen nicht als Bruch ausgedrückt werden können, ist eine ähnlich intuitive Erklärung wie bei den rationalen Exponenten nicht verfügbar. Mathematisch ist es jedoch möglich, die Existenz dieser Potenzausdrücke mit reellen Zahlen mittels beliebig genauer Annäherung durch rationale Zahlen zu beweisen. Aus Gründen der Übersichtlichkeit verzichten wir hier jedoch auf diesen Beweis und verweisen auf die Literaturhinweise am Ende des Kapitels.

Beispiele

- $7^4 \cdot 7^3 \cdot 7^{-2} = 7^{4+3-2} = 7^5$
- $7^3 \cdot 2^3 = 14^3$
- $\dfrac{2^3 \cdot 2^{-2}}{2^{-4} \cdot 2^5} = 2^{3-2+4-5} = 2^0 = 1$
- $\left(x^4 y^{-3}\right)^2 = \left(x^4\right)^2 \left(y^{-3}\right)^2 = x^8 y^{-6}$
- $\dfrac{4^{0,5}}{2^{0,5}} = \left(\dfrac{4}{2}\right)^{0,5} = \sqrt{2}$
- $\sqrt[3]{2^6} = \left(2^6\right)^{\frac{1}{3}} = 2^{\frac{6}{3}} = 4$

Aufgaben

1.6 Berechnen Sie die folgenden Potenzausdrücke unter Verwendung der Potenzregeln (bitte ohne Taschenrechner).

(a) $2^0, 2^1, 2^2, 2^3, 2^4, 2^5, 2^6$;

(b) $4^3 \cdot 4^4 \cdot 4^{-6}$;

(c) $5^7 \cdot 2^3 \cdot 5^3 \cdot 2^{17} \cdot 2^{-19} \cdot 5^{-10}$;

(d) $2^{-4} \cdot 3^4 \cdot 7^3 \cdot 2^5 \cdot 3^{-3} \cdot 7^{-2}$;

(e) $2^3 \cdot 3^2 \cdot 2^{-2} \cdot 2^{-3} \cdot 3^{-3} \cdot 2^3 \cdot 3^2$;

(f) $3^{1,5} \cdot 3^{0,2} \cdot 3^{0,3} \cdot \sqrt{3} \cdot 3^{-3,5}$;

(g) $7^{\frac{1}{10}} \cdot 7^{-0,4} \cdot 7^{\frac{3}{2}} \cdot 7^{-0,2}$;

(h) $\dfrac{5^{\frac{1}{2}} \cdot 5^{-\frac{2}{5}} \cdot 5^{\frac{2}{3}} \cdot 5^{-\frac{9}{10}}}{5^{\frac{6}{5}} \cdot 5^{-\frac{1}{2}} \cdot 5^{-\frac{5}{6}} \cdot 5^{-2}}$;

(i) $\dfrac{x^{\frac{1}{3}} \cdot y^{\frac{1}{8}} \cdot x^{-\frac{4}{3}} \cdot y^{\frac{1}{8}}}{x^{-0,4} \cdot y^{-0,25} \cdot x^{-0,6} \cdot y^{-0,5} \cdot x^{-1}}$;

(j) $\left(3^2 2^2\right)^{0,5}$;

(k) $7^3 \cdot (1/7)^3$;

(l) $\sqrt{2} \cdot \sqrt{8}$;

(m) $\left(16x^8\right)^{0,25}$;

(n) $\left(16x^8 y^4\right)^{0,5} \cdot \left(4x^4 y\right)^{-1}$;

(o) $\sqrt[3]{2^4} \cdot \sqrt[4]{2^3} \cdot \sqrt[12]{2^{-1}}$;

(p) $\sqrt[5]{\sqrt[3]{7^{15}}}$;

(q) $\dfrac{\sqrt[3]{16}}{\sqrt[3]{2}}$;

(r) $\dfrac{\left(\sqrt[3]{x^5} \cdot \sqrt[5]{y^3}\right)^{-2}}{\left(\sqrt[3]{x^{-2}} \cdot y^{\frac{-6}{25}}\right)^5}$;

(s) $\dfrac{\left(4x^2y^3\right)^{-2} \left(2x^2y^3\right)^4}{\left(8x^4y^4\right)^3 \left(16x^3y^2\right)^{-3}}$;

(t) $\left(3x^3y^5\right)^{-3} \left(3x^{-2}y^{-2}\right)^{-2} \left(3xy^2\right)^6$;

(u) $\sqrt[3]{2xy^4}\,\sqrt[3]{4x^2y^{-1}}$;

(v) $\sqrt{3x^3y^2}\,\sqrt[3]{3x^4y^{-5}}\,\sqrt[6]{3xy^4}$.

Lösungen

1.6 (a) 1; 2; 4; 8; 16; 32; 64; (b) 4; (c) 2; (d) 42; (e) 6; (f) $\frac{1}{3}$; (g) 7; (h) 25; (i) xy; (j) 6; (k) 1; (l) 4; (m) $2x^2$; (n) y; (o) 4; (p) 7; (q) 2; (r) 1; (s) $8x$; (t) $3xy$; (u) $2xy$; (v) $3x^3$.

Logarithmen

Der **Logarithmus** von a zur Basis b (mit $a > 0, b > 0$) sucht denjenigen Exponenten x, für den $b^x = a$ gilt:

$$\log_b a = x \quad \text{ist gleichbedeutend mit} \quad b^x = a$$

Der Logarithmus ordnet damit jeder Kombination von Zahlen a und b genau einen Wert zu, den man sich folgendermaßen merken kann:

$\log_b a$ beantwortet: *b hoch wieviel ergibt a?*

Zur Vereinfachung ist es üblich, den Logarithmus zur Basis 10 mit lg und den Logarithmus zur Basis der Eulerschen Zahl e, den **natürlichen Logarithmus**, mit ln abzukürzen:

- $\lg = \log_{10}$
- $\ln = \log_e$ mit $e = 2{,}71828\ldots$

Wenn Sie sich über die *krumme* Zahl e wundern, die so eine wichtige Rolle als Basis des Logarithmus spielt: Wir werden im Kapitel 2 auf der Seite 40 klären, wo diese Zahl herkommt.

Bevor elektronische Rechenmaschinen wie zum Beispiel Taschenrechner generell verfügbar waren, wurden umfangreiche Multiplikationen und auch das Ziehen von Wurzeln mit Hilfe des Logarithmus, seiner Rechenregeln und sogenannten Logarithmentafeln durchgeführt. Heutzutage fristet der Logarithmus eher ein Schattendasein und findet in den Wirtschaftswissenschaften nur noch selten Anwendung. Allerdings gibt es in der Finanzmathematik und im Zusammenhang mit Wachstumsprozessen einige sehr zentrale Fragestellungen, die den Logarithmus und seine Gesetze erfordern. Aus diesem Grund werden hier drei wichtige **Rechenregeln** für den Umgang mit dem Logarithmus vorgestellt:

$$\begin{aligned} &\text{(a)} \quad \log_b(x \cdot y) &&= \log_b x + \log_b y \\ &\text{(b)} \quad \log_b(x/y) &&= \log_b x - \log_b y \\ &\text{(c)} \quad \log_b(x^y) &&= y \cdot \log_b x \end{aligned}$$

Stellen Sie sich einmal die Frage „9 hoch wieviel ist 243?" vor. Eine direkte Anwendung der Definition des Logarithmus ergibt mit Hilfe eines Taschenrechners:

$$\log_9 243 = 2{,}5$$

Mit Hilfe der Regel (a) wären auch folgende Umformungen möglich:

$$\log_9 243 = \log_9 3 \cdot 81 = \log_9 3 + \log_9 81 = 0{,}5 + 2 = 2{,}5$$

Auf fast jedem Taschenrechner gibt es eine Taste für den natürlichen Logarithmus ln. Mit Hilfe der Regel (c) kann die Gleichung dann folgendermaßen aufgelöst und ausgerechnet werden:

$$\begin{aligned} 9^x &= 243 \\ \ln(9^x) &= \ln 243 \\ x \cdot \ln 9 &= \ln 243 \\ x &= \frac{\ln 243}{\ln 9} = 2{,}5 \end{aligned}$$

Beispiele

- $\log_2 16 = 4$, da $2^4 = 16$
- $\lg 1.000 = \log_{10} 1.000 = 3$, da $10^3 = 1.000$
- $\ln 10 = \log_e 10 = 2{,}303$, da $2{,}718^{2{,}303} = 10$
- $1{,}2^x = 3$, also $\ln(1{,}2^x) = \ln 3$, also $x \cdot \ln(1{,}2) = \ln 3$ und damit $x = \dfrac{\ln 3}{\ln(1{,}2)} \approx 6{,}03$
- $1{,}5^x = 7$, also $x = \log_{1,5} 7 \approx 4{,}80$

Aufgaben

1.7 Berechnen Sie mit Hilfe der Logarithmusregeln und ohne Taschenrechner:
(a) $\log_2(16 \cdot 8)$; (b) $\log_3(27 \cdot 9)$; (c) $\log_4(16 \cdot 2)$; (d) $\log_{16} 2$; (e) $\log_9 27$.

1.8 Berechnen Sie mit Hilfe der Logarithmusregeln und mit Taschenrechner:
(a) $1{,}1^x = 3$; (b) $1{,}01^x = 2$; (c) $1{,}05^x = 5$; (d) $10^x = 2$; (e) $2^x = 1024$.

Lösungen

1.7 (a) $\log_2 16 + \log_2 8 = 4 + 3 = 7$; (b) $\log_3 27 + \log_3 9 = 3 + 2 = 5$;
(c) $\log_4 16 + \log_4 2 = 2 + 0{,}5 = 2{,}5$; (d) $\frac{1}{4} = 0{,}25$; (e) $\log_9 9 + \log_9 3 = 1 + 0{,}5 = 1{,}5$.

1.8 (a) $x = \log_{1,1} 3$ (oder $= \frac{\ln 3}{\ln 1{,}1}$) $\approx 11{,}53$; (b) $x = \log_{1,01} 2$ (oder $= \frac{\ln 2}{\ln 1{,}01}$) $\approx 69{,}66$;
(c) $x = \log_{1,05} 5$ (oder $= \frac{\ln 5}{\ln 1{,}05}$) $\approx 32{,}99$; (d) $x = \log_{10} 2$ (oder $= \frac{\ln 2}{\ln 10}$) $\approx 0{,}30$;
(e) $x = \log_2 1024$ (oder $= \frac{\ln 1024}{\ln 2}$) $= 10$.

1.5 Gleichungen und Ungleichungen

Eine **Gleichung** behauptet, dass zwei Ausdrücke ganz einfach *gleich* sind. Mathematisch wird diese Aussage durch ein Gleichheitszeichen zwischen den beiden Ausdrücken dargestellt. Weiterhin ist eine Gleichung durch eine unbekannte Variable, zum Beispiel x, charakterisiert, für die ein Wert gesucht wird, der die Gleichung löst beziehungsweise erfüllt.

Die Umformungen der Gleichungen unterliegen dabei folgenden Grundprinzipien. Erstens, wenn beide Seiten der Gleichung derselben mathematischen Operation unterzogen werden, dann ändert sich die Gleichheitsaussage im Allgemeinen nicht. Zweitens erfolgen die Umformungen mit dem Ziel, am Ende das Ergebnis für x, nämlich einen Ausdruck der Form „$x =$ Zahl" stehen zu haben. Hierfür ist es häufig notwendig, bestimmte Terme, die auf der gleichen Seite wie x stehen, auf die andere Seite der Gleichung zu bringen. Dieser Schritt erfolgt fast immer mit der sogenannten **Umkehroperation**. Steht auf einer Seite $+6$, dann ist die Umkehroperation hierzu -6, zu $\cdot$ ist die Umkehroperation $\div$. Die Tabelle 1.1 fasst diese und weitere Umkehroperationen zusammen.

Die sogenannten **Äquivalenzumformungen** Addition, Subtraktion, Multiplikation (mit einer reellen Zahl ungleich 0) und Division (durch eine reelle Zahl ungleich 0) lassen die Lösungen der jeweiligen Gleichung unverändert. Das Zeichen $\Leftrightarrow$ wird häufig verwendet, um die Äquivalenz zweier mathematischer Ausdrücke oder Gleichungen auszudrücken, das Zeichen $\Rightarrow$ zeigt an, dass ein Ausdruck aus einem anderen folgt (vgl. ausführlich den Abschnitt 7.1.3).

Tabelle 1.1 Umkehroperationen

Operation	$+$	$-$	$\cdot$	$\div$	hoch a	$\log_a x$	a^x
Umkehroperation	$-$	$+$	$\div$	$\cdot$	hoch $\frac{1}{a}$	$a^{\log_a x}$	$\log_a a^x$

Lineare Gleichungen

Eine vergleichsweise einfache Klasse sind die **linearen Gleichungen**, in denen die gesuchte Variable ohne kompliziertere Beziehungen wie Potenzen, Wurzeln und dergleichen auf den beiden Seiten der Gleichung erscheint. Beispielsweise wird durch die lineare Gleichung

$$\frac{4x+6}{2} = 4x - 3$$

die Gleichheit der Ausdrücke $\frac{4x+6}{2}$ und $4x - 3$ behauptet. x ist die unbekannte Variable, für die ein Wert gesucht wird, der die Gleichung erfüllt. Diese Suche erfolgt mittels geeigneter Umformungen der Gleichung, bis das Ergebnis für x gefunden ist. Zur besseren Nachvollziehbarkeit wird die auszuführende Umformung hinter die jeweilige Gleichung geschrieben:

$$\begin{aligned}
\frac{4x+6}{2} &= 4x - 3 && | \cdot 2 \\
4x + 6 &= (4x - 3) \cdot 2 && \\
4x + 6 &= 8x - 6 && | -4x \\
6 &= 4x - 6 && | +6 \\
12 &= 4x && | \div 4 \\
x &= 3 && | \text{Lösung}
\end{aligned}$$

Grundsätzlich gibt es keine falschen Umformungen, da durch die Äquivalenz die Gleichheitsaussage ja immer bestehen bleibt – zumindest, solange keine Rechenfehler erfolgen. Allerdings sind gewisse Umformungen nicht zielführend, um am Ende ein Ergebnis für die unbekannte Variable zu erhalten. Als allgemeine Richtlinie ist hilfreich, wenn der Ausdruck, der die gesuchte Variable enthält, **von außen nach innen** aufgelöst wird.

Aufgaben

1.9 Lösen Sie die Gleichungen mit Hilfe von Äquivalenzumformungen:

(a) $5x - 3 = 17$; (b) $7 - 2x = 19$; (c) $\frac{3x-4}{7} = 8 - x$;

(d) $\frac{3-5x}{2} = 5x + 9$; (e) $\frac{3-5x}{-4} = \frac{3x-3}{2}$; (f) $\frac{6-5x}{4x} = -\frac{1}{2}$;

(g) $\frac{5}{2x} = \frac{2}{x-1}$; (h) $\frac{8-3x}{5} + \frac{1}{2} = \frac{9}{6} - \frac{9x}{12}$; (i) $\frac{7-x}{x+5} + \frac{1}{2} = \frac{1}{4} \cdot \frac{18}{3}$.

Lösungen

1.9 (a) $x = 4$; (b) $x = -6$; (c) $x = 6$; (d) $x = -1$; (e) $x = 3$; (f) $x = 2$; (g) $x = 5$; (h) $x = -4$; (i) $x = 1$.

Lineare Ungleichungen

Eine **lineare Ungleichung** setzt zwei lineare Ausdrücke derart miteinander in Beziehung, dass der Ausdruck auf der linken Seite kleiner (<), kleiner oder gleich ($\leqq$), größer (>) oder größer oder gleich ($\geqq$) dem Ausdruck auf der rechten Seite sein soll. Meistens ist auf beiden Seiten eine unbekannte Variable x in dem Ausdruck enthalten, und die interessierende Fragestellung ist, welche Werte x annehmen darf, damit die Ungleichung erfüllt ist.

Die Lösung derartiger Fragestellungen erfolgt auf dem gleichen Weg wie bei linearen Gleichungen, das heißt, durch Äquivalenzumformungen wird die unbekannte Variable x auf die eine Seite der Ungleichung gebracht, so dass dann das Lösungsintervall direkt abgelesen werden kann.

Wichtig bei Ungleichungen ist, dass immer, wenn die Ungleichung mit einer negativen Zahl multipliziert oder dividiert wird, das Ungleichheitszeichen seine Richtung umkehrt:

$$\begin{aligned} -4x &< 8 \quad \mid \cdot \left(-\tfrac{1}{4}\right) \\ x &> -2 \end{aligned}$$

Die Lösungsmenge beinhaltet in diesem Beispiel also alle x für die gilt $x > -2$.

Etwas problematischer ist es, wenn im Rahmen der Umformung mit der Variablen x multipliziert oder dividiert wird, gleichzeitig aber noch unbekannt ist, ob diese Variable positive oder negative Werte annimmt. In diesen Situationen müssen die alternativen Fälle im Rahmen einer **Fallunterscheidung** separat diskutiert werden. Betrachten wir hierzu folgendes Beispiel:

$$\frac{x-2}{x+4} \leqq 3$$

Um diese Ungleichung nach x aufzulösen, wollen wir im ersten Schritt beide Seiten mit $x+4$ multiplizieren. Hieraus ergeben sich zwei Fälle: Fall 1 beinhaltet, dass $x+4 > 0$ ist, was äquivalent ist zu der Aussage $x > -4$. Die Alternative ist Fall 2, $x+4 < 0$, was äquivalent ist zu der Aussage $x < -4$. Für $x = -4$ ist die Gleichung **nicht definiert**, da der Nenner in diesem Fall unzulässigerweise 0 wäre.

Für diese beiden Fälle kann die Ungleichung nun mittels Umformungen gelöst werden.

Fall 1: $x > -4$

$$\begin{aligned} x-2 &\leqq 3\cdot(x+4) \\ x-2 &\leqq 3x+12 \quad \mid -3x+2 \\ -2x &\leqq 14 \quad \mid \div(-2) \\ x &\geqq -7 \end{aligned}$$

Lösung: $x > -4$

Fall 2: $x < -4$

$$\begin{aligned} x-2 &\geqq 3\cdot(x+4) \\ x-2 &\geqq 3x+12 \quad \mid -3x+2 \\ -2x &\geqq 14 \quad \mid \div(-2) \\ x &\leqq -7 \end{aligned}$$

Lösung: $x \leqq -7$

Lösungsmenge: $L = \{x \in R \mid x > -4 \text{ oder } x \leqq -7\}$

Jetzt müssen die Ergebnisse dieser Fälle nur noch zusammengeführt werden: Im Fall 1 müssen zwei Bedingungen gleichzeitig gelten, nämlich die des Falles $x > -4$ **und** das Ergebnis $x \geqq -7$. Das gemeinsame Intervall dieser beiden Bedingungen ist $x > -4$, denn dann ist auch $x \geqq -7$. Im Fall 2 verhält es sich ähnlich, das gemeinsame Intervall der beiden Bedingungen ist $x \leqq -7$, dann dann gilt auch $x < -4$. Zusammengefasst ist die Lösungsmenge der Ungleichung also $L = \{x \in R \mid x > -4 \text{ oder } x \leqq -7\}$.

Beispiele

- $$\begin{aligned} 4(x-3) &\leqq 3(x+2) \\ 4x-12 &\leqq 3x+6 && |-3x+12 \\ x &\leq 18 && |L=\{x \in R \,|\, x \leqq 18\} \end{aligned}$$

- $\dfrac{x-5}{x+2} \geqq 1 \Leftrightarrow \begin{matrix} \text{Fall 1: } x > -2: & x-5 \geqq x+2 \Leftrightarrow 0 \geqq 7: & \text{keine Lösung} \\ \text{Fall 2: } x < -2: & x-5 \leqq x+2 \Leftrightarrow 0 \leqq 7: & x < -2 \end{matrix} \Big\} x < -2$

- $\dfrac{x-3}{x+1} \geqq 2 \Leftrightarrow \begin{matrix} \text{Fall 1: } x > -1: & x-3 \geqq 2x+2 \Leftrightarrow x \leqq -5: & \text{keine Lösung} \\ \text{Fall 2: } x < -1: & x-3 \leqq 2x+2 \Leftrightarrow x \geqq -5: & -5 \leqq x < -1 \end{matrix} \Big\} -5 \leqq x < -1$

Aufgaben

1.10 Berechnen Sie die Lösungsintervalle für die folgenden Ungleichungen:
(a) $\frac{x+3}{4} > 5$; (b) $\frac{x-7}{2} \leqq 3$; (c) $\frac{3-x}{-4} \leqq -6$; (d) $\frac{10-x}{x-4} \geqq 1$; (e) $\frac{5+x}{4-x} < 2$;
(f) $\frac{x}{-3} \leqq \frac{2x-4}{-2}$; (g) $\frac{6x-6}{3x+6} \leqq 5$; (h) $\frac{3-x}{x-3} \geqq 1$; (i) $\frac{8-2x}{2x-8} \leqq 1$; (j) $\frac{1}{x} \geqq \frac{1}{4-x}$.

Lösungen

1.10 (a) $x > 17$; (b) $x \leqq 13$; (c) $x \leqq -21$; (d) $4 < x \leqq 7$; (e) $x < 1$ oder $x > 4$; (f) $x \leqq 3$;
(g) $x \leqq -4$ oder $x > -2$; (h) keine Lösung; (i) $x \in R \setminus \{4\}$; (j) $0 < x \leqq 2$ oder $x > 4$.

Dreisatz

Der **Dreisatz** ist eine Rechenmethode, die Verhältnisse verknüpft, die logisch zueinander in Beziehung stehen. Kostet beispielweise ein Buch 10 €, dann werden fünf Bücher 50 € kosten. Als Gleichung schreibt sich diese Beziehung folgendermaßen:

$$\frac{10\,€}{1\text{ Buch}} = \frac{50\,€}{5\text{ Bücher}}$$

Hier wird unterstellt, dass jedes Buch den gleichen Preis hat. Zwischen der Anzahl von Büchern und den gesamten Kosten dieser Anzahl besteht dann eine **proportionale Beziehung**: Gesamte Kosten = Preis pro Stück · Anzahl der Bücher. Der **Dreisatz** ist eine Rechenmethode für derartige proportionale Beziehungen. Wenn eine Maschine beispielsweise 12 Teile in 2 Stunden produziert, kann mittels des Dreisatzes berechnet werden, wie viel Zeit x die Maschine zur Herstellung von 54 Teilen benötigt. Hierzu werden die Verhältnisse mittels einer Gleichung in eine logische Beziehung gesetzt, um anschließend nach der gesuchten Variablen aufzulösen:

$$\frac{12\text{ Teile}}{2\text{ Stunden}} = \frac{54\text{ Teile}}{x} \quad\Longleftrightarrow\quad x = \frac{54\text{ Teile}}{12\text{ Teile}} \cdot 2\text{ Stunden} = 9\text{ Stunden}$$

Die Bezeichnung „Dreisatz" erklärt sich wie folgt: 1. Satz: Eine Maschine schafft 12 Teile in 2 Stunden. 2. Satz: Dann schafft eine Maschine 1 Teil in 2/12 Stunden. 3. Satz: Daher schafft die Maschine 54 Teile in $54 \cdot 2/12 = 9$ Stunden. Die beschriebene Methode mit den Verhältnissen lässt sich praktisch schneller durchführen.

Aufgaben

1.11 (a) In einem Restaurant bedienen 2 Kellner zusammen 14 Tische. Wie viele Kellner benötigt das Restaurant, wenn im Rahmen einer Erweiterung die Kapazität auf 35 Tische erhöht wird?

(b) Ein Auto verbraucht 8 l Benzin auf 100 km. Wie viel Benzin wird für eine Fahrt von 87,5 km benötigt?

(c) Mit 4 Maschinen werden pro Monat 44 Teile produziert. Wie viele Teile können 9 Maschinen pro Monat produzieren?

(d) Wie viel kosten 4 Kilo Mehl, wenn 1 Pfund 50 ct kostet?

Lösungen

1.11 (a) $x = 2/14 \cdot 35 = 5$; (b) $x = 8/100 \cdot 87{,}5 = 7$; (c) $x = 9 \cdot 44/4 = 99$;
(d) $x = 50\text{ct}/0{,}5 \cdot 4 = 4$€.

Nichtlineare Gleichungen

Immer dann, wenn die unbekannte Variable in Gleichungen durch Potenzen, Wurzeln, Logarithmen und weitere funktionale Beziehungen beschrieben wird, sprechen wir von **nichtlinearen Gleichungen**. Das Auflösen dieser nichtlinearen Gleichungen nach der unbekannten Variablen gestaltet sich fast immer anspruchsvoller als bei linearen Gleichungen, häufig sind diese Gleichungen sogar nur numerisch, das heißt mit rechnergestützten Suchverfahren lösbar, auf die wir erst später im Abschnitt 7.3 kurz eingehen werden.

Stattdessen konzentrieren wir uns hier auf einige generelle Ansätze, wie das Auflösen von Gleichungen, die Potenzen, Wurzeln und Logarithmen enthalten, funktionieren kann. Betrachten wir hierzu beispielhaft die folgende einfache Potenzgleichung:

$$\begin{aligned} x^6 &= 64 && |()^{\frac{1}{6}} \\ (x^6)^{\frac{1}{6}} &= 64^{\frac{1}{6}} \\ x &= 64^{\frac{1}{6}} = 2 && |\text{Lösung} \end{aligned}$$

Sofern x in der Basis eines Potenzausdrucks steht, ist eine Auflösung nach x möglich, wenn mit dem Kehrwert des Ausgangsexponenten potenziert wird. Die Gleichung $x^a = b$ wird damit folgendermaßen nach x aufgelöst:

$$x = (x^a)^{\frac{1}{a}} = b^{\frac{1}{a}}$$

Dieses Verfahren gilt für alle Potenzausdrücke, also auch reelle Zahlen im Exponenten. Wie im vorherigen Abschnitt beschrieben, werden damit auch Wurzeln erfasst.

In manchen Fällen werden bei nichtlinearen Gleichungen mittels der Umformungen sogenannte **Scheinlösungen** berechnet. Betrachten wir beispielhaft die folgende Gleichung:

$$\begin{aligned} \sqrt{x} &= -2 && |()^2 \\ x &= (-2)^2 = 4 && |\text{Scheinlösung, da } \sqrt{4} = 2 \neq -2 \end{aligned}$$

Ursache für das Auftreten dieser Scheinlösung ist, dass das Quadrieren keine Äquivalenzumformung ist. Wenn man solche Umformungen vornimmt, muss deshalb immer geprüft werden, ob die gefundene Lösung tatsächlich eine Lösung der ursprünglichen Gleichung ist. Die Probe ist daher fester Bestandteil der Lösung von Wurzelgleichungen. Um sicherzugehen, sollten Sie bei nichtlinearen Gleichungen immer eine Probe vornehmen, um Scheinlösungen gegebenenfalls auszuschließen.

Beispiele

- $x^3 = 10 \iff x = 10^{\frac{1}{3}}$
- $x^{-4} = 10 \iff x = 10^{-\frac{1}{4}}$
- $x^{\frac{2}{3}} = 10 \iff x = 10^{\frac{3}{2}}$
- $\sqrt{x} = 10 \iff x = 10^2$
- $\sqrt[4]{x} = 10 \iff x = 10^4$
- $(x-2)^4 = 10 \iff x = 10^{\frac{1}{4}} + 2$
- $\sqrt[3]{x+7} = 10 \iff x = 10^3 - 7$
- $\sqrt{x-2} = -10 \iff x = 102$ ist Scheinlösung

Aufgaben

1.12 Lösen Sie die folgenden Gleichungen nach x auf (Berechnung gegebenenfalls mit Taschenrechner).

(a) $x^{12} = 4^6$; (b) $x^5 = 2^{10}$; (c) $\frac{x^3+6}{7} - 2 = 8$;

(d) $\frac{\sqrt{x+4}-10}{7} + 1 = 0$; (e) $\frac{(x-3)^4-3}{9} = \frac{26}{3}$; (f) $x+4 = \frac{8+4\sqrt{x}}{\sqrt{x}}$;

(g) $(1+x)^6 = 3$; (h) $\left(1+\frac{x}{12}\right)^{12} = 3$; (i) $\left(1+\frac{4x}{5}\right)^{-3} = 2$.

Lösungen

1.12 (a) $x = 2$; (b) $x = 4$; (c) $x = 4$; (d) $x = 5$; (e) $x = 6$; (f) $x = 4$; (g) $x \approx 0{,}20$; (h) $x \approx 1{,}15$; (i) $x \approx -0{,}26$.

Bei einem weiteren Typ von nichtlinearen Gleichungen befindet sich die gesuchte Variable im Exponenten des Potenzausdrucks oder im Logarithmus. Da Potenz und Logarithmus die jeweiligen Umkehroperationen zueinander sind, erfolgt eine Auflösung der Gleichungen genau mit diesen Rechenoperationen, wobei auch der natürliche Logarithmus verwendet werden kann. Im Abschnitt 1.4 ist dieses Verfahren bereits beschrieben worden.

Beispiele

- $3^x = 81 \iff x = \log_3 81 \left(\overset{\text{oder}}{=} \frac{\ln 81}{\ln 3} = \frac{\ln 3^4}{\ln 3} = \frac{4 \cdot \ln 3}{\ln 3}\right) = 4$
- $1{,}03^x = 2 \iff x = \log_{1{,}03} 2 \left(\overset{\text{oder}}{=} \frac{\ln 2}{\ln 1{,}03}\right) \approx 23{,}45$

- $2^{x+5} = 8 \iff x = \log_2 8 - 5 \left(\overset{\text{oder}}{=} \frac{\ln 8}{\ln 2} - 5 = \frac{\ln 2^3}{\ln 2} - 5 = \frac{3 \cdot \ln 2}{\ln 2} - 5\right) = -2$
- $\log_3 x = 4 \iff 3^{\log_3 x} = 3^4 \iff x = 3^4 = 81$
- $\ln x = 4 \iff e^{\ln x} = e^4 \iff x = e^4 \approx 54{,}60$

Aufgaben

1.13 Lösen Sie die Gleichungen durch geeignete Umformungen und gegebenenfalls mit Hilfe des Taschenrechners:

(a) $4^x = 128$; (b) $7^x = 8$; (c) $1{,}05^x = 3$; (d) $1{,}01^x = 1{,}3$;

(e) $2^{x-4} = 4^8$; (f) $1{,}04^{2x+5} = 3$; (g) $1{,}06^{0{,}2-3x} = 4$; (h) $\log_5 x = 3$;

(i) $\log_2 (x-3) = 4$; (j) $\ln x = 1{,}5$; (k) $\ln (x^5) = 1$; (l) $\log_3 (x^{1{,}5}) = 6$.

Lösungen

1.13 (a) $x = \frac{\ln 128}{\ln 4} = 3{,}5$; (b) $x = \frac{\ln 8}{\ln 7} \approx 1{,}07$; (c) $x = \frac{\ln 3}{\ln 1{,}05} \approx 22{,}52$; (d) $x = \frac{\ln 1{,}3}{\ln 1{,}01} \approx 26{,}37$;
(e) $x - 4 = \frac{\ln 4^8}{\ln 2} = \frac{8 \cdot \ln 4}{\ln 2} = \frac{8 \cdot 2 \cdot \ln 2}{\ln 2} \iff x = 16 + 4 = 20$; (f) $x = \left(\frac{\ln 3}{\ln 1{,}04} - 5\right) \div 2 \approx 11{,}51$;
(g) $x = \left(\frac{\ln 4}{\ln 1{,}06} - 0{,}2\right) \div (-3) \approx -7{,}86$; (h) $x = 5^3 = 125$; (i) $x = 2^4 + 3 = 19$;
(j) $x = e^{1{,}5} \approx 4{,}48$; (k) $x = e^{0{,}2} \approx 1{,}22$; (l) $x = 3^{\frac{6}{1{,}5}} = 81$.

Binomische Formeln

Inhaltliche Grundlage der anschließenden Auflösung quadratischer Gleichungen sind die **binomischen Formeln**. Die binomischen Formeln beschreiben zwar nur das Ausklammern und Ausmultiplizieren dreier einfacher quadratischer Formeln, wie sie bereits im Abschnitt Grundrechenarten beschrieben wurden. Aufgrund der wiederkehrenden Anwendungen in den verschiedensten Teildisziplinen der Mathematik und Statistik bietet es sich zur schnellen Nutzung jedoch an, die Formeln auswendig zu können:

$$(a+b)^2 = a^2 + 2ab + b^2 \qquad \text{(a)}$$
$$(a-b)^2 = a^2 - 2ab + b^2 \qquad \text{(b)}$$
$$(a+b)(a-b) = a^2 - b^2 \qquad \text{(c)}$$

Aufgaben

1.14 Berechnen und vereinfachen Sie mit Hilfe der binomischen Fomeln:

(a) $(x+y)^2 - (x-y)^2 - 4xy$; (b) $(s+t)^2 + (s-t)^2 - 2(s+t)(s-t)$;

(c) $(2s+3t)^2 - (3t-2s)^2 - 23st$; (d) $(4x+5y)^2 - (4x-5y)(4x+5y) - 40xy$;

(e) $\frac{8x^2 - 24xy + 18y^2}{4x^2 - 12xy + 9y^2}$; (f) $(\sqrt{xy} - 1)(-1 - \sqrt{xy})$; (g) $\frac{(x+y)^2}{x^2 - y^2} - \frac{x^2 - y^2}{(x-y)^2}$.

Lösungen

1.14 (a) 0; (b) $4t^2$; (c) st; (d) $50y^2$; (e) 2; (f) $1 - xy$; (g) 0.

Quadratische Gleichungen

Wenn die unbekannte Variable in einer Gleichung durch einen quadratischen Potenzausdruck beschrieben wird, zum Beispiel $-2x^2 + 12x - 10 = 0$, so sprechen wir von einer **quadratischen Gleichung**. Der erste Schritt der Lösung besteht in der Umformung in die sogenannte Normalform durch Divison der Gleichung mit dem Koeffizienten von x^2, hier also mit -2:

$$x^2 - 6x + 5 = 0$$

Wird die quadratische Gleichung in die **Normalform**

$$x^2 + px + q = 0$$

umgestellt, können die Lösungen sofort mit der **p-q-Formel** berechnet werden:

$$x_{1,2} = -\frac{p}{2} \pm \sqrt{\left(\frac{p}{2}\right)^2 - q}$$

Die p-q-Formel kann man so beweisen: Weil nach der ersten binomischen Formel $(x + p/2)^2 = x^2 + px + (p/2)^2$ ist, wird die Gleichung $x^2 + px + q = 0$ durch Subtraktion von q und Additon von $(p/2)^2$ auf beiden Seiten umgeformt in:

$$x^2 + px + (p/2)^2 = (p/2)^2 - q \quad \Longleftrightarrow \quad (x + p/2)^2 = (p/2)^2 - q$$

Zieht man nun die Wurzel auf beiden Seiten und bedenkt, dass das Quadrat von $-\sqrt{(p/2)^2 - q}$ gleich dem Quadrat von $\sqrt{(p/2)^2 - q}$ ist, weil das Minuszeichen beim Quadrieren zu Plus wird, so folgt $x + p/2 = \pm\sqrt{(p/2)^2 - q}$. Subtraktion von $p/2$ auf beiden Seiten ergibt die p-q-Formel.

Für unser Beispiel $x^2 - 6x + 5 = 0$ können nun die Konstanten $p = -6$ und $q = 5$ direkt abgelesen und für die Lösung mit Hilfe der p-q-Formel genutzt werden:

$$x_{1,2} = -\frac{-6}{2} \pm \sqrt{\left(\frac{-6}{2}\right)^2 - 5}; \qquad \Rightarrow x_1 = 1, \quad x_2 = 5$$

Beim Einsetzen der Konstanten p und q sollte immer genau auf die Vorzeichen geachtet werden, da dies eine häufige Fehlerquelle bei der Berechnung der Lösungen ist.

Nicht alle quadratischen Gleichungen haben zwei Lösungen. Wenn der Wurzelausdruck in der p-q-Formel 0 ist, verschmelzen die beiden Lösungen zu einer. Falls der Term unter der Wurzel negativ ist, kann die Wurzel natürlich nicht gezogen werden, und es existiert keine Lösung. Nur im Falle eines positiven Terms unter der Wurzel existieren zwei unterschiedliche Lösungen x_1 und x_2.

Eine quadratische Gleichung wird auch als **Polynomgleichung zweiten Grades** bezeichnet. Weitere Verfahren zur Lösung von Polynomgleichungen höheren Grades werden in den Abschnitten 4.3.2 und 7.3 dargestellt.

Beispiele

- $3x^2 - 24x = 27 \iff 3x^2 - 24x - 27 = 0 \iff x^2 - 8x - 9 = 0$
  $\Rightarrow p = -8;\ q = -9;\ x_1 = -1;\ x_2 = 9$
- $-x^2 - 8x - 16 = 0 \iff x^2 + 8x + 16 = 0 \Rightarrow p = 8;\ q = 16;\ x_1 = x_2 = -4$
- $17 - 16x^2 = -8 \iff x^2 - \frac{25}{16} = 0 \Rightarrow p = 0;\ q = -\frac{25}{16};\ x_1 = -\frac{5}{4};\ x_2 = \frac{5}{4}$
- $x^2 + 4x + 5 = 0 \Rightarrow p = 4;\ q = 5;$ keine Lösung, da $\sqrt{-1}$ nicht definiert ist

Aufgaben

1.15 Lösen Sie die folgenden quadratischen Gleichungen mit Hilfe der p-q-Formel:

(a) $x^2 - 6x + 8 = 0;$ (b) $-3x^2 + 3x + 6 = 0;$ (c) $-4x^2 - 8x + 15 = 3;$

(d) $10 - 10x - x^2 = 35;$ (e) $2x - 2 - 0{,}5x^2 = 2;$ (f) $4x^2 + 7 = 8;$

(g) $x^2 + \frac{1}{12} - \frac{1}{12}x = \frac{1}{6};$ (h) $5 + x^2 = -(2x + 1);$ (i) $2x - \frac{1}{7}x^2 = 7.$

Lösungen

1.15 (a) $x_1 = 2;\ x_2 = 4;$ (b) $x_1 = -1;\ x_2 = 2;$ (c) $x_1 = -3;\ x_2 = 1;$ (d) $x_1 = x_2 = -5;$ (e) keine Lösung; (f) $x_1 = -\frac{1}{2};\ x_2 = \frac{1}{2};$ (g) $x_1 = -\frac{1}{4};\ x_2 = \frac{1}{3};$ (h) keine Lösung; (i) $x_1 = x_2 = 7.$

1.6 Prozentrechnung

Die **Prozentrechnung** beschäftigt sich mit der vergleichenden Beschreibung von Größenverhältnissen. Einfache Größenverhältnisse werden zum Beispiel durch „die Hälfte von" oder „ein Drittel von" beschrieben. Komplexere Verhältnisse hingegen, wie zum Beispiel $\frac{6}{25}$, werden ungern als Bruch verbalisiert, weil den meisten Menschen zumindest auf die Schnelle ein Gefühl für die Größenordnung fehlt. Stattdessen hat sich hier das Verhältnis zu 100 für viele als verständlich und vergleichbar entwickelt. Dieses Verhältnis zu 100 wird vereinfachend als **Prozent** oder **Prozentsatz** bezeichnet und durch das Prozentzeichen % abgekürzt:

$$x\% = \frac{x}{100}$$

Statt eines Bruchs kann der Prozentsatz alternativ auch als Dezimalzahl dargestellt werden, also zum Beispiel:

$$12\% = \frac{12}{100} = 0{,}12$$

Eine typische und einfache Frage in der Prozentrechnung lautet: „Wie viel sind 12% von 60 Gramm?" Zur Beantwortung kann einfach der **Dreisatz** verwendet werden: Das Verhältnis von 12 zu 100 soll das gleiche sein wie das Verhältnis von x, unserer gesuchten Größe, zu 60 g. Als Gleichung formuliert, die nach x aufgelöst wird, ergibt sich:

$$\frac{12}{100} = \frac{x}{60\,\mathrm{g}} \iff x = \frac{12}{100} \cdot 60\,\mathrm{g} = 0{,}12 \cdot 60\,\mathrm{g} = 7{,}2\,\mathrm{g}$$

Die Ausgangsgröße, auf die sich der Prozentsatz (hier 12%) bezieht, wird auch als **Grundwert** (hier 60 g) bezeichnet. Der **Prozentwert** bezeichnet dann den entsprechenden Anteil vom Grundwert (hier 7,2 g).

Sehr häufig werden Veränderungen des Grundwertes im Zeitablauf, sogenannte **Wachstumsraten**, durch entprechende Prozentwerte beschrieben. Bezeichnet x_{ALT} den Wert der Ausgangsperiode und x_{NEU} den Wert der Folgeperiode, dann ergibt sich die Wachstumsrate w durch:

$$w = \frac{x_{\text{NEU}} - x_{\text{ALT}}}{x_{\text{ALT}}}$$

Eine einfache Umformung der Gleichung ergibt, dass sich der neue Grundwert der Folgeperiode aus dem alten Grundwert zuzüglich der Wachstumsrate ergibt:

$$x_{\text{NEU}} = x_{\text{ALT}} \cdot (1 + w)$$

Insbesondere in der Zinsrechnung, aber auch bei vielen anderen Fragestellungen, die sich auf Veränderungen beziehen, spielt dieser Zusammenhang eine wichtige Rolle.

Verändert sich beispielsweise der Umsatz eines Unternehmens von 25 € auf 30 €, dann berechnet sich die Wachstumsrate gemäß:

$$w = \frac{30\,€ - 25\,€}{25\,€} = 0{,}2 = 20\%$$

Wächst der Umsatz anschließend nochmals um 10%, führt das in der zweiten Periode zu einem Gesamtumsatz von $30\,€ \cdot (1 + 10\%) = 33\,€$.

Beispiele

- Auf einen Nettobetrag von $x = 200\,€$ fallen 19% Mehrwertsteuer an. Wie hoch sind die Steuer y und der Bruttobetrag z?

  $$\frac{y}{200\,€} = \frac{19}{100} \iff y = 0{,}19 \cdot 200\,€ = 38\,€;$$
  $$z = 200\,€ + 38\,€ = 200\,€ \cdot (1 + 19\%) = 238\,€$$

- Der Bruttobetrag einer Zahlung beträgt 476 € bei einem Mehrwertsteuersatz von 19%. Wie hoch ist der Nettobetrag x?

  $$476\,€ = x \cdot (1 + 19\%) \iff x = \frac{476\,€}{(1 + 19\%)} = 400\,€$$

- Wie hoch sind Nettobetrag x und Bruttobetrag z, wenn die Mehrwertsteuer bei einem Steuersatz von 19% genau 9,50 € beträgt?

  $$\frac{9{,}50\,€}{19\%} = \frac{x}{100\%} \iff x = \frac{9{,}50\,€ \cdot 100\%}{19\%} = 50\,€;$$
  $$z = 50\,€ \cdot (1 + 19\%) = 59{,}50\,€$$

- Wie viel Zinsen ergeben sich, wenn ein Anlagebetrag von 500 € für eine Periode zu einem Zinssatz von 5% angelegt wird?

  $$\frac{x}{500\,€} = 5\% \iff x = 500\,€ \cdot 5\% = 25\,€$$

- Der Umsatz eines Unternehmens ist dieses Jahr um 20% auf 72 € gestiegen. Wie hoch war der Umsatz x im vergangenen Jahr?

$$72\,€ = x \cdot (1 + 20\%) \iff x = \frac{72\,€}{1 + 20\%} = 60\,€$$

Aufgaben

1.16 (a) Wie viel sind 70% von 80?
(b) Der Umsatz eines Unternehmens hat sich von 150 auf 195 erhöht. Wie hoch ist die Wachstumsrate?
(c) Wie viel sind 8% von 750?
(d) Wie viel Mehrwertsteuer S von 19% fallen auf einen Nettobetrag von 20 € an?
(e) Wie viel Mehrwertsteuer S von 19% beinhaltet ein Bruttoverkaufspreis von 5,95 €?
(f) Wie hoch sind Nettopreis x und Bruttopreis z, wenn die Mehrwertsteuer bei einem Steuersatz von 19% genau 57 € beträgt?
(g) Wie hoch ist die Durchfallquote x, wenn 8 von 64 Studenten eine Klausur nicht bestehen?

Lösungen

1.16 (a) $x = 0{,}70 \cdot 80 = 56$; (b) $w = \frac{195-150}{150} = 30\%$; (c) $x = 0{,}08 \cdot 750 = 60$;
(d) $S = 0{,}19 \cdot 20\,€ = 3{,}80\,€$; (e) $S = 5{,}95\,€ \cdot 0{,}19/1{,}19 = 0{,}95\,€$;
(f) $x = 57\,€/0{,}19 = 300\,€$; $z = 1{,}19 \cdot 300\,€ = 357\,€$; (g) $x = 8/64 = 12{,}5\%$.

1.7 Das Summenzeichen

Das **Summenzeichen** dient der abkürzenden Schreibweise von Summen mit vielen Summanden. Statt der Auslassungspunkte wird der Gesamtausdruck durch den großen griechischen Buchstaben Sigma und weitere Variablen beschrieben:

$$\sum_{i=m}^{n} a_i = a_m + a_{m+1} + \ldots + a_n, \quad (i, m, n \in N,\ m \leqq n).$$

Hier ist i die sogenannte **Laufvariable**, die alle ganzen Zahlen zwischen m und n repräsentiert. Üblicherweise wird die kleinste Zahl dieser Zahlenmenge unter oder rechts unterhalb des Summenzeichens geschrieben, die größte Endzahl dieser Menge wird oberhalb oder rechts oberhalb des Summenzeichens geschrieben. Rechts hinter dem Summenzeichen steht dann ein Ausdruck, der die einzelnen Summanden beschreibt. Jeder dieser Summanden ergibt sich aus dem Einsetzen der verschiedenen Zahlen, die die Laufvariable annimmt. Nehmen wir beispielhaft die Summe:

$$\sum_{i=1}^{4} \frac{2i+1}{i} = \frac{2 \cdot 1 + 1}{1} + \frac{2 \cdot 2 + 1}{2} + \frac{2 \cdot 3 + 1}{3} + \frac{2 \cdot 4 + 1}{4}$$

Die Laufvariable nimmt hier die ganzen Zahlen von 1 bis 4 an. Diese Zahlen der Laufvariablen werden nun nacheinander in den Ausdruck hinter dem Summenzeichen eingesetzt, und dann werden diese Ausdrücke aufsummiert.

Die Summen können auch über eine unendliche Indexmenge definiert werden ($m = -\infty$ und/oder $n = \infty$). Grundsätzlich ist das Summenzeichen aber nur eine vereinfachte Schreibweise, so dass die bekannten Rechenregeln weiterhin ihre Gültigkeit besitzen und auf diese Schreibweise übertragen werden können.

Rechenregeln für das Summenzeichen

(a) $$\sum_{i=m}^{n} c = (n-m+1)c$$

(b) $$\sum_{i=1}^{n} ca_i = c\sum_{i=1}^{n} a_i$$

(c) $$\sum_{i=1}^{n}(a_i \pm b_i) = \sum_{i=1}^{n} a_i \pm \sum_{i=1}^{n} b_i$$

(d) $$\sum_{i=1}^{m} a_i + \sum_{i=m+1}^{n} a_i = \sum_{i=1}^{n} a_i$$

Fehlerquellen

Achten Sie bitte darauf, dass im Allgemeinen gilt:

$$\sum_{i=1}^{n}(a_i \cdot b_i) \neq \sum_{i=1}^{n} a_i \cdot \sum_{i=1}^{n} b_i$$

$$\sum_{i=1}^{n} a_i^2 \neq \left(\sum_{i=1}^{n} a_i\right)^2$$

$$\sum_{i=1}^{n}(a_i - c) \neq \sum_{i=1}^{n} a_i - c$$

Beispiele

Einige der Beispiele und Aufgaben können Sie einfacher unter Verwendung der nach dem deutschen Mathematiker Carl Gauß benannten **Gaußschen Summenformel** berechnen, die wir hier ohne Beweis angeben (vgl. dazu die S. 293):

$$\sum_{i=1}^{n} i = 1+2+3+\ldots+n = \frac{n\cdot(n+1)}{2}$$

- $\sum_{i=1}^{10} i = 1+2+3+\ldots+10 = 55$
- $\sum_{i=1}^{5} 3i = 3+6+9+12+15 = 45$
- $\sum_{i=1}^{10}(3i-15) = 3\cdot\sum_{i=1}^{10} i - 10\cdot 15 = 3\cdot 55 - 150 = 15$
- $\sum_{i=0}^{4}(2i+2) = 2\sum_{i=0}^{4} i + 5\cdot 2 = 30$
- $\sum_{i=0}^{4} 2i + 2 = 2\sum_{i=0}^{4} i + 2 = 22$
- $\sum_{i=3}^{10}(-2) = (10-3+1)\cdot(-2) = -16$

Doppelsummen

Werden zwei Summen ineinander verschachtelt, spricht man von sogenannten **Doppelsummen**. Zur Erklärung nehmen wir an, ein Betrieb verbraucht jeweils die Mengen a_{ij} Dieselkraftstoff in 4 verschiedenen Fahrzeugen ($i = 1,2,3,4$) in den ersten 3 Monaten ($j = 1,2,3$) eines Jahres. Diese Verbräuche kann man in der folgenden Tabelle darstellen. Der Gesamtverbrauch ergibt sich als Doppelsumme in der letzten Zeile und Spalte der Tabelle.

Fahrzeug	Januar	Februar	März	Summe
1	a_{11}	a_{12}	a_{13}	$\sum_{j=1}^{3} a_{1j}$
2	a_{21}	a_{22}	a_{23}	$\sum_{j=1}^{3} a_{2j}$
3	a_{31}	a_{32}	a_{33}	$\sum_{j=1}^{3} a_{3j}$
4	a_{41}	a_{42}	a_{43}	$\sum_{j=1}^{3} a_{4j}$
Summe	$\sum_{i=1}^{4} a_{i1}$	$\sum_{i=1}^{4} a_{i2}$	$\sum_{i=1}^{4} a_{i3}$	$\sum_{i=1}^{4} \sum_{j=1}^{3} a_{ij}$

Hier wird deutlich, dass es gleichgültig ist, ob wir über die Spalten oder die Zeilen aufsummieren. Erklärung ist das Kommutativgesetz, welches besagt, dass bei der Addition die gewählte Reihenfolge egal ist:

(e) $$\sum_{i=1}^{n} \sum_{j=1}^{m} a_{ij} = \sum_{j=1}^{m} \sum_{i=1}^{n} a_{ij}$$

Aufgaben

1.17 Berechnen Sie die folgenden Summen:

(a) $\sum_{i=1}^{5} i$; (b) $\sum_{i=1}^{5} 100i$; (c) $\sum_{i=1}^{5}(100i - 300)$; (d) $\sum_{i=1}^{100} i$;

(e) $\sum_{i=1}^{100}(-i)$; (f) $\sum_{i=1}^{100}(-3i + 150)$; (g) $\sum_{i=1}^{n} i^2 - \sum_{i=2}^{n-1} i^2$; (h) $\sum_{i=0}^{3} 2^i - i^2$;

(i) $\sum_{i=2}^{5} i^2$; (j) $\left(\sum_{i=2}^{5} i\right)^2$; (k) $\sum_{i=0}^{3} \sum_{j=0}^{4} 4ij$; (l) $\sum_{i=1}^{4} \sum_{j=1}^{10} ij$.

Lösungen

1.17 (a) $1 + 2 + 3 + 4 + 5 = 15$; (b) $100 \sum_{i=1}^{5} i = 100 \cdot 15 = 1500$; (c) $100 \sum_{i=1}^{5} i - 5 \cdot 300 = 0$; (d) $\frac{100 \cdot (100+1)}{2} = 5050$; (e) $-\frac{100 \cdot (100+1)}{2} = -5050$; (f) $-3 \cdot \left(\sum_{i=1}^{100} i\right) + 100 \cdot 150 = -150$; (g) $1 + n^2$; (h) $1 - 0 + 2 - 1 + 4 - 4 + 8 - 9 = 1$; (i) 54; (j) 196; (k) 240; (l) 550.

1.8* Stellenwertsysteme

Dezimalzahlen

Bei unserer Darstellung der Zahlenmengen sind wir bisher von der uns geläufigen Darstellung der Zahlen im sogenannten Dezimalsystem ausgegangen. Daneben existieren andere

Möglichkeiten, Zahlen darzustellen. Im Dezimalsystem ist die Schreibweise für die reelle Zahl 154,21 eigentlich eine Abkürzung für:

$$1 \cdot 10^2 + 5 \cdot 10^1 + 4 \cdot 10^0 + 2 \cdot 10^{-1} + 1 \cdot 10^{-2}$$

Die Stellen der Zahl geben also an, wie oft welche Potenz von 10 gezählt wird, hier einmal die zweite Potenz (10^2), fünfmal die erste Potenz, viermal die nullte Potenz, zweimal die negative erste Potenz und einmal die negative zweite Potenz. Allgemein heißt eine Zahl in der Darstellung

$$a_n \dots a_0{,}a_{-1} \dots a_{-m} = \sum_{j=-m}^{n} a_j \cdot 10^j, \quad a_j \in \{0;1;2;\dots;9\}$$

eine **Dezimalzahl**. Die jeweilige Stelle einer Ziffer gibt an, mit welcher Potenz von 10 sie jeweils multipliziert wird. Allgemeiner können auch andere als die Zehnerpotenzen für ein solches **Stellenwertsystem** verwendet werden.

Aufgaben

1.18 (a) Schreiben Sie die Zahl 10.001,05 in der Darstellung einer Summe von Zehnerpotenzen auf.
(b) Schreiben Sie die Zahl $-5{,}31$ in der Darstellung einer Summe von Zehnerpotenzen auf.

Lösungen

1.18 (a) $10.001{,}05 = 1 \cdot 10^4 + 0 \cdot 10^3 + 0 \cdot 10^2 + 0 \cdot 10^1 + 1 \cdot 10^0 + 0 \cdot 10^{-1} + 5 \cdot 10^{-2}$;
(b) $-5{,}31 = -5 \cdot 10^0 - 3 \cdot 10^{-1} - 1 \cdot 10^{-2}$.

Dualzahlen

Für die Informatik ist insbesondere das Dualsystem wichtig. Während im Dezimalsystem zehn Symbole benötigt werden (0, 1, 2, ...,9), kommt das Dualsystem mit zwei Symbolen (0 und 1) aus. Der *0* und der *1* entsprechen in der Computerschaltung die beiden Zustände *Spannung aus* und *Spannung ein*.

Eine Zahl in der Darstellung

$$a_n \dots a_0{,}a_{-1} \dots a_{-m} = \sum_{j=-m}^{n} a_j \cdot 2^j, \quad a_j \in \{0;1\}$$

heißt **Dualzahl**. Zum Beispiel steht 101 im Dualsystem für $1 \cdot 2^2 + 0 \cdot 2^1 + 1 \cdot 2^0$, was im Dezimalsystem der Zahl 5 entspricht.

Werden mehrere Stellenwertsysteme parallel verwendet, so muss die Basis jeweils angegeben werden, indem die Zahl eingeklammert und mit einem Index für das verwendete Stellenwertsystem versehen wird. Zum Beispiel lautet die Zahl $(34)_{10} = 3 \cdot 10^1 + 4 \cdot 10^0$ (Dezimalsystem) im Dualsystem $(100010)_2 = 1 \cdot 2^5 + 0 \cdot 2^4 + 0 \cdot 2^3 + 0 \cdot 2^2 + 1 \cdot 2^1 + 0 \cdot 2^0$.

Die Umrechnung von Dualzahlen in Dezimalzahlen ist relativ einfach, weil wir gewohnt sind, mit Dezimalzahlen zu rechnen. Zum Beispiel würden wir im Kopf die erste Stelle in $(1001)_2$ direkt mit einmal 2^3, also $(8)_{10}$ umrechnen (wobei wir den Exponenten ohnehin als Dezimalzahl *3* statt konsequenter als Dualzahl *11* schreiben). Die gesamte Zahl $(1001)_2$ können wir so umrechnen: $(1001)_2 = 1 \cdot 2^3 + 0 \cdot 2^2 + 0 \cdot 2^1 + 1 \cdot 2^0 = (9)_{10}$.

Viel schwieriger ist der umgekehrte Weg von einer Dezimalzahl in eine Dualzahl. Dazu geben wir das folgende Verfahren ohne Beweis an: Man dividiere die Dezimalzahl durch 2 und notiere den Rest, dann dividiere man das Ergebnis (ohne Rest) wieder durch 2 und notiere den Rest usw. Die von **rechts nach links notierten Reste** ergeben die gesuchte Dualzahl. Bei Dezimalbrüchen muss man multiplizieren statt dividieren: Man multipliziere den Dezimalbruch mit 2 und notiere den Überlauf (die Ziffer im Ergebnis, die vor dem Komma erscheint), dann multipliziere man das Ergebnis (ohne Überlauf) wieder mit 2 und notiere den Überlauf usw. Die von **links nach rechts notierten Überläufe** ergeben die Nachkommastellen des gesuchten Dualbruchs.

Beispiele

- Die Zahl $(24)_{10}$ soll als Dualzahl geschrieben werden:

  $$24 \div 2 = 12\,\mathrm{R}\,0; \quad 12 \div 2 = 6\,\mathrm{R}\,0; \quad 6 \div 2 = 3\,\mathrm{R}\,0; \quad 3 \div 2 = 1\,\mathrm{R}\,1; \quad 1 \div 2 = 0\,\mathrm{R}\,1$$

  Die in umgekehrter Reihenfolge aufgeschriebenen Reste liefern das Ergebnis:

  $$(24)_{10} = (11000)_2$$

- Die Zahl $(0{,}1)_{10}$ soll als Dualzahl geschrieben werden:

  $$0{,}1 \cdot 2 = 0{,}2\,\text{Ü}\,0,\ 0{,}2 \cdot 2 = 0{,}4\,\text{Ü}\,0,\ 0{,}4 \cdot 2 = 0{,}8\,\text{Ü}\,0,\ 0{,}8 \cdot 2 = 0{,}6\,\text{Ü}\,1,\ 0{,}6 \cdot 2 = 0{,}2\,\text{Ü}\,1,$$
  $$0{,}2 \cdot 2 = 0{,}4\,\text{Ü}\,0;\ 0{,}4 \cdot 2 = 0{,}8\,\text{Ü}\,0;\ 0{,}8 \cdot 2 = 0{,}6\,\text{Ü}\,1;\ 0{,}6 \cdot 2 = 0{,}2\,\text{Ü}\,1$$

  Anhand der zweiten Zeile sieht man, dass die Überläufe sich periodisch wiederholen. Die in gleicher Reihenfolge aufgeschriebenen Überläufe liefern daher das Ergebnis:

  $$(0{,}1)_{10} = (0{,}\overline{0011})_2$$

- Die Zahl $(24{,}1)_{10}$ soll als Dualzahl geschrieben werden: Man kann die Ergebnisse der beiden vorangehenden Beispiele nun einfach addieren und erhält:

  $$(24{,}1)_{10} = (11000{,}\overline{0011})_2$$

Im Dualsystem kann man die Grundrechenarten analog zum Dezimalsystem ausführen, etwa auch schriftlich multiplizieren. Als Beispiel betrachten wir $(101)_2 \cdot (101)_2$, was im Dezimalsytem $(5)_{10} \cdot (5)_{10} = (25)_{10}$ entspricht:

$$\begin{array}{ccccccc}
1 & 0 & 1 & \cdot & 1 & 0 & 1 \\
\hline
 & & & & \overline{1} & \overline{0} & \overline{1} \\
 & & & 0 & 0 & 0 & \\
 & & 1 & 0_1 & 1 & & \\
\hline
 & & \overline{1} & \overline{1} & \overline{0} & \overline{0} & \overline{1}
\end{array}$$

Für das Ergebnis gilt $(11001)_2 = (25)_{10}$.

Aufgaben

1.19 (a) Stellen Sie $(11111)_2$ als Dezimalzahl dar.
(b) Stellen Sie $(10101{,}1)_2$ als Dezimalzahl dar.
(c) Stellen Sie $(101010{,}01)_2$ als Dezimalzahl dar.
(d) Stellen Sie $(37)_{10}$ als Dualzahl dar.
(e) Stellen Sie $(37{,}1)_{10}$ als Dualzahl dar.
(f) Stellen Sie $(137{,}05)_{10}$ als Dualzahl dar.

1.20 (a) Berechnen Sie das Produkt $(16)_{10} \cdot (2)_{10}$ direkt im Dezimalsystem und anschließend nach Umwandlung beider Faktoren ins Dualsystem innerhalb des Dualsystems. Wandeln Sie zur Probe das Ergebnis wieder ins Dezimalsystem um.
(b) Wiederholen Sie die Aufgabe (a) für das Produkt $(15)_{10} \cdot (3)_{10}$.

Lösungen

1.19 (a) $(11111)_2 = (31)_{10}$; (b) $(10101{,}1)_2 = (21{,}5)_{10}$; (c) $(101010{,}01)_2 = (42{,}25)_{10}$; (d) $(37)_{10} = (100101)_2$; (e) $(37{,}1)_{10} = (100101,0\overline{0011})_2$; (f) $(137{,}05)_{10} = (10001001,00\overline{0011})_2$.

1.20 (a) $(16)_{10} \cdot (2)_{10} = 32_{10}$; $(16)_{10} = (10000)_2$ und $(2)_{10} = (10)_2$, also $(10000)_2 \cdot (10)_2 = (100000)_2$. Probe: $(100000)_2 = (32)_{10}$; (b) $(15)_{10} \cdot (3)_{10} = (45)_{10}$; $(15)_{10} = (1111)_2$ und $(3)_{10} = (11)_2$, also $(1111)_2 \cdot (11)_2 = (101101)_2$. Probe: $(101101)_2 = (45)_{10}$.

Hexadezimalzahlen

Für die Datenverarbeitung ist das Dualsystem grundlegend. In der Informatik wurde früher außerdem häufig das Oktalsystem verwendet, heute dagegen vor allem das Hexadezimalsystem. Beide haben im Vergleich zum Dualsystem den Vorteil, dass sie einfacher lesbar sind. Wir stellen kurz das Hexadezimalsystem vor, das als Basis die Zahl 16 (Dezimalsystem) beziehungsweise 2^4 hat. Dadurch kann in der Informatik eine Folge von vier Bits, als vierstellige Dualzahl interpretiert, stets durch ein Symbol im Hexadezimalsystem dargestellt werden. Entsprechend wird ein Datenwort aus acht Symbolen im Dualsystem im Hexadezimalsystem durch zwei Symbole dargestellt.

Da im Hexadezimalsystem 16 als Basis verwendet wird, werden neben den Ziffern von 0 bis 9 noch sechs weitere Zeichen benötigt, üblicherweise A, B, C, D, E und F. Eine Zahl in der Darstellung

$$a_n \dots a_0{,}a_{-1} \dots a_{-m} = \sum_{j=-m}^{n} a_j \cdot 16^j, \quad a_j \in \{0;1;\dots;9;A;\dots;F\}$$

heißt **Hexadezimalzahl**.

Beispiele

- $(B7)_{16} = 11 \cdot 16^1 + 7 \cdot 16^0 = (183)_{10}$.
- $(FA8)_{16} = 15 \cdot 16^2 + 10 \cdot 16^1 + 8 \cdot 16^0 = (4008)_{10}$.

Eine vierstellige Dualzahl kann die Dezimalwerte von 0 bis 15 durchlaufen (im Dualsystem 0000 bis 1111), also genau die Zahlen, die im Hexadezimalsystem mit einer Stelle darstellbar sind (0 bis F). Bildet man eine achtstellige Dualzahl mit vier Nullen hinten, so kann die achtstellige Zahl die Dezimalwerte 16 bis 240 durchlaufen (00010000 bis 11110000 im Dualsystem), also genau die Werte, die im Hexadezimalsystem mit zwei Stellen und einer 0 an der zweiten Stelle darstellbar sind (10 bis $F0$). Man kann also jeden Viererblock an Dualzahlen durch eine einstellige Hexadezimalzahl wiedergeben und diese Blöcke auch hintereinander aufschreiben, um die entsprechenden mehrstelligen Hexadezimalzahlen zu erhalten. Damit werden Dualzahlen übersichtlicher dargestellt.

Beispiele

- Da $(1100)_2 = (C)_{16}$ ist, folgt direkt, dass $(11001100)_2 = (CC)_{16}$. Sie können das auch überprüfen, indem Sie beide Darstellungen in das Dezimalsystem umwandeln:
$$(11001100)_2 = (204)_{10} \quad \text{und} \quad (CC)_{16} = (204)_{10}.$$
- Wegen $(0011)_2 = (3)_{16}$ und $(1100)_2 = (C)_{16}$ ist $(00111100)_2 = (3C)_{16}$.

Aufgaben

1.21 (a) Stellen Sie $(67)_{16}$ im Dualsystem und im Dezimalsystem dar.
(b) Stellen Sie $(FAD)_{16}$ im Dualsystem und im Dezimalsystem dar.
(c) Stellen Sie $(10010101)_2$ im Hexadezimalsystem dar.
(d) Stellen Sie $(111110010101)_2$ im Hexadezimalsystem dar.

Lösungen

1.21 (a) $(67)_{16} = (1100111)_2 = (103)_{10}$; (b) $(FAD)_{16} = (111110101101)_2 = (4013)_{10}$; (c) $(10010101)_2 = (95)_{16}$; (d) $(111110010101)_2 = (F95)_{16}$.

Literaturhinweise

Dieses Kapitel behandelt in weiten Teilen Grundlagen, die mehr oder weniger ausführlich in praktisch allen (einführenden) Büchern zur Mathematik für Wirtschaftswissenschaftler dargestellt werden, zum Beispiel in Luderer und Würker (2011), Simon und Blume (1994), Sydsaeter und Hammond (2009) oder Tietze (2011).

Trotz der Bemühungen, die grundlegenden Rechentechniken anschaulich und einfach zu vermitteln, werden einige Leser Verständnisschwierigkeiten haben. Neben verschiedenen Schulbüchern, die deutlich langsamer die entsprechenden Inhalte vermitteln, ist insbesondere Rolles und Unger (2010) als Nachschlagewerk mit ausführlichen Erklärungen zu empfehlen. Weitere Übungsaufgaben mit Lösungen über dieses im Wesentlichen in der Mittelstufe vermittelte Wissen finden sich in Postel (2012).

Wir haben einige Regeln angegeben, ohne sie zu beweisen. So bedarf zum Beispiel die Verwendung von reellen Zahlen als Exponenten in Potenzen einer näheren Begründung, die Sie zum Beispiel in Heuser (2009a) finden können (das Niveau dieses Buches geht allerdings erheblich über die Anforderungen hier hinaus).

Die Stellenwertsysteme spielen vor allem für Wirtschaftsinformatiker eine Rolle. Dementsprechend finden sich ausführlichere Darstellungen in Lehrbüchern zur Mathematik für Informatiker, zum Beispiel in Teschl und Teschl (2008).

2 Finanzmathematik

2.1 Ganzjährige Zins- und Zinseszinsrechnung

Bezeichnungen

Die **Zinsrechnung** beschäftigt sich mit der Berechnung von **Zinsen**. Zinsen sind dabei die Vergütung für die Überlassung von Kapital für einen bestimmten Zeitraum. Verleiht beispielsweise Person A 500 € an Person B für den Zeitraum von einem Jahr zu einem **Zinssatz** von 2%, dann fallen hierfür Zinsen in Höhe von 10 € als Preis für diesen Kredit an. Natürlich müssen die 500 € nach Jahresfrist ebenfalls zurückgezahlt werden.

Die Person A, die das Geld verleiht, wird auch als **Gläubiger** bezeichnet, Person B, die sich das Geld leiht, als **Schuldner**.

i : **Zinssatz**

K_0 : **Startkapital** zum Zeitpunkt 0

n : **Laufzeit** in ganzen Jahren

K_n : **Endkapital** zum Ende der Laufzeit n

Z : **Zinsen** als Entgelt für die Überlassung des Kapitals K_0

Ganzjährige Zinsrechnung

Wird ein Startkapital $K_0 = 500\,€$ für ein ganzes Jahr verzinslich zu einem Zinssatz von $i = 2\%$ angelegt, erhält der Kapitalgeber sein Startkapital K_0 zuzüglich der Zinsen Z, zusammen also $K_1 = K_0 + Z$, zurück. Da sich die Zinsen als prozentualer Anteil des Startkapitals berechnen, ergibt sich damit folgende allgemeine Gleichung zur Bestimmung des Endkapitals K_1 nach einem Jahr:

$$K_1 = K_0 + Z = K_0 + i \cdot K_0 = K_0 \cdot (1 + i)$$

Sollen nur die Zinsen bestimmt werden, ergibt sich:

$$Z = i \cdot K_0$$

Mit den Zahlen des Beispiels ergeben sich die bereits genannten Größen:

$$K_1 = 500\,€ \cdot (1 + 0{,}02) = 510\,€;$$

$$Z = 0{,}02 \cdot 500\,€ = 10\,€$$

Beispiele

- Welches Endkapital erhalten Sie, wenn Sie 2.000 € zu einem Zinssatz von $i = 3\% = 0{,}03$ für ein Jahr anlegen?

$$K_1 = K_0 \cdot (1 + i) = 2.000\,€ \cdot (1 + 0{,}03) = 2.060\,€$$

- Wie viele Zinsen erhalten Sie, wenn Sie 1.000 € mit $i = 4\%$ für ein Jahr anlegen?

$$Z = K_0 \cdot i = 1.000\,€ \cdot 0{,}04 = 40\,€$$

- Bei einer Geldanlage für ein Jahr zu einem Zinssatz von 5% erhalten Sie am Ende der Laufzeit 336 € inklusive Zinsen. Wie hoch war das eingesetzte Startkapital?

$$K_1 = K_0 \cdot (1+i) \quad \text{auflösen nach } K_0\text{:}$$
$$K_0 = \frac{K_1}{1+i} = \frac{336\,€}{1+0{,}05} = 320\,€$$

- Für eine einjährige Geldanlage zu einem Zinssatz von 1% erhalten Sie 40 € Zinsen. Wie hoch war das eingesetzte Startkapital?

$$Z = K_0 \cdot i \quad \text{auflösen nach } K_0\text{:}$$
$$K_0 = \frac{Z}{i} = \frac{40\,€}{0{,}01} = 4.000\,€$$

- Aus 760 € werden nach einem Jahr 798 € Endkapital. Wie hoch ist der Zinssatz?

$$K_1 = K_0 \cdot (1+i) \quad \text{auflösen nach } i\text{:}$$
$$i = \frac{K_1}{K_0} - 1 = \frac{798\,€}{760\,€} - 1 = 0{,}05 = 5\%$$

Aufgaben

2.1 (a) Welches Endkapital erhalten Sie, wenn Sie 400 € zu einem Zinssatz von 2,5% ein Jahr anlegen?

(b) Wie viele Zinsen erhalten Sie, wenn Sie 20.000 € zu einem Zinssatz von 3,3% ein Jahr anlegen?

(c) Bei einer Geldanlage für ein Jahr zu einem Zinssatz von 1,5% erhalten Sie am Ende der Laufzeit 225,33 € inklusive Zinsen. Wie hoch war das eingesetzte Startkapital?

(d) Für eine einjährige Geldanlage zu einem Zinssatz von 0,6% erhalten Sie 15 € Zinsen. Wie hoch war das eingesetzte Startkapital?

(e) Aus 240 € Startkapital werden nach einem Jahr 246 € Endkapital. Wie hoch ist der Zinssatz?

(f) Bei einer Geldanlage für ein Jahr zu einem Zinssatz von 3,5% erhalten Sie am Ende der Laufzeit 362,25 € inklusive Zinsen. Wie hoch war das eingesetzte Startkapital?

(g) Aus $K_0 = 12.100\,€$ werden nach einem Jahr 12.632,40 € Endkapital. Wie hoch ist der Zinssatz?

(h) Wie viele Zinsen erhalten Sie, wenn Sie 3.000 € zu einem Zinssatz von 4,1% für ein Jahr anlegen?

(i) Für eine einjährige Geldanlage zu einem Zinssatz von 2,4% erhalten Sie 30 € Zinsen. Wie hoch war das eingesetzte Startkapital?

(j) Wie viel Endkapital erhalten Sie, wenn Sie 12.000 € mit $i = 1{,}6\%$ für ein Jahr anlegen?

Lösungen

2.1 (a) $K_1 = 400\,€ \cdot (1+0{,}025) = 410\,€$; (b) $Z = 20.000\,€ \cdot 0{,}033 = 660\,€$; (c) $K_0 = \frac{225{,}33\,€}{1+0{,}015} = 222\,€$; (d) $K_0 = \frac{15\,€}{0{,}006} = 2.500\,€$; (e) $i = \frac{246\,€}{240\,€} - 1 = 2{,}5\%$; (f) $K_0 = \frac{362{,}25\,€}{1+0{,}035} = 350\,€$; (g) $i = \frac{12.632{,}40\,€}{12.100\,€} - 1 = 4{,}4\%$; (h) $Z = 3.000\,€ \cdot 0{,}041 = 123\,€$; (i) $K_0 = \frac{30\,€}{0{,}024} = 1.250\,€$; (j) $K_1 = 12.000\,€ \cdot (1+0{,}016) = 12.192\,€$.

Ganzjährige Zinseszinsrechnung

Wird ein Kapital verzinst und werden die Zinsen dem Kapital am Jahresende zugeschlagen, so wird im folgenden Jahr das Kapital einschließlich der Zinsen verzinst. Dieser Effekt, dass sich die Zinsen auch wieder verzinsen, wird **Zinseszins** genannt.

Ist der Zinssatz über n Jahre konstant gleich i, so folgt

$$\begin{aligned} K_1 &= K_0 \cdot (1+i) \\ K_2 &= K_1 \cdot (1+i) = K_0 \cdot (1+i) \cdot (1+i) = K_0 \cdot (1+i)^2 \\ &\dots \\ K_n &= K_0 \cdot (1+i)^n \end{aligned}$$

Dieses Ergebnis wird nach dem deutschen Mathematiker und Universalgelehrten Gottfried Leibniz als **Leibnizsche Zinseszinsformel** bezeichnet.

(Leibnizsche Zinseszinsformel) Wird das Kapital K_0 über n Jahre zum konstanten Zinssatz i verzinst, so beträgt das Endkapital

$$K_n = K_0 \cdot (1+i)^n.$$

Wird beispielhaft ein Startkapital $K_0 = 500\,€$ für $n = 5$ ganze Jahre verzinslich zu einem Zinssatz von $i = 2\%$ angelegt, erhält der Kapitalgeber sein Startkapital K_0 zuzüglich der Zinsen und Zinseszinsen zurück, zusammen also:

$$K_5 = K_0 \cdot (1+i)^n = 500\,€ \cdot (1+2\%)^5 = 552{,}04\,€$$

Beispiele

Im Folgenden werden die Ergebnisse immer auf zwei Stellen hinter dem Komma gerundet.

- Wie viel Endkapital erhalten Sie, wenn Sie 2.000 € zu einem Zinssatz von 3% für 5 Jahre anlegen?

$$K_5 = K_0(1+i)^n = 2.000\,€ \cdot (1+0{,}03)^5 = 2.318{,}55\,€$$

- Wie viel Startkapital haben Sie angelegt, wenn Sie am Ende der Laufzeit von 3 Jahren 11.576,25 € Endkapital erhalten, welches zu einem Zinssatz von 5% verzinst wurde?

$$K_3 = K_0(1+i)^3 \iff K_0 = K_3(1+i)^{-3} = 11.576{,}25\,€ \cdot 1{,}05^{-3} = 10.000\,€$$

- Wie hoch ist der Zinssatz, wenn aus 5.000 € nach 8 Jahren 5.414,28 € werden?

$$K_8 = K_0(1+i)^8 \iff i = \left(\frac{K_8}{K_0}\right)^{\frac{1}{8}} - 1 = \left(\frac{5.414{,}28\,€}{5.000{,}00\,€}\right)^{\frac{1}{8}} - 1 = 0{,}0100 = 1{,}00\%$$

- Nach wie vielen Jahren wird aus einem Startkapital von 1.000 € bei einem Zinssatz von 2% ein Endkapital von 2.000 €?

$$K_n = K_0(1+i)^n \iff \ln(1+i)^n = \ln\left(\frac{K_n}{K_0}\right) \iff n \cdot \ln(1+i) = \ln\left(\frac{K_n}{K_0}\right)$$

$$\iff n = \frac{\ln\left(\frac{K_n}{K_0}\right)}{\ln(1+i)} = \frac{\ln\left(\frac{2.000\,€}{1.000\,€}\right)}{\ln 1{,}02} = 35{,}00 \text{ Jahre}$$

Aufgaben

2.2 (a) Wie viel Endkapital erhalten Sie, wenn Sie 500 € zu einem Zinssatz von 4% für 6 Jahre anlegen?

(b) Wie viel Startkapital haben Sie angelegt, wenn Sie am Ende der Laufzeit von 5 Jahren 712,61 € Endkapital erhalten, welches zu einem Zinssatz von 3,5% verzinst wurde?

(c) Wie hoch ist der Zinssatz, wenn aus 800 € nach 10 Jahren 1.242,38 € werden?

(d) Nach wie vielen Jahren wird aus einem Startkapital von 200 € bei einem Zinssatz von 4,08% ein Endkapital von 350,08 € ?

(e) Welche Verzinsung ist notwendig, um die Verdopplung eines Kapitaleinsatzes innerhalb von 10 Jahren zu erreichen?

(f) Wie viele Zinseszinsen, das sind die Zinsen und die Zinsen auf die Zinsen, erhalten Sie, wenn Sie 2.000 € zu einem Zinssatz von 5% für 12 Jahre anlegen?

(g) Wie viel Kapital müssen Sie sofort anlegen, um sich in 7 Jahren ein Auto im Wert von 21.000 € zu kaufen, wenn sich Ihre Anlage zu einem Zinssatz von 2,5% verzinst?

(h) Wie lange benötigt ein beliebiger Kapitaleinsatz, um sich bei einem Zinssatz von 3,0988% zu verdreifachen?

Lösungen

2.2 (a) $K_6 = K_0(1+i)^6 = 500\,€(1+0{,}04)^6 = 632{,}66\,€$; (b) $K_0 = \frac{K_5}{(1+i)^5} = \frac{712{,}61\,€}{1{,}035^5} = 600\,€$;

(c) $i = \left(\frac{K_{10}}{K_0}\right)^{\frac{1}{10}} - 1 = \left(\frac{1.242{,}38\,€}{800{,}00\,€}\right)^{\frac{1}{10}} - 1 = 4{,}5\%$; (d) $n = \frac{\ln\left(\frac{K_n}{K_0}\right)}{\ln 1+i} = \frac{\ln\left(\frac{350{,}08\,€}{200\,€}\right)}{\ln 1{,}0408} = 14$ Jahre;

(e) $i = \left(\frac{2K_0}{K_0}\right)^{\frac{1}{10}} - 1 = 2^{\frac{1}{10}} - 1 = 7{,}18\%$;

(f) $K_{12} - K_0 = K_0(1+i)^{12} - K_0 = 2.000\,€(1+0{,}05)^{12} - 2.000 = 1.591{,}71\,€$;

(g) $K_0 = K_7(1+i)^{-7} = 21.000\,€ \cdot 1{,}025^{-7} = 17.666{,}57\,€$; (h) $n = \frac{\ln\left(\frac{3K_0}{K_0}\right)}{\ln 1+i} = \frac{\ln 3}{\ln 1{,}030988} = 36$ Jahre.

2.2 Unterjährige Zins- und Zinseszinsrechnung

2.2.1 Unterjährige Zinsrechnung

Im vergangenen Unterabschnitt wurde vereinfachend angenommen, dass die Zinszahlungen immer nach genau einem oder mehreren ganzen Jahren erfolgen. In der Realität sind diese Fälle eher die Ausnahme, da Vertragsabschlüsse meistens im Laufe eines Kalenderjahres erfolgen, Zinszahlungen gerne monatlich anfallen und die meisten Banken Zinsen ebenfalls am Monats-, Quartals- oder Jahresende auszahlen und berechnen. In diesem Abschnitt werden wir uns deshalb mit Zinsperioden, die kürzer als ein Jahr sind, beschäftigen (**unterjährige Verzinsung**). Anschließend werden diese Techniken mit der ganzjährigen zur **gemischten Verzinsung** zusammengeführt.

Im vorherigen Abschnitt konnten wir die Laufzeit, die in ganzen Jahren gemessen wurde, bequem am Index des Kapitaleinsatzes notieren. Eine Laufzeit von 7 Jahren führte dann zu einem Endkapital K_7. Da eine entsprechende Notation bei der Berücksichtigung von Tagen und angebrochenen Jahren aufwändig und eher verwirrend ist, wird das Endkapital meist allgemein mit K_t oder K_n bezeichnet. Die Laufzeit ergibt sich dann immer aus dem jeweiligen Zusammenhang.

Deutsche kaufmännische Zinsmethode

Die Methode der unterjährigen Verzinsung bezieht sich, wie der Name es ausdrückt, auf die Berechnung von Zinsen innerhalb eines Jahres. Das Grundprinzip hierbei ist, dass die Zinsen immer anteilig für den jeweiligen Zeitraum berechnet werden. Betrachten wir beispielsweise einen **Nominalzinssatz** von 5%, wobei als Nominalzinssatz derjenige jährliche Zinssatz gemeint ist, der als Grundlage für die Berechnung der unterjährigen Zinsen verwendet wird. Werden nun 200 € für 3 Monate angelegt, dann berechnen sich die Zinsen, indem der Nominalzinssatz mit dem Anteil des Jahres, also hier einem Viertel, gewichtet wird:

$$Z = 200\,€ \cdot 5\% \cdot \frac{1}{4} = 2{,}50\,€$$

Verallgemeinert lautet die Formel zu Berechnung der unterjährigen Zinsen

$$Z = K_0 \cdot i \cdot \frac{T_2 - T_1}{360},$$

wobei hier vereinfachend angenommen wird, dass das Jahr 360 Tage und jeder Monat 30 Tage hat. Mit T_1 und T_2 werden dabei der Starttag und der Endtag des Anlagezeitraums bezeichnet, so dass sich aus dieser Differenz der Zeitraum in Tagen ergibt. Bei der Berechnung dieser beiden Zeitpunkte kann auf folgende Formel zurückgegriffen werden:

$$T = (\text{Monat} - 1) \cdot 30 + \text{Tag}$$

Der 13.3. eines Jahres ist gemäß dieser Formel der 73. Tag im Jahr, denn $T = (3-1) \cdot 30 + 13 = 73$, und der 28.11. ist der 328. Tag.

Werden 200 € also vom 13.3. bis zum 28.11. eines Jahres angelegt, ergeben sich hieraus bei einem angenommenen Zinssatz von 5% Zinsen in Höhe von:

$$Z = 200\,€ \cdot 5\% \cdot \frac{328 - 73}{360} = 7{,}08\,€$$

Bezogen auf den Start- und Endwert des Kapitals wird die Zinsberechnungsformel entsprechend angepasst zu:

$$K_t = K_0 \cdot \left(1 + i \cdot \frac{T_2 - T_1}{360}\right)$$

Diese Methode der Zinsberechnung wird auch **30/360-Methode** oder **deutsche kaufmännische Verzinsungsmethode** genannt. Die vereinfachende Annahme, dass das Jahr nur 360 Tage und jeder Monat nur 30 Tage hat, führt bei der Berechnung der Laufzeit dazu, dass in Monaten mit 31 Tagen die letzten beiden Tage wie ein Tag behandelt werden. Liegt das Ende des Monats Februar innerhalb des Anlagezeitraums, dann werden volle 30 Tage berücksichtigt. Üblicherweise wird weiterhin der erste Anlagetag als Zinstag berücksichtigt, der letzte Anlagetag hingegen nicht, was aber für alle Anlagen innerhalb eines Jahres keine Auswirkungen auf die Berechnung des Zeitraums hat.

Es gibt weltweit auch noch andere Zinsmethoden, die sich in der Anzahl der Jahrestage und in Details unterscheiden, das Grundprinzip wird aber anhand der deutschen Verzinsungsmethode, die hier verwendet wird, sehr deutlich.

Beispiele

- Der Zeitraum zwischen dem 5.1. und dem 20.3. eines Jahres beinhaltet 75 Zinstage, denn $T_2 - T_1 = [(3-1) \cdot 30 + 20] - [(1-1) \cdot 30 + 5] = 80 - 5 = 75.$

- Der Zeitraum zwischen dem 29.1. und dem 29.2. eines Jahres beinhaltet 30 Zinstage, denn $T_2 - T_1 = [(2-1) \cdot 30 + 29] - [(1-1) \cdot 30 + 29] = 59 - 29 = 30.$

- Der Zeitraum zwischen dem 5.2. und dem 5.3. eines Jahres beinhaltet 30 Zinstage, denn $T_2 - T_1 = [(3-1) \cdot 30 + 5] - [(2-1) \cdot 30 + 5] = 65 - 35 = 30.$

- Der Zeitraum zwischen dem 10.8. und dem 31.8. eines Jahres beinhaltet 20 Zinstage, denn $T_2 - T_1 = [(8-1) \cdot 30 + 30] - [(8-1) \cdot 30 + 10] = 240 - 220 = 20.$

- Der Zeitraum zwischen dem 10.8. und dem 1.9. eines Jahres beinhaltet 21 Zinstage, denn $T_2 - T_1 = [(9-1) \cdot 30 + 1] - [(8-1) \cdot 30 + 10] = 241 - 220 = 21.$

- Am 9.9. werden 5.000 € zu einem Zinssatz von 4% bis zum 12.12. angelegt. Das Endkapital beträgt:

$$K_2 = K_0 \cdot \left(1 + i \cdot \frac{T_2 - T_1}{360}\right) = 5.000\,€ \cdot \left(1 + 0{,}04 \cdot \frac{342 - 249}{360}\right) = 5.051{,}67\,€$$

- Wie viel Kapital wurde am 7.7. zu einem Zinssatz von 3,05% angelegt, wenn am 12.11. das Endkapital 3.031,77 € beträgt?

$$K_0 = K_t \div \left(1 + i \cdot \frac{T_2 - T_1}{360}\right) = 3.031{,}77\,€ \div \left(1 + 0{,}0305 \cdot \frac{312 - 187}{360}\right) = 3.000{,}00\,€$$

- Aus 2.000 €, die am 27.3. angelegt wurden, ergibt sich am 12.11. ein Endkapital von 2.075 €. Wie hoch ist der zugrunde liegende Nominalzinssatz?

$$i = \left(\frac{K_t}{K_0} - 1\right) \cdot \frac{360}{T_2 - T_1} = \left(\frac{2.075\,€}{2.000\,€} - 1\right) \cdot \frac{360}{312 - 87} = 6\%$$

- 1.000 € werden am 12.3. zu einem Zinssatz von 2% angelegt. An welchem Datum kann der Endbetrag in Höhe von 1.015,61 € abgehoben werden?

$$T_2 = \left(\frac{K_t}{K_0} - 1\right) \cdot \frac{360}{i} + T_1 = \left(\frac{1.015{,}61\,€}{1.000\,€} - 1\right) \cdot \frac{360}{0{,}02} + 72 \approx 353 \iff 23.12.$$

Aufgaben

2.3 (a) Gertrud legt am 1.4. eines Jahres 3.000 € zum Zinssatz 4% bei der Bank an. Wie hoch ist ihr Endkapital am 16.9., wenn sie ihre Geldanlage inklusive Zinsen abhebt?

(b) Walter legt am 12.1. eines Jahres 2.100 € zum Zinssatz 3,9% bei der Bank an. Wie hoch ist sein Endkapital am 16.9.?

(c) Frank legt am 3.3. eines Jahres 22.000 € zum Zinssatz 4,7% bei der Bank an. Wie hoch ist sein Endkapital am 12.10.?

(d) Luise legt am 6.4. eines Jahres 800 € zum Zinssatz 3,3% bei der Bank an. Wie hoch ist ihr Endkapital am 23.12.?

(e) Eine Rechnung über 3.250 € wird nicht bezahlt. Daher sind Verzugszinsen in Höhe von 144,45 € zu zahlen. Für wie viele Tage wurden die Verzugszinsen berechnet, falls der zugrunde liegende Zinssatz 8% betrug?

(f) Kathrin erhält am 25.10. insgesamt 112 € inklusive Zinsen. Wieviel Kapital hat sie am 20.4. desselben Jahres zu einem Zinssatz von 8% angelegt?

(g) Leonard hatte am 20.11. das erhaltene Weihnachtsgeld zu 4% angelegt, so dass er am 20.12. insgesamt 2.112,00 € abheben konnte. Wie viel Weihnachtsgeld bekam er?

(h) Robin hatte am 20.2. 11.000 € angelegt und erhielt am 18.10. desselben Jahres 11.500 € Endkapital ausgezahlt. Wie hoch war sein Zinssatz?

(i) Kent hatte am 2.2. eines Jahres 6.000 € angelegt und erhielt am 2.12. desselben Jahres 6.500 € Endkapital ausgezahlt. Wie hoch war sein Zinssatz?

(j) Wie viele Tage muss man 5.000 € zu $i = 6\%$ anlegen, um Zinsen von 200 € zu erhalten?

(k) Wie viele Tage muss man 3.000 € zu $i = 8\%$ anlegen, um Zinsen von 200 € zu erhalten?

(l) Heinz hat am 20.5. insgesamt 2.500 € zu einem Zinssatz von 8% angelegt. Wann kann er seine Anlage auflösen, wenn er insgesamt Zinsen in Höhe von genau 50 € erhalten will?

(m) Otto hat am 2.2. insgesamt 12.500 € zu einem Zinssatz von 4% angelegt. Wann kann er seine Anlage auflösen, wenn er insgesamt Zinsen in Höhe von genau 300 € erhalten will?

(n) Rudolf hat am 12.2. insgesamt 9.000 € zu einem Zinssatz von 5% angelegt. Wann kann er seine Anlage auflösen, wenn er insgesamt Zinsen in Höhe von genau 300 € erhalten will?

Lösungen

2.3 (a) $K_t = 3.000\,€ \left(1 + 0{,}04 \cdot \frac{256-91}{360}\right) = 3.055\,€$; (b) $K_t = 2.100\,€ \left(1 + 0{,}039 \cdot \frac{256-12}{360}\right) = 2.155{,}51\,€$;
(c) $K_t = 22.000\,€ \cdot (1 + 0{,}047 \cdot \frac{282-63}{360}) = 22.629{,}02\,€$; (d) $K_t = 800\,€ \cdot (1 + 0{,}033 \cdot \frac{353-96}{360}) = 818{,}85\,€$;
(e) $T_2 - T_1 = \frac{Z}{K_0} \cdot \frac{360}{i} = \frac{144{,}45\,€}{3.250\,€} \cdot \frac{360}{8\%} \approx 200$ Tage; (f) $K_0 = \frac{112\,€}{(1+0{,}033 \cdot \frac{295-110}{360}} = 107{,}58\,€$;
(g) $K_0 = \frac{2.112\,€ 1+0{,}04 \cdot \frac{30}{360}}{=} 2.104{,}98\,€$; (h) $i = \left(\frac{K_1}{K_0} - 1\right) \frac{360}{T_2 - T_1} = \left(\frac{11.500\,€}{11.000\,€} - 1\right) \frac{360}{238} = 6{,}88\%$;
(i) $i = \left(\frac{6.500\,€}{6.000\,€} - 1\right) \cdot \frac{360}{300} = 10{,}00\%$; (j) $T_2 - T_1 = \frac{Z}{K_0} \cdot \frac{360}{i} = \frac{200\,€}{5.000\,€} \cdot \frac{360}{6\%} \approx 240$ Tage;
(k) $T_2 - T_1 = \frac{Z \cdot 360}{K_0 \cdot i} = \frac{200\,€ \cdot 360}{3.000\,€ \cdot 8\%} \approx 300$ Tage; (l) $T_2 = \frac{Z \cdot 360}{K_0 \cdot i} + T_1 = \frac{50\,€ \cdot 360}{2.500\,€ \cdot 8\%} + 140 \approx 230 \Longleftrightarrow 20.8.$;
(m) $T_2 = \frac{Z}{K_0} \cdot \frac{360}{i} + T_1 = \frac{300\,€ \cdot 360}{12.500\,€ \cdot 0{,}04} + 32 \approx 248 \Longleftrightarrow 8.9.$; (n) $T_2 = \frac{300\,€ \cdot 360}{9.000\,€ \cdot 0{,}05} + 42 \approx 282 \Longleftrightarrow 12.10.$

2.2.2 Gemischte Verzinsung und nichtganzzahlige Exponenten

Gemischte Verzinsung

Die **gemischte Verzinsung** berechnet die Zinseszinseffekte, wenn innerhalb des Anlagezeitraums ein Jahreswechsel mit Zinszahlungen, die dem Anlagekapital zugeschlagen werden, liegt.

Werden beispielsweise $K_{2013} = 5.000\,€$ vom 5.10.2013 bis zum 7.5.2018 angelegt, dann berechnet sich das Endkapital als Kombination der unterjährigen Verzinsung für die angebrochenen Jahre mit der ganzjährigen Verzinsung für die ganzen Jahre. Mit einem einheitlichen Zinssatz von 5% für den ganzen Anlagezeitraum ergibt sich vom 5.10.2013 bis zum 1.1.2014 eine Vermehrung des Kapitals gemäß unterjähriger Verzinsungsmethode um:

$$
\begin{aligned}
K_{2014} &= K_{2013} \cdot \left(1 + i \cdot \frac{360 - T_1 + 1}{360}\right) \\
&= 5.000\,€ \cdot \left(1 + 0{,}05 \cdot \frac{360 - 275 + 1}{360}\right) = 5.059{,}72\,€
\end{aligned}
$$

Zu beachten ist, dass mit deutscher Verzinsungsmethode der erste Tag des Anlagezeitraums als Zinstag zählt, so dass bei der Berechnung der Tage im Jahr 2013 ein Tag hinzugezählt werden muss.

In den vier Folgejahren bis zum 1.1.2018 wird die Kapitalvermehrung mit Hilfe der ganzjährigen Verzinsungsmethode berechnet:

$$\begin{aligned} K_{2018} &= K_{2014} \cdot (1+i)^n \\ &= 5.059{,}72\,€ \cdot (1+0{,}05)^4 = 6.150{,}12\,€ \end{aligned}$$

Im letzten Jahr verbleiben bis zum 7.5.2018 noch 127 − 1 Zinstage, wobei auch hier gemäß deutscher unterjähriger Verzinsungsmethode berücksichtigt wird, dass der letzte Tag des Anlagezeitraums nicht als Zinstag zählt. Damit vermehrt sich das Kapital im letzten Jahr um:

$$\begin{aligned} K_t &= K_{2018} \cdot \left(1 + i \cdot \frac{T_2 - 1}{360}\right) \\ &= 6.150{,}12\,€ \cdot \left(1 + 0{,}05 \cdot \frac{127-1}{360}\right) = 6.257{,}75\,€ \end{aligned}$$

Verallgemeinert man diese Berechnungsmethode, erhält man die Formel für die **gemischte Verzinsung**:

$$K_t = K_0 \cdot \left(1 + i_1 \cdot \frac{360 - T_1 + 1}{360}\right) \cdot (1+i_2)^n \cdot \left(1 + i_3 \cdot \frac{T_2 - 1}{360}\right)$$

In dieser Formel beschreibt der erste Klammerausdruck die Kapitalvermehrung im angebrochenen ersten Zinsjahr bis zum Jahresende, wobei i_1 der Zinssatz dieser Periode ist. Der mittlere Klammerausdruck berechnet die Kapitalvermehrung über die n ganzen Jahre bis zum Beginn des Abschlussjahres. Da die Zinssätze innerhalb des Anlagezeitraums variieren können, wird hier verallgemeinernd ein anderer Zinssatz i_2 als in der ersten Periode unterstellt.

Denkbar wäre auch, dass sich der Zinssatz innerhalb der ganzen Zwischenjahre nochmals verändert. In solchen Fällen müsste für den mittleren Klammerausdruck bezüglich verschiedener Zinssätze differenziert werden. Der abschließende Klammerausdruck beschreibt die Kapitalvermehrung im angebrochenen Abschlussjahr, wiederum mithilfe der unterjährigen Zinsmethode. Auch hier ist ein unterschiedlicher Zinssatz i_3 möglich.

Beispiele

- Vom 15.9.2006 bis zum 21.9.2013 wurden 800 € zu 4% angelegt. Hieraus ergeben sich $360 - 255 + 1 = 106$ Zinstage im 1. Jahr, $n = 6$ ganze Jahre und $261 - 1 = 260$ Zinstage im abschließenden Jahr 2013. Der Kapitalendwert berechnet sich wie folgt:

$$K_t = 800\,€ \cdot \left(1 + 4\% \cdot \frac{106}{360}\right) (1+4\%)^6 \left(1 + 4\% \cdot \frac{260}{360}\right) = 1.053{,}76\,€$$

- Vom 13.4.2005 bis zum 26.10.2013 wurden 1.500 € angelegt. Von 2005 bis 2007 betrug der Zinssatz 2%, von 2008 bis 2013 3%. Hieraus ergeben sich $360 - 103 + 1 = 258$ Zinstage im 1. Jahr, 2 ganze Jahre mit einem Zinssatz von 2%, weitere 5 ganze Jahre mit einem Zinssatz von 3% und $296 - 1 = 295$ Zinstage im abschließenden Jahr 2013. Für den Kapitalendwert gilt:

$$K_t = 1.500\,€ \cdot \left(1 + 2\% \cdot \frac{258}{360}\right) 1{,}02^2 \cdot 1{,}03^5 \left(1 + 3\% \cdot \frac{295}{360}\right) = 1.880{,}21\,€$$

Aufgaben

2.4 Wie hoch ist das Endkapital, wenn Sie

(a) 110.000 € vom 12.4.2013 bis zum 1.10.2017 zu einem Zinssatz von 4% anlegen?

(b) 68.000 € vom 19.2.2014 bis zum 12.1.2019 zu einem Zinssatz von 5% anlegen?

(c) 82.000 € vom 1.4.2013 bis zum 13.2.2017 zu einem Zinssatz von 3,75% anlegen?

(d) 50.000 € vom 13.12.2014 bis zum 12.4.2019 zu einem Zinssatz von 4,5% anlegen?

(e) 48.000 € vom 10.2.2013 bis zum 31.10.2020 anlegen, und der Zinssatz von 2013 bis 2014 1%, von 2015 bis 2018 2% und von 2019 bis 2020 3% beträgt?

(f) 4.000 € vom 30.3.2013 bis zum 1.10.2020 anlegen, und der Zinssatz von 2013 bis 2015 2%, von 2016 bis 2017 3% und von 2018 bis 2020 4% beträgt?

(g) 22.000 € vom 1.1.2013 bis zum 31.12.2022 anlegen, und der Zinssatz von 2013 bis 2015 0,5%, von 2016 bis 2019 1,5% und von 2020 bis 2022 2,5% beträgt?

(h) 5.000 € vom 2.5.2014 bis zum 31.8.2025 anlegen, und der Zinssatz von 2014 bis 2016 0,25%, von 2017 bis 2018 1,75% und von 2019 bis 2025 3,25% beträgt?

Lösungen

2.4 (a) $K_t = 110.000\,€\,(1 + 4\% \cdot 259 \div 360)\,1{,}04^3\,(1 + 4\% \cdot 270 \div 360) = 131.114{,}74\,€$;

(b) $K_t = 68.000\,€\,(1 + 5\% \cdot 312 \div 360)\,1{,}05^4\,(1 + 5\% \cdot 11 \div 360) = 86.367{,}87\,€$;

(c) $K_t = 82.000\,€\,(1 + 3{,}75\% \cdot 270 \div 360)\,1{,}0375^3\,(1 + 3{,}75\% \cdot 42 \div 360) = 94.562{,}73\,€$;

(d) $K_t = 50.000\,€\,(1 + 4{,}5\% \cdot 18 \div 360)\,1{,}045^4\,(1 + 4{,}5\% \cdot 101 \div 360) = 60.514{,}56\,€$;

(e) $K_t = 48.000\,€\,(1 + 1\% \cdot 321 \div 360) \cdot 1{,}01 \cdot 1{,}02^4 \cdot 1{,}03\,(1 + 3\% \cdot 299 \div 360) = 55.891{,}32\,€$;

(f) $K_t = 4.000\,€\,(1 + 2\% \cdot 271 \div 360) \cdot 1{,}02^2 \cdot 1{,}03^2 \cdot 1{,}04^2\,(1 + 4\% \cdot 270 \div 360) = 4.992{,}62\,€$;

(g) $K_t = 22.000\,€ \cdot 1{,}005 \cdot 1{,}005^2 \cdot 1{,}015^4 \cdot 1{,}025^2\,(1 + 2{,}5\% \cdot 359 \div 360) = 25.522{,}73\,€$;

(h) $K_t = 5.000\,€\,(1 + 0{,}25\% \cdot \frac{239}{360}) \cdot 1{,}0025^2 \cdot 1{,}0175^2 \cdot 1{,}0325^6\,(1 + 3{,}25\% \frac{239}{360}) = 6.449{,}69\,€$.

Verzinsung mit nichtganzzahligen Exponenten

Ein wichtiger Nachteil der gemischten Verzinsung liegt in der Unterschiedlichkeit der Ergebnisse, wenn gleich lange Perioden zu unterschiedlichen Zeitpunkten beginnen. Betrachten wir hierzu folgendes Beispiel: Jeweils 10.000 € werden zu einem Zinssatz von 5% für exakt 9 Jahre und 9 Monate angelegt. Kapitalanlage 1 startet am 1.5. eines Jahres, Kapitalanlage 2 startet am 1.11. Mit der Formel für die gemischte Verzinsung ergeben sich die Endwerte

$$K_t^{(1)} = 10.000\,€ \cdot \left(1 + 5\% \cdot \frac{240}{360}\right) \cdot (1 + 5\%)^9 \cdot \left(1 + 5\% \cdot \frac{30}{360}\right) = 16.097{,}18\,€,$$

$$K_t^{(2)} = 10.000\,€ \cdot \left(1 + 5\% \cdot \frac{60}{360}\right) \cdot (1 + 5\%)^9 \cdot \left(1 + 5\% \cdot \frac{210}{360}\right) = 16.098{,}80\,€,$$

die sich offensichtlich unterscheiden, obwohl Zinssätze und Anlagezeiträume identisch sind.

Diese Inkonsistenz der gemischten Verzinsung führt zu einer alternativen Berechnungsmethode, der **Verzinsung mit nichtganzzahligen Exponenten**. Diese Methode orientiert sich an der ganzjährigen Zinseszinsberechnung, wobei im Exponenten jetzt der exakte Zeitraum t in Jahren angegeben wird:

$$K_t = K_0 \cdot (1+i)^t$$

Für unser Beispiel ergibt sich ein Zeitraum von 9,75 Jahren, und die Verzinsung mit nichtganzzahligen Exponenten liefert einen Endwert von:

$$K_t = 10.000\,€ \cdot (1+5\%)^{9{,}75} = 16.091{,}47\,€$$

Die gemischte Verzinsung liefert in der Regel höhere Zinserträge und ist unter diesem Gesichtspunkt verbraucherfreundlicher. Allerdings sind die Unterschiede in den Endwerten meistens sehr gering. Die Verzinsungsmethode mit nichtganzzahligen Exponenten hingegen hat den Vorteil, dass sie schneller und einfacher zu berechnen ist. Immer wenn der exakte Startzeitpunkt unbekannt ist oder wenn sowieso Unsicherheiten hinsichtlich der Anlagebeträge, Zinsen usw. existieren, bietet sich die Verzinsung mit nichtganzzahligen Exponenten als sehr gute Näherung an.

In der unternehmerischen Praxis beispielsweise werden häufig verschiedene Projekte miteinander verglichen, um sich für eine Variante zu entscheiden. Meistens sind die Projektkennzahlen aufgrund von Schätzungen selber ungenau, so dass die Verzerrung durch die Anwendung der Verzinsung mit nichtganzzahligen Exponenten von untergeordneter Bedeutung ist.

Beispiele

- 500 € werden für 7,5 Jahre zu einem Zinssatz von 3% angelegt. Wie hoch ist der Endwert? Da der Startzeitpunkt unbekannt ist, wird die Verzinsung mit nichtganzzahligen Exponenten gewählt:
$$K_t = 500\,€ \cdot (1+3\%)^{7{,}5} = 624{,}09\,€$$
- Wie lange braucht ein beliebiger Kapitaleinsatz, um sich bei einem Zinssatz von 3% zu verdoppeln?
$$2 \cdot K_0 = K_0 \cdot (1+3\%)^t \iff t = \frac{\ln 2}{\ln(1+3\%)} = 23{,}45 \text{ Jahre}$$
- Wie hoch muss der Zinssatz sein, damit sich ein Kapitaleinsatz in 10,5 Jahren verdoppelt?
$$2 \cdot K_0 = K_0 \cdot (1+i)^{10{,}5} \iff i = 2^{\frac{1}{10{,}5}} - 1 = 6{,}82\%$$

Aufgaben

2.5 (a) 200 € werden für 5 Jahre, 3 Monate und 18 Tage angelegt. Wie hoch ist der Endwert bei einer Verzinsung von 2,2%, 4,4% und 6,6%?

(b) Wie lange braucht ein beliebiger Kapitaleinsatz, um sich bei einem Zinssatz von 6% zu verdreifachen, vervierfachen und verfünffachen?

(c) Wie hoch muss der Zinssatz sein, damit sich ein Kapitaleinsatz in 20 Jahren, 7 Monaten und 6 Tagen verdreifacht?

Lösungen

2.5 (a) $K_t = 200\,€ \cdot (1+2{,}2\%)^{5+\frac{3\cdot 30+18}{360}} = 224{,}45\,€$; 251,27 € (für $i = 4{,}4\%$); 280,64 € (für $i = 6{,}6\%$);
(b) $t = \frac{\ln 3}{\ln(1+6\%)} = 18{,}85$ Jahre; 23,79 Jahre (Vervierf.); 27,62 Jahre (Verfünff.);
(c) $i = 3^{\frac{1}{20+\frac{7\cdot 30+6}{360}}} - 1 = 3^{\frac{1}{20{,}6}} - 1 = 5{,}48\%$.

2.2.3 Unterjähriger Zinseszins und Effektivzins

Unterjähriger Zinseszins

Werden mehrere unterjährige Zinsperioden hintereinander gelegt, dann werden die erhaltenen Zinsgutschriften zum Ende jeder Periode wiederum verzinslich angelegt und es entsteht ein Zinseszinseffekt.

Folgendes Beispiel soll diesen Effekt illustrieren. Ist $i_{\text{nom}} = 12\%$ der auf ein Jahr bezogene **nominale Zinssatz** und wird das Jahr in m Zinsperioden aufgeteilt, dann ist $i_{(m)} = i_{\text{nom}}/m$ der **relative Periodenzinssatz**. Mit $m = 12$ würde man so beispielsweise den **relativen Monatszinssatz** $i_{(12)} = 12\%/12 = 1\%$ erhalten, mit $m = 4$ den **relativen Vierteljahreszinssatz** $i_{(4)} = 12\%/4 = 3\%$. Der **Nominalzins** ist deshalb derjenige jährliche Zins, der als Berechnungsgrundlage für die Periodenzinssätze und später auch für den Effektivzins herangezogen wird. In der Praxis wird häufig nur vom Zins oder Zinssatz gesprochen, auch wenn damit der Nominalzins gemeint ist. In diesem Abschnitt behalten wir zur Verdeutlichung und Gewöhnung die Bezeichnung vorerst bei.

Für eine Laufzeit von einem Jahr führen dann die unterschiedlichen Zinsperioden zu jeweils anderen Kapitalendwerten:

– jährliche Verzinsung:	$1.000\,€ \cdot 1{,}12 = 1.120{,}00\,€$
– halbjährliche Verzinsung:	$1.000\,€ \cdot 1{,}06^2 = 1.123{,}60\,€$
– vierteljährliche Verzinsung:	$1.000\,€ \cdot 1{,}03^4 = 1.125{,}51\,€$
– monatliche Verzinsung:	$1.000\,€ \cdot 1{,}01^{12} = 1.126{,}83\,€$
– tägliche Verzinsung:	$1.000\,€ \cdot 1{,}000\bar{3}^{360} = 1.127{,}47\,€$

Deutlich wird an diesem Beispiel insbesondere, dass der Endwert umso höher ist, je kürzer die jeweilige Zinsperiode gewählt wird. Oder anders ausgedrückt, je häufiger Zinszahlungen anfallen, umso größer ist der Zinseszinseffekt. Natürlich ist die Laufzeit im Allgemeinen nicht wie im Beispiel auf ein Jahr beschränkt, sondern kann beliebige Zeiträume umfassen.

Wird das Jahr in m Zinsperioden aufgeteilt und beträgt die Gesamtlaufzeit s Zinsperioden, dann gilt für den Kapitalendwert nach insgesamt s Zinsperioden:

$$K_s = K_0 \cdot \left(1 + \frac{i_{\text{nom}}}{m}\right)^s$$

Kontinuierliche Verzinsung*

Eher theoretisch sind auch Zinsperioden denkbar, die geringer als ein Tag sind. Der Extremfall, dass sich die Zinsperioden auf einen Zeitraum von 0 reduzieren, kann mathematisch durch eine Grenzwertbetrachtung analysiert werden. Insbesondere in der mathematischen Beweisführung spielen **Grenzwerte** eine wichtige Rolle. Da wir in diesem Lehrbuch den Schwerpunkt auf das Rechnen legen, verzichten wir auf eine intensivere Diskussion und belassen es bei einer intuitiven Erläuterung. Bei der Grenzwertbetrachtung wird die Frage gestellt, was mit dem Term hinter dem Grenzwertbegriff lim passiert, wenn sich die Variable, die unter dem lim steht, dem Wert am Pfeilende immer weiter annähert.

Wird das Jahr in immer mehr Perioden eingeteilt, steigt m in der vorangehenden Formel immer weiter an und nähert sich unendlich (∞). Für das Kapital nach einem Jahr, also nach m Zinsperioden, gilt:

$$K_1 = K_0 \cdot \lim_{m\to\infty}\left(1+\frac{i_{\text{nom}}}{m}\right)^m$$

Zur Berechnung des Grenzwertes wird der Term in Klammern umgeformt:

$$\lim_{m\to\infty}\left(1+\frac{i_{\text{nom}}}{m}\right)^m = \lim_{m\to\infty}\left[\left(1+\frac{1}{m/i_{\text{nom}}}\right)^{\frac{m}{i_{\text{nom}}}}\right]^{i_{\text{nom}}} = \left[\lim_{m\to\infty}\left(1+\frac{1}{m/i_{\text{nom}}}\right)^{\frac{m}{i_{\text{nom}}}}\right]^{i_{\text{nom}}}$$

Man kann nun zeigen, dass:

$$\lim_{m\to\infty}\left(1+\frac{1}{m/i_{\text{nom}}}\right)^{m/i_{\text{nom}}} = \lim_{m\to\infty}\left(1+\frac{1}{m}\right)^m = 2{,}718281828\ldots$$

Sie können das Ergebnis überprüfen, indem Sie einmal einige immer größer werdende hohe Zahlen für m in den Ausdruck $(1+1/m)^m$ einsetzen.

Da dieser Grenzwert eine irrationale Zahl ist, die also unendlich viele, nicht-periodische Nachkommastellen hat, kürzt man sie mit dem Buchstaben e ab und nennt diese in der Mathematik häufig auftretende Zahl zu Ehren des Schweizer Mathematikers Leonhard Euler die **Eulersche Zahl** e. Da der Grenzwert in eckigen Klammern noch mit i_{nom} potenziert wird, lautet die Formel der **kontinuierlichen Verzinsung** für ein Jahr:

$$K_1 = K_0 \cdot e^{i_{\text{nom}}}$$

Für beliebige Zeiträume t in Jahren ist die **kontinuierliche Verzinsungsmethode** entsprechend definiert durch:

$$K_t = K_0 \cdot e^{i_{\text{nom}} \cdot t}$$

In der praktischen Zinsrechnung findet die **kontinuierliche Verzinsungsmethode** allerdings so gut wie keine Anwendung. Lediglich in theoretischen Abhandlungen wird häufig mit dieser Methode modelliert, da sie einige günstige mathematische Eigenschaften besitzt. Weiter gehen wir darauf nicht ein.

Effektivzins bei unterjährigen Zinseszinsen

Kürzere unterjährige Verzinsungsperioden führen also zu höheren Zinseszinsen. Eine Problematik, die hieraus entsteht, liegt in der Vergleichbarkeit unterschiedlicher Kapitalanlagen. Liefert die Kapitalanlage 1 mit einem Nominalzinssatz von 6,05% bei halbjährlicher Verzinsung oder die Kapitalanlage 2 mit 6,00% und monatlicher Verzinsung einen höheren Gesamtertrag?

Ein Ansatz zur Lösung dieser Fragestellung ist der Vergleich mit dem jeweiligen **effektiven Zinssatz**, der auch **effektiver Zins**, **effektiver Jahreszins** oder einfach **Effektivzins** genannt wird.

Der **effektive Zinssatz** ist derjenige jährliche Zinssatz, der zu demselben Ergebnis führt wie eine unterjährige Verzinsung (inklusive der Berücksichtigung eventueller Gebühren, Abschläge und Aufschläge). Mit den Effektivzinssätzen werden also die **jährlichen** Renditen beschrieben, so dass hiermit ein einheitlicher Vergleich durchgeführt werden kann.

Die beispielhafte Kapitalanlage 1 entwickelt sich nach einem Jahr zu $K_1^{(1)}=K_0 \cdot \left(1+\frac{6{,}05\%}{2}\right)^2$, während Kapitalanlage 2 nach einem Jahr einen Wert von $K_1^{(2)}=K_0 \cdot \left(1+\frac{6\%}{12}\right)^{12}$ hat.

Der Effektivzins i_{eff} berechnet sich nun, indem der Anfangswert und der Wert nach einem Jahr gemäß $K_1 = K_0 \cdot (1+i_{\text{eff}})$ in Beziehung gesetzt werden. Auflösen nach i_{eff} ergibt für die beispielhaften Kapitalanlagen die effektiven Zinssätze:

$$i_{\text{eff}}^{(1)} = \frac{K_1^{(1)}}{K_0} - 1 = \frac{K_0\left(1+\frac{6{,}05\%}{2}\right)^2}{K_0} - 1 = \left(1+\frac{6{,}05\%}{2}\right)^2 - 1 = 6{,}14\%;$$

$$i_{\text{eff}}^{(2)} = \frac{K_1^{(2)}}{K_0} - 1 = \frac{K_0\left(1+\frac{6{,}00\%}{12}\right)^{12}}{K_0} - 1 = \left(1+\frac{6{,}00\%}{12}\right)^{12} - 1 = 6{,}17\%$$

Kapitalanlage 2 hat also eine höhere effektive Rendite, da die Zinseszinseffekte der monatlichen Verzinsung den niedrigeren Nominalzinssatz überkompensieren.

Die allgemeine Formel zur Berechnung des Effektivzinses bei unterjähriger Verzinsung mit m Zinsperioden pro Jahr lautet:

$$i_{\text{eff}} = \left(1+\frac{i_{\text{nom}}}{m}\right)^m - 1$$

Während der Effektivzins die Frage nach dem äquivalenten Jahreszinssatz beantwortet, ist es auch möglich, bei gegebenem Jahreszinssatz i nach demjenigen unterjährigen Zinssatz zu fragen, der zu dem gleichen Ergebnis führt wie der Jahreszinssatz. Dieser Zinssatz i' wird als der zu i **konforme Periodenzinssatz** bezeichnet:

$$(1+i')^m = 1+i,$$

wobei m hier wieder die Anzahl der Zinsperioden pro Jahr beschreibt. Zu beachten ist bei dem konformen Periodenzinssatz insbesondere, dass er sich auf den Zeitraum der Zinsperiode bezieht und nicht auf ein Jahr, so wie der Nominalzinssatz. Der zum Jahreszinssatz von 12% konforme Monatszinssatz ist deshalb zum Beispiel $i' = (1+12\%)^{\frac{1}{12}} - 1 = 0{,}95\%$.

Beispiele

- 2.000 € werden bei monatlicher Verzinsung für 7 Monate angelegt. Bei einem Nominalzinssatz von 5% beträgt der Endwert:

$$K_s = K_0\left(1+\frac{i_{\text{nom}}}{m}\right)^s = 2.000\,€ \cdot \left(1+\frac{5\%}{12}\right)^7 = 2.059{,}07\,€$$

- 5.000 € werden bei vierteljährlicher Verzinsung für 6 Jahre angelegt. Bei einem Nominalzinssatz von 3% beträgt der Endwert:

$$K_s = 5.000\,€ \cdot \left(1 + \frac{3\%}{4}\right)^{24} = 5.982{,}07\,€$$

- Bei halbjährlicher Verzinsung werden aus 200 € in 4 Jahren 225,30 €. Der zugrunde liegende Nominalzinssatz beträgt:

$$i_{\text{nom}} = \left(\left(\frac{K_s}{K_0}\right)^{\frac{1}{s}} - 1\right) \cdot m = \left(\left(\frac{225{,}30\,€}{200\,€}\right)^{\frac{1}{8}} - 1\right) \cdot 2 = 3\%$$

- Eine Kapitalanlage wird zu einem Nominalzinssatz von 4% bei monatlicher Zinsgutschrift verzinst. Der Effektivzins beträgt:

$$i_{\text{eff}} = \left(1 + \frac{4\%}{12}\right)^{12} - 1 = 4{,}07\%$$

- Die Effektivverzinsung einer Kapitalanlage mit vierteljährlicher Zinsgutschrift ist 6%. Der dieser Anlage zugrunde liegende Nominalzinssatz beträgt:

$$i_{\text{nom}} = \left((1 + i_{\text{eff}})^{\frac{1}{m}} - 1\right) \cdot m = \left((1 + 6\%)^{\frac{1}{4}} - 1\right) \cdot 4 = 5{,}87\%$$

Aufgaben

2.6 (a) 400 € Kapitalanlage sind mit einem Nominalzinssatz von 5% bei monatlicher Verzinsung ausgestattet. Bestimmen Sie die Endwerte für die Laufzeiten 4 und 8 Monate sowie 2 und 4 Jahre.

(b) 750 € Kapitalanlage sind mit einem Nominalzinssatz von 2% bei täglicher Verzinsung ausgestattet. Bestimmen Sie die Endwerte für die Laufzeiten 1 und 10 Monate sowie 3 und 6 Jahre.

(c) Bestimmen Sie die Endwerte einer Kapitalanlage von 600 € für eine Laufzeit von 4 Jahren und einen Nominalzinssatz von 3% bei täglicher, monatlicher, vierteljährlicher, halbjährlicher und jährlicher Verzinsung.

(d) Bestimmen Sie die Endwerte einer Kapitalanlage von 2.999 € für eine Laufzeit von 12 Jahren und einen Nominalzinssatz von 2,7% bei täglicher, monatlicher, vierteljährlicher, halbjährlicher und jährlicher Verzinsung.

(e) Aus 500 € werden in 10 Jahren 1000 €. Bestimmen Sie den zugrunde liegenden Nominalzinssatz bei täglicher, monatlicher, vierteljährlicher, halbjährlicher und jährlicher Verzinsung.

(f) Bestimmen Sie den Effektivzins einer Kapitalanlage mit einem Nominalzinssatz von 8% bei täglicher, monatlicher, vierteljährlicher, halbjährlicher und jährlicher Verzinsung.

(g) Der Effektivzins einer Kapitalanlage ist 10%. Bestimmen Sie den entsprechenden konformen Periodenzinssatz bei monatlicher, vierteljährlicher, halbjährlicher und jährlicher Verzinsung.

Lösungen

2.6 (a) $K_s = K_0 \left(1 + \frac{i_{\text{nom}}}{m}\right)^s = 400 \left(1 + \frac{0{,}05}{12}\right)^4 = 406{,}71$ € (4 Monate); 413,53 € (8 Monate mit $s = 8$); 441,98 € (2 Jahre mit $s = 24$); 488,36 € (4 Jahre mit $s = 48$);

(b) $K_s = 751{,}25$ € (1 Monat mit $m = 360$ und $s = 30$); 762,60 € (10 Monate mit $s = 300$); 796,38 € (3 Jahre mit $s = 1.080$); 845,62 € (6 Jahre mit $s = 2.160$);

(c) $K_s = 676{,}49\,€$ (täglich, $m = 360$ und $s = 1.440$); $676{,}40\,€$ (monatlich, $m = 12$ und $s = 48$); $676{,}20\,€$ (vierteljährlich, $m = 4$ und $s = 16$); $675{,}90\,€$ (halbjährlich, $m = 2$ und $s = 8$); $675{,}31\,€$ (jährlich, $m = 1$ und $s = 4$);

(d) $K_s = 4.146{,}51\,€$ (täglich, $m = 360$ und $s = 4.320$); $4.145{,}05\,€$ (monatlich, $m = 12$ und $s = 144$); $4.142{,}05\,€$ (vierteljährlich, $m = 4$ und $s = 48$); $4.137{,}58\,€$ (halbjährlich, $m = 2$ und $s = 24$); $4.128{,}78\,€$ (jährlich, $m = 1$ und $s = 12$);

(e) $i_{\text{nom}} = \left((K_s/K_0)^{1/s} - 1\right) \cdot m = \left((1.000/500)^{1/3.600} - 1\right) \cdot 360 = 6{,}93\%$ (täglich); $6{,}95\%$ (monatlich, $m = 12$ und $s = 120$); $6{,}99\%$ (vierteljährlich, $m = 4$ und $s = 40$); $7{,}05\%$ (halbjährlich, $m = 2$ und $s = 20$); $7{,}18\%$ (jährlich, $m = 1$ und $s = 10$);

(f) $i_{\text{eff}} = (1 + i_{\text{nom}}/m)^m - 1 = (1 + 0{,}08/360)^{360} - 1 = 8{,}33\%$ (täglich); $8{,}30\%$ (monatlich, $m = 12$); $8{,}24\%$ (vierteljährlich, $m = 4$); $8{,}16\%$ (halbjährlich, $m = 2$); $8{,}00\%$ (jährlich, $m = 1$);

(g) $i' = (1 + i)^{1/m} - 1 = (1 + 10\%)^{1/12} - 1 = 0{,}80\%$ (monatlich, $m = 12$); $2{,}41\%$ (vierteljährlich, $m = 4$); $4{,}88\%$ (halbjährlich, $m = 2$); $10{,}00\%$ (jährlich, $m = 1$).

Effektivzins der gemischten Verzinsung

Mit der in der Bankenpraxis üblichen **gemischten Verzinsung** haben wir die Zinseszinseffekte über mehrere und angebrochene Jahre berechnet. Der hierzu passende **Effektivzins der gemischten Verzinsung** ist nun derjenige Jahreszins, der bei **Verzinsung mit nichtganzzahligen Exponenten** zu dem gleichen Endwert führt wie die gemischte Verzinsung.

Betrachten wir hierzu folgendes Beispiel: 5.000 € werden vom 26.10.2013 bis zum 14.8.2020 zu einem Nominalzinssatz von 6% angelegt. Damit ergibt sich mit der gemischten Verzinsungsmethode ein Endwert von:

$$K_t = 5.000\,€ \cdot \left(1 + 6\% \cdot \frac{65}{360}\right) \cdot (1 + 6\%)^6 \cdot \left(1 + 6\% \cdot \frac{223}{360}\right) = 7.435{,}90\,€$$

Der **Effektivzins** i_{eff} berechnet sich jetzt als derjenige Jahreszins, der mit der Methode der nichtganzzahligen Exponenten zu dem gleichen Ergebnis führt. Mit dem Zeitraum von 6,8 Jahren ergibt sich:

$$5.000\,€ \cdot (1 + i_{\text{eff}})^{6{,}8} = 7.435{,}90\,€ \iff$$

$$i_{\text{eff}} = \left(\frac{7.435{,}90\,€}{5.000{,}00\,€}\right)^{\frac{1}{6{,}8}} - 1 = 6{,}01\%$$

Ändern sich die Zinssätze im Zeitablauf, so liefert die gemischte Verzinsungsmethode ebenfalls die zugehörigen Endwerte. Der Effektivzins berechnet sich dann analog zu dem gerade dargestellten Beispiel, indem für Startwert und Endwert der Effektivzins gemäß der nichtganzzahligen Verzinsungsmethode bestimmt wird.

Aufgaben

2.7 (a) Bestimmen Sie den Effektivzins einer Kapitalanlage von 6.000 €, die vom 20.9.2014 bis zum 14.2.2016 zu einem Nominalzinssatz von 5% angelegt wird.

(b) Bestimmen Sie den Effektivzins einer Kapitalanlage von 600 €, die vom 10.6.2014 bis zum 16.10.2017 zu einem Nominalzinssatz von 4% angelegt wird.

(c) Bestimmen Sie den Effektivzins einer Kapitalanlage, die vom 10.7.2014 bis zum 10.7.2019 läuft. 2014 und 2015 liegt der Zinssatz bei 1%, 2016 und 2017 bei 2% sowie 2018 und 2019 bei 3%.

(d) Bestimmen Sie den Effektivzins einer Kapitalanlage, die vom 28.4.2014 bis zum 26.11.2018 läuft. 2014 erhalten Sie einen Zinssatz von 1%, 2015 von 2%, 2016 von 3%, 2017 von 4% und 2018 von 5%.

Lösungen

2.7 (a) $i_{\text{eff}} = \left((1 + 5\% \cdot 101/360) \cdot (1 + 5\%)^6 \cdot (1 + 5\% \cdot 43/360)\right)^{1/1{,}4} - 1 = 5{,}03\%$;

(b) $i_{\text{eff}} = \left((1 + 4\% \cdot 201/360) \cdot (1 + 4\%)^2 \cdot (1 + 4\% \cdot 285/360)\right)^{1/3{,}35} - 1 = 4{,}01\%$;

(c) $i_{\text{eff}} = \left((1 + 1\% \cdot 171/360) \cdot 1{,}01 \cdot (1{,}02)^2 \cdot 1{,}03 \cdot (1 + 3\% \cdot 189/360)\right)^{1/5} - 1 = 2{,}01\%$;

(d) $i_{\text{eff}} = \left((1 + 1\% \cdot 243/360) \cdot 1{,}02 \cdot 1{,}03 \cdot 1{,}04 \cdot (1 + 5\% \cdot 325/360)\right)^{1/4{,}58} - 1 = 3{,}09\%$.

Effektivzins und Gebühren (Agio)

Sollte das Kapitalanlageprodukt mit einer zusätzlichen Gebühr oder einem Aufgeld (Agio) versehen sein, dann müssen diese Extrakosten bei der Berechnung der Effektivverzinsung berücksichtigt werden. Neben der Länge der Zinsperioden ist nun auch die Gesamtlaufzeit des Anlageproduktes wichtig, da die einmalige Gebühr auf die Verzinsung in der Gesamtlaufzeit umgelegt werden muss.

Betrachten wir beispielhaft eine Geldanlage in Höhe von 500 €, die mit einer zusätzlichen Gebühr (Agio) von 2% ausgestattet ist, einen Nominalzinssatz von 6% bei monatlicher Verzinsung beinhaltet und eine Laufzeit von 6 Monaten hat. Zu Beginn der Laufzeit muss der Anleger also den Betrag

$$500\,€ \cdot (1 + 2\%) = 510\,€$$

bezahlen. Von diesem Anlagebetrag werden aber nur 500 € verzinslich angelegt, die sich dann über die Gesamtlaufzeit zu einem Endkapital von

$$K_1 = 500\,€ \cdot \left(1 + \frac{6\%}{12}\right)^6 = 515{,}19\,€$$

entwickeln. Ausgehend von dem Anlagebetrag inklusive Gebühr erwirtschaftet diese Anlage also eine Halbjahresrendite i' gemäß:

$$510\,€ \cdot (1 + i') = 515{,}19\,€ \iff i' = \frac{515{,}19\,€}{510\,€} - 1 = 1{,}02\%$$

Hochgezinst auf das Gesamtjahr ergibt sich ein Effektivzins von:

$$i_{\text{eff}} = (1 + 1{,}02\%)^2 - 1 = 2{,}05\%$$

Verallgemeinern wir dieses Beispiel:

Bezeichnet m die Anzahl der Zinsperioden pro Jahr, l die Laufzeit des Anlageproduktes in Zinsperioden, wobei die Laufzeit mindestens eine Zinsperiode sein muss ($l \geq \frac{1}{m}$), und g die Gebühr in Prozent des Anlagebetrages, dann gilt für den **Effektivzins mit Berücksichtigung einer Gebühr**:

$$i_{\text{eff}} = \frac{\left(1 + \frac{i_{\text{nom}}}{m}\right)^m}{(1 + g)^{\frac{m}{l}}} - 1$$

Beispiele

- Eine Kapitalanlage verzinst sich vierteljährlich zu einem Nominalzinssatz von 5%. Für eine Laufzeit von 2 Jahren fällt eine Anfangsgebühr in Höhe von 1% des Anlagebetrages an. Der Effektivzins beträgt:

$$i_{\text{eff}} = \frac{\left(1+\frac{5\%}{4}\right)^4}{(1+1\%)^{\frac{4}{8}}} - 1 = 4{,}57\%$$

- Ein zu erstellendes Kapitalanlageprodukt solle eine Laufzeit von 5 Jahren bei monatlicher Verzinsung haben. Gleichzeitig empfehlen die Marketingexperten einen Nominalzinssatz von 3%. Wie hoch muss der Ausgabeaufschlag (Gebühr) ausfallen, damit dieses Produkt eine Effektivverzinsung von 2% generiert?

$$i_{\text{eff}} = \frac{\left(1+\frac{i_{\text{nom}}}{m}\right)^m}{(1+g)^{\frac{m}{l}}} - 1 \iff g = \frac{\left(1+\frac{i_{\text{nom}}}{m}\right)^l}{(1+i_{\text{eff}})^{\frac{l}{m}}} - 1 = 5{,}21\%$$

- Eine Kapitalanlage hat eine Laufzeit von 10 Jahren mit einem Effektivzins von 3% bei halbjährlicher Verzinsung. Der Ausgabeaufschlag (Gebühr) beträgt 4%. Wie hoch ist der Nominalzinssatz?

$$i_{\text{eff}} = \frac{\left(1+\frac{i_{\text{nom}}}{m}\right)^m}{(1+g)^{\frac{m}{l}}} - 1 \iff i_{\text{nom}} = \left((1+i_{\text{eff}})^{\frac{1}{m}} \cdot (1+g)^{\frac{1}{l}} - 1\right) \cdot m = 3{,}38\%$$

- Welche Laufzeit hat eine täglich verzinste Kapitalanlage, die mit einem Nominalzinssatz von 3% und einer Gebühr von 2% ausgestattet ist, wenn der Effektivzins 1% beträgt?

$$i_{\text{eff}} = \frac{\left(1+\frac{i_{\text{nom}}}{m}\right)^m}{(1+g)^{\frac{m}{l}}} - 1 \iff l = \frac{m \cdot \ln(1+g)}{\ln\left(\frac{\left(1+\frac{i_{\text{nom}}}{m}\right)^m}{1+i_{\text{eff}}}\right)} = 355{,}59 \text{ Tage}$$

Aufgaben

2.8 (a) Wie hoch ist der Effektivzins einer Kapitalanlage, die über eine Laufzeit von 3 Jahren mit einem Nominalzinssatz von 4% und einem Ausgabeaufschlag von 2% ausgestattet ist, bei täglicher, monatlicher, vierteljährlicher, halbjährlicher und jährlicher Verzinsung?

(b) Eine Kapitalanlage hat eine Laufzeit von 5 Jahren bei täglicher Verzinsung und einem Nominalzinssatz von 8%. Wie hoch muss der Ausgabeaufschlag (Gebühr) ausfallen, damit dieses Produkt eine Effektivverzinsung von 2%, 5% und 8% generiert?

(c) Wie hoch ist der Nominalzinssatz einer Kapitalanlage mit einer Laufzeit von 3 Jahren und einem Effektivzins von 1% bei vierteljährlicher Verzinsung für die Ausgabeaufschläge (Gebühren) von 1%, 2%, 3% und 4%?

(d) Welche Laufzeit hat eine monatlich verzinste Kapitalanlage, die mit einem Nominalzinssatz von 5% und einer Gebühr von 4% ausgestattet ist, wenn der Effektivzins 1%, 2% und 4% beträgt?

Lösungen

2.8 (a) $i_{\text{eff}} = \frac{(1+i_{\text{nom}}/m)^m}{(1+g)^{\frac{m}{l}}} - 1 = \frac{(1+4\%/360)^{360}}{(1+2\%)^{\frac{360}{1.080}}} - 1 = 3{,}40\%$ (täglich);
3,39% (monatlich, $m = 12$ und $l = 36$); 3,38% (vierteljährlich, $m = 4$ und $l = 12$);
3,36% (halbjährlich, $m = 2$ und $l = 6$); 3,32% (jährlich, $m = 1$ und $l = 3$);

(b) $g = \frac{(1+i_{\text{nom}}/m)^l}{(1+i_{\text{eff}})^{\frac{l}{m}}} - 1 = \frac{(1+8\%/m)^{1.800}}{(1+2\%)^{\frac{1.800}{360}}} - 1 = 35{,}11\%$; 16,88% (für $i_{\text{eff}} = 5\%$);
1,53% (für $i_{\text{eff}} = 8\%$);

(c) $i_{\text{nom}} = \left((1+i_{\text{eff}})^{\frac{1}{m}} \cdot (1+g)^{\frac{1}{l}} - 1\right) \cdot m = \left((1+1\%)^{\frac{1}{4}} \cdot (1+1\%)^{\frac{1}{12}} - 1\right) \cdot 4 = 1{,}33\%$;
1,66% (für $g = 2\%$); 1,99% (für $g = 3\%$); 2,31% (für $g = 4\%$);

(d) $l = \frac{m \cdot \ln(1+g)}{\ln\left(\frac{\left(1+\frac{i_{\text{nom}}}{m}\right)^m}{1+i_{\text{eff}}}\right)} = \frac{12 \cdot \ln(1+4\%)}{\ln\left(\frac{\left(1+\frac{5\%}{12}\right)^{12}}{1+1\%}\right)} = 11{,}78$ Monate; 15,64 Monate (für $i_{\text{eff}} = 2\%$);
44,09 Monate (für $i_{\text{eff}} = 4\%$).

2.3 Das Äquivalenzprinzip

Zahlungen, die zu unterschiedlichen Zeitpunkten anfallen, können nur schwer miteinander verglichen werden, denn

- frühere Auszahlungen haben gegenüber späteren Auszahlungen den Nachteil, dass sie zwischenzeitlich nicht zinsbringend angelegt werden können,
- frühere Einzahlungen haben gegenüber späteren Einzahlungen den Vorteil, dass sie zwischenzeitlich zinsbringend angelegt werden können.

Barwert, Zeitwert und Endwert

Folgendes Beispiel diene der Veranschaulichung der Problematik: Sollten wir für einen Fernseher, den wir heute kaufen, heute 1.000 € bezahlen (Alternative 1) oder sollten wir in zwei Jahren 1.050 € bezahlen (Alternative 2)?

Um die zweite Alternative mit der ersten vergleichbar zu machen, bietet es sich an, zu fragen, welcher Betrag **heute** angelegt werden müsste, um in zwei Jahren die 1.050 € zu bezahlen. Vorteil dieser Herangehensweise ist, dass dieses Ergebnis, also der Betrag, den wir **heute** anlegen müssen, direkt mit der **heutigen** Zahlung aus Alternative 1 verglichen werden kann. Der Vergleichszeitpunkt wäre damit vereinheitlicht.

Der Zinssatz, zu dem wir unser Kapital für zwei Jahre anlegen können, sei 3%. Auflösen der ganzzahligen oder nichtganzzahligen Zinseszinsformel nach dem notwendigen Anlagebetrag K_0 liefert:

$$K_0 = \frac{K_t}{(1+i)^t} = \frac{1.050\,€}{(1+3\%)^2} = 989{,}73\,€$$

Alternative 2 erfordert demnach zum heutigen Zeitpunkt einen geringeren Kapitaleinsatz als Alternative 1.

Der Wert, der hier für den jetzigen Zeitpunkt, also heute, berechnet wurde, wird **Gegenwartswert** oder auch **Barwert** genannt (vgl. die Abbildung 2.1). Diese **Gegenwartswertformel** oder **Barwertformel** ist damit, wie das Beispiel zeigte, nichts anderes als die nach dem Startkapital aufgelöste Zinseszinsformel.

Abbildung 2.1 Gegenwartswert, Barwert, Zeitwert, Endwert

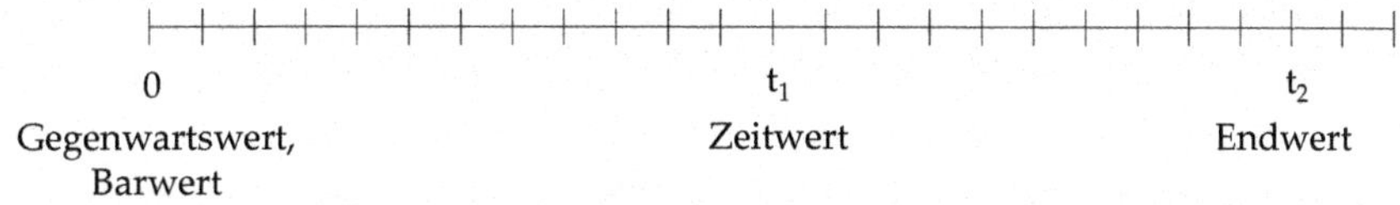

Sofern eine exakte Berechnung erforderlich ist, muss bei der Barwertbestimmung von unterjährigen Zeiträumen auf die deutsche Verzinsungsmethode zurückgegriffen werden:

$$K_0 = \frac{K_t}{1 + i \cdot \frac{T_2 - T_1}{360}}$$

Da sich die Methoden kaum unterscheiden, wird in der betriebswirtschaftlichen Praxis meistens die nichtganzzahlige Zinseszinsformel angewendet.

Alternativ besteht auch die Möglichkeit, die Zahlungen am **Ende der Betrachtungsperiode** miteinander zu vergleichen. Für die Alternative 2 bedeutet das einfach, dass 1.050 € in 2 Jahren bezahlt werden müssen. Zur Bezahlung der Alternative 1 kann jetzt gedanklich ein Kredit in Höhe von 1.000 € aufgenommen werden, der einmalig, das heißt inklusive Zinseszinsen und Tilgung, in 2 Jahren zurückgezahlt wird. Wird auch hier ein Kreditzinssatz von 3% angenommen, dann müssen in 2 Jahren

$$K_t = K_0 \cdot (1 + i)^t = 1.000\,€ \cdot 1{,}03^2 = 1.060{,}90\,€$$

zurückgezahlt werden. Dieser Wert am Ende des Betrachtungszeitraums wird auch als **Endwert** bezeichnet. Der Vergleich dieser Endwerte führt zu dem gleichen Ergebnis wie der Vergleich der Gegenwartswerte: Alternative 2 ist günstiger.

Während für die Berechnung des Endwertes die Zinseszinsen aufgeschlagen werden, dieser Vorgang wird auch **Aufzinsen** oder **Aufdiskontieren** genannt, ist es bei der Bestimmung des Barwertes notwendig, die Zinseszinseffekte wieder herauszurechnen. Dieser Vorgang wird auch als **Abzinsen, Abdiskontieren** oder **Diskontieren** bezeichnet.

Neben Barwert und Endwert findet der Begriff **Zeitwert** eine häufige Anwendung. Hierunter wird der Wert einer Zahlung zu einem beliebigen Zeitpunkt t verstanden. Der **Zeitwert** der beispielhaften 1.000 € aus Alternative 1 **in einem Jahr** ist deshalb $1.000\,€ \cdot 1{,}03 = 1.030\,€$. Der Gegenwartswert wird um ein Jahr aufgezinst. Der **Zeitwert** der Alternative 2 **in einem Jahr** hingegen ergibt sich durch entsprechendes Abzinsen: $1.050\,€ \div 1{,}03 = 1.019{,}42\,€$.

Auch der Vergleich der Zeitwerte führt in dem Beispiel zu der gleichen Entscheidung: Alternative 2 ist zu bevorzugen. Diese Erkenntnis ist übrigens allgemeingültig. Da sich Zeitwerte, Endwerte und Barwerte immer um den gleichen Aufzinsungs- oder Abzinsungsfaktor unterscheiden, ändert sich deren Verhältnis nicht. Führt also der Vergleich der Zeitwerte zu einer bestimmten Entscheidungsalternative, dann wird der Vergleich von Endwerten oder Barwerten das gleiche Ergebnis liefern.

Äquivalenz

Zwei **Zahlungen** Z_t und Z_0 heißen in der Finanzmathematik **äquivalent**, wenn mit dem relevanten Zinssatz i gilt:

$$Z_t = Z_0 \cdot (1+i)^t$$

Sind zwei Zahlungen oder Zahlungsreihen äquivalent bezüglich eines Zeitpunktes, so sind sie es auch bezüglich jedes anderen Zeitpunktes.

Im vorangehenden Beispiel sind die Zahlungen nicht äquivalent. Alternative 2 ist besser als Alternative 1, unabhängig davon, ob Barwert, Zeitwert oder Endwert verglichen werden.

In der Praxis werden Vergleiche unterschiedlicher Zahlungen oder Zahlungsströme meistens mit den Barwerten (Gegenwartswerten) durchgeführt. Da sich aufgrund von Inflation oder Deflation die Kaufkraft des Geldes im Zeitablauf ändert, haben die meisten Menschen Probleme damit, den Wert von Geldbeträgen in der weiteren Zukunft oder Vergangenheit einzuschätzen. Von der **gegenwärtigen** Kaufkraft besitzen die meisten Menschen jedoch eine realistische Vorstellung.

Äquivalenz von Zahlungsreihen

Beispiel: Für den **Verkauf** eines Produktes liegen zwei Angebote vor: A bietet 20.000 € sofort und 10.000 € in 3 Jahren; B bietet je 15.000 € in einem Jahr und in 2 Jahren. Welches Angebot ist – bei einer alternativen Verzinsung von 5% – für den Verkäufer günstiger?

Zahlungsreihen können miteinander verglichen werden, indem die Gesamtwerte aller Zahlungen inklusive möglicher Zinserträge zu einem einheitlichen Zeitpunkt bestimmt werden. Die **Endwerte** der beiden Zahlungsreihen in $t = 3$ betragen:

$$\begin{aligned} A: &\quad 20.000\,€ \cdot 1{,}05^3 + 10.000\,€ = 33.152{,}50\,€ \\ B: &\quad 15.000\,€ \cdot 1{,}05^2 + 15.000\,€ \cdot 1{,}05 = 32.287{,}50\,€ \end{aligned}$$

Angebot A ist daher besser.

Alternativ kann man auch alle Werte auf den Zeitpunkt 0 beziehen, indem die **Barwerte** ausgerechnet werden:

$$\begin{aligned} A: &\quad 20.000\,€ + \frac{10.000\,€}{1{,}05^3} = \frac{33.152{,}50\,€}{1{,}05^3} = 28.638{,}38\,€ \\ B: &\quad \frac{15.000\,€}{1{,}05} + \frac{15.000\,€}{1{,}05^2} = \frac{32.287{,}50\,€}{1{,}05^3} = 27.891{,}16\,€ \end{aligned}$$

Auch in diesem Fall ist A vorzuziehen.

Die Beurteilung, ob Zahlungsreihen äquivalent sind, findet also statt, indem die Zeitwerte der verschiedenen Zahlungsreihen für gleiche Zeitpunkte miteinander verglichen werden.

In der Investitionsrechnung findet diese Herangehensweise eine sehr häufige Anwendung, denn Investitionsprojekte zeichnen sich in der Regel durch unterschiedlichste Ein- und Auszahlungen zu verschiedenen Zeitpunkten aus. Ein direkter Vergleich ist daher nur selten möglich, so dass eine Beurteilung über den Umweg äquivalenter Zeitwerte durchgeführt werden muss.

Beispiel Investitionsrechnung

Ein Unternehmen steht vor den Alternativen, Maschine A oder Maschine B zu erwerben. Welche Alternative ist besser, wenn der Kalkulationszinssatz 4% beträgt?

(A) Der Erwerb der Maschine A ist mit folgenden Auszahlungen verbunden: 5.000 € sofort und jeweils 1.000 € in den folgenden 3 Jahren. Auf der Erlösseite werden in den kommenden 3 Jahren durch den Verkauf der Produkte Einzahlungen in Höhe von 5.000 €, 3.000 € und 2.000 € erwartet.

(B) Der Erwerb der Maschine B ist mit folgenden Auszahlungen (Kosten) verbunden: sofort 2.000 € und jeweils 2.000 € in den folgenden 3 Jahren. Auf der Erlösseite werden in den kommenden 3 Jahren durch den Verkauf der Produkte Einzahlungen in Höhe von 2.000 €, 3.000 € und 5.000 € erwartet.

Berechnung der Barwerte:

$$\begin{aligned}
&\text{Barwert Einzahlungen A}: && \frac{5.000\,€}{1{,}04}+\frac{3.000\,€}{1{,}04^2}+\frac{2.000\,€}{1{,}04^3} = 9.359{,}35\,€\\
&\text{Barwert Auszahlungen A}: && 5.000\,€+\frac{1.000\,€}{1{,}04}+\frac{1.000\,€}{1{,}04^2}+\frac{1.000\,€}{1{,}04^3} = 7.775{,}09\,€\\
&\text{Barwert A (Ein- − Auszahlungen)}: && = 1.584{,}26\,€
\end{aligned}$$

$$\begin{aligned}
&\text{Barwert Einzahlungen B}: && \frac{2.000\,€}{1{,}04}+\frac{3.000\,€}{1{,}04^2}+\frac{5.000\,€}{1{,}04^3} = 9.141{,}73\,€\\
&\text{Barwert Auszahlungen B}: && 2.000\,€+\frac{2.000\,€}{1{,}04}+\frac{2.000\,€}{1{,}04^2}+\frac{2.000\,€}{1{,}04^3} = 7.550{,}18\,€\\
&\text{Barwert B (Ein- − Auszahlungen)}: && = 1.591{,}55\,€
\end{aligned}$$

Weil die Variante B einen (leicht) höheren Barwert besitzt, ist diese vorzuziehen.

Der Barwert aller mit der Investition verbundenen Ein- und Auszahlungen wird auch **Kapitalwert** genannt. Die hier vorgeführte Berechnung wird als **Kapitalwertmethode** bezeichnet.

Für den Spezialfall einer **Normalinvestition**, das ist eine Investition mit einer Auszahlung Z_0 am Anfang und anschließenden Rückzahlungen Z_j in den Jahren j, ist der **Kapitalwert** die abgezinste Summe aller Zahlungen

$$KW = -Z_0 + \sum_{j=1}^{n} \frac{Z_j}{(1+i)^j},$$

die mit der Investition verbunden sind.

Eine Investition ist nach der **Kapitalwertmethode** vorteilhaft, wenn $KW > 0$. Im Falle $KW < 0$ ist eine Finanzanlage besser. Der zugrunde liegende **Kalkulationszinssatz** oder **Kalkulationszinsfuß** stimmt im Allgemeinen nicht mit dem Zinssatz am Markt überein, sondern unterscheidet sich von diesem zum Beispiel durch einen subjektiven Risikozuschlag des Investors.

Interner Zinsfuß von Investitionen

Als **interner Zinsfuß** einer Investition wird derjenige Zinssatz bezeichnet, der zu einem Kapitalwert von 0 führt. Mit diesem Zinssatz ist der Barwert aller Einzahlungen gleich dem Barwert aller Auszahlungen.

Für den einfachen Fall einer Normalinvestition berechnet sich der interne Zinsfuß i_{int} durch das Lösen der folgenden Gleichung:

$$Z_0 = \sum_{j=1}^{n} \frac{Z_j}{(1+i_{\text{int}})^j}$$

Im Allgemeinen ist diese Gleichung jedoch nur numerisch, das heißt mit sogenannten Suchverfahren, lösbar. Für einfache Fälle, in denen nur eine oder zwei Rückzahlungsperioden existieren, ist es auch rechnerisch möglich, den internen Zinsfuß zu bestimmen.

Beispiel: Eine Investition von 1.000 € führt zu Rückzahlungen von 600 € und 500 € in den beiden Folgejahren. Mit $n = 2$ lautet die zu lösende Gleichung:

$$\frac{600\,€}{(1+i_{\text{int}})^1} + \frac{500\,€}{(1+i_{\text{int}})^2} = 1.000\,€ \iff$$

$$i_{\text{int}}^2 + 1{,}4 \cdot i_{\text{int}} - 0{,}1 = 0$$

Diese quadratische Gleichung kann mit der p-q-Formel nach i_{int} aufgelöst werden. Von den zwei Ergebnissen hat nur das positive ökonomische Relevanz:

$$i_{\text{int}} = -\frac{1{,}4}{2} + \sqrt{\left(\frac{1{,}4}{2}\right)^2 - (-0{,}1)} = 6{,}81\%$$

Der **interne Zinsfuß** beschreibt die **Gesamtrendite** der Investition und kann alternativ zur Kapitalwertmethode als Entscheidungskriterium für eine Investition herangezogen werden. Ist der interne Zinsfuß i_{int} größer als der Kalkulationszinsfuß i, lohnt sich die Investition. Für $i_{\text{int}} < i$ ist eine Finanzanlage zum Zinssatz i vorteilhafter.

Aufgaben

2.9 (a) Bestimmen Sie den Barwert (BW) und den Zeitwert in 3 Jahren (ZW) einer Zahlung von 300 € in 5 Jahren (Zinssatz 2,5%).

(b) Was ist der Gegenwartswert gemäß unterjähriger und gemäß nichtganzzahliger Verzinsung einer am 1.10. zu bezahlenden Rechnung in Höhe von 12.000 €, wenn heute der 1.9. ist ($i =$ 2,5%)?

(c) Welche Alternative bevorzugen Sie? Entweder zahlen Sie am 15.09. die Gesamtsumme 2.156 € oder Sie zahlen am 30.09. die Gesamtsumme 2.200 € ($i = 10\%$)?

(d) Lohnt es sich, Ihre Rechnung unter Abzug von 2% Skonto 30 Tage früher zu bezahlen, wenn Sie alternativ Ihr Geld zum Zinssatz von 8% anlegen können?

(e) Wie hoch müsste der Nominalzinssatz bei monatlicher Verzinsung sein, damit es Ihnen egal ist, ob Sie bei 2% Skonto 30 Tage früher zahlen?

(f) Für welche der folgenden Zahlungsalternativen zum Kauf einer Maschine sollte man sich entscheiden (i=5%)?

(1) 6.000 € sofort und 1.000 € jeweils in den folgenden 4 Jahren,

(2) 2.000 € sofort und 2.000 € jeweils in den folgenden 4 Jahren,

(3) 3.000 € sofort, 1.000 € jeweils in den folgenden 3 Jahren und 4.000 € im Jahr 4.

(g) Ein Unternehmen steht vor den Investitionsalternativen A oder B. Welche Alternative ist besser, wenn der Kalkulationszinsfuß 3% beträgt?

(A) Investition A ist mit folgenden Auszahlungen verbunden: 1.000 € sofort und nach einem Jahr, in den Jahren 2 und 3 jeweils 4000 €. Auf der Erlösseite werden in den kommenden drei Jahren durch den Verkauf der Produkte Einzahlungen in Höhe von 2.000 €, 4.000 € und 6.000 € erwartet.

(B) Investition B ist mit folgenden Auszahlungen verbunden: 3.000 € sofort und nach einem Jahr, in den Jahren 2 und 3 jeweils 2.000 €. Auf der Erlösseite werden in den kommenden drei Jahren durch den Verkauf der Produkte Einzahlungen in Höhe von 6.000 €, 4.000 € und 2.000 € erwartet.

(h) Betrachten Sie die Investition in eine Maschine in Höhe von 5.000 €, die Sie heute, am 1.1., tätigen. Diese Investition führt zu Einnahmen in Höhe von 1000 € jeweils am 1.1. in den folgenden Jahren 1 bis 7. Der Kalkulationszinsfuß beträgt 5%.

(1) Bestimmen Sie den Kapitalwert (KW) dieser Investition.

(2) Bestimmen Sie die Zeitwerte (ZW) der noch ausstehenden Einnahmen jeweils am 1.1. direkt nach Eingang der jeweils aktuellen Zahlung in den Jahren 4 bis 6.

(3) Die Maschine kann immer am Jahresanfang, direkt nach Eingang der jeweils aktuellen Zahlung zu einem Preis von 2.000 € verkauft werden. In welchem Jahr verkaufen Sie die Maschine?

(i) Bestimmen Sie den internen Zinsfuß für die folgenden Anfangsinvestitionen (Z_0) mit den anschließenden Rückzahlungen Z_1 und Z_2 nach einem beziehungsweise zwei Jahren. Sollte die jeweilige Investition bei einem Kalkulationszinsfuß von 5% getätigt werden?

(1) $Z_0 = -3.000 €; Z_1 = 2.000 €; Z_2 = 1.500 €$,

(2) $Z_0 = -2.000 €; Z_1 = 1.050 €; Z_2 = 1.050 €$,

(3) $Z_0 = -20.000 €; Z_1 = 22.000 €; Z_2 = 0 €$,

(4) $Z_0 = -5.000 €; Z_1 = 0 €; Z_2 = 5.100{,}50 €$.

(j) Die erwartete Einzahlungsreihe einer Maschine, die 4.000 € am Jahresende kostet, beträgt sechs Jahre lang jeweils 2.000 € am Jahresende. Der Kalkulationszinsfuß beträgt $i = 10\%$. Die Maschine kann über den ganzen Zeitraum hinweg immer am Jahresanfang für 3.500 € verkauft werden. Wann sollte der Verkauf stattfinden?

(k) Eine Maschine kostet 100.000 €. Durch ihren Einsatz sind zusätzliche Einzahlungen in Höhe von 10.000 € und 100.000 € nach jeweils einem beziehungsweise zwei Jahren zu erwarten. Lohnt sich der Kauf bei einem Kalkulationszinsfuß von 4%? Lohnt er sich auch noch bei $i = 7\%$? Berechnen Sie den internen Zinsfuß.

Lösungen

2.9 (a) $Z_0 = \frac{300 €}{1{,}025^5} = 265{,}16 €$ (BW); $Z_2 = \frac{300 €}{1{,}025^2} = 285{,}54 €$ (ZW);

(b) $Z_0 = \frac{12.000 €}{1+2{,}5\%/12} = 11.975{,}05 €$ (unterjährig); $Z_0 = \frac{12.000 €}{(1+2{,}5\%)^{(1/12)}} = 11.975{,}33 €$ (nichtganzz.);

(c) Alternative 1, denn der Barwert von Alternative 2 ist $Z_0 = \frac{2.200 €}{1+10\%/24} = 2.190{,}87 € > 2.156 €$;

(d) Ja, denn der Skontofaktor ist mit 0,98 kleiner als der Abzinsungsfaktor mit $\frac{1}{1+8\% \cdot \frac{30}{360}} = 0{,}993$;

(e) $\frac{1}{1+x \div 12} = 1 - 2\% \iff x = \left(\frac{1}{1-2\%} - 1\right) \cdot 12 = 24{,}49\%$;

(f) Die Barwerte betragen für (1) $6.000 € + \frac{1.000 €}{1{,}05} + \frac{1.000 €}{1{,}05^2} + \frac{1.000 €}{1{,}05^3} + \frac{1.000 €}{1{,}05^4} = 9.545{,}95 €$, für (2) 9.091,90 € und für (3) 9.014,06 €, so dass die Entscheidung für (3) ausfällt;

(g) (A) $KW = -1.000€ - \frac{1.000€}{1,03} - \frac{4.000€}{1,03^2} - \frac{4.000€}{1,03^3} + \frac{2.000€}{1,03} + \frac{4.000€}{1,03^2} + \frac{6.000€}{1,03^3} = 1.801,16€$ größer als (B) $KW = -3.000€ - \frac{3.000€}{1,03} - \frac{2.000€}{1,03^2} - \frac{2.000€}{1,03^3} + \frac{6.000€}{1,03} + \frac{4.000€}{1,03^2} + \frac{2.000€}{1,03^3} = 1.797,81€$;

(h) (1) $KW = -5.000€ + \frac{1.000€}{1,05} + \frac{1.000€}{1,05^2} + \frac{1.000€}{1,05^3} + \frac{1.000€}{1,05^4} + \frac{1.000€}{1,05^5} + \frac{1.000€}{1,05^6} + \frac{1.000€}{1,05^7} = 786,37€$;

(2) $ZW_4 = \frac{1.000€}{1,05} + \frac{1.000€}{1,05^2} + \frac{1.000€}{1,05^3} = 2.723,25€$; $ZW_5 = \frac{1.000€}{1,05} + \frac{1.000€}{1,05^2} = 1.859,41€$; $ZW_6 = \frac{1.000€}{1,05} = 952,38€$;

(3) Im Jahr 5, da $ZW_5 = 1.859,41€ < 2.000€$ (=Verkaufspreis);

(i) (1) $\frac{2.000€}{1+i_{int}} + \frac{1.500€}{(1+i_{int})^2} = 3.000€$; Umformung zur Normalgleichung der p-q-Formel ergibt mit $p = 1,\bar{3}$ und $q = -0,1\bar{6}$ den internen Zins: $i_{int} = 11,51\% > 5\%$. Ja, die Investition lohnt;

(2) $\frac{1.050€}{1+i_{int}} + \frac{1.050€}{(1+i_{int})^2} = 2.000€$; Umformung zur Normalgleichung der p-q-Formel ergibt mit $p = 2,525$ und $q = -2,05$ den internen Zins: $i_{int} = 3,32\% < 5\%$. Nein;

(3) $\frac{22.000€}{1+i_{int}} = 20.000€$; Auflösen ergibt: $i_{int} = 10\% > 5\%$. Ja;

(4) $\frac{5.100,50€}{(1+i_{int})^2} = 5.000€$; Umformung zur Normalgleichung der p-q-Formel ergibt mit $p = 2$ und $q = -0,0201$ den internen Zins: $i_{int} = 1\% < 5\%$. Nein;

(j) Hierzu werden die Zeitwerte der verbleibenden Einzahlungen berechnet: Der Zeitwert zu Beginn des 6. Jahres beträgt $R_6 = \frac{2.000€}{1+10\%} = 1.818,18€$, und der Zeitwert zu Beginn des 5. Jahres beträgt $R_5 = \frac{2.000€}{1+10\%} + \frac{2.000€}{(1+10\%)^2} = 3.471,07€$. Weil R_5 kleiner ist als der Verkaufswert der Maschine, wird zu Beginn des 5. Jahres verkauft;

(k) $KW(4\%) = -100.000€ + \frac{10.000€}{1,04} + \frac{100.000€}{1,04^2} = 2.071,01€$ (Investition lohnt sich);
$KW(7\%) = -100.000€ + \frac{10.000€}{1,07} + \frac{100.000€}{1,07^2} = -3.310,33€$ (Investition lohnt sich nicht);
Berechnung des int. Zinsfuß mit $q_{int} = 1 + i_{int}$ mit der p-q-Formel für quadrat. Gleichungen: $0 = -100.000€ + \frac{10.000€}{q_{int}} + \frac{100.000€}{q_{int}^2} \iff i_{int} = 0,05 + \sqrt{0,05^2 + 1} - 1 = 5,12\%$. Die negative Lösung der p-q-Formel ist ökonomisch irrelevant und wird deshalb ignoriert.

2.4 Rentenrechnung

2.4.1 End- und Barwerte periodischer Zahlungen

Die **Rentenrechnung** beschäftigt sich mit regelmäßigen Zahlungen in meistens gleicher Höhe. In der Praxis begegnen uns diese so definierten **Renten**, wie der Name schon sagt, bei der Altersvorsorge. Aber auch Sparverträge, Investitionsrückflüsse und Kredite sind durch regelmäßige Zahlungen gekennzeichnet und können mit den Methoden der Rentenrechnung analysiert werden.

In diesem Abschnitt werden wir uns zuerst mit jährlichen Renten beschäftigen und anschließend die Analyse auf unterjährige, zum Beispiel monatliche Renten, erweitern.

Endwert und Barwert einer jährlich nachschüssigen Rente

Betrachten wir beispielhaft eine eingehende Rentenzahlung r in Höhe von 300 €, die immer am Jahresende über einen Zeitraum von $n = 20$ Jahren ausgezahlt wird. Die Eigenschaft, dass diese Rente immer am Jahresende ausgezahlt wird, wird auch als **nachschüssig** bezeichnet, es handelt sich also um eine **nachschüssige Rente**.

Als Erstes wollen wir der Frage nachgehen, wie viel Kapital durch diese Rentenzahlungen bis zum Ende der Laufzeit n zusammenkommt. Dieser Wert wird auch der **Endwert einer**

Abbildung 2.2 Barwert und Endwert einer nachschüssigen Rente (Werte in €)

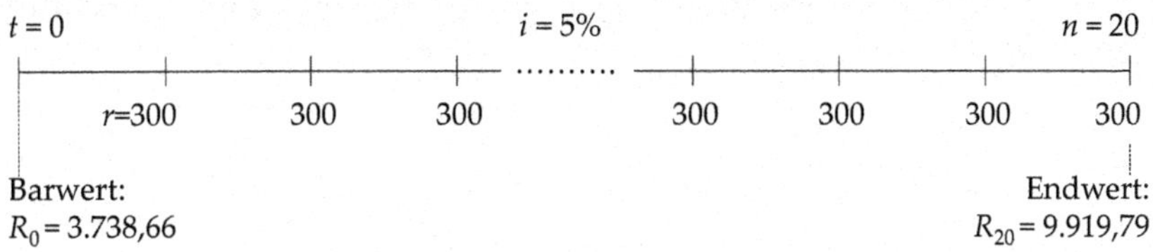

nachschüssigen Rente genannt. Hierzu müssen wir alle Zahlungen (auf)addieren, gleichzeitig aber die Zinseszinseffekte berücksichtigen. Der Zinssatz sei in diesem Beispiel $i = 5\%$. Da es sich um jährliche Verzinsung handelt, geht der Zinssatz immer über den **Zinsfaktor** $q = 1 + i$ in die Berechnungen ein. Der Zinsfaktor wird zur besseren Übersicht deshalb mit q abgekürzt. In diesem Beispiel ist $q = 1{,}05$. Der zeitliche Ablauf wird in der Abbildung 2.2 dargestellt.

Die erste Zahlung erhalten wir am Ende des 1. Jahres, so dass diese bis zum Ende der Laufzeit für $n - 1 = 19$ Jahre angelegt werden kann. Die Zahlung des 2. Jahres verzinst sich noch für $n - 2 = 18$ Jahre usw. bis zur letzten Zahlung, die sich nicht mehr verzinst, da sie gleichzeitig mit dem Zeitpunkt des Endwertes der Rente erfolgt. Aufsummiert ergibt sich damit der Endwert der Rente durch:

$$R_n = 300\,€ \cdot \left(1{,}05^{19} + 1{,}05^{18} + 1{,}05^{17} + \ldots + 1{,}05^{0}\right)$$

Insbesondere für lange Rentenlaufzeiten ist die Bestimmung des Endwertes eine mühsame Aufgabe, da jeder Term der rechten Gleichungsseite einzeln berechnet werden muss. Mit einem kleinen Trick ist es jedoch möglich, hier einen geschlossenen Ausdruck zu erhalten. Hierzu wird die rechte Seite mit $(1{,}05 - 1)$ erweitert, um dann zusammenzufassen und folgenden Ausdruck zu erhalten:

$$\begin{aligned} R_n &= 300\,€ \cdot \frac{(1{,}05^{19} + 1{,}05^{18} + 1{,}05^{17} + \ldots + 1{,}05^{0}) \cdot (1{,}05 - 1)}{1{,}05 - 1} \\ &= 300\,€ \cdot \frac{1{,}05^{20} - 1{,}05^{19} + 1{,}05^{19} - 1{,}05^{18} + \ldots + 1{,}05^{1} - 1{,}05^{0}}{1{,}05 - 1} \\ &= 300\,€ \cdot \frac{1{,}05^{20} - 1}{0{,}05} = 9.919{,}79\,€ \end{aligned}$$

Der Endwert der nachschüssigen Rente von 300 € über einen Zeitraum von 20 Jahren bei einem Zinssatz von 5% beträgt also 9.919,79 €.

In Anlehnung an dieses Beispiel kann der **Rentenendwert einer nachschüssigen jährlichen Rente** R_n durch folgende allgemeine Formel:

$$R_n = r \cdot \frac{q^n - 1}{i}$$

bestimmt werden, in der r die Rente, i den Zinssatz, $q = 1 + i$ den jährlichen Aufzinsungsfaktor und n die Laufzeit beschreibt.

Der Rentenendwert beschreibt den gesamten Wert aller Zahlungen **am Ende der Laufzeit**.

Der entsprechende Gesamtwert **am Anfang der Laufzeit**, der sogenannte **Barwert**, kann einfach durch Abzinsung gemäß dem Äquivalenzprinzip berechnet werden. Hierzu wird der Endwert mit q^n abgezinst, und es ergibt sich der **Rentenbarwert einer nachschüssigen jährlichen Rente** R_0:

$$R_0 = \frac{R_n}{q^n} = r \cdot \frac{q^n - 1}{q^n \cdot i}$$

Mit den Zahlen des Beispiels ergibt sich ein Rentenbarwert von:

$$R_0 = 300\,€ \cdot \frac{1{,}05^{20} - 1}{1{,}05^{20} \cdot 0{,}05} = 3.738{,}66\,€$$

Jährlich vorschüssige und ewige Rente

Bei einer jährlich **vorschüssigen Rente** werden die Rentenzahlungen immer am Jahresanfang, also **vorschüssig**, gezahlt. Sei r' die vorschüssige Rente, dann gilt nach dem Äquivalenzprinzip die folgende Beziehung zwischen vorschüssiger Rente r' und nachschüssiger Rente r, denn im Fall der vorschüssigen Rente wird jede einzelne Rentenzahlung genau einmal zusätzlich verzinst:

$$r' \cdot q = r$$

Wird diese Äquivalenzbeziehung nun in die bereits abgeleiteten nachschüssigen Rentenformeln eingesetzt, erhalten wir den **Rentenendwert einer vorschüssigen jährlichen Rente**

$$R'_n = r' \cdot q \cdot \frac{q^n - 1}{i} = r' \cdot \frac{q^{n+1} - q}{i}$$

und den **Rentenbarwert einer vorschüssigen jährlichen Rente**:

$$R'_0 = r' \cdot q \cdot \frac{q^n - 1}{q^n \cdot i} = r' \cdot \frac{q^n - 1}{q^{n-1} \cdot i}$$

Falls Renten eine unendliche Laufzeit haben, die sogenannten **ewigen Renten**, können keine Endwerte (die unendlich groß werden würden), aber Barwerte berechnet werden. Die Bildung des Grenzwertes für $n \to \infty$ in der Formel für den Barwert der nachschüssigen Rente liefert den **Barwert der ewigen nachschüssigen Rente**

$$\begin{aligned} R_0 &= \lim_{n \to \infty} r \cdot \frac{q^n - 1}{q^n \cdot i} = \lim_{n \to \infty} r \cdot \left[\frac{q^n}{q^n \cdot i} - \frac{1}{q^n \cdot i}\right] \\ &= \lim_{n \to \infty} r \cdot \left[\frac{1}{i} - \frac{1}{q^n \cdot i}\right] = \frac{r}{i} \quad , \end{aligned}$$

weil q^n unendlich groß wird und damit $1/(q^n \cdot i)$ den Grenzwert 0 hat. Ähnlich können die Barwerte der ewigen Rente berechnet werden.

Barwerte der ewigen **nachschüssigen** und **vorschüssigen Rente**:

Nachschüssig: $R_0 = \frac{r}{i}$; Vorschüssig: $R'_0 = r + \frac{r}{i}$

Beispiele

- In einen Sparvertrag werden jährlich am Jahresende (Jahresanfang) 1.000 € eingezahlt. Der jährliche Zinssatz beträgt 3%. Die Endwerte nach 10 Jahren betragen:

$$R_n = 1.000\,€ \cdot \frac{1{,}03^{10} - 1}{0{,}03} = 11.463{,}88\,€$$

$$R'_n = 1.000\,€ \cdot 1{,}03 \cdot \frac{1{,}03^{10} - 1}{0{,}03} = 11.807{,}80\,€$$

- Welcher Betrag muss einmalig zu Beginn der Laufzeit in eine Rentenversicherung eingezahlt werden, um anschließend für 20 Jahre eine jährlich nachschüssige (vorschüssige) Rente von 12.000 € zu erhalten? Der Zinssatz betrage 4%.

$$R_0 = 12.000\,€ \cdot \frac{1{,}04^{20} - 1}{1{,}04^{20}(0{,}04)} = 163.083{,}92\,€$$

$$R'_0 = 12.000\,€ \cdot \frac{1{,}04^{20} - 1}{1{,}04^{19}(0{,}04)} = 169.607{,}27\,€$$

- Wie hoch muss die jährlich nachschüssige (vorschüssige) Sparleistung ausfallen, um bei einer Verzinsung von 2% nach 30 Jahren 100.000 € zu erhalten?

$$R_n = r \cdot \frac{q^n - 1}{i} \iff r = R_n \cdot \frac{i}{q^n - 1} = 100.000\,€ \cdot \frac{0{,}02}{1{,}02^{30} - 1} = 2.464{,}99\,€$$

$$R'_n = r' q \frac{q^n - 1}{i} \iff r' = R'_n \frac{i}{q(q^n - 1)} = 100.000\,€ \cdot \frac{0{,}02}{1{,}02(1{,}02^{30} - 1)} = 2.416{,}66\,€$$

- Welche jährlich nachschüssige (vorschüssige) Rente erhalten Sie für 15 Jahre, wenn Sie zu Rentenbeginn 80.000 € in eine Rentenversicherung einzahlen, die mit einem Zinssatz von 1,5% kalkuliert?

$$r = R_0 \cdot \frac{q^n \cdot i}{q^n - 1} = 80.000\,€ \cdot \frac{1{,}015^{15} \cdot 0{,}015}{1{,}015^{15} - 1} = 5.995{,}55\,€$$

$$r' = R'_0 \cdot \frac{q^{n-1} \cdot i}{q^n - 1} = 80.000\,€ \cdot \frac{1{,}015^{14} \cdot 0{,}015}{1{,}015^{15} - 1} = 5.906{,}94\,€$$

- Wie viele Jahre müssen Sie 893,40 € jährlich nachschüssig sparen, um mit einem Zinssatz von 2,5% einen Endbetrag von 20.000 € zu erhalten?

$$R_n = r \cdot \frac{q^n - 1}{i} \iff q^n = \frac{R_n \cdot i}{r} + 1 \iff n = \frac{\ln\left(\frac{R_n \cdot i}{r} + 1\right)}{\ln(q)}$$

$$n = \frac{\ln\left(\frac{20.000\,€ \cdot 0{,}025}{893{,}40\,€} + 1\right)}{\ln(1{,}025)} = 18{,}00 \text{ Jahre}$$

- Wie viel müssen Sie 40 Jahre lang jährlich nachschüssig sparen, um anschließend für weitere 20 Jahre 20.000 € jährlich vorschüssige Rente zu erhalten? Der Zinssatz sei 3%.

Schritt 1: Um 20.000 € Rente jährlich vorschüssig zu erhalten, benötigen wir zu Beginn der Rentenlaufzeit:

$$R_0' = r' \cdot \frac{q^n - 1}{q^n - q^{n-1}} = 20.000\,€ \cdot \frac{1{,}03^{20} - 1}{1{,}03^{20} - 1{,}03^{19}} = 306.475{,}98\,€$$

Schritt 2: Um 306.475,98 € zu Beginn der Rentenlaufzeit zur Verfügung zu stellen, müssen 40 Jahre folgende jährlich nachschüssige Sparraten geleistet werden:

$$r = R_n \cdot \frac{i}{q^n - 1} = 306.475{,}98\,€ \cdot \frac{1{,}03 - 1}{1{,}03^{40} - 1} = 4.064{,}60\,€$$

- Wie hoch sind die Barwerte einer ewigen nachschüssigen und einer ewigen vorschüssigen Rente von 10.000 € pro Jahr, wenn der Zinssatz bei 2% liegt?

$$R_0 = \frac{r}{i} = \frac{10.000\,€}{0{,}02} = 500.000\,€; \qquad R_0' = r + \frac{r}{i} = 10.000\,€ + \frac{10.000\,€}{0{,}02} = 510.000\,€$$

Aufgaben

2.10 (a) Sie sparen jeweils am Jahresanfang (Jahresende) 750 € zu einem Zinssatz von 2,2%. Welchen Endbetrag können Sie nach 25 Jahren abheben?

(b) Ihre Rentenversicherung kalkuliert mit einer Rentenbezugsdauer von 15 Jahren und mit einem Zinssatz von 1,6%. Welchen Betrag müssen Sie einmalig zu Rentenbeginn einzahlen, um anschließend eine jährlich vorschüssige (nachschüssige) Rente von 24.000 € zu erhalten?

(c) Alle 7 Jahre wollen Sie sich ein neues Auto im Wert von 20.000 € kaufen. Wie viel müssen Sie hierfür jährlich nachschüssig (vorschüssig) sparen, um bei einer Verzinsung von 2,5% alle 7 Jahre den gewünschten Betrag zur Verfügung zu haben?

(d) Wie viele Jahre müssen Sie 1.126,89 € jährlich vorschüssig sparen, um bei einem Zinssatz von 2,3% einen Endbetrag von 10.000 € zu erhalten?

(e) Wie lange bekommen Sie eine jährlich nachschüssige Rente in Höhe von 24.000 €, wenn Sie zu Beginn der Rentenlaufzeit 280.391,12 € in eine Rentenversicherung einzahlen und der Zinssatz 3,3% beträgt?

(f) Wie lange bekommen Sie eine jährlich vorschüssige Rente in Höhe von 10.000 €, wenn Sie zu Beginn der Rentenlaufzeit 65.825,76 € in eine Rentenversicherung einzahlen und der Zinssatz 2,1% beträgt?

(g) Wie viel müssen Sie 45 Jahre lang bei einem Zinssatz von 1,8% jeweils am Jahresende sparen, um anschließend für 17 Jahre am Jahresende jeweils 8.000 € Rente zu erhalten?

(h) Wie viel müssen Sie 40 Jahre lang bei einem Zinssatz von 2,8% jeweils am Jahresanfang sparen, um anschließend für 20 Jahre am Jahresende jeweils 18.000 € Rente zu erhalten?

(i) Wie viel müssen Sie 35 Jahre lang bei einem Zinssatz von 3,8% jeweils am Jahresende sparen, um anschließend für 22 Jahre am Jahresanfang jeweils 15.000 € Rente zu erhalten?

(j) Wie viel müssen Sie 42 Jahre lang bei einem Zinssatz von 1,5% jeweils am Jahresanfang sparen, um anschließend für 14 Jahre am Jahresanfang jeweils 24.000 € Rente zu erhalten?

(k) Wie viel Rente bekommen Sie jeweils am Jahresende (Jahresanfang), wenn Sie 35 Jahre lang am Jahresanfang 5.000 € sparen, der Zinssatz 3,5% beträgt und die Rentenversicherung mit einer Rentenbezugsdauer von 12 Jahren kalkuliert?

(l) Wie viel Rente bekommen Sie jeweils am Jahresende (Jahresanfang), wenn Sie 40 Jahre lang am Jahresende 6.000 € sparen, der Zinssatz 2,2% beträgt und die Rentenversicherung mit einer Rentenbezugsdauer von 15 Jahren kalkuliert?

(m) Wie groß ist der Barwert einer ewigen nachschüssigen (vorschüssigen) Rente von 40.000 € pro Jahr, wenn der Zinssatz bei 5% (8%) liegt?

(n) Ein Wertpapier erbringt jährlich und für unbegrenzte Zeit jeweils am Jahresende eine sichere Auszahlung von 1000 €. Welchen Betrag würden Sie bei einem Kalkulationszinsfuß von 5% am Anfang eines Jahres maximal für das Wertpapier ausgeben? Welchen Betrag würden Sie ausgeben, wenn die Auszahlungen jeweils am Jahresanfang erfolgen?

Lösungen

2.10 (a) $R_n' = 25.188{,}20\,€$; $R_n = 24.645{,}98\,€$; (b) $R_0' = 322.899{,}50\,€$; $R_0 = 317.814{,}47\,€$;

(c) $r = 2.649{,}91\,€$; $r' = 2.585{,}28\,€$; (d) $n = \frac{\ln\left(\frac{R_n' \cdot i}{r' \cdot q}+1\right)}{\ln(q)} = \frac{\ln\left(\frac{10.000\,€\cdot 0{,}023}{1.126{,}89\,€\cdot 1{,}023}+1\right)}{\ln(1{,}023)} = 8$ Jahre;

(e) $n = \frac{\ln\left(\frac{r}{r-R_0 \cdot i}\right)}{\ln(q)} = \frac{\ln\left(\frac{24.000\,€}{24.000\,€-280.391{,}12\,€\cdot 0{,}033}\right)}{\ln(1{,}033)} = 15$ Jahre;

(f) $n = \frac{\ln\left(\frac{r'q}{r'q-R_0' \cdot i}\right)}{\ln(q)} = \frac{\ln\left(\frac{10.000\,€\cdot 1{,}021}{10.000\,€\cdot 1{,}021-65.825{,}76\,€\cdot 0{,}021}\right)}{\ln(1{,}021)} = 7$ Jahre;

(g) $R_0 = 116.269{,}62\,€$; $r = 1.699{,}06\,€$; (h) $R_0 = 272.814{,}15\,€$; $r' = 3.682{,}16\,€$;

(i) $R_0' = 229.367{,}29\,€$; $r = 3.241{,}35\,€$; (j) $R_0' = 305.556{,}77\,€$; $r' = 5.197{,}25\,€$;

(k) $R_n' = 345.038{,}02\,€$; $r = 35.705{,}90\,€$; ($r' = 34.498{,}45\,€$);

(l) $R_n = 378.547{,}72\,€$; $r = 29.903{,}27\,€$; ($r' = 29.259{,}56\,€$);

(m) $R_0(5\%) = \frac{40.000\,€}{0{,}05} = 800.000\,€$; $R_0(8\%) = \frac{40.000\,€}{0{,}08} = 500.000\,€$;
$R_0'(5\%) = 40.000\,€ + \frac{40.000\,€}{0{,}05} = 840.000\,€$; $R_0'(8\%) = 40.000\,€ + \frac{40.000\,€}{0{,}08} = 540.000\,€$;

(n) $R_0 = \frac{1.000\,€}{0{,}05} = 20.000\,€$; $R_0' = 1.000\,€ + \frac{1.000\,€}{0{,}05} = 21.000\,€$.

Unterjährige Renten

In der Realität finden die meisten Rentenzahlungen nicht wie bisher dargestellt jährlich, sondern monatlich oder vierteljährlich, also **unterjährig** statt. Im Folgenden werden zuerst unterjährige Renten abgeleitet, um diese anschließend in das Rentenrechnungskonzept des vorherigen Abschnitts zu integrieren.

Betrachten wir beispielhaft eine monatliche Rentenzahlung in Höhe von 500 €, die nachschüssig, das heißt am Monatsende, ausgezahlt wird. Weiterhin soll genau wie bei der gemischten Verzinsung gelten, dass innerhalb eines Jahres keine Zinseszinsen berechnet werden. Berechnen wir nun den **äquivalenten Jahresendwert der 12 monatlichen Zahlungen** für einen Zinssatz von 3%:

Die erste Rentenzahlung erfolgt Ende Januar und wird bis zum Jahresende 11 weitere Monate unterjährig verzinst. Die Zahlung Ende Februar wird noch 10 Monate verzinst usw. bis zur letzten Zahlung Ende Dezember, die gar nicht mehr verzinst wird. Aufsummiert ergibt sich für den kumulierten Jahresendwert die sogenannte **nachschüssige Ersatzrentenrate** einer unterjährig nachschüssigen Rente:

$$
\begin{aligned}
r_e &= 500\,€\left(1+3\%\cdot\frac{11}{12}\right)+500\,€\left(1+3\%\cdot\frac{10}{12}\right)+\ldots+500\,€\left(1+3\%\cdot\frac{0}{12}\right)\\
&= 500\,€\left(12+3\%\cdot\frac{11+10+\ldots+0}{12}\right)\\
&= 500\,€\left(12+3\%\cdot\frac{\frac{11\cdot 12}{2}}{12}\right) \quad \text{(vgl. die Gaußsche Summenformel auf der Seite 23)}\\
&= 500\,€\left(12+3\%\cdot\frac{11}{2}\right) = 6.082{,}50\,€
\end{aligned}
$$

Die 12 monatlichen Rentenzahlungen in Höhe von 500 € sind also äquivalent zu der einmaligen Zahlung am Jahresende in Höhe von 6.082,50 €.

Die Berechnungsformel der nachschüssigen Ersatzrentenrate kann analog der beispielhaften Herangehensweise verallgemeinert werden.

(Nachschüssige Ersatzrentenraten) Sei m die Anzahl der jährlichen Rentenzahlungen, i der Zinssatz sowie r und r' die nachschüssigen beziehungsweise vorschüssigen Rentenzahlungen.

- Nachschüssige Ersatzrentenraten einer unterjährig nachschüssigen Rente r:

$$r_e = r \cdot \left(m + i \cdot \frac{m-1}{2} \right)$$

- Nachschüssige Ersatzrentenraten einer unterjährig vorschüssigen Rente r':

$$r_e = r' \cdot \left(m + i \cdot \frac{m+1}{2} \right)$$

Mit diesen beiden Formeln sind wir nun in der Lage, unterjährige Renten in äquivalente nachschüssige Jahresrenten umzuwandeln.

Beispiele

- Wie groß ist für einen Nominalzinssatz von 3% der Barwert einer monatlichen vorschüssigen Rente von 1.000 €, die 20 Jahre lange gezahlt wird?

  Die Beantwortung dieser Frage erfolgt in zwei Schritten. Zuerst werden die monatlichen Raten in äquivalente jährliche Raten umgewandelt, um anschließend aus diesen jährlichen Raten den Barwert zu ermitteln (vgl. die Abbildung 2.3).

  (1) Umwandlung monatliche in äquivalente jährliche Rente: Die **nachschüssige Ersatzrentenrate** der monatlich vorschüssigen Rente ist

$$r_e = r' \cdot \left(m + i \cdot \frac{m+1}{2} \right) = 1.000\,€ \cdot \left(12 + 3\% \cdot \frac{12+1}{2} \right) = 12.195\,€.$$

  (2) Berechnung des Barwertes der jährlichen Rente: Der Barwert einer jährlich nachschüssigen Rente (Ersatzrentenrate) ermittelt sich gemäß der **Barwertformel einer jährlich nachschüssigen Rente** als

$$R_0 = r_e \cdot \frac{q^n - 1}{q^n \cdot i} = 12.195\,€ \cdot \frac{1{,}03^{20} - 1}{1{,}03^{20} \cdot 0{,}03} = 181.430{,}81\,€$$

- Wie viel Kapital ergibt sich am Ende der Laufzeit, wenn Sie 10 Jahre lang vierteljährlich vorschüssig 500 € sparen bei einer Verzinsung von 2,5% (vgl. die Abbildung 2.4)?

  (1) Berechnung Ersatzrentenrate:

$$r_e = 500\,€ \cdot \left(4 + 2{,}5\% \cdot \frac{4+1}{2} \right) = 2.031{,}25\,€$$

  (2) Berechnung Endwert aus jährlicher Rente:

$$R_n = 2.031{,}25\,€ \cdot \frac{1{,}025^{10} - 1}{0{,}025} = 22.756{,}87\,€$$

Abbildung 2.3 Beispiel Barwert einer monatlich vorschüssigen Rente (Werte in €)

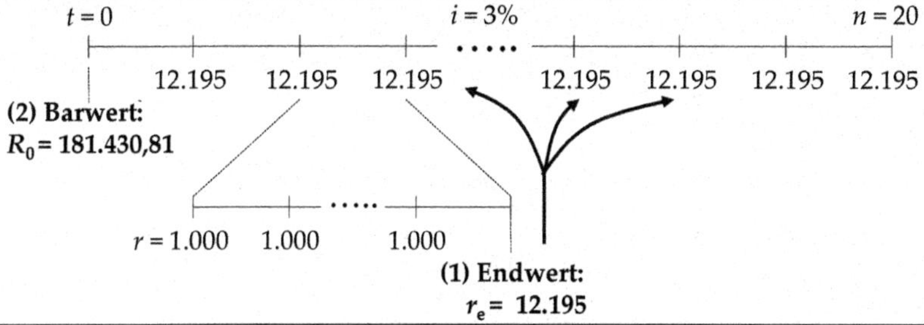

Abbildung 2.4 Beispiel Endwert vierteljährlich vorschüssiger Ersparnis (Werte in €)

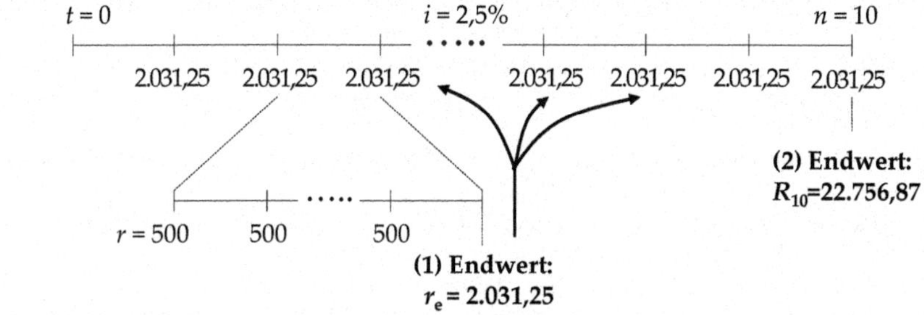

- Ein heute 55-jähriger Arbeitnehmer hat in 10 Jahren einen Anspruch auf eine monatliche Betriebsrente von 500 €, die vorschüssig bezahlt wird. Durch welche Gegenleistung kann sie heute bei einem Zinssatz von 6% abgelöst werden, wenn eine Lebenserwartung von 77 Jahren angenommen wird?

  Lösung in drei Schritten: Berechnung (1) der konformen jährlich nachschüssigen Ersatzrentenrate der vorschüssigen unterjährigen Rente; (2) des Barwert der Ersatzrentenraten zum Zeitpunkt des Rentenbeginns; (3) des Barwerts heute, den wir zur Unterscheidung Kapitalwert nennen (vgl. die Abbildung 2.5).

  (1) Ersatzrentenrate:

$$r_e = r' \cdot \left(m + i \cdot \frac{m+1}{2}\right) = 500\,€ \cdot \left(12 + 6\% \cdot \frac{12+1}{2}\right) = 6.195\,€$$

  (2) Barwert zum Zeitpunkt des Rentenbeginns:

$$R_{10} = r_e \cdot \frac{q^n - 1}{q^n \cdot i} = 6.195\,€ \cdot \frac{1{,}06^{12} - 1}{1{,}06^{12} \cdot 0{,}06 - 1} = 51.937{,}91\,€$$

  (3) Barwert heute (Kapitalwert):

$$K_0 = \frac{R_{10}}{q^n} = \frac{51.937{,}91\,€}{1{,}06^{10}} = 29.001{,}86\,€$$

Abbildung 2.5 Beispiel Kapitalwert einer monatlich vorschüssigen Rente (Werte in €)

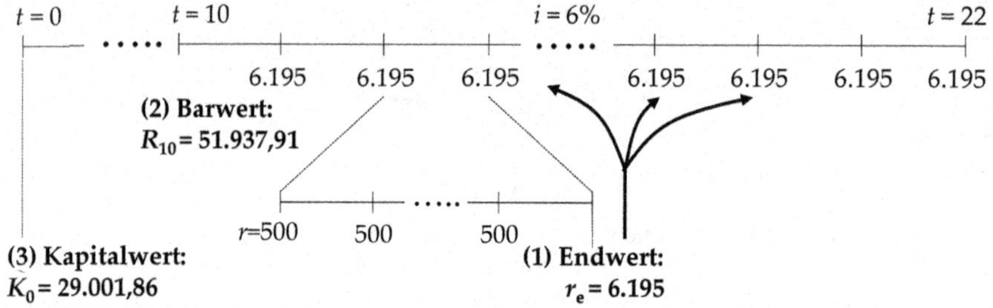

Aufgaben

2.11 (a) Bestimmen Sie den Barwert einer monatlich nachschüssigen (vorschüssigen) Rente in Höhe von 2.500 €, die eine Laufzeit von 25 Jahren hat bei einem Zinssatz von 4%.

(b) Bis zu Ihrem 67. Geburtstag haben Sie insgesamt 200.000 € gespart. Wie viel Rente erhalten Sie für 12 Jahre vierteljährlich nachschüssig (vorschüssig) aus dieser Ersparnis, wenn der Kalkulationszins 2,4% beträgt?

(c) Sie sparen vierteljährlich nachschüssig (vorschüssig) 500 €. Wie hoch ist Ihre Gesamtersparnis nach 15 Jahren bei einem Zinssatz von 3,5%?

(d) Wie viel müssen Sie bei einem Zinssatz von 2,5% halbjährlich nachschüssig (vorschüssig) sparen, um nach 10 Jahren über eine Gesamtersparnis von 100.000 € zu verfügen?

(e) Ein heute 55-jähriger Arbeitnehmer hat in 12 Jahren einen Anspruch auf eine monatliche Betriebsrente von 1.000 €, die vorschüssig (nachschüssig) bezahlt wird. Durch welchen Einmalbetrag (Kapitalwert) kann sie heute bei einem Zinssatz von 5% und einer angenommenen Lebenserwartung von 79 Jahren abgelöst werden?

(f) Wie viel muss ich jährlich nachschüssig (vorschüssig) 10 Jahre lang sparen, um anschließend 15 Jahre lang eine monatlich vorschüssige Rente in Höhe von 600 € zu erhalten? ($i = 3{,}2\%$)

(g) Wie viel muss ich jährlich nachschüssig (vorschüssig) 40 Jahre lang sparen, um anschließend 14 Jahre lang eine monatlich nachschüssige Rente in Höhe von 2.000 € zu erhalten? ($i = 2{,}2\%$)

(h) Wie viel müssen Sie monatlich nachschüssig (vorschüssig) 30 Jahre lang sparen, um anschließend 10 Jahre lang eine vierteljährlich vorschüssige Rente in Höhe von 6.000 € zu erhalten? ($i = 2{,}7\%$)

(i) Sie sparen 35 Jahre lang vierteljährlich vorschüssig 1.200 €. Wie viel Rente erhalten Sie anschließend monatlich nachschüssig (vorschüssig) für 13 Jahre? ($i = 2{,}7\%$)

(j) Sie sparen 40 Jahre lang halbjährlich nachschüssig 6.000 €. Wie viel Rente erhalten Sie anschließend vierteljährlich nachschüssig (vorschüssig) für 20 Jahre? ($i = 2{,}0\%$)

Lösungen

2.11 (a) Schritt 1, Umrechnung der monatlichen Zahlungen in eine äquivalente jährliche Zahlung, die Ersatzrentenrate: $r_e = 2.500\,€ \cdot \left(12 + 4\% \cdot \frac{12-1}{2}\right) = 30550\,€$; Schritt 2, Berechnung des Barwerts der jährlichen Rente (Ersatzrentenrate): $R_0 = 30.550\,€ \cdot \frac{1{,}04^{25}-1}{1{,}04^{25} \cdot 0{,}04} = 477.254{,}54\,€$;
Für eine monatlich vorschüssige Rente gelten: $r_e = 30.650\,€$; $R_0 = 478.816{,}75\,€$;

(b) Schritt 1, Mit der nachschüssigen Rentenbarwertformel ergibt sich für 12 Jahre eine jährlich nachschüssige Rente $r = R_0 \cdot \frac{1{,}024^{12} \cdot 0{,}024}{1{,}024^{12}-1} = 19.379{,}56\,€$; Schritt 2, Umrechnung dieser jährlichen Rente in eine äquivalente vierteljährlich nachschüssige Rente ergibt: $r = \frac{r_e}{m+i \cdot \frac{m-1}{2}} = \frac{19.379{,}56\,€}{4+2{,}4\% \cdot \frac{4-1}{2}} = 4.801{,}68\,€$; Für eine vierteljährlich vorschüssige Rente gilt: $r' = 4.773{,}29\,€$;

(c) Schritt 1, Berechnung der (jährlich nachschüssigen) Ersatzrentenrate:
$r_e = 500\,€ \cdot \left(4 + 3{,}5\% \cdot \frac{4-1}{2}\right) = 2.026{,}25\,€$; Schritt 2, Berechnung des Rentenendwertes nach 15 Jahren mit $r = r_e$ aus Schritt 1: $R_n = r \cdot \frac{q^n-1}{i} = 2.026{,}25\,€ \cdot \frac{1{,}035^{15}-1}{0{,}035} = 39.097{,}87\,€$;
Für die vorschüssige Ersparnis gelten: $r_e = 2.043{,}75\,€$ und $r = 39.435{,}55\,€$;

(d) Schritt 1, Berechnung der jährlich nachschüssigen Ersparnis:
$r = R_n \cdot \frac{i}{q^n-1} = 100.000\,€ \cdot \frac{0{,}025}{1{,}025^{10}-1} = 8.925{,}88\,€$; Schritt 2, Umrechnung in eine äquivalente nachschüssige Halbjahresersparnis: $r = \frac{r_e}{m+i\cdot\frac{m-1}{2}} = \frac{8.925{,}88\,€}{2+2{,}5\%\cdot\frac{2-1}{2}} = 4.435{,}22\,€$;
Für die vorschüssige Halbjahresersparnis gilt: $r = 4.380{,}80\,€$;

(e) Schritt 1, Berechnung der (jährlich nachschüssigen) Ersatzrentenrate der monatlich vorschüssigen Rente: $r_e = 1.000\,€ \cdot \left(12 + 5\% \cdot \frac{12+1}{2}\right) = 12.325\,€$; Schritt 2, Berechnung des Rentenbarwertes zum Zeitpunkt des Renteneintritts aus den im ersten Schritt bestimmten jährlichen Zahlungen: $R_0 = 12.325\,€ \cdot \frac{1{,}05^{12}-1}{1{,}05^{12}\cdot 0{,}05} = 109.239{,}58\,€$; Schritt 3 (Berechnung des Kapitalwertes): $K_0 = \frac{109.239{,}58\,€}{1{,}05^{12}} = 60.828{,}68\,€$; Für die monatliche nachschüssige Rente ergeben sich im Schritt 1 $r_e = 12.275\,€$, im Schritt 2 $R_0 = 108.796{,}41\,€$ und im Schritt 3 $K_0 = 60.581{,}91\,€$;

(f) Schritt 1, Berechnung der Ersatzrentenrate der monatlich vorschüssigen Rente:
$r_e = 600\,€ \cdot \left(12 + 3{,}2\% \cdot \frac{12+1}{2}\right) = 7.324{,}80\,€$; Schritt 2, Berechnung des Rentenbarwertes zum Zeitpunkt des Renteneintritts aus den im ersten Schritt bestimmten jährlichen Zahlungen: $R_0 = 7324{,}80\,€ \cdot \frac{1{,}032^{15}-1}{1{,}032^{15}\cdot 0{,}032} = 86.191{,}34\,€$; Schritt 3, Berechnung der jährlich nachschüssigen Ersparnis, um nach 10 Jahren über die im zweiten Schritt geforderte Gesamtsumme zu verfügen: $r = 86.191{,}34\,€ \cdot \frac{0{,}032}{1{,}032^{10}-1} = 7.449{,}53\,€$; Schritt 3', Berechnung der jährlich vorschüssigen Ersparnis, um nach 10 Jahren über die im zweiten Schritt bestimmte Gesamtsumme zu verfügen: $r = 86.191{,}34\,€ \cdot \frac{0{,}032}{1{,}032\cdot(1{,}032^{10}-1)} = 7.218{,}54\,€$;

(g) Schritt 1, Berechnung der Ersatzrentenrate der monatlich vorschüssigen Rente:
$r'_e = 2.000\,€ \cdot \left(12 + 2{,}2\% \cdot \frac{12+1}{2}\right) = 24.286\,€$; Schritt 2, Berechnung des Rentenbarwertes zum Zeitpunkt des Renteneintritts: $R_0 = 24.286\,€ \cdot \frac{1{,}022^{14}-1}{1{,}022^{14}\cdot 0{,}022} = 289.915{,}91\,€$; Schritt 3, Berechnung der jährlich nachschüssigen Ersparnis, um nach 40 Jahren über die im zweiten Schritt bestimmte Gesamtsumme zu verfügen: $r = 289.915{,}91\,€ \cdot \frac{0{,}022}{1{,}022^{40}-1} = 4.595{,}18\,€$; Schritt 3', Berechnung der jährlich vorschüssigen Ersparnis, um nach 40 Jahren über die im zweiten Schritt bestimmte Gesamtsumme zu verfügen: $r = 289.915{,}91\,€ \cdot \frac{0{,}022}{1{,}022\cdot(1{,}022^{40}-1)} = 4.496{,}26\,€$;

(h) Schritt 1, Berechnung der Ersatzrentenrate der vierteljährlich vorschüssigen Rente:
$r'_e = 6.000\,€ \cdot \left(4 + 2{,}7\% \cdot \frac{4+1}{2}\right) = 24.405\,€$; Schritt 2, Berechnung des Rentenbarwertes zum Zeitpunkt des Renteneintritts: $R_0 = 24.405\,€ \cdot \frac{1{,}027^{10}-1}{1{,}027^{10}\cdot 0{,}027} = 211.403{,}50\,€$; Schritt 3, Berechnung der jährlich nachschüssigen Ersparnis, um nach 30 Jahren über die im zweiten Schritt bestimmte Gesamtsumme zu verfügen: $r = 211.403{,}50\,€ \cdot \frac{0{,}027}{1{,}027^{30}-1} = 4.663{,}73\,€$; Schritt 4, Berechnung der nachschüssigen Monatsrate, die zu der im dritten Schritt bestimmten Jahresrate äquivalent ist: $r = \frac{4.663{,}73\,€}{12+2{,}7\%\cdot\frac{12-1}{2}} = 383{,}89\,€$; Schritt 4', Berechnung der vorschüssigen Monatsrate, die zu der im dritten Schritt bestimmten Jahresrate äquivalent ist: $r = \frac{4.663{,}73\,€}{12+2{,}7\%\cdot\frac{12+1}{2}} = 383{,}04\,€$

(i) Schritt 1, Berechnung der (jährlich nachschüssigen) Ersatzrentenrate:
$r_e = 1.200\,€ \cdot \left(4 + 2{,}7\% \cdot \frac{4-1}{2}\right) = 4.881{,}00\,€$; Schritt 2, Berechnung des Rentenendwertes nach 35 Jahren mit $r = r_e$ aus Schritt 1: $R_n = r \cdot \frac{q^n-1}{i} = 4.881{,}00\,€ \cdot \frac{1{,}027^{35}-1}{0{,}027} = 278.537{,}16\,€$; Schritt 3, die unter Schritt 2 berechnete Gesamtersparnis am Ende der Sparphase wird nun in eine jährlich nachschüssige Rente umgewandelt: $r = 278.537{,}16\,€ \cdot \frac{1{,}027^{13}\cdot 0{,}027}{1{,}027^{13}-1} = 25.690{,}78\,€$; Schritt 4, Berechnung der nachschüssigen Monatsrate, die zu der im dritten Schritt bestimm-

ten Jahresrate äquivalent ist: $r = \frac{25.690{,}78\,€}{12+2{,}7\%\cdot\frac{12-1}{2}} = 2.114{,}73\,€$; Schritt 4', Berechnung der vorschüssigen Monatsrate, die zu der im dritten Schritt bestimmten Jahresrate äquivalent ist: $r = \frac{25.690{,}78\,€}{12+2{,}7\%\cdot\frac{12+1}{2}} = 2.110{,}04\,€$;

(j) Schritt 1, Berechnung der (jährlich nachschüssigen) Ersatzrentenrate: $r_e = 6.000\,€\cdot\left(2+2{,}0\%\cdot\frac{2-1}{2}\right) = 12.060\,€$; Schritt 2, Berechnung des Rentenendwertes nach 40 Jahren mit $r = r_e$ aus Schritt 1: $R_n = r\cdot\frac{q^n-1}{i} = 12.060\,€\cdot\frac{1{,}02^{40}-1}{0{,}02} = 728.447{,}92\,€$; Schritt 3, die unter Schritt 2 berechnete Gesamtersparnis am Ende der Sparphase wird nun in eine jährlich nachschüssige Rente umgewandelt: $r = 728.447{,}92\,€\cdot\frac{1{,}02^{20}\cdot 0{,}02}{1{,}02^{20}-1} = 44.549{,}48\,€$; Schritt 4, Berechnung der nachschüssigen Quartalsrate, die zu der im dritten Schritt bestimmten Jahrersrate äquivalent ist: $r = \frac{44.549{,}48\,€}{4+2\%\cdot\frac{4-1}{2}} = 11.054{,}46\,€$;
Schritt 4', Berechnung der vorschüssigen Quartalsrate, die zu der im dritten Schritt bestimmten Jahrersrate äquivalent ist: $r = \frac{44.549{,}48\,€}{4+2\%\cdot\frac{4+1}{2}} = 10.999{,}87\,€$.

2.4.2 Tilgungsrechnung

Die **Tilgungsrechnung** beschäftigt sich mit der Bestimmung der anfallenden Zahlungen von Krediten, Darlehen und Hypotheken. Dabei gibt es zwischen den Begriffen **Kredit** und **Darlehen** keine eindeutige definitorische Unterscheidung. Grundsätzlich wird unter einem **Kredit** oder einem **Darlehen** die zeitlich befristete Überlassung von Geld gegen Zahlung von Zinsen verstanden. Im allgemeinen Sprachgebrauch haben Kredite eher kürzere Laufzeiten, Darlehen eher längere. **Hypotheken** hingegen sind Darlehen, die mit einer Sicherheit, meistens Immobilien oder Grundstücke, hinterlegt sind. Aus mathematischer Perspektive sind diese Unterscheidungen aber nachrangig, weshalb die Begriffe im Folgenden synonym verwendet werden.

Kredite werden weiterhin danach unterschieden, zu welchen Zeitpunkten sie zurückgezahlt, das heißt getilgt werden. **Endfällige Kredite** werden am Ende der Laufzeit mit einem Betrag getilgt, während die Zinsen pro Periode gezahlt werden. Bei **Ratenkrediten** hingegen werden Zinszahlungen und die Rückzahlung der Kreditsumme (**Tilgung**) über verschiedene Zeitpunkte, zum Beispiel Jahre oder Monate, gestreckt. Die Summe aus Tilgung und Zinszahlung wird **Rate** genannt.

Mit dem im Abschnitt 2.3 vorgestellten **Äquivalenzprinzip** wird die Gleichwertigkeit verschiedener Zahlungen, Zahlungsströme (Renten) oder Einmalzahlungen bestimmt. Dieses **Äquivalenzprinzip** findet auch in der Tilgungsrechnung Anwendung, um zwischen Geldgeber (**Gläubiger**) und Geldnehmer (**Schuldner**) unter Berücksichtigung der Verzinsung eine Gleichwertigkeit der Leistungen zu ermitteln.

Tilgungsdarlehen

Bei einem **Tilgungsdarlehen** wird die Darlehenssumme über einen festen Zeitraum in gleichen Anteilen getilgt, und auf die verbleibende Restschuld werden zusätzlich Zinsen bezahlt. Betrachten wir hierzu beispielhaft ein Tilgungsdarlehen von 1.000 €, welches in 5 Jahren nachschüssig zu einem Zinssatz von 4% zurückgezahlt wird.

Periode	Restschuld am Periodenende	Tilgung	Zinsen	Rate
0	1.000			
1	800	200	40	240
2	600	200	32	232
3	400	200	24	224
4	200	200	16	216
5	0	200	8	208

Nach einem Jahr wird ein Fünftel der Darlehenssumme, hier also 200 €, getilgt, während gleichzeitig Zinsen in Höhe von 1.000 € · 4% = 40 € für die Überlassung der gesamten Darlehenssumme in dieser Periode anfallen. Die **Rate**, also der Gesamtbetrag bestehend aus Zinsen und Tilgung, entspricht deswegen 240 €. Für die Berechnung der Zinsen ist im 2. Jahr aber nur noch von einer verbleibenden Restschuld von 800 € auszugehen. Hierdurch verringert sich die Zinszahlung, während die Tilgungszahlung gleich bleibt. Tilgungsdarlehen zeichnen sich also im Wesentlichen dadurch aus, dass die Höhe der regelmäßigen Raten im Zeitablauf abnimmt.

Verallgemeinert ergeben sich für ein **Tilgungsdarlehen** mit jährlich nachschüssigen Raten der Darlehenssumme S, der Laufzeit von n Jahren bei einem Zinssatz i folgende Formeln zur Berechnung von **Restschuld, Tilgung, Zinsen** und **Rate**.

Tilgungsdarlehen der Höhe S mit einer Laufzeit von n Jahren und jährlich nachschüssigen Raten (vollständige Tilgung):

$$T_k = \frac{S}{n} \qquad \text{(Tilgung am Ende des Jahres } k\text{)}$$

$$R_k = S - k \cdot T_k \qquad \text{(Restschuld am Ende des Jahres } k\text{)}$$

$$Z_k = R_{k-1} \cdot i \qquad \text{(Zinsen am Ende des Jahres } k\text{)}$$

$$A_k = T_k + Z_k \qquad \text{(Rate am Ende des Jahres } k\text{)}$$

Darlehen werden nicht immer während ihrer Laufzeit vollständig getilgt. Häufig ist eine **Zinsbindungsfrist** vereinbart, das heißt, die Laufzeit des Vertrages beschränkt sich auf die Zinsbindungsfrist. Nach Ablauf der Zinsbindungsfrist ist das Darlehen nicht notwendigerweise vollständig getilgt, und es verbleibt eine Restschuld, über die ein neuer Darlehensvertrag geschlossen werden muss.

Wird nun eine geringere Tilgung als zur vollständigen Rückzahlung innerhalb der Laufzeit notwendig vereinbart, hat das nur einen Einfluss auf die Tilgungsformel $T - K$. Restschuld, Zinsen und Rate passen sich dann automatisch an, da die neue Tilgung in diesen Formeln berücksichtigt wird.

Betrachten wir hierzu obiges Beispiel eines Darlehens in Höhe von 1.000 €, welches eine Zinsbindungsfrist von 5 Jahren für einen Nominalzinssatz von 4% hat. Werden nur 100 € pro Jahr getilgt, ergeben sich folgende Raten und Restschuld:

Periode	Restschuld am Periodenende	Tilgung	Zinsen	Rate
0	1.000			
1	900	100	40	140
2	800	100	36	136
3	700	100	32	132
4	600	100	28	128
5	500	100	24	124

Nach Ablauf der Zinsbindungsfrist verbleibt also eine Restschuld von 500 €.

Unterjährige Raten eines Tilgungsdarlehens

Werden die Raten nicht jährlich, sondern unterjährig, zum Beispiel vierteljährlich, gezahlt, können verschiedene **unterjährige Verzinsungsmethoden** angewendet werden beziehungsweise Bestandteil des jeweiligen Kreditvertrages sein. Hier stellen wir nur die Methode der sofortigen Tilgung und der Verzinsung gemäß deutscher Methode vor.

Betrachten wir wieder beispielhaft unser Darlehen von 1.000 € bei einem Zinssatz von 4%, welches jetzt in vierteljährlichen Raten über 5 Jahre vollständig zurückgezahlt wird. Vierteljährlich wird dann ein Zinssatz von $4\% \div 4 = 1\%$ zur Berechnung der anfallenden Zinsen verwendet, während die vierteljährliche Tilgung 50 € beträgt. Folgende Tilgungstabelle ergibt sich:

Jahr, Periode	Restschuld am Periodenende	Tilgung	Zinsen	Rate
1,0	1.000			
1,1	950	50	10,00	60,00
1,2	900	50	9,50	59,50
⋮	⋮	⋮	⋮	⋮
3,2	500	50	5,50	55,50
3,3	450	50	5,00	55,00
⋮	⋮	⋮	⋮	⋮
5,3	50	50	1,00	51,00
5,4	0	50	0,50	50,50

Die allgemeinen Formeln zur Bestimmung der Raten und der Restschuld eines Tilgungsdarlehens der Höhe S mit einer Laufzeit von n Jahren, welches vollständig nachschüssig über m Perioden pro Jahr getilgt wird, lauten:

Tilgungsdarlehen der Höhe S mit einer Laufzeit von n Jahren und m nachschüssigen Raten pro Jahr (vollständige Tilgung):

$$T_{k,l} = \frac{S}{n \cdot m} \qquad \text{(Tilgung am Ende der Periode } l \text{ des Jahres } k\text{)}$$

$$R_{k,l} = S - ((k-1) \cdot m + l) \cdot T_k \qquad \text{(Restschuld am Ende der Periode } l \text{ des Jahres } k\text{)}$$

$$Z_{k,l} = R_{k,l-1} \cdot \frac{i}{m} \qquad \text{(Zinsen am Ende der Periode } l \text{ des Jahres } k\text{)}$$

$$A_{k,l} = T_{k,l} + Z_{k,l} \qquad \text{(Rate am Ende der Periode } l \text{ des Jahres } k\text{)}$$

Beispiele

- Ein Tilgungsdarlehen der Höhe 20.000 € zu einem Nominalzinssatz von 5% wird jährlich nachschüssig über 10 Jahre zurückgezahlt. Wie hoch sind Tilgung, Zinsen und Rate im 5. Jahr sowie die Restschuld am Ende des 4. Jahres?

$$\begin{aligned} T_k &= \frac{S}{n} = \frac{20.000\,€}{10} = 2.000\,€; \\ R_4 &= S - k \cdot T_4 = 20.000\,€ - 4 \cdot 2.000\,€ = 12.000\,€; \\ Z_5 &= R_4 \cdot i = 12.000\,€ \cdot 5\% = 600\,€; \\ A_5 &= T_5 + Z_5 = 2.000\,€ + 600\,€ = 2.600\,€. \end{aligned}$$

- Für ein Tilgungsdarlehen in Höhe von 5.000 € zu einem Nominalzinssatz von 8% mit einer Zinsbindung von 6 Jahren wird eine jährlich nachschüssige Tilgung von 500 € vereinbart. Wie hoch sind Restschuld zu Beginn des 3. Jahres sowie Zinsen und Rate am Ende des 3. Jahres? Wie hoch ist die Restschuld nach Ablauf der Zinsbindungsfrist?

$$\begin{aligned} T_k &= 500\,€; \\ R_2 &= S - k \cdot T_k = 5.000\,€ - 2 \cdot 500\,€ = 4.000\,€; \\ Z_3 &= R_2 \cdot i = 4.000\,€ \cdot 8\% = 320\,€; \\ A_3 &= T_k + Z_k = 500\,€ + 320\,€ = 820\,€; \\ R_6 &= S - k \cdot T_k = 5.000\,€ - 6 \cdot 500\,€ = 2.000\,€. \end{aligned}$$

- Ein Tilgungsdarlehen in Höhe von 480.000 € zu einem Nominalzinssatz von 3% wird monatlich nachschüssig über 20 Jahre vollständig zurückgezahlt. Wie hoch sind Tilgung, Zinsen und Rate im Monat 8 des 5. Jahres sowie die Restschuld am Ende des Monats 7 im Jahr 5?

$$\begin{aligned} T_{k,l} &= \frac{S}{n \cdot m} = \frac{480.000\,€}{20 \cdot 12} = 2.000\,€; \\ R_{5,7} &= S\text{-}((5\text{-}1) \cdot m + 7) \cdot T_k = 480.000\,€\text{-}((5\text{-}1) \cdot 12 + 7) \cdot 2.000\,€ = 370.000\,€; \\ Z_{5,8} &= R_{5,7} \cdot \frac{i}{m} = 370.000\,€ \cdot \frac{3\%}{12} = 925\,€; \\ A_{5,8} &= T_{5,8} + Z_{5,8} = 2.000\,€ + 925\,€ = 2.925\,€. \end{aligned}$$

- Für ein Tilgungsdarlehen in Höhe von 20.000 € zu einem Nominalzinssatz von 2% mit einer Zinsbindung von 8 Jahren wird eine monatlich nachschüssige Tilgung von 200 € vereinbart. Wie hoch sind Restschuld zu Beginn des Monats 5 des 6. Jahres sowie Zinsen und Rate am Ende dieses Monats? Wie hoch ist die Restschuld nach Ablauf der Zinsbindungsfrist?

$$\begin{aligned} T_{k,l} &= 200\,€; \\ R_{6,4} &= S - ((6-1) \cdot m + 4) \cdot T_k = 20.000\,€ - ((6-1) \cdot 12 + 4) \cdot 200\,€ = 7.200\,€; \\ Z_{6,5} &= R_{6,4} \cdot \frac{i}{m} = 7.200\,€ \cdot \frac{2\%}{12} = 12\,€; \\ A_{6,5} &= T_{6,5} + Z_{6,5} = 200\,€ + 12\,€ = 212\,€; \\ R_{8,12} &= S - ((8-1) \cdot m + 12) \cdot T_k = 20.000\,€ - ((8-1) \cdot 12 + 12) \cdot 200\,€ = 800\,€. \end{aligned}$$

Aufgaben

2.12 Betrachten Sie ein Tilgungsdarlehen in Höhe von 250.000 € bei einem Nominalzinssatz von 6% mit einer Zinsbindungsfrist und Laufzeit von 30 Jahren.

(a) Das Darlehen wird innerhalb der Laufzeit vollständig mit jährlich nachschüssigen Raten zurückgezahlt. Bestimmen Sie Tilgung, Zinsen und Rate im 25. Jahr sowie die Restschuld nach dem 6. Jahr.

(b) Für das Darlehen wird eine jährlich nachschüssige Tilgung von 5.000 € vereinbart. Wie hoch sind Restschuld zu Beginn des 7. Jahres sowie Zinsen und Rate am Ende des 7. Jahres? Wie hoch ist die Restschuld nach Ablauf der Zinsbindungsfrist?

(c) Das Tilgungsdarlehen wird nun monatlich nachschüssig vollständig zurückgezahlt. Wie hoch sind Tilgung, Zinsen und Rate im Monat 10 des 25. Jahres sowie die Restschuld zu Beginn dieses Monats?

(d) Jetzt wird das Tilgungsdarlehen vierteljährlich mit einer Tilgung von 2.000 € zurückgezahlt. Wie hoch sind Tilgung, Zinsen und Rate im 4. Quartal des 25. Jahres sowie die Restschuld zu Beginn dieses Quartals? Wie hoch ist die Restschuld nach Ablauf der Zinsbindungsfrist?

2.13 Betrachten Sie ein Tilgungsdarlehen in Höhe von 24.000 € bei einem Nominalzinssatz von 3,5% mit einer Zinsbindungsfrist und Laufzeit von 12 Jahren.

(a) Das Darlehen wird innerhalb der Laufzeit vollständig mit jährlich nachschüssigen Raten zurückgezahlt. Bestimmen Sie Tilgung, Zinsen und Rate im 5. Jahr sowie die Restschuld nach dem 10. Jahr.

(b) Für das Darlehen wird eine jährlich nachschüssige Tilgung von 1.000 € vereinbart. Wie hoch sind Restschuld zu Beginn des 5. Jahres sowie Zinsen und Rate am Ende des 5. Jahres? Wie hoch ist die Restschuld nach Ablauf der Zinsbindungsfrist?

(c) Das Tilgungsdarlehen wird nun halbjährlich nachschüssig vollständig zurückgezahlt. Wie hoch sind Tilgung, Zinsen und Rate im 2. Halbjahr des 5. Jahres sowie die Restschuld zu Beginn dieses Halbjahres?

(d) Jetzt wird das Tilgungsdarlehen monatlich mit einer Tilgung von 150 € zurückgezahlt. Wie hoch sind Tilgung, Zinsen und Rate im Juli des 5. Jahres sowie die Restschuld zu Beginn dieses Monats? Wie hoch ist die Restschuld nach Ablauf der Zinsbindungsfrist?

2.14 Betrachten Sie ein Tilgungsdarlehen in Höhe von 8.000 € bei einem Nominalzinssatz von 2,8% mit einer Zinsbindungsfrist und Laufzeit von 10 Jahren.

(a) Das Darlehen wird innerhalb der Laufzeit vollständig mit jährlich nachschüssigen Raten zurückgezahlt. Bestimmen Sie Tilgung, Zinsen und Rate im 7. Jahr sowie die Restschuld nach dem 7. Jahr.

(b) Für das Darlehen wird eine jährlich nachschüssige Tilgung von 750 € vereinbart. Wie hoch sind Restschuld zu Beginn des 7. Jahres sowie Zinsen und Rate am Ende des 7. Jahres? Wie hoch ist die Restschuld nach Ablauf der Zinsbindungsfrist?

(c) Das Tilgungsdarlehen wird nun vierteljährlich nachschüssig vollständig zurückgezahlt. Wie hoch sind Tilgung, Zinsen und Rate im 3. Quartal des 7. Jahres sowie die Restschuld zu Beginn dieses Quartals?

(d) Jetzt wird das Tilgungsdarlehen monatlich mit einer Tilgung von 60 € zurückgezahlt. Wie hoch sind Tilgung, Zinsen und Rate im Oktober des 7. Jahres sowie die Restschuld zu Beginn dieses Monats? Wie hoch ist die Restschuld nach Ablauf der Zinsbindungsfrist?

Lösungen

2.12 (a) $T_k = \frac{250.000\,€}{30} = 8.333{,}33\,€$; $R_{24} = 250.000\,€ - 24 \cdot 8.333{,}33\,€ = 50.000\,€$;
$Z_{25} = 50.000\,€ \cdot 6\% = 3.000\,€$; $A_{25} = 11.333{,}33\,€$; $R_6 = 250.000\,€ - 6 \cdot 8.333\,€ = 200.000\,€$;

(b) $T_k = 5.000\,€$; $R_6 = 250.000\,€ - 6 \cdot 5.000\,€ = 220.000\,€$; $Z_7 = 220.000\,€ \cdot 6\% = 13.200\,€$;
$A_7 = 18.200\,€$; $R_{30} = 250.000\,€ - 30 \cdot 5.000\,€ = 100.000\,€$;

(c) $T_{k,l} = 694{,}44\,€$; $R_{25,9} = 250.000\,€ - ((25-1)\cdot 12 + 9)\cdot 694{,}44\,€ = 43.750\,€$;
$Z_{25,10} = 43.750\,€ \cdot \frac{6\%}{12} = 218{,}75\,€$; $A_{25,10} = 913{,}19\,€$;

(d) $T_{k,l} = 2.000\,€$; $R_{25,3} = 250.000\,€ - ((25-1)\cdot 4 + 3)\cdot 2.000\,€ = 52.000\,€$;
$Z_{25,4} = 52.000\,€ \cdot \frac{6\%}{4} = 780\,€$; $A_{25,4} = 2.780\,€$;
$R_{30,4} = 250.000\,€ - ((30-1)\cdot 4 + 4)\cdot 2.000\,€ = 10.000\,€$;

2.13 (a) $T_k = \frac{24.000\,€}{12} = 2.000\,€$; $R_4 = 24.000\,€ - 4\cdot 2.000\,€ = 16.000\,€$;
$Z_5 = 16.000\,€ \cdot 3{,}5\% = 560\,€$; $A_5 = 2.560\,€$; $R_{10} = 24.000\,€ - 10\cdot 2.000\,€ = 4.000\,€$;

(b) $R_4 = 24.000\,€ - 4\cdot 1.000\,€ = 20.000\,€$; $Z_5 = 20.000\,€ \cdot 3{,}5\% = 700\,€$; $A_5 = 1.700\,€$;
$R_{12} = 24.000\,€ - 12\cdot 1.000\,€ = 12.000\,€$

(c) $T_{k,l} = 1.000\,€$; $R_{5,1} = 24.000\,€ - ((5-1)\cdot 2 + 1)\cdot 1.000\,€ = 15.000\,€$;
$Z_{5,2} = 15.000\,€ \cdot \frac{3{,}5\%}{2} = 262{,}50\,€$; $A_{5,2} = 1.262{,}50\,€$;

(d) $T_{k,l} = 150\,€$; $R_{5,6} = 24.000\,€ - ((5-1)\cdot 12 + 6)\cdot 150\,€ = 15.900\,€$; $Z_{5,7} = 15.900\,€ \cdot \frac{3{,}5\%}{12} = 46{,}38\,€$;
$A_{5,7} = 196{,}38\,€$; $R_{12,12} = 24.000\,€ - ((12-1)\cdot 12 + 12)\cdot 150\,€ = 2.400\,€$;

2.14 (a) $T_k = \frac{8.000\,€}{10} = 800\,€$; $R_6 = 8.000\,€ - 6\cdot 800\,€ = 3.200\,€$; $Z_7 = 3.200\,€ \cdot 2{,}8\% = 89{,}60\,€$;
$A_7 = 889{,}60\,€$; $R_7 = 8.000\,€ - 7\cdot 800\,€ = 2.400\,€$;

(b) $R_6 = 8.000\,€ - 6\cdot 750\,€ = 3.500\,€$; $Z_7 = 3.500\,€ \cdot 2{,}8\% = 98\,€$; $A_7 = 848\,€$;
$R_{10} = 8.000\,€ - 10\cdot 750\,€ = 500\,€$;

(c) $T_{k,l} = 200\,€$; $R_{7,2} = 8.000\,€ - ((7-1)\cdot 4 + 2)\cdot 200\,€ = 2.800\,€$;
$Z_{7,3} = 2.800\,€ \cdot \frac{2{,}8\%}{4} = 19{,}60\,€$; $A_{7,3} = 219{,}60\,€$;

(d) $T_{k,l} = 60\,€$; $R_{7,9} = 8.000\,€ - ((7-1)\cdot 12 + 9)\cdot 60\,€ = 3.140\,€$; $Z_{7,10} = 3.140\,€ \cdot \frac{2{,}8\%}{12} = 7{,}33\,€$;
$A_{7,10} = 67{,}33\,€$; $R_{10,12} = 8.000\,€ - ((10-1)\cdot 12 + 12)\cdot 60\,€ = 800\,€$.

Annuitätendarlehen

Bei einem **Annuitätendarlehen** sind die Raten, die auch **Annuitäten** heißen, bestehend aus Tilgung und Zinsen, während der Laufzeit konstant.

Betrachten wir zum direkten Vergleich genau wie beim Tilgungsdarlehen ein Annuitätendarlehen von 1.000 €, welches in 5 Jahren jährlich nachschüssig zu einem Zinssatz von 4% zurückgezahlt wird.

Zur Berechnung der Raten ist es möglich, auf die Erkenntnisse der Rentenrechnung zurückzugreifen (vgl. den Abschnitt 2.4.1). Demnach ist der Barwert einer jährlich nachschüssigen Rente mit einer Laufzeit von n Jahren gegeben durch:

$$R_0 = r \cdot \frac{q^n - 1}{q^n \cdot i}$$

Gemäß dem Äquivalenzprinzip ist der Barwert R_0 äquivalent zu den Rentenzahlungen r in den anschließenden Jahren. Diese Gleichung kann direkt auf das Annuitätendarlehen übertragen werden, denn gemäß dem Äquivalenzprinzip muss der Kreditbetrag S, der zum Zeitpunkt 0 ausgezahlt wird, äquivalent zu den Raten r – beziehungsweise A, weil sie jetzt Annuitäten genannt werden – sein.

Werden diese neuen Bezeichnungen in die Rentenbarwertformel eingesetzt (A für r und S für R_0) und wird anschließend nach A aufgelöst, ergibt sich die jährlich nachschüssige Annuität:

$$A = S \cdot \frac{q^n \cdot i}{q^n - 1}$$

Für das Beispiel bedeutet das folgende Zins- und Tilgungstabelle:

Periode	Restschuld am Periodenende	Tilgung	Zinsen	Rate A
0	1.000,00			
1	815,37	184,63	40,00	224,63
2	623,36	192,01	32,61	224,63
3	423,67	199,69	24,93	224,63
4	215,99	207,68	16,95	224,63
5	0,00	215,99	8,64	224,63

Während die Annuitätenrate A über obige Formel berechnet wurde, ergeben sich die Zinsen aus der Restschuld des vorigen Jahres. Werden die Zinsen von der Annuität abgezogen, ergibt sich die Tilgung, also der Betrag, der für die Rückzahlung des Darlehens zur Verfügung steht.

Im direkten Vergleich zum Tilgungsdarlehen fällt auf, dass die Tilgung des Annuitätendarlehens in den ersten Jahren geringer und in den letzten Jahren höher ist. Da in den ersten Jahren weniger getilgt wird als beim Tilgungsdarlehen, sind die Zinszahlungen über die gesamte Laufzeit etwas höher.

In allgemeiner Form berechnen sich für ein **Annuitätendarlehen mit jährlich nachschüssigen Raten und vollständiger Tilgung** die Annuität, Tilgung, Zinsen und Restschuld durch:

$$A = S \cdot \frac{q^n \cdot i}{q^n - 1} \qquad \text{(Annuität (Rate) am Ende des Jahres } k\text{)}$$

$$T_k = A \cdot q^{k-1-n} \qquad \text{(Tilgung am Ende des Jahres } k\text{)}$$

$$Z_k = A \cdot \left(1 - q^{k-1-n}\right) \qquad \text{(Zinsen am Ende des Jahres } k\text{)}$$

$$R_k = S \cdot \frac{q^n - q^k}{q^n - 1} \qquad \text{(Restschuld am Ende des Jahres } k\text{)}$$

In vielen Fällen ist für ein Annuitätendarlehen nicht die Laufzeit vorgegeben, sondern die Annuität, aus der sich dann implizit die Laufzeit n, die zur vollständigen Tilgung des Darlehens notwendig ist, ergibt.

Mit dem Äquivalenzprinzip und dem Rentenendwert einer jährlich nachschüssigen Rente ist es möglich, die Restschuld eines Annuitätendarlehens der Höhe S, welches mit der Annuität A bedient wird, zu bestimmen. Zu Beginn des Jahres k hat die Darlehenssumme den Zeitwert $S \cdot q^{k-1}$, während alle bereits gezahlten Annuitäten den Endwert $A \cdot \frac{q^{k-1}-1}{i}$ haben. Die Differenz ist die Restschuld zu Beginn des Jahres k.

Allgemein berechnen sich für ein **Annuitätendarlehen der Höhe S mit jährlich nachschüssigen Raten der Höhe A** Tilgung, Zinsen und Restschuld sowie die Laufzeit zur vollständigen Tilgung gemäß:

$$T_k = [A - S \cdot i] \cdot q^{k-1} \qquad \text{(Tilgung am Ende des Jahres } k\text{)}$$

$$Z_k = A - T_k \qquad \text{(Zinsen am Ende des Jahres } k\text{)}$$

$$R_k = \frac{Z_k}{i} - T_k = \frac{Z_{k+1}}{i} \qquad \text{(Restschuld am Ende des Jahres } k\text{)}$$

$$n = -\ln\left(\frac{A - S \cdot i}{A}\right) / \ln q \qquad \text{(Laufzeit zur vollständigen Tilgung)}$$

Die Laufzeit n zur vollständigen Tilgung des Darlehens berechnet sich einfach dadurch, dass die Restschuldgleichung gleich null gesetzt und nach n aufgelöst wird.

Unterjährige Raten eines Annuitätendarlehens

Werden die Raten nicht jährlich, sondern unterjährig, zum Beispiel monatlich oder vierteljährlich, gezahlt, stehen wie bereits beim Tilgungsdarlehen angesprochen verschiedene Verzinsungsmethoden zur Auswahl. Wir konzentrieren uns jedoch hier auf die unterjährige Verzinsung gemäß deutscher Methode.

Bei dieser Verzinsungsmethode werden die Annuitäten pro Periode auf Basis der **unterjährigen Verzinsung** (deutsche Verzinsungsmethode) berechnet.

Wird das Jahr in m Perioden eingeteilt, an denen jeweils nachschüssig die Annuität fällig ist, gibt es bei einer Laufzeit von n Jahren insgesamt $n \cdot m$ Perioden. Für jede Periode gilt der anteilige Periodenzins i/m. Auf Basis dieser Gesamtlaufzeit wird nun die Annuität mit dem anteiligen Jahreszins $\frac{i}{m}$ berechnet:

$$A = S \cdot \frac{q^{n \cdot m} \cdot \frac{i}{m}}{q^{n \cdot m} - 1} \qquad \text{mit} \quad q = 1 + \frac{i}{m}$$

Der Vergleich mit den ganzjährigen Formeln des Annuitätendarlehens zeigt die große Ähnlichkeit, lediglich die Laufzeit wurde durch $n \cdot m$ und der Zinssatz durch $\frac{i}{m}$ ersetzt. Zinsen, Tilgung und Restschuld können ebenfalls einfach bestimmt werden, indem in den entsprechenden jährlichen Formeln Laufzeit und Aufzinsungsfaktor angepasst werden.

Betrachten wir beispielhaft wieder unser Darlehen in Höhe von 1.000 €, welches in 5 Jahren zu einem Zinssatz von 4% zurückgezahlt wird. Bei vierteljährlichen Raten ergeben sich insgesamt $n \cdot m = 20$ Perioden, und der Vierteljahreszins beträgt $\frac{i}{m} = \frac{4\%}{4} = 1\%$. Damit berechnet sich die vierteljährlich nachschüssige Annuität gemäß:

$$A = 1.000\,€ \cdot \frac{1{,}01^{20} \cdot 0{,}01}{1{,}01^{20} - 1} = 55{,}42\,€$$

Beispiele

- Ein Annuitätendarlehen in Höhe von 20.000 € zu einem Nominalzinssatz von 5% wird jährlich nachschüssig über 10 Jahre vollständig zurückgezahlt. Wie hoch sind Tilgung,

Zinsen und Rate im 5. Jahr sowie die Restschuld am Ende des 4. Jahres?

$$\begin{aligned}
A &= S \cdot \frac{q^n \cdot i}{q^n - 1} = 20.000\,€ \cdot \frac{1{,}05^{10} \cdot 0{,}05}{1{,}05^{10} - 1} = 2.590{,}09\,€ \\
T_5 &= A \cdot q^{k-1-n} = 2.590{,}09\,€ \cdot 1{,}05^{5-1-10} = 1.932{,}77\,€ \\
Z_5 &= A \cdot \left(1 - q^{k-1-n}\right) = 2.590{,}09\,€ \cdot (1 - 1{,}05^{5-1-10}) = 657{,}33\,€ \\
R_4 &= S \cdot \frac{q^n - q^k}{q^n - 1} = 20.000\,€ \cdot \frac{1{,}05^{10} - 1{,}05^4}{1{,}05^{10} - 1} = 13.146{,}51\,€
\end{aligned}$$

- Für ein Annuitätendarlehen in Höhe von 5.000 € zu einem Nominalzinssatz von 8% mit einer Laufzeit (Zinsbindungsfrist) von 6 Jahren wird eine jährlich nachschüssige Annuität von 500 € vereinbart.

(a) Wie hoch sind Restschuld zu Beginn des 3. Jahres sowie Zinsen und Rate am Ende des 3. Jahres?

$$\begin{aligned}
T_3 &= [A - S \cdot i] \cdot q^{k-1} = [500\,€ - 5.000\,€ \cdot 8\%] \cdot 1{,}08^{3-1} = 116{,}64\,€ \\
Z_3 &= A - T_k = 500\,€ - 116{,}64\,€ = 383{,}36\,€ \\
R_2 &= \frac{Z_3}{i} = \frac{383{,}36\,€}{8\%} = 4.792\,€
\end{aligned}$$

(b) Wie hoch ist die Restschuld nach Ablauf der Laufzeit?

$$\begin{aligned}
\text{Mit } A &= 500\,€ \\
T_6 &= [A - S \cdot i] \cdot q^{k-1} = [500\,€ - 5.000\,€ \cdot 8\%] \cdot 1{,}08^5 = 146{,}93\,€ \\
Z_6 &= A - T_k = 500\,€ - 146{,}93\,€ = 353{,}07\,€ \\
\text{gilt: } R_6 &= \frac{Z_6}{i} - T_6 = \frac{353{,}07\,€}{8\%} - 146{,}93\,€ = 4.266{,}41\,€
\end{aligned}$$

(c) Wie lange müsste das Darlehen bei konstanten Konditionen weiterlaufen, um komplett abbezahlt zu werden?

$$n = \frac{-\ln\left(\frac{A - S \cdot i}{A}\right)}{\ln q} = \frac{-\ln\left(\frac{500\,€ - 5.000\,€ \cdot 8\%}{500\,€}\right)}{\ln 1{,}08} = 20{,}91 \text{ Jahre}$$

- Ein Annuitätendarlehen in Höhe von 480.000 € wird monatlich nachschüssig über 20 Jahre vollständig zurückgezahlt. Der Nominalzinssatz sei 3%. Wie hoch ist die monatliche Annuität nach unterjähriger deutscher Verzinsungsmethode?

$$A = S \cdot \frac{q^{n \cdot m} \cdot \frac{i}{m}}{q^{n \cdot m} - 1} = 480.000\,€ \cdot \frac{\left(1 + \frac{3\%}{12}\right)^{20 \cdot 12} \cdot \frac{3\%}{12}}{\left(1 + \frac{3\%}{12}\right)^{20 \cdot 12} - 1} = 2.662{,}07\,€$$

Aufgaben

2.15 Inge nimmt einen Kredit über 200.000 € zu einem Zinssatz von 5% auf, der mit konstanten jährlich nachschüssigen Annuitäten in 30 Jahren zu tilgen ist. Berechnen Sie die Restschuld am Anfang des 10. Jahres und nach 15 Jahren, die Zinsen im 12. Jahr sowie Zinsen und Annuität im 18. Jahr.

2.16 Karl-Heinz nimmt einen Kredit über 100.000 € zu einem Zinssatz von 5% auf, der mit konstanten jährlich nachschüssigen Annuitäten in 25 Jahren zu tilgen ist. Berechnen Sie die Restschuld am Anfang des 10. Jahres und nach 15 Jahren, die Zinsen im 12. Jahr sowie Zinsen und Annuität im 18. Jahr.

2.17 Betrachten Sie ein Annuitätendarlehen in Höhe von 250.000 € bei einem Nominalzinssatz von 6% mit einer Zinsbindungsfrist und Laufzeit von 30 Jahren.

(a) Das Darlehen wird innerhalb der Laufzeit vollständig mit jährlich nachschüssigen Raten zurückgezahlt. Bestimmen Sie Tilgung, Zinsen und Annuität im 25. Jahr sowie die Restschuld nach dem 24. Jahr.

(b) Für das Darlehen wird eine jährlich nachschüssige Annuität von 20.000 € vereinbart. Wie hoch sind Restschuld zu Beginn des 7. Jahres sowie Zinsen und Tilgung am Ende des 7. Jahres? Nach wie vielen Jahren ist das Darlehen komplett abbezahlt?

(c) Das Annuitätendarlehen wird nun halbjährlich nachschüssig vollständig zurückgezahlt. Berechnen Sie die halbjährlichen Annuitäten nach deutscher unterjähriger Verzinsungsmethode.

2.18 Betrachten Sie ein Annuitätendarlehen in Höhe von 10.000 € bei einem Nominalzinssatz von 3,4% mit einer Zinsbindungsfrist und Laufzeit von 4 Jahren.

(a) Das Darlehen wird innerhalb der Laufzeit vollständig mit jährlich nachschüssigen Raten zurückgezahlt. Bestimmen Sie Tilgung, Zinsen und Annuität im 3. Jahr sowie die Restschuld nach dem 2. Jahr.

(b) Für das Darlehen wird eine jährlich nachschüssige Annuität von 2.700 € vereinbart. Wie hoch sind Restschuld zu Beginn des 3. Jahres sowie Zinsen und Tilgung am Ende des 3. Jahres? Nach wie vielen Jahren ist das Darlehen komplett abbezahlt?

(c) Das Annuitätendarlehen wird nun vierteljährlich nachschüssig vollständig zurückgezahlt. Berechnen Sie die Annuitäten nach deutscher unterjähriger Verzinsungsmethode.

2.19 Betrachten Sie ein Annuitätendarlehen in Höhe von 50.000 € bei einem Nominalzinssatz von 2,4% mit einer Zinsbindungsfrist und Laufzeit von 10 Jahren.

(a) Das Darlehen wird innerhalb der Laufzeit vollständig mit jährlich nachschüssigen Raten zurückgezahlt. Bestimmen Sie Tilgung, Zinsen und Annuität im 3. Jahr sowie die Restschuld nach dem 2. Jahr.

(b) Für das Darlehen wird eine jährlich nachschüssige Annuität von 5.000 € vereinbart. Wie hoch sind Restschuld zu Beginn des 3. Jahres sowie Zinsen und Tilgung am Ende des 3. Jahres? Nach wie vielen Jahren ist das Darlehen komplett abbezahlt?

(c) Das Annuitätendarlehen wird nun monatlich nachschüssig vollständig zurückgezahlt. Berechnen Sie die monatlichen Annuitäten nach deutscher unterjähriger Verzinsungsmethode.

Lösungen

2.15 $R_9 = 166.806{,}88\,€$; $R_{15} = 135.042{,}33\,€$; $Z_{12} = 7.861{,}67\,€$; $Z_{18} = 6.110{,}65\,€$; $A = 13.010{,}29\,€$;

2.16 $R_9 = 76.896{,}64\,€$; $R_{15} = 54.787{,}61\,€$; $Z_{12} = 3.511{,}66\,€$; $Z_{18} = 2.292{,}90\,€$; $A = 7.095{,}25\,€$;

2.17 (a) $A = 250.000\,€ \cdot \frac{1{,}06^{30} \cdot 0{,}06}{1{,}06^{30}-1} = 18.162{,}23\,€$; $T_{25} = 18.162{,}23\,€ \cdot 1{,}06^{25\text{-}1\text{-}30} = 12.803{,}65\,€$;

$Z_{25} = 18.162{,}23\,€ \cdot \left(1 - 1{,}06^{25-1-30}\right) = 5.358{,}57\,€$; $R_{24} = 250.000\,€ \cdot \frac{1{,}06^{30} - 1{,}06^{24}}{1{,}06^{30}-1} = 89.309{,}56\,€$;

(b) $T_7 = [20.000\,€ - 250.000\,€ \cdot 6\%] \cdot 1{,}06^{7-1} = 7.092{,}60\,€$; $Z_7 = A - T_7 = 12.907{,}40\,€$;

$R_6 = \dfrac{12.907{,}40\,€}{6\%} = 215.123{,}41\,€$; $n = \frac{-\ln\left(\frac{20.000\,€ - 250.000\,€ \cdot 6\%}{20.000\,€}\right)}{\ln 1{,}06} = 23{,}79$ Jahre;

(c) $A = S \cdot \frac{q^{n \cdot m} \cdot i/m}{q^{n \cdot m}-1} = 250.000\,€ \cdot \frac{(1+6\%/2)^{30 \cdot 2} \cdot 6\%/2}{(1+6\%/2)^{30 \cdot 2}-1} = 9.033{,}24\,€$;

2.18 (a) $A = 10.000\,€ \cdot \frac{1{,}034^4 \cdot 0{,}034}{1{,}0344-1} = 2.716{,}05\,€$; $T_3 = 2.716{,}05\,€ \cdot 1{,}034^{3\text{-}1\text{-}4} = 2.540{,}37\,€$;
$Z_3 = 2.716{,}05\,€ \cdot \left(1 - 1{,}034^{3-1-4}\right) = 175{,}68\,€$; $R_2 = 10.000\,€ \cdot \frac{1{,}034^4 - 1{,}034^2}{1{,}034^4 - 1} = 5.167{,}11\,€$;

(b) $T_3 = [2.700\,€ - 10.000\,€ \cdot 3{,}4\%] \cdot 1{,}034^{3-1} = 2.523{,}21\,€$; $Z_3 = A - T_3 = 176{,}79\,€$;
$R_2 = \frac{176{,}79\,€}{3{,}4\%} = 5.199{,}76\,€$; $n = \frac{-\ln\left(\frac{2.700\,€ - 10.000\,€ \cdot 3{,}4\%}{2.700\,€}\right)}{\ln 1{,}034} = 4{,}03$ Jahre;

(c) $A = S \cdot \frac{q^{n \cdot m} \cdot i/m}{q^{n \cdot m} - 1} = 10.000\,€ \cdot \frac{(1+3{,}4\% \div 4)^{4 \cdot 4} \cdot (3{,}4\% \div 4)}{(1+3{,}4\% \div 4)^{4 \cdot 4} - 1} = 671{,}11\,€$;

2.19 (a) $A = 50.000\,€ \cdot \frac{1{,}024^{10} \cdot 0{,}024}{1{,}024^{10} - 1} = 5.683{,}46\,€$; $T_3 = 5.683{,}46\,€ \cdot 1{,}024^{3\text{-}1\text{-}10} = 4.701{,}25\,€$;
$Z_3 = 5.683{,}46\,€ \cdot \left(1 - 1{,}024^{3-1-10}\right) = 982{,}21\,€$; $R_2 = 50.000\,€ \cdot \frac{1{,}024^{10} - 1{,}024^2}{1{,}024^{10} - 1} = 40.925{,}48\,€$;

(b) $T_3 = [5.000\,€ - 50.000\,€ \cdot 2{,}4\%] \cdot 1{,}024^{3-1} = 3.984{,}59\,€$; $Z_3 = A - T_3 = 1.015{,}41\,€$;
$R_2 = \frac{1.015{,}41\,€}{2{,}4\%} = 42.308{,}80\,€$; $n = \frac{-\ln\left(\frac{5.000\,€ - 50.000\,€ \cdot 2{,}4\%}{5.000\,€}\right)}{\ln 1{,}024} = 11{,}57$ Jahre;

(c) $A = S \cdot \frac{q^{n \cdot m} \cdot i/m}{q^{n \cdot m} - 1} = 50.000\,€ \cdot \frac{(1+2{,}4\% \div 12)^{10 \cdot 12} \cdot (2{,}4\% \div 12)}{(1+2{,}4\% \div 12)^{10 \cdot 12} - 1} = 469{,}08\,€$.

2.4.3 Festverzinsliche Wertpapiere

In diesem Abschnitt werden wir eine kurze Einführung in die Berechnungsmethoden für **festverzinsliche Wertpapiere** vorstellen. Der Staat und viele größere Unternehmen nehmen ihre Kredite über sogenannte **Anleihen** am Kapitalmarkt auf, weshalb eine Grundkenntnis der Funktionsweise dieses Instrumentariums für Wirtschaftswissenschaftler unverzichtbar ist.

Anleihen oder **Kupon-Anleihen** sind festverzinsliche Wertpapiere, die sich durch den Nennwert, der meistens 100 € beträgt, und einen Kupon, der der jährlichen Zinszahlung entspricht, auszeichnen. Anleihen werden während ihrer Laufzeit am Markt gehandelt, und der jeweilige Preis, zu dem die Anleihe ge- und verkauft wird, wird **Kurs** genannt.

Beispiel einer Unternehmensanleihe

- Nennwert 100 €
- Kupon 4% (=4 €) p.a.
- Laufzeit 1.1.2010 - 1.1.2020

Das Grundprinzip dieser Anleihen ist, dass die Kupon-Zahlungen über die Laufzeit der Anleihe fixiert sind, da sie sich auf den Nennwert beziehen. Unsere beispielhafte Anleihe schüttet also über die gesamte Laufzeit jedes Jahr 4 € aus, und am letzten Tag der Laufzeit erfolgt zusätzlich noch die Rückzahlung des Nennwertes. Diese Zahlungsreihe bleibt auch dann unverändert, wenn sich die Marktzinsen verändern, wenn also der Marktzins im Jahr 2013 auf zum Beispiel 2% absinkt.

Die mathematische Herausforderung besteht nun darin, den Wert dieser Anleihe zu bestimmen, wenn sich Marktzins (= 2%) und Kupon (= 4%) unterscheiden. Diese Berechnung ist grundsätzlich mit dem bereits vorgestellten Äquivalenzprinzip sowie den Kenntnissen der Rentenrechnung möglich.

Im Jahr 2013 verbleibt eine Restlaufzeit von 7 Jahren, in der jeweils 7 Kuponzahlungen von 4 € fällig werden. Zusätzlich erfolgt am Laufzeitende die Rückzahlung des Nennwertes. Der Zeitwert C_3 nach 3 Jahren Laufzeit (also zu Beginn des Jahres 4) dieser erwarteten Zahlungen berechnet sich demnach aus dem Barwert der Kuponzahlungen und dem Barwert der Rückzahlung am Ende der Laufzeit:

$$C_3 = 4\,€ \cdot \frac{1{,}02^7 - 1}{1{,}02^7 \cdot 0{,}02} + \frac{100}{1{,}02^7} = 112{,}94\,€$$

Verallgemeinert ergibt sich für den Wert C_t zum Zeitpunkt t einer Anleihe mit einer Laufzeit von n Jahren, einem Nennwert von C, einem Kupon von c (in % vom Nennwert) und einem Marktzinssatz von i:

$$C_t = c \cdot C \cdot \frac{q^{n-t} - 1}{q^{n-t} \cdot i} + \frac{C}{q^{n-t}} = \left(c \cdot \frac{q^{n-t} - 1}{i} + 1\right) \frac{C}{q^{n-t}}$$

Für gegebenes Marktzinsniveau kann mit dieser Gleichung der Wert der Anleihe zu einem beliebigen Zeitpunkt innerhalb der Laufzeit bestimmt werden. Umgekehrt kann aus einem gegebenen Kurs C_t nur mittels numerischer Verfahren das damit verbundene Zinsniveau berechnet werden, denn bezüglich q ist die Gleichung nichtlinear.

Einen Spezialfall stellen die **Nullkuponanleihen** dar, die als Besonderheit keinen Kupon auszahlen. In diesen Fällen verringert der nicht gezahlte Kupon den Wert der Anleihe derart, dass die Anleger über zukünftige Wertsteigerungen eine zum Marktzins äquivalente Rendite erwarten können. Mit $c = 0$ vereinfacht sich die Wertbestimmung der Nullkuponanleihe gemäß obiger Gleichung zu:

$$C_t = \frac{C}{q^{n-t}}$$

Diese vereinfachte Gleichung erlaubt weiterhin auch bei gegebenem Kurs C_t und Restlaufzeit $n - t$ die Berechnung des zugrunde liegenden Marktzinses, indem nach q beziehungsweise i aufgelöst wird:

$$i = q - 1 = \left(\frac{C}{C_t}\right)^{\frac{1}{n-t}} - 1$$

Beispiele

- Eine Unternehmensanleihe mit 10 Jahren Laufzeit hat einen Kupon von 5%. Der Zeitwert zu Beginn des Jahres 7 ($t = 6$) dieser Anleihe beträgt bei einem Marktzins von 3%:

$$C_6 = 5\% \cdot 100\,€ \cdot \frac{1{,}03^{10-6} - 1}{1{,}03^{10-6} \cdot 0{,}03} + \frac{100\,€}{1{,}03^{10-6}} = 107{,}43\,€$$

- Der Staat beabsichtigt, eine Anleihe mit einem Nennwert von 100 €, einer Laufzeit von 10 Jahren und einem Kupon von 3% auszugeben. Am Tage der Ausgabe der Anleihe hat sich der Marktzins jedoch auf 3,1% erhöht, so dass pro Anteilschein nicht die vollen 100 € eingenommen werden. Stattdessen entsprechen die Einnahmen dem Marktwert zum Zeitpunkt der Ausgabe:

$$C_0 = 3\% \cdot 100\,€ \cdot \frac{1{,}031^{10-0} - 1}{1{,}031^{10-0} \cdot 0{,}031} + \frac{100\,€}{1{,}031^{10-0}} = 99{,}15\,€$$

- Eine Nullkuponanleihe mit einem Nennwert von 100 € hat eine Laufzeit von 20 Jahren. Bei einem Marktzins von 2% betragen der Ausgabekurs zum Zeitpunkt 0 sowie der Wert nach 10 Jahren:

$$C_0 = \frac{100\,€}{1{,}02^{20}} = 67{,}30\,€; \qquad C_{10} = \frac{100\,€}{1{,}02^{10}} = 82{,}03\,€$$

- Eine Nullkuponanleihe mit einem Nennwert von 100 € und einer Laufzeit von 30 Jahren wird nach 7 Jahren zu einem Kurs von 50 € gehandelt. Der zugrunde liegende Marktzins beträgt:

$$i = \left(\frac{100\,€}{50\,€}\right)^{\frac{1}{10-7}} - 1 = 3{,}06\%$$

Aufgaben

2.20 (a) Zu Beginn des Jahres 2012 wurden verschiedene Staatsanleihen zum Nennwert von jeweils 100 € mit den Laufzeiten 5 Jahre, 10 Jahre und 30 Jahre zu einem Kupon von 4% ausgegeben. Bestimmen Sie den Wert dieser Anleihen im Jahr 2015 für die dann gültigen Marktzinsen von 2% oder 6%.

(b) Eine Nullkuponanleihe mit einem Nennwert von 100 € hat eine Laufzeit von 10 Jahren. Bestimmen Sie den Wert dieser Anleihe für einen Marktzins von 5% in den Jahren 0,1,2 ... 10.

(c) Eine Nullkuponanleihe mit einem Nennwert von 100 € und einer Laufzeit von 5 Jahren wird nach 3 Jahren zu einem Kurs von 90 € gehandelt. Wie hoch ist der Marktzins nach 3 Jahren?

(d) Eine Nullkuponanleihe mit einem Nennwert von 100 € wird zu einem Kurs von 50 € gehandelt. Wie lange ist die Restlaufzeit dieser Anleihe für die Marktzinsen 1%, 4% und 7%?

Lösungen

2.20 (a) 5-jährige Anleihe: $C_3(2\%) = 4\% \cdot 100\,€ \cdot \frac{1{,}02^{5-3}-1}{1{,}02^{5-3} \cdot 0{,}02} + \frac{100\,€}{1{,}02^{5-3}} = 103{,}88\,€$; $C_3(6\%) = 96{,}33\,€$;
10-jährige Anleihe: $C_3(2\%) = 112{,}94\,€$; $C_3(6\%) = 88{,}84\,€$;
30-jährige Anleihe: $C_3(2\%) = 141{,}41\,€$; $C_3(6\%) = 73{,}58\,€$;

(b) $C_0 = 61{,}39$; $C_1 = 64{,}46$; $C_2 = 67{,}68$; $C_3 = 71{,}07$; $C_4 = 74{,}62$; $C_5 = 78{,}35$; $C_6 = 82{,}27$; $C_7 = 86{,}38$; $C_8 = 90{,}70$; $C_9 = 95{,}24$; $C_{10} = 100$;

(c) $i = \left(\frac{100\,€}{90\,€}\right)^{\frac{1}{5-3}} - 1 = 5{,}41\%$;

(d) $C_t = \frac{C}{q^{n-t}} \iff n-t = \frac{\ln \frac{C}{C_t}}{\ln q} = 69{,}66$ Jahre ($i = 1\%$); 17,67 Jahre ($i = 4\%$); 10,24 Jahre ($i = 7\%$).

Literaturhinweise

Die Finanzmathematik wird in Lehrbüchern zur Wirtschaftsmathematik meist nur kurz abgehandelt. Einen kompakten Überblick finden Sie in Luderer (2011), der sich insbesondere als breites Nachschlagewerk eignet. Eine anspruchsvollere Darstellung der finanzmathematischen Grundlagen wird von Tietze (2011) angeboten. Weitere Übungsaufgaben insbesondere zu jährlichen finanzmathematischen Fragestellungen finden Sie in dem Lehrbuch von Hettich et al. (2012).

3 Lineare Algebra

3.1 Lineare Gleichungssysteme

Motivation

Die lineare Algebra beschäftigt sich vor allem mit funktionalen Beziehungen, bei denen die gesuchte Variable, zum Beispiel x, ohne Potenzen oder andere kompliziertere Operationen berücksichtigt wird. Diese Beziehungen werden auch **lineare Beziehungen** genannt.

Betrachten wir hierzu folgendes Beispiel, in dem mittels der Rohstoffe R_1, R_2 und R_3 die Produkte E_1, E_2 und E_3 hergestellt werden. Die nachfolgende Tabelle beschreibt, wie viele Einheiten jeweils von R_1, R_2 und R_3 zur Herstellung einer Einheit von E_1, E_2 und E_3 benötigt werden (solche Größen bezeichnet man als **Inputkoeffizienten**):

	E_1	E_2	E_2
R_1	1	2	1
R_2	2	2	2
R_3	3	2	1

Die Mengen der Endprodukte und Rohstoffe werden mit den entsprechenden Kleinbuchstaben bezeichnet. Wenn nun die Mengen $e_1 = 3$, $e_2 = 5$ und $e_3 = 4$ von E_1, E_2 und E_3 hergestellt werden sollen, dann ermittelt sich beispielsweise der Mengenbedarf r_1 an R_1 durch Multiplikation der Mengen mit den Inputkoeffizienten:

$$r_1 = 3 \cdot 1 + 5 \cdot 2 + 4 \cdot 1 = 17$$

Eine andere Fragestellung ergibt sich, wenn die Rohstoffmengen gegeben sind und herausgefunden werden soll, welche Mengen der Produkte E_1, E_2, E_3 hieraus hergestellt werden können. Angenommen, die Mengen $r_1 = 8$, $r_2 = 10$, $r_3 = 12$, sind vorrätig, dann ergeben sich für die unbekannten Mengen e_1, e_2 und e_3 die folgenden Bedingungen:

$$8 = 1 \cdot e_1 + 2 \cdot e_2 + 1 \cdot e_3 \qquad \text{(I)}$$
$$10 = 2 \cdot e_1 + 2 \cdot e_2 + 2 \cdot e_3 \qquad \text{(II)}$$
$$10 = 3 \cdot e_1 + 2 \cdot e_2 + 1 \cdot e_3 \qquad \text{(III)}$$

Diese 3 Bedingungen werden als **lineares Gleichungssystem** mit 3 unbekannten Variablen (e_1, e_2 und e_3) bezeichnet. Im Folgenden werden verschiedene Lösungsverfahren vorgestellt.

Das Substitutionsverfahren

Das **Substitutions-** oder **Ersetzungsverfahren** funktioniert nach folgendem Prinzip:

- Löse eine Gleichung nach einer beliebigen Unbekannten auf und ersetze diese Unbekannte in den übrigen Gleichungen durch das erhaltene Ergebnis.
- Wiederhole dieses Vorgehen für die übrigen Gleichungen, bis nur noch eine Gleichung mit einer Variablen verbleibt, für die dann ein erstes Ergebnis ausgerechnet wird.
- Durch Einsetzen dieses Ergebnisses in die bereits vorher abgeleiteten Gleichungen für die verbleibenden Unbekannten werden diese endgültig berechnet.

Führen wir dieses Verfahren beispielhaft für unsere Fragestellung durch. Im ersten Schritt lösen wir die erste Gleichung nach e_1 auf

$$e_1 = 8 - 2 \cdot e_2 - 1 \cdot e_3 \tag{I}$$

und setzen dieses Ergebnis in die verbleibenden beiden Gleichungen ein:

$$10 = 2 \cdot (8 - 2 \cdot e_2 - 1 \cdot e_3) + 2 \cdot e_2 + 2 \cdot e_3 \tag{II}$$
$$10 = 3 \cdot (8 - 2 \cdot e_2 - 1 \cdot e_3) + 2 \cdot e_2 + 1 \cdot e_3 \tag{III}$$

Vereinfachen und Zusammenfassen ergibt:

$$3 = e_2 \tag{II}$$
$$14 = 4 \cdot e_2 + 2 \cdot e_3 \tag{III}$$

Wird nun e_2 aus Gleichung (II) in Gleichung (III) eingesetzt, ergibt sich:

$$e_3 = 1 \tag{III}$$

Nun werden $e_2 = 3$ und $e_3 = 1$ noch in die bereits nach e_1 aufgelöste Gleichung (I) eingesetzt, und es ergibt sich die letzte Unbekannte:

$$e_1 = 8 - 2 \cdot 3 - 1 \cdot 1 = 1 \tag{I}$$

Das Gleichsetzungsverfahren

Das **Gleichsetzungsverfahren** ist eine besonders einfache und verständliche Variante des Substitutionsverfahrens, welches bei 2 Gleichungen mit 2 Unbekannten Anwendung findet.

- Löse beide Gleichungen nach der gleichen unbekannten Variablen auf.
- Setze die beiden aufgelösten Gleichungen gleich und berechne die verbleibende unbekannte Variable.
- Setze die im zweiten Schritt berechnete Variable in eine der beiden aufgelösten Gleichungen des ersten Schrittes ein und berechne damit die verbleibende zweite unbekannte Variable.

Betrachten wir zur Anschauung folgendes Gleichungssystem mit den beiden unbekannten Variablen x und y:

$$4x - 5y = 5 \tag{I}$$
$$2x + 3y = 19 \tag{II}$$

- Löse beide Gleichungen nach x auf:

$$x = \frac{5}{4} + \frac{5}{4} \cdot y \tag{I}$$
$$x = \frac{19}{2} - \frac{3}{2}y \tag{II}$$

- Gleichsetzen und Berechnung der verbleibenden Variablen y:

$$\begin{aligned} & \frac{5}{4}+\frac{5}{4}\cdot y=\frac{19}{2}-\frac{3}{2}\cdot y \\ \Leftrightarrow\quad & 5+5y=38-6y \\ \Leftrightarrow\quad & 11y=33 \\ \Leftrightarrow\quad & y=3 \end{aligned}$$

- Setze y in die erste (alternativ die zweite) aufgelöste Gleichung ein:

$$x=\frac{5}{4}+\frac{5}{4}\cdot 3=5$$

Das Additionsverfahren

Das **Additionsverfahren** basiert darauf, dass Gleichungen zueinander addiert oder voneinander subtrahiert werden können. Diese Idee hat folgenden einfachen Ursprung: Eine Gleichung beschreibt zwei Ausdrücke, die gleich sind. Werden nun diese beiden gleichen Ausdrücke in einer weiteren Gleichung auf beiden Seiten addiert, dann ändert sich auch die Lösungsmenge dieser weiteren Gleichung nicht.

Die Kunst des Additionsverfahrens besteht nun darin, zwei Gleichungen so zu addieren, dass eine der gesuchten Variablen herausfällt und die verbleibenden Variablen berechnet werden können. Das Prinzip wird hier anhand des folgenden Beispiels erklärt:

$$\begin{aligned} 5x-3y&=3 && \text{(I)} \\ 3x+3y&=21 && \text{(II)} \end{aligned}$$

- Multipliziere beide Gleichungen mit jeweils einer Zahl, so dass die Terme, die eine der Variablen beinhalten, sich zu 0 aufaddieren:

$$\begin{aligned} 5x-3y&=3 && \mid\cdot 3 && \text{(I)} \\ 3x+3y&=21 && \mid\cdot(-5) && \text{(II)} \end{aligned}$$

$$\begin{aligned} 15x-9y&=9 && && \text{(I)} \\ -15x-15y&=-105 && \mid+\text{(I)} && \text{(II)} \end{aligned}$$

- Wird nun die Gleichung (I) zur Gleichung (II) addiert, fällt die Variable x heraus, und der verbleibende Term kann nach y aufgelöst werden:

$$\begin{aligned} -15x-15y+15x-9y&=-105+9 \quad\Leftrightarrow \\ y&=4 \end{aligned}$$

- Als Letztes muss dieses Ergebnis für y in eine der beiden Ausgangsgleichungen eingesetzt werden, um die verbleibende Variable x zu bestimmen:

$$\begin{aligned} 5x-3\cdot 4&=3 && \mid+12 \text{ und } \div 5 && \text{(I)} \\ x&=3 && && \text{(I)} \end{aligned}$$

Die Lösung dieses Gleichungssystems ist damit $x = 3$, $y = 4$. Hinweis: Wir hätten hier auch die Variable y durch Addition der beiden Ausgangsgleichungen (I) und (II) eliminieren können, woraus sich $8x = 24$ und damit ebenfalls $x = 3$ ergeben hätte.

Das Additionsverfahren kann auch bei mehr als zwei Gleichungen mit mehr als zwei Unbekannten angewendet werden. Der einzige Unterschied ist, dass mit den ersten beiden Schritten nicht nur in der einen weiteren, sondern in allen verbleibenden Gleichungen eine Variable eliminiert wird. Für die verbleibenden Gleichungen werden diese Schritte so oft wiederholt, bis für eine Variable ein Ergebnis berechnet wird. Rückwärts eingesetzt können dann auch die übrigen Variablen bestimmt werden.

Das Gaußverfahren

Das **Gaußverfahren**, das auch als **Gaußscher Algorithmus** oder **Gaußsches Eliminationsverfahren** bezeichnet wird, ist eine systematische Erweiterung des Additionsverfahrens. Im Additionsverfahren haben wir bereits aufgezeigt, dass Gleichungen mit beliebigen reellen Zahlen (außer 0) multipliziert und zu anderen Gleichungen addiert werden können, ohne dass diese Rechenoperationen einen Einfluss auf die Lösungsmenge haben. Jetzt erlauben wir zusätzlich noch das Vertauschen zweier Gleichungen, welches ebenfalls keinen Einfluss auf die Lösungsmenge hat, denn die Reihenfolge der Gleichungen ist unerheblich.

Zusammengefasst sind damit folgende Operationen mit den Gleichungen erlaubt, ohne dass sich dadurch die Lösungsmenge verändert:

- Vertauschen zweier Zeilen,
- Multiplikation oder Division einer Zeile mit einer reellen Zahl außer 0,
- Addition oder Subtraktion einer Zeile zu oder von einer anderen Zeile.

Das Gaußverfahren verwendet diese Operationen nun, um in einer systematischen Weise die **Koeffizienten**, also die in den Gleichungen vor den einzelnen Variablen stehenden Faktoren, derart umzuformen, dass am Ende die Lösung des Gleichungssystems ablesbar wird.

Betrachten wir das Gaußverfahren anhand eines Beispiels, eines linearen Gleichungssystems aus 3 Gleichungen und 3 Unbekannten. Dieses Gleichungssystem ist in **Standardform** dargestellt, womit gemeint ist, dass die unbekannten Variablen auf der linken Seite stehen und die Konstanten auf der rechten Seite. Jedes lineare Gleichungssystem kann durch einfache Umformungen in diese Form gebracht werden.

Im ersten Schritt wird der Faktor, der vor der ersten Variablen in der ersten Gleichung steht, in eine 1 umgewandelt. Dies erfolgt, indem die gesamte Gleichung durch diejenige Zahl, die vor x_1 steht, geteilt wird, hier durch 3:

$$\begin{aligned} 3x_1 + 6x_2 + 3x_3 &= 24 \qquad | \div 3 \qquad &\text{(I)} \\ 2x_1 + 1x_2 + 3x_3 &= 13 &\text{(II)} \\ 3x_1 + 2x_2 + 4x_3 &= 19 &\text{(III)} \end{aligned}$$

Im zweiten Schritt werden in den Gleichungen (II) und (III) die Faktoren vor dem x_1 in 0 umgewandelt. Dies geschieht, indem jeweils die Gleichung (I) multipliziert mit dem Faktor, der vor dem x_1 in der zu bearbeitenden Gleichung steht, abgezogen wird.

$$\begin{aligned} 1x_1 + 2x_2 + 1x_3 &= 8 & & \text{(I)} \\ 2x_1 + 1x_2 + 3x_3 &= 13 & \mid -2 \cdot \text{(I)} & \text{(II)} \\ 3x_1 + 2x_2 + 4x_3 &= 19 & \mid -3 \cdot \text{(I)} & \text{(III)} \end{aligned}$$

Nun wird die gleiche Prozedur mit der nächsten Variablen in der nächsten Gleichung, hier x_2 in Gleichung (II), durchgeführt. Zuerst wird der Faktor vor der Variablen in 1 umgewandelt, anschließend werden die Faktoren vor der Variablen in den übrigen Gleichungen in 0 umgewandelt.

$$\begin{aligned} 1x_1 + 2x_2 + 1x_3 &= 8 & & \text{(I)} \\ 0x_1 - 3x_2 + 1x_3 &= -3 & \mid \div (-3) & \text{(II)} \\ 0x_1 - 4x_2 + 1x_3 &= -5 & & \text{(III)} \end{aligned}$$

$$\begin{aligned} 1x_1 + 2x_2 + 1x_3 &= 8 & \mid -2 \cdot \text{(II)} & \text{(I)} \\ 0x_1 + 1x_2 - \frac{1}{3}x_3 &= 1 & & \text{(II)} \\ 0x_1 - 4x_2 + 1x_3 &= -5 & \mid +4 \cdot \text{(II)} & \text{(III)} \end{aligned}$$

Für die dritte und letzte Variable wiederholen wir die Prozedur nochmals: Zuerst wird in der dritten Gleichung der Faktor vor x_3 in 1 umgewandelt, anschließend werden die entsprechenden Faktoren in den verbleibenden Gleichungen in 0 umgewandelt.

$$\begin{aligned} 1x_1 + 0x_2 + \frac{5}{3}x_3 &= 6 & & \text{(I)} \\ 0x_1 + 1x_2 - \frac{1}{3}x_3 &= 1 & & \text{(II)} \\ 0x_1 + 0x_2 - \frac{1}{3}x_3 &= -1 & \mid \cdot (-3) & \text{(III)} \end{aligned}$$

$$\begin{aligned} 1x_1 + 0x_2 + \frac{5}{3}x_3 &= 6 & \mid -\frac{5}{3} \cdot \text{(III)} & \text{(I)} \\ 0x_1 + 1x_2 - \frac{1}{3}x_3 &= 1 & \mid +\frac{1}{3} \cdot \text{(III)} & \text{(II)} \\ 0x_1 + 0x_2 + 1x_3 &= 3 & & \text{(III)} \end{aligned}$$

$$\begin{aligned} 1x_1 + 0x_2 + 0x_3 &= 1 & \text{(I)} \\ 0x_1 + 1x_2 + 0x_3 &= 2 & \text{(II)} \\ 0x_1 + 0x_2 + 1x_3 &= 3 & \text{(III)} \end{aligned}$$

Wenn nun in diesem Gleichungssystem die Faktoren 1 sowie die gesamten Terme, in denen 0 als Faktor auftaucht, weggelassen werden, vereinfacht sich das Gleichungssystem folgendermaßen, wobei deutlich wird, dass auf der rechten Seite die Lösung des Gleichungssystems steht:

$$x_1 = 1 \quad \text{(I)}, \quad x_2 = 2 \quad \text{(II)}, \quad x_3 = 3 \quad \text{(III)}$$

Zur Durchführung dieses **Gaußverfahrens** bietet sich aus Gründen der Übersichtlichkeit häufig die folgende einfachere Schreibweise an, in der die Variablen des ursprünglichen Gleichungssystems einfach weggelassen werden und nur die Koeffizienten betrachtet und verändert werden. Das Gebilde, das dadurch entsteht, ist eine sogenannte **Matrix**, hier genauer die **erweiterte Koeffizientenmatrix** des Gleichungsystems:

$$\left(\begin{array}{ccc|c} 3 & 6 & 3 & 24 \\ 2 & 1 & 3 & 13 \\ 3 & 2 & 4 & 19 \end{array}\right)$$

Matrizen werden allgemeiner im Abschnitt 3.2.1 behandelt.

Das Gaußverfahren kann analog zum bisherigen Vorgehen direkt auf die erweiterte Koeffizientenmatrix angewendet werden:

$$\left(\begin{array}{ccc|c} 3 & 6 & 3 & 24 \\ 2 & 1 & 3 & 13 \\ 3 & 2 & 4 & 19 \end{array}\right) \quad \begin{array}{l} |\div 3 \\ \\ \\ \end{array}$$

$$\left(\begin{array}{ccc|c} 1 & 2 & 1 & 8 \\ 2 & 1 & 3 & 13 \\ 3 & 2 & 4 & 19 \end{array}\right) \quad \begin{array}{l} \\ |-2\cdot(\mathrm{I}) \\ |-3\cdot(\mathrm{I}) \end{array}$$

$$\left(\begin{array}{ccc|c} 1 & 2 & 1 & 8 \\ 0 & -3 & 1 & -3 \\ 0 & -4 & 1 & -5 \end{array}\right) \quad \begin{array}{l} \\ |\div(-3) \\ \\ \end{array}$$

$$\left(\begin{array}{ccc|c} 1 & 2 & 1 & 8 \\ 0 & 1 & -\frac{1}{3} & 1 \\ 0 & -4 & 1 & -5 \end{array}\right) \quad \begin{array}{l} |-2\cdot(\mathrm{II}) \\ \\ |+4\cdot(\mathrm{II}) \end{array}$$

$$\left(\begin{array}{ccc|c} 1 & 0 & \frac{5}{3} & 6 \\ 0 & 1 & -\frac{1}{3} & 1 \\ 0 & 0 & -\frac{1}{3} & -1 \end{array}\right) \quad \begin{array}{l} \\ \\ |\div(-\frac{1}{3})(=\cdot(-3)) \end{array}$$

$$\left(\begin{array}{ccc|c} 1 & 0 & \frac{5}{3} & 6 \\ 0 & 1 & -\frac{1}{3} & 1 \\ 0 & 0 & 1 & 3 \end{array}\right) \quad \begin{array}{l} |-\frac{5}{3}\cdot(\mathrm{III}) \\ |+\frac{1}{3}\cdot(\mathrm{III}) \\ \\ \end{array}$$

$$\left(\begin{array}{ccc|c} 1 & 0 & 0 & 1 \\ 0 & 1 & 0 & 2 \\ 0 & 0 & 1 & 3 \end{array}\right)$$

Anhand der letzten Matrix kann man die Lösung des Gleichungssystems direkt ablesen. Denn die erste Zeile steht zum Beispiel für

$$1 \cdot x_1 + 0 \cdot x_2 + 0 \cdot x_3 = 1,$$

also $x_1 = 1$. Entsprechend liefert die zweite Zeile $x_2 = 2$ und die dritte Zeile $x_3 = 3$. Die drei Zahlen hinter dem vertikalen Strich stellen also die Lösung des Gleichungssystems dar, wenn in der Teilmatrix vor dem Strich die Diagonale nur noch aus Einsen besteht und die restlichen Koeffizienten alle 0 sind.

Das Gaußverfahren ist hier beispielhaft für ein Gleichungssystem bestehend aus drei Gleichungen mit drei Unbekannten vorgeführt worden. Im Falle größerer oder kleinerer Gleichungssysteme bleibt das Verfahren prinzipiell identisch. Der einzige Unterschied liegt in der Anzahl an Wiederholungen der Prozedur *Erzeuge eine 1, und wandele danach die verbleibenden Koeffizienten in 0 um.*

Beim Gaußverfahren kann es vorkommen, dass an der Stelle, für die der Koeffizient gerade in eine 1 umgewandelt werden soll, eine 0 steht. In diesem besonderen Fall muss durch Vertauschen zweier Gleichungen ein Koeffizient ungleich 0 an diese Stelle verschoben werden.

Aufgaben

3.1 Lösen Sie die folgenden Gleichungssysteme wahlweise mit dem Ersetzungs-, Gleichsetzungs, Additions- oder Gaußverfahren.

(a)
$$\begin{array}{rcrl} x_1 & - & x_2 & = 5 \\ x_1 & + & x_2 & = 11 \end{array}$$

(b)
$$\begin{array}{rcrl} 4x_1 & - & 3x_2 & = -1 \\ 2x_1 & + & 9x_2 & = 31 \end{array}$$

(c)
$$\begin{array}{rcrl} 5x_1 & + & 2x_2 & = 3 \\ 2x_1 & + & 1 & = -3x_2 \end{array}$$

(d)
$$\begin{array}{rcrl} x_1 & + & 25 & = 3x_2 \\ 4x_1 & + & 5x_2 & = 19 \end{array}$$

(e)
$$\begin{array}{rcrl} 3x & + & 4y & = 3 \\ 5x & + & 6y & = 7 \end{array}$$

(f)
$$\begin{array}{rcrl} 5x & + & 8y & = 7 \\ -6x & - & 4y & = 14 \end{array}$$

(g)
$$\begin{array}{rcrl} 2x & + & 8y & = 30 \\ 7x & + & 5y & = 13 \end{array}$$

(h)
$$\begin{array}{rcrl} -x & + & 3y & = 5 \\ -3x & + & 2y & = 1 \end{array}$$

(i)
$$\begin{array}{rcrl} x & + & 3y & = 23 \\ 2x & + & 4y & = 34 \end{array}$$

(j)
$$\begin{array}{rcrl} 2 & - & y & = 2x \\ -1 & - & 5y & = 7x \end{array}$$

(k)
$$\begin{array}{rcrcrl} x_1 & + & 2x_2 & + & x_3 & = 8 \\ 2x_1 & + & 3x_2 & + & 2x_3 & = 14 \\ 3x_1 & + & 4x_2 & + & 5x_3 & = 26 \end{array}$$

(l)
$$\begin{array}{rcrcrl} 2x_1 & - & 2x_2 & + & x_3 & = 2 \\ 2x_1 & - & 3x_2 & + & 2x_3 & = 3 \\ 3x_1 & - & 4x_2 & + & 5x_3 & = 14 \end{array}$$

(m)
$$\begin{array}{rcrcrl} 3x_1 & + & 2x_2 & - & 12 & = x_3 \\ 5x_1 & - & 21 & - & 2x_3 & = -4x_2 \\ -36 & + & 6x_2 & + & 3x_3 & = -7x_1 \end{array}$$

(n)
$$\begin{array}{rcrcrl} -x_1 & + & 2x_2 & - & 3x_3 & = -2 \\ 2x_1 & - & 3x_2 & + & 4x_3 & = 4 \\ -3x_1 & + & 4x_2 & + & 5x_3 & = 4 \end{array}$$

(o)
$$\begin{array}{rcrcrl} x_1 & + & 2x_2 & + & 3x_3 & = 25 \\ 2x_1 & + & 2x_2 & + & 3x_3 & = 29 \\ 3x_1 & + & 2x_2 & + & 4x_3 & = 38 \end{array}$$

(p)
$$\begin{array}{rcrcrl} x_1 & + & x_2 & + & x_3 & = 8 \\ x_1 & - & x_2 & + & x_3 & = 4 \\ -x_1 & + & x_2 & + & x_3 & = 2 \end{array}$$

Lösungen

3.1 (a) $x_1 = 8, x_2 = 3$; (b) $x_1 = 2, x_2 = 3$; (c) $x_1 = 1, x_2 = -1$; (d) $x_1 = -4, x_2 = 7$; (e) $x = 5, y = -3$; (f) $x = -5, y = 4$; (g) $x = -1, y = 4$; (h) $x = 1, y = 2$; (i) $x = 5, y = 6$; (j) $x = 3, y = -4$; (k) $x_1 = 1, x_2 = 2, x_3 = 3$; (l) $x_1 = 2, x_2 = 3, x_3 = 4$; (m) $x_1 = 3, x_2 = 2, x_3 = 1$; (n) $x_1 = 3, x_2 = 2, x_3 = 1$; (o) $x_1 = 4, x_2 = 3, x_3 = 5$; (p) $x_1 = 3, x_2 = 2, x_3 = 3$.

Abbildung 3.1 Lösungsalternativen eines Gleichungssystems

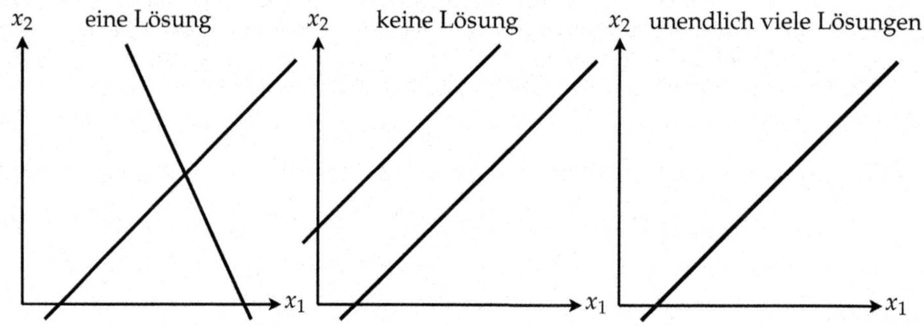

Lösbarkeit von Gleichungssystemen

Eine einzelne lineare Gleichung mit den Variablen x_1 und x_2 kann grafisch als Gerade interpretiert werden. (Wenn Sie mit Koordinatensystemen und dem Begriff einer Geraden nichts anfangen können, sehen Sie sich bitte zuerst den Abschnitt 4.1 und eventuell den Anfang des Abschnitts 4.3.1 an.) Aus dieser Perspektive beschreibt ein Gleichungssystem mit zwei Gleichungen und zwei Unbekannten zwei Geraden, wobei für die Lösung des Gleichungssystems gelten muss, dass beide Bedingungen erfüllt sind. Grafisch heißt das, eine Lösung des Gleichungssystems entspricht einem Punkt, der auf beiden Geraden liegt.

Wie in der Abbildung 3.1 dargestellt wird, gibt es für zwei Geraden insgesamt drei Lagebeziehungen und damit drei mögliche Konstellationen der Lösungen des Gleichungssystems:

- Die beiden Geraden schneiden sich, und es existiert genau eine Lösung.
- Die beiden Geraden liegen parallel, und es gibt keine Lösung des Gleichungssystems.
- Die beiden Geraden liegen aufeinander, das heißt, sie sind identisch. In diesem Fall gibt es unendlich viele Lösungen.

Zwar sind diese Lösungsalternativen hier nur beispielhaft für ein Gleichungssystem mit zwei Unbekannten und zwei Gleichungen vorgestellt worden, doch können diese Überlegungen auch auf größere Systeme übertragen werden. Es gibt immer die drei Alternativen:

- eine Lösung,
- keine Lösung oder
- unendlich viele Lösungen.

Die Abbildung 3.1 zeigt auch, dass wir immer dann keine eindeutige Lösung haben, wenn die Geraden parallel verlaufen. Mathematisch kann diese Parallelität mit dem sogenannten **Rangkriterium** der Matrizenrechung beschrieben werden (vgl. den Abschnitt 3.2.2).

Eine weiteres Kriterium für die Anzahl möglicher Lösungen bezieht sich auf die Anzahl an Gleichungen und Variablen. In allen bisherigen Beispielen war die Anzahl der Variablen gleich der Anzahl an Gleichungen. In den verschiedenen Lösungsverfahren wurde auch deutlich, dass zur Berechnung jeder einzelnen Variablen eine Gleichung notwendig ist.

Gleichzeitig hat die gerade geführte Diskussion der Lösungsalternativen aber gezeigt, dass selbst mit einer Gleichung pro Variabler keine Garantie auf eine eindeutige Lösung besteht.

Allgemein kann jedoch festgehalten werden, dass mit weniger Gleichungen als Variablen die Lösungen des Gleichungssystems im Allgemeinen nicht eindeutig bestimmt sind. Dann gibt es wieder unendlich viele Lösungen.

Umgekehrt kann die Anzahl an Gleichungen auch größer sein als die Anzahl an Variablen, und in diesen Fällen ist es häufig so, dass keine Lösung existiert, wenn die Bedingungen sich gegenseitig ausschließen. Im Abschnitt 3.2.2 diskutieren wir die Lösungsalternativen noch einmal ausführlicher anhand des Rangkriteriums.

3.2 Matrizen

3.2.1 Matrixalgebra

Begriffe und Definitionen

Eine rechteckige Tabelle aus Zahlen oder Symbolen mit m Zeilen und n Spalten wird $\boldsymbol{m \times n}$-**Matrix** (gelesen *m Kreuz n-Matrix*) oder kurz $\boldsymbol{m, n}$-**Matrix** genannt. Matrizen werden durch Großbuchstaben bezeichnet, zum Beispiel A:

$$A_{m,n} = \begin{pmatrix} a_{11} & a_{12} & \cdots & a_{1n} \\ a_{21} & a_{22} & \cdots & a_{2n} \\ \cdots & \cdots & a_{ij} & \cdots \\ a_{m1} & a_{m2} & \cdots & a_{mn} \end{pmatrix}_{m,n}$$

Die Größe der Matrix ist durch die Anzahl der m Zeilen, die immer zuerst genannt werden, und der n Spalten eindeutig bestimmt. Zur Verdeutlichung können diese Größen auch als Indizes an den Großbuchstaben A sowie rechts unterhalb der rechten, die Matrix abschließenden Klammer aufgeführt werden.

Die einzelnen Zahlen oder Symbole innerhalb der Matrix werden auch **Elemente** genannt. Zur Verdeutlichung der Position dieser Elemente in der Matrix kann die Position ebenfalls als Index rechts unterhalb des Elements geschrieben werden. Die erste Zahl dieses Index beschreibt hier die Zeile, die zweite die Spalte. Das Element a_{ij} steht also in der i-ten Zeile und der j-ten Spalte.

Matrizen, die nur aus einer Zeile oder einer Spalte bestehen, werden **Vektoren** oder noch genauer **Zeilenvektoren** oder **Spaltenvektoren** genannt. Insbesondere bei Zeilenvektoren werden die einzelnen Elemente auch gerne durch ein Komma oder Semikolon getrennt, um bei der Schreibweise die einzelnen Elemente deutlich voneinander zu trennen. Die folgenden Schreibweisen werden deshalb gleichermaßen verwendet:

$$\begin{pmatrix} 1 & 2 & 3 & 4 \end{pmatrix} = (1,2,3,4) = (1;2;3;4)$$

Während Großbuchstaben für Matrizen verwendet werden, wählt man üblicherweise Kleinbuchstaben für Vektoren.

Unter der **Diagonalen** oder **Hauptdiagonalen** einer Matrix werden alle Elemente verstanden, für die der Zeilen- und Spaltenindex identisch ist. In den nachfolgenden Beispielen sind die Elemente der Diagonalen hervorgehoben. Bei Zeilen- und Spaltenvektoren besteht die Diagonale nur aus einem Element.

4 × 4-Matrix	3 × 2-Matrix	4×1-Spaltenvektor	1×3-Zeilenvektor
$\begin{pmatrix} \mathbf{1} & 2 & 3 & 4 \\ 0 & \mathbf{3} & -1 & 2 \\ -2 & 0 & \mathbf{-1} & 2 \\ 2 & 1 & -2 & \mathbf{0} \end{pmatrix}$	$\begin{pmatrix} \mathbf{1} & 2 \\ 3 & \mathbf{4} \\ 5 & 6 \end{pmatrix}$	$\begin{pmatrix} \mathbf{0} \\ 2 \\ -2 \\ 4 \end{pmatrix}$	$\begin{pmatrix} \mathbf{3} & 0 & -1 \end{pmatrix}$

Transponieren einer Matrix

Beim **Transponieren** einer Matrix werden anschaulich alle Elemente an der Diagonalen gespiegelt. Anders ausgedrückt, Zeilen und Spalten werden vertauscht, das heißt, jedes Element verändert seine Position so, dass Zeilen- und Spaltenindex ausgetauscht werden. Dargestellt wird das Transponieren durch ein T, das rechts oberhalb der Matrix geschrieben wird, manchmal auch durch einen Strich $'$. Die folgenden Beispiele veranschaulichen diese Operation:

$$\begin{pmatrix} \mathbf{1} & 2 \\ 3 & \mathbf{4} \end{pmatrix}^T = \begin{pmatrix} \mathbf{1} & 3 \\ 2 & \mathbf{4} \end{pmatrix} \qquad \begin{pmatrix} \mathbf{1} & 2 \\ 3 & \mathbf{4} \\ 5 & 6 \end{pmatrix}^T = \begin{pmatrix} \mathbf{1} & 3 & 5 \\ 2 & \mathbf{4} & 6 \end{pmatrix}$$

$$\begin{pmatrix} \mathbf{0} \\ 2 \\ -2 \\ 4 \end{pmatrix}^T = \begin{pmatrix} \mathbf{0} & 2 & -2 & 4 \end{pmatrix} \qquad \left(\begin{pmatrix} \mathbf{3} & 0 & 1 \end{pmatrix}^T\right)^T = \begin{pmatrix} \mathbf{3} \\ 0 \\ 1 \end{pmatrix}^T = \begin{pmatrix} \mathbf{3} & 0 & 1 \end{pmatrix}$$

Zweimaliges Transponieren ergibt wie im letzten Beispiel wieder die Ausgangsmatrix.

Addition und Subtraktion zweier Matrizen

Zwei Matrizen A und B können nur dann addiert oder subtrahiert werden, wenn sie die gleiche Größe aufweisen, das heißt, wenn sie bezüglich der Anzahl der Zeilen und Spalten übereinstimmen. Addition und Subtraktion erfolgen, indem die Elemente der beiden Matrizen, die an der gleichen Position stehen, jeweils addiert oder subtrahiert werden:

$$\begin{pmatrix} 1 & 2 \\ 3 & 4 \end{pmatrix} + \begin{pmatrix} 4 & 3 \\ 0 & 1 \end{pmatrix} = \begin{pmatrix} 5 & 5 \\ 3 & 5 \end{pmatrix}$$

$$\begin{pmatrix} -1 & 2 \\ -3 & 4 \\ 0 & -3 \end{pmatrix} - \begin{pmatrix} -4 & 3 \\ -2 & 1 \\ 2 & 1 \end{pmatrix} = \begin{pmatrix} 3 & -1 \\ -1 & 3 \\ -2 & -4 \end{pmatrix}$$

Multiplikation einer Matrix mit einer Zahl

Wird eine Matrix mit einer Zahl λ, die in der linearen Algebra zur Unterscheidung auch **Skalar** genannt wird, multipliziert, dann wird jedes Element mit diesem Skalar multipliziert:

$$2 \cdot \begin{pmatrix} 1 & 2 \\ 3 & 4 \end{pmatrix} = \begin{pmatrix} 2 & 4 \\ 6 & 8 \end{pmatrix}$$

Aufgaben

3.2 Berechnen Sie die folgenden Ausdrücke.

(a) $\begin{pmatrix} 3 & 4 \\ 5 & 6 \end{pmatrix}^T$; (b) $\begin{pmatrix} -2 & -3 & 4 \\ 0 & 2 & 4 \\ -3 & 5 & 9 \end{pmatrix}^T$; (c) $\begin{pmatrix} -2 \\ 3 \\ 5 \end{pmatrix}^T$; (d) $\left((1 \quad 2 \quad 3)^T\right)^T$;

(e) $\begin{pmatrix} 2 & -2 \\ 3 & 4 \end{pmatrix}^T + 3 \cdot \begin{pmatrix} 4 & 3 \\ 1 & -2 \end{pmatrix}$; (f) $(-3) \cdot \begin{pmatrix} -3 & 1 \\ 2 & -2 \\ 3 & 4 \end{pmatrix}^T - 4 \cdot \begin{pmatrix} -2 & 2 & 3 \\ 3 & -1 & 2 \end{pmatrix}$;

(g) $4 \cdot \begin{pmatrix} 3 & 3 \\ 3 & 3 \end{pmatrix} - 3 \cdot \begin{pmatrix} 4 & 4 \\ 4 & 4 \end{pmatrix}$; (h) $5 \cdot \begin{pmatrix} 4 \\ 3 \\ 2 \end{pmatrix}^T - 4 \cdot (5 \quad 4 \quad 3) + 2 \cdot \begin{pmatrix} 0 \\ 1 \\ 1 \end{pmatrix}^T$.

Lösungen

3.2 (a) $\begin{pmatrix} 3 & 5 \\ 4 & 6 \end{pmatrix}$; (b) $\begin{pmatrix} -2 & 0 & -3 \\ -3 & 2 & 5 \\ 4 & 4 & 9 \end{pmatrix}$; (c) $(-2 \quad 3 \quad 5)$; (d) $(1 \quad 2 \quad 3)$; (e) $\begin{pmatrix} 14 & 12 \\ 1 & -2 \end{pmatrix}$;

(f) $\begin{pmatrix} 17 & -14 & -21 \\ -15 & 10 & -20 \end{pmatrix}$; (g) $\begin{pmatrix} 0 & 0 \\ 0 & 0 \end{pmatrix}$; (h) $(0 \quad 1 \quad 0)$.

Multiplikation zweier Matrizen

Die einfachste Variante der Matrizenmultiplikation beinhaltet die Multiplikation eines Zeilenvektors mit einem Spaltenvektor, wobei beide Vektoren gleich viele Elemente aufweisen müssen. Die Multiplikation erfolgt, indem die Elemente paarweise multipliziert und dann addiert werden.

$$\left(1,3,5,7\right) \cdot \begin{pmatrix} 2 \\ 4 \\ 6 \\ 8 \end{pmatrix} = 1 \cdot 2 + 3 \cdot 4 + 5 \cdot 6 + 7 \cdot 8 = 2 + 12 + 30 + 56 = 100$$

Diese spezielle Variante der Matrizenmultiplikation wird auch **Skalarprodukt** genannt. Aufgrund der paarweisen Multiplikation ist das Skalarprodukt nur dann definiert, wenn die Anzahl der Spalten des Zeilenvektors der Anzahl der Zeilen des Spaltenvektors entspricht. Das Ergebnis dieser Multiplikation ist eine Zahl, die, wie schon angemerkt, auch Skalar genannt wird. Sprachlich wird das Skalarprodukt in der Matrizenrechnung häufig durch „Zeile mal Spalte“ ausgedrückt, auch wenn diese Umschreibung mathematisch etwas ungenau ist.

Verallgemeinert ist das **Skalarprodukt** zweier Spaltenvektoren x und y definiert als:

$$x^T y = \left(x_1, x_2, \ldots, x_n\right) \begin{pmatrix} y_1 \\ y_2 \\ \vdots \\ y_n \end{pmatrix} = \sum_{i=1}^{n} x_i y_i$$

Weitere verbreitete Schreibweisen für das Skalarprodukt sind $x'y$ und $x \cdot y$ (im Englischen deshalb auch als *dot product* bezeichnet).

Beachten Sie bitte die Symbolik für Vektoren. Wenn nicht anders angegeben, ist ein **Vektor** immer als **Spaltenvektor** zu verstehen, zum Beispiel:

$$x = \begin{pmatrix} x_1 \\ x_2 \\ \vdots \\ x_n \end{pmatrix}$$

Während die einzelnen Elemente des Vektors durch Indizes gekennzeichnet sind, erkennen Sie den Vektor daran, dass er keinen Index hat. Durch die Transposition wird $x^T y$ das Produkt eines Zeilenvektors mit einem Spaltenvektor.

Mit Kenntnis des Skalarprodukts ist die **Matrizenmultiplikation** deutlich einfacher zu verstehen. Betrachten wir hierfür die beiden Matrizen A und B, die miteinander multipliziert werden und wiederum eine Matrix ergeben.

$$A \cdot B = \begin{pmatrix} 2 & 4 \\ 6 & 8 \\ 10 & 12 \\ 14 & 16 \end{pmatrix}_{4\times 2} \cdot \begin{pmatrix} 11 & 9 & 7 \\ 5 & 3 & 1 \end{pmatrix}_{2\times 3} = \begin{pmatrix} 2{\cdot}11 + 4{\cdot}5 & 30 & 18 \\ 106 & 78 & 6{\cdot}7 + 8{\cdot}1 \\ 10{\cdot}11 + 12{\cdot}5 & 126 & 82 \\ 234 & 14{\cdot}9 + 16{\cdot}3 & 114 \end{pmatrix}_{4\times 3}$$

Die Multiplikation der Matrizen A und B ergibt eine neue Matrix, in der jedes Element an der Stelle i,j das Resultat des Skalarprodukts der i-ten Zeile von A mit der j-ten Spalte von B ist.

Das Element an der Stelle 1,1 ist deshalb das Ergebnis der ersten Zeile von A multipliziert mit der ersten Spalte von B. An der Position 3,1 berechnet sich das Element durch dritte Zeile (von A) mal erste Spalte (von B). An der Position 4,2 berechnet sich das Element durch vierte Zeile (von A) mal zweite Spalte (von B). Die übrigen Ergebnisse können analog berechnet werden, sind hier in ihrer Herleitung aber nicht explizit aufgeführt.

Ungeübten kann das folgende Multiplikationsschema helfen. Links unten steht die erste Matrix A, die mit der Matrix B rechts oben zeilen- mal spaltenweise multipliziert wird. Die gestrichelten Linien verdeutlichen beispielhaft, an welche Stelle der Ergebnismatrix das Produkt der dritten Zeile mit der zweiten Spalte kommt, nämlich dahin, wo sich die Zeile von A und die Spalte von B treffen.

$$\begin{array}{cc|ccc} & & 11 & 9 & 7 \\ & & 5 & 3 & 1 \\ \hline 2 & 4 & 42 & 30 & 18 \\ 6 & 8 & 106 & 78 & 50 \\ 10 & 12 & 170 & 126 & 82 \\ 14 & 16 & 234 & 174 & 114 \end{array}$$

Folgende Anmerkungen ergeben sich implizit aus dieser beispielhaften Darstellung der Matrizenmultiplikation:

- Die Matrizenmultiplikation ist nur dann definiert, wenn gilt:

  $$\text{Anzahl der Spalten der ersten Matrix} = \text{Anzahl der Zeilen der zweiten Matrix.}$$

  Wenn diese notwenige Voraussetzung nicht erfüllt ist, gibt es kein Matrixprodukt, das heißt, es darf auch nicht einfach mit scheinbar geeigneten Zahlen aufgefüllt werden.

- Die Ergebnismatrix hat immer genauso viele Zeilen wie die erste Matrix des Produkts und genauso viele Spalten wie die zweite Matrix des Produkts:

  $$A_{m,n} \cdot B_{n,r} = (A \cdot B)_{m,r}$$

- Das Kommutativgesetz gilt im Allgemeinen nicht, also $A \cdot B \neq B \cdot A$. Hintergrund dieser Eigenschaft ist zum einen, dass die Multiplikation Zeile mal Spalte nicht umgedreht werden kann. Zum anderen ist die Matrizenmultiplikation in vielen Fällen auch gar nicht definiert, da durch das Vertauschen die Bedingung „Anzahl Spalten erste Matrix = Anzahl Zeilen zweite Matrix" nicht mehr erfüllt ist.

Beispiele

- $$\begin{pmatrix} 2 \\ 3 \\ 4 \end{pmatrix} \cdot \begin{pmatrix} 6 & 7 & 8 \end{pmatrix} = \begin{pmatrix} 2 \cdot 6 & 2 \cdot 7 & 2 \cdot 8 \\ 3 \cdot 6 & 3 \cdot 7 & 3 \cdot 8 \\ 4 \cdot 6 & 4 \cdot 7 & 4 \cdot 8 \end{pmatrix} = \begin{pmatrix} 12 & 14 & 16 \\ 18 & 21 & 24 \\ 24 & 28 & 32 \end{pmatrix}$$

- $$\begin{pmatrix} 1 & 2 \\ 3 & 4 \end{pmatrix} \cdot \begin{pmatrix} 2 & 3 & 4 \\ -1 & -2 & -3 \end{pmatrix} = \begin{pmatrix} 1{\cdot}2{+}2{\cdot}(-1) & 1{\cdot}3{+}2{\cdot}(-2) & 1{\cdot}4{+}2{\cdot}(-3) \\ 3{\cdot}2{+}4{\cdot}(-1) & 3{\cdot}3{+}4{\cdot}(-2) & 3{\cdot}4{+}4{\cdot}(-3) \end{pmatrix} = \begin{pmatrix} 0 & -1 & -2 \\ 2 & 1 & 0 \end{pmatrix}$$

- $$\begin{pmatrix} 1 & 2 \\ 3 & 4 \\ 5 & 6 \end{pmatrix} \cdot \begin{pmatrix} 1 & 0 \\ 0 & 1 \end{pmatrix} = \begin{pmatrix} 1 & 2 \\ 3 & 4 \\ 5 & 6 \end{pmatrix}$$

Das letzte dieser Beispiele ist besonders interessant, weil eine Ähnlichkeit zum Rechnen mit reellen Zahlen existiert. Für jede gegebene reelle Zahl gilt, dass multipliziert mit 1 wieder die gegebene reelle Zahl herauskommt. Eine vergleichbare Beziehung gibt es auch für Matrizen.

Multipliziert man eine beliebige Matrix mit der (passenden) **Einheitsmatrix**, das ist eine Matrix, die genauso viele Zeilen wie Spalten hat und bei der in der Diagonalen Einsen und an allen anderen Positionen Nullen stehen, dann ergibt sich wieder die Ausgangsmatrix. Die Einheitsmatrix wird im Folgenden mit E bezeichnet.

Rechenregeln

Seien A, B und C Matrizen und λ eine reelle Zahl (also ein Skalar), dann gelten die folgenden Rechenregeln, wobei jeweils vorausgesetzt wird, dass die Anzahlen der Zeilen und Spalten der jeweiligen Matrizen die dargestellten Operationen ermöglichen:

$$(A+B)+C = A+(B+C) \quad \text{(Assoziativgesetz)}$$

$$(AB)C = A(BC) = ABC \quad \text{(Assoziativgesetz)}$$

$$A+B = B+A \quad \text{(Kommutativgesetz)}$$

$$A(B+C) = AB+AC \quad \text{(Distributivgesetz)}$$

$$(A+B)C = AC+BC \quad \text{(Distributivgesetz)}$$

$$(A \pm B)^T = A^T \pm B^T$$

$$(A^T)^T = A$$

$$(\lambda A)^T = \lambda A^T$$

$$(AB)^T = B^T A^T$$

Beachten Sie bitte insbesondere, dass das **Kommutativgesetz** nur für die Addition, aber **nicht für die Multiplikation** von Matrizen gilt. Selbst wenn für zwei Matrizen A und B sowohl $A \cdot B$ als auch $B \cdot A$ definiert sind, ist das Ergebnis im Allgemeinen nicht gleich. Sprachlich drückt man das dadurch aus, dass man zum Beispiel im Fall $A \cdot B$ sagt, *B wird von links mit A multipliziert.*

Aufgaben

3.3 Gegeben sind die folgenden Vektoren und Matrizen:

$$A = \begin{pmatrix} 1 \\ 2 \\ 3 \end{pmatrix}; \quad B = \begin{pmatrix} 4 \\ 5 \end{pmatrix}; \quad C = \begin{pmatrix} 0 & 2 \\ 4 & 6 \\ 8 & 10 \end{pmatrix}; \quad D = \begin{pmatrix} 1 & 2 & 3 \\ 4 & 5 & 6 \\ 7 & 8 & 9 \end{pmatrix}; \quad E = \begin{pmatrix} 1 & 0 & 0 \\ 0 & 1 & 0 \\ 0 & 0 & 1 \end{pmatrix}.$$

Berechnen Sie die nachstehenden Ausdrücke.

(a) $A^T \cdot A$; (b) $C \cdot B$; (c) $A^T \cdot C$; (d) $A \cdot A^T$; (e) $C^T \cdot D$; (f) $D \cdot E$; (g) $E \cdot C$;
(h) $B^T C^T A$; (i) $B^T (A^T C)^T$; (j) DCB; (k) $C^T CB$; (l) $B^T C^T A$; (m) EA; (n) $(A^T E)^T$.

Lösungen

3.3 (a) 14; (b) $\begin{pmatrix} 10 \\ 46 \\ 82 \end{pmatrix}$; (c) (32; 44); (d) $\begin{pmatrix} 1 & 2 & 3 \\ 2 & 4 & 6 \\ 3 & 6 & 9 \end{pmatrix}$; (e) $\begin{pmatrix} 72 & 84 & 96 \\ 96 & 114 & 132 \end{pmatrix}$; (f) D;
(g) C; (h) 348; (i) 348; (j) $(348; 762; 1.176)^T$; (k) $(840; 1.116)^T$; (l) 348; (m) A; (n) A.

Spezielle Matrizen

Für Matrizen mit besonderen Eigenschaften existieren spezielle Bezeichnungen, die im Folgenden angegeben werden:

		Beispiele
Quadratische Matrix:	$m = n$	$\begin{pmatrix} 1 & 2 & 3 \\ 4 & 5 & 6 \\ 7 & 8 & 9 \end{pmatrix}$
Symmetrische Matrix:	$A = A^T$	$\begin{pmatrix} 1 & 2 & 3 \\ 2 & 4 & 5 \\ 3 & 5 & 6 \end{pmatrix}$
Einsmatrix:	$a_{ij} = 1$ für alle i, j	$\begin{pmatrix} 1 & 1 & 1 \\ 1 & 1 & 1 \\ 1 & 1 & 1 \end{pmatrix}$
Nullmatrix:	$a_{ij} = 0$ für alle i, j	$\begin{pmatrix} 0 & 0 & 0 \\ 0 & 0 & 0 \\ 0 & 0 & 0 \end{pmatrix}$
Obere Dreiecksmatrix:	$a_{ij} = 0$ für alle $i > j$	$\begin{pmatrix} 1 & 2 & 3 \\ 0 & 4 & 5 \\ 0 & 0 & 6 \end{pmatrix}$
Untere Dreiecksmatrix:	$a_{ij} = 0$ für alle $i < j$	$\begin{pmatrix} 1 & 0 & 0 \\ 2 & 3 & 0 \\ 4 & 5 & 6 \end{pmatrix}$
Diagonalmatrix:	$m = n, a_{ij} = 0$ für $i \neq j$	$\begin{pmatrix} 1 & 0 & 0 \\ 0 & 2 & 0 \\ 0 & 0 & 3 \end{pmatrix}$
Einheitsmatrix (E):	$a_{ij} = 1$ für $i = j, a_{ij} = 0$ für $i \neq j$	$\begin{pmatrix} 1 & 0 & 0 \\ 0 & 1 & 0 \\ 0 & 0 & 1 \end{pmatrix}$

Quadratische Matrizen und Inverse

Betrachten wir beispielhaft eine beliebige quadratische Matrix A:

$$A = \begin{pmatrix} 1 & 2 & -1 \\ 0 & 1 & -1 \\ 2 & 2 & 1 \end{pmatrix}$$

Diejenige Matrix, die mit A multipliziert die Einheitsmatrix E ergibt, wird **Inverse** oder **inverse Matrix** genannt und mit A^{-1} abgekürzt. Für das Beispiel sieht die Inverse folgendermaßen aus:

$$A^{-1} = \begin{pmatrix} 3 & -4 & -1 \\ -2 & 3 & 1 \\ -2 & 2 & 1 \end{pmatrix}$$

Durch einfaches Nachrechnen mittels der Matrizenmultiplikation bestätigt sich die Definition der inversen Matrix:

$$A^{-1} \cdot A = A \cdot A^{-1} = E = \begin{pmatrix} 1 & 0 & 0 \\ 0 & 1 & 0 \\ 0 & 0 & 1 \end{pmatrix}$$

Bezüglich der zu verwendenden Einheitsmatrix E muss immer diejenige quadratische Einheitsmatrix verwendet werden, die in Zeilen- und Spaltenanzahl der zu invertierenden Matrix entspricht. Ist A eine 2×2-Matrix, so ist auch E eine 2×2-Matrix. Falls A eine 5×5-Matrix ist, muss dies auch für E gelten.

Bevor wir zu der Berechnung der Inversen kommen, soll hier kurz eine Anwendung, nämlich die Lösung linearer Gleichungssysteme, vorgestellt werden für den Fall, dass die Inverse bekannt ist. Moderne Tabellenkalkulationsprogramme bieten beispielsweise Funktionen, mit denen die Inverse sofort und einfach berechnet werden kann.

Betrachten Sie das folgende Beispiel für ein lineares Gleichungssystem:

$$\begin{aligned} x_1 + 2x_2 - x_3 &= 2 \\ x_2 - x_3 &= -2 \\ 2x_1 + 2x_2 + x_3 &= 13 \end{aligned}$$

Mit den nun bekannten Methoden der Matrizenrechnung, insbesondere der Multiplikation eines Vektors mit einer Matrix, kann man folgende Matrizen definieren:

$$A = \begin{pmatrix} 1 & 2 & -1 \\ 0 & 1 & -1 \\ 2 & 2 & 1 \end{pmatrix}, \quad x = \begin{pmatrix} x_1 \\ x_2 \\ x_3 \end{pmatrix}, \quad b = \begin{pmatrix} 2 \\ -2 \\ 13 \end{pmatrix}$$

Die Matrix A ist die Matrix, die wir zu Beginn des Abschnitts als Beispiel verwendet haben. Das Gleichungssystem kann nun kompakt geschrieben werden als:

$$A \cdot x = b$$

Für die folgenden Überlegungen sollen ebenso viele Variablen wie Gleichungen vorliegen, was bedeutet, dass die Matrix A quadratisch mit n Zeilen und n Spalten ist, während x und b jeweils n-dimensionale Spaltenvektoren sind. Multipliziert man nun beide Seiten des symbolisch geschriebenen Gleichungssystems von links mit der Inversen von A, also mit A^{-1}, so folgt:

$$A^{-1} \cdot A \cdot x = A^{-1} \cdot b, \quad \text{wegen} \quad A^{-1} \cdot A = E \quad \text{und} \quad E \cdot x = x$$

also

$$x = A^{-1} \cdot b$$

> Wenn die Inverse der Koeffizientenmatrix A des linearen Gleichungssystems $A \cdot x = b$ existiert, so ist die eindeutige Lösung des Systems durch $x = A^{-1} \cdot b$ gegeben.

Unser bisheriges Beispiel kann in der Matrizenschreibweise so formuliert werden:

$$\begin{pmatrix} 1 & 2 & -1 \\ 0 & 1 & -1 \\ 2 & 2 & 1 \end{pmatrix} \cdot \begin{pmatrix} x_1 \\ x_2 \\ x_3 \end{pmatrix} = \begin{pmatrix} 2 \\ -2 \\ 13 \end{pmatrix}$$

Da wir die Inverse A^{-1} bereits kennen, kann dieses Gleichungssystem schnell und einfach gelöst werden, indem der Vektor auf der rechten Seite von links mit der Inversen multipliziert wird:

$$x = \begin{pmatrix} x_1 \\ x_2 \\ x_3 \end{pmatrix} = A^{-1} \cdot b = \begin{pmatrix} 3 & -4 & -1 \\ -2 & 3 & 1 \\ -2 & 2 & 1 \end{pmatrix} \cdot \begin{pmatrix} 2 \\ -2 \\ 13 \end{pmatrix} = \begin{pmatrix} 1 \\ 3 \\ 5 \end{pmatrix}$$

Sofern die Inverse bekannt ist, können wir damit also entsprechende lineare Gleichungssysteme lösen. Üblicherweise ist sie aber nicht bekannt. Die dann anstehende Frage ist, wie sie berechnet wird. Die Grundidee für diese Berechnung entstammt der Lösung des Gleichungssystems mit dem vorher beschriebenen Gaußverfahren.

Das Gaußverfahren verändert mittels Äquivalenzumformungen das Gleichungssystem derart, dass sich am Ende die Lösung $x = A^{-1} \cdot b$ ergibt, symbolisch geschrieben wird also die erweiterte Koeffizientenmatrix $(A|b)$ durch Äquivalenzumformungen in die Gestalt $(E|A^{-1} \cdot b)$ gebracht. Diese Wirkung legt es nahe, das Gaußverfahren auf die um die passende Einheitsmatrix E erweiterte Koeffizientenmatrix $(A|E)$ anzuwenden. Wird nun wiederum umgeformt, bis links E steht, ergibt sich auf der rechten Seite tatsächlich $A^{-1} \cdot E = A^{-1}$.

Wenn die Inverse der quadratischen Matrix A existiert, kann sie mittels des Gaußverfahrens bestimmt werden. Dazu erweitert man A mit der passenden Einheitsmatrix und erzeugt durch Äquivalenzumformungen links die Einheitsmatrix. Rechts steht dann die **inverse Matrix**:

$$(A|E) \quad \Rightarrow \quad (E|A^{-1})$$

Beachten Sie jedoch bitte, dass nicht jede quadratische Matrix eine Inverse hat. Genaue Bedingungen dafür werden im nächsten Abschnitt angegeben. Sollte die Inverse nicht existieren, merken Sie es praktisch daran, dass das Erzeugen einer Einheitsmatrix aus A auf der linken Seite scheitert.

Führen wir dieses Verfahren nun einmal praktisch durch. Auf die linke Seite des Startausdrucks schreiben wir die zu invertierende Matrix A, auf die rechte Seite die Einheitsmatrix E. Jetzt wird das Gaußverfahrens angewendet, das heißt, mittels erlaubter Umformungen wird die Matrix auf der linken Seite in eine Einheitsmatrix umgewandelt. Werden die Umformungen auch auf die rechte Matrix angewendet, steht dort am Ende die inverse Matrix A^{-1}. Hinter die entsprechende Zeile schreiben wir aus Gründen der Übersichtlichkeit immer die anzuwendende Operation.

$$(A|E) = \left(\begin{array}{ccc|ccc} 1 & 2 & -1 & 1 & 0 & 0 \\ 0 & 1 & -1 & 0 & 1 & 0 \\ 2 & 2 & 1 & 0 & 0 & 1 \end{array}\right) \quad \begin{array}{l} \\ \\ |-2\cdot(\mathrm{I}) \end{array}$$

$$\left(\begin{array}{ccc|ccc} 1 & 2 & -1 & 1 & 0 & 0 \\ 0 & 1 & -1 & 0 & 1 & 0 \\ 0 & -2 & 3 & -2 & 0 & 1 \end{array}\right) \quad \begin{array}{l} |-2\cdot(\mathrm{II}) \\ \\ |+2\cdot(\mathrm{II}) \end{array}$$

$$\left(\begin{array}{ccc|ccc} 1 & 0 & 1 & 1 & -2 & 0 \\ 0 & 1 & -1 & 0 & 1 & 0 \\ 0 & 0 & 1 & -2 & 2 & 1 \end{array}\right) \quad \begin{array}{l} |-(\mathrm{III}) \\ |+(\mathrm{III}) \\ \\ \end{array}$$

$$\left(\begin{array}{ccc|ccc} 1 & 0 & 0 & 3 & -4 & -1 \\ 0 & 1 & 0 & -2 & 3 & 1 \\ 0 & 0 & 1 & -2 & 2 & 1 \end{array}\right) = (E|A^{-1})$$

Aufgaben

3.4 Berechnen Sie die Inverse A^{-1} und lösen Sie das Gleichungssystem $Ax = b$ für die nachfolgend gegebenen Matrizen A und Vektoren b.

(a) $A = \begin{pmatrix} 1 & 3 \\ 4 & 8 \end{pmatrix}$ $b = \begin{pmatrix} 1 \\ 4 \end{pmatrix}$; (b) $A = \begin{pmatrix} -1 & 2 \\ -1 & 1 \end{pmatrix}$ $b = \begin{pmatrix} -2 \\ -5 \end{pmatrix}$;

(c) $A = \begin{pmatrix} -1 & -1 \\ 4 & 3 \end{pmatrix}$ $b = \begin{pmatrix} -2 \\ -1 \end{pmatrix}$; (d) $A = \begin{pmatrix} -0{,}2 & 0{,}1 \\ -0{,}1 & -0{,}2 \end{pmatrix}$ $b = \begin{pmatrix} -1 \\ -1 \end{pmatrix}$;

(e) $A = \begin{pmatrix} -1 & 2 & 0 \\ 1 & 1 & 1 \\ 1 & 0 & 1 \end{pmatrix}$ $b = \begin{pmatrix} -2 \\ -2 \\ -3 \end{pmatrix}$; (f) $A = \begin{pmatrix} -1 & 0 & 1 \\ 0 & 0{,}5 & 1 \\ -1 & 0{,}5 & 0 \end{pmatrix}$ $b = \begin{pmatrix} -1 \\ 2 \\ 1 \end{pmatrix}$;

(g) $A = \begin{pmatrix} 1 & 0 & 3 \\ 1 & -1 & 1 \\ 0 & 1 & 1 \end{pmatrix}$ $b = \begin{pmatrix} 1 \\ 2 \\ 1 \end{pmatrix}$; (h) $A = \begin{pmatrix} -1 & 0 & 0 \\ 1 & -0{,}5 & 1 \\ 0 & 0{,}5 & 0 \end{pmatrix}$ $b = \begin{pmatrix} -3 \\ 3 \\ 3 \end{pmatrix}$;

(i) $A = \begin{pmatrix} 1 & 0 & 1 & 1 \\ -1 & 2 & 1 & 0 \\ 0 & 1 & 2 & 0 \\ 0{,}5 & 0{,}5 & 0 & 1 \end{pmatrix}$ $b = \begin{pmatrix} 2 \\ 1 \\ 2 \\ 1 \end{pmatrix}$; (j) $A = \begin{pmatrix} 1 & 0 & -2 & -2 \\ -1 & 1 & 0 & 1 \\ 0 & 1 & 1 & 0 \\ -2 & -1 & -2 & 2 \end{pmatrix}$ $b = \begin{pmatrix} -3 \\ 2 \\ 0 \\ 4 \end{pmatrix}$.

Lösungen

3.4 (a) $A^{-1} = \begin{pmatrix} -2 & 0{,}75 \\ 1 & -0{,}25 \end{pmatrix}; x = \begin{pmatrix} 1 \\ 0 \end{pmatrix}$; (b) $A^{-1} = \begin{pmatrix} 1 & -2 \\ 1 & -1 \end{pmatrix}; x = \begin{pmatrix} 8 \\ 3 \end{pmatrix}$;

(c) $A^{-1} = \begin{pmatrix} 3 & 1 \\ -4 & -1 \end{pmatrix}; x = \begin{pmatrix} -7 \\ 9 \end{pmatrix}$; (d) $A^{-1} = \begin{pmatrix} -4 & -2 \\ 2 & -4 \end{pmatrix}; x = \begin{pmatrix} 6 \\ 2 \end{pmatrix}$;

(e) $A^{-1} = \begin{pmatrix} -1 & 2 & -2 \\ 0 & 1 & -1 \\ 1 & -2 & 3 \end{pmatrix}; x = \begin{pmatrix} 4 \\ 1 \\ -7 \end{pmatrix}$; (f) $A^{-1} = \begin{pmatrix} -0{,}5 & 0{,}5 & -0{,}5 \\ -1 & 1 & 1 \\ 0{,}5 & 0{,}5 & -0{,}5 \end{pmatrix}; x = \begin{pmatrix} 1 \\ 4 \\ 0 \end{pmatrix}$;

(g) $A^{-1} = \begin{pmatrix} -2 & 3 & 3 \\ -1 & 1 & 2 \\ 1 & -1 & -1 \end{pmatrix}; x = \begin{pmatrix} 7 \\ 3 \\ -2 \end{pmatrix}$; (h) $A^{-1} = \begin{pmatrix} -1 & 0 & 0 \\ 0 & 0 & 2 \\ 1 & 1 & 1 \end{pmatrix}; x = \begin{pmatrix} 3 \\ 6 \\ 3 \end{pmatrix}$;

(i) $A^{-1} = \begin{pmatrix} -6 & -4 & 5 & 6 \\ -4 & -2 & 3 & 4 \\ 2 & 1 & -1 & -2 \\ 5 & 3 & -4 & -4 \end{pmatrix}; x = \begin{pmatrix} 0 \\ 0 \\ 1 \\ 1 \end{pmatrix}$; (j) $A^{-1} = \begin{pmatrix} -1 & 6 & -10 & -4 \\ 0 & 2 & -2 & -1 \\ 0 & -2 & 3 & 1 \\ -1 & 5 & -8 & -3 \end{pmatrix}; x = \begin{pmatrix} -1 \\ 0 \\ 0 \\ 1 \end{pmatrix}$.

3.2.2* Der Rang einer Matrix

Mit dem im vorherigen Abschnitt beschriebenen Gaußverfahren können wir jede beliebige Matrix A in eine **obere Dreiecksmatrix** umwandeln. Wenn wir weiterhin darauf achten, dass auf der Diagonalen von links oben angefangen – sofern möglich – Zahlen ungleich 0 stehen, ist $\text{Rg}(A)$, der **Rang** von A, definiert als die Anzahl der Zeilen in der oberen Dreiecksform, die nicht ausschließlich aus Nullen bestehen.

- $\begin{pmatrix} 1 & 2 & 1 \\ 1 & 3 & 2 \\ 3 & 2 & 1 \end{pmatrix} \Rightarrow \begin{pmatrix} 1 & 2 & 1 \\ 0 & 1 & 1 \\ 3 & 2 & 1 \end{pmatrix} \Rightarrow \begin{pmatrix} 1 & 2 & 1 \\ 0 & 1 & 1 \\ 0 & -4 & -2 \end{pmatrix} \Rightarrow \begin{pmatrix} 1 & 2 & 1 \\ 0 & 1 & 1 \\ 0 & 0 & 2 \end{pmatrix} \Rightarrow \text{Rg}(A) = 3$
- $\begin{pmatrix} 1 & 2 & 1 \\ 6 & 4 & 2 \\ 3 & 2 & 1 \end{pmatrix} \Rightarrow \begin{pmatrix} 1 & 2 & 1 \\ 0 & -8 & -4 \\ 3 & 2 & 1 \end{pmatrix} \Rightarrow \begin{pmatrix} 1 & 2 & 1 \\ 0 & -8 & -4 \\ 0 & -4 & -2 \end{pmatrix} \Rightarrow \begin{pmatrix} 1 & 2 & 1 \\ 0 & -8 & -4 \\ 0 & 0 & 0 \end{pmatrix} \Rightarrow \text{Rg}(A) = 2$

Im Abschnitt 3.1 hatten wir in der Diskussion um die Lösbarkeit von Gleichungssystemen immer dann ein Problem identifiziert, wenn die linearen Beziehungen, welche die einzelnen Bedingungen (Zeilen) des Gleichungssystems darstellen, parallel verlaufen (vgl. die Abbildung 3.1). Der Rang verallgemeinert diese Idee und beschreibt die Anzahl der sogenannten **linear unabhängigen Bedingungen** in der Matrix. Wir gehen hierauf jedoch nicht im Detail ein und geben einige zentrale Ergebnisse ohne Beweis an.

> Das Gleichungssystem $A \cdot x = b$ hat genau dann für beliebige Werte des Vektors b eine eindeutige Lösung für x, wenn die Anzahl m der Zeilen von A gleich der Anzahl n der Spalten von A gleich dem Rang $\text{Rg}(A)$ von A ist. In diesem Fall heißt die Matrix A **regulär** und besitzt eine Inverse. Ist $\text{Rg}(A) < n = m$, so heißt A **singulär** und besitzt keine Inverse.

Diese Aussage zeigt die Bedeutung einer gleichen Anzahl von Variablen und Gleichungen für die Lösbarkeit des Gleichungssystems auf. In diesem Fall ist die Matrix A quadratisch ($m = n$). Wenn A regulär ist, sind die n Gleichungen in dem Sinne voneinander unabhängig, dass nicht eine Gleichung aus den anderen durch lineare Verknüpfungen erzeugt werden kann, so dass *echte* n verschiedene Gleichungen vorliegen. Da eine Inverse A^{-1} von A existiert, ist die eindeutige Lösung durch $x = A^{-1} \cdot b$ gegeben, egal welche Werte die einzelnen Elemente des Vektors b haben.

Sind die genannten Voraussetzungen nicht erfüllt, so ergibt sich eine Vielzahl von Möglichkeiten, die unter anderem von den konkreten Zahlenwerten des Vektors b abhängen. Ein wichtiger Spezialfall liegt vor, wenn b der Nullvektor ist ($b = 0$). In diesem Fall heißt das Gleichungssystem **homogen**, andernfalls **inhomogen**. Die Tabelle 3.1 enthält eine vollständige Klassifizierung der Lösbarkeit linearer Gleichungssysteme. Dabei wird die **erweiterte Koeffizientenmatrix** $(A|b)$ benötigt, die wir bereits auf der Seite 80 beim Gaußverfahren verwendet haben.

Beispiele

- $\begin{matrix} x_1 + x_2 & = 3 \\ 3x_1 - x_2 & = 5 \end{matrix} \Rightarrow \text{Rg}\begin{pmatrix} 1 & 1 \\ 3 & -1 \end{pmatrix} = \text{Rg}\begin{pmatrix} 1 & 1 \\ 0 & -4 \end{pmatrix} = 2 \Rightarrow$ genau eine Lösung: $x = \begin{pmatrix} 2 \\ 1 \end{pmatrix}$

Tabelle 3.1 Lösbarkeit von linearen Gleichungssystemen

Gleichungssystem mit m Gleichungen und n Variablen	$A \cdot x = b$ (inhomogenes System)	$A \cdot x = 0$ (homogenes System)
$\text{Rg}(A\|b) \neq \text{Rg}(A)$	System unlösbar	nicht möglich, homogene Systeme stets lösbar
$\text{Rg}(A\|b) = \text{Rg}(A)$	System lösbar	System lösbar
(a) $\text{Rg}(A) = n$	Lösung eindeutig	Lösung eindeutig: $x = 0$
(b) $\text{Rg}(A) < n$	Lösung nicht eindeutig	System hat neben $x = 0$ weitere Lösungen

- $\begin{array}{ll} x_1 + x_2 & = 3 \\ 2x_1 + 2x_2 & = 5 \end{array} \Rightarrow \text{Rg}(A) = \text{Rg}\begin{pmatrix} 1 & 1 \\ 2 & 2 \end{pmatrix} = \text{Rg}\begin{pmatrix} 1 & 1 \\ 0 & 0 \end{pmatrix} = 1$. Der Rang von A ist also kleiner als $n = 2$. Deshalb wird der Rang von $(A|b)$ geprüft:

  $$\text{Rg}(A|b) = \text{Rg}\left(\begin{array}{cc|c} 1 & 1 & 3 \\ 2 & 2 & 5 \end{array}\right) = \text{Rg}\left(\begin{array}{cc|c} 1 & 1 & 3 \\ 0 & 0 & -1 \end{array}\right) = 2 \Rightarrow \text{Rg}(A) \neq \text{Rg}(A|b) \Rightarrow \text{keine Lösung}$$

  Sie sehen an diesem Beispiel, dass man sowohl den Rang von A als auch den Rang von $(A|b)$ ablesen kann, wenn man $(A|b)$ in die obere Dreiecksform bringt. Wir gehen im Folgenden so vor. Außerdem können Sie auch erkennen, warum es keine Lösung gibt: Die letzte Zeile in der oberen Dreiecksform von $(A|b)$ steht für $0 \cdot x_1 + 0 \cdot x_2 = -1$, also $0 = -1$, einen Widerspruch.

- $\begin{array}{ll} x_1 + x_2 & = 3 \\ 2x_1 + 2x_2 & = 6 \end{array} \Rightarrow (A|b) = \left(\begin{array}{cc|c} 1 & 1 & 3 \\ 2 & 2 & 6 \end{array}\right) \Rightarrow \left(\begin{array}{cc|c} 1 & 1 & 3 \\ 0 & 0 & 0 \end{array}\right) \Rightarrow \text{Rg}(A) = \text{Rg}(A|b) = 1 < n$

  Also gibt es unendlich viele Lösungen. Alle $(x_1, x_2) \in R^2$, für die gilt $x_2 = 3 - x_1$, erfüllen das Gleichungssystem, zum Beispiel $x_1 = 2$ und $x_2 = 1$.

- $\begin{array}{ll} x_1 + x_2 & = 3 \\ 3x_1 - x_2 & = 5 \\ 2x_1 + 3x_2 & = 1 \end{array} \Rightarrow \left(\begin{array}{cc|c} 1 & 1 & 3 \\ 3 & -1 & 5 \\ 2 & 3 & 1 \end{array}\right) \Rightarrow \left(\begin{array}{cc|c} 1 & 1 & 3 \\ 0 & -4 & -4 \\ 0 & 1 & -5 \end{array}\right) \Rightarrow \left(\begin{array}{cc|c} 1 & 1 & 3 \\ 0 & 1 & 1 \\ 0 & 0 & -6 \end{array}\right)$

  Wegen $\text{Rg}(A) = 2 \neq \text{Rg}(A|b) = 3$ existiert keine Lösung. Es gibt eine Gleichung *zu viel.*

- $\begin{array}{ll} x_1 + x_2 & = 3 \\ 3x_1 - x_2 & = 5 \\ 2x_1 + 3x_2 & = 7 \end{array} \Rightarrow \left(\begin{array}{cc|c} 1 & 1 & 3 \\ 3 & -1 & 5 \\ 2 & 3 & 7 \end{array}\right) \Rightarrow \left(\begin{array}{cc|c} 1 & 1 & 3 \\ 0 & -4 & -4 \\ 0 & 1 & 1 \end{array}\right) \Rightarrow \left(\begin{array}{cc|c} 1 & 1 & 3 \\ 0 & 1 & 1 \\ 0 & 0 & 0 \end{array}\right)$

  Wegen $\text{Rg}(A) = \text{Rg}(A|b) = 2 = n$ (Anzahl der Variablen) hat das System eine eindeutige Lösung: $x_1 = 2, x_2 = 1$. Eine der Gleichungen ist eine lineare Verknüpfung der beiden anderen Gleichungen, so dass eigentlich nur zwei unabhängige Gleichungen für die beiden Variablen vorliegen.

- $\begin{array}{ll} x_1 + x_2 & = 0 \\ 3x_1 - x_2 & = 0 \\ 2x_1 + 3x_2 & = 0 \end{array} \Rightarrow \text{Rg}(A) = \text{Rg}(A|b) = 2 = n \Rightarrow$ eine Lösung: $x = \begin{pmatrix} 0 \\ 0 \end{pmatrix}$

Bei homogenen Systemen gilt stets $Rg(A) = Rg(A|b)$, sie sind daher immer lösbar. Ist wie hier $Rg(A) = 2 = n$, ist die Lösung eindeutig (die Null-Lösung).

■ $$\begin{aligned} x_1 + x_2 &= 0 \\ 3x_1 + 3x_2 &= 0 \end{aligned} \Rightarrow Rg(A) = Rg\begin{pmatrix} 1 & 1 \\ 3 & 3 \end{pmatrix} = Rg\begin{pmatrix} 1 & 1 \\ 0 & 0 \end{pmatrix} = 1 < 2 = n$$

Da hier $Rg(A) < 2 = n$ ist, gibt es unendlich viele Lösungen. Alle $(x_1, x_2) \in R^2$, für die gilt $x_2 = -x_1$, erfüllen das Gleichungssystem, zum Beispiel $x_1 = 0$ und $x_2 = 0$, aber auch $x_1 = 5$ und $x_2 = -5$.

Aufgaben

3.5 Überprüfen Sie jeweils das Rangkriterium und bestimmen Sie anschließend gegebenenfalls die Lösung des Gleichungssystems.

(a) $\begin{aligned} 2x_1 + 3x_2 &= 1 \\ 3x_1 + 4x_2 &= 2 \end{aligned}$; (b) $\begin{aligned} x_1 + 2x_2 &= 3 \\ 2x_1 + 4x_2 &= 3 \end{aligned}$; (c) $\begin{aligned} x_1 + x_2 &= 3 \\ x_1 - x_2 &= 1 \end{aligned}$; (d) $\begin{aligned} 3x_1 + 2x_2 &= 0 \\ 9x_1 - 6x_2 &= 0 \end{aligned}$;

(e) $\begin{aligned} 3x_1 + 2x_2 + x_3 &= 1 \\ 6x_1 + 5x_2 + 4x_3 &= 2 \\ 9x_1 + 8x_2 + 7x_3 &= 3 \end{aligned}$; (f) $\begin{aligned} 3x_1 + 2x_2 + x_3 &= 0 \\ 6x_1 + 5x_2 + 4x_3 &= 0 \\ 9x_1 + 8x_2 + 7x_3 &= 0 \end{aligned}$; (g) $\begin{aligned} 3x_1 + 2x_2 &= 1 \\ 6x_1 + 5x_2 + 4x_3 &= 2 \\ 9x_1 + 8x_2 + 7x_3 &= 3 \end{aligned}$.

Lösungen

3.5 (a) $Rg(A) = Rg(A|b) = 2$, $x = (2; -1)^T$; (b) $Rg(A) = 1$, $Rg(A|b) = 2$, keine Lösung;
(c) $Rg(A) = Rg(A|b) = 2$, $x = (2; 1)^T$; (d) $Rg(A) = Rg(A|b) = 2$, $x = (0; 0)^T$;
(e) $Rg(A) = Rg(A|b) = 2 < n = 3$, Sie können sich zwei der drei Gleichungen herausnehmen und eine der Variablen frei festlegen, zum Beispiel $x_3 = \lambda$, wobei λ irgendeine reelle Zahl ist. Das verbleibende Gleichungssystem mit zwei Variablen wird dann gelöst. Man erhält $x_1 = \lambda + 1/3$ und $x_2 = -2\lambda$. Da $\lambda = x_3$ ist, kann man die Lösungsmenge schreiben als:
$\{(x_1, x_2, x_3) \in R^3 \mid x_1 = x_3 + 1/3 \text{ und } x_2 = -2x_3\}$;
(f) $Rg(A) = Rg(a|b) = 2 < n = 3$, Lösungsmenge: $\{(x_1, x_2, x_3) \in R^3 \mid x_1 = x_3 \text{ und } x_2 = -2x_3\}$;
(g) $Rg(A) = Rg(A|b) = 3$, $x = (1/3; 0; 0)^T$.

3.2.3* Determinanten

Determinanten kleiner Matrizen

Die **Determinante** ordnet einer quadratischen $n \times n$-Matrix eine Zahl zu, aus der ablesbar ist, ob der Rang der Matrix gleich n ist. Die Determinante ist nur für quadratische Matrizen definiert. Sie wird durch den Ausdruck „Det" oder mit vertikalen Strichen auf beiden Seiten der Matrix notiert: Det(A)=$|A|$.

Determinanten finden vielfältige Anwendungen insbesondere in der höheren Mathematik. Aber auch für lineare Gleichungssysteme können Determinanten sehr nützlich sein, denn anhand der Determinante kann abgelesen werden, ob ein Gleichungssystem lösbar ist.

Für eine beliebige 2×2-Matrix ist die Determinante verkürzt ausgedrückt das Produkt der Hauptdiagonalen abzüglich des Produkts der Nebendiagonalen. Die Nebendiagonale beinhaltet die Elemente, die von rechts oben nach links unten liegen.

$$\text{Det}(A) = \begin{vmatrix} a & b \\ c & d \end{vmatrix} = a \cdot d - b \cdot c$$

Für eine beliebige 3 × 3-Matrix berechnet sich die Determinante schon deutlich aufwändiger. Gemäß der **Sarrus-Regel** (nach dem französischen Mathematiker Pierre Sarrus) erweitert man die Matrix an der rechten Seite um die ersten beiden Spalten, damit dann die Determinante verkürzt ausgedrückt folgendermaßen berechnet werden kann: Summe der Produkte der Diagonalen von links oben nach rechts unten abzüglich der Produkte der Nebendiagonalen von rechts oben nach links unten.

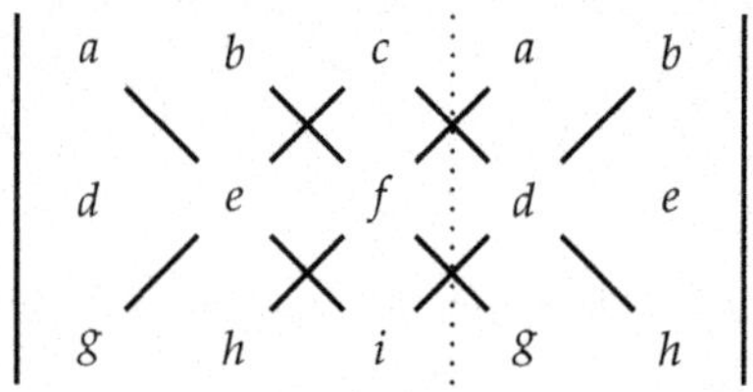

Gemäß der **Sarrus-Regel** errechnet sich die Determinante nun folgendermaßen:

$$|A| = aei + bfg + cdh - bdi - afh - ceg$$

Determinanten von Matrizen beliebiger Größe

Die Berechnung der Determinante von Matrizen beliebiger Größe erfolgt, indem diese Matrizen in kleinere Matrizen zerlegt werden. Für diese Matrizen werden dann in einem ersten Schritt die Determinanten nach den gerade vorgestellten Regeln für 2 × 2- oder 3 × 3-Matrizen berechnet, um diese Ergebnisse dann in einem kombinierten Schema zu verbinden.

Die Zerlegung der Ausgangsmatrix $A_{n,n}$ geschieht nach dem folgenden Prinzip: A_{ij} sei die Matrix, die man aus $A_{n,n}$ durch Streichen der i-ten Zeile und der j-ten Spalte erhält. Für eine beliebige 3 × 3-Matrix bedeutet das Folgendes: A_{11} ist dann die verbleibende Matrix, wenn aus A die erste Spalte und die erste Zeile gestrichen werden:

$$\text{Mit } A = \begin{pmatrix} a & b & c \\ d & e & f \\ g & h & i \end{pmatrix} \text{ gilt für } A_{11} = \begin{pmatrix} e & f \\ h & i \end{pmatrix}$$

Für A_{21} und A_{31} gilt entsprechend:

$$A_{21} = \begin{pmatrix} b & c \\ h & i \end{pmatrix} \quad \text{und} \quad A_{31} = \begin{pmatrix} b & c \\ e & f \end{pmatrix}$$

Eine 3 × 3-Matrix wird auf diese Weise in 2 × 2-Matrizen zerlegt. Eine 4 × 4-Matrix würde auf diese Weise in 3 × 3-Matrizen zerlegt werden, die aber dann durch nochmalige Zerlegung wieder in 2 × 2-Matrizen zerlegt werden können. Für größere Matrizen muss diese Zerlegung entsprechend häufiger durchgeführt werden.

Für eine beliebige quadratische Matrix $A_{(n \times n)}$ berechnet sich die **Determinante** $|A|$ **für festes** j durch

$$|A| = \sum_{i=1}^{n} (-1)^{i+j} a_{ij} |A_{ij}|$$

Diese Vorgehensweise wird auch die **Entwicklung nach der *j*-ten Spalte** genannt, wobei die Auswahl der festen Spalte j beliebig ist. Alternativ kann die Determinante auch durch **Entwicklung nach der *i*-ten Zeile** berechnet werden (also **für festes *i***):

$$|A| = \sum_{j=1}^{n} (-1)^{i+j} a_{ij} |A_{ij}|$$

Sinnvollerweise wählt man eine Zeile oder Spalte mit möglichst vielen Nullen.

Beispiele

- Um diese Formel mit ihren vielen Parametern mit Leben zu füllen, betrachten wir folgendes Beispiel, in dem wir $|A|$ berechnen mit $A = \begin{pmatrix} 1 & 2 & 3 \\ 4 & 5 & 6 \\ 7 & 8 & 9 \end{pmatrix}$, wobei wir nach der ersten Spalte entwickeln, also $j = 1$:

$$\begin{aligned} |A| &= (-1)^{1+1} \cdot a_{11} \cdot |A_{11}| + (-1)^{2+1} \cdot a_{21} \cdot |A_{21}| + (-1)^{3+1} \cdot a_{31} \cdot |A_{31}| \\ &= (-1)^2 \cdot 1 \cdot \begin{vmatrix} 5 & 6 \\ 8 & 9 \end{vmatrix} + (-1)^3 \cdot 4 \cdot \begin{vmatrix} 2 & 3 \\ 8 & 9 \end{vmatrix} + (-1)^4 \cdot 7 \cdot \begin{vmatrix} 2 & 3 \\ 5 & 6 \end{vmatrix} \\ &= +1 \cdot (5 \cdot 9 - 6 \cdot 8) - 4 \cdot (2 \cdot 9 - 3 \cdot 8) + 7 \cdot (2 \cdot 6 - 3 \cdot 5) \\ &= -3 + 24 - 21 \\ &= 0 \end{aligned}$$

  Das gleiche Ergebnis erhalten wir durch Anwendung der **Sarrus-Regel**:

$$|A| = 1 \cdot 5 \cdot 9 + 2 \cdot 6 \cdot 7 + 3 \cdot 4 \cdot 8 - 3 \cdot 5 \cdot 7 - 1 \cdot 6 \cdot 8 - 2 \cdot 4 \cdot 9 = 0$$

- $A = (-2)$, dann ist $|A| = -2$.
- $A = \begin{pmatrix} -1 & 1 \\ 2 & 1 \end{pmatrix}$, dann ist $|A| = (-1) \cdot 1 - 1 \cdot 2 = -3$.
- $A = \begin{pmatrix} -1 & 1 & 0 \\ 2 & 1 & 1 \\ 0 & 1 & 0 \end{pmatrix}$, Entwicklung nach der dritten Zeile wegen der beiden Nullen:

$$|A| = (-1)^5 \cdot 1 \cdot \begin{vmatrix} -1 & 0 \\ 2 & 1 \end{vmatrix} = (-1)^5 \cdot 1 \cdot (-1) = 1$$

Determinante einer Dreiecksmatrix

Die Berechnung der Determinante kann ab $n = 4$ sehr aufwändig werden. Wir geben daher noch einen wichtigen Spezialfall an, der eine einfache Berechnung ermöglicht. Ist A eine obere oder untere **Dreiecksmatrix**, so ist die Determinante gleich dem Produkt der Hauptdiagonalelemente. Beispiel:

$$\text{Ist} \quad A = \begin{pmatrix} 1 & 3 & 4 & 5 \\ 0 & 2 & 0 & 1 \\ 0 & 0 & 3 & 4 \\ 0 & 0 & 0 & 1 \end{pmatrix}, \quad \text{dann ist} \quad |A| = 1 \cdot 2 \cdot 3 \cdot 1 = 6.$$

Determinanten und lineare Gleichungssysteme

Die Determinante hat für die Lösungsmenge eines linearen Gleichungssystems $A \cdot x = b$, wenn die Matrix A quadratisch ist, eine wichtige Bedeutung.

> Ist die Determinante von A ungleich 0, dann ist A invertierbar und das Gleichungssystem $A \cdot x = b$ hat genau eine Lösung.

Eine quadratische Matrix $A_{n,n}$ mit $|A_{n,n}| \neq 0$ hat den Rang $\text{Rg}(A_{n,n}) = n$ und heißt **reguläre Matrix**. Ist die Determinante einer Matrix hingegen 0, so existiert keine inverse Matrix. Derartige Matrizen heißen **singulär**. Da der Rang dieser Matrizen kleiner als die Zeilenanzahl ist, haben entsprechende Gleichungssysteme entweder keine oder unendlich viele Lösungen.

Beispiel

Für die folgende Matrix A ist in einem der vorangehenden Beispiele eine Determinante von 0 berechnet worden, so dass die Matrix A einen geringeren als den vollen Rang 3 haben muss. Die Anwendung des Gaußverfahrens zur Umwandlung in eine obere Dreiecksmatrix bestätigt dieses Ergebnis in wenigen Schritten:

$$A = \begin{pmatrix} 1 & 2 & 3 \\ 4 & 5 & 6 \\ 7 & 8 & 9 \end{pmatrix} \Rightarrow \begin{pmatrix} 1 & 2 & 3 \\ 0 & -3 & -6 \\ 0 & -6 & -12 \end{pmatrix} \Rightarrow \begin{pmatrix} 1 & 2 & 3 \\ 0 & -3 & -6 \\ 0 & 0 & 0 \end{pmatrix} \Rightarrow \text{Rg}(A) = 2$$

Cramersche Regel

Mittels Determinanten ist es weiterhin möglich, lineare Gleichungssysteme zu lösen, auch wenn der manuelle Rechenaufwand in der Regel höher als bei den anderen bereits vorgestellten Verfahren ist. Die **Cramersche Regel**, die auch **Determinantenmethode** genannt wird und auf den schweizerischen Mathematiker Gabriel Cramer zurückgeht, funktioniert folgendermaßen:

> Sei A eine quadratische Matrix mit $|A| \neq 0$. Dann ist die Lösung des linearen Gleichungssystems $A \cdot x = b$ gegeben durch
>
> $$x_i = \frac{|B_i|}{|A|}, \quad i = 1, \ldots, n,$$
>
> wobei B_i die Matrix ist, die aus A entsteht, wenn die i-te Spalte durch b ersetzt wird.

Beispiel

$$\begin{pmatrix} 1 & 2 \\ 0 & 1 \end{pmatrix} \begin{pmatrix} x_1 \\ x_2 \end{pmatrix} = \begin{pmatrix} 1 \\ 1 \end{pmatrix}$$

Wegen $|A| = 1$ lautet die Lösung des Gleichungssystems mit der Cramerschen Regel:

$$x_1 = \frac{\begin{vmatrix} 1 & 2 \\ 1 & 1 \end{vmatrix}}{\begin{vmatrix} 1 & 2 \\ 0 & 1 \end{vmatrix}} = \frac{-1}{1} = -1, \qquad x_2 = \frac{\begin{vmatrix} 1 & 1 \\ 0 & 1 \end{vmatrix}}{\begin{vmatrix} 1 & 2 \\ 0 & 1 \end{vmatrix}} = \frac{1}{1} = 1$$

Bis $n = 3$ ist die Berechnung mittels der Cramerschen Regel gut möglich; ab $n = 4$ ist der Gaußsche Algorithmus in der Regel vorzuziehen.

Aufgaben

3.6 Berechnen Sie für nachfolgende Gleichungssysteme $A \cdot x = b$ jeweils die Determinante von A. Bestimmen Sie weiterhin den Rang von A und gegebenenfalls von $(A|b)$ sowie die Lösung beziehungsweise die Lösungsmenge des Gleichungssystems.

(a) $A = \begin{pmatrix} 1 & 2 \\ 3 & 4 \end{pmatrix}, b = \begin{pmatrix} 2 \\ 8 \end{pmatrix}$; (b) $A = \begin{pmatrix} 2 & 2 \\ 5 & 5 \end{pmatrix}, b = \begin{pmatrix} 4 \\ 4 \end{pmatrix}$; (c) $A = \begin{pmatrix} 2 & 2 \\ 5 & 5 \end{pmatrix}, b = \begin{pmatrix} 0 \\ 0 \end{pmatrix}$;

(d) $A = \begin{pmatrix} 2 & 3 \\ 4 & 1 \end{pmatrix}, b = \begin{pmatrix} 13 \\ 11 \end{pmatrix}$; (e) $A = \begin{pmatrix} 2 & 5 \\ 4 & 10 \end{pmatrix}, b = \begin{pmatrix} 4 \\ 4 \end{pmatrix}$; (f) $A = \begin{pmatrix} 2 & 5 \\ 6 & 15 \end{pmatrix}, b = \begin{pmatrix} 2 \\ 6 \end{pmatrix}$;

(g) $A = \begin{pmatrix} 1 & 2 & 1 \\ 0 & 2 & 1 \\ 0 & 1 & 2 \end{pmatrix}, b = \begin{pmatrix} 7 \\ 4 \\ 5 \end{pmatrix}$; (h) $A = \begin{pmatrix} 2 & 1 & 0 \\ 0 & 2 & 1 \\ 4 & 1 & 0 \end{pmatrix}, b = \begin{pmatrix} 3 \\ 5 \\ 5 \end{pmatrix}$; (i) $A = \begin{pmatrix} 4 & 2 & 0 \\ 1 & 2 & 1 \\ 2 & 1 & 0 \end{pmatrix}, b = \begin{pmatrix} 2 \\ 1 \\ 0 \end{pmatrix}$;

(j) $A = \begin{pmatrix} 0 & 1 & 2 \\ 3 & 4 & 5 \\ 6 & 7 & 8 \end{pmatrix}, b = \begin{pmatrix} 2 \\ 3 \\ 4 \end{pmatrix}$; (k) $A = \begin{pmatrix} 2 & 4 & 3 \\ 0 & 4 & 2 \\ 0 & 2 & 0 \end{pmatrix}, b = \begin{pmatrix} 0 \\ 0 \\ 0 \end{pmatrix}$; (l) $A = \begin{pmatrix} 0 & 1 & 2 \\ 3 & 4 & 5 \end{pmatrix}, b = \begin{pmatrix} 1 \\ 1 \end{pmatrix}$.

Lösungen

3.6 (a) $\text{Det}(A) = -2$; $\text{Rg}(A) = 2$; $x = (4;-1)^T$; (b) $\text{Det}(A) = 0$; $\text{Rg}(A) = 1$; $\text{Rg}(A|b) = 2$; keine Lösung; (c) $\text{Det}(A) = 0$; $\text{Rg}(A) = 1$; $\text{Rg}(A|b) = 1$; Lösungsmenge: $\{(x_1, x_2) \in R^2 \,|\, x_1 = -x_2\}$; (d) $\text{Det}(A) = -10$; $\text{Rg}(A) = 2$; $x = (2;3)^T$; (e) $\text{Det}(A) = 0$; $\text{Rg}(A) = 1$; $\text{Rg}(A|b) = 2$; keine Lösung; (f) $\text{Det}(A) = 0$; $\text{Rg}(A) = 1$; $\text{Rg}(A|b) = 1$; Lösungsmenge: $\{(x_1, x_2) \in R^2 \,|\, x_1 = 1 - 2{,}5x_2\}$; (g) $\text{Det}(A) = 3$; $\text{Rg}(A) = 3$; $x = (3;1;2)^T$; (h) $\text{Det}(A) = 2$; $\text{Rg}(A) = 3$; $x = (1;1;3)^T$; (i) $\text{Det}(A) = 0$; $\text{Rg}(A) = 2$; $\text{Rg}(A|b) = 3$; keine Lösung; (j) $\text{Det}(A) = 0$; $\text{Rg}(A) = \text{Rg}(A|b) = 2$; Lösungsmenge: $\{(x_1, x_2, x_3) \in R^3 \,|\, x_1 = x_3 - 5/3 \text{ und } x_2 = 2 - 2x_3\}$; (k) $\text{Det}(A) = -8$; $\text{Rg}(A) = 3$; $x = (0;0;0)^T$; (l) Da A nicht quadratisch ist, gibt es keine Determinante; $\text{Rg}(A) = \text{Rg}(A|b) = 2 < n = 3$; Lösungsmenge: $\{(x_1, x_2, x_3) \in R^3 \,|\, x_1 = x_3 - 1 \text{ und } x_2 = 1 - 2x_3\}$.

3.3 Lineare Produktionsmodelle

3.3.1 Lineare Produktionsprozesse

Bedarfsermittlung von Rohstoffen

Betrachten wir nochmal das bereits zu Beginn dieses Kapitels vorgestellte Beispiel, in dem mittels der Rohstoffe R_1, R_2 und R_3 die Produkte E_1, E_2 und E_3 hergestellt werden. Die nachfolgende Tabelle beschreibt die Inputkoeffizienten, also die Anzahl der Einheiten von R_1, R_2 und R_3, die jeweils zur Herstellung einer Einheit von E_1, E_2 und E_3 benötigt werden:

	E_1	E_2	E_2
R_1	1	2	1
R_2	2	2	2
R_3	3	2	1

Wenn nun die Mengen $e_1 = 3$, $e_2 = 5$ und $e_3 = 4$ hergestellt werden sollen, dann ermitteln sich die Mengenbedarfe r_1, r_2 und r_3 der Rohstoffe durch Multiplikation der Mengen mit den Koeffizienten pro Einheit:

$$\begin{aligned} r_1 &= 3 \cdot 1 + 5 \cdot 2 + 4 \cdot 1 = 17 \\ r_2 &= 3 \cdot 2 + 5 \cdot 2 + 4 \cdot 2 = 24 \\ r_3 &= 3 \cdot 3 + 5 \cdot 2 + 4 \cdot 1 = 23 \end{aligned}$$

Diese Bedarfsermittlung kann auch durch Matrizenrechnung abgebildet werden. Der Bedarf an Rohstoffen $r = (r_1; r_2; r_3)$ ist das Ergebnis der Multiplikation der Bedarfsmatrix A, das ist die oben dargestellte Tabelle der Bedarfe pro Endprodukteinheit, mit dem Endproduktvektor e, das sind die Mengen der Endprodukte e_1, e_2 und e_3:

$$\begin{pmatrix} r_1 \\ r_2 \\ r_3 \end{pmatrix} = \begin{pmatrix} 1 & 2 & 1 \\ 2 & 2 & 2 \\ 3 & 2 & 1 \end{pmatrix} \cdot \begin{pmatrix} 3 \\ 5 \\ 4 \end{pmatrix} = \begin{pmatrix} 17 \\ 24 \\ 23 \end{pmatrix}$$

Allgemein können wir diese lineare Produktionsverflechtung also durch die Matrizenrechnung beschreiben. Werden aus den Mengen des Vektors der Einsatzfaktoren r die Mengen des Vektors der Endprodukte e hergestellt und beschreibt die Matrix A die Bedarfe an Einsatzfaktoren pro Endprodukt, so gilt:

$$r = A \cdot e$$

Sind zusätzlich die Preisvektoren p_e für Endprodukte und p_r für Rohstoffe gegeben, kann mit Hilfe der Erlöse und Kosten der Gewinn G ausgerechnet werden.

$$G = \text{Erlöse} - \text{Kosten} = p_e^T \cdot e - p_r^T \cdot r$$

Betrachten wir für unser Beispiel die Preise der Einsatzfaktoren $p_r = (p_{r_1}; p_{r_2}; p_{r_3})^T = (2;3;4)^T$ und die Verkaufspreise für die Endprodukte $p_e = (p_{e_1}; p_{e_2}; p_{e_3})^T = (10;20;30)^T$. Der Gewinn berechnet sich dann folgendermaßen:

$$\begin{aligned} G &= \text{Erlöse} && - && \text{Kosten} \\ &= p_e^T \cdot e && - && p_r^T \cdot r \\ &= p_e^T \cdot e && - && p_r^T \cdot A \cdot e \\ &= (10;20;30) \cdot \begin{pmatrix} 3 \\ 5 \\ 4 \end{pmatrix} && - && (2;3;4) \cdot \begin{pmatrix} 1 & 2 & 1 \\ 2 & 2 & 2 \\ 3 & 2 & 1 \end{pmatrix} \cdot \begin{pmatrix} 3 \\ 5 \\ 4 \end{pmatrix} \\ &= \underbrace{10 \cdot 3 + 20 \cdot 5 + 30 \cdot 4}_{\text{Erlöse}} && - && \underbrace{(2 \cdot 17 + 3 \cdot 24 + 4 \cdot 23)}_{\text{Kosten}} \\ &= 250 && - && 198 && = 52 \end{aligned}$$

Aufgaben

3.7 Aus den Rohstoffmengen r werden mittels der nachfolgend gegebenen Bedarfsmatrix A die Endprodukte mit dem Mengenvektor e hergestellt. Berechnen Sie die Gewinne für die gegebenen Mengen e mit den Preisen der Endprodukte p_e und der Rohstoffe p_r.

(a) $A = \begin{pmatrix} 1 & 2 \\ 3 & 4 \\ 5 & 6 \end{pmatrix}; e = \begin{pmatrix} 10 \\ 20 \end{pmatrix}; p_e = \begin{pmatrix} 40 \\ 50 \end{pmatrix}; p_r = \begin{pmatrix} 2 \\ 3 \\ 4 \end{pmatrix};$

(b) $A = \begin{pmatrix} 1 & 2 & 2 \\ 2 & 1 & 0 \\ 1 & 0 & 2 \end{pmatrix}; e = \begin{pmatrix} 5 \\ 6 \\ 7 \end{pmatrix}; p_e = \begin{pmatrix} 10 \\ 15 \\ 20 \end{pmatrix}; p_r = \begin{pmatrix} 5 \\ 4 \\ 3 \end{pmatrix};$

(c) $A = (1;2;3;4); e = \begin{pmatrix} 5 \\ 6 \\ 7 \\ 3 \end{pmatrix}; p_e = \begin{pmatrix} 9 \\ 8 \\ 7 \\ 6 \end{pmatrix}; p_r = 3;$

(d) $A = \begin{pmatrix} 3 & 0 & 1 \\ 1 & 3 & 0 \end{pmatrix}; e = \begin{pmatrix} 7 \\ 6 \\ 5 \end{pmatrix}; p_e = \begin{pmatrix} 5 \\ 5 \\ 5 \end{pmatrix}; p_r = \begin{pmatrix} 2 \\ 1 \end{pmatrix};$

(e) $A = \begin{pmatrix} 3 & 0 & 1 & 3 \\ 1 & 3 & 0 & 2 \\ 0 & 2 & 1 & 1 \\ 2 & 0 & 0 & 2 \end{pmatrix}; e = \begin{pmatrix} 7 \\ 6 \\ 5 \\ 4 \end{pmatrix}; p_e = \begin{pmatrix} 10 \\ 10 \\ 10 \\ 10 \end{pmatrix}; p_r = \begin{pmatrix} 2 \\ 1 \\ 3 \\ 2 \end{pmatrix}.$

Lösungen

3.7 (a) $r = (50; 110; 170)^T$, $G = 1.400 - 1.110 = 290$; (b) $r = (31; 16; 19)^T$, $G = 280 - 276 = 4$; (c) $r = 50$, $G = 160 - 150 = 10$; (d) $r = (26; 25)^T$, $G = 90 - 77 = 13$; (e) $r = (38; 33; 21; 22)^T$, $G = 220 - 216 = 4$.

Mehrstufige lineare Produktionsprozesse

Betrachten wir nun einen mehrstufigen Produktionsprozess, in dem beispielhaft aus den Rohstoffen R in einem ersten Schritt Zwischenprodukte Z und in einem zweiten und letzten Schritt aus den Zwischenprodukten Z die Endprodukte E hergestellt werden (vgl. die Abbildung 3.2):

$$R \xrightarrow{A} Z \xrightarrow{B} E$$

Die Matrix A beschreibt hier die notwendigen Mengen der Rohstoffe R_1, R_2 und R_3, die zur Herstellung jeweils einer Einheit der Zwischenprodukte Z_1, Z_2 und Z_3 benötigt werden, die Matrix B entsprechend die Mengen an Zwischenprodukten, die zur Herstellung jeweils einer Einheit der Endprodukte benötigt werden.

Abbildung 3.2 Beispiel Produktionsverflechtung

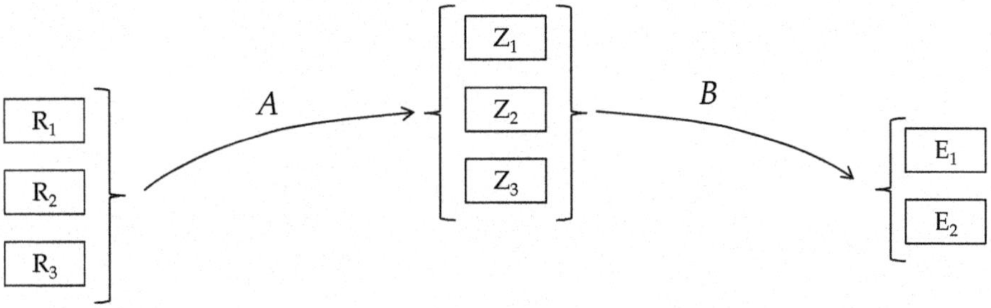

Wie zuvor werden die Rohstoffe selbst mit R, die jeweiligen Mengen mit den entsprechenden Kleinbuchstaben bezeichnet (analog für Zwischen- und Endprodukte). Aus dem vorherigen Abschnitt wissen wir, dass der jeweils einstufige Produktionsprozess durch die Matrixschreibweise abgebildet werden kann. Für die beiden Teilschritte des Produktionsprozesses gilt deshalb $r = A \cdot z$ und $z = B \cdot e$. Wird nun z aus dem zweiten Teilschritt in den ersten Schritt eingesetzt, ergibt sich:

$$r = A \cdot B \cdot e$$

Veranschaulichen wir diesen Produktionsprozess einmal anhand eines Beispiels. Der Produktionsschritt 1, in dem aus den Einsatzfaktoren R die Zwischenprodukte Z hergestellt werden, wird nachfolgend durch die Matrix A beschrieben, der Produktionsschritt 2 durch die Matrix B:

A:

	Z_1	Z_2	Z_3
R_1	2	1	1
R_2	3	3	4
R_3	4	5	2

B:

	E_1	E_2
Z_1	6	2
Z_2	4	1
Z_3	3	7

Der gesamte Produktionsprozess kann nun durch die Multiplikation der Matrizen zusammengefasst dargestellt werden:

$$\begin{pmatrix} r_1 \\ r_2 \\ r_3 \end{pmatrix} = r = A \cdot B \cdot e = \begin{pmatrix} 2 & 1 & 1 \\ 3 & 3 & 4 \\ 4 & 5 & 2 \end{pmatrix} \cdot \begin{pmatrix} 6 & 2 \\ 4 & 1 \\ 3 & 7 \end{pmatrix} \cdot e = \begin{pmatrix} 19 & 12 \\ 42 & 37 \\ 50 & 27 \end{pmatrix} \cdot \begin{pmatrix} e_1 \\ e_2 \end{pmatrix}$$

Für gegebene Mengen an Endprodukten ist es mittels dieser Gleichung nun möglich, die notwendigen Rohstoffmengen zu Beginn des Produktionsprozesses zu bestimmen. Sollen beispielsweise die Mengen $e = (3;4)^T$ hergestellt werden, dann werden dafür an Rohstoffen benötigt:

$$\begin{pmatrix} r_1 \\ r_2 \\ r_3 \end{pmatrix} = \begin{pmatrix} 19 & 12 \\ 42 & 37 \\ 50 & 27 \end{pmatrix} \cdot \begin{pmatrix} 3 \\ 4 \end{pmatrix} = \begin{pmatrix} 105 \\ 274 \\ 258 \end{pmatrix}$$

Sind auch hier die Preise $p_e = (200;250)^T$ und $p_r = (1;2;3)^T$ für die Endprodukte und die Einsatzfaktoren (Rohstoffe) gegeben, können die Gewinne berechnet werden:

$$\begin{aligned}
G &= \text{Erlöse} &&- \text{Kosten} \\
&= p_e^T \cdot e &&- p_r^T \cdot r \\
&= p_e^T \cdot e &&- p_r^T \cdot A \cdot B \cdot e \\
&= (200;250) \cdot \begin{pmatrix} 3 \\ 4 \end{pmatrix} &&- (1;2;3) \cdot \underbrace{\begin{pmatrix} 19 & 12 \\ 42 & 37 \\ 50 & 27 \end{pmatrix} \cdot \begin{pmatrix} 3 \\ 4 \end{pmatrix}}_{r\,=\,\text{Rohstoffbedarf}} \\
&= (200;250) \cdot \begin{pmatrix} 3 \\ 4 \end{pmatrix} &&- (1;2;3) \cdot \underbrace{\begin{pmatrix} 105 \\ 274 \\ 258 \end{pmatrix}}_{r\,=\,\text{Rohstoffbedarf}} \\
&= 1.600 &&- 1.427 \qquad = 173
\end{aligned}$$

Beispiel mit zwei Produktionssträngen

Falls die Rohstoffe nicht nur bei der Erstellung der Zwischenprodukte, sondern **zusätzlich** noch direkt bei der Endprodukterzeugung gemäß nachfolgender Bedarfsmatrix C benötigt werden, muss diese Charakteristik extra berücksichtigt werden (vgl. die Abbildung 3.3).

C:

	E_1	E_2
R_1	2	0
R_2	1	3
R_3	4	6

Abbildung 3.3 Beispiel Produktionsverflechtung mit 2 Produktionssträngen

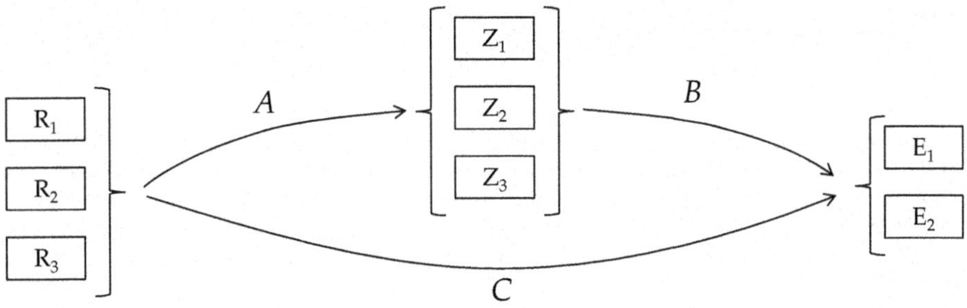

Der Bedarf an Rohstoffen ist jetzt die Summe aus dem Produktionsstrang über A und B mit dem Produktionsstrang über C, also:

$$r = A \cdot B \cdot e + C \cdot e = (A \cdot B + C) \cdot e$$

Wird auch die Gewinngleichung entsprechend erweitert, ergibt sich:

$$\begin{aligned}
G &= \text{Erlöse} - \text{Kosten} \\
&= p_e^T \cdot e - p_r^T \cdot (A \cdot B + C) \cdot e \\
&= (200; 250) \cdot \begin{pmatrix} 3 \\ 4 \end{pmatrix} - (1; 2; 3) \cdot \underbrace{\left[\begin{pmatrix} 2 & 1 & 1 \\ 3 & 3 & 4 \\ 4 & 5 & 2 \end{pmatrix} \cdot \begin{pmatrix} 6 & 2 \\ 4 & 1 \\ 3 & 7 \end{pmatrix} + \begin{pmatrix} 2 & 0 \\ 1 & 3 \\ 4 & 6 \end{pmatrix} \right] \cdot \begin{pmatrix} 3 \\ 4 \end{pmatrix}}_{r = \text{Rohstoffbedarf}} \\
&= (200; 250) \cdot \begin{pmatrix} 3 \\ 4 \end{pmatrix} - (1; 2; 3) \cdot \underbrace{\begin{pmatrix} 21 & 12 \\ 43 & 40 \\ 54 & 33 \end{pmatrix} \cdot \begin{pmatrix} 3 \\ 4 \end{pmatrix}}_{r = \text{Rohstoffbedarf}} \\
&= (200; 250) \cdot \begin{pmatrix} 3 \\ 4 \end{pmatrix} - (1; 2; 3) \cdot \underbrace{\begin{pmatrix} 111 \\ 289 \\ 294 \end{pmatrix}}_{r = \text{Rohstoffbedarf}} \\
&= 1.600 - 1.571 = 29
\end{aligned}$$

Aufgaben

3.8 Aus Rohstoffen R werden gemäß der nachfolgend gegebenen Bedarfsmatrix A die Zwischenprodukte Z und aus diesen mittels der Matrix B die Endprodukte E, für die die Mengen gegeben sind, hergestellt. Berechnen Sie mit den Preisen der Endprodukte p_e und den Preisen der Rohstoffe p_r die Gewinne.

(a) $A = \begin{pmatrix} 1 & 0 & 2 \\ 2 & 1 & 3 \\ 3 & 1 & 2 \end{pmatrix}; B = \begin{pmatrix} 1 & 2 \\ 2 & 1 \\ 0 & 3 \end{pmatrix}; e = \begin{pmatrix} 8 \\ 9 \end{pmatrix}; p_e = \begin{pmatrix} 80 \\ 90 \end{pmatrix}; p_r = \begin{pmatrix} 4 \\ 3 \\ 4 \end{pmatrix};$

(b) $A=\begin{pmatrix}2&0\\0&2\\2&1\\1&2\end{pmatrix}$; $B=\begin{pmatrix}2&0&2\\0&3&3\end{pmatrix}$; $e=\begin{pmatrix}4\\5\\6\end{pmatrix}$; $p_e=\begin{pmatrix}40\\35\\30\end{pmatrix}$; $p_r=\begin{pmatrix}2\\3\\2\\1\end{pmatrix}$;

(c) $A=\begin{pmatrix}1&3&2\\0&1&5\end{pmatrix}$; $B=\begin{pmatrix}2&0\\1&1\\0&2\end{pmatrix}$; $e=\begin{pmatrix}6\\7\end{pmatrix}$; $p_e=\begin{pmatrix}60\\60\end{pmatrix}$; $p_r=\begin{pmatrix}4\\5\end{pmatrix}$.

3.9 Jetzt werden aus den Rohstoffen R mittels der nachfolgend gegebenen Bedarfsmatrix A die Vorprodukte V, dann aus diesen mittels der Bedarfsmatrix B die Mittelprodukte M, anschließend hieraus mittels der Bedarfsmatrix C die Zwischenprodukte Z und abschließend aus diesen mittels der Bedarfsmatrix D die Endprodukte E erzeugt.

$$R \overset{A}{\to} V \overset{B}{\to} M \overset{C}{\to} Z \overset{D}{\to} E$$

Berechnen Sie mit den Preisen der Endprodukte und der Rohstoffe p_e und p_r die Gewinne.

(a) $A=\begin{pmatrix}1&2\\2&1\end{pmatrix}$; $B=\begin{pmatrix}1&2&0\\2&0&3\end{pmatrix}$; $C=\begin{pmatrix}1&2\\2&1\\1&3\end{pmatrix}$; $D=\begin{pmatrix}1&3&4\\2&2&3\end{pmatrix}$; $e=\begin{pmatrix}2\\1\\3\end{pmatrix}$; $p_e=\begin{pmatrix}500\\300\\400\end{pmatrix}$; $p_r=\begin{pmatrix}1\\3\end{pmatrix}$;

(b) $A=(2;3;3;2)$; $B=\begin{pmatrix}1&0\\2&1\\0&2\\1&1\end{pmatrix}$; $C=\begin{pmatrix}2&3\\2&2\end{pmatrix}$; $D=\begin{pmatrix}2\\3\end{pmatrix}$; $e=4$; $p_e=250$; $p_r=1$.

3.10 Nun werden zur Herstellung der Endprodukte zwei Produktionsstränge benötigt. Einerseits werden aus den Rohstoffen R mittels der Bedarfsmatrix A die Vorprodukte V und dann aus diesen mittels der Bedarfsmatrix B die Endprodukte E hergestellt. Gleichzeitig ist ein zweiter Produktionsstrang notwendig, in dem zuerst aus den Rohstoffen Zwischenprodukte Z mittels C und dann aus diesen Zwischenprodukten die Endprodukte E mittels D gefertigt werden.

$$R \overset{A}{\to} V \overset{B}{\to} E \text{ und } R \overset{C}{\to} Z \overset{D}{\to} E.$$

Berechnen Sie mit den Preisen der Endprodukte und der Rohstoffe p_e und p_r die Gewinne.

(a) $A=\begin{pmatrix}1&2&0&2\\2&1&3&1\end{pmatrix}$; $B=\begin{pmatrix}2&0\\0&2\\0&1\\1&3\end{pmatrix}$; $C=\begin{pmatrix}3&3&1\\2&3&4\end{pmatrix}$; $D=\begin{pmatrix}1&3\\2&4\\1&1\end{pmatrix}$; $e=\begin{pmatrix}6\\4\end{pmatrix}$; $p_e=\begin{pmatrix}160\\150\end{pmatrix}$;
$p_r=\begin{pmatrix}4\\3\end{pmatrix}$;

(b) $A=\begin{pmatrix}1&2&0\\1&0&2\\2&2&1\end{pmatrix}$; $B=\begin{pmatrix}2&1\\2&0\\1&2\end{pmatrix}$; $C=\begin{pmatrix}4&9\\6&5\\1&6\end{pmatrix}$; $D=\begin{pmatrix}1&0\\0&1\end{pmatrix}$; $e=\begin{pmatrix}5\\5\end{pmatrix}$; $p_e=\begin{pmatrix}70\\50\end{pmatrix}$; $p_r=\begin{pmatrix}1\\2\\3\end{pmatrix}$.

Lösungen

3.8 (a) $A\cdot B=\begin{pmatrix}1&8\\4&14\\5&13\end{pmatrix}$; $r=A\cdot B\cdot e=\begin{pmatrix}80\\158\\157\end{pmatrix}$; $G=p_e^T\cdot e-p_r^T\cdot r=1.450-1.422=28$;

(b) $A\cdot B=\begin{pmatrix}4&0&4\\0&6&6\\4&3&7\\2&6&8\end{pmatrix}$; $r=A\cdot B\cdot e=\begin{pmatrix}40\\66\\73\\86\end{pmatrix}$; $G=p_e^T\cdot e-p_r^T\cdot r=515-510=5$;

(c) $A\cdot B=\begin{pmatrix}5&7\\1&11\end{pmatrix}$; $r=A\cdot B\cdot e=\begin{pmatrix}79\\83\end{pmatrix}$; $G=p_e^T\cdot e-p_r^T\cdot r=780-731=49$.

3.9 (a) $A \cdot B = \begin{pmatrix} 5 & 2 & 6 \\ 4 & 4 & 3 \end{pmatrix}$; $A \cdot B \cdot C = \begin{pmatrix} 15 & 30 \\ 15 & 21 \end{pmatrix}$; $A \cdot B \cdot C \cdot D = \begin{pmatrix} 75 & 105 & 150 \\ 57 & 87 & 123 \end{pmatrix}$;

$r = A \cdot B \cdot C \cdot D \cdot e = \begin{pmatrix} 705 \\ 570 \end{pmatrix}$; $G = p_e^T \cdot e - p_r^T \cdot r = 2.500 - 2.415 = 85$;

(b) $A \cdot B = (10; 11)$; $A \cdot B \cdot C = (42; 52)$; $A \cdot B \cdot C \cdot D = 240$; $R = A \cdot B \cdot C \cdot D \cdot e = 960$;
$G = p_e \cdot e - p_r \cdot r = 1.000 - 960 = 40$.

3.10 (a) $r = (A \cdot B + C \cdot D) \cdot e = \left[\begin{pmatrix} 4 & 10 \\ 5 & 8 \end{pmatrix} + \begin{pmatrix} 10 & 22 \\ 12 & 22 \end{pmatrix}\right] \cdot \begin{pmatrix} 6 \\ 4 \end{pmatrix} = \begin{pmatrix} 14 & 32 \\ 17 & 30 \end{pmatrix} \cdot \begin{pmatrix} 6 \\ 4 \end{pmatrix} = \begin{pmatrix} 212 \\ 222 \end{pmatrix}$;
$G = p_e^T \cdot e - p_r^T \cdot r = 1.560 - 1.514 = 46$;

(b) $r = (A \cdot B + C \cdot D) \cdot e = \left[\begin{pmatrix} 6 & 1 \\ 4 & 5 \\ 9 & 4 \end{pmatrix} + \begin{pmatrix} 4 & 9 \\ 6 & 5 \\ 1 & 6 \end{pmatrix}\right] \cdot \begin{pmatrix} 5 \\ 5 \end{pmatrix} = \begin{pmatrix} 10 & 10 \\ 10 & 10 \\ 10 & 10 \end{pmatrix} \cdot \begin{pmatrix} 5 \\ 5 \end{pmatrix} = \begin{pmatrix} 100 \\ 100 \\ 100 \end{pmatrix}$;
$G = p_e^T \cdot e - p_r^T \cdot r = 600 - 600 = 0$.

3.3.2 Das Leontief-Modell

Die bisher betrachteten und analysierten Produktionsverfahren zeichnen sich durch eine hierarchische Nutzung der Rohstoffe, Vor- und Zwischenprodukte aus. Die auf jeder Produktionsebene verwendeten Einsatzfaktoren werden auf einer vorgelagerten Produktionsebene produziert. Anschaulich drückt sich diese Produktionsverflechtung durch Verwendungspfeile aus, die immer nur in eine Richtung zeigen (vgl. die Abbildungen 3.2 und 3.3).

Das **Leontief-Modell** (nach dem russisch-amerikanischen Ökonomen Wassily Leontief) ist in seiner einfachsten Ausgestaltung ein Beispiel für eine wechselseitige Produktionsverflechtung, das heißt, jetzt werden auch Leistungsbeziehungen innerhalb derselben Produktionsebene abgebildet. Beispielhaft wird hierfür das sogenannte **Bergwerksproblem** vorgestellt und aufbauend auf dieser Analyse eine verallgemeinerte Systematik zur Behandlung entsprechender Fragestellungen abgeleitet.

Abbildung 3.4 Das Bergwerksproblem

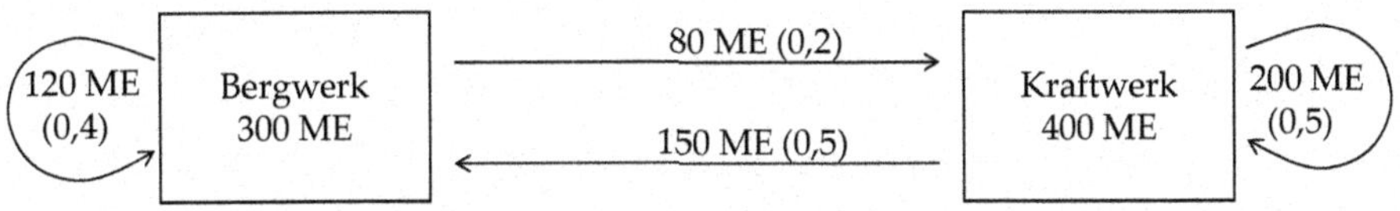

Die Abbildung 3.4 veranschaulicht, dass ein Bergwerk 300 Mengeneinheiten (ME) und ein Kraftwerk 400 ME produziert. Von den 300 produzierten ME des Bergwerks werden 120 ME für den Eigenbedarf verwendet, während weitere 80 ME an das Kraftwerk geliefert werden. Insgesamt bleiben dann noch 100 ME übrig, die in den Endverbrauch gehen können. Für das Kraftwerk sehen die Leistungen etwas anders aus. 200 ME werden für den Eigenverbrauch und 150 ME vom Bergwerk benötigt. Insgesamt verbleiben damit für den Endverbrauch 50 ME. Diese graphische Darstellung der internen Verflechtung wird auch **Gozintograph** genannt.

Die Zahlen in den Klammern beschreiben die **erforderlichen Mengen pro produzierter Einheit (Inputkoeffizienten)**. Pro produzierter Mengeneinheit benötigt das Kraftwerk 0,2 Einheiten vom Bergwerk, bei 400 produzierten Einheiten also 80 Einheiten. Das Bergwerk hingegen benötigt pro selbst produzierter Einheit 0,4 ME des eigenen Produkts als Eigenbedarf.

Nehmen wir nun genau diese erforderlichen Mengen pro produzierter Einheit und sortieren diese Zahlen in eine Tabelle (Matrix), deren Zeilen die Herkunft und deren Spalten das Ziel der entsprechenden Einheiten beinhalten:

A:

	Bergwerk	Kraftwerk
Bergwerk	0,4	0,2
Kraftwerk	0,5	0,5

Mit dieser Matrix A ist es nun möglich, durch Multiplikation mit den insgesamt produzierten Einheiten $x = \begin{pmatrix} x_1 \\ x_2 \end{pmatrix} = \begin{pmatrix} 300 \\ 400 \end{pmatrix}$ den internen Verbrauch für die produzierten Gesamtmengen zu berechnen:

$$A \cdot x = \begin{pmatrix} 0{,}4 & 0{,}2 \\ 0{,}5 & 0{,}5 \end{pmatrix} \cdot \begin{pmatrix} 300 \\ 400 \end{pmatrix} = \begin{pmatrix} 0{,}4 \cdot 300 + 0{,}2 \cdot 400 \\ 0{,}5 \cdot 300 + 0{,}5 \cdot 400 \end{pmatrix} = \begin{pmatrix} 120 + 80 \\ 150 + 200 \end{pmatrix} = \begin{pmatrix} 200 \\ 350 \end{pmatrix}$$

Die Matrix A wird als **Direktverbrauchsmatrix** bezeichnet. Wie der Name schon sagt, beschreibt die Direktverbrauchsmatrix die erforderlichen Einsatzmengen pro produzierter Einheit. Multipliziert man diese Direktverbrauchsmatrix A mit den Gesamtmengen x, so ergibt $A \cdot x$ die im internen Verbrauch benötigten Mengen.

Fassen wir einmal kurz zusammen: Der Vektor x beschreibt die Gesamtmengen, die das Bergwerk und Kraftwerk, oder allgemein die Sektoren oder Abteilungen, produzieren. Multipliziert mit der Direktverbrauchsmatrix ergibt sich der interne Verbrauch $A \cdot x$.

Zieht man nun von der Gesamtmenge x den internen Verbrauch Ax ab, ergibt sich der Mengenvektor $y = (y_1; y_2)^T$, der beschreibt, welche Mengen in den Endverbrauch gehen können. Zusammen mit den Zahlen unseres Beispiels und einer einfachen Umformung ergibt sich mit derjenigen Einheitsmatrix E, die der Größe von A entspricht:

$$\begin{aligned} y &= x - A \cdot x \\ &= E \cdot x - A \cdot x = (E - A) \cdot x \\ &= \left[\begin{pmatrix} 1 & 0 \\ 0 & 1 \end{pmatrix} - \begin{pmatrix} 0{,}4 & 0{,}2 \\ 0{,}5 & 0{,}5 \end{pmatrix} \right] \cdot \begin{pmatrix} 300 \\ 400 \end{pmatrix} \\ &= \begin{pmatrix} 0{,}6 & -0{,}2 \\ -0{,}5 & 0{,}5 \end{pmatrix} \cdot \begin{pmatrix} 300 \\ 400 \end{pmatrix} \\ &= \begin{pmatrix} 100 \\ 50 \end{pmatrix} \end{aligned}$$

Verallgemeinert können wir die Produktionsverflechtung also folgendermaßen zusammenfassen:

$$\underbrace{A \cdot x}_{\text{Sekundärbedarf}} + \underbrace{y}_{\text{Primärbedarf}} = \underbrace{x}_{\text{Gesamtbedarf}}$$

Der **Gesamtbedarf** an Produktionsmengen der Sektoren oder Abteilungen setzt sich zusammen aus dem internen Verbrauch, dem sogenannten **Sekundärbedarf**, und dem Endverbrauch, dem sogenannten **Primärbedarf**. Wird diese Gleichung nach y aufgelöst, ergibt sich wie im obigen Beispiel die Variante, dass aus dem gegebenen Abteilungsoutput x der Primärbedarf ausgerechnet werden kann:

$$y = (E - A) \cdot x$$

Häufig sind jedoch nicht die Produktionsmengen x der Sektoren oder Abteilungen bekannt, sondern es wird beispielsweise vom Vertrieb eine Anforderung an die Produktion gestellt, eine bestimmte Menge an Primärbedarf y für den Endverkauf herzustellen. Rechnerisch bedeutet das, dass der Vektor y gegeben ist und der Gesamtbedarf hieraus abgeleitet werden muss. Die obige Gleichung kann dazu mit Hilfe der Inversen von $E - A$, mit der auf beiden Seiten von links multipliziert wird, nach x aufgelöst werden:

$$\begin{aligned} y &= (E - A) \cdot x \\ (E - A)^{-1} \cdot y &= (E - A)^{-1} \cdot (E - A) \cdot x \\ (E - A)^{-1} \cdot y &= E \cdot x \\ (E - A)^{-1} \cdot y &= x \end{aligned}$$

Greifen wir zur Veranschaulichung noch einmal auf unser Beispiel zurück. Um für einen gegebenen Primärbedarf y den Gesamtbedarf x zu berechnen, muss gemäß der gerade abgeleiteten Gleichung die Inverse $(E - A)^{-1}$ berechnet werden. Dies kann zum Beispiel mit dem bereits vorgestellten Gaußverfahren erfolgen. Dann kann damit für beliebige Mengen des Primärbedarfs y der erforderliche Gesamtbedarf x berechnet werden. Die Matrix $(E - A)^{-1}$ wird aus diesen Gründen auch **Gesamtbedarfsmatrix** genannt.

Soll zum Beispiel der Primärbedarf von $y = \begin{pmatrix} 50 \\ 60 \end{pmatrix}$ hergestellt werden, dann wird dafür folgender Gesamtbedarf benötigt:

$$x = (E - A)^{-1} \cdot y = \begin{pmatrix} 2{,}5 & 1 \\ 2{,}5 & 3 \end{pmatrix} \cdot \begin{pmatrix} 50 \\ 60 \end{pmatrix} = \begin{pmatrix} 185 \\ 305 \end{pmatrix}$$

Sei y der Vektor des Primärbedarfs, x der Vektor des Gesamtbedarfs und A die **Direktverbrauchsmatrix**. Dann lautet die **Gesamtbedarfsmatrix** $(E - A)^{-1}$. Der mögliche Konsum (Primärbedarf) bei einer Produktion (Gesamtbedarf) in Höhe von x ist:

$$y = (E - A) \cdot x$$

Die erforderliche Produktion (Gesamtbedarf) zum Konsum (Primärbedarf) von y ist:

$$x = (E - A)^{-1} \cdot y$$

Beispiel

Betrachten wir den nachfolgenden Gozintographen, dessen Zahlen an den Pfeilen die zu liefernden Einheiten der entsprechenden Abteilung zur Produktion einer Zieleinheit darstellen. Die rechtsseitige Tabelle beschreibt die zugehörige Direktverbrauchsmatrix A.

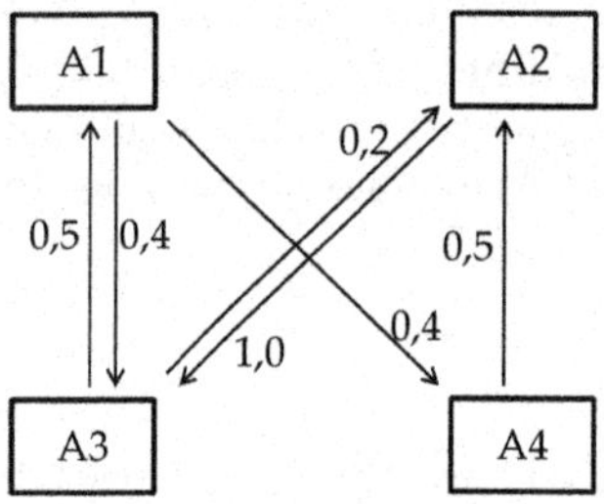

		A_1	A_2	A_3	A_4
	A_1	0	0	0,4	0,4
A:	A_2	0	0	1	0
	A_3	0,5	0,2	0	0
	A_4	0	0,5	0	0

Angenommen, die Abteilungen A_1 bis A_4 produzieren die Mengen $x = (50; 50; 40; 30)^T$. Wie viele Mengeneinheiten können hiervon als Primärverbrauch verwendet werden? Zur Beantwortung dieser Frage ist es notwendig, in einem ersten Schritt die Matrix $E - A$ zu berechnen, um diese anschließend mit x zu multiplizieren:

$$\begin{aligned} y &= (E - A) \cdot x \\ &= \left[\begin{pmatrix} 1 & 0 & 0 & 0 \\ 0 & 1 & 0 & 0 \\ 0 & 0 & 1 & 0 \\ 0 & 0 & 0 & 1 \end{pmatrix} - \begin{pmatrix} 0 & 0 & 0{,}4 & 0{,}4 \\ 0 & 0 & 1 & 0 \\ 0{,}5 & 0{,}2 & 0 & 0 \\ 0 & 0{,}5 & 0 & 0 \end{pmatrix} \right] \cdot \begin{pmatrix} 50 \\ 50 \\ 40 \\ 30 \end{pmatrix} \\ &= \begin{pmatrix} 1 & 0 & -0{,}4 & -0{,}4 \\ 0 & 1 & -1 & 0 \\ -0{,}5 & -0{,}2 & 1 & 0 \\ 0 & -0{,}5 & 0 & 1 \end{pmatrix} \cdot \begin{pmatrix} 50 \\ 50 \\ 40 \\ 30 \end{pmatrix} = \begin{pmatrix} 22 \\ 10 \\ 5 \\ 5 \end{pmatrix} \end{aligned}$$

Sofern der Primärbedarf vorgegeben ist, also zum Beispiel $y = (20; 20; 20; 20)^T$, stellt sich die Frage, wie viel die einzelnen Abteilungen produzieren müssen. Hierzu ist es notwendig, in einem ersten Schritt die Inverse von $E - A$ zu berechnen (zum Beispiel mit dem Gaußverfahren), um diese dann mit y zu multiplizieren:

$$x = (E - A)^{-1} \cdot y = \begin{pmatrix} 1{,}6 & 0{,}56 & 1{,}2 & 0{,}64 \\ 1 & 1{,}6 & 2 & 0{,}4 \\ 1 & 0{,}6 & 2 & 0{,}4 \\ 0{,}5 & 0{,}8 & 1 & 1{,}2 \end{pmatrix} \cdot \begin{pmatrix} 20 \\ 20 \\ 20 \\ 20 \end{pmatrix} = \begin{pmatrix} 80 \\ 100 \\ 80 \\ 70 \end{pmatrix}$$

Aufgaben

3.11 In den folgenden Aufgaben ist die Produktionsverflechtung mittels eines Gozintographen gegeben. Die Zahlen an allen Pfeilen zwischen den Abteilungen beschreiben den Verbrauch pro produzierter Abteilungseinheit. Berechnen Sie jeweils (1) für den gegebenen Gesamtbedarf x den Primärbedarf y und (2) für den gegebenen Primärbedarf y den Gesamtbedarf x.

(a) 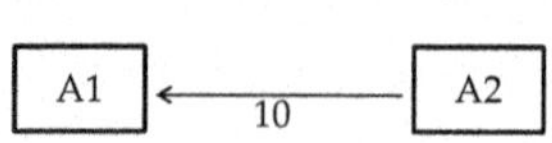

(1) $x = \begin{pmatrix} 2 \\ 23 \end{pmatrix}$; (2) $y = \begin{pmatrix} 4 \\ 5 \end{pmatrix}$;

(b) 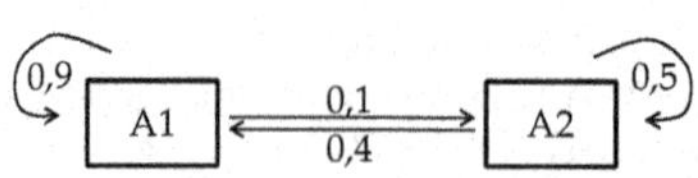

(1) $x = \begin{pmatrix} 220 \\ 200 \end{pmatrix}$; (2) $y = \begin{pmatrix} 3 \\ 2 \end{pmatrix}$;

(c) 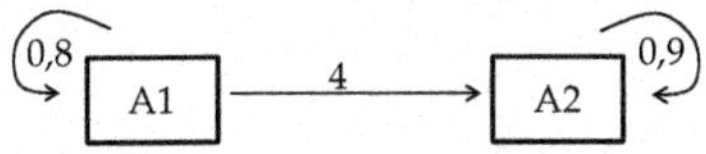

(1) $x = \begin{pmatrix} 210 \\ 10 \end{pmatrix}$; (2) $y = \begin{pmatrix} 9 \\ 2 \end{pmatrix}$;

(d) 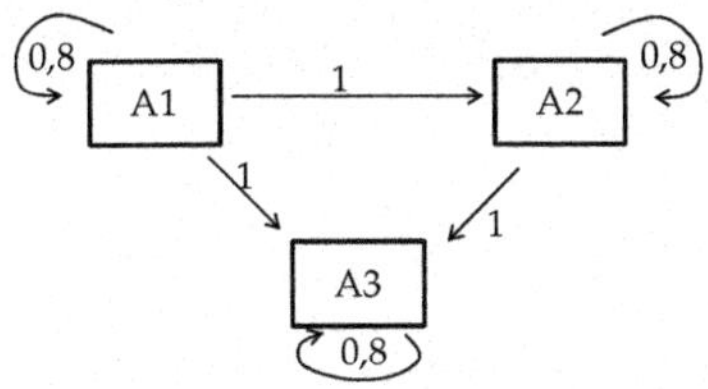

(1) $x = \begin{pmatrix} 230 \\ 40 \\ 5 \end{pmatrix}$; (2) $y = \begin{pmatrix} 2 \\ 5 \\ 4 \end{pmatrix}$;

(e) 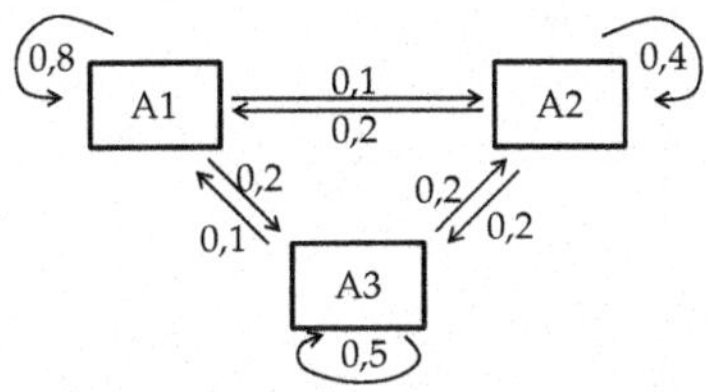

(1) $x = \begin{pmatrix} 70 \\ 40 \\ 40 \end{pmatrix}$; (2) $y = \begin{pmatrix} 2 \\ 4 \\ 4 \end{pmatrix}$;

(f) 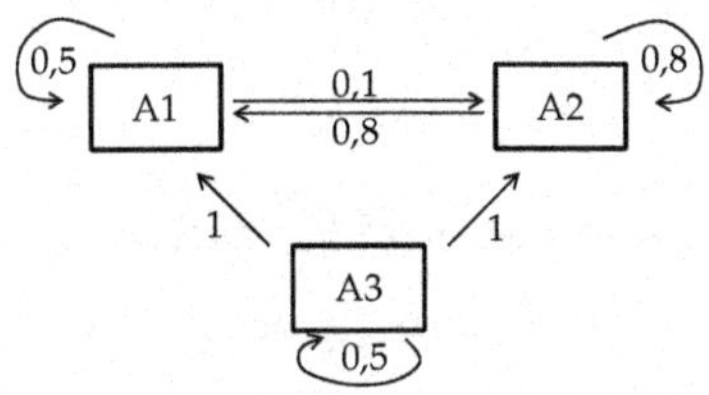

(1) $x = \begin{pmatrix} 20 \\ 90 \\ 226 \end{pmatrix}$; (2) $y = \begin{pmatrix} 2 \\ 2 \\ 4 \end{pmatrix}$;

(g) 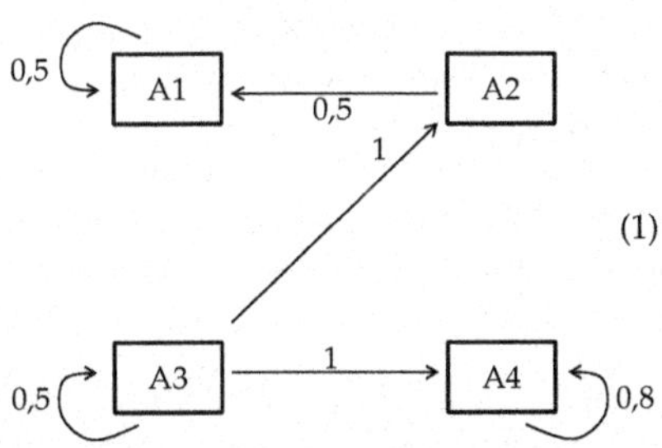

(1) $x = \begin{pmatrix} 2 \\ 3 \\ 20 \\ 5 \end{pmatrix}$; (2) $y = \begin{pmatrix} 4 \\ 3 \\ 2 \\ 3 \end{pmatrix}$;

(h) 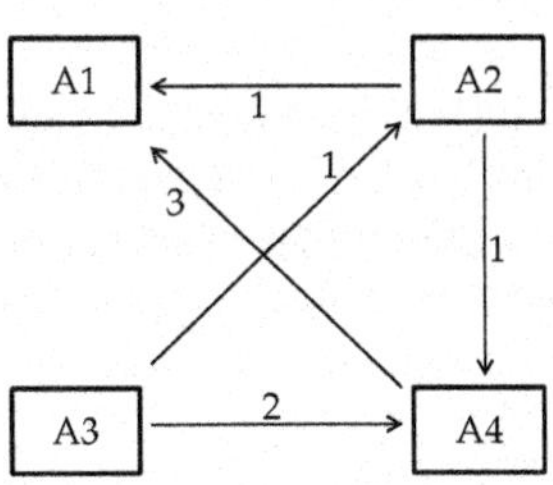

(1) $x = \begin{pmatrix} 1 \\ 8 \\ 25 \\ 5 \end{pmatrix}$; (2) $y = \begin{pmatrix} 2 \\ 3 \\ 4 \\ 5 \end{pmatrix}$.

Lösungen

3.11 (a) $E - A = \begin{pmatrix} 1 & 0 \\ -10 & 1 \end{pmatrix}$; $(E-A)^{-1} = \begin{pmatrix} 1 & 0 \\ 10 & 1 \end{pmatrix}$; (1) $y = \begin{pmatrix} 2 \\ 3 \end{pmatrix}$; (2) $x = \begin{pmatrix} 4 \\ 45 \end{pmatrix}$;

(b) $E - A = \begin{pmatrix} 0{,}1 & -0{,}1 \\ -0{,}4 & 0{,}5 \end{pmatrix}$; $(E-A)^{-1} = \begin{pmatrix} 50 & 10 \\ 40 & 10 \end{pmatrix}$; (1) $y = \begin{pmatrix} 2 \\ 12 \end{pmatrix}$; (2) $x = \begin{pmatrix} 170 \\ 140 \end{pmatrix}$;

(c) $E - A = \begin{pmatrix} 0{,}2 & -4 \\ 0 & 0{,}1 \end{pmatrix}$; $(E - A)^{-1} = \begin{pmatrix} 5 & 200 \\ 0 & 10 \end{pmatrix}$; (1) $y = \begin{pmatrix} 2 \\ 1 \end{pmatrix}$; (2) $x = \begin{pmatrix} 445 \\ 20 \end{pmatrix}$;

(d) $E - A = \begin{pmatrix} 0{,}2 & -1 & -1 \\ 0 & 0{,}2 & -1 \\ 0 & 0 & 0{,}2 \end{pmatrix}$; $(E - A)^{-1} = \begin{pmatrix} 5 & 25 & 150 \\ 0 & 5 & 25 \\ 0 & 0 & 5 \end{pmatrix}$; (1) $y = \begin{pmatrix} 1 \\ 3 \\ 1 \end{pmatrix}$; (2) $x = \begin{pmatrix} 735 \\ 125 \\ 20 \end{pmatrix}$;

(e) $E - A = \begin{pmatrix} 0{,}2 & -0{,}1 & -0{,}2 \\ -0{,}2 & 0{,}6 & -0{,}2 \\ -0{,}1 & -0{,}2 & 0{,}5 \end{pmatrix}$; $(E - A)^{-1} = \begin{pmatrix} 13 & 4{,}5 & 7 \\ 6 & 4 & 4 \\ 5 & 2{,}5 & 5 \end{pmatrix}$; (1) $y = \begin{pmatrix} 2 \\ 2 \\ 5 \end{pmatrix}$; (2) $x = \begin{pmatrix} 72 \\ 44 \\ 40 \end{pmatrix}$;

(f) $E - A = \begin{pmatrix} 0{,}5 & -0{,}1 & 0 \\ -0{,}8 & 0{,}2 & 0 \\ -1 & -1 & 0{,}5 \end{pmatrix}$; $(E - A)^{-1} = \begin{pmatrix} 10 & 5 & 0 \\ 40 & 25 & 0 \\ 100 & 60 & 2 \end{pmatrix}$; (1) $y = \begin{pmatrix} 1 \\ 2 \\ 3 \end{pmatrix}$; (2) $x = \begin{pmatrix} 30 \\ 130 \\ 328 \end{pmatrix}$;

(g) $E - A = \begin{pmatrix} 0{,}5 & 0 & 0 & 0 \\ -0{,}5 & 1 & 0 & 0 \\ 0 & -1 & 0{,}5 & -1 \\ 0 & 0 & 0 & 0{,}2 \end{pmatrix}$; $(E - A)^{-1} = \begin{pmatrix} 2 & 0 & 0 & 0 \\ 1 & 1 & 0 & 0 \\ 2 & 2 & 2 & 10 \\ 0 & 0 & 0 & 5 \end{pmatrix}$; (1) $y = \begin{pmatrix} 1 \\ 2 \\ 2 \\ 1 \end{pmatrix}$; (2) $x = \begin{pmatrix} 8 \\ 7 \\ 48 \\ 15 \end{pmatrix}$;

(h) $E - A = \begin{pmatrix} 1 & 0 & 0 & 0 \\ -1 & 1 & 0 & -1 \\ 0 & -1 & 1 & -2 \\ -3 & 0 & 0 & 1 \end{pmatrix}$; $(E - A)^{-1} = \begin{pmatrix} 1 & 0 & 0 & 0 \\ 4 & 1 & 0 & 1 \\ 10 & 1 & 1 & 3 \\ 3 & 0 & 0 & 1 \end{pmatrix}$; (1) $y = \begin{pmatrix} 1 \\ 2 \\ 7 \\ 2 \end{pmatrix}$; (2) $x = \begin{pmatrix} 2 \\ 16 \\ 42 \\ 11 \end{pmatrix}$;

3.3.3 Lineare Produktionsprozesse und das Leontief-Modell

Im Abschnitt 3.3.1 ist beispielhaft ein mehrstufiger Produktionsprozess vorgestellt worden, bei dem aus 3 Rohstoffen R zuerst 3 Zwischenprodukte Z und anschließend 2 Endprodukte E hergestellt wurden. Mit der Matrix A, die den Herstellungsprozess der Zwischenprodukte aus den Rohstoffen beschreibt, und der Matrix B, die den Produktionsprozess der Endprodukte aus den Zwischenprodukten darstellt, gilt folgende Beziehung:

$$r = A \cdot B \cdot e = \begin{pmatrix} 2 & 1 & 1 \\ 3 & 3 & 4 \\ 4 & 5 & 2 \end{pmatrix} \cdot \begin{pmatrix} 6 & 2 \\ 4 & 1 \\ 3 & 7 \end{pmatrix} \cdot \begin{pmatrix} e_1 \\ e_2 \end{pmatrix}$$

Mit dieser Beziehung ist es möglich, für gegebene Endproduktmengen e_1 und e_2 (Primärbedarf) den Rohstoffbedarf zu berechnen. Allerdings kann diese Berechnungsmethode keine internen Produktionsverflechtungen abbilden.

Die Herangehensweise des Leontief-Modells kann dieses Defizit elegant ausgleichen, allerdings um den Preis von recht großen Matrizen. Insgesamt werden in diesem mehrstufigen Produktionsprozess 8 verschiedene Produkte hergestellt beziehungsweise benötigt. Für diese 8 Produkte sieht die Direktverbrauchsmatrix folgendermaßen aus:

	R_1	R_2	R_3	Z_1	Z_2	Z_3	E_1	E_2
R_1	0	0	0	2	1	1	0	0
R_2	0	0	0	3	3	4	0	0
R_3	0	0	0	4	5	2	0	0
Z_1	0	0	0	0	0	0	6	2
Z_2	0	0	0	0	0	0	4	1
Z_3	0	0	0	0	0	0	3	7
E_1	0	0	0	0	0	0	0	0
E_2	0	0	0	0	0	0	0	0

Um keine Verwechslungen mit der Verflechtungsmatrix zu erhalten, nennen wir diese Direktverbrauchsmatrix nun D. Mit der Einheitsmatrix der entsprechenden Größe und der inversen Gesamtbedarfsmatrix $(E - D)^{-1}$ erhalten wir folgende Beziehung aus dem Leontief-Modell:

$$x = (E - D)^{-1} \cdot y$$

Zu beachten ist jetzt, dass der Gesamtverbrauch x alle oben genannten 8 Produkte enthält, also die Rohstoffe, Zwischen- und Endprodukte. Die Berechnung der Inversen Gesamtverbrauchsmatrix $(E - D)^{-1}$ ist angesichts der Größe eine sehr große manuelle Herausforderung, die in der Praxis aber einfach mit der EDV (zum Beispiel Tabellenkalkulationsprogrammen) erledigt werden kann. Was die Fragestellung hier ebenfalls angenehmer macht, ist die Tatsache, dass die Matrix recht dünn besetzt ist (also viele Nullen enthält), so dass nicht so viele Rechenschritte erforderlich sind. Mit der inversen Gesamtverbrauchsmatrix und dem Primärverbrauchsvektor y ergibt sich das schon im Abschnitt 3.3.1 auf der Seite 102 angegebene Ergebnis:

$$x = (E - D)^{-1} \cdot y = \begin{pmatrix} 1 & 0 & 0 & 2 & 1 & 1 & 19 & 12 \\ 0 & 1 & 0 & 3 & 3 & 4 & 42 & 37 \\ 0 & 0 & 1 & 4 & 5 & 2 & 50 & 27 \\ 0 & 0 & 0 & 1 & 0 & 0 & 6 & 2 \\ 0 & 0 & 0 & 0 & 1 & 0 & 4 & 1 \\ 0 & 0 & 0 & 0 & 0 & 1 & 3 & 7 \\ 0 & 0 & 0 & 0 & 0 & 0 & 1 & 0 \\ 0 & 0 & 0 & 0 & 0 & 0 & 0 & 1 \end{pmatrix} \cdot \begin{pmatrix} 0 \\ 0 \\ 0 \\ 0 \\ 0 \\ 0 \\ 3 \\ 4 \end{pmatrix} = \begin{pmatrix} 105 \\ 274 \\ 258 \\ 26 \\ 16 \\ 37 \\ 3 \\ 4 \end{pmatrix}$$

Der Gesamtbedarfsvektor x beschreibt jetzt in seinen ersten Komponenten die notwendigen Rohstoffmengen $r_1 = 105$, $r_2 = 274$, $r_3 = 258$, die zur Herstellung des Primärbedarfs $e_1 = 3$ und $e_2 = 4$ notwendig sind. Im Rahmen des Produktionsprozesses werden die Mengen $z_1 = 26$, $z_2 = 16$ und $z_3 = 37$ an Zwischenprodukten hergestellt.

Beispiel

Betrachten wir zur weiteren Veranschaulichung folgendes Beispiel, bei dem jetzt auch innerbetriebliche Verflechtungen berücksichtigt werden. Der folgende Gozintograph beschreibt die Produktionsverflechtung, aus der die nebenstehende Direktbedarfsmatrix D abgeleitet wird:

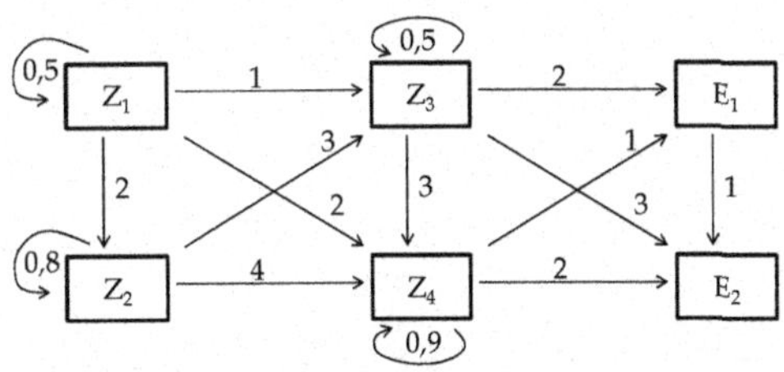

	Z_1	Z_2	Z_3	Z_4	E_1	E_2
Z_1	0,5	2	1	2	0	0
Z_2	0	0,8	3	4	0	0
Z_3	0	0	0,5	3	2	3
Z_4	0	0	0	0,9	1	2
E_1	0	0	0	0	0	1
E_2	0	0	0	0	0	0

Deutlich erkennbar ist hier der erhebliche innerbetriebliche Eigenbedarf an den sogenannten Zwischenprodukten Z_1 bis Z_4. Beispielsweise benötigt z_1 pro produzierter Einheit 0,5 Einheiten Eigenbedarf. Um eine Einheit für die Weiterverwendung herzustellen, müssen also 2 Einheiten produziert werden. Für z_4 ist das Verhältnis sogar noch extremer, um eine Einheit für die Weiterverwendung zu produzieren, müssen 10 Einheiten produziert werden.

Begrifflich verwenden wir hier nur *Zwischenprodukte*, da sogar die Produktion von Z_1 einen Eigenbedarf von 0,5 Einheiten pro produzierter Einheit erfordert. Manchmal werden die Produkte und Dienstleistungen auf dieser ersten Produktionsebene auch Rohstoffe genannt. Diese Benennung kann aber zu Missverständnissen führen, da Rohstoffe aus praktischer Perspektive keine Einsatzfaktoren für sich selber oder andere Rohstoffe darstellen.

Zur Beantwortung der Frage, wie viele Einheiten z_1 bis z_4 zur Herstellung von $e = (e_1; e_2) = (2; 3)$ Einheiten des Primärbedarfs produziert werden müssen, ist die Gesamtbedarfsmatrix $(E - D)^{-1}$ zu berechnen. Wird diese mit dem Primärbedarfsvektor multipliziert, ergibt sich der Gesamtbedarf:

$$x = (E - D)^{-1} \cdot y = \begin{pmatrix} 2 & 20 & 124 & 4.560 & 4.808 & 14.300 \\ 0 & 5 & 30 & 1.100 & 1.160 & 3.450 \\ 0 & 0 & 2 & 60 & 64 & 190 \\ 0 & 0 & 0 & 10 & 10 & 30 \\ 0 & 0 & 0 & 0 & 1 & 1 \\ 0 & 0 & 0 & 0 & 0 & 1 \end{pmatrix} \cdot \begin{pmatrix} 0 \\ 0 \\ 0 \\ 0 \\ 2 \\ 3 \end{pmatrix} = \begin{pmatrix} 52.516 \\ 12.670 \\ 698 \\ 110 \\ 5 \\ 3 \end{pmatrix}$$

Insgesamt werden also 52.516 Einheiten von Z_1, die wiederum für die Produktion von Z_2 bis Z_4 verwendet werden, benötigt, um 5 Einheiten von E_1 und 3 Einheiten von E_2 herzustellen. Da die Produktion von E_2 auch noch Inputeinheiten von E_1 benötigt, kann letztlich nur $e_1 = 2$ und $e_2 = 3$ als Primärbedarf verwendet werden.

Aufgaben

3.12 Berechnen Sie in den folgenden Aufgaben den Gesamtbedarfsvektor, das heißt den Bedarf an Z zur Herstellung der in der Box angegebenen Mengen von E.

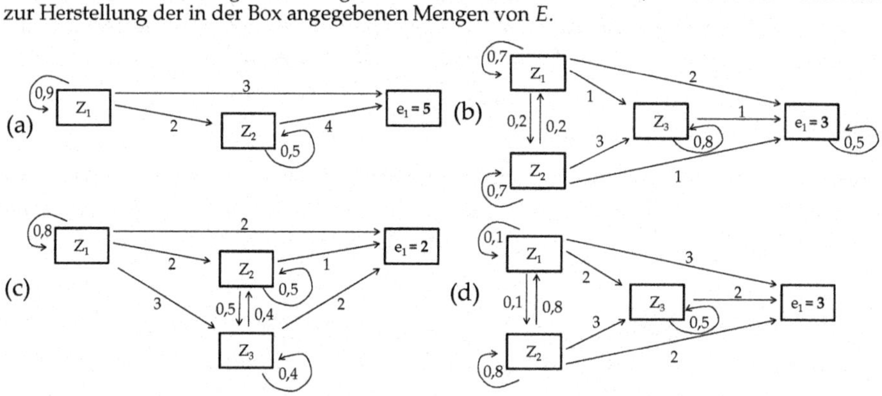

Lösungen

3.12 (a) $E - D = \begin{pmatrix} 0{,}1 & -2 & -3 \\ 0 & 0{,}5 & -4 \\ 0 & 0 & 1 \end{pmatrix}$; $(E - A)^{-1} = \begin{pmatrix} 10 & 40 & 190 \\ 0 & 2 & 8 \\ 0 & 0 & 1 \end{pmatrix}$; $x = \begin{pmatrix} z_1 \\ z_2 \\ e_1 \end{pmatrix} = \begin{pmatrix} 950 \\ 40 \\ 5 \end{pmatrix}$;

(b) $E - D = \begin{pmatrix} 0{,}3 & -0{,}2 & -1 & -2 \\ -0{,}2 & 0{,}3 & -3 & -1 \\ 0 & 0 & 0{,}2 & -1 \\ 0 & 0 & 0 & 0{,}5 \end{pmatrix}$; $(E - A)^{-1} = \begin{pmatrix} 6 & 4 & 90 & 212 \\ 4 & 6 & 110 & 248 \\ 0 & 0 & 5 & 10 \\ 0 & 0 & 0 & 2 \end{pmatrix}$; $x = \begin{pmatrix} z_1 \\ z_2 \\ z_3 \\ e_1 \end{pmatrix} = \begin{pmatrix} 636 \\ 744 \\ 30 \\ 6 \end{pmatrix}$;

$$\text{(c) } E-D=\begin{pmatrix}0{,}2 & -2 & -3 & -2\\ 0 & 0{,}5 & -0{,}5 & -1\\ 0 & -0{,}4 & 0{,}6 & -2\\ 0 & 0 & 0 & 1\end{pmatrix};\ (E-A)^{-1}=\begin{pmatrix}5 & 120 & 125 & 380\\ 0 & 6 & 5 & 16\\ 0 & 4 & 5 & 14\\ 0 & 0 & 0 & 1\end{pmatrix};\ x=\begin{pmatrix}z_1\\ z_2\\ z_3\\ e_1\end{pmatrix}=\begin{pmatrix}760\\ 32\\ 28\\ 2\end{pmatrix};$$

$$\text{(d) } E-D=\begin{pmatrix}0{,}9 & -0{,}1 & -2 & -3\\ -0{,}8 & 0{,}2 & -3 & -2\\ 0 & 0 & 0{,}5 & -2\\ 0 & 0 & 0 & 1\end{pmatrix};\ (E-A)^{-1}=\begin{pmatrix}2 & 1 & 14 & 36\\ 8 & 9 & 86 & 214\\ 0 & 0 & 2 & 4\\ 0 & 0 & 0 & 1\end{pmatrix};\ x=\begin{pmatrix}z_1\\ z_2\\ z_3\\ e_1\end{pmatrix}=\begin{pmatrix}108\\ 642\\ 12\\ 3\end{pmatrix}.$$

3.4 Lineare Optimierung

Die **lineare Optimierung** oder **lineare Programmierung** beschäftigt sich mit der Ermittlung von optimalen Lösungen, wobei gleichzeitig Nebenbedingungen eingehalten werden müssen, meist in Ungleichungsform. Beispielhaft sei hier die Frage nach dem maximalen Gewinn gestellt, wobei natürlich die Produktionskapazitäten nur zu maximal 100% ausgelastet werden können.

Bevor wir diese zentrale Frage näher analysieren, wenden wir uns nochmals den Ungleichungen zu, die in einfacher Form bereits im Abschnitt 1.5 behandelt wurden. Betrachten wir hierzu die Abbildung 3.5, in der die Lösungsmengen für zwei beispielhafte Ungleichungen graphisch dargestellt werden.

Im Unterschied zu den im Abschnitt 1.5 behandelten Ungleichungen werden jetzt zwei Variablen x_1 und x_2 berücksichtigt. Starten wir beispielhaft mit der linearen Beziehung $2x_1 + x_2 = 60$. Umgeformt lässt sich diese Gleichung auch schreiben als $x_2 = 60 - 2x_1$, aus der deutlich wird, dass es sich hier graphisch um eine Gerade handelt, die in der Abbildung 3.5 als die Grenze des schraffierten Bereichs eingezeichnet ist. (Wenn Sie mit Koordinatensystemen und dem Begriff einer Geraden nichts anfangen können, sehen Sie sich bitte zuerst den Abschnitt 4.1 und eventuell den Anfang des Abschnitts 4.3.1 an.) Wird diese lineare Beziehung nun als Ungleichung ($\leqq$) formuliert durch $x_2 \leqq 60 - 2x_1$ oder $2x_1 + x_2 \leqq 60$, dann beinhaltet die Lösungsmenge alle (x_1, x_2)-Kombinationen, die unterhalb dieser Geraden liegen. Falls die Ungleichung durch die Beziehung $\geqq$ charakterisiert wäre, würde die Lösungsmenge oberhalb der Geraden liegen.

Der graue Bereich beschreibt in der Abbildung 3.5 die Lösungsmenge für eine andere Ungleichung, nämlich für $0{,}5x_1 + x_2 \leqq 30$. Sollten beide Ungleichungen gleichzeitig gelten, wird von einem **Ungleichungssystem** gesprochen, welches folgendermaßen oder auch in Matrixschreibweise ausgedrückt werden kann:

$$\begin{aligned} 2x_1 + x_2 &\leqq 60\\ 0{,}5x_1 + x_2 &\leqq 30 \end{aligned} \quad\Leftrightarrow\quad \begin{pmatrix}2 & 1\\ 0{,}5 & 1\end{pmatrix}\cdot\begin{pmatrix}x_1\\ x_2\end{pmatrix} \leqq \begin{pmatrix}60\\ 30\end{pmatrix}$$

Für dieses Ungleichungssystem ist die Lösungsmenge jetzt die Schnittmenge der beiden individuellen Ungleichungen, was graphisch dem Bereich entspricht, der schraffiert und grau ist.

In der Matrixschreibweise werden durch das **Ungleichungszeichen** zwei **Vektoren** miteinander verglichen. Das Ungleichungszeichen soll hier für jede einzelne Komponente der Vektoren gelten. Wenn Sie in anderen Büchern lesen, müssen Sie immer genau darauf achten, wie insbesondere strenge Ungleichungen bei Vektoren definiert sind. Ein Vektor kann ja zum Beispiel auch dann als kleiner als ein anderer Vektor gelten, wenn lediglich eine der Komponenten kleiner ist.

Abbildung 3.5 Ein System linearer Ungleichungen

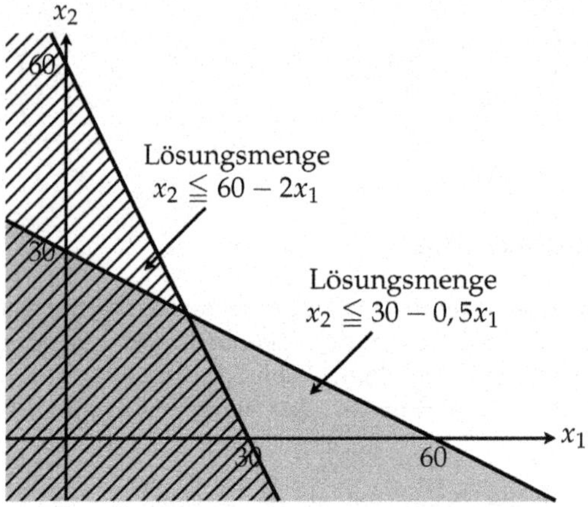

Verdeutlichen wir diese Ungleichungen nun durch eine beispielhafte ökonomische Anwendung. In einem Unternehmen erfolgt die Produktion der Gütermengen x_1 und x_2 in zwei Fertigungsschritten auf zwei Maschinen. Die Maschine 1 kann aufgrund von Wartung 60 Minuten pro Tag laufen, wobei für die Produktion von einer Einheit x_1 zwei Minuten und für eine Einheit von x_2 eine Minute benötigt werden. Die Ungleichung 1 beschreibt deshalb die Kapazitätsrestriktion der Maschine 1. Die Maschine 2 benötigt zur Verarbeitung einer Einheit von x_1 ein halbe Minute sowie eine Minute für eine Einheit von x_2. Die Ungleichung 2 beschreibt damit die Kapazitätsrestriktion der Maschine 2 (30 Minuten pro Tag).

Natürlich können aus ökonomischer Perspektive keine negativen Mengen hergestellt werden, weshalb x_1 und x_2 immer größer oder gleich 0 sein müssen. Damit erhalten wir zwei weitere Nebenbedingungen $x_1 \geqq 0$ und $x_2 \geqq 0$ zusätzlich zu den Kapazitätsbeschränkungen. Alle Nebenbedingungen zusammen sind graphisch durch die grau gekennzeichnete Lösungsmenge in der Abbildung 3.6 dargestellt. In der linearen Optimierung wird diese Lösungsmenge als **zulässiger Bereich** bezeichnet.

Weiter wird unterstellt, dass das Unternehmen für beide Produkte einen Deckungsbeitrag von 3 € pro verkaufter Einheit erhält. Der **Deckungsbeitrag** pro Stück ist dabei definiert als Differenz zwischen Verkaufspreis und variablen Stückkosten des Gutes. Der **Gewinn** ist dann gleich der Summe der mit den Deckungsbeiträgen pro Stück multiplizierten Verkaufsmengen abzüglich der Fixkosten, für die eine Höhe von 60 € unterstellt wird.

Soll nun der Gewinn G maximiert werden bei gleichzeitiger Berücksichtigung der Kapazitätsgrenzen, dann lautet das lineare Optimierungsproblem:

$$\begin{array}{rrcl} \text{Maximiere den Gewinn} & G & = & 3x_1 + 3x_2 - 60 \\ \text{unter den Nebenbedingungen} & 2x_1 + x_2 & \leqq & 60 \\ & 0{,}5x_1 + x_2 & \leqq & 30 \\ & x_1 & \geqq & 0 \\ & x_2 & \geqq & 0 \end{array}$$

Abbildung 3.6 Lineare Optimierung

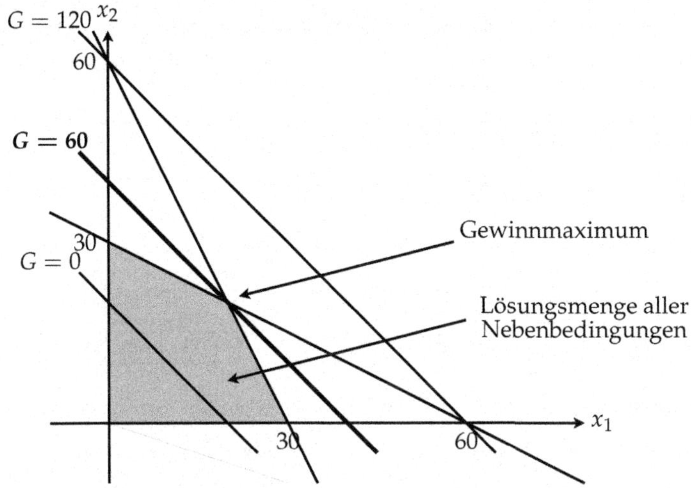

Die zu maximierende Funktion, hier in diesem Beispiel die Gewinnfunktion, wird in der allgemeinen Darstellung auch als **Zielfunktion** bezeichnet, die unter Berücksichtigung der Nebenbedingungen maximiert werden soll.

Graphisch haben wir ja bereits die Nebenbedingungen durch die graue Fläche in der Abbildung 3.6 dargestellt. Wird nun die Gewinnfunktion (Zielfunktion) nach x_2 aufgelöst,

$$x_2 = \frac{G + 60}{3} - x_1,$$

dann wird deutlich, dass auch hier eine Gerade beschrieben wird. Diese Gerade hat die Steigung -1 und schneidet die y-Achse (Ordinate) an der Stelle $(G + 60)/3$. Für verschiedene Gewinne G ergeben sich also unterschiedliche Gewinngeraden. In der Abbildung 3.6 sind für die Gewinne $G = 0$, $G = 30$ und $G = 60$ die entsprechenden Gewinngeraden exemplarisch abgebildet. Deutlich wird, dass mit höherem Gewinn die entsprechende Gewinngerade weiter außen liegt.

Die höchstmögliche Gewinngerade, die gleichzeitig noch mit unseren Nebenbedingungen vereinbar ist, hat mit $G = 60$ die Gestalt $x_2 = 40 - x_1$ und berührt die Lösungsmenge der Nebenbedingungen im Punkt $(20; 20)$. Die Lösung unserer linearen Optimierungsaufgabe ist demnach die Mengenkombination $x_1 = 20$ und $x_2 = 20$, die zu einem Gewinn von $G = 60$ führt. Im nachfolgenden Beispiel wird gezeigt, wie diese hier nur angegebenen Werte berechnet werden können.

Beispiel

Betrachtet wird ein Unternehmen, das zwei Endprodukte x_1 und x_2 aus jeweils zwei Einsatzfaktoren a_1 und a_2, zum Beispiel Schrauben und Bleche, herstellt. Die Inputkoeffizienten a_{1i} und a_{2i}, also die notwendigen Mengen der beiden Einsatzfaktoren zur Herstellung jeweils einer Einheit der beiden Produkte ($i = 1, 2$), sind in der nachfolgenden Tabelle gegeben. Allerdings stehen die Einsatzfaktoren nur begrenzt zur Verfügung, die maximalen Verbrauchsmengen sind mit $a_{1,\max}$ und $a_{2,\max}$ gegeben. Weiterhin gegeben sind die Verkaufspreise p_i und die variablen Kosten k_i für jeweils eine Einheit der Endprodukte ($i = 1; 2$) sowie die Fixkosten. Welche Mengen x_1 und x_2 soll ein gewinnmaximierendes Unternehmen produzieren und wie hoch ist der Gewinn?

Produkt i	p_i	k_i	a_{1i}	a_{2i}
1	100	40	2	3
2	130	50	4	2

$a_{1,\max}$	100
$a_{2,\max}$	90
Fixkosten	900

Die lineare Optimierungsaufgabe kann dann folgendermaßen formuliert werden:

$$\text{Maximiere den Gewinn} \quad G(x_1, x_2) = (100 - 40)x_1 + (130 - 50)x_2 - 900 = 60x_1 + 80x_2 - 900$$

$$\text{unter den Nebenbedingungen} \quad \begin{aligned} 2x_1 + 4x_2 &\leqq 100 \\ 3x_1 + 2x_2 &\leqq 90 \\ x_1 &\geqq 0 \\ x_2 &\geqq 0 \end{aligned}$$

- Schritt 1: Graphische Bestimmung der Lösungsmenge der Nebenbedingungen.

  Hierzu werden die Ungleichungen als Gleichungen umgeschrieben und nach x_2 aufgelöst. Werden diese Geraden eingezeichnet, kann die in der Abbildung 3.7 grau hervorgehobene Lösungsmenge des gesamten Ungleichungssystems graphisch abgeleitet werden.

- Schritt 2: Graphische Bestimmung der Gewinnfunktion.

  Die Zielfunktion wird nach x_2 aufgelöst,

  $$x_2 = \frac{G + 900}{80} - \frac{3}{4}x_1,$$

  und zunächst für einen beliebigen Gewinn, zum Beispiel $G = 0$ eingezeichnet.

- Schritt 3: Verschiebt man nun die Gewinnfunktion so weit wie möglich nach oben, kann man sehen, wo die optimale Lösung liegt. Das Optimum liegt genau im Schnittpunkt der beiden Nebenbedingungen in Gleichungsform. Löst man die beiden Gleichungen der Nebenbedingungen,

  $$2x_1 + 4x_2 = 100,$$
  $$3x_1 + 2x_2 = 90,$$

  nach x_1 und x_2 auf, ergeben sich die optimalen Mengen $x_1 = 20$ und $x_2 = 15$.

  Diese Mengen setzt man in die Gewinnfunktion ein. Der maximale Gewinn beträgt $G = 60 \cdot 20 + 80 \cdot 15 - 900 = 1.500$ €.

Abbildung 3.7 Graphische Lösung des Beispiels

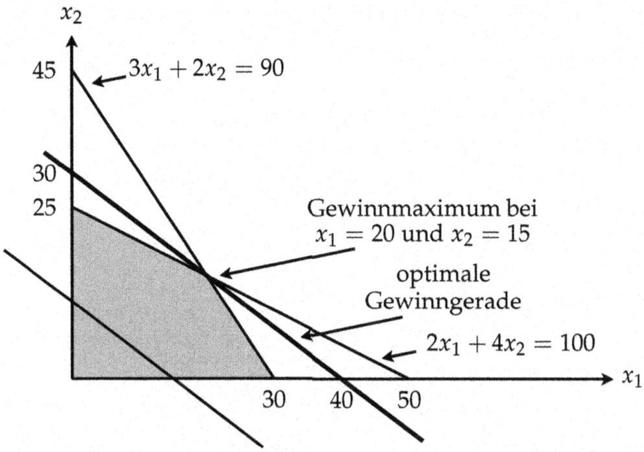

Zusammenfassung

Die Fragestellung der linearen Optimierung ist die Maximierung einer Zielfunktion $G(x_1, x_2)$ unter Berücksichtigung von linearen Nebenbedingungen in Ungleichungsform. Die Nebenbedingungen können auch in Matrixschreibweise durch $A \cdot x \leqq b$ zusammengefasst werden, wobei die Spaltenanzahl der Matrix A der Anzahl an Variablen, in unserem Fall zwei, entspricht. Falls die Ungleichungen wechselnde Vergleichsoperatoren aufweisen, also mal $\geqq$ und mal $\leqq$, können diese durch Multiplikation der entsprechenden Bedingung mit -1 vereinheitlicht werden:

$$\text{Maximiere } G(x)$$
$$\text{unter der Nebenbedingung } A \cdot x \leqq b$$

Die graphische Lösung dieser Optimierungsaufgabe erfolgt, indem zuerst derjenige Bereich im Koordinatensystem identifiziert wird, der alle Nebenbedingungen erfüllt. Im zweiten Schritt wird dann die Gewinngerade erst einmal für einen beliebigen Gewinn, zum Beispiel $G = 0$, eingezeichnet. Die Maximierung erfolgt nun in einem letzten Schritt: Die Gewinngerade wird so weit wie möglich nach außen verschoben, wobei der Lösungsbereich der Nebenbedingungen immer noch geschnitten oder berührt werden muss. Der Berührpunkt (x_1, x_2) dieser höchstmöglichen Gewinngerade mit dem Lösungsbereich der Nebenbedingungen ist die Lösung der linearen Optimierungsaufgabe.

Minimierungsprobleme können analog gelöst werden. Die Zielfunktion muss in diesem Fall möglichst weit nach unten geschoben werden (siehe Aufgabe 3.14).

Das hier vorgestellte graphische Verfahren zur Lösung einer linearen Optimierungsaufgabe funktioniert in der Regel nur mit zwei Variablen. Für mehr Variablen müssen rechnerische Verfahren wie der **Simplex-Algorithmus** Anwendung finden, die hier aber nicht weiter behandelt werden (vgl. dazu die Literaturhinweise am Ende dieses Kapitels).

Aufgaben

3.13 Betrachtet wird ein Unternehmen, welches zwei Endprodukte x_1 und x_2 aus jeweils zwei Einsatzfaktoren a_1 und a_2 herstellt. Die Inputkoeffizienten $a_{1,i}$ und $a_{2,i}$ zur Herstellung einer Einheit von x_i sind in der nachfolgenden Tabelle gegeben. Allerdings stehen die Einsatzfaktoren nur begrenzt zur Verfügung, die maximalen Verbrauchsmengen sind mit $a_{1,\max}$ und $a_{2,\max}$ gegeben. Weiterhin gegeben sind die Verkaufspreise p_i und die variablen Kosten k_i für jeweils eine Einheit der Endprodukte ($i = 1, 2$) sowie die Fixkosten. Welche Mengen x_1 und x_2 soll ein gewinnmaximierendes Unternehmen produzieren und wie hoch ist der Gewinn?

(a)

Produkt i	p_i	k_i	a_{1i}	a_{2i}
1	20	14	10	2
2	12	6	5	4

$a_{1,\max}$	200
$a_{2,\max}$	100
Fixkosten	100

(b)

Produkt i	p_i	k_i	a_{1i}	a_{2i}
1	40	28	3	4
2	5	1	2	1

$a_{1,\max}$	175
$a_{2,\max}$	200
Fixkosten	500

(c)

Produkt i	p_i	k_i	a_{1i}	a_{2i}
1	5	2	5	2
2	8	6	1	4

$a_{1,\max}$	70
$a_{2,\max}$	100
Fixkosten	50

(d)

Produkt i	p_i	k_i	a_{1i}	a_{2i}
1	5	2	5	2
2	16	6	1	4

$a_{1,\max}$	70
$a_{2,\max}$	100
Fixkosten	50

3.14 Lösen Sie die folgenden LP-Probleme:

(a) Maximiere $Z = 3x_1 + 4x_2$ unter den Nebenbedingungen:
$$\begin{aligned} 3x_1 + 2x_2 &\leqq 6, \\ x_1 + 4x_2 &\leqq 4, \\ x_1 \geqq 0, \quad x_2 &\geqq 0 \end{aligned}$$

(b) Minimiere $Z = -x_1 + x_2$ unter den Nebenbedingungen:
$$\begin{aligned} -x_1 + 2x_2 &\geqq 2, \\ -3x_1 + x_2 &\geqq -8, \\ x_1 \geqq 0, \quad x_2 &\geqq 0 \end{aligned}$$

(c) Maximiere $Z = 4x_1 + 2x_2$ unter den Nebenbedingungen:
$$\begin{aligned} 3x_1 + 2x_2 &\leqq 12, \\ 2x_1 + 4x_2 &\leqq 16, \\ x_1 \geqq 0, \quad x_2 &\geqq 0 \end{aligned}$$

Lösungen

3.13 (a) $(x_1; x_2) = (10; 20)$, $G = 80$; (b) $(x_1; x_2) = (45; 20)$, $G = 120$; (c) $(x_1; x_2) = (10; 20)$, $G = 20$; (d) $(x_1; x_2) = (0; 25)$ (= Randlösung), $G = 200$.

3.14 (a) $(x_1; x_2) = (1{,}6; 0{,}6)$, $Z = 7{,}2$; (b) $(x_1; x_2) = (3{,}6; 2{,}8)$, $Z = -0{,}8$; (c) $(x_1; x_2) = (4; 0)$(= Randlösung), $Z = 16$.

Literaturhinweise

Eine fortgeschrittene Darstellung der linearen Algebra für Ökonomen finden Sie in Simon und Blume (1994). Allgemeiner ist Fischer (2010). Ebenfalls anspruchsvoll, aber nicht so ausführlich und mit Test- und Übungsaufgaben versehen ist Jänich (2008).

Die in diesem Abschnitt betrachteten mehrstufigen und verflochtenen linearen Produktionsprozesse sind nur ausgewählte Beispiele aus der Produktions- und Logistikwirtschaft. Eine inhaltliche Einordnung dieser Modelle finden Sie in fast allen entsprechenden Lehrbüchern, zum Beispiel in Küpper und Helber (2004). Ein klassisches Werk zu linearen Modellen in der Wirtschaftstheorie und zur Verwendung der linearen Programmierung ist das Buch von Dorfman et al. (1958).

4 Funktionen einer Variablen

4.1 Grundbegriffe

Motivation

Zahlreiche ökonomische Sachverhalte sind dadurch gekennzeichnet, dass der Wert einer bestimmten veränderlichen Größe, einer **Variablen**, vom Wert einer anderen Variablen abhängt. Zum Beispiel hängt der Betrag, den Sie an Einkommensteuer zahlen müssen, von Ihrem Einkommen ab. Man kann daher sagen, der Steuerbetrag ist eine **Funktion** des Einkommens. Bezeichnet man das Einkommen mit der Variablen x und den Steuerbetrag mit der Variablen y, so schreibt man diesen Zusammenhang allgemein als

$$y = f(x),$$

gelesen als *y ist eine Funktion f von x* oder kurz *y gleich f von x*.

Der deutsche **Einkommensteuertarif** ist relativ kompliziert. Zur Veranschaulichung wird daher ein einfacherer Zusammenhang unterstellt. Angenommen sei, dass jeder Bürger stets 30% seines Einkommens als Einkommensteuer an das Finanzamt abführen muss. Dann kann man den Einkommensteuertarif durch die Funktion

$$y = 0{,}3 \cdot x$$

darstellen, wobei y der zu zahlende Steuerbetrag und x das Einkommen ist. Die Funktion $f(x)$ lautet hier also konkret $0{,}3 \cdot x$. Beträgt das Einkommen $x = 15.000\,€$, so ergibt sich der folgende Steuerbetrag:

$$y = 0{,}3 \cdot 15.000\,€ = 4.500\,€$$

Die Steuerschuld für andere Einkommenshöhen lässt sich ebenso direkt mittels dieser Formel berechnen.

In der Darstellung $y = f(x) = 0{,}3 \cdot x$ sind x und y die Variablen, 0,3 ist dagegen eine **Konstante**. Allgemeiner könnte diese Funktion als $y = a \cdot x$ formuliert werden, wobei a eine beliebige Konstante ist, die irgendeinen festen Wert aus den reellen Zahlen haben kann. Für den festen Wert $a = 0{,}3$ erhält man die hier betrachtete Funktion, für $a = 0{,}5$ dagegen die Funktion $y = 0{,}5 \cdot x$ (Steuersatz 50%).

Einen besonders guten Eindruck vom Verlauf einer Funktion vermittelt ihre graphische Darstellung in einem **Koordinatensystem**. Die Variable x wird dazu auf der horizontalen Achse (der **Abszisse**), die Variable y auf der vertikalen Achse (der **Ordinate**) abgetragen. Die Funktion $y = 0{,}3x$ wird in der Abbildung 4.1 dargestellt. Man erkennt zum Beispiel, dass $y = 0$ ist, wenn $x = 0$ ist, und dass $y = 1{,}5$ ist, wenn $x = 5$ ist. Die Abbildung zeigt eine Gerade. Funktionen, deren Abbildung eine **Gerade** ergibt, nennt man **lineare Funktionen**.

Derartige, oft erheblich kompliziertere Zusammenhänge, treten in den Wirtschaftswissenschaften sehr häufig auf. Dazu einige weitere Beispiele:

- Eine **Nachfragefunktion**, zum Beispiel nach Milch, ordnet jedem Milchpreis eine eindeutige Nachfragemenge zu. Die Nachfrage nach Milch ist also eine Funktion des Milchpreises.

Abbildung 4.1 Die Funktion y = 0,3x

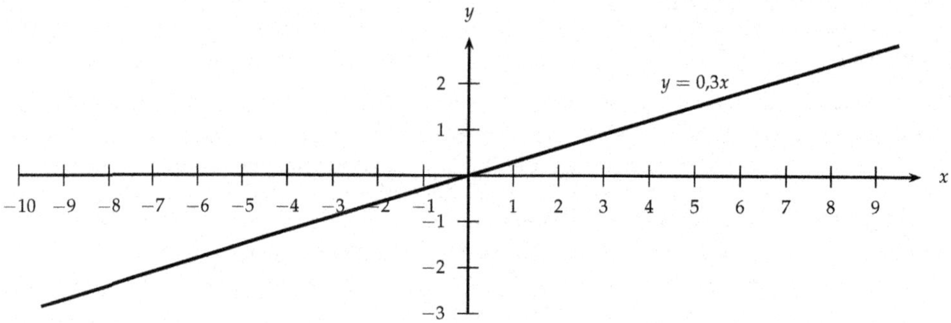

- Eine **Kostenfunktion** ordnet jeder Produktionsmenge die minimalen Kosten zu, die bei der Produktion dieser Menge anfallen. Die Kosten sind also eine Funktion der Produktionsmenge.
- Eine **Wachstumsfunktion** ordnet der Zeit eine andere Größe wie etwa das Bruttoinlandsprodukt zu. Das Bruttoinlandsprodukt ist in diesem Fall eine Funktion der Zeit.
- Eine **Kapitalwertfunktion** ordnet jedem Zinssatz einen Kapitelwert zu. Der Kapitalwert einer Investition ist also eine Funktion des Zinssatzes.

Anstelle der Schreibweise $y = f(x)$ bietet sich in den Anwendungen häufig eine andere Darstellung an. Im Falle einer Kostenfunktion kann zum Beispiel x die Produktionsmenge bezeichnen, während anstelle von y das Symbol K für *Kosten* verwendet wird. Üblicherweise ersetzt man dann auch das Funktionssymbol f gleich durch ein K. Die Kostenfunktion wird also geschrieben als $K = K(x)$. Mit der gleichen Begründung gilt für die Gewinne und die Gewinnfunktion $G = G(x)$. Der **Gewinn** ist dabei definiert als Umsatz beziehungsweise Erlös minus Kosten. Sowohl der **Erlös** (definiert als Preis mal Absatzmenge) als auch die **Kosten** können als Funktion der Produktionsmenge x dargestellt werden.

Beispiele

- Gesucht ist der Gewinn G als Funktion der Produktionsmenge, wenn der Preis des produzierten Produktes 10 € pro Stück beträgt und die Kostenfunktion durch $K(x) = 5x$ gegeben ist. Da der Erlös $E(x) = 10x$ ist, lautet der Gewinn:

$$G(x) = E(x) - K(x) = 10x - 5x = 5x$$

  Werden zum Beispiel 30 Einheiten produziert, dann ergibt sich der Gewinn, in dem die produzierte Menge 30 für x in die Gewinnfunktion eingesetzt wird: $G(30) = 5 \cdot 30 = 150$.

- Angenommen, die Variable x bezeichnet den Umsatz und die Variable y die Umsatzsteuer. Der Umsatzsteuersatz sei 19%. Für die Umsatzsteuerfunktion gilt dann:

$$y = 0{,}19x$$

Bei einem beispielhaften Umsatz von $x = 100\,€$ ergibt sich eine Umsatzsteuer von:

$$y = 0{,}19 \cdot 100\,€ = 19\,€$$

Aufgaben

4.1 (a) Wie verändert sich die in der Abbildung 4.1 dargestellte Funktion, wenn zusätzlich zu den 30% des Einkommens noch eine Pauschale von 100 € an Steuern gezahlt werden muss?

(b) Ein Mitarbeiter eines Unternehmens erhält ein Grundgehalt von 1.000 € pro Monat und eine Provision in Höhe von 3% seines Umsatzes. Stellen Sie seine Gehaltsfunktion dar.

(c) Ein Unternehmen hat bei der Produktion eines Gutes Fixkosten, das sind Kosten unabhängig von der produzierten Menge, in Höhe von 500 € und variable Kosten pro Einheit von 40 €. Wie lautet die Kostenfunktion?

Lösungen

4.1 (a) Die Gerade verschiebt sich parallel um 100 Einheiten nach oben. Ihre Funktionsgleichung lautet dann $y = 0{,}3x + 100$.

(b) Ist x der Umsatz und y das Gehalt, so gilt $y = 1.000 + 0{,}03x$.

(c) Ist x die Poduktionsmenge und sind K die Kosten, so gilt $K(x) = 500 + 40x$.

Definition

> Eine **Funktion** ist eine eindeutige Zuordnung. Jedem Element einer Menge (der **Definitionsmenge** D) wird genau ein Element einer anderen Menge (des **Wertebereichs** W) zugeordnet. Man sagt auch, *y ist eine Funktion von x*, womit zum Ausdruck gebracht wird, dass die zweite Variable $y \in W$ von der ersten Variablen $x \in D$ abhängt. Man bezeichnet y als **abhängige Variable** und x als **unabhängige Variable**.

Im Folgenden wird grundsätzlich davon ausgegangen, dass die Definitionsmenge D eine Teilmenge der reellen Zahlen R ist. Der Wertebereich besteht stets ebenfalls aus reellen Zahlen, also $W = R$. Eine solche Funktion heißt dann auch eine **reellwertige Funktion**.

Häufig finden Sie die Schreibweise $f : D \to R$ mit $D \subset R$. Dadurch wird ausgedrückt, dass eine Funktion f betrachtet wird, deren Definitionsmenge D eine Teilmenge der reellen Zahlen ist und deren Funktionswerte ebenfalls reelle Zahlen sind. Jedem Element von D wird durch die Vorschrift $f : D \to R$ genau ein Element aus R zugeordnet.

Beispiele

- Die durch

$$f(x) = 2x + 1$$

gegebene Funktion ist eine **lineare Funktion**, weil x lediglich mit einer Konstanten multipliziert wird und eine weitere Konstante addiert wird. Anstelle der angegebenen Schreibweise wird oft auch y statt $f(x)$ verwendet:

$$y = 2x + 1$$

Der maximal mögliche Definitionsbereich ist bei linearen Funktionen stets ganz R, also $D = R$. Das heißt, mathematisch ist der Term $2x + 1$ für alle reellen Zahlen definiert, man kann alle positiven und alle negativen Zahlen sowie 0 einsetzen. Manchmal wird

Abbildung 4.2 Die lineare Funktion y = 2x + 1 und die Hyperbel y = 1/x

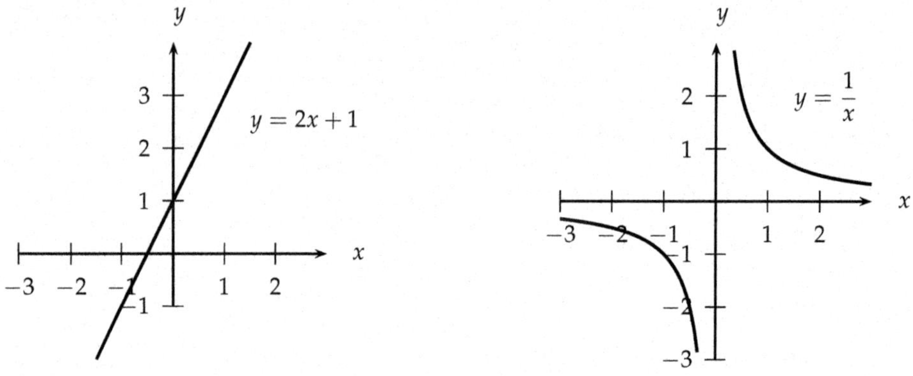

der Definitionsbereich jedoch in ökonomischen Anwendungen kleiner gewählt. Ist zum Beispiel x die Menge eines Gutes, so muss $x \geqq 0$ und damit $D = R_+$ sein. Die ökonomisch sinnvolle Definitionsmenge von $y = 2x + 1$ ist $D = R_+$, auch wenn mathematisch $D = R$ möglich ist.

- Die sogenannte **Hyperbel-Funktion**

$$f(x) = \frac{1}{x}$$

ist dagegen nicht linear. Weil die Division durch 0 nicht erlaubt ist, ist ihr maximaler Definitionsbereich durch alle reellen Zahlen außer 0 gegeben, also $D = R \setminus \{0\}$. Beide Funktionen werden in der Abbildung 4.2 dargestellt.

Die **Bildmenge** $f(D)$ der Funktion f mit dem Definitionsbereich D ist die Menge aller sich ergebenden Funktionswerte $y \in W$, wenn alle Werte des Definitionsbereichs D für x eingesetzt werden. Anhand der Abbildung 4.2 wird deutlich, dass die Bildmenge für die lineare Funktion $y = 2x + 1$ durch $f(D) = R$ gegeben ist, die Bildmenge der Hyperbelfunktion $y = 1/x$ durch $f(D) = R \setminus \{0\}$.

Mit der im Kapitel 1 auf der Seite 1 kurz dargestellten Mengenschreibweise kann man die Bildmenge als $f(D) = \{f(x) \in R \mid x \in D\}$ schreiben. Der Ausdruck auf der rechten Seite wird gelesen als *Menge aller reellen Werte $f(x)$, für die x Element der Definitionsmenge D ist.*

Wertetabelle

Einen ersten Eindruck über den Verlauf von Funktionen kann man anhand von Wertetabellen erhalten. Wir betrachten als Beispiel die sogenannte **Normalparabel**:

$$y = x^2$$

Wird zum Beispiel $x = -3$ eingesetzt, so erhält man als Funktionswert $y = (-3)^2 = 9$. Weitere Werte sind in der Wertetabelle in der Abbildung 4.3 angegeben. Da alle reellen Zahlen quadriert werden dürfen, ist der maximale Definitionsbereich $D = R$. Weiterhin sind quadrierte Zahlen stets nichtnegativ, so dass für die Bildmenge gilt: $f(D) = R_+$.

Abbildung 4.3 Die Normalparabel $y = x^2$ mit einer Wertetabelle

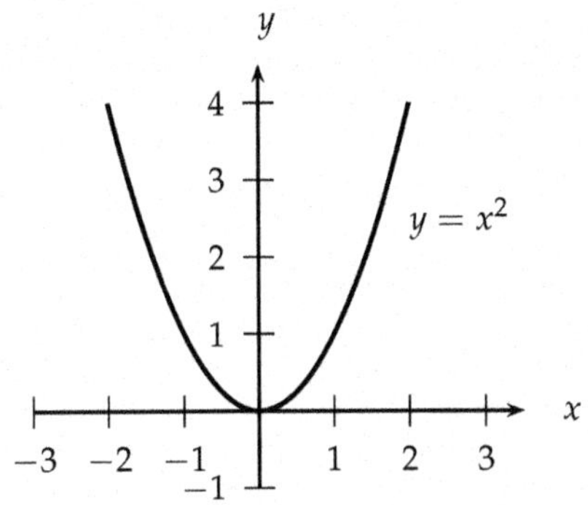

x	−3	−2	−1	0	1	2	3
y	9	4	1	0	1	4	9

Aufgaben

4.2 (a) Erstellen Sie anhand von Wertetabellen Skizzen von $y = 2x$ und $y = -2x$ und geben Sie jeweils den Definitionsbereich D und die Bildmenge $f(D)$ an.

(b) Erstellen Sie anhand von Wertetabellen Skizzen von $f(x) = 0{,}5x^2$ und $f(x) = -0{,}5x^2$ und geben Sie jeweils den Definitionsbereich D und die Bildmenge $f(D)$ an.

(c) Gegeben ist $f(x) = x^2 + 5$. Berechnen Sie $f(0)$, $f(-1)$, $f(1/2)$ und $f(\sqrt{2})$. Für welche Werte von x gilt $f(x) = f(-x)$? Zeichnen Sie die Funktion.

(d) Erstellen Sie anhand einer Wertetabelle eine Skizze der Funktion $f(x) = x^3$.

(e) Bestimmen Sie den Definitionsbereich D der Funktion $f(x) = \sqrt{x+1}$ und erstellen Sie eine Skizze anhand einer Wertetabelle.

(f) Gegeben ist $f(x) = 100$. Bestimmen Sie $f(0)$, $f(-2)$ und $f(2)$. Skizzieren Sie die Funktion.

(g) Zeichnen Sie die Menge der Punkte, für die $x = 100$ ist, in ein (x, y)-Koordinatensystem ein. Vergleichen Sie die Darstellung mit derjenigen der vorangehenden Aufgabe. Handelt es sich um eine Funktion $y = f(x)$?

(h) Die Kosten für die Produktion von x Einheiten eines Gutes betragen:

$$K(x) = 100 + 20x + 0{,}5x^2$$

Berechnen Sie $K(0)$, $K(10)$ und $K(11) - K(10)$. Berechnen Sie auch allgemein $K(x+1) - K(x)$ und erklären Sie die Bedeutung dieses Ausdrucks.

Lösungen

4.2 (a) Beide Funktionen können in einer Wertetabelle dargestellt werden. Die Skizzen der Funktionen sehen Sie in der Abbildung 4.4. In beiden Fällen ist $D = R$ und $f(D) = R$.

x	−3	−2	−1	0	1	2	3
$2x$	−6	−4	−2	0	2	4	6
$-2x$	6	4	2	0	−2	−4	−6

(b) Auch diese Funktionen werden in der Abbildung 4.4 dargestellt. In beiden Fällen ist $D = R$. Für $f(x) = 0{,}5x^2$ ist $f(D) = R_+$ und für $f(x) = -0{,}5x^2$ ist $f(D) = R_-$.

x	−3	−2	−1	−0,5	0	0,5	1	2	3
$0{,}5x^2$	4,5	2	0,5	0,125	0	0,125	0,5	2	4,5
$-0{,}5x^2$	−4,5	−2	−0,5	−0,125	0	−0,125	−0,5	−2	−4,5

(c) $f(0) = 0^2 + 5 = 5$; $f(-1) = (-1)^2 + 5 = 6$; $f(1/2) = (1/2)^2 + 5 = 5{,}25$; $f(\sqrt{2}) = (\sqrt{2})^2 + 5 = 7$; für alle x-Werte ist $f(x) = f(-x)$, weil durch das Quadrat das Minuszeichen wegfällt (die Funktion ist symmetrisch zur y-Achse):

$$f(-x) = (-x)^2 + 5 = x^2 + 5 = f(x)$$

Die Zeichnung sieht ähnlich aus wie in der Abbildung 4.3, wobei die gesamte Funktion um 5 nach oben verschoben ist.

(d) Eine graphische Darstellung finden Sie in der Abbildung 5.7 auf der Seite 182.

x	-3	-2	-1	$-0{,}5$	0	$0{,}5$	1	2	3
x^3	-27	-8	-1	$-0{,}125$	0	$0{,}125$	1	8	27

(e) Da die Wurzel nicht für negative Werte definiert ist, folgt $x + 1 \geqq 0$: $D = \{x \in R \mid x \geqq -1\}$.

x	-1	$-0{,}5$	0	$0{,}5$	1	2	3
$\sqrt{x+1}$	0	$0{,}71$	1	$1{,}22$	$1{,}41$	$1{,}73$	2

Die Zeichnung sieht ähnlich aus wie die Funktion $f(x) = \sqrt{x}$ in der Abbildung 4.14 auf der Seite 152, allerdings um 1 nach links verschoben.

(f) $f(x) = 100$ ist ein konstante Funktion, deren Abbildung eine Parallele zur x-Achse ist, die die y-Achse bei $y = 100$ schneidet. Das heißt, jeder Funktionswert ist gleich 100, also auch $f(0) = 100$, $f(-2) = 100$ und $f(2) = 100$.

(g) Die Menge der Punkte ist eine Parallele zur y-Achse, die die x-Achse bei $x = 100$ schneidet. Diese Gerade ist keine Funktion $y = f(x)$, weil einem x-Wert (hier $x = 100$) mehrere y-Werte zugeordnet werden.

(h) $K(0) = 100 + 20 \cdot 0 + 0{,}5 \cdot 0^2 = 100$, $K(10) = 100 + 20 \cdot 10 + 0{,}5 \cdot 10^2 = 350$, $K(11) = 100 + 20 \cdot 11 + 0{,}5 \cdot 11^2 = 380{,}5$, $K(11) - K(10) = 380{,}5 - 350 = 30{,}5$.

$$\begin{aligned} K(x+1) - K(x) &= 100 + 20(x+1) + 0{,}5(x+1)^2 - (100 + 20x + 0{,}5x^2) \\ &= 100 + 20x + 20 + 0{,}5x^2 + x + 0{,}5 - 100 - 20x - 0{,}5x^2 \\ &= 20{,}5 + x. \end{aligned}$$

Dieser Ausdruck gibt an, um welchen Betrag die Kosten steigen, wenn die Produktion um eine Einheit erhöht wird. Dieser Sachverhalt entspricht den sogenannten *Grenzkosten*. Erhöht man die Produktion zum Beispiel von 10 auf 11 Einheiten, so steigen die Kosten um 30,5, die Grenzkosten der 11. Einheit betragen also 30,5. Erhöht man die Produktion dagegen von 100 auf 101 Einheiten, so betragen die Grenzkosten der 100. Einheit 120,5.

4.2 Eigenschaften von Funktionen

Stetigkeit

Wir beginnen zunächst mit einer anschaulichen Definition der Stetigkeit. In der Definition wird der Begriff eines Intervalls verwendet, vgl. dazu gegebenenfalls die Definition auf der S. 2 im Kapitel 1.

Eine Funktion ist **stetig** auf einem Intervall, wenn ihre graphische Darstellung in diesem Intervall keine Lücken aufweist. Die Funktion heißt **stetig**, wenn sie auf ihrem gesamten Definitionsbereich stetig ist.

Eine mathematisch exakte Definition der Stetigkeit kann mit dem Konzept der Konvergenz von Folgen gegeben werden, die wir in diesem Buch nicht behandeln, vgl. dazu die Literaturhinweise am Ende dieses Kapitels.

Abbildung 4.4 Die Funktionen y = 2x, y = −2x, y = 0,5x² und y = −0,5x²

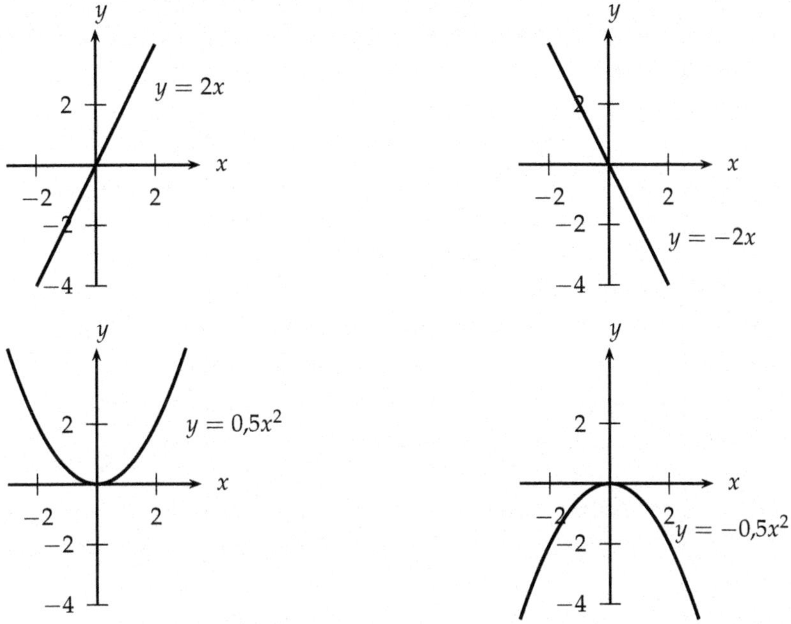

Beispiele

Die in der Abbildung 4.5 dargestellten Beispiele verdeutlichen diese wichtige Eigenschaft.

- Die Funktion $f(x) = x^2$ ist stetig auf ihrem Definitionsbereich $D = R$.
- Eine Funktion kann auch abschnittsweise definiert werden. Zum Beispiel kann für alle $x < 0{,}5$ die Funktionsgleichung $f(x) = -x + 2$ gelten und für alle $x \geqq 0{,}5$ die Funktionsgleichung $f(x) = x + 1$. Die entsprechende **abschnittsweise definierte** Funktion wird dann mit einer Klammer aufgeschrieben:

$$f(x) = \begin{cases} -x + 2 & \text{für } x < 0{,}5 \\ x + 1 & \text{für } x \geqq 0{,}5 \end{cases}$$

  Die so definierte Funktion $f(x)$ ist stetig auf $D = R$. Rechnerisch erkennt man das daran, dass $f(0{,}5) = 0,5 + 1 = 1{,}5$ ist. Für x-Werte kleiner als 0,5 muss der erste Teil der Funktionsdefinition, $f(x) = -x + 2$, verwendet werden. Nähert sich x von unten immer weiter dem Wert 0,5, so erkennt man, dass $-x + 2$ sich immer mehr an den Funktionswert $f(0{,}5) = 1{,}5$ annähert. Streng genommen muss man argumentieren, dass sich $f(x)$ auf diese Weise beliebig nahe der 1,5 nähert, also 1,5 als *linksseitigen Grenzwert* hat. Praktisch reicht es jedoch häufig aus, wie hier einfach den Wert $x = 0{,}5$ in den Term $-x + 2$ einzusetzen (der eigentlich nicht für $x = 0{,}5$ gilt) und zu prüfen, welcher Funktionswert sich ergibt.

Abbildung 4.5 Veranschaulichung der Stetigkeit von Funktionen

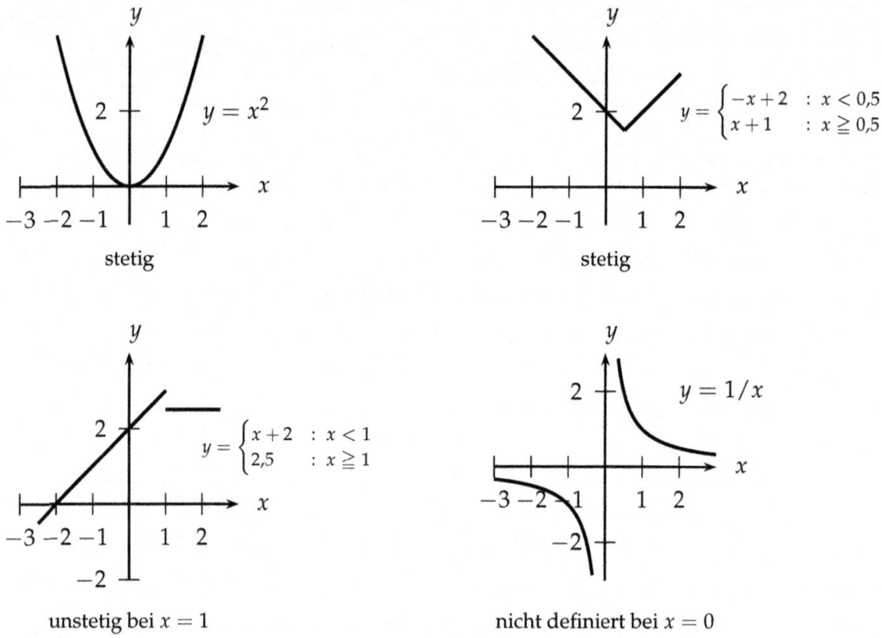

- Die abschnittsweise definierte Funktion

$$f(x) = \begin{cases} x+2 & \text{für } x < 1 \\ 2{,}5 & \text{für } x \geqq 1 \end{cases}$$

ist an der Stelle $x = 1$ nicht stetig, weil dort ein Sprung auftritt. Es ist $f(1) = 2{,}5$, aber wenn sich x von links der 1 nähert, läuft $f(x) = x + 2$ gegen 3.

- Die Funktion $f(x) = 1/x$ wird oftmals als *unstetig an der Stelle* $x = 0$ bezeichnet. Eine Funktion kann aber nur da stetig oder unstetig sein, wo sie auch definiert ist. Da die Division durch 0 nicht möglich ist, ist $f(x) = 1/x$ an der Stelle $x = 0$ weder stetig noch unstetig, sondern gar nicht definiert. Auf ihrem Definitionsbereich $D = R \setminus \{0\}$ ist die Funktion deshalb stetig.

Aufgaben

4.3 (a) Welche der folgenden Funktionen sind stetig auf ihrem jeweils maximalen Definitionsbereich?

$$f_1(x) = 5x^2 - 10; \quad f_2(x) = x^3; \quad f_3(x) = 10 - 4x; \quad f_4(x) = 100;$$

$$f_5(x) = \begin{cases} x^2 + 1 & \text{für} \quad x < 0 \\ x + 1 & \text{für} \quad x \geqq 0 \end{cases}; \quad f_6(x) = \frac{10}{x^2}$$

(b) Gegeben ist die von einem Parameter a abhängige Funktion:

$$f(x) = \begin{cases} x^2 + 1 & \text{für} \quad x < 2 \\ ax + 5 & \text{für} \quad x \geqq 2 \end{cases}$$

Ist die Funktion stetig, wenn $a = -1$ ist, wenn $a = 0$ ist oder wenn $a = 1$ ist?

(c) Bestimmen Sie bei den folgenden Funktionen die Konstanten a und b so, dass die Funktionen stetig sind:

$$f(x) = \begin{cases} 2x^2 - 4x + 1 & \text{für} \quad x < 3 \\ ax - 5 & \text{für} \quad x \geqq 3 \end{cases} \qquad g(x) = \begin{cases} 3x + 4 & \text{für} \quad x \leqq 2 \\ x^b - 6 & \text{für} \quad x > 2 \end{cases}$$

Lösungen

4.3 (a) Alle. Allerdings ist die Funktion $f_6(x)$ an der Stelle $x = 0$ nicht definiert. Bei der Funktion $f_5(x)$ ist $f_5(0) = 0$ und der Grenzwert, wenn x sich 0 von links nähert, ist ebenfalls gleich 0.

(b) Die Funktion ist nur für $a = 0$ stetig. An der Stelle $x = 2$ ist der Funktionswert $f(2) = 5$ und der linksseitige Grenzwert ist ebenfalls 5. Für $a = -1$ und $a = 1$ ist die Funktion an der Stelle $x = 2$ unstetig.

(c) Bei $f(x)$ ist der linksseitige Grenzwert, wenn x sich 3 annähert, gleich $2 \cdot 3^2 - 4 \cdot 3 + 1 = 7$. Daher muss a so bestimmt werden, dass $a \cdot 3 - 5 = 7$, woraus $a = 4$ folgt.
Bei $g(x)$ ist $g(2) = 3 \cdot 2 + 4 = 10$. Also muss b so bestimmt werden, dass der rechtsseitige Grenzwert gleich 10 ist: $2^b - 6 = 10$, also $2^b = 16$, woraus $b = 4$ folgt.

Monotonie

Eine weitere wichtige Eigenschaft von Funktionen ist die **Monotonie**. Zum Beispiel ist der deutsche Einkommensteuertarif monoton steigend, das heißt, mit zunehmendem Einkommen steigt die Steuerlast oder nimmt zumindest nicht ab. In Bereichen, in denen die Steuerlast mit dem Einkommen zunimmt, ist der Einkommensteuertarif streng monoton steigend. Da Funktionen im Allgemeinen abschnittsweise monoton sein können, also zum Beispiel in einem bestimmten Bereich steigend und in einem anderen Bereich fallend verlaufen, ist eine Definition unter Verwendung des Intervallbegriffs erforderlich.

Eine Funktion f verläuft **monoton steigend** auf einem Intervall $I \subset D$, wenn für alle $x_1, x_2 \in I$ gilt, dass mit steigenden x-Werten die y-Werte nicht abnehmen, wenn also aus $x_1 < x_2$ folgt, dass $f(x_1) \leqq f(x_2)$. Wenn aus $x_1 < x_2$ folgt, dass $f(x_1) < f(x_2)$, heißt f **streng monoton steigend** auf I.

Eine Funktion f verläuft **monoton fallend** auf einem Intervall $I \subset D$, wenn für alle $x_1, x_2 \in I$ gilt, dass mit steigenden x-Werten die y-Werte nicht zunehmen, wenn also aus $x_1 < x_2$ folgt, dass $f(x_1) \geqq f(x_2)$. Wenn aus $x_1 < x_2$ folgt, dass $f(x_1) > f(x_2)$, heißt f **streng monoton fallend** auf I.

Die in der Abbildung 4.5 dargestellten Beispiele können auch hier zur Veranschaulichung verwendet werden.

- Die Funktion $f(x) = x^2$ ist streng monoton fallend für alle nichtpositiven x-Werte, also für $x \in (-\infty, 0]$ und streng monoton steigend für alle nichtnegativen x-Werte, also für $x \in [0, \infty)$. Zum Beispiel gilt für das Intervall $[0, \infty)$, dass aus $x_1 < x_2$ bei positiven x-Werten folgt, dass $x_1^2 < x_2^2$.
- Die abschnittsweise definierte Funktion
$$f(x) = \begin{cases} -x+2 & : x < 0{,}5 \\ x+1 & : x \geqq 0{,}5 \end{cases}$$
ist streng monoton fallend auf $I = (-\infty; 0{,}5]$ und streng monoton steigend auf $I = [0{,}5; \infty)$.
- Die Funktion
$$f(x) = \begin{cases} x+2 & : x < 1 \\ 2{,}5 & : x \geqq 1 \end{cases}$$
ist streng monoton steigend auf $I = (-\infty, 1]$ und sowohl monoton fallend als auch monoton steigend auf $I = [1, \infty)$ (aber nicht *streng*).
- Die Funktion $f(x) = 1/x$ ist streng monoton fallend auf $I = (-\infty, 0]$ und streng monoton fallend auf $I = [0, \infty)$, aber *nicht* monoton auf $D = R \setminus \{0\}$.

Keine der dargestellten Funktionen ist (streng) monoton auf ihrem gesamten Definitionsbereich.

Aufgaben

4.4 (a) Überlegen Sie sich jeweils ein möglichst einfaches Beispiel für eine Funktion, die streng monoton steigend ist, die streng monoton fallend ist und die sowohl monoton steigend als auch monoton fallend auf ihrem gesamten Definitionsbereich ist.

(b) Geben Sie die Monotonieintervalle von $y = 4x^2$; $y = x^3$; $y = -x^3$ und $y = 5 - x$ an.

(c) Erstellen Sie anhand einer Wertetabelle eine Skizze der Funktion $f(x) = -0{,}5x^4 + 2x^2$. Bestimmen Sie die Definitionsmenge, die Bildmenge und (soweit möglich) die Monotoniebereiche.

Lösungen

4.4 (a) Streng monoton steigend auf $D = R$ ist zum Beispiel $f(x) = x$, streng monoton fallend auf $D = R$ ist $f(x) = -x$ und sowohl monoton steigend als auch monoton fallend auf $D = R$ ist $f(x) = 1$.

(b) Die Funktion $y = 4x^2$ hat eine ähnliche Form wie die Normalparabel $y = x^2$. Sie ist lediglich *in die Länge gezogen (gestreckt)*. Daher sind die Monotonieintervalle identisch zu denen der Normalparabel. Auf $I = (-\infty, 0]$ ist die Funktion streng monoton fallend und auf $I = [0, \infty)$ verläuft sie streng monoton steigend. Die Funktion $y = x^3$ ist auf ihrem gesamten Definitionsbereich streng monoton steigend, die Funktionen $y = -x^3$ und $y = 5 - x$ sind auf ihrem gesamten Definitionsbereich streng monoton fallend.

(c) Wertetabelle:

x	-3	-2	-1	0	1	2	3
$f(x)$	$-22{,}5$	0	$1{,}5$	0	$1{,}5$	0	$-22{,}5$

Der Definitionsbereich ist $D = R$, da alle reellen Zahlen in die Funktionsgleichung eingesetzt werden können. Anhand der Wertetabelle ist zu erkennen, dass die Funktion mindestens dreimal die x-Achse schneidet (oder berührt), nämlich bei $x = -2$, $x = 0$ und $x = 2$. Den Rest der Aufgabe können Sie mit den bisher dargestellten Methoden noch nicht lösen. Die Aufgabe dient als Motivation für die noch in diesem und dem nächsten Kapitel dargestellten Verfahren.

Umkehrfunktionen

Angenommen, die Nachfrage x nach einem Produkt hängt in eindeutiger Weise von dessen Preis p ab. Dann gibt die Funktion $x = x(p)$ an, wie hoch die Nachfrage bei einem bestimmten Preis ist. Häufig interessiert man sich für die umgekehrte Frage, wie hoch der Preis ist, der zu einer bestimmten Nachfragemenge passt. Das bedeutet, man interessiert sich für die sogenannte Umkehrfunktion $p = p(x)$.

Als Beipiel wird die Funktion $y = f(x) = 2x + 1$ betrachtet, die durch elementare Umformungen nach x aufgelöst werden kann:

$$
\begin{aligned}
y &= 2x + 1 && \mid -2x \\
y - 2x &= 1 && \mid -y \\
-2x &= -y + 1 && \mid \div(-2) \\
x &= 0{,}5y - 0{,}5
\end{aligned}
$$

Ist man in der mathematischen Literatur nicht an Anwendungen (und damit an der Bedeutung der Variablen, zum Beipiel p = Preis) interessiert, so vertauscht man nun noch die Variablen y und x, um die **Umkehrfunktion** in dasselbe Koordinatensystem einzeichnen zu können, wie die ursprüngliche Funktion. Die Umkehrfunktion von $f(x)$ wird allgemein mit $f^{-1}(x)$ bezeichnet (was etwas anderes ist als $(f(x))^{-1} = 1/f(x)$, der Kehrwert der Funktion). Für das Beispiel erhält man:

$$y = f^{-1}(x) = 0{,}5x - 0{,}5$$

Graphisch erhält man die Umkehrfunktion durch Spiegelung der ursprünglichen Funktion an der 45°-Linie, was anhand der Abbildung 4.6 für das Beispiel zu erkennen ist. Die 45°-Linie, also die von links unten nach rechts oben verlaufende Winkelhalbierende des Koordinatensystems, ist als gestrichelte Linie eingezeichnet.

Abbildung 4.6 Die Umkehrfunktion einer linearen Funktion

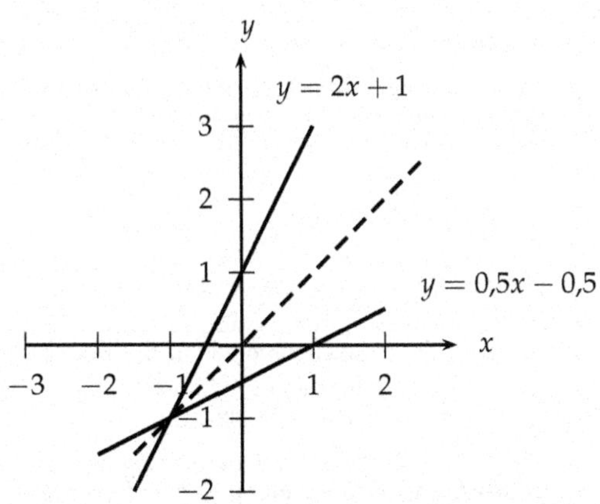

In ökonomischen Anwendungen macht das Vertauschen der Variablen in der Regel keinen Sinn. Lautet die Funktion der Nachfrage x nach einem Produkt in Abhängigkeit von dessen Preis p zum Beispiel

$$x = 100 - 0{,}5p,$$

so schreibt man die Umkehrfunktion einfach als

$$p = 200 - 2x,$$

weil die Variable p für den Preis steht. Diese auch **inverse Nachfragefunktion** genannte Funktion gibt nun an, wie hoch der zu einer bestimmten Nachfragemenge passende Preis ist.

Wenn Sie die Variablen nicht vertauschen, entfällt in der graphischen Darstellung auch die Spiegelung an der 45°-Linie. Bei Nachfragefunktionen ist es zum Beipiel üblich, p auf der vertikalen und x auf der horizontalen Achse abzutragen. Sie können dann p bei der inversen oder x bei der ursprünglichen Nachfragefunktion jeweils als abhängige Variable interpretieren. Anders als in der üblichen mathematischen Darstellung wird die abhängige Variable x bei der Nachfragefunktion also auf der horizontalen Achse dargestellt.

Ist f^{-1} die Umkehrfunktion von f, so gilt:

$$f^{-1}(f(x)) = x \quad \text{und} \quad f(f^{-1}(x)) = x$$

Für das obige Beispiel $f(x) = 2x + 1$ mit $f^{-1}(x) = 0{,}5x - 0{,}5$ kann man das so nachweisen:

$$f^{-1}(f(x)) = 0{,}5(2x + 1) - 0{,}5 = x$$

und

$$f(f^{-1}(x)) = 2(0{,}5x - 0{,}5) + 1 = x$$

Aufgaben

4.5 (a) Bilden Sie die Umkehrfunktion von $f(x) = 500 - 5x$ und stellen Sie beide Funktionen in einem Koordinatensystem dar. Zeigen Sie, dass $f(f^{-1}(x)) = x$ und $f^{-1}(f(x)) = x$.

(b) Eine Nachfragefunktion lautet $x = 250 - 10p$. Wie hoch ist die Nachfrage, wenn der Preis gleich 20 ist? Wie hoch ist der Preis, wenn die Nachfrage gleich 100 ist?

(c) Die Schätzung einer Nachfragefunktion nach einem Gut laute $x(p) = 20 - 0{,}5p$, wobei p den Preis und x die Menge bezeichnet. Wie hoch war jeweils die Nachfrage bei einem Preis von 10, 15 und 20? Wie hoch war der Preis jeweils, wenn die Nachfrage 12,5 oder 19 Einheiten betrug?

Lösungen

4.5 (a) Löst man $y = 500 - 5x$ nach x auf, so folgt $x = 100 - 0{,}2y$. Durch Vertauschung der Variablen erhält man die Umkehrfunktion $f^{-1}(x) = 100 - 0{,}2x$. Graphisch sind beide Funktionen fallende Geraden, die sich auf der Winkelhalbierenden des Koordinatensystems bei $x = y = 83{,}\bar{3}$ schneiden. Setzt man f^{-1} in f ein, so folgt $f(f^{-1}(x)) = 500 - 5(100 - 0{,}2x) = x$. Setzt man f in f^{-1} ein, so folgt $f^{-1}(f(x)) = 100 - 0{,}2(500 - 5x) = x$.

(b) Setzt man $p = 20$ in die Nachfragefunktion ein, so folgt $x = 50$ für die Nachfrage. Die Umkehrfunktion ohne vertauschte Variablen lautet $p = 25 - 0{,}1x$. Mit $x = 100$ folgt $p = 15$.

(c) $x(10) = 15$, $x(15) = 12{,}5$, $x(20) = 10$. Mit der Umkehrfunktion $p(x) = 40 - 2x$ erhält man $p(12{,}5) = 15$ [vgl. $x(15)$] und $p(19) = 2$.

Wir beenden diesen Abschnitt mit einigen Anmerkungen zu den exakten Bedingungen für die Umkehrbarkeit von Funktionen. Eine Funktion ist eine eindeutige Zuordnung, da jedem x-Wert genau ein y-Wert zugeordnet wird. Für die Bildung einer Umkehrfunktion muss daher gelten, dass jedem y-Wert auch nur ein x-Wert zugeordnet ist, denn die Rolle der x- und y-Werte wird ja vertauscht. Eine Funktion kann also nur dann umkehrbar sein, wenn verschiedenen x-Werten auch verschiedene y-Werte zugeordnet sind. Eine solche Funktion heißt **injektiv**. Ferner muss jedem Element des Wertebereichs W ein x-Wert zugeordnet werden können, das heißt, der Wertebereich darf nicht größer sein als die Bildmenge $f(D)$. Eine solche Funktion heißt **surjektiv**. Ist die Funktion injektiv und surjektiv, so heißt sie **bijektiv**. Wir veranschaulichen diese Bedingungen hier lediglich anhand eines Beispiels und verweisen für einer genauere Analyse auf die Literaturhinweise am Ende des Kapitels.

Als Beispiel betrachten wir die schon in der Abbildung 4.3 dargestellte Funktion $f : R \to R, \quad f(x) = x^2$. Anhand der Abbildung erkennt man schon, dass eine Umkehrfunktion nicht existieren kann. Denn allen negativen y-Werten, die ja zum Wertebereich gehören, werden keine x-Werte zugeordnet (fehlende Surjektivität). Da bei der Umkehrfunktion der ursprüngliche Wertebereich zum Definitionsbereich wird, kann die Umkehrfunktion also nicht ganz R als Definitionsbereich haben, sondern lediglich R_+. Wir müssen also die Funktionsvorschrift ändern in $f : R \to R_+, \quad f(x) = x^2$. Die so definierte Funktion ist surjektiv.

Weiter erkennt man an der Abbildung, dass zum Beispiel der Funktionswert für $x_1 = -1$ gleich dem Funktionswert von $x_2 = 1$ ist, denn $f(x_1) = f(x_2) = 1$ (fehlende Injektivität). Wir müssen also auch den Definitionsbereich noch geeignet einschränken, wozu es zwei Möglichkeiten gibt, entweder nur die nichtnegativen oder nur die nichtpositiven reellen Zahlen. Die Funktionen $f : R_+ \to R_+, \quad f(x) = x^2$ und $f : R_- \to R_+, \quad f(x) = x^2$ sind beide bijektiv und damit umkehrbar. Zur praktischen Durchführung lösen wir die Gleichung $y = x^2$ nach x auf und erhalten durch Ziehen der Wurzel: $x = \pm\sqrt{y}$. Die Umkehrfunktion von $f : R_+ \to R_+, \quad f(x) = x^2$ lautet $f^{-1} : R_+ \to R_+, \quad f^{-1}(x) = \sqrt{x}$, die Umkehrfunktion von $f : R_- \to R_+, \quad f(x) = x^2$ lautet $f^{-1} : R_+ \to R_-, \quad f^{-1}(x) = -\sqrt{x}$ (vgl. dazu auch die Abbildung 6.10 auf der Seite 239).

Beschränktheit

Eine weitere wichtige Eigenschaft von Funktionen dreht sich um die Frage, ob die Funktionswerte über alle Grenzen wachsen oder nicht. Wenn die Funktionswerte eine bestimmte obere Grenze nicht überschreiten, so heißt die Funktion **nach oben beschränkt**, wenn sie eine bestimmte untere Grenze nicht unterschreiten, heißt die Funktion **nach unten beschränkt**. Ist die Funktion schließlich nach oben und unten beschränkt, so heißt sie **beschränkt**.

Formal wird die Beschränktheit so definiert: Eine Funktion $f : D \to R$ heißt **beschränkt**, wenn es ein abgeschlossenes Intervall $[a, b] \subset R$ gibt, so dass die Bildmenge $f(D)$ Teilmenge eines abgeschlossenen Intervalls $[a, b]$ ist. Damit gilt dann $a \leqq f(x) \leqq b$ für alle $x \in D$.

Beispiele

- Anhand der Abbildung 4.2 auf der Seite 122 erkennen Sie, dass die Funktion $y = 2x + 1$ mit $D = R$ jede beliebige Grenze sowohl nach oben als auch nach unten über- beziehungsweise unterschreitet. Diese Funktion ist also nicht beschränkt.

- $y = \dfrac{1}{x}$ mit $D = R \setminus \{0\}$ ist nicht beschränkt, weil

$$f(R \setminus \{0\}) = R \setminus \{0\},$$

das heißt, die Funktionswerte überschreiten oder unterschreiten jede vorgegebene Grenze. Wenn wir als obere Grenze zum Beipiel 1.000.000 vorgeben, wird diese Grenze durch Wahl von $x = 0{,}0000001$ überschritten, weil $f(0{,}0000001) = 10.000.000$. Sie können das auch anhand der Abbildung 4.2 erkennen. Je weiter man sich entlang der x-Achse von oben der 0 nähert, desto größer werden die Funktionswerte, wobei jede beliebige Grenze überschritten wird. Nähert man sich der 0 von unten, so überschreiten die Funktionswerte ebenso jede beliebige Grenze im negativen Bereich.

- $y = \frac{1}{x}$ mit $D = \{x \in R \mid x \geqq 1\}$ ist beschränkt, weil alle möglichen Funktionswerte nun zwischen 0 und 1 liegen: $f(D) = (0,1] \subset [0,1]$. In der Abbildung 4.2 entspricht die Funktion mit diesem eingeschränkten Definitionsbereich dem rechten Ast der Hyperbel ab dem Wert $x = 1$.

Aufgaben

4.6 (a) Ist die Funktion $f(x) = 1 + 2x$ mit $D = R_-$ beschränkt?

(b) Zeigen Sie, dass die Funktion $f(x) = 1 + 2x$ mit $D = [0, 100]$ beschränkt ist.

(c) Gegeben ist die Funktion:

$$f(x) = \frac{1}{x+1}, \quad D = R \setminus \{-1\}$$

Erstellen Sie anhand einer Wertetabelle eine Skizze der Funktion. Berechnen Sie dabei mehrere Werte in der Nähe der Definitionslücke $x = -1$. Ist die Funktion beschränkt? Analysieren Sie die Beschränktheit erneut unter der Voraussetzung, dass $D = R_+$ als Definitionsbereich gewählt wird.

Lösungen

4.6 (a) Nein, denn man darf alle negativen x-Werte einsetzen. Die Funktion ist zwar nach oben beschränkt, weil $f(0) = 1$ der größte Funktionswert ist, aber nicht nach unten. Man kann beliebig negative x-Werte einsetzen und erhält so beliebig negative Funktionswerte.

(b) Die Funktionswerte werden umso größer, je größer x ist, die Funktion ist also streng monoton steigend. Daraus folgt direkt, dass der kleinste Funktionswert beim kleinsten zulässigen x-Wert liegt und der größte Funktionswert beim größten zulässigen x-Wert. Der kleinste Wert der Funktion ist also $f(0) = 1$, der größte Wert ist $f(100) = 201$. Die Funktion ist also beschränkt.

(c) Wertetabelle:

x	−3	−2	−1,2	−1,1	−1,01	−0,99	−0,9	−0,8	0	1	2
$f(x)$	−0,5	−1	−5	−10	−100	100	10	5	1	0,5	0,33

Die Funktion ist nicht beschränkt, weil die Funktionswerte beliebig klein oder groß werden, wenn sich x der -1 von links oder rechts nähert. Eine graphische Darstellung finden Sie in der Abbildung 4.13 auf der Seite 150. Wird der Definitionsbereich auf $D = R_+$ reduziert, so ist die Funktion beschränkt, weil alle möglichen Funktionswerte nun zwischen 0 und 1 liegen. Damit ist auch die formale Definition der Beschränktheit erfüllt, denn $f(R_+) = (0,1] \subset [0,1]$.

4.3 Wichtige Funktionstypen

4.3.1 Lineare Funktionen

Definition

Viele der bisher benutzten Beispiele wie etwa $f(x) = 2x + 1$ sind **lineare Funktionen**, die zunächst allgemein definiert werden.

Für zwei beliebige reelle Konstanten m und b wird durch

$$f(x) = mx + b$$

die allgemeine lineare Funktion mit dem Definitionsbereich $D = R$ definiert. Die Konstante m heißt auch **Steigung** der linearen Funktion, und b ist der **y-Achsenabschnitt**.

Eine Funktion ist in der Mathematik dann linear, wenn für alle $x_1 \in D$ und $x_2 \in D$ gilt, dass $f(x_1 + x_2) = f(x_1) + f(x_2)$. Streng genommen ist eine Funktion $f(x) = mx + b$ mathematisch gesehen deshalb nur dann linear, wenn $b = 0$ ist, also $f(x) = mx$, wobei m irgendeine reelle Konstante ist. Wenn $b \neq 0$ ist, nennt man $f(x) = mx + b$ genauer eine **affine** oder **linear-affine Funktion**. In den ökonomischen Anwendungen spricht man der Einfachheit halber jedoch auch für $b \neq 0$ von *linearen Funktionen*. Wir verwenden hier deshalb auch diese Bezeichnung.

Lineare Funktionen spielen in der Mathematik ebenso wie in den ökonomischen Anwendungen eine herausragende Rolle. Zunächst einmal haben sie den Vorteil, dass sie relativ einfach sind. Zum Beispiel kann man den Verlauf von linearen Funktionen, deren Bild immer eine Gerade ist, mit elementaren Methoden bestimmen. Man erkennt schnell, dass lineare Funktionen stetig auf R sind. Sie verlaufen streng monoton steigend oder fallend, je nachdem, ob $m > 0$ oder $m < 0$ ist, und sind umkehrbar und unbeschränkt, sofern $m \neq 0$ ist. Wenn $m = 0$ ist, sind sie monoton und beschränkt.

Das zentrale Ziel der Analyse von Funktionen ist es, ihren Verlauf zu erkennen. Dazu gehört auch die Analyse der Veränderung der Variablen y in Abhängigkeit von Änderungen der Variablen x. Im Folgenden wird gezeigt, wie diese Änderungen bei linearen Funktionen berechnet werden. Die im Kapitel 5 dargestellte Differentialrechnung stellt eine Verallgemeinerung dieser Methoden auf nichtlineare Funktionen dar, wobei diese nichtlinearen Funktionen letztlich durch lineare Funktionen approximiert, also angenähert werden. Das ist der eigentliche Grund für die große Bedeutung linearer Funktionen.

Steigung

Die **Steigung** einer linearen Funktion ist allgemein definiert als das Verhältnis der Änderung des y-Wertes zur Änderung des x-Wertes. Steigt zum Beispiel der x-Wert um 2 Einheiten und der y-Wert um 3 Einheiten, so ist die Steigung $3/2 = 1{,}5$. Der y-Wert steigt also um das 1,5-Fache des x-Wertes. Änderungen werden durch das Symbol Δ, gesprochen als *Delta*, gekennzeichnet. Man kann nun zeigen, dass die Steigung einer linearen Funktion $f(x) = mx + b$ gleich der Konstanten m ist:

$$m = \frac{\Delta y}{\Delta x}$$

In der Abbildung 4.7 wird die Funktion $f(x) = 1{,}5x + 1$ dargestellt. Erhöht man ausgehend von $x = 0$ den x-Wert um 1, so ist $\Delta x = 1 - 0 = 1$. Wegen $f(0) = 1$ und $f(1) = 2{,}5$ ist

$\Delta y = f(1) - f(0) = 2{,}5 - 1 = 1{,}5$. Also lautet die Steigung:

$$m = \frac{\Delta y}{\Delta x} = \frac{f(1) - f(0)}{1 - 0} = \frac{2{,}5 - 1}{1 - 0} = 1{,}5$$

Den durch Δx und Δy gebildeten Streckenzug bezeichnet man auch als **Steigungsdreieck**. Eine wichtige Eigenschaft von linearen Funktionen ist, dass die Steigung **konstant** ist. Sie können das überprüfen, indem Sie ein beliebiges anderes Steigungsdreieck einzeichnen und $\Delta y / \Delta x$ berechnen. Wenn man etwa das Steigungsdreieck in der Abbildung 4.7 abändert, indem x von 0 auf 2 erhöht wird, so ist $\Delta x = 2$. Die entsprechende Strecke von Δy ändert sich dann auf $\Delta y = f(2) - f(0) = 4 - 1 = 3$. Also ist wieder $\Delta y / \Delta x = 1{,}5$.

Abbildung 4.7 Die Steigung der linearen Funktion $f(x) = 1{,}5x + 1$

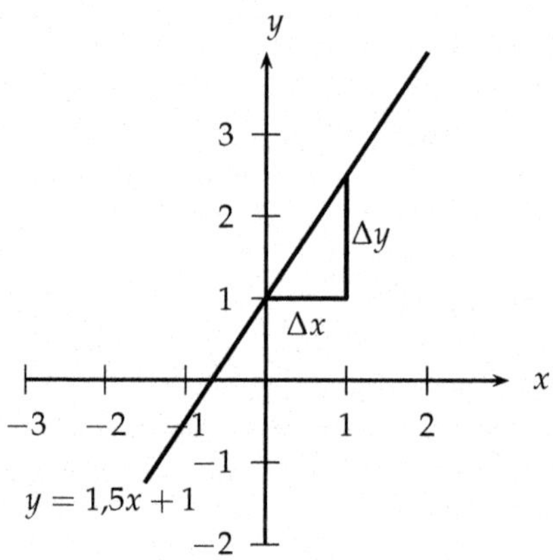

> Allgemein gilt: Sind y_1 und y_2 die Funktionswerte von x_1 und x_2 oder anders ausgedrückt (x_1/y_1) und (x_2/y_2) zwei beliebige Punkte auf einer Geraden, so kann man daraus gemäß
>
> $$m = \frac{y_2 - y_1}{x_2 - x_1}$$
>
> die Steigung m der linearen Funktion bestimmen.

Bei Funktionen gilt allgemein folgende Unterscheidung zwischen **Stelle** und **Punkt**. Eine Stelle besteht immer nur aus einer x-Koordinate, ein Punkt aus der x- und der zugehörigen y-Koordinate. Für unser Beispiel $f(x) = 1{,}5x + 1$ ist beispielsweise $f(2) = 4$ der Funktionswert an der Stelle $x = 2$. Der zugehörige Punkt auf der Geraden ist daher $(2/4)$ oder $P(2/4)$. Die erste Zahl eines Punktes gibt stets den x-Wert, die zweite Zahl den y-Wert an. Anstelle von $(2/4)$ wird auch die Schreibweise $(2,4)$ verwendet, sofern dadurch keine Verwechslungsgefahr besteht.

Änderungen des Funktionswertes

Gegeben sei wiederum die Gerade $y = 1{,}5x + 1$. Eine wichtige Frage ist zum Beispiel, wie sich der Funktionswert ändert, wenn x um 1 Einheit steigt, wenn also $\Delta x = 1$ ist. Wenn in der Ausgangslage zum Beispiel $x = 2$ gilt, und nun um $\Delta x = 1$ auf 3 steigt, ändert sich der Funktionswert um

$$\Delta y = f(3) - f(2) = 5{,}5 - 4 = 1{,}5,$$

also genau um $\Delta y = m \cdot \Delta x = 1{,}5 \cdot 1$.

Dieser Zusammenhang ist kein Zufall, denn er ergibt sich, wenn die Steigung $m = \frac{\Delta y}{\Delta x}$ auf beiden Seiten mit Δx multipliziert wird.

Für Geraden $y = mx + b$ gilt allgemein der folgende Zusammenhang:

$$\Delta y = m \cdot \Delta x$$

Die Änderung des y-Wertes ist gleich der Steigung multipliziert mit der Änderung des x-Wertes.

Für den Spezialfall mit $\Delta x = 1$ folgt $\Delta y = m \cdot 1$. Die Steigung der linearen Funktion gibt also an, um wie viel sich der y-Wert ändert, wenn der x-Wert um 1 Einheit ($\Delta x = 1$) erhöht wird.

Bestimmung der Funktion aus zwei Punkten

Eine lineare Funktion $y = mx + b$ kann stets aufgrund zweier bekannter Punkte eindeutig ermittelt werden. Anschaulich können Sie sich einfach vorstellen, zwei Punkte in einem Koordinatensystem seien vorgegeben. Durch diese beiden Punkte können Sie eine eindeutige Gerade zeichnen.

Als Beispiel seien die beiden Punkte $P_1 = (x_1/y_1) = (-1/1)$ und $P_2 = (x_2/y_2) = (3/2)$ gegeben. Gesucht ist die lineare Funktion durch diese Punkte. Die Steigungsformel liefert:

$$m = \frac{y_2 - y_1}{x_2 - x_1} = \frac{2 - 1}{3 - (-1)} = \frac{1}{4}$$

Einsetzen in die allgemeine Geradengleichung $y = mx + b$ liefert:

$$y = \frac{y_2 - y_1}{x_2 - x_1} \cdot x + b = \frac{1}{4} \cdot x + b$$

Wird nun einer der beiden Punkte, zum Beispiel P_1 eingesetzt, kann der noch unbekannte Parameter b ausgerechnet werden. Für das Beispiel ergibt sich

$$1 = \frac{1}{4} \cdot (-1) + b \qquad \Rightarrow \qquad b = \frac{5}{4},$$

und die gesuchte Gleichung der Geraden hat die Gestalt:

$$y = \frac{1}{4}x + \frac{5}{4}$$

In allgemeiner Form bestimmt sich der Parameter b durch:

$$y_1 = \frac{y_2 - y_1}{x_2 - x_1} \cdot x_1 + b \qquad \Rightarrow \qquad b = y_1 - \frac{y_2 - y_1}{x_2 - x_1} \cdot x_1 = \frac{x_2 y_1 - x_1 y_2}{x_2 - x_1}$$

Die Gerade durch die beiden Punkte (x_1/y_1) und (x_2/y_2) kann durch die **2-Punkte-Formel** angegeben werden:

$$y = \frac{y_2 - y_1}{x_2 - x_1} \cdot x + \frac{x_2 y_1 - x_1 y_2}{x_2 - x_1}$$

Eine weitere Methode zur Bestimmung der linearen Funktion verwendet die Verfahren zur Lösung linearer Gleichungssysteme aus dem Kapitel 3. Dazu werden die beiden Punkte in die allgemeine Geradengleichung $y = mx + b$ eingesetzt, woraus das folgende lineare Gleichungssystem folgt:

$$1 = -1 \cdot m + b$$
$$2 = 3 \cdot m + b$$

Wenn Sie dieses Gleichungssystem zum Beispiel mit dem Additionsverfahren lösen, erhalten Sie wie zuvor $m = \frac{1}{4}$ und $b = \frac{5}{4}$.

Aufgaben

4.7 (a) Welche der folgenden Funktionen sind linear: $f(x) = x$, $g(x) = 4x - 10$, $h(x) = \sqrt{x}$, $p(x) = 4x - x^2$?

(b) Berechnen Sie die Funktionsgleichung der Geraden durch die Punkte $P_1(1/2)$ und $P_2(2/1)$.

(c) Berechnen Sie die Funktionsgleichung der Geraden durch die Punkte $P_1(-3/1)$ und $P_2(-1/9)$.

(d) Wie lautet die Gleichung der Geraden durch die Punkte (2,5/5) und (5/7)?

(e) Berechnen Sie die Funktionsgleichung der Geraden mit der Steigung $m = -3$, die durch den Punkt $P_1(0/2)$ geht.

(f) Berechnen Sie die Funktionsgleichung der Geraden mit der Steigung $m = 4$, die durch den Punkt $P_1(2/10)$ geht.

4.8 (a) Gegeben ist die Gerade $y = -4x + 100$. Bestimmen Sie ohne Berechnung der tatsächlichen Funktionswerte die Änderung von y, wenn x um $\Delta x = 2$ oder um $\Delta x = -3$ verändert wird.

(b) Gegeben ist die Gerade $y = 0{,}5x - 10$. Bestimmen Sie ohne Berechnung der tatsächlichen Funktionswerte die Änderung von y, wenn x um $\Delta x = 1$, $\Delta x = 4$ und $\Delta x = -2$ geändert wird.

(c) Gegeben ist die Funktion $f(x) = 20x + 175$. Geben Sie eine allgemeine Formel für die Änderung von y in Abhängigkeit von der Änderung von x an.

(d) Die Kostenfunktion eines Unternehmens lautet $K(x) = 1.000 + 10x$. Um welchen Betrag steigen die Kosten, wenn x von 100 auf 110 erhöht wird? Um welchen Betrag steigen sie, wenn x von 1.000.000 auf 1.000.010 erhöht wird? Um welchen Betrag steigen die Kosten stets, wenn x um 1 erhöht wird?

Lösungen

4.7 (a) Linear sind $f(x) = x$ und $g(x) = 4x - 10$.

(b) Die Steigung ist:

$$m = \frac{1-2}{2-1} = -1$$

Setzt man dieses Ergebnis in die allgemeine Geradengleichung ein, so folgt $y = -x + b$. Einsetzen von P_1 liefert $2 = -1 + b$, also $b = 3$. Damit lautet die gesuchte Geradengleichung $y = -x + 3$. Alternativ können Sie auch die 2-Punkte-Form verwenden: $y = \frac{1-2}{2-1} \cdot x + \frac{2 \cdot 2 - 1 \cdot 1}{2-1} = -1 \cdot x + 3$.

(c) Aus der Steigungsformel folgt $m = 4$, aus $y = 4x + b$ erhält man durch Einsetzen von P_1, dass $b = 13$, also $y = 4x + 13$.

(d) $y = 0{,}8x + 3$.

(e) Sie können $m = -3$ direkt in die allgemeine Geradengleichung einsetzen: $y = -3x + b$. Einsetzen des Punktes P_1 liefert dann $2 = b$, also lautet die gesuchte Gleichung $y = -3x + 2$.

(f) $y = 4x + 2$.

4.8 (a) Da $m = -4$ ist, gilt $\Delta y = -4\Delta x$, also $\Delta y = -8$ für $\Delta x = 2$ und $\Delta y = 12$ für $\Delta x = -3$.

(b) Aus $\Delta y = 0{,}5\Delta x$ erhält man $\Delta y = 0{,}5$ für $\Delta x = 1$, $\Delta y = 2$ für $\Delta x = 4$ und $\Delta y = -1$ für $\Delta x = -2$.

(c) $\Delta y = 20\Delta x$.

(d) $\Delta K = 10\Delta x$. Da x in den ersten beiden Fällen jeweils um 10 erhöht wird, beträgt die Kostensteigerung in beiden Fällen $\Delta K = 100$. Wenn x um 1 erhöht wird, steigen die Kosten um $\Delta K = 10 \cdot 1 = 10$. Diese Kostenkategorie haben Sie bereits in der Aufgabe 4.2 (h) auf der Seite 123 kennengelernt. Die Steigerung der Kosten, wenn die Produktionsmenge um 1 Einheit erhöht wird, bezeichnet man als *Grenzkosten*. Bei einer linearen Kostenfunktion sind die Grenzkosten also konstant und gleich der Steigung der Funktion.

Graphische Darstellung

Zur graphischen Darstellung bieten sich zwei Verfahren an, die am Beipiel $y = \frac{1}{4}x + \frac{5}{4}$ verdeutlicht werden:

- Sie berechnen einfach zwei Punkte, die auf der Geraden liegen. Zum Beispiel ist $f(0) = 5/4 = 1{,}25$ und $f(2) = 1{,}75$. Die Gerade verläuft also durch die Punkte $P_1(0/1{,}25)$ und $P_2(2/1{,}75)$, die in der Abbildung 4.8 eingezeichnet sind. Sie müssen dann nur noch die Gerade durch diese beiden Punkte zeichnen.

- Anhand der vorangehenden Methode haben Sie schon gesehen, dass die Gerade die y-Achse bei $b = 1{,}25$ schneidet. Allgemein heißt b daher **y-Achsenabschnitt**. Man kann also mit der Geraden bei diesem Achsenabschnitt beginnen und von dort startend ein Steigungsdreieck einzeichnen. Sie müssen dann nur noch die Gerade durch die Enden des Steigungsdreiecks ziehen.

Das Steigungsdreieck für $m = \frac{1}{4} = 0{,}25$ können Sie entweder zeichnen, indem Sie $\Delta x = 1$ und $\Delta y = 0{,}25$ oder indem Sie $\Delta x = 4$ und $\Delta y = 1$ wählen. In beiden Fällen ist $\Delta y/\Delta x = m$. Bei Brüchen als Steigung kann man generell den Nenner als Wert für Δx und den Zähler als Wert für Δy wählen. Wenn $m < 0$ ist, bleibt Δx positiv, aber Δy ist negativ.

Häufig wird die **Nullstelle** einer linearen Funktion berechnet, also der Wert von x, für den $f(x) = 0$ wird. Die Funktion schneidet die x-Achse an dieser **Stelle**. Jede lineare Funktion, für die die Steigung m ungleich 0 ist, hat genau eine Nullstelle. Zum Beispiel kann man die Nullstelle von $f(x) = \frac{1}{4}x + \frac{5}{4}$ wie folgt bestimmen:

$$\begin{aligned} \frac{1}{4}x + \frac{5}{4} &= 0 && | \cdot 4 \\ x + 5 &= 0 && | -5 \\ x &= -5 && |\text{Lösung} \end{aligned}$$

Sie können anhand der Abbildung 4.8 erkennen, dass die Funktion die x-Achse bei der Nullstelle $x = -5$ schneidet.

Abbildung 4.8 Graphische Darstellung der linearen Funktion $f(x) = \frac{1}{4}x + \frac{5}{4}$

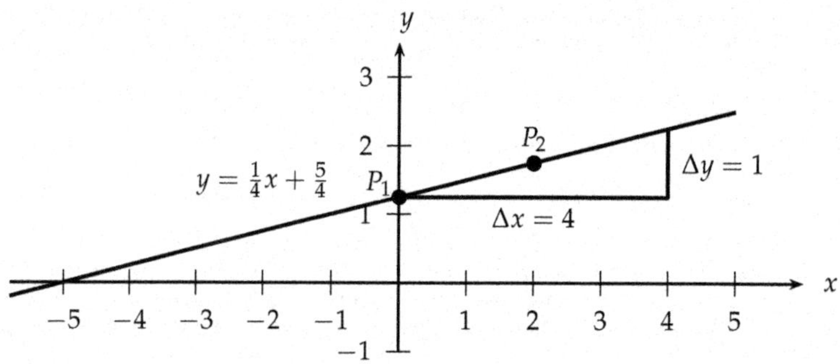

Für eine allgemeine lineare Funktion bestimmt sich die Nullstelle durch Auflösen der Gleichung $0 = mx + b$ nach x. Für die Nullstelle gilt dann:

$$x = \frac{-b}{m}$$

Aufgaben

4.9 (a) Zeichnen Sie die folgenden Geraden und berechnen Sie ihre Nullstellen:

$$y = \frac{2}{3}x - 1 \quad \text{und} \quad y = -2x + 1$$

(b) Zeichnen Sie die folgenden Geraden: $y = -4x + 2$, $3x + 4y = 12$, $y = 3$, $x = 3$.

4.10 Ein Unternehmen steht vor der Aufgabe, einen von zwei Stromtarifen zu wählen. Beim Tarif I beträgt die monatliche Grundgebühr 7 € und der Preis pro Kilowattstunde 0,31 €. Beim Tarif II beträgt die monatliche Grundgebühr 9 € und der Preis pro Kilowattstunde 0,26 €. Der Verbrauch pro Monat beträgt mindestens 750 Kilowattstunden. Stellen Sie beide Tarife als Funktionen dar. Welcher Tarif ist für das Unternehmen günstiger?

Lösungen

4.9 (a) Siehe Abbildung 4.9. Für die Nullstellen gilt: $x = \frac{-b}{m} = \frac{-(-1)}{2/3} = 1{,}5$ und $x = \frac{-1}{-2} = 0{,}5$.

(b) $y = -4x + 2$ ist eine fallende Gerade, die die y-Achse bei 2 schneidet. $3x + 4y = 2$ kann nach y aufgelöst werden: $y = -\frac{3}{4}x + 3$, ist also eine fallende Gerade mit y-Achsenabschnitt 3 und Steigung $-3/4$. Durch $y = 3$ ist eine Parallele zur x-Achse gegeben, die die y-Achse bei 3 schneidet (Steigung 0). Durch $x = 3$ ist eine Parallele zur y-Achse gegeben, die die x-Achse bei 3 schneidet (keine Funktion $y = f(x)$).

4.10 Seien x die Anzahl der Kilowattstunden Strom pro Monat und y die Kosten pro Monat. Tarif I: $y = 7 + 0{,}31x$, Tarif II: $y = 9 + 0{,}26x$. Bei $x = 750$ betragen die Kosten pro Monat 239,50 € bei Tarif I und 204 € bei Tarif II, so dass Tarif II gewählt werden sollte. Wird noch mehr Strom verbraucht, ist Tarif II erst recht vorzuziehen.

Abbildung 4.9 Die linearen Funktionen $y = \frac{2}{3}x - 1$ und $y = -2x + 1$

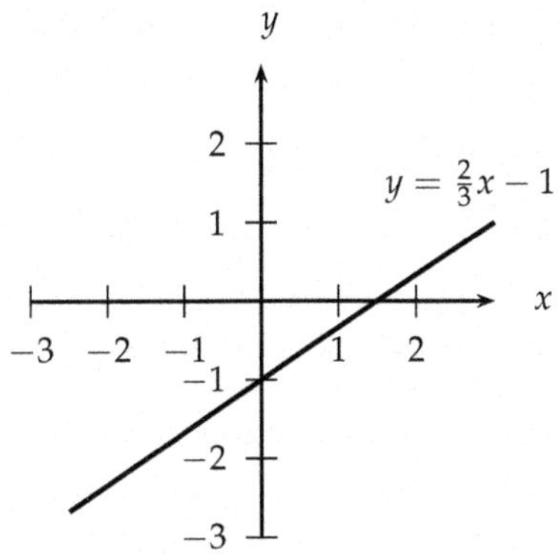

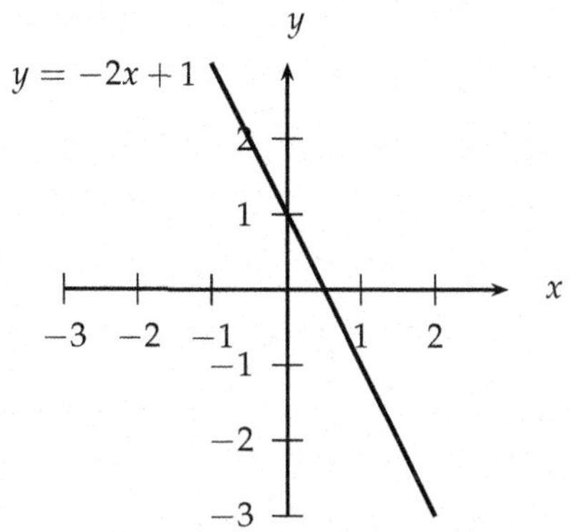

4.3.2 Polynome

Definition

Mindestens einen Spezialfall eines Polynoms kennen Sie bereits: $f(x) = x^2$. Im Unterschied zu einer linearen Funktion taucht hier die Variable x mit dem Exponenten 2 auf. Polynome sind Funktionen, in denen die Variable auch mehrfach mit unterschiedlichen Exponenten auftreten kann.

> Die Funktion
> $$f(x) = a_n x^n + a_{n-1}x^{n-1} + \ldots + a_2 x^2 + a_1 x + a_0$$
> mit dem Definitionsbereich $D = R$ und $n \in N$ heißt **Polynom** n-ten Grades oder **ganzrationale Funktion** n-ten Grades. Die Koeffizienten $a_0, a_1, \ldots, a_n$ sind reelle Zahlen.

Das genannte Beispiel $f(x) = x^2$ ergibt sich aus der allgemeinen Formel für $n = 2$ sowie $a_0 = 0$, $a_1 = 0$ und $a_2 = 1$. Diese Funktion ist also eine ganzrationale Funktion zweiten Grades. Der Grad eines Polynoms ist immer gleich dem höchsten auftretenden Exponenten.

Alle Polynome sind stetig auf $D = R$. Man erkennt schnell, dass Summen, Differenzen und Produkte von Polynomen wieder Polynome sind. Zum Beispiel ergibt die Summe der beiden Funktionen $f(x) = x^2$ und $g(x) = 4x^3$ das Polynom $h(x) = 4x^3 + x^2$. Sie erkennen an diesem Beispiel, dass es sinnvoll ist, Funktionen unterschiedlich zu bezeichnen, um bei gleichzeitiger Betrachtung keine Verwirrung zu erzeugen.

Nullstellen

Wir haben bisher keine Methoden behandelt, mit denen der Verlauf eines etwas komplizierteren Polynoms genau bestimmt werden könnte. Einen ersten Ansatzpunkt bietet jedoch die Erstellung einer Wertetabelle in Kombination mit der Bestimmung der **Nullstellen** eines Polynoms, also der Werte von x, für die $f(x) = 0$ wird.

Als Beispiel suchen wir die Nullstellen von $f(x) = x^3 - 9x^2 - 16x + 60$. Leider gibt es kein einfaches analytisches Verfahren, mit dem die Gleichung

$$x^3 - 9x^2 - 16x + 60 = 0$$

durch Umformungen aufgelöst werden könnte.

Für **Polynomgleichungen** dritten und vierten Grades gibt es zwar allgemeine Lösungsformeln, die allerdings so kompliziert sind, dass sie selten verwendet werden. Für Polynomgleichungen fünften und höheren Grades gibt es keine allgemeinen Lösungsformeln. Praktisch wichtiger sind daher die hier dargestellten Möglichkeiten, in Spezialfällen die Lösungen zu finden, oder die im Abschnitt 7.3 auf der Seite 300 kurz behandelten **numerischen Verfahren**.

Die einfachste Möglichkeit besteht darin, eine erste Nullstelle durch Ausprobieren herauszufinden. Das kann nur dann mit vertretbarem Aufwand gelingen, wenn es sich um eine ganzzahlige Nullstelle handelt, also keine Kommazahl. Beim Auffinden einer ganzzahligen Nullstelle liefert die folgende Aussage eine Hilfestellung.

Jede ganzzahlige Nullstelle eines Polynoms muss Teiler des absoluten Gliedes a_0, hier also Teiler von 60 sein.

Bezogen auf das Beispiel heißt das, dass man ganze Zahlen ausprobieren kann, die multipliziert mit einer anderen ganzen Zahl 60 ergeben, also zum Beispiel 1, -1, 2, -2, 3, -3, 4, -4, 5, -5, 6 und -6. Dagegen kann man sich zum Beispiel sicher sein, dass 7 oder -7 keine Nullstelle des Polynoms sein kann. Hier ist das absolute Glied mit 60 relativ groß. Je kleiner es ist, desto weniger mögliche Nullstellen kommen in der Regel in Frage.

Setzen wir zum Beispiel 1 ein, so folgt $f(1) = 36$. Also ist 1 keine Nullstelle. Ebenso verhält es sich mit -1, da $f(-1) = 66$. Mit 2 haben wir dagegen Erfolg: $f(2) = 0$, also ist $x_1 = 2$ eine Nullstelle. Sobald eine solche Nullstelle bekannt ist, gibt es ein Verfahren, um systematisch die weiteren Nullstellen zu ermitteln, die **Polynomdivision**. Dabei wird ein Polynom durch die **Differenz** aus x und einer bekannten Nullstelle dividiert. Das Ergebnis ist ein neues Polynom, das um einen Grad geringer ist als das ursprüngliche Polynom. Da in unserem Beispiel ein Polynom dritten Grades behandelt wird, resultiert also ein Polynom zweiten Grades.

Wir können also das vorliegende Polynom durch $(x - 2)$ dividieren, da 2 eine Nullstelle ist:

$$(\quad x^3 - 9x^2 - 16x + 60) : (x - 2) =$$

Zur praktischen Durchführung müssen Sie sich überlegen, womit $(x - 2)$ multipliziert werden muss, damit die erste Stelle des ursprünglichen Polynoms herauskommt. Da die erste Stelle x^3 lautet, müssen Sie x mit x^2 multiplizieren. Da auf der linken Seite durch $(x - 2)$ dividiert wird, müssen Sie auch -2 mit x^2 multiplizieren. Wir schreiben also x^2 auf die rechte Seite der Gleichung. Das Ergebnis der Multiplikation von $(x - 2)$ mit x^2, also $x^3 - 2x^2$, muss vom ursprünglichen Polynom abgezogen werden. Daher wird es mit -1 multipliziert und unter die ersten beiden Stellen des Polynoms geschrieben:

$$\begin{array}{l} (\quad x^3 - 9x^2 - 16x + 60) : (x - 2) = x^2 \\ \underline{-x^3 + 2x^2} \end{array}$$

Nun werden die beiden Zeilen links addiert, wobei im Ergebnis immer zwei Stellen als Ergebnis unter dem Strich angegeben werden. Dazu wird gegebenenfalls ein weiterer Term aus dem Polynom, hier $-16x$, hinzugezogen:

$$
\begin{array}{rrrrl}
(\; x^3 & -9x^2 & -16x & +60\,) & :(x-2) = x^2 \\
\underline{-x^3} & \underline{+2x^2} & & & \\
 & -7x^2 & -16x & &
\end{array}
$$

Jetzt wird überlegt, womit x multipliziert werden muss, damit $-7x^2$ herauskommt. Das Ergebnis, $-7x$, wird auf der rechten Seite zugefügt. Anschließend wird $(x-2)$ damit multipliziert und das Ergebnis unter das Polynom geschrieben, nachdem es wieder mit -1 multipliziert worden ist:

$$
\begin{array}{rrrrl}
(\; x^3 & -9x^2 & -16x & +60\,) & :(x-2) = x^2 - 7x \\
\underline{-x^3} & \underline{+2x^2} & & & \\
 & -7x^2 & -16x & & \\
 & \underline{7x^2} & \underline{-14x} & &
\end{array}
$$

Die Addition der beiden Zeilen ergibt:

$$
\begin{array}{rrrrl}
(\; x^3 & -9x^2 & -16x & +60\,) & :(x-2) = x^2 - 7x \\
\underline{-x^3} & \underline{+2x^2} & & & \\
 & -7x^2 & -16x & & \\
 & \underline{7x^2} & \underline{-14x} & & \\
 & & -30x & +60 &
\end{array}
$$

Der nächste Term muss daher -30 lauten:

$$
\begin{array}{rrrrl}
(\; x^3 & -9x^2 & -16x & +60\,) & :(x-2) = x^2 - 7x - 30 \\
\underline{-x^3} & \underline{+2x^2} & & & \\
 & -7x^2 & -16x & & \\
 & \underline{7x^2} & \underline{-14x} & & \\
 & & -30x & +60 &
\end{array}
$$

Der Rest ist nun gleich 0:

$$
\begin{array}{rrrrl}
(\; x^3 & -9x^2 & -16x & +60\,) & :(x-2) = x^2 - 7x - 30 \\
\underline{-x^3} & \underline{+2x^2} & & & \\
 & -7x^2 & -16x & & \\
 & \underline{7x^2} & \underline{-14x} & & \\
 & & -30x & +60 & \\
 & & \underline{30x} & \underline{-60} & \\
 & & & 0 &
\end{array}
$$

Dieses Schema stellt die gesamte Polynomdivision vollständig dar. Im Prinzip können Sie stets so vorgehen. Sollte dabei ein Rest ungleich 0 verbleiben, ist entweder die ursprünglich ermittelte Nullstelle oder eine Berechnung in der Polynomdivision falsch.

Wenn wir das Ergebnis noch einmal kurz aufschreiben:

$$(x^3 - 9x^2 - 16x + 60) : (x-2) = x^2 - 7x - 30$$

so erkennen wir, dass nach Multiplikation auf beiden Seiten mit $(x-2)$ folgt:

$$x^3 - 9x^2 - 16x + 60 = (x^2 - 7x - 30)(x - 2)$$

Wir haben das Polynom damit in zwei Faktoren zerlegt. An dieser Darstellung ist zu erkennen, dass das gesamte Polynom den Wert 0 annimmt, wenn entweder $x^2 - 7x - 30 = 0$ oder $x - 2 = 0$ ist.

Das verbleibende Polynom zweiten Grades, $x^2 - 7x - 30$, kann nun also wieder gleich 0 gesetzt werden, um die fehlenden Nullstellen zu bestimmen:

$$x^2 - 7x - 30 = 0$$

Diese quadratische Gleichung kann mittels der **p-q-Formel** gelöst werden, die Sie bereits im Kapitel 1 auf der Seite 19 kennengelernt haben.

Wir geben die p-q-Formel für die Lösung einer quadratischen Gleichung $x^2 + px + q = 0$ hier noch einmal an:

$$x_{1,2} = -\frac{p}{2} \pm \sqrt{\left(\frac{p}{2}\right)^2 - q}$$

Für das Beispiel $x^2 - 7x - 30 = 0$ ist $p = -7$ und $q = -30$. Damit erhält man die Lösungen

$$x_{1,2} = \frac{7}{2} \pm \sqrt{\left(\frac{7}{2}\right)^2 + 30} = 3{,}5 \pm \sqrt{12{,}25 + 30}$$

also $x_2 = 10$ und $x_3 = -3$. Damit haben wir alle Nullstellen des Polynoms gefunden.

Hinsichtlich der Anzahl der Nullstellen eines Polynoms und der Zerlegung in Faktoren ist die folgende allgemeine Aussage wichtig.

> Ein Polynom vom Grade n hat höchstens n reelle Nullstellen. Ist x_1 eine Nullstelle eines Polynoms n-ten Grades, so ist $f(x)/(x - x_1)$ ein Polynom $(n-1)$-ten Grades.

Da wir für das Beispiel eines Polynoms dritten Grades 3 Nullstellen gefunden haben, ist also keine weitere Nullstelle mehr übrig. Das Restpolynom $x^2 - 7x - 30$ zweiten Grades kann durch die Differenz von x und einer der beiden Nullstellen 10 und -3 geteilt werden, um ein Polynom ersten Grades zu erhalten. Sie können durch Berechnung von $(x-10)(x+3)$ nachweisen, dass folgende Darstellung gilt:

$$(x^2 - 7x - 30) : (x - 10) = x + 3$$

Zusammengefasst: Das ursprüngliche Polynom dritten Grades $x^3 - 9x^2 - 16x + 60$ kann wie folgt in **Linearfaktoren** zerlegt werden:

$$x^3 - 9x^2 - 16x + 60 = (x-2)(x-10)(x+3)$$

Aufgaben

4.11 Berechnen Sie die Nullstellen und zerlegen Sie die nachfolgenden Polynome in Linearfaktoren.

(a) $f(x) = 6x^3 + 3x^2 - 21x - 18$;

(b) $f(x) = 2x^3 + 5x^2 - 16x + 9$;

(c) $f(x) = 2x^3 - 16x + 14$;

(d) $f(x) = 2x^3 - 10x^2 + 4x + 16$;

(e) $f(x) = x^3 - 9x^2 + 23x - 15$;

(f) $f(x) = -2x^3 + 14x + 12$.

Lösungen

4.11 (a) Durch Ausprobieren findet man die Nullstelle $x_1 = -1$: $f(-1) = -6 + 3 + 21 - 18 = 0$. Die Polynomdivision ergibt

$$\begin{array}{l}
(\;6x^3 + 3x^2 - 21x - 18\,) : (x+1) = 6x^2 - 3x - 18 \\
\underline{-\,6x^3 - 6x^2} \\
\qquad -\,3x^2 - 21x \\
\qquad \underline{\;\;3x^2 + 3x} \\
\qquad\qquad -\,18x - 18 \\
\qquad\qquad \underline{\;\;18x + 18} \\
\qquad\qquad\qquad 0
\end{array}$$

Das Restpolynom kann mittels der p-q-Formel gelöst werden, wobei zunächst durch 6 zu dividieren ist: $x^2 - 0{,}5x - 3 = 0$. Ergebnis: $x_2 = 2$, $x_3 = -1{,}5$. Schließlich ist bei der Zerlegung in Linearfaktoren zu bedenken, dass vor Anwendung der p-q-Formel durch 6 dividiert worden ist. Das Produkt der Linearfaktoren muss daher wieder mit 6 multipliziert werden. Also folgt $f(x) = 6(x+1)(x-2)(x+1{,}5)$.

(b) Durch Ausprobieren findet man die Nullstelle $x_1 = 1$: $f(1) = 2 + 5 - 16 + 9 = 0$. Die Polynomdivision ergibt

$$\begin{array}{l}
(\;2x^3 + 5x^2 - 16x + 9\,) : (x-1) = 2x^2 + 7x - 9 \\
\underline{-\,2x^3 + 2x^2} \\
\qquad 7x^2 - 16x \\
\qquad \underline{-\,7x^2 + 7x} \\
\qquad\qquad -\,9x + 9 \\
\qquad\qquad \underline{\;\;9x - 9} \\
\qquad\qquad\qquad 0
\end{array}$$

Das Restpolynom kann mittels der p-q-Formel gelöst werden, wobei zunächst durch 2 zu dividieren ist: $x^2 + 3{,}5x - 4{,}5 = 0$. Ergebnis: $x_2 = 1$, $x_3 = -4{,}5$. Hier liegt damit der Fall einer sogenannten doppelten Nullstelle vor, denn die 1 haben wir zweimal als Lösung erhalten. Diese Funktion hat also nur 2 verschiedene Nullstellen. Schließlich ist bei der Zerlegung in Linearfaktoren zu bedenken, dass vor Anwendung der p-q-Formel durch 2 dividiert worden ist. Damit folgt $f(x) = 2(x-1)^2(x+4{,}5)$.

(c) Durch Ausprobieren findet man die Nullstelle $x_1 = 1$: $f(1) = 2 - 16 + 14 = 0$. Die Polynomdivision ergibt

$$\begin{array}{l}
(\;2x^3 \qquad\; - 16x + 14\,) : (x-1) = 2x^2 + 2x - 14 \\
\underline{-\,2x^3 + 2x^2} \\
\qquad 2x^2 - 16x \\
\qquad \underline{-\,2x^2 + 2x} \\
\qquad\qquad -\,14x + 14 \\
\qquad\qquad \underline{\;\;14x - 14} \\
\qquad\qquad\qquad 0
\end{array}$$

Anhand dieser Aufgabe erkennen Sie, wie Sie vorgehen müssen, wenn nicht alle Potenzen im Ursprungspolynom vorkommen. Die weiteren Berechnungen verlaufen wie zuvor. Nach Division durch 2 kann die Gleichung $x^2 + x - 7$ mittels der p-q-Formel gelöst werden. Ergebnis auf 4 Nachkommastellen gerundet: $x_2 = -3{,}1926$, $x_3 = 2{,}1926$. In Linearfaktoren gilt aufgrund des Rundungsfehlers nur ungefähr $f(x) \approx 2(x-1)(x+3{,}1926)(x-2{,}1926)$.

(d) $f(x) = 2(x+1)(x-2)(x-4)$;

(e) $f(x) = (x-1)(x-3)(x-5)$;

(f) $f(x) = -2(x+1)(x+2)(x-3)$.

Abbildung 4.10 Die Funktion $y = x^3 - 9x^2 - 16x + 60$

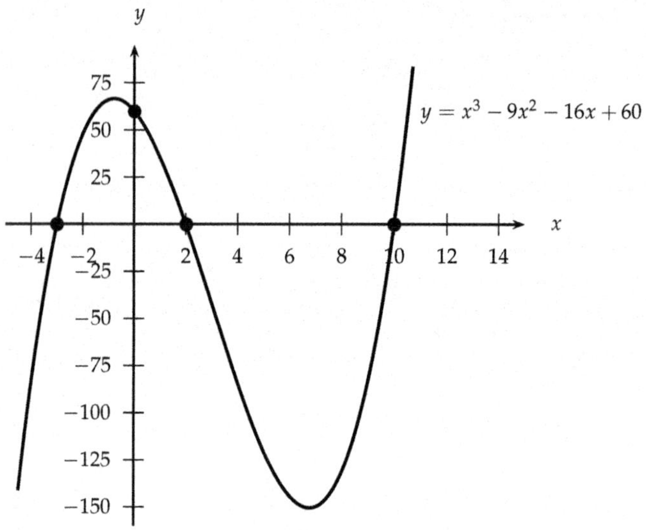

Graphische Darstellung

Die bisher behandelten Methoden reichen nicht aus, um eine exakte graphische Darstellung der Funktion $y = x^3 - 9x^2 - 16x + 60$ zu entwickeln. Trotzdem kann man mit einer Wertetabelle und den gefundenen Nullstellen bei -3, 2 und 10 bereits eine gute Vorstellung vom Funktionsverlauf erhalten. Trägt man in einem Koordinatensystem die Nullstellen ein, so erkennt man, an welchen drei Stellen die Funktion die x-Achse schneidet. Zusätzlich liefert $f(0) = 60$ den Schnittpunkt $(0/60)$ mit der y-Achse. Da keine weiteren Schnittpunkte mit den Achsen existieren, erhalten wir dadurch schon eine Vorstellung vom möglichen Verlauf der Funktion, die Sie durch Berechnung einer Wertetabelle ergänzen sollten.

Die gefundenen Punkte und die Funktion werden in der Abbildung 4.10 in gestauchter Form dargestellt, weil die Funktionswerte schnell sehr groß werden. Wenn Sie einige sehr große positive und negative Werte in die Funktion einsetzen, erkennen Sie, dass die Funktionswerte bei sehr großen positiven x-Werten noch viel schneller größer werden, ebenso wie sie bei sehr stark negativen Werten noch viel schneller negativ werden.

Eine weitere grafische Eigenschaft kann an dem Vorzeichen vor dem Ausdruck mit dem höchsten Exponenten abgeleitet werden. Ist dieses Vorzeichen so wie in dem Beispiel positiv, kommt die Funktion von $-\infty$, macht den Schlenker und geht dann gegen ∞. Ist dieses Vorzeichen negativ, kommt die Funktion von $+\infty$, macht jetzt einen umgekehrten Schlenker und geht dann gegen $-\infty$.

Sie sollten sich allerdings auch klar machen, dass es bisher nicht möglich ist zu bestimmen, wo genau zum Beispiel die Punkte liegen, bei denen die Funktion ihr Monotonieverhalten ändert, also von steigend in fallend oder von fallend in steigend übergeht. Das ändert sich im Kapitel 5, wo wir die Differentialrechnung behandeln.

Aufgaben

4.12 (a) Gegeben ist die Funktion $f(x) = -2x^3 - 11x^2 + 7x + 6$. Berechnen Sie alle Nullstellen und skizzieren Sie die Funktion.

(b) Gegeben ist die Funktion $f(x) = -0{,}5x^2 - x + 1{,}5$. Lösen Sie die Gleichung $f(x) = 0$ und zeichnen Sie die Funktion unter Verwendung einer Wertetabelle.

Lösungen

4.12 (a) Durch Ausprobieren erhält man die erste Nullstelle $x_1 = 1$. Die Polynomdivision ergibt das Restpolynom $-2x^2 - 13x - 6$, dessen Nullstellen bei $x_2 = -0{,}5$ und $x_3 = -6$ liegen. Zusätzlich sollte man den Schnittpunkt mit der y-Achse bestimmen: $f(0) = 6$. Zeichnet man die so gefundenen Punkte $(1/0)$, $(-0{,}5/0)$, $(-6/0)$ und $(0/6)$ ein und vervollständigt analog zur Abbildung 4.10, so erhält man schon einen guten Eindruck vom Verlauf der Funktion (qualitativ wie eine auf den Kopf gestellte Abbildung 4.10).

(b) Da jetzt ein Polynom zweiten Grades gegeben ist, entfällt die Suche einer ersten Nullstelle durch Ausprobieren. Aus $-0{,}5x^2 - x + 1{,}5 = 0$ erhält man nach Division durch $-0{,}5$ die Gleichung $x^2 + 2x - 3 = 0$, die mit der p-q-Formel gelöst werden kann: $x_1 = 1$ und $x_2 = -3$. Zeichnet man die beiden Nullstellen und zusätzlich den y-Achsenabschnitt bei $f(0) = 1{,}5$ ein, so erkennt man schon, dass die Funktion eine nach unten geöffnete Parabel ist. Etwas genauer wird die Darstellung durch Verwendung einer Wertetabelle.

Weitere Lösungsverfahren für Polynomgleichungen

Für $n = 4$, also für Polynome vierten Grades, ist das Verfahren mittels Ausprobieren und Polynomdivision zweimal auszuführen, da nach der ersten Polynomdivision ein Polynom dritten Grades verbleibt. Wir verzichten hier auf eine Darstellung. Es gibt jedoch zwei Spezialfälle, bei denen einfachere Verfahren zum Ziel führen.

Wenn das Polynom keinen Term mit x in der ersten Potenz und keinen Term mit x^3 enthält, kann das **Substitutionsverfahren** angewendet werden. Hierzu betrachten wir das Beispiel:

$$x^4 - 4x^2 + 3 = 0$$

Substituiert (also ersetzt) man x^2 durch die neue Variable z, also $z = x^2$ und damit $z^2 = x^4$, so erhält man die quadratische Gleichung

$$z^2 - 4z + 3 = 0,$$

die mittels der p-q-Formel gelöst werden kann: $z_1 = 3$ und $z_2 = 1$. Wegen $z = x^2$ und $x = \pm\sqrt{z}$ folgt damit $x_1 = \sqrt{3}$, $x_2 = -\sqrt{3}$, $x_3 = 1$, $x_4 = -1$.

Wenn das Polynom kein konstantes Glied enthält ($a_0 = 0$), kann x ausgeklammert werden und das verbleibende Polynom nach bekanntem Verfahren analysiert werden. Zum Beispiel gilt:

$$x^4 - 9x^3 - 16x^2 + 60x = 0 \quad \Longleftrightarrow \quad x \cdot (x^3 - 9x^2 - 16x + 60) = 0$$

Daran erkennt man, dass $x_1 = 0$ eine Nullstelle ist, denn:

$$0 \cdot (0^3 - 9 \cdot 0^2 - 16 \cdot 0 + 60) = 0$$

Die weiteren Nullstellen können gefunden werden, indem das Restpolynom $x^3 - 9x^2 - 16x + 60$ gleich 0 gesetzt wird. Diese Gleichung haben wir bereits gelöst und das Ergebnis ist $x_2 = 2$, $x_3 = 10$ und $x_4 = -3$. Das Verfahren funktioniert auch bei Polynomen dritten Grades, wenn $a_0 = 0$ ist.

Aufgaben

4.13 Bestimmen Sie jeweils alle Nullstellen der nachfolgenden Polynome.

(a) $f(x) = x^4 - 6x^2 + 8$;

(b) $f(x) = 3x^4 + 3x^2 - 6$;

(c) $f(x) = 2x^3 - 8x^2 + 8x$;

(d) $f(x) = \frac{1}{2}x^4 - \frac{5}{2}x^3 + x^2 + 10x - 12$.

4.14 Lösen Sie die Gleichungen

(a) $x^2 + 4x = 0$;

(b) $4x^4 + 4x^2 = 0$;

(c) $4x^4 + 4x^2 - 48 = 0$.

Lösungen

4.13 (a) Die Substitution $z = x^2$ und damit $z^2 = x^4$ liefert $z^2 - 6z + 8 = 0{,}2$, die mittels der p-q-Formel gelöst werden kann: $z_1 = 2$ und $z_2 = 4$. Wegen $z = x^2$ und $x = \pm\sqrt{z}$ folgt damit $x_1 = \sqrt{2}$, $x_2 = -\sqrt{2}$, $x_3 = 2$, $x_4 = -2$.

(b) Die Substitution $z = x^2$ und damit $z^2 = x^4$ liefert nach Division durch 3 die quadratische Gleichung $z^2 - z - 2 = 0$ mit der Lösung $z_1 = 1$ und $z_2 = -2$. Wegen $z = x^2$ und $x = \pm\sqrt{z}$ folgt damit $x_1 = +\sqrt{1} = 1$ und $x_2 = -\sqrt{1} = -1$. Da die Wurzel aus der negativen Zahl -2 nicht definiert ist, hat diese Gleichung also nur zwei Lösungen.

(c) Durch Ausklammern findet man $f(x) = 2x(x^2 - 4x + 4)$. Die erste Nullstelle ist also $x_1 = 0$, die anderen ergeben sich durch Anwendung der p-q-Formel auf $x^2 - 4x + 4 = 0$ als $x_2 = 2$ und $x_3 = 2$. Die Funktion hat also nur zwei verschiedene Nullstellen.

(d) Da hier weder das Substitutionsverfahren noch das Ausklammern von x funktioniert, muss die erste Nullstelle durch Ausprobieren gefunden werden: $x_1 = 2$. Die Polynomdivision liefert dann die Gleichung $0{,}5x^3 - 1{,}5x^2 - 2x + 6 = 0$, für die wiederum durch Ausprobieren eine Lösung zu finden ist: $x_2 = 3$. Eine erneute Polynomdivision führt auf die Gleichung $0{,}5x^2 - 2 = 0$, die die Lösungen $x_3 = 2$ und $x_4 = -2$ hat. Die Funktion hat also nur drei unterschiedliche Nullstellen.

4.14 (a) Durch Ausklammern folgt $x(x+4) = 0$, woran man direkt $x_1 = 0$ und $x_2 = -4$ ablesen kann.

(b) Ausklammern liefert $4x^2(x^2+1) = 0$, also $x_1 = x_2 = 0$ (aus $4x^2 = 0$). Weitere Nullstellen gibt es nicht, weil $x^2 = -1$ keine Lösung hat.

(c) Division der Gleichung durch 4 liefert $x^4 + x^2 - 12 = 0$. Die Substitution $z = x^2$ und damit $z^2 = x^4$ ergibt $z^2 + z - 12 = 0$, woraus $z_1 = 3$ und $z_2 = -4$ folgt. Wegen $x = \pm\sqrt{z}$ folgt damit $x_1 = +\sqrt{3}$ und $x_2 = -\sqrt{3}$. Da die Wurzel aus der negativen Zahl -4 nicht definiert ist, gibt es keine weiteren Lösungen.

Graphische Darstellung

Die Abbildung 4.11 stellt einen typischen Verlauf eines Polynoms vierten Grades dar, wobei wir die Funktion $f(x) = x^4 - 6x^2 + 8$ aus der Aufgabe 4.13 (a) als Beispiel verwenden. Die Funktion kann maximal vier Nullstellen haben. Würde man die Funktion weiter nach oben schieben, so würden sich diese Nullstellen auf zwei reduzieren, wenn die x-Achse gerade noch berührt wird. Verschiebt man die Funktion noch weiter nach oben, so hat sie keine Nullstellen mehr. Die Funktion steht auf dem Kopf, wenn man sie mit -1 multipliziert; die Funktion $f(x) = -x^4 + 6x^2 - 8$ wird im rechten Teil der Abbildung 4.11 dargestellt.

Abbildung 4.11 Die Funktion $y = x^4 - 6x^2 + 8$ und $y = -x^4 + 6x^2 - 8$

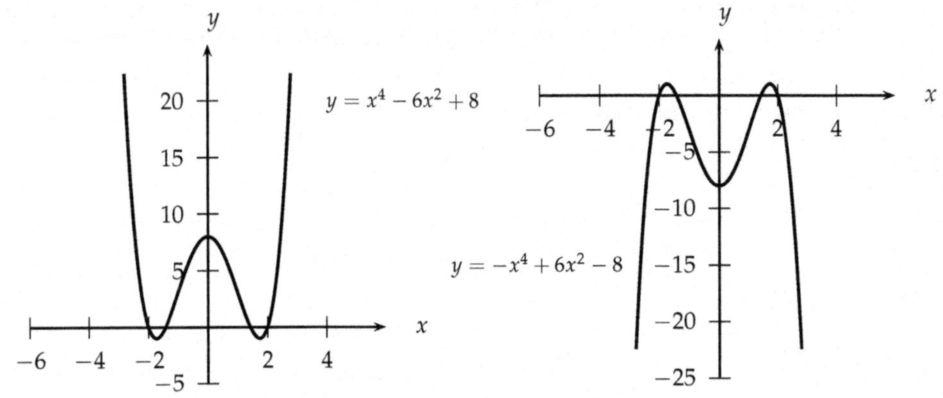

So wie die Abbildung 4.11 den typischen Verlauf eines Polynoms vierten Grades darstellt, gilt dasselbe für die Abbildung 4.10 für ein Polynom dritten Grades und für die Abbildung 4.3 für ein Polynom zweiten Grades. In allen Fällen drehen sich die jeweiligen Abbildungen um, wenn die entsprechende Funktion mit -1 multipliziert wird.

Aufgaben

4.15 Berechnen Sie alle Nullstellen und skizzieren Sie die beiden nachfolgenden Funktionen.

(a) $f(x) = 2x^3 + 11x^2 - 7x$;

(b) $g(x) = x^4 - x^3 - 7x^2 + 3x$;

(c) Begründen Sie anhand von möglichen Variationen der Abbildung 4.3 ohne Rechnung, dass ein Polynom zweiten Grades keine, eine oder zwei Nullstellen hat.

(d) Begründen Sie entsprechend anhand der Abbildung 4.10, dass ein Polynom dritten Grades eine, zwei oder drei Nullstellen hat.

Lösungen

4.15 (a) Aus $2x^3 + 11x^2 - 7x = x(2x^2 + 11x - 7) = 0$ folgt $x_1 = 0$ als erste Nullstelle und $f(0) = 0$ als y-Achsenabschnitt. Aus $2x^2 + 11x - 7 = 0$ erhält man (nach Division durch 2) mit der p-q-Formel $x_2 \approx -6{,}08$ und $x_3 \approx 0{,}58$ als weitere Nullstellen. Die Skizze sieht qualitativ wie die Abbildung 4.10 aus, wobei natürlich die anderen Nullstellen zu beachten sind.

(b) Aus $x^4 - x^3 - 7x^2 + 3x = x(x^3 - x^2 - 7x + 3) = 0$ folgt $x_1 = 0$ und $f(0) = 0$ als y-Achsenabschnitt. Durch Ausprobieren findet man $x_2 = 3$ als Nullstelle von $x^3 - x^2 - 7x + 3 = 0$. Polynomdivision führt auf $x^2 + 2x - 1 = 0$ mit den Nullstellen $x_3 \approx 0{,}41$ und $x_4 \approx -2{,}41$. Die Skizze sieht qualitativ wie die Abbildung 4.11 links aus, mit anderen Nullstellen.

(c) Ein Polynom zweiten Grades sieht typischerweise wie die Normalparabel $f(x) = x^2$ in der Abbildung 4.3 aus. Wenn die Funktion wie in der Abbildung 4.3 die x-Achse gerade berührt, hat sie eine Nullstelle. Wenn Sie sich diese Funktion nach unten verschoben vorstellen (zum Beispiel $f(x) = x^2 - 4$), gibt es zwei Schnittpunkte mit der x-Achse, also zwei Nullstellen. Wenn Sie sich die Funktion nach oben verschoben vorstellen (zum Beispiel $f(x) = x^2 + 4$), gibt es keine Nullstelle mehr.

(d) Ein Polynom dritten Grades sieht typischerweise aus wie in der Abbildung 4.10 dargestellt, wo die Funktion drei Nullstellen hat. Verschiebt man sie nach oben oder unten, so dass ein Minimum oder Maximum gerade auf der x-Achse liegt, so fallen zwei Nullstellen zu einer zusammen, so dass noch zwei Nullstellen verbleiben. Verschiebt man sie noch weiter nach oben oder unten, so verbleibt nur ein Schnittpunkt mit der x-Achse, also eine Nullstelle.

4.3.3 Gebrochen rationale Funktionen

Definition

Gebrochen rationale Funktionen entstehen aus zwei Polynomen, die als Bruch dividiert werden. Dadurch sind sie erheblich aufwändiger zu analysieren als Polynome. Allerdings beschränkt sich ihre Anwendung in den Wirtschaftswissenschaften auf relativ wenige Spezialfälle. Entsprechend beschränken wir uns hier auf eine kurze Darstellung.

Die Funktion

$$f(x) = \frac{a_n x^n + a_{n-1} x^{n-1} + \ldots + a_2 x^2 + a_1 x + a_0}{b_m x^m + b_{m-1} x^{m-1} + \ldots + b_2 x^2 + b_1 x + b_0}$$

mit dem Definitionsbereich D und $n, m \in N$ heißt **gebrochen rationale Funktion**. Die Koeffizienten $a_0, a_1 \ldots, a_n$ und $b_0, b_1 \ldots, b_n$ sind reelle Zahlen.

Gebrochen rationale Funktionen haben in der Regel nicht definierte Stellen, nämlich überall dort, wo das Nennerpolynom gleich 0 wird. Der maximale Definitionsbereich umfasst also die reellen Zahlen ohne die Nullstellen des Nennerpolynoms. Offenbar sind Summen, Differenzen, Produkte und Quotienten von gebrochen rationalen Funktionen wieder gebrochen rationale Funktionen.

Nullstellen

Eine gebrochen rationale Funktion hat eine Nullstelle, wenn das Zählerpolynom an einer Stelle des Definitionsbereichs eine Nullstelle hat. Um zum Beispiel die Nullstellen der Funktion

$$f(x) = \frac{x^2 - 4}{x^3 + 1}$$

zu bestimmen, müssen also lediglich die Lösungen von $x^2 - 4 = 0$ bestimmt werden. Mit den Methoden des letzten Abschnitts lässt sich feststellen, dass die Lösungen dieser Gleichung $x_1 = 2$ und $x_2 = -2$ lauten. Nun ist noch zu prüfen, ob diese Lösungen überhaupt zum Definitionsbereich gehören. Dazu setzen wir die Lösungen in das Nennerpolynom ein: $2^3 + 1 = 9 \neq 0$ und $(-2)^3 + 1 = -7 \neq 0$. Die beiden Werte gehören also zum Definitionsbereich, und wir haben 2 Nullstellen der Funktion gefunden.

Definitionslücken

Setzt man das Nennerpolynom gleich 0, $x^3 + 1 = 0$, so folgt als Lösung $x = -1$. Da die Division durch 0 nicht möglich ist, liegt also bei $x = -1$ eine Definitionslücke vor. Um das Verhalten der Funktion in der Nähe der Definitionslücke zu prüfen, müssen die sogenannten **Grenzwerte** bei Annäherung von x an -1 von beiden Seiten geprüft werden. Da wir die Grenzwertberechnung nur selten benötigen, beschränken wir uns auf einige intuitive Hinweise.

Abbildung 4.12 Die Funktion $f(x) = \frac{x^2-4}{x^3+1}$

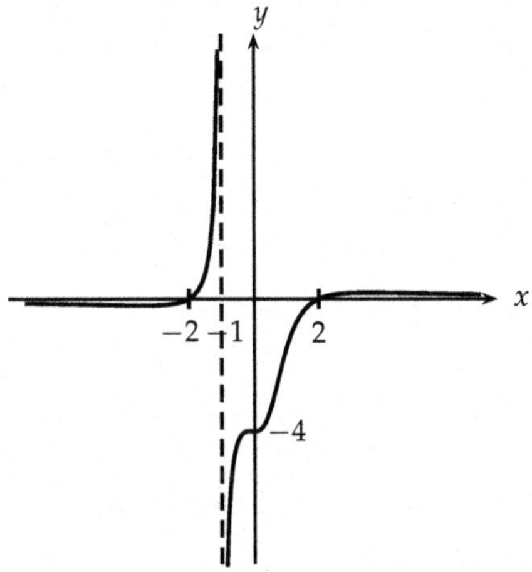

Bei $x = -1$ und auch für Werte von x ganz nahe links oder rechts der -1 ist das Zählerpolynom $x^2 - 4$ negativ. Das Nennerpolynom $x^3 + 1$ nähert sich immer weiter an 0 an, je näher man sich $x = -1$ nähert. Links von -1, also zum Beispiel für $-1{,}01$, ist $(-1{,}01)^3 + 1 = -0{,}030301 < 0$. Also muss der Funktionswert links in der Nähe von -1 positiv sein, da Zähler und Nenner negativ sind. Da der Nenner sich dabei immer mehr an 0 annähert, während der Zähler den Grenzwert -3 hat, wird der Bruch immer größer, im Grenzfall unendlich groß, also $+\infty$. Der Funktionswert wird also von links kommend bei Annäherung an -1 unbegrenzt immer größer. Analog kann man argumentieren, dass er von rechts kommend unbegrenzt immer kleiner wird, im Grenzfall also $-\infty$, weil der Nenner sich jetzt von positiven Werten her an 0 annähert. Man sagt daher, die Gerade $x = -1$ ist eine **vertikale Asymptote** von $f(x) = (x^2 - 4)/(x^3 + 1)$, die in der Abbildung 4.12 als gestrichelte Linie eingezeichnet ist. Eine solche Definitionslücke mit vertikaler Asymptote heißt auch **Polstelle**.

Horizontale Asymptoten

Das Verhalten der Funktion, wenn x unbegrenzt immer größer oder kleiner wird, wird ebenfalls über eine Grenzwertbetrachtung analysiert. Wenn x im Grenzfall unendlich wird, symbolisiert durch $x \to \infty$, kann man gut erkennen, dass der Nenner in unserem Beispiel schneller wächst als der Zähler. Das liegt an der höheren Potenz des Nennerpolynoms. Wenn Sie zum Beispiel $x = 1.000$ in den Zähler einsetzen, erhalten Sie den Wert $1.000.000 - 4$, während sich für den Nenner $1.000.000.000 + 1$ ergibt. Die -4 und die 1 spielen hier für die Größenordnung der Ausdrücke offenbar gar keine Rolle mehr. Entscheidend ist, dass im Nenner die dritte Potenz, im Zähler dagegen nur die zweite Potenz auftaucht. Für sehr große Werte von x nähert sich der Bruch daher immer weiter an 0 an. Man sagt, der Grenzwert der Funktion für $x \to \infty$ ist 0. Ganz analog kann man auch zeigen, dass der Grenzwert für $x \to -\infty$ ebenfalls 0 ist. Im Beispiel wird daher die Gerade $y = 0$, also die x-Achse, als **horizontale Asymptote** von $f(x) = (x^2 - 4)/(x^3 + 1)$ bezeichnet.

Abbildung 4.13 Die Funktionen $f(x) = \frac{1}{x}$ und $f(x) = \frac{1}{x+1}$

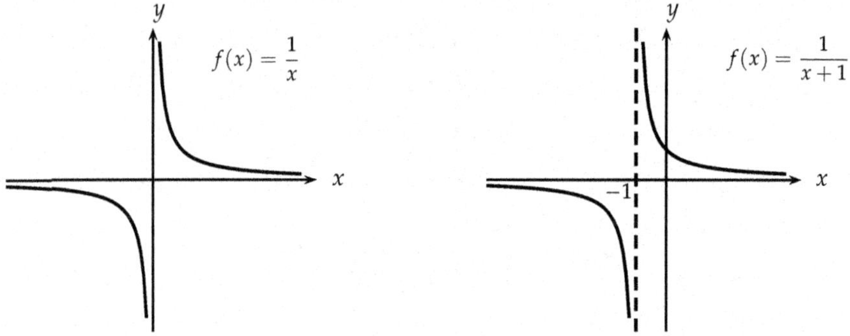

Die Normalhyperbel

Abgesehen von einfachen Spezialfällen spielen gebrochen rationale Funktionen eine untergeordnete Rolle in den Wirtschaftswissenschaften. Die einfachste dieser Funktionen ist die sogenannte **Normalhyperbel**:

$$f(x) = \frac{1}{x}$$

Jede gebrochen rationale Funktion kann nur da Nullstellen haben, wo das Zählerpolynom gleich 0 ist. Im Beispiel ist das Zählerpolynom konstant gleich 1, so dass keine Nullstelle vorliegt. Ist das Nennerpolynom gleich 0, so handelt es sich um eine **Definitionslücke** des Polynoms, weil die Division durch 0 nicht erlaubt ist. Da das Nennerpolynom im Beispiel einfach x lautet, liegt also eine Definitionslücke bei $x = 0$.

Nähert sich x von links der 0 an, so erkennt man, dass die Funktionswerte immer kleiner werden, so dass der Grenzwert bei $-\infty$ (minus unendlich) liegt. Zur Veranschaulichung setzen wir $x = -0{,}0001$ ein:

$$f(-0{,}0001) = \frac{1}{-0{,}0001} = -10.000$$

Ganz entsprechend erhalten wir $f(0{,}0001) = 10.000$; der Grenzwert, wenn sich x von rechts an 0 annähert ist ∞. Die Funktion wird also von links kommend bei Annäherung an 0 unbegrenzt immer kleiner und von rechts kommend unbegrenzt immer größer. Die Gerade $x = 0$ ist die **vertikale Asymptote** von $f(x) = 1/x$. In der Abbildung 4.13 links fällt die vertikale Asymptote mit der y-Achse zusammen. Zum Vergleich haben wir rechts auch die Funktion $f(x) = 1/(x+1)$ eingezeichnet, die eine vertikale Asymptote bei $x = -1$ hat.

Ebenso wie das vorangehende, kompliziertere Beispiel besitzt auch die Normalhyperbel eine **horizontale Asymptote**, die durch Berechnung der Grenzwerte für $x \to \infty$ und $x \to -\infty$ bestimmt wird. Setzt man sehr große Werte, zum Beispiel $x = 10.000$ ein, so erkennt man, dass der Funktionswert schon nahe 0 liegt. Das gilt ebenso für sehr kleine Werte, zum Beispiel $x = -10.000$. Die Grenzwerte von $f(x) = 1/x$ für $x \to \infty$ und $x \to -\infty$ sind demnach beide gleich 0. Die x-Achse ist daher die horizontale Asymptote, was ebenfalls anhand der Abbildung 4.13 zu erkennen ist.

Obwohl eine weitergehende Analyse dieser Funktion die Differentialrechnung erfordert, die erst im folgenden Kapitel behandelt wird, können Sie sich anhand einer Wertetabelle den weiteren in der Abbildung 4.13 dargestellten Verlauf plausibel machen.

Aufgaben

4.16 Berechnen Sie für die nachfolgenden Funktionen die Asymptoten und erstellen Sie jeweils eine Skizze unter Verwendung einer Wertetabelle:
(a) $f(x) = 4/x$; (b) $f(x) = 1/x^2$; (c) $f(x) = 1/(x-1)$.

Lösungen

4.16 (a) Wertetabelle:

x	−1000	−100	−10	−2	−1	−0,5	−0,1	−0,01	−0,001
$4/x$	−0,004	−0,04	−0,4	−2	−4	−8	−40	−400	−4000

x	0,001	0,01	0,1	0,5	1	2	10	100	1000
$4/x$	4000	400	40	8	4	2	0,4	0,04	0,004

Bei $x = 0$ liegt eine Definitionslücke. Nähert man sich dieser Lücke von links immer weiter an, so wird der Bruch immer kleiner, im Grenzfall $-\infty$. Nähert man sich der Lücke von rechts immer weiter an, wird der Bruch immer größer, im Grenzfall ∞. Die vertikale Asymptote ist also die Gerade $x = 0$ (die y-Achse). Wird x immer kleiner, im Grenzfall $-\infty$, wird der Bruch immer kleiner, im Grenzfall 0. Wird x immer größer, im Grenzfall ∞, wird der Bruch im Grenzfall ebenfalls 0. Die horizontale Asymptote ist also die Gerade $y = 0$ (die x-Achse). Qualitativ sieht die Funktion ähnlich aus wie diejenige in der Abbildung 4.13 links.

(b) Sie können eine Wertetabelle ähnlich zur vorangehenden Aufgabe erstellen. Durch das Quadrat im Nenner sind alle Funktionswerte positiv. Die vertikale Asymptote ist daher der positive Teil der y-Achse, die horizontale Asymptote ist wieder die x-Achse. Qualitativ sieht die Funktion ähnlich aus wie der linke Teil der Abbildung 4.13, wenn der links verlaufende Ast der Hyperbel an der x-Achse in den positiven Bereich gespiegelt wird.

(c) Diese Funktion ist wie der rechte Teil der Abbildung 4.13 eine verschobene Normalhyperbel, allerdings nicht nach links, sondern nach rechts verschoben. Die vertikale Asymptote ist die Gerade $x = 1$, die horizontale Asymptote ist die x-Achse.

4.3.4 Potenzfunktionen

Definition

Potenzfunktionen sind Verallgemeinerungen von Polynomen, weil anstelle der natürlichen Exponenten bei den Polynomen nun beliebige reelle Zahlen als Exponenten auftreten dürfen. Wir behandeln hier jedoch nur Fälle, in denen die Potenzfunktion aus einem Term besteht.

Die Funktion

$$f(x) = ax^b, \qquad a, b \in R$$

mit dem Definitionsbereich $D = \{x \in R \mid x > 0\}$ heißt **Potenzfunktion** mit reellem Exponenten.

Wir haben den Definitionsbereich hier auf die positiven reellen Zahlen begrenzt, damit die Funktion allgemein für beliebige reelle Exponenten definiert werden kann. Für bestimmte Exponenten haben die Potenzfunktionen größere Definitionsbereiche. Ist zum Beispiel $b = 2$

und $a = 1$, so haben wir es mit einer Normalparabel zu tun, deren maximaler Definitionsbereich alle reellen Zahlen umfasst. Alle Potenzfunktionen sind stetig.

Ist b eine positive natürliche Zahl, so ist die Potenzfunktion ein Polynom, das nur aus einem Term besteht. Ist $b = 0$, so handelt es sich um eine konstante Funktion, da $ax^0 = a$. Ist b eine negative ganze Zahl, so wird die Potenzfunktion zu einer Hyperbel. Zum Beispiel ist für $a = 2$ und $b = -1$:

$$f(x) = 2x^{-1} = \frac{2}{x}$$

Diese Funktionstypen haben wir alle bereits betrachtet.

Wurzelfunktionen

Einen weiteren Spezialfall der Potenzfunktion stellen die bisher noch nicht analysierten **Wurzelfunktionen** dar. Ist zum Beispiel $a = 1$ und $b = 1/2$, so erhält man aus $f(x) = ax^b$ die Funktion

$$f(x) = \sqrt{x},$$

weil $x^{1/2} = \sqrt{x}$ (vgl. dazu die Seite 9 im Kapitel 1).

Die Wurzelfunktion ist für alle $x \geqq 0$ definiert. Wir betrachten neben der Quadratwurzelfunktion noch die Funktion $f(x) = \sqrt[5]{x}$ und beginnen mit einer Wertetabelle für beide Funktionen.

x	0	0,2	0,5	1	2	3	4
$\sqrt{x}$	0,000	0,447	0,707	1,000	1,414	1,732	2,000
$\sqrt[5]{x}$	0,000	0,725	0,871	1,000	1,149	1,246	1,320

Abbildung 4.14 Die Funktionen $y = \sqrt{x}$ und $y = \sqrt[5]{x}$

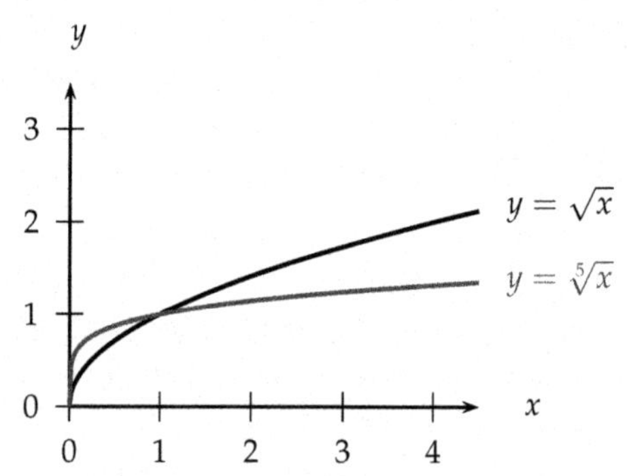

Beide Funktionen werden in der Abbildung 4.14 dargestellt. Da die n-te Wurzel aus 0 für alle natürlichen $n > 0$ stets 0 ist, beginnen beide Funktionen im Koordinatenursprung. Beide Funktionen verlaufen in der Nähe des Nullpunktes sehr steil (vgl. dazu Kapitel 5). Bei $x = 1$ haben beide den Wert 1, weil die n-te Wurzel aus 1 für alle natürlichen $n > 0$ stets 1 ergibt. Zwischen 0 und 1 sind die Werte der fünften Wurzel größer als die der zweiten Wurzel, für $x > 1$ kehrt sich dieses Verhältnis um.

Abbildung 4.15 Lösungen zu den Aufgaben 4.17 (a) und (b)

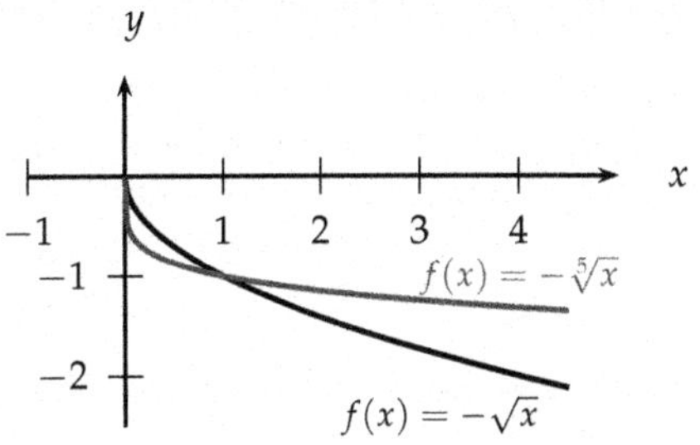

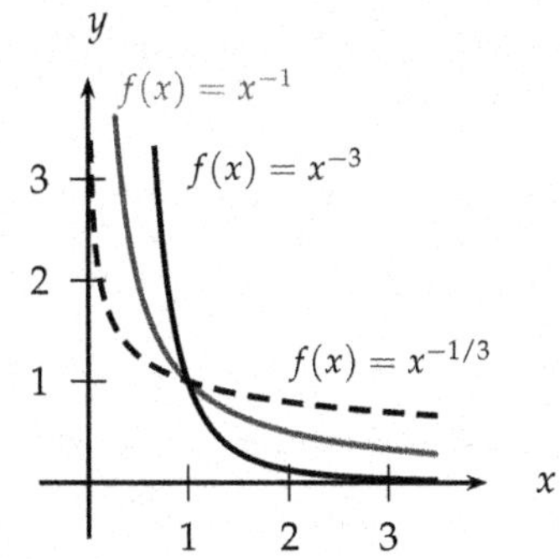

Aufgaben

4.17 (a) Skizzieren Sie die Funktionen $y = -\sqrt{x}$ und $y = -\sqrt[5]{x}$ für $x \geqq 0$ in einem Koordinatensystem.

(b) Stellen Sie $y = x^{-1}$, $y = x^{-3}$ und $y = x^{-1/3}$ für $x > 0$ in einem Koordinatensystem dar.

Lösungen

4.17 Sie sollten Wertetabellen aufstellen. Die Lösungen werden in der Abbildung 4.15 links (a) und rechts (b) dargestellt.

4.3.5 Exponential- und Logarithmusfunktionen

Exponentialfunktionen

Wachstumsvorgänge, also auch zum Beispiel das Wachstum eines Kapitalstocks in der Finanzmathematik oder generell wirtschaftliches Wachstum, werden häufig durch Exponentialfunktionen beschrieben. Wir haben Exponentialfunktionen bereits in der Finanzmathematik verwendet, allerdings ohne diese auch so zu benennen.

> Die Funktion
> $$f(x) = a \cdot b^x, \qquad a \in R,\ b > 0$$
> mit dem Definitionsbereich $D = R$ heißt **Exponentialfunktion**.

Beachten Sie bitte, dass die Variable x nun anders als bei den Potenzfunktionen nicht als **Basis** der Potenz, sondern als **Exponent** auftritt. Exponentialfunktionen sind stetig auf dem Definitionsbereich R und nehmen für $a > 0$ nur positive Werte an.

Nehmen wir zunächst einmal zur Konkretisierung an, dass $a > 0$ ist. Dann lassen sich die folgenden wichtigen Eigenschaften der Exponentialfunktion ableiten.

- Aus $f(x) = ab^x$ folgt $f(x+1) = ab^{x+1} = ab^x \cdot b^1$, also $f(x+1) = bf(x)$. Wenn also der Wert von x um 1 steigt, steigt der Funktionswert auf das b-Fache.

- Ähnlich kann man zeigen, dass $f(x)$ für $b > 1$ streng monoton wachsend und für $b < 1$ streng monoton fallend ist.

- Weil $f(0) = ab^0 = a$ ist, gilt $f(x) = f(0)b^x$. Die Konstante a stellt also stets den Funktionswert für $x = 0$ dar.

- Da mit Exponentialfunktionen häufig Wachstums- oder Zerfallsvorgänge in der Zeit modelliert werden, wird gerne die Variable t (für *time*) anstelle von x verwendet:

$$f(t) = ab^t$$

In diesem Zusammenhang wird $a = f(0)$ der **Startwert** der abhängigen Variablen y genannt. Der Wert b heißt **Basis** der Exponentialfunktion.

Die Abbildung 4.16 stellt zwei Exponentialfunktionen mit der Basis $2 > 1$ und der Basis $1/2 < 1$ gegenüber. In beiden Fällen ist $a = f(0) = 1$ gewählt worden. Sie sollten zur Übung selbst zwei Wertetabellen erstellen.

Abbildung 4.16 Die Funktionen $f(x) = 2^x$ und $f(x) = \frac{1}{2}^x$

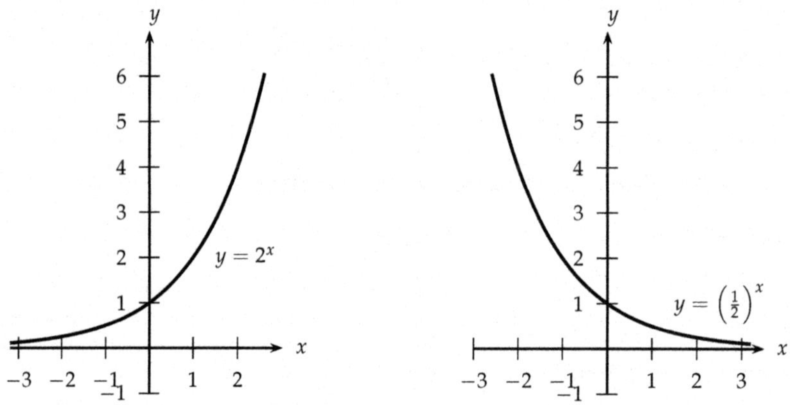

Beispiel

Gegeben sei die Funktion $f(x) = 1{,}5 \cdot 2^x$, die im rechten Teil der Abbildung 4.17 dargestellt wird. Die Funktionswerte zu den ganzzahligen x-Werten $x = 1, 2, 3 \ldots$ können folgendermaßen ausgehend von den jeweils vorangehenden Werten berechnet werden:

$$f(0) = 1{,}5 \cdot 2^0 = 1{,}5; \quad f(1) = 2 \cdot f(0) = 3; \quad f(2) = 2 \cdot f(1) = 6; \quad f(3) = 2 \cdot f(2) = 12 \ldots$$

Da die Basis dieser Exponentialfunktion 2 ist, verdoppeln sich die Funktionswerte stets, wenn x um 1 erhöht wird. Dieselben Funktionswerte erhalten Sie durch direktes Einsetzen in die Funktionsgleichung, zum Beispiel $f(2) = 1{,}5 \cdot 2^2 = 6$.

Aufgaben

4.18 Berechnen Sie für die nachfolgenden Funktionen die Funktionswerte zu den Zeitpunkten $x = 1, 2, 3, 4$ jeweils ausgehend von dem vorangehenden Wert (Sie müssen also mit $x = 0$ beginnen). Berechnen Sie die Funktionswerte anschließend direkt anhand der Funktionsgleichung.
(a) $f(x) = 3 \cdot 2^x$; (b) $f(x) = 3 \cdot 0{,}5^x$.

Lösungen

4.18 (a) $f(0) = 3 \cdot 2^0 = 3$; $f(1) = b \cdot f(0) = 2 \cdot 3 = 6$; $f(2) = b \cdot f(1) = 2 \cdot 6 = 12$; $f(3) = b \cdot f(2) = 2 \cdot 12 = 24$; $f(4) = b \cdot f(3) = 2 \cdot 24 = 48$. Der Funktionswert verdoppelt sich also immer, wenn x um 1 steigt. Die Werte erhält man auch direkt anhand der Funktionsgleichung: $f(1) = 3 \cdot 2^1 = 6$; $f(2) = 3 \cdot 2^2 = 12$; $f(3) = 3 \cdot 2^3 = 24$; $f(4) = 3 \cdot 2^4 = 48$.

(b) $f(0) = 3 \cdot 0{,}5^0 = 3$; $f(1) = b \cdot f(0) = 0{,}5 \cdot 3 = 1{,}5$; $f(2) = b \cdot f(1) = 0{,}5 \cdot 1{,}5 = 0{,}75$; $f(3) = b \cdot f(2) = 0{,}5 \cdot 0{,}75 = 0{,}375$; $f(4) = b \cdot f(3) = 0{,}5 \cdot 0{,}375 = 0{,}1875$. Der Funktionswert halbiert sich also immer, wenn x um 1 steigt. Die Werte erhält man auch direkt anhand der Funktionsgleichung: $f(1) = 3 \cdot 0{,}5^1 = 1{,}5$; $f(2) = 3 \cdot 0{,}5^2 = 0{,}75$; $f(3) = 3 \cdot 0{,}5^3 = 0{,}375$; $f(4) = 3 \cdot 0{,}5^4 = 0{,}1875$.

Die natürliche Exponentialfunktion

Die weitaus wichtigste Basis ist die **Eulersche Zahl** $e = 2{,}718281828459\ldots$, die Sie bereits aus der Finanzmathematik kennen (vgl. die Seite 40 im Kapitel 2). Die Funktion

$$f(x) = e^x$$

wird als **natürliche Exponentialfunktion** bezeichnet. Eine Funktion der Form $f(x) = ae^x$ wird auch einfach als **e-Funktion** bezeichnet. Sie wird in der Abbildung 4.17 links dargestellt. Die Bedeutung der Basis e ergibt sich zum einen daraus, dass diese Zahl in der Differentialrechnung (siehe Kapitel 5) ganz von selbst auftaucht und viele Berechnungen erheblich vereinfacht. Zum anderen kann man jede Exponentialfunktion mit einer beliebigen Basis b in eine Exponentialfunktion mit der Basis e umformen.

Abbildung 4.17 Die Funktionen $f(x) = e^x$ und $f(x) = 1{,}5 \cdot 2^x = 1{,}5 \cdot e^{0{,}693x}$

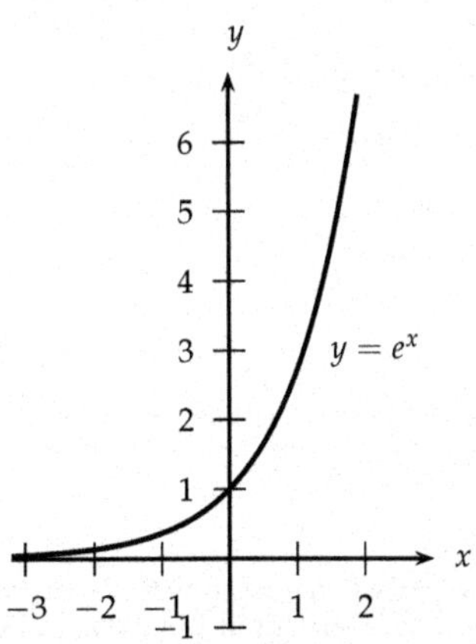

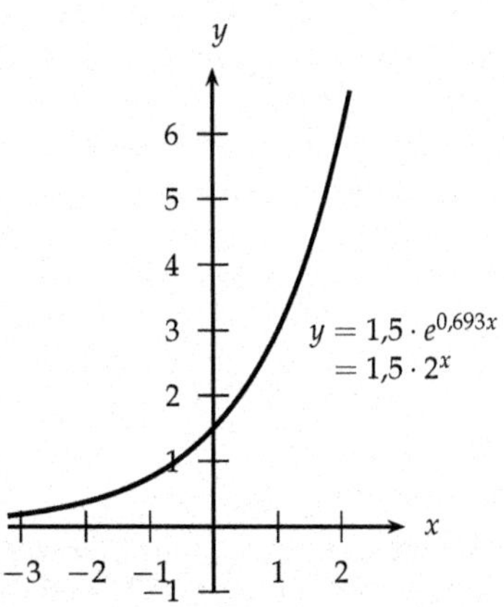

Beispiele

- Gegeben sei wieder die Funktion $f(x) = 1{,}5 \cdot 2^x$ mit der Basis 2. Um diese Funktion mit der Basis e zu schreiben, muss man eine Konstante ρ so bestimmen, dass

$$2 = e^{\rho} \quad \text{und damit} \quad 2^x = (e^{\rho})^x = e^{\rho x}.$$

Nimmt man auf beiden Seiten der ersten Gleichung den natürlichen Logarithmus, so folgt $\rho = \ln 2 \approx 0{,}693$. Das heißt, die Funktionen $f(x) = 1{,}5 \cdot 2^x$ und $f(x) = 1{,}5 \cdot e^{0{,}693x}$ sind bis auf den Rundungsfehler identisch, weil $e^{0{,}693} = 2$. Im rechten Teil der Abbildung 4.17 wird diese Funktion dargestellt.

- Eine wichtige Anwendung besteht in der Finanzmathematik, aus der Ihnen bereits die **Zinseszinsformel** bekannt ist (vgl. die Seite 31):

$$K_t = K_0\,(1+i)^t$$

Mit $K_0 = f(0)$ und $(1+i) = b$ erkennt man, dass die Entwicklung des Kapitals K einer Exponentialfunktion mit der Basis $1+i$ folgt. Auch diese Funktion kann mittels des konformen **Momentanzinssatzes** in eine Funktion mit der Basis e umgewandelt werden:

$$(1+i)^t = e^{\rho t} \quad \Rightarrow \quad (1+i) = e^{\rho} \quad \Rightarrow \quad \rho = \ln(1+i)$$

also

$$K_t = K_0 e^{\ln(1+i)t}$$

Das bedeutet, dass man anstelle der Zinseszinsformel mit dem Zinssatz i genauso gut mit der e-Funktion $K_0 e^{\rho t}$ rechnen kann, wenn man für ρ den Wert $\ln(1+i)$ verwendet. In der Finanzierungs- und Kapitalmarkttheorie wird davon reger Gebrauch gemacht, weil die e-Funktion häufig einfacher zu handhaben ist.

Aufgaben

4.19 (a) Formen Sie die Funktion $f(x) = 3 \cdot 2^x$ in eine Exponentialfunktion mit der Basis e um.

(b) Formen Sie die Funktion $f(x) = 5 \cdot 0{,}5^x$ in eine Exponentialfunktion mit der Basis e um.

(c) Erstellen Sie eine Skizze der Funktionen $f(x) = 2e^{0{,}5x}$ und $f(x) = 2e^{-0{,}5x}$.

Lösungen

4.19 (a) Aus dem Ansatz $3 \cdot 2^x = 3 \cdot e^{\rho x}$ folgt $2 = e^{\rho}$. Löst man diese Gleichung nach ρ auf, so folgt $\rho = \ln 2 \approx 0{,}693$. Die gesuchte Funktionsgleichung lautet also $f(x) = 3 \cdot e^{0{,}693x}$.

(b) $\rho = \ln 0{,}5 \approx -0{,}693$, also $f(x) = 5 \cdot e^{-0{,}693x}$.

(c) Sie sollten Wertetabellen erstellen. Die beiden Funktionen sehen qualitativ aus wie diejenigen in der Abbildung 4.16 links und rechts, wobei der y-Achsenabschnitt in beiden Fällen bei 2 liegt.

Logarithmusfunktionen

Das Logarithmieren ist eine Umkehrung des Potenzierens. Die Umkehrfunktion der Exponentialfunktion ist daher die Logarithmusfunktion. Wir beschränken uns hier auf die natürliche Exponentialfunktion und ihre Umkehrung, die **natürliche Logarithmusfunktion**. Die wichtigsten Regeln zum Logarithmus kennen Sie bereits aus dem Kapitel 1. Der Übersichtlichkeit halber werden sie kurz wiederholt. Der **natürliche Logarithmus** von $a > 0$ zur Basis e gibt an, womit e potenziert werden muss, damit das Ergebnis gleich a ist:

$$\ln a = x \quad \Longleftrightarrow \quad e^x = a$$

Dabei gelten die folgenden Regeln:

$$\begin{aligned} \ln(x \cdot y) &= \ln x + \ln y \\ \ln(x/y) &= \ln x - \ln y \\ \ln(x^y) &= y \cdot \ln x \\ \ln e &= 1 \end{aligned}$$

Wenn man die Exponentialfunktion $y = e^x$ nach x auflöst, folgt:

$$\begin{aligned} y &= e^x \qquad | \ln \\ \ln y &= x \cdot \ln e = x \end{aligned}$$

Durch Vertauschen von x und y ergibt sich damit die natürliche **Logarithmusfunktion** als Umkehrfunktion der natürlichen Exponentialfunktion:

$$y = \ln x$$

Der maximale Definitionsbereich umfasst die positiven reellen Zahlen, also alle $x > 0$, weil e^y stets positiv ist.

Bei der allgemeinen Diskussion der Umkehrfunktionen im Abschnitt 4.2 haben wir gesehen, dass man eine Umkehrfunktion graphisch durch Spiegelung an der 45°-Linie erhält. Die natürliche Logarithmusfunktion entsteht also durch Spiegelung der natürlichen Exponentialfunktion an der 45°-Linie, was anhand der Abbildung 4.18 zu erkennen ist.

Wir haben bereits gesehen, dass $\ln e^x = x$ ist. Analog gilt auch $e^{\ln x} = x$. Beide Beziehungen werden bei der Umformung von Gleichungen häufig benötigt.

Aufgaben

4.20 Bestimmen Sie die Umkehrfunktionen:
(a) $f(x) = 4e^{-2x}$; (b) $f(x) = 10\ln(x) + 5$; (c) $f(x) = \ln\left(\frac{1+x}{x}\right)$.

Lösungen

4.20 (a) Logarithmieren von $y = 4e^{-2x}$ liefert $\ln(y) = \ln(4) - 2x$, also $x = (\ln(4) - \ln(y))/2$ und damit nach Vertauschen der Variablen die Umkehrfunktion:

$$f(x) = \frac{\ln(4) - \ln(x)}{2} \text{ oder } f(x) = \frac{1}{2}\ln\left(\frac{4}{x}\right)$$

Abbildung 4.18 Logarithmusfunktion als Umkehrung der Exponentialfunktion

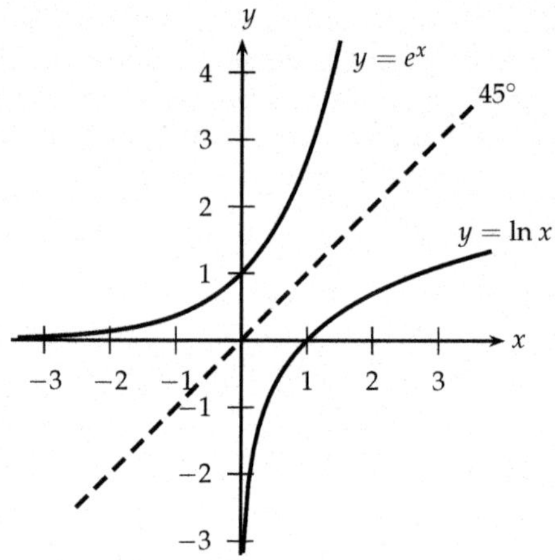

(b) Potenzieren von e mit beiden Seiten der Gleichung $y = 10\ln(x) + 5$ liefert:

$$e^y = e^{10\ln(x)} \cdot e^5 = \left(e^{\ln(x)}\right)^{10} \cdot e^5 = x^{10} \cdot e^5, \quad \text{also} \quad x^{10} = e^{y-5}$$

Nach Vertauschen der Variablen folgt die Umkehrfunktion $f(x) = e^{(x-5)/10}$.

(c) $f(x) = 1/(e^x - 1)$.

Anwendungen

In den Wirtschaftswissenschaften spielt die Logarithsmusfunktion hauptsächlich in ihrer Eigenschaft als Umkehrfunktion der Exponentialfunktion eine Rolle. Ein Beispiel dafür kennen Sie bereits aus der Finanzmathematik, wo es darum geht, die Dauer zu ermitteln, für die ein Kapital angelegt werden muss, um einen vorgegebenen Endwert zu erreichen. Wir betrachten hier ein ähnliches Beispiel zum Bevölkerungswachstum. Angenommen, die Bevölkerung eines Landes wächst pro Jahr um 2% = 0,02. Im Jahr 0 hat das Land 10 Millionen Einwohner (das Jahr 0 kann zum Beipiel für das Jahr 2012 in der Realität stehen). Das heißt, die Bevölkerung entwickelt sich analog zur Zinseszinsformel gemäß der folgenden Exponentialfunktion, wobei die Einheiten in Millionen Menschen gemessen werden:

$$f(t) = 10 \cdot (1 + 0{,}02)^t$$

Wenn nun eine Prognose erstellt werden soll, zu welchem Zeitpunkt die Bevölkerung auf 15 Millionen angestiegen ist, muss man $f(t) = 15$ setzen und die Gleichung lösen:

$$\begin{aligned} 15 &= 10 \cdot 1{,}02^t && \mid :10 \\ 1{,}5 &= 1{,}02^t && \mid \ln \\ \ln(1{,}5) &= t \cdot \ln 1{,}02 && \mid :\ln 1{,}02 \\ 20{,}48 &= t \end{aligned}$$

Es dauert also etwa 20,5 Jahre, bis die Bevölkerung auf das Anderthalbfache angewachsen ist.

Häufig fragt man auch danach, wie lange es dauert, bis sich eine Größe verdoppelt hat. Wir können dafür eine allgemeine Formel finden. Wenn die abhängige Variable der Funktion $y = y_0 \cdot b^t$ folgt, lautet die Frage, wie lange es dauert, bis $y = 2y_0$ ist:

$$\begin{aligned} 2y_0 &= y_0 \cdot b^t && \mid : y_0 \\ 2 &= b^t && \mid \ln \\ \ln(2) &= t \cdot \ln(b) && \mid : \ln(b) \\ \ln(2) / \ln(b) &= t \end{aligned}$$

Die sogenannte **Verdoppelungszeit** beträgt also:

$$t = \frac{\ln(2)}{\ln(b)}$$

Die Verdopplung eines Kapitalstocks ist bereits im Kapitel 2 auf der S. 38 analysiert worden.

Entsprechend kann man bei **Zerfallsprozessen** vorgehen, die vorliegen, wenn die Wachstumsrate negativ ist. Ein Beispiel für einen Zerfallsprozess haben wir in der Abbildung 4.16 mit der Funktion $f(x) = 0{,}5^x$ gesehen. Sie können sich vorstellen, dass diese Funktion folgenden Prozess beschreibt. Jedes Jahr verringert sich der Bestand einer Größe um die Hälfte, also um $-50\% = -0{,}5$. Dann gilt:

$$f(t) = y_0 \cdot (1 - 0{,}5)^t = 0{,}5^t$$

Die Abbildung 4.16 ist insofern typisch, als sie verdeutlicht, dass der Bestand zwar immer kleiner, aber nie 0 wird. Daher macht es keinen Sinn zu fragen, wann der Bestand auf 0 sinkt. Stattdessen berechnet man häufig die sogenannte **Halbwertszeit**, die angibt, nach welchem Zeitraum sich der Bestand halbiert hat. Analog zur Verdoppelungszeit kann man die folgende Formel für die **Halbwertszeit** finden:

$$t = \frac{\ln(0{,}5)}{\ln(b)}$$

In unserem Beispiel ist die Halbwertszeit gleich 1, weil wir ja gerade unterstellt haben, dass der Bestand pro Zeiteinheit um 50% abnimmt ($b = 0{,}5$).

Aufgaben

4.21 (a) Die Inflationsrate eine Landes betrage 10%. Wie viel kostet ein Haus, das heute 200.000 € kostet, voraussichtlich in 7, 10 und 22 Jahren, wenn unterstellt wird, dass sich die Immobilienpreise gemäß der Inflationsrate entwickeln?

(b) Die Einwohnerzahl Deutschlands beträgt 2012 ungefähr 82 Millionen. Die Wachstumsrate der Bevölkerung wird aktuell auf etwa $-0{,}5\%$ jährlich geschätzt. Geben Sie eine Formel für die Einwohnerzahl zur Zeit t an, wenn $t = 0$ dem Jahr 2012 entspricht, und berechnen Sie die Halbwertszeit.

(c) Nehmen Sie an, die Bevölkerung eines Landes wächst um 0,72% pro Jahr. Im Jahr 1500 gab es eine Million Einwohner. Wie viele Einwohner gibt es im Jahr 2012? Wie lange dauert es, bis sich die Bevölkerung verdoppelt hat?

(d) Von einem radioaktiven Stoff zerfallen pro Jahr 2%. Berechnen Sie die Halbwertszeit.

(e) Zwei Länder haben im Jahre 0 ein Bruttoinlandsprodukt (BIP) von einer beziehungsweise zwei Milliarden €. Die jährliche Wachstumsrate beträgt 5% beziehungsweise 2%. Wann haben beide Länder ein gleich großes BIP?

(f) Nehmen Sie an, das BIP eines Landes wächst exponentiell. Wie sieht die graphische Darstellung des natürlichen Logarithmus des BIP in Abhängigkeit von der Zeit aus?

Lösungen

4.21 (a) Unter den Voraussetzungen der Aufgabe gilt für den Preis des Hauses $y(t) = 200.000 \cdot 1{,}1^t$. Daraus folgt $y(7) = 389.743{,}42$, $y(10) = 518.748{,}49$ und $y(22) = 1.628.054{,}99$.

(b) Die Bevölkerung in Millionen wird durch die Funktion $f(t) = 82 \cdot (1 - 0{,}005)^t = 82 \cdot 0{,}995^t$ beschrieben, wenn $t = 0$ für das Jahr 2012 steht. Die Halbwertszeit ist $t = \ln(0{,}5) / \ln(0{,}995) = 138{,}28$ Jahre. In gut 138 Jahren beträgt die Einwohnerzahl Deutschlands also nur noch 41 Millionen, wenn es während dieser Zeit bei einem jährlichen Rückgang um 0,5% bleibt.

(c) Die Bevölkerung in Millionen wird durch die Funktion $f(t) = 1 \cdot 1{,}0072^t$ beschrieben, wenn $t = 0$ für das Jahr 1500 steht. 512 Jahre später, im Jahr 2012, beträgt die Bevölkerung $f(512) = 1 \cdot 1{,}0072^{512} = 39{,}38$ Millionen. Verdoppelungszeit: $t = \ln(2) / \ln(1{,}0072) = 96{,}62$ Jahre.

(d) $t = \ln(0{,}5) / \ln(0{,}98) = 34{,}31$ Jahre.

(e) Land 1: $y_1(t) = 1 \cdot 1{,}05^t$, Land 2: $y_2(t) = 2 \cdot 1{,}02^t$. Gleichsetzen ergibt $1 \cdot 1{,}05^t = 2 \cdot 1{,}02^t$. Division durch $1{,}02^t$ ergibt $1{,}02941^t = 2$. Durch Logarithmierung erhält man

$$t = \frac{\ln(2)}{\ln(1{,}02941)} = 23{,}91 \text{ Jahre.}$$

(f) Exponentielles Wachstum bedeutet stets, dass das BIP unter Verwendung der Basis e als $y(t) = y_0 e^{\rho t}$ geschrieben werden kann, wobei ρ die Momentanwachstumsrate (analog zum Momentanzinssatz) ist. Der natürliche Logarithmus des BIP ist daher $\ln y(t) = \ln y_0 + \rho t$, also eine Gerade mit Ordinatenabschnitt $\ln y_0$ und Steigung ρ.

Literaturhinweise

Der Stoff in diesem Kapitel gehört zum Standard und wird in praktisch jedem (einführenden) Buch zur Mathematik für Wissenschaftler in unterschiedlicher Ausführlichkeit dargestellt, zum Beispiel in Luderer und Würker (2011), Simon und Blume (1994), Sydsaeter und Hammond (2009) oder Tietze (2011). Da es sich hier in weiten Teilen um Themen handelt, die auch in der Schulmathematik behandelt werden, finden Sie vieles auch in Schulbüchern, die Sie vielleicht noch im Regal stehen haben.

Wir haben die gebrochen rationalen Funktionen nur sehr kurz dargestellt und die trigonometrischen Funktionen gar nicht behandelt. Die Theorie der Folgen und Grenzwerte haben wir durch Plausibilitätsargumente ersetzt. Wenn Sie sich zu diesen Themen näher informieren wollen, finden Sie kurze Darstellungen zum Beispiel in den Büchern zur Wirtschaftsmathematik von Luderer und Würker (2011), Simon und Blume (1994) sowie Tietze (2011). Für Wirtschaftsinformatiker sei exemplarisch Teschl und Teschl (2007) erwähnt. Unter den Lehrbüchern der Analysis für Mathematiker sei Heuser (2009a) genannt.

5 Differentialrechnung

5.1 Differentialquotient und Ableitung

5.1.1 Die Ableitung von Funktionen

Motivation

Die **Differentialrechnung** ist das wichtigste Hilfsmittel zur Analyse des Verlaufs von Funktionen. Ein naheliegender Weg zur Beschreibung des Verlaufs einer Funktion liegt darin, ihre **Steigung** zu analysieren. Entsprechend ist die zentrale Aufgabe der Differentialrechnung die Bestimmung der jeweiligen Steigungen von Funktionen.

Das Konzept der Steigung kennen Sie bereits von linearen Funktionen, bei denen die Steigung konstant, also in jedem Punkt einer gegebenen Funktion gleich ist. Die Steigung einer nichtlinearen Funktion ist dagegen nicht konstant, sondern abhängig vom Wert der Variablen x. Das bedeutet, die Steigung ist selbst eine Funktion der Variablen x. Man spricht daher auch von einer Steigungsfunktion, die als **erste Ableitung** bezeichnet wird.

Wahrscheinlich haben Sie schon das **ökonomische Prinzip** kennengelernt. Übertragen auf die Mathematik impliziert das ökonomische Prinzip die Maximierung oder Minimierung einer Funktion. Zum Beispiel wird gemäß diesem Prinzip unterstellt, dass Unternehmen ihren Gewinn maximieren. In der mathematischen Wirtschaftstheorie wird der Gewinn als Funktion formuliert, deren maximaler Funktionswert dann gesucht wird. Dabei spielt die Differentialrechnung eine herausragende Rolle.

Angenommen, ein Unternehmen produziert die Menge x eines Gutes, das es zum Preis $p = 10$ verkaufen kann. Dann beträgt der Erlös des Unternehmens $10x$. Wenn die Kostenfunktion $K(x) = x^2 + 20$ lautet, ergibt sich der Gewinn als Differenz von Erlös und Kosten durch $G(x) = -x^2 + 10x - 20$. Diese Funktion wird in der Abbildung 5.1 dargestellt.

Anhand der Abbildung ist zu erkennen, dass der Gewinn bei einer Produktionsmenge von $x = 5$ maximal wird. Vor diesem Gewinnmaximum verläuft die Funktion steigend, danach

Abbildung 5.1 Der Gewinn als Funktion $G(x) = -x^2 + 10x - 20$

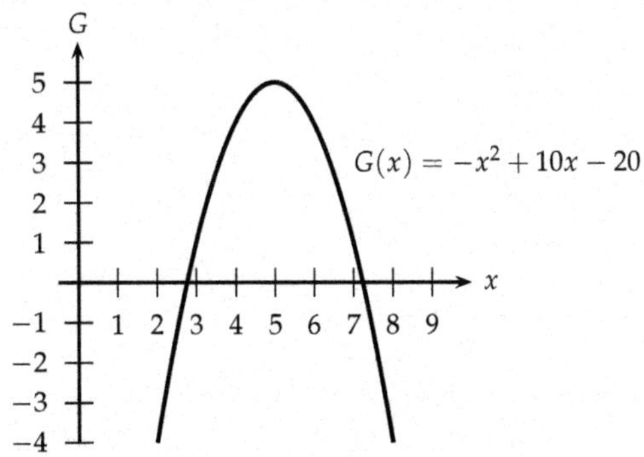

verläuft sie fallend. Diese Feststellung lässt sich verallgemeinern. Hat eine Funktion ein striktes Maximum (dieser Begriff wird später genauer erklärt), so muss ihre Steigung links von diesem Maximum positiv und rechts von diesem Maximum negativ sein. Anhand der Steigung lässt sich also untersuchen, wo ein solches dem ökonomischen Prinzip entsprechendes Maximum liegt.

An der Stelle, an der das Maximum liegt, ist die Steigung genau 0. Eines der Ziele der folgenden Darstellung ist es zu erklären, was man sich unter der Steigung einer Funktion in einem Punkt vorstellen kann.

Die Steigung einer linearen Funktion

Im Kapitel 4 haben wir bereits die **Steigung** der linearen Funktion $y = mx + b$ analysiert, die konstant gleich m und durch die folgende Beziehung darstellbar ist:

$$m = \frac{y_2 - y_1}{x_2 - x_1} = \frac{\Delta y}{\Delta x}$$

Die Steigung ist also gleich der Änderung des y-Wertes dividiert durch die Änderung des x-Wertes einer Funktion. Wir haben auch gesehen, dass die Änderung des Funktionswertes in Abhängigkeit von der Veränderung des Wertes der unabhängigen Variablen durch folgende Formel angegeben werden kann:

$$\Delta y = m\Delta x$$

Für das Beispiel $y = 1{,}5x + 1$ wird dieser Zusammenhang in der Abbildung 4.7 auf der Seite 134 veranschaulicht. Im Folgenden werden analoge Beziehungen für nichtlineare Funktionen gesucht.

Der Differenzenquotient

Betrachten wir die Funktion $f(x) = x^2$. Zwischen den Stellen $x_0 = 1$ und $x_1 = 3$ wird die Funktion immer steiler. Die Steigung der Funktion zwischen diesen beiden Stellen ist also nicht konstant; wir können sie nur als **durchschnittliche Steigung** angeben. Die Änderung von y ist $\Delta y = f(3) - f(1) = 9 - 1 = 8$ und die Änderung von x ist $\Delta x = 3 - 1 = 2$, also:

$$\frac{\Delta y}{\Delta x} = \frac{f(3) - f(1)}{3 - 1} = \frac{8}{2} = 4$$

Auf dem Weg von $x_0 = 1$ nach $x_1 = 3$ ändert sich also x um 2 und der Funktionswert um 8, so dass die durchschnittliche Steigung $8/2 = 4$ ist. Da $x_0 = 1$ und $x_1 = 3$ und damit $\Delta x = 2$ ist, können wir statt x_1 auch $x_0 + \Delta x$ schreiben.

Diese Idee wird nun verallgemeinert. Wir betrachten die Änderung eines Funktionswertes, wenn x von einem beliebigen Wert x_0 auf einen beliebigen anderen Wert $x_0 + \Delta x$ ansteigt. Der Funktionswert steigt dann von $f(x_0)$ auf $f(x_0 + \Delta x)$.

Die durchschnittliche Steigung einer Funktion $f(x)$ zwischen zwei Stellen x_0 und $x_0 + \Delta x$ wird durch den **Differenzenquotienten**

$$\frac{\Delta y}{\Delta x} = \frac{f(x_0 + \Delta x) - f(x_0)}{\Delta x}$$

erfasst.

Durch die beiden Punkte $(x_0/f(x_0))$ und $(x_0 + \Delta x/f(x_0 + \Delta x))$ kann man eine Gerade ziehen, die als **Sekante** bezeichnet wird. Die durchschnittliche Steigung der Funktion zwischen diesen Punkten entspricht der Steigung dieser Geraden. Der Differenzenquotient gibt also die Steigung der Sekante durch die Punkte $(x_0/f(x_0))$ und $(x_0 + \Delta x/f(x_0 + \Delta x))$ an. In der Abbildung 5.2 wird dieser Zusamenhang veranschaulicht.

Abbildung 5.2 Die Steigung einer Sekante und die Tangente

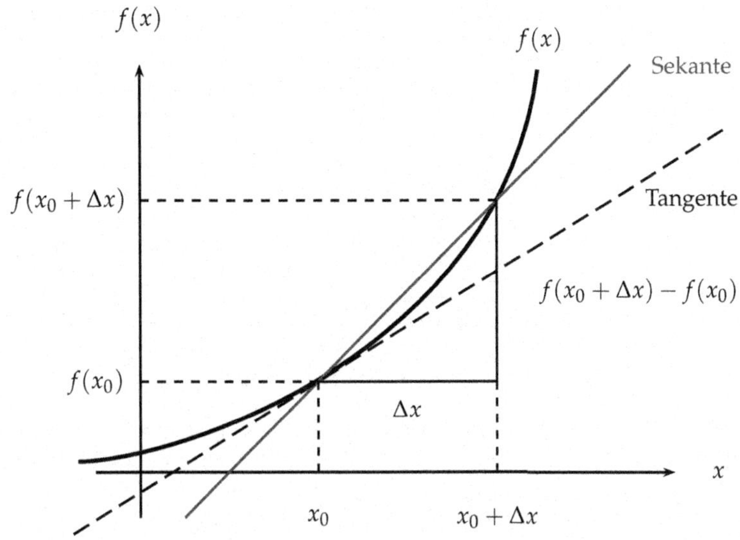

Das Ziel der Differentialrechnung ist es nun, nicht nur die durchschnittliche Steigung einer Funktion zwischen zwei Punkten, sondern die Steigung in einem Punkt anzugeben. Nehmen Sie dazu an, die Strecke Δx in der Abbildung 5.2 wird kleiner gewählt, so dass die beiden Punkte $(x_0/f(x_0))$ und $(x_0 + \Delta x/f(x_0 + \Delta x))$ näher zusammenrücken. Je näher die Punkte zusammenliegen, desto eher kann man davon sprechen, dass die durchschnittliche Steigung zwischen den Punkten gleich der Steigung in dem Punkt $(x_0/f(x_0))$ ist. Je kleiner also Δx ist, desto besser wird die Steigung der Funktion an einer bestimmten Stelle x_0 erfasst. Im Grenzfall, das heißt wenn Δx unendlich klein wird, haben wir die Steigung der Funktion im Punkt $(x_0/f(x_0))$ gefunden. Geometrisch bedeutet das, die beiden Punkte werden im Grenzfall zu einem Punkt, so dass die Sekante die Funktion nicht mehr in zwei Punkten schneidet, sondern im Punkt $(x_0/f(x_0))$ **tangiert**, also berührt. Diese **Tangente** wird in der Abbildung 5.2 als gestrichelte Linie dargestellt.

> Die Steigung von $f(x)$ an der Stelle x_0 ist gleich der Steigung ihrer Tangente an $(x_0/f(x_0))$.

Der Differentialquotient

Die exakte Steigung in einem Punkt kann rechnerisch ermittelt werden, indem der **Grenzwert** des Differenzenquotienten für $\Delta x \rightarrow 0$ bestimmt wird, symbolisiert durch $\lim_{\Delta x \rightarrow 0}$

(das lateinische Wort *limes* bedeutet *Grenze*). Existiert dieser Grenzwert, so heißt die Funktion $f(x)$ **differenzierbar** an der Stelle x_0. Der Grenzwert heißt **Differentialquotient** oder **Ableitung** der Funktion $f(x)$ und wird mit $f'(x_0)$ bezeichnet:

$$f'(x_0) = \lim_{\Delta x \to 0} \frac{f(x_0 + \Delta x) - f(x_0)}{\Delta x}$$

Geometrisch gesehen ist die **Ableitung** $f'(x_0)$ einer Funktion $f(x)$ an der Stelle x_0 gleich der **Steigung** ihrer **Tangente** an $(x_0/f(x_0))$. Die Existenz des Grenzwertes bedeutet anschaulich, dass man an der Stelle x_0 eine eindeutige Tangente an die Funktion legen kann. Existiert der Grenzwert $f'(x)$ nicht nur bei x_0, sondern für alle x des Definitionsbereichs D, so heißt $f(x)$ **differenzierbar** auf D.

Wir verdeutlichen die Berechnung des Grenzwertes anhand eines Beispiels. Die Ableitung von $f(x) = x^2$ an der Stelle x_0 errechnet sich aus:

$$\begin{aligned} f'(x_0) &= \lim_{\Delta x \to 0} \frac{(x_0 + \Delta x)^2 - x_0^2}{\Delta x} \\ &= \lim_{\Delta x \to 0} \frac{x_0^2 + 2x_0\Delta x + (\Delta x)^2 - x_0^2}{\Delta x} \\ &= \lim_{\Delta x \to 0} \frac{2x_0\Delta x + (\Delta x)^2}{\Delta x} \\ &= \lim_{\Delta x \to 0} (2x_0 + \Delta x) = 2x_0 \end{aligned}$$

Die meisten der hier durchgeführten Berechnungen sind einfache Umformungen des Differenzenquotienten. Die eigentliche Grenzwertberechnung erfolgt erst im letzten Schritt, erkenntlich daran, dass das Symbol $\lim_{\Delta x \to 0}$ wegfällt, nachdem der Grenzwert berechnet worden ist. Wir haben in diesem Buch die Theorie der Grenzwerte zwar gar nicht behandelt, doch können Sie sich auch intuitiv klar machen, dass sich der Ausdruck $2x_0 + \Delta x$ immer mehr an $2x_0$ annähert, wenn sich Δx immer weiter der 0 nähert.

Die Steigung der Tangente an die Funktion $f(x) = x^2$ an der Stelle x_0 ist also gleich $2x_0$. Da diese Aussage für jedes beliebige x_0 gilt, können wir also festhalten, dass die **Ableitungsfunktion** von $f(x) = x^2$ gleich $f'(x) = 2x$ ist. Zum Beispiel ist die Steigung der Tangente an der Stelle $x_0 = 3$ gleich 6.

Für die Ableitung einer Funktion gibt es eine weitere Schreibweise:

$$\frac{dy}{dx} = f'(x)$$

Der Bruch auf der linken Seite ist eine alternative Schreibweise für $f'(x)$. Gelesen wird er als „dy nach dx". Die Größen dx und dy heißen **Differentiale**. Sie sind dadurch definiert, dass ihr Verhältnis zueinander gleich der Steigung der Tangente an die Funktion $f(x)$ ist. Im Abschnitt 5.1.2 werden die Differentiale eingehender analysiert. Sie können diesen Abschnitt beim ersten Lesen jedoch überspringen. Wir wollen an dieser Stelle nur zwei wichtige Vorteile dieser Schreibweise festhalten:

- Da $\frac{dy}{dx} = f'(x_0)$ gleich der Steigung der Tangente an der Stelle x_0 ist und dx als Änderung von x interpretiert werden kann, ist $dy = f'(x_0)dx$ eine Näherung für die Änderung von y, wenn x um dx von x_0 auf $x_0 + dx$ steigt.

- In ökonomischen Anwendungen werden Funktionen häufig ohne eine Funktionssymbol wie $f(x)$ verwendet, zum Beispiel $C = 100 + 0{,}8Y$ mit C als abhängiger und Y als unabhängiger Variable. Die Ableitung kann nicht als $f'(x)$ geschrieben werden, aber als $\frac{dC}{dY}$.

Aufgaben

5.1 (a) Begründen Sie jeden Schritt in der vorangehenden Berechnung der Ableitung $f'(x) = 2x$ von $f(x) = x^2$.

(b) Berechnen Sie die Steigung der Funktion $f(x) = 5x + 10$ an der Stelle x_0.

(c) Berechnen Sie die Steigung der Funktion $f(x) = 5x^2 - 10x$ an der Stelle x_0.

5.2 Gegeben ist die Funktion $f(x) = x^3$.

(a) Bestimmen Sie die durchschnittliche Steigung der Funktion zwischen den Stellen $x_0 = 1$ und $x_0 + \Delta x = 3$.

(b) Bestimmen Sie den Differentialquotienten an der Stelle $x_0 = 1$.

(c) Ermitteln Sie eine allgemeine Formel für die Ableitung der Funktion.

Lösungen

5.1 (a) 1. Schritt: Definition der Ableitung $f'(x_0)$ als Grenzwert des Differenzenquotienten für $\Delta x \to 0$. 2. Schritt: Anwendung der 1. binomischen Formel auf den Zähler. 3. Schritt: Vereinfachung des Zählers. 4. Schritt: Division des Zählers durch den Nenner. 5. Schritt: Wenn sich Δx immer mehr der 0 nähert, ist der Grenzwert von $2x_0 + \Delta x$ gleich $2x_0$.

(b) Die Methode mittels der Grenzwertbildung für den Differenzenquotienten muss bei dieser linearen Funktion zur bereits bekannten Steigung $m = 5$ führen:

$$f'(x_0) = \lim_{\Delta x \to 0} \frac{5(x_0 + \Delta x) + 10 - (5x_0 + 10)}{\Delta x} = \lim_{\Delta x \to 0} \frac{5\Delta x}{\Delta x} = \lim_{\Delta x \to 0} 5 = 5$$

Die Steigung ist konstant gleich 5, wie bereits bekannt aus der Analyse linearer Funktionen.

(c) $f'(x_0) = \lim_{\Delta x \to 0} \frac{5(x_0 + \Delta x)^2 - 10(x_0 + \Delta x) - 5x_0^2 + 10x_0}{\Delta x} = \lim_{\Delta x \to 0} (10x_0 + 5\Delta x - 10) = 10x_0 - 10$

Da das Ergebnis für jedes beliebige x_0 gilt, können wir die Ableitungsfunktion allgemein als $f'(x) = 10x - 10$ schreiben.

5.2 (a) $\frac{\Delta y}{\Delta x} = \frac{3^3 - 1^3}{3 - 1} = 13$

(b) $f'(1) = \lim_{\Delta x \to 0} \frac{(1 + \Delta x)^3 - 1^3}{\Delta x} = \lim_{\Delta x \to 0} \frac{3\Delta x + 3(\Delta x)^2 + (\Delta x)^3}{\Delta x} = \lim_{\Delta x \to 0} (3 + 3\Delta x + (\Delta x)^2) = 3$

(c)
$$\begin{aligned} f'(x_0) &= \lim_{\Delta x \to 0} \frac{(x_0 + \Delta x)^3 - x_0^3}{\Delta x} = \lim_{\Delta x \to 0} \frac{x_0^3 + 3x_0^2\Delta x + 3x_0(\Delta x)^2 + (\Delta x)^3 - x_0^3}{\Delta x} \\ &= \lim_{\Delta x \to 0} \frac{3x_0^2\Delta x + 3x_0(\Delta x)^2 + (\Delta x)^3}{\Delta x} = \lim_{\Delta x \to 0} (3x_0^2 + 3x_0\Delta x + (\Delta x)^2) = 3x_0^2 \end{aligned}$$

Da das Ergebnis für beliebige x_0 gilt, lautet die Ableitungsfunktion allgemein:

$$f'(x) = 3x^2$$

Folgerungen über Ableitungen

Anhand des Beispiels $f(x) = x^2$ und den vorangehenden Aufgaben können Sie bereits einige **Ableitungsregeln** erkennen. Die Ableitung einer linearen Funktion $f(x) = mx + b$ war bereits vorher bekannt, $f'(x) = m$, und die Ableitung der Normalparabel $f(x) = x^2$ ist $f'(x) = 2x$. Addiert man eine lineare Funktion und eine Normalparabel, so addieren sich auch ihre Ableitungen. Wird die Normalparabel mit einer Konstanten multipliziert, so auch die Ableitung. Allgemeiner formuliert gilt die Regel

$$f(x) = ax^2 + bx + c \quad \Rightarrow \quad f'(x) = 2ax + b,$$

die wir im folgenden Abschnitt schon verwenden werden. Die recht komplizierte Berechnung mittels der Grenzwertbildung ist damit nicht mehr erforderlich.

Aufgaben

5.3 Berechnen Sie die Ableitungen von (a) $f(x) = -5x^2 + 7{,}5x$ und (b) $f(x) = 0{,}5x^2 - 4x + 35$.

Lösungen

5.3 (a) Anwendung der Formel $f'(x) = 2ax + b$ für $f(x) = ax^2 + bx + c$ liefert wegen $a = -5$, $b = 7{,}5$ und $c = 0$: $f'(x) = -10x + 7{,}5$; (b) $f'(x) = x - 4$.

5.1.2* Tangentengleichung und Differentiale

Tangentengleichung

Die Ableitung von $f(x)$ an der Stelle x_0 gibt die Steigung der Tangente an $f(x_0)$ an. Da die Tangente eine Gerade der allgemeinen Form $y = mx + b$ ist, muss deren Steigung der Ableitung entsprechen: $m = f'(x_0)$. Der noch unbekannte Parameter b, der y-Achsenabschnitt, kann nun berechnet werden, indem ein beliebiger Punkt auf der Tangente eingesetzt wird. Hier bietet sich der Funktionswert $f(x_0)$ an, durch den die Tangente verläuft. Setzt man $(x_0/f(x_0))$ in die Geradengleichung für x und y ein und löst nach b auf, ergibt sich:

$$f(x_0) = f'(x_0)x_0 + b, \quad \text{also} \quad b = f(x_0) - f'(x_0)x_0$$

Wird b in $y = f'(x_0)x + b$ durch diesen Ausdruck ersetzt, so erhält man das folgende Ergebnis.

> Die **Tangentengleichung** der **Tangente** an $f(x)$ an der Stelle x_0 lautet:
>
> $$y = f(x_0) + f'(x_0) \cdot (x - x_0)$$

Beispiele

- Für $f(x) = x^2$ kennen wir bereits die allgemeine Ableitung $f'(x) = 2x$. Die Tangentengleichung an der Stelle $x_0 = 1$ lautet deshalb:

$$y = x_0^2 + 2x_0 \cdot (x - x_0) = 1 + 2x - 2 = 2x - 1$$

■ Wenden wir die Formel auf die Gerade $f(x) = 3x - 10$ an der Stelle $x_0 = 2$ an, so gilt:

$$y = 3x_0 - 10 + 3(x - x_0) = 3 \cdot 2 - 10 + 3(x - 2) = 3x - 10$$

Die Tangente an eine Gerade (= lineare Funktion) ergibt immer die Gerade selbst.

Aufgaben

5.4 Berechnen Sie jeweils die Tangente an die Funktion (a) $f(x) = 0{,}5x^2 - 4x + 35$ an der Stelle $x_0 = 2$ sowie (b) an die Funktion $f(x) = -0{,}5x + 0{,}75$ an der Stelle $x_0 = 50$.

Lösungen

5.4 (a) Einsetzen in die allgemeine Formel für die Tangentengleichung liefert:

$$y = f(2) + f'(2) \cdot (x - 2) = 29 - 2 \cdot (x - 2) = 33 - 2x$$

(b) $y = f(50) + f'(50) \cdot (x - 50) = -24{,}25 - 0{,}5 \cdot (x - 50) = -0{,}5x + 0{,}75$

Abbildung 5.3 Tangentensteigung und Differentiale

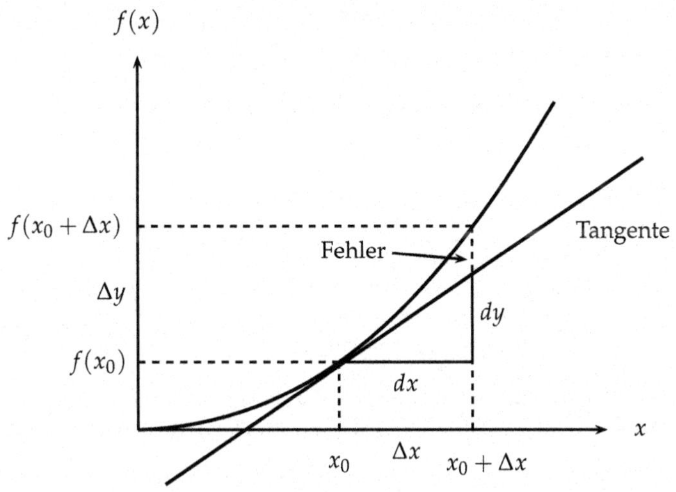

Differentiale

Anhand der Abbildung 5.3 kann man erkennen, dass die Tangente an der Stelle x_0 als **lineare Näherung** der Funktion $f(x)$ in der Nähe der Stelle x_0 aufgefasst werden kann. Erhöht man x von x_0 aus um Δx, so ändert sich der Funktionswert auf $f(x_0 + \Delta x)$ und die Änderung von y ist $\Delta y = f(x_0 + \Delta x) - f(x_0)$. Die Änderung entlang der Tangente ist dagegen durch die mit dy bezeichnete Strecke gegeben. Solange Δx nicht zu groß ist, unterscheidet sich dy, die Änderung entlang der Tangente, nicht zu sehr von Δy, der tatsächlichen Änderung. Der Fehler wird im Allgemeinen umso kleiner sein, je kleiner Δx ist.

Man kann auch ohne explizite Berechnung der Tangentengleichung Änderungen des Funktionswertes durch Bewegungen entlang der Tangente abschätzen. In diesem Zusammenhang ist eine andere Schreibweise besonders nützlich, die die Ableitung explizit als Verhältnis zweier Änderungen ausweist. Verwendet man Δy anstelle von $f(x_0 + \Delta x) - f(x_0)$ in der Definition der Ableitung, so gilt:

$$f'(x_0) = \lim_{\Delta x \to 0} \frac{\Delta y}{\Delta x}$$

Diese Darstellung legt es nahe, das Verhältnis auf der rechten Seite nach Grenzwertbildung durch ein neues Verhältnis zweier Größen, der sogenannten **Differentiale** dy und dx darzustellen:

$$\left.\frac{dy}{dx}\right|_{x=x_0} = \lim_{\Delta x \to 0} \frac{\Delta y}{\Delta x}$$

Um zu verdeutlichen, dass die Berechnung an der Stelle x_0 erfolgt, wird bei der Schreibweise dy/dx die Stelle x_0 an einen senkrechten Strich geschrieben. In den Anwendungen wird diese nähere Bezeichnung allerdings häufig weggelassen. Wir können also auch verkürzt schreiben, dass

$$\frac{dy}{dx} = f'(x_0),$$

wobei die Differentiale dy und dx dadurch definiert sind, dass ihr Verhältnis zueinander gleich der Steigung der Tangente an die Funktion $f(x)$ an der Stelle x_0 ist (vgl. die Abbildung 5.3). Durch diese Schreibweise für eine Ableitung erklärt sich auch der Begriff **Differentialquotient**.

Wird die letzte Formel auf beiden Seiten mit dx multipliziert, ergibt sich:

$$dy = f'(x_0)dx$$

Anhand der Abbildung 5.3 erkennt man, dass dy die Änderung von y entlang der Tangente an $(x_0/f(x_0))$ ist, wenn x um dx geändert wird. Wenn dx klein ist, ist die Änderung entlang der Tangente eine gute Näherung für die tatsächliche Änderung Δy von y. Wir können also festhalten, dass $dy \approx \Delta y = f(x_0 + \Delta x) - f(x_0)$, während $dx = \Delta x$ gilt. Im Falle einer linearen Funktion der Form $f(x) = mx + b$ ist die Näherung exakt, weil die Tangente einer linearen Funktion die Funktion selbst ist.

Das **Differential** dy ist eine Näherung für die tatsächliche Änderung Δy von y, wenn sich x ausgehend von x_0 um das Differential dx ändert. Die Berechnung erfolgt gemäß

$$dy = f'(x_0)dx.$$

Ersetzt man d durch Δ, also die Differentiale durch **Differenzen**, so erhält man eine Formel für die näherungsweise Änderung des Funktionswertes:

$$\Delta y \approx f'(x_0)\Delta x$$

Die hier verwendete Interpretation der Differentiale dx und dy als endliche Größen stammt vom französischen Mathematiker Augustin Cauchy. Auf die Begründer der Differentialrechnung, den deutschen Mathematiker und Universalgelehrten Gottfried Leibniz und den englischen Physiker und Mathematiker Isaac Newton, geht die Interpretation von dx als Grenzwert von Δx gegen 0 zurück, wonach dx als infinitesimale (*unendlich kleine*) Größe bezeichnet wurde. Die Interpretation von Cauchy ist, dass nicht dx ein Grenzwert ist, sondern dy/dx der Grenzwert des Differenzenquotienten. Sofern dieser Grenzwert an der Stelle x_0 endlich ist, ist $dy/dx = f'(x_0)$ eine endliche Zahl und damit $dy = f'(x_0)dx$ ebenfalls, wenn dx eine beliebige endliche Zahl ist.

Beispiele

- Für die lineare Funktion $y = 10 + 4x$ ist $f'(x) = 4$, also:

$$dy = 4dx \quad \text{und} \quad \Delta y = 4\Delta x$$

Ist $x_0 = 3$ und $\Delta x = dx = 2$, so gilt $\Delta y = f(5) - f(3) = 30 - 22 = 8$ und $dy = 4 \cdot 2 = 8$, also $\Delta y = dy$. Das Differential liefert bei linearen Funktionen die exakte Änderung.

- Für $f(x) = x^2$ gilt $f'(x) = 2x$. Ändert man den x-Wert von $x_0 = 1$ auf 1,1, so dass $\Delta x = dx = 0{,}1$, so folgt für die mittels des Differentials abgeschätzte Änderung von y:

$$dy = f'(1)dx = 2 \cdot 0{,}1 = 0{,}2$$

Für die exakte Änderung gilt:

$$\Delta y = f(1{,}1) - f(1) = 1{,}1^2 - 1^2 = 0{,}21$$

Diese Näherung von Δy durch dy ist gut, jedoch sollte berücksichtigt werden, dass die Näherung umso schlechter wird, je größer dx ist.

Ableitung als Funktionswertänderung

Mittels des Differentials kann man auch nachweisen, dass man die Ableitung einer Funktion als Näherung für die Änderung des Funktionswertes interpretieren kann, wenn die unabhängige Variable x um eine Einheit zunimmt. Setzt man in $\Delta y \approx f'(x_0) \cdot \Delta x$ nämlich den Wert von Δx gleich 1, so folgt:

$$\Delta y \approx f'(x_0) \cdot 1$$

Zum Beispiel liefert die Ableitung einer Kostenfunktion $K(x)$ einen Näherungswert für die Kostensteigerung, wenn eine Einheit mehr produziert wird. Diese Kostensteigerung durch die letzte produzierte Einheit bezeichnet man als **Grenzkosten**. $K'(x)$ gibt also die Grenzkosten der Produktion an.

Lautet die Kostenfunktion $K(x) = 5x^2$, so wissen wir bereits, dass die Ableitung, also die Grenzkostenfunktion, $K'(x) = 10x$ ist. Erhöht man die Produktion von $x_0 = 10$ auf $x = 11$, so betragen die Grenzkosten demnach näherungsweise $K'(10) = 100$. Zum Vergleich berechnen wir die exakte Kostenänderung:

$$\Delta K = K(11) - K(10) = 605 - 500 = 105$$

Aufgaben

5.5 (a) Gegeben ist $f(x) = 150x + 25$. Berechnen Sie die Änderung des Funktionswertes, wenn x von 10 auf 15 steigt exakt und mittels des Differentials.

(b) Gegeben ist $y = -x^2$. Berechnen Sie den Fehler, wenn die Änderung des Funktionswertes bei Erhöhung der Variablen x von $x_0 = 2$ auf 3 mittels des Differentials berechnet wird.

(c) Für $y = 2x^3$ ist $f'(x) = 6x^2$, also $dy = 6x^2dx$. Berechnen Sie die Änderung von y, wenn x von $x_0 = 2$ um $dx = 1$ erhöht wird näherungsweise mittels des Differentials und exakt. Warum ist die Näherung relativ schlecht?

5.6 In der Aufgabe 4.2 (h) auf der Seite 123 haben Sie für die Kostenfunktion

$$K(x) = 100 + 20x + 0{,}5x^2$$

die Differenz $K(x+1) - K(x)$ berechnet und als Grenzkosten interpretiert.

(a) Berechnen Sie nun die Grenzkosten mittels $K'(x)$ und erläutern Sie den sich ergebenden Unterschied.

(b) Schätzen Sie die Kostensteigerung bei einer Erhöhung von 10 auf 11 und auf 20 Einheiten mittels des Differentials ab.

5.7 Gegeben ist die Nachfragefunktion $x = f(p) = 100 - 4p$ für ein Gut. Bestimmen Sie die Tangente im Punkt $(5/f(5))$ und berechnen Sie die Wirkung einer Preiserhöhung von 5 auf 10 exakt und mittels des Differentials.

Lösungen

5.5 (a) Exakt: $\Delta y = f(15) - f(10) = 2275 - 1525 = 750$. Differential: $dy = 150 \cdot dx = 150 \cdot 5 = 750$.

(b) Exakt: $\Delta y = f(3) - f(2) = -9 - (-4) = -5$. Differential: $dy = f'(2) \cdot dx = -4 \cdot 1 = -4$. Der Fehler beträgt also -1.

(c) Exakte Änderung: $\Delta y = f(3) - f(2) = 54 - 16 = 38$. Differential: $dy = 24 \cdot 1 = 24$. In diesem Beispiel ist die Näherung durch dy schlecht, weil die Steigung von $y = 2x^3$ bei Erhöhung von x von 2 auf 3 bereits von 24 auf 54 zunimmt. Je stärker die Funktion gekrümmt ist, desto ungenauer wird die lineare Näherung.

5.6 (a) Grenzkosten mit Ableitung: $K'(x) = 20 + x$. Ergebnis in Aufgabe 4.2 (h): $K(x+1) - K(x) = 20{,}5 + x$. Der Unterschied ergibt sich, weil $dK = K'(x)dx = K'(x) \cdot 1$ allgemein nur eine Näherung für die tatsächliche Änderung $\Delta K = K(x+1) - K(x)$ ist, wenn $K(x)$ nicht linear ist.

(b) $dK = K'(10)dx = 30 \cdot 1 = 30$ für die Erhöhung auf 11 und $dK = K'(10)dx = 30 \cdot 10 = 300$ für die Erhöhung auf 20.

5.7 Tangente: $x = f(5) + f'(5)(p-5) = 80 - 4(p-5) = 100 - 4p$. Exakt: $\Delta x = f(10) - f(5) = 60 - 80 = -20$, Differential: $dx = f'(5) \cdot dp = -4 \cdot 5 = -20$. Die Nachfrage geht um 20 Einheiten zurück. Da die Nachfragefunktion linear ist, ist die Tangente gleich der Funktion und das Differential gibt die exakte Änderung an.

5.1.3 Wichtige Ableitungsregeln

Grundregeln

In der Anwendung ist die Durchführung der Grenzwertberechnung für den Differentialquotienten nicht erforderlich. Erstens sind die **Ableitungen** der wichtigsten und am häufigsten vorkommenden Funktionen bereits bekannt. Zweitens gibt es verschiedene Regeln, nach denen zusammengesetzte Funktionen, für die nur die Ableitungen der Teilfunktionen bekannt sind, berechnet werden können. Für die in den Wirtschaftswissenschaften am häufigsten vorkommenden Funktionen werden in der Tabelle 5.1 die Ableitungen sowie die wichtigsten Regeln zusammengefasst.

Tabelle 5.1 Wichtige Ableitungsregeln (a, b und k sind reelle Zahlen, b > 0)

$f(x)$	a	ax	x^k	e^x	$\ln x$	b^x	$\log_b x$	$(af(x))'$	$(f(x) \pm g(x))'$
$f'(x)$	0	a	kx^{k-1}	e^x	$\frac{1}{x}$	$\ln b \cdot b^x$	$\frac{1}{\ln b}\frac{1}{x}$	$af'(x)$	$f'(x) \pm g'(x)$

Anhand der Regeln können Sie eine wichtige Eigenschaft der Zahl e als Basis der Exponentialfunktion erkennen. Nur für die Basis e ist Ableitung von $f(x) = e^x$ wiederum $f'(x) = e^x$. Für andere Basen gilt das nicht. Mit $(af(x))'$ ist die Ableitung von $a \cdot f(x)$ gemeint.

Beispiele

- $f(x) = 15 \quad \Rightarrow \quad f'(x) = 0$
- $f(x) = x = 1 \cdot x \quad \Rightarrow \quad f'(x) = 1$
- $f(x) = x^8 \quad \Rightarrow \quad f'(x) = 8x^7$
- $f(x) = x^{-1,5} \quad \Rightarrow \quad f'(x) = -1,5x^{-2,5}$
- $f(x) = 5^x \quad \Rightarrow \quad f'(x) = \ln(5) \cdot 5^x$
- $f(x) = \log_{10} x \quad \Rightarrow \quad f'(x) = \dfrac{1}{x \cdot \ln 10}$
- $f(x) = 2x^8 \quad \Rightarrow \quad f'(x) = 2 \cdot 8x^7 = 16x^7$
- $f(x) = 3x^7 + 4e^x \quad \Rightarrow \quad f'(x) = 21x^6 + 4e^x$
- $f(x) = e^x - \ln x \quad \Rightarrow \quad f'(x) = e^x - 1/x$

Die Regel für die Ableitung von Potenzfunktionen kann auch für Wurzelfunktionen verwendet werden. Weil zum Beispiel $\sqrt{x} = x^{1/2}$ ist, gilt für die Ableitung:

$$f'(x) = \frac{1}{2}x^{-1/2} = \frac{1}{2 \cdot x^{1/2}} = \frac{1}{2\sqrt{x}}$$

Ebenso können Funktionen wie $f(x) = 1/x^2 = x^{-2}$ mit dieser Regel abgeleitet werden:

$$f'(x) = -2x^{-2-1} = -2x^{-3} = -\frac{2}{x^3}$$

Aufgaben

5.8 Berechnen Sie die Ableitungen der folgenden Funktionen:

(a) $f(x) = 4x - 3;$	(b) $f(x) = 2 + x + x^2;$	(c) $f(x) = 3x^7 - 4x^2 + 3x;$
(d) $f(x) = 5x^9 - 1.000;$	(e) $f(x) = 1/x^3;$	(f) $f(x) = 10x^{-2} + x^{-1} - x;$
(g) $f(x) = x^2 - 4e^x;$	(h) $f(x) = 8e^x - 6\ln x;$	(i) $f(x) = 4x^4 - 3x^2 + 10e^x;$
(j) $f(x) = 2\sqrt{x};$	(k) $f(x) = 4\sqrt{x} + x;$	(l) $f(x) = \sqrt[3]{x} - x^{-3};$
(m) $f(x) = 4x^{-2} + 1/x;$	(n) $f(x) = 1/\sqrt[3]{x} - \sqrt{x};$	(o) $f(x) = 3\ln x;$
(p) $f(x) = 10\ln x + 2x;$	(q) $f(x) = 10^x;$	(r) $f(x) = \log_{10} x - 5^x.$

5.9 (a) Berechnen Sie für die Funktion $y = 2\sqrt{x}$ die Änderung von y, wenn x von $x_0 = 4$ um $dx = 1$ auf 5 erhöht wird, exakt und mittels des Differentials $dy = f'(x) \cdot dx$.

(b) Die Nachfrage nach einem Gut hängt gemäß $x = 1000\sqrt{y}$ vom Einkommen y ab. Berechnen Sie die Wirkung einer Einkommenssteigerung von 100 auf 110 exakt und mittels des Differentials.

(c) Gegeben ist $y = 1{,}5e^x$. Berechnen Sie die Änderung von y, wenn x von $x_0 = 10$ um $dx = 2$ auf 12 erhöht wird exakt und mittels des Differentials.

Lösungen

5.8

(a) $f'(x) = 4$; (b) $f'(x) = 1 + 2x$; (c) $f'(x) = 21x^6 - 8x + 3$;
(d) $f'(x) = 45x^8$; (e) $f'(x) = -3/x^4$; (f) $f'(x) = -20x^{-3} - x^{-2} - 1$;
(g) $f'(x) = 2x - 4e^x$; (h) $f'(x) = 8e^x - 6/x$; (i) $f'(x) = 16x^3 - 6x + 10e^x$;
(j) $f'(x) = 1/\sqrt{x}$; (k) $f'(x) = 2/\sqrt{x} + 1$; (l) $f'(x) = \dfrac{1}{3\sqrt[3]{x^2}} + \dfrac{3}{x^4}$;
(m) $f'(x) = -8x^{-3} - x^{-2}$; (n) $f'(x) = -\dfrac{1}{3\sqrt[3]{x^4}} - \dfrac{1}{2\sqrt{x}}$; (o) $f'(x) = 3/x$;
(p) $f'(x) = 10/x + 2$; (q) $f'(x) = \ln(10) \cdot 10^x$; (r) $f'(x) = \dfrac{1}{\ln(10) \cdot x} - \ln(5) \cdot 5^x$.

5.9 (a) Die exakte Änderung (gerundet) ist $\Delta y = f(5) - f(4) = 4{,}47 - 4 = 0{,}47$. Die Ableitung ist $f'(x) = 1/\sqrt{x}$. Mit der Formel $dy = f'(x)dx$ und $dx = 5 - 4 = 1$ kann man eine Näherung berechnen:

$$dy = \frac{1}{\sqrt{x_0}} \cdot dx = \frac{1}{\sqrt{4}} \cdot 1 = 0{,}5$$

Wichtig: In die Ableitung des Differentials wird stets der Ausgangswert x_0 eingesetzt.

(b) Exakt: $\Delta x = 1000\sqrt{110} - 1000\sqrt{100} = 488{,}09$. Differential: $dx = f'(100) \cdot dy = 50 \cdot 10 = 500$.

(c) Exakt: $\Delta y = 1{,}5e^{12} - 1{,}5e^{10} = 211.092,49$. Differential: $dx = f'(10) \cdot dx = 33.039{,}70 \cdot 2 = 66.079{,}40$. Der Fehler ist so groß, dass die Näherung unbrauchbar wird, weil die e-Funktion im Bereich von $x = 10$ bis $x = 12$ erheblich steiler wird.

Produktregel

In der Tabelle 5.1 sind bereits zwei einfache Arten von Funktionsverknüpfungen behandelt worden, nämlich die Multiplikation einer Funktion mit einer Konstanten und die Addition beziehungsweise Subtraktion von Funktionen. Bei komplizierteren Verknüpfungen von Funktionen sind zusätzliche Regeln zur Bestimmung der Ableitungen erforderlich. Wir beginnen mit dem Fall der Multiplikation zweier Funktionen.

Wenn $f(x) = u(x) \cdot v(x)$ das Produkt von zwei differenzierbaren Funktionen $u(x)$ und $v(x)$ ist, so gilt die **Produktregel**:

$$f'(x) = u'(x) \cdot v(x) + u(x) \cdot v'(x)$$

Beispiele

- Ist $f(x) = x^2 \cdot (1 + x^3)$ mit $u(x) = x^2$ und $v(x) = 1 + x^3$, so folgt wegen $u'(x) = 2x$ und $v'(x) = 3x^2$:

$$f'(x) = 2x \cdot (1 + x^3) + x^2 \cdot 3x^2 = 5x^4 + 2x$$

Multipliziert man $f(x)$ aus, bevor abgeleitet wird, kann auf die Anwendung der Produktregel verzichtet werden:

$$f(x) = x^2 \cdot (1 + x^3) = x^5 + x^2, \quad \text{also} \quad f'(x) = 5x^4 + 2x$$

Die Produktregel funktioniert auch, wenn derartige Umformungen nicht möglich sind.

- Ist $f(x) = 13 \cdot x^2$ mit $u(x) = 13$ und $v(x) = x^2$, so folgt wegen $u'(x) = 0$ und $v'(x) = 2x$:

$$f'(x) = 0 \cdot x^2 + 13 \cdot 2x = 26x$$

Immer wenn die erste Funktion eine Konstante ist, fällt der erste Term der Produktregel wegen der Multiplikation mit 0 weg. Es ergibt sich dann die Regel der Multiplikation mit konstantem Faktor, die bereits in der Tabelle 5.1 vorgestellt wurde.

- Die Funktion $f(x) = x \cdot \ln(x)$ kann nicht ausmultipliziert werden. Mittels der Produktregel kann man sie trotzdem ableiten. Mit $u(x) = x$ und $v(x) = \ln(x)$ und folglich $u'(x) = 1$ und $v'(x) = 1/x$ erhält man:

$$f'(x) = \ln(x) + 1$$

- Die Funktion $f(x) = x \cdot e^x$ kann ebenfalls nicht ausmultipliziert werden. Mit $u(x) = x$ und $v(x) = e^x$ und folglich $u'(x) = 1$ und $v'(x) = e^x$ erhält man:

$$f'(x) = e^x + xe^x = (1+x)e^x$$

Aufgaben

5.10 Berechnen Sie die Ableitungen der folgenden Funktionen gegebenenfalls nach geeigneten Umformungen:

(a) $f(x) = 2x \cdot e^x$; (b) $f(x) = x^2 \cdot \ln x$; (c) $f(x) = x^{-1} \cdot e^x$;
(d) $f(x) = 10e^x \cdot x^3$; (e) $f(x) = (4+2x)(x^2-1)$; (f) $f(x) = 5(x - \sqrt[3]{x}) \cdot x^2$;
(g) $f(x) = x\ln(x)e^x$; (h) $f(x) = \dfrac{\ln x}{x}$.

Lösungen

5.10 (a) $f'(x) = 2e^x + 2xe^x = 2(1+x)e^x$;

(b) $f'(x) = 2x \cdot \ln x + x^2 \cdot \dfrac{1}{x} = 2x \cdot \ln x + x$;

(c) $f'(x) = -x^{-2}e^x + x^{-1}e^x = (x^{-1} - x^{-2})e^x$;

(d) $f'(x) = 10e^x x^3 + 30e^x x^2 = 10(x^3 + 3x^2)e^x$;

(e) $f'(x) = 2(x^2-1) + (4+2x) \cdot 2x = 6x^2 + 8x - 2$;

(f) $f'(x) = 5(1 - \frac{1}{3}x^{-2/3})x^2 + 10x(x - \sqrt[3]{x}) = 15x^2 - \dfrac{35}{3}x^{4/3}$;

(g) $f'(x) = (\ln(x) + x/x)\, e^x + x\ln(x)e^x = ((1+x)\ln(x) + 1)\, e^x$;

(h) $f(x) = \ln(x) \cdot x^{-1}$, also: $f'(x) = \dfrac{1}{x}x^{-1} - \ln(x)x^{-2} = \dfrac{1 - \ln x}{x^2}$.

Quotientenregel

Als Nächstes betrachten wir den Fall der Division zweier Funktionen.

> Wenn $f(x) = u(x)/v(x)$ der Quotient zweier differenzierbarer Funktion $u(x)$ und $v(x)$ und $v(x) \neq 0$ ist, so gilt die **Quotientenregel**:
>
> $$f'(x) = \frac{u'(x) \cdot v(x) - u(x) \cdot v'(x)}{v(x)^2}$$

Beispiele

- Gegeben ist die Funktion
$$f(x) = \frac{x^2}{1+x^3}.$$
Mit $u(x) = x^2$ und $v(x) = 1 + x^3$ sowie $u'(x) = 2x$ und $v'(x) = 3x^2$ folgt:
$$f'(x) = \frac{2x \cdot (1+x^3) - x^2 \cdot 3x^2}{(1+x^3)^2} = \frac{2x - x^4}{(1+x^3)^2}$$

- Ist $f(x) = 2x^3/x$, so folgt wegen $u(x) = 2x^3$, $u'(x) = 6x^2$, $v(x) = x$ und $v'(x) = 1$:
$$f'(x) = \frac{6x^2 \cdot x - 2x^3 \cdot 1}{x^2} = \frac{4x^3}{x^2} = 4x$$
Dasselbe Ergebnis hätten wir schneller gefunden, wenn wir zuerst gekürzt hätten: $f(x) = 2x^3/x = 2x^2$ und daher $f'(x) = 4x$. Allerdings ist $f(x) = 2x^3/x$ für $x = 0$ nicht definiert.

- Für $f(x) = e^x / \ln x$ ergibt sich mit $u(x) = e^x$, $u'(x) = e^x$, $v(x) = \ln x$ und $v'(x) = 1/x$:
$$f'(x) = \frac{e^x \ln x - e^x/x}{(\ln x)^2}$$

Im letzten Beispiel taucht das Quadrat des natürlichen Logarithmus auf. Teilweise finden Sie in der Literatur die vereinfachte Schreibweise $\ln^2 x$ anstelle von $(\ln x)^2$.

Aufgaben

5.11 Berechnen Sie die Ableitungen der folgenden Funktionen mit der Quotientenregel oder gegebenenfalls nach geeigneter Umformung mit der Produktregel:

(a) $f(x) = \frac{1}{x^2}$; (b) $f(x) = \frac{-x}{2+x^2}$; (c) $f(x) = \frac{4x^2}{1+x}$;

(d) $f(x) = \frac{e^x}{x^2}$; (e) $f(x) = \frac{\ln x}{x^3}$; (f) $f(x) = \frac{\sqrt{x}}{e^x}$.

Lösungen

5.11 (a) $f'(x) = \frac{-2}{x^3}$; (b) $f'(x) = \frac{-(2+x^2)+2x^2}{(2+x^2)^2} = \frac{x^2-2}{(2+x^2)^2}$;

(c) $f'(x) = \frac{8x(1+x)-4x^2}{(1+x)^2} = \frac{4x^2+8x}{(1+x)^2}$; (d) $f'(x) = \frac{e^x x^2 - 2xe^x}{x^4} = \left(x^{-2} - 2x^{-3}\right) e^x$;

(e) $f'(x) = \frac{x^2 - 3x^2 \ln x}{(x^3)^2} = \frac{1 - 3\ln x}{x^4}$; (f) $f'(x) = \frac{0,5x^{-0,5}e^x - x^{0,5}e^x}{(e^x)^2} = \frac{0,5-x}{e^x\sqrt{x}}$.

Kettenregel

Mit den bisher vorgestellten Regeln können wir noch keine ineinander verschachtelten Funktionen ableiten. Dazu wird jetzt die **Kettenregel** betrachtet. Zur Erläuterung der **Verschachtelung** betrachten wir die beiden Funktionen:

$$y = g(z) = z^4 \quad \text{und} \quad z = h(x) = 2x + 3$$

Die unabhängige Variable bei der Funktion g heißt z, so wie die abhängige Variable bei der Funktion h. Wird nun zuerst die Funktionsvorschrift $h(x)$ und anschließend auf den sich ergebenden Funktionswert z die Funktionsvorschrift $g(z)$ angewendet, können wir diese **Verknüpfung** folgendermaßen symbolisieren:

$$x \longrightarrow h(x) \longrightarrow g(h(x))$$

Wie sieht diese verknüpfte Funktion $f(x) = g(h(x))$ nun aus? Wird z aus $g(z)$ durch $h(x)$ einfach ersetzt, ergibt sich:

$$f(x) = g(h(x)) = g(2x + 3) = (2x + 3)^4$$

Die neue Funktion $f(x)$ ist also eine Verknüpfung der Funktionen $h(x) = 2x + 3$ und $g(z) = z^4$. Die zuerst angewendete Funktion $h(x)$ wird **innere Funktion** und die anschließend angewendete Funktion $g(z)$ wird **äußere Funktion** genannt.

Zu beachten ist hierbei insbesondere, dass es auf die Reihenfolge der Verknüpfung ankommt. Würde zuerst g und anschließend h angewendet, ergäbe sich eine andere Gesamtverknüpfung:

$$h(g(x)) = h(x^4) = 2x^4 + 3$$

Die Ableitungsvorschrift der **Kettenregel** bezieht sich auf derartig verknüpfte Funktionen. Zuerst wird die äußere Funktion abgeleitet und in dieses Ergebnis wird die innere Funktion eingesetzt. Dieses Ergebnis wird dann mit der Ableitung der inneren Funktion multipliziert.

> Wenn $f(x) = g(h(x))$ eine verkettete Funktion g von h von x ist und g und h beide differenzierbar sind, so gilt die **Kettenregel**:
>
> $$f'(x) = g'(h(x)) \cdot h'(x)$$

Die Anwendung der Kettenregel auf unsere Beispielfunktion $f(x) = (2x + 3)^4$ ergibt:

$$f'(x) = g'(h(x)) \cdot h'(x) = 4(2x + 3)^3 \cdot 2 = 8(2x + 3)^3$$

Vereinfacht ausgedrückt macht die Kettenregel Folgendes: **Äußere Ableitung mal innere Ableitung**. Bitte achten Sie darauf, dass in die Ableitung der äußeren Funktion wirklich **die innere Funktion** eingesetzt wird und **nicht deren Ableitung**.

Natürlich hätten wir in dem gewählten Beispiel $f(x) = (2x + 3)^4$ auch ausmultiplizieren und anschließend mit den bereits vorher aufgezeigten Regeln ableiten können. Einerseits ist dieser Weg aber viel aufwändiger, andererseits ist diese Vereinfachung nur in Ausnahmefällen möglich.

Beispiele

- $f(x) = (7x^2+1)^2$. Mit $g(z) = z^2$ und $z = h(x) = 7x^2+1$ gilt:

$$f'(x) = 2(7x^2+1)\cdot 14x = 196x^3 + 28x$$

- $f(x) = \ln(1+x^2)$. Mit $g(z) = \ln(z)$ und $z = h(x) = 1+x^2$ gilt:

$$f'(x) = \frac{1}{1+x^2}\cdot 2x = \frac{2x}{1+x^2}$$

- $f(x) = e^{3x}$. Mit $g(z) = e^z$ und $z = h(x) = 3x$ gilt:

$$f'(x) = e^{3x}\cdot 3$$

- $f(x) = e^{\sqrt{x^2+1}}$. Jetzt haben wir drei verknüpfte Funktionen. Mit $y = g(z) = e^z$ und $z = h(v) = \sqrt{v}$ und $v = i(x) = x^2+1$ gilt $f(x) = g(h(i(x)))$. Die Kettenregel muss nun zweimal angewendet werden:

$$f'(x) = e^{\sqrt{x^2+1}}\cdot\left(\sqrt{x^2+1}\right)' = e^{\sqrt{x^2+1}}\cdot 0{,}5\cdot\left(x^2+1\right)^{-0{,}5}\cdot 2x = \frac{x\cdot e^{\sqrt{x^2+1}}}{\sqrt{x^2+1}}$$

Aufgaben

5.12 Berechnen Sie die Ableitungen der folgenden Funktionen:

(a) $f(x) = (x^2-4x)^7$; (b) $f(x) = \sqrt{-x}$; (c) $f(x) = \dfrac{0{,}1}{(1-2x)^5}$;

(d) $f(x) = e^{x^2}$; (e) $f(x) = e^{-5x}$; (f) $f(x) = \ln(x+x^2)$;

(g) $f(x) = e^{3x^2}$; (h) $f(x) = \ln(e^x)$; (i) $f(x) = (7-x)^9$;

(j) $f(x) = (2x^3+x-1)^4$; (k) $f(x) = \ln(2x^{-2})$; (l) $f(x) = 0{,}5\sqrt{e^{(x^4)}}$.

5.13 (a) Berechnen Sie die Ableitung von $f(x) = \dfrac{x^2}{1+x^3}$ mittels der Produkt- und der Kettenregel.

(b) Berechnen Sie die Ableitung von $f(x) = x^x$. Schreiben Sie dazu zunächst die Funktion unter Verwendung des natürlichen Logarithmus und der natürlichen e-Funktion so um, dass in der Basis kein x mehr auftaucht.

Lösungen

5.12 (a) $f'(x) = 7(x^2-4x)^6\cdot(2x-4)$; (b) $f'(x) = 0{,}5(-x)^{-0{,}5}\cdot(-1) = \dfrac{-0{,}5}{\sqrt{-x}}$;

(c) $f'(x) = (1-2x)^{-6}$; (d) $f'(x) = e^{x^2}\cdot 2x = 2xe^{x^2}$;

(e) $f'(x) = -5e^{-5x}$; (f) $f'(x) = \dfrac{1+2x}{x+x^2}$;

(g) $f'(x) = 6xe^{3x^2}$; (h) $f'(x) = 1$;

(i) $f'(x) = -9(7-x)^8$; (j) $f'(x) = 4(2x^3+x-1)^3(6x^2+1)$;

(k) $f'(x) = \dfrac{1}{2x^{-2}}\cdot 2\cdot(-2)\cdot x^{-3} = \dfrac{-2}{x}$; (l) $f'(x) = 0{,}5\cdot 0{,}5\left(e^{(x^4)}\right)^{-0{,}5} e^{(x^4)}\cdot 4x^3 = x^3\sqrt{e^{(x^4)}}$.

5.13 (a) Wegen $f(x) = x^2 \cdot (1+x^3)^{-1}$ erhält man mittels Produkt- und Kettenregel dieselbe Lösung wie zuvor im Text mit der Quotientenregel:

$$\begin{aligned} f'(x) &= 2x \cdot (1+x^3)^{-1} + x^2 \cdot (-1)(1+x^3)^{-2} \cdot 3x^2 \\ &= 2x \cdot (1+x^3) \cdot (1+x^3)^{-2} - 3x^4(1+x^3)^{-2} \\ &= \frac{2x + 2x^4 - 3x^4}{(1+x^3)^2} = \frac{2x - x^4}{(1+x^3)^2} \end{aligned}$$

(b) $f(x) = x^x = \left(e^{\ln x}\right)^x = e^{x \ln x}$. Damit kann die Ableitung unter Verwendung von Produkt- und Kettenregel berechnet werden: $f'(x) = e^{x \ln x}(1 + \ln x) = x^x(1 + \ln x)$.

Höhere Ableitungen

Die Ableitung $f'(x)$ einer Funktion $f(x)$ ist selbst eine Funktion, die in der Regel wieder abgeleitet werden kann. Diese Ableitung von $f'(x)$ heißt **zweite Ableitung** von $f(x)$ und wird mit $f''(x)$ bezeichnet. Entsprechend ist die Ableitung der zweiten Ableitung die dritte Ableitung $f'''(x)$ von $f(x)$. Ab der vierten Ableitung schreibt man $f^{(4)}(x)$ und allgemein $f^{(n)}(x)$ für die n-te Ableitung von $f(x)$.

Beispiel

$$\begin{aligned} f(x) &= x^4 - x^3 + 5x \\ f'(x) &= 4x^3 - 3x^2 + 5 \\ f''(x) &= 12x^2 - 6x \\ f'''(x) &= 24x - 6 \\ f^{(4)}(x) &= 24, \quad f^{(5)}(x) = 0, \quad f^{(6)}(x) = 0 \end{aligned}$$

Auch $f^{(7)}(x)$ und alle weiteren Ableitungen sind gleich 0, denn die Ableitung einer Konstanten, also auch von 0, ist 0.

Bei der Herleitung und Berechnung der ersten Ableitung hatten wir bereits eine graphische Interpretation verwendet. Die erste Ableitung beschreibt die Steigung der Funktion in einem Punkt. Da die zweite Ableitung die erste Ableitung der ersten Ableitung ist, können wir diese Interpretation nochmals anwenden. Die zweite Ableitung beschreibt die **Steigung der Steigung**, und das ist die **Krümmung**.

Ist die zweite Ableitung negativ, bedeutet das, die Steigung nimmt ab. Für die Funktion in der Abbildung 5.4 ist das der Bereich von links bis zum Nullpunkt. Die Funktion kommt aus dem negativen Bereich und ist sehr steil. Die Steigung wird immer kleiner, erreicht den Wert 0 und wird anschließend negativ. Dieses Verhalten bis zum Nullpunkt nennen wir **konkav** oder **Rechtskrümmung**.

Ist die zweite Ableitung hingegen positiv, dann wird die Steigung immer größer. Noch im Nullpunkt ist die Steigung der Funktion negativ, wird aber mit zunehmenden x immer größer, bis sie 0 erreicht und schließlich positiv und weiter größer wird. Dieses Verhalten ab dem Nullpunkt nennen wir **konvex** oder **Linkskrümmung**.

Abbildung 5.4 Krümmung der Funktion $f(x) = x^3 - x$

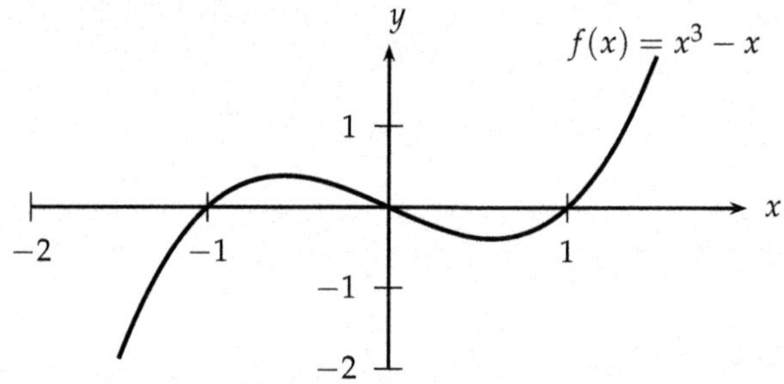

Aufgaben

5.14 Berechnen Sie die ersten, zweiten und dritten Ableitungen der folgenden Funktionen:

(a) $f(x) = 2x + 1$; (b) $f(x) = 9x^5 + 10x^3 - 750$; (c) $f(x) = e^{-10x}$;
(d) $f(x) = \ln(1 + x^2)$; (e) $f(x) = \ln x + e^x$; (f) $f(x) = \dfrac{-x}{2 + x^2}$;
(g) $f(x) = \dfrac{2x}{1 + x}$; (h) $f(x) = \dfrac{e^x}{x}$.

5.15 Berechnen Sie die neunte, die zehnte, die elfte und die zwanzigste Ableitung von $f(x) = 10x^{10}$.

Lösungen

5.14

(a) $f'(x) = 2$; $f''(x) = 0$; $f'''(x) = 0$;
(b) $f'(x) = 45x^4 + 30x^2$; $f''(x) = 180x^3 + 60x$; $f'''(x) = 540x^2 + 60$;
(c) $f'(x) = -10e^{-10x}$; $f''(x) = 100e^{-10x}$; $f'''(x) = -1000e^{-10x}$;
(d) $f'(x) = \dfrac{2x}{1 + x^2}$; $f''(x) = -\dfrac{2x^2 - 2}{(1 + x^2)^2}$; $f'''(x) = \dfrac{4x^3 - 12x}{(1 + x^2)^3}$;
(e) $f'(x) = \dfrac{1}{x} + e^x$; $f''(x) = -\dfrac{1}{x^2} + e^x$; $f'''(x) = \dfrac{2}{x^3} + e^x$;
(f) $f'(x) = \dfrac{x^2 - 2}{(2 + x^2)^2}$; $f''(x) = -\dfrac{2x^3 - 12x}{(2 + x^2)^3}$; $f'''(x) = \dfrac{6x^4 - 72x^2 + 24}{(2 + x^2)^4}$;
(g) $f'(x) = \dfrac{2}{(1 + x)^2}$; $f''(x) = -\dfrac{4}{(1 + x)^3}$; $f'''(x) = \dfrac{12}{(1 + x)^4}$;
(h) $f'(x) = \dfrac{(x - 1)e^x}{x^2}$; $f''(x) = \dfrac{(x^2 - 2x + 2)e^x}{x^3}$; $f'''(x) = \dfrac{(x^3 - 3x^2 + 6x - 6)e^x}{x^4}$.

5.15 $f^{(9)}(x) = 10 \cdot 10 \cdot 9 \cdot \ldots \cdot 2 \cdot x^{10-9} = 36.288.000x$, $f^{(10)}(x) = 10 \cdot 10! \cdot x^{10-10} = 36.288.000$, $f^{(11)} = 0$, $f^{(20)} = 0$. (Hinweis: 10!, gelesen *10 Fakultät*, ist das Produkt der Zahlen von 1 bis 10, vgl. dazu die Seite 331 im Abschnitt 7.5.3.)

5.2 Kurvendiskussion

Gegenstand

Einige grundlegende Zusammenhänge zwischen der Ableitung und dem Verlauf einer Funktion sind bereits diskutiert worden. Die Ableitung wird nun dazu verwendet, den Verlauf einer gegebenen Funktion möglichst exakt zu bestimmen. Sie kennen eine derartige Analyse wahrscheinlich bereits aus der Schule als **Kurvendiskussion**.

Wir beginnen mit der Definition einiger grundlegender Eigenschaften und Begriffe, die im Rahmen einer Kurvendiskussion zu ermitteln sind. Diese Begriffe werden anhand der Abbildung 5.5 veranschaulicht.

Abbildung 5.5 Veranschaulichung wichtiger Begriffe der Kurvendiskussion

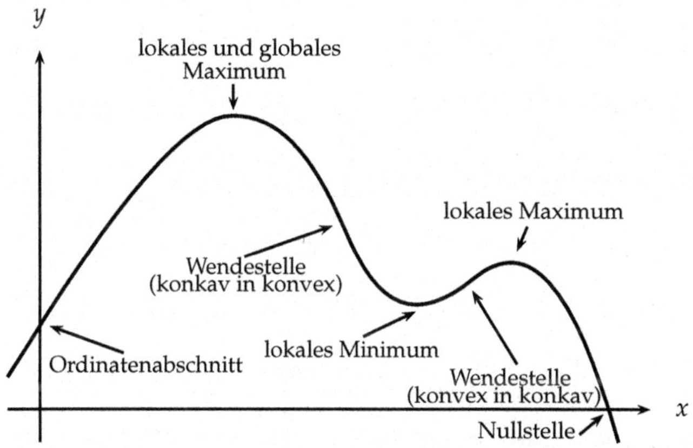

Eine reelle Funktion $f(x)$ hat

- eine **Nullstelle** x_0, wenn $f(x_0) = 0$ ist (Schnittpunkt mit der x-Achse),
- einen **Ordinatenschnittpunkt** $(0/f(0))$ an der Stelle $x = 0$ (Schnittpunkt mit der y-Achse),
- ein **globales Maximum** $x_{\max}$, wenn $f(x_{\max}) \geqq f(x)$ für alle $x \in D$,
- eine **globales Minimum** $x_{\min}$, wenn $f(x_{\min}) \leqq f(x)$ für alle $x \in D$,
- ein **lokales Maximum** $x_{\max}$, wenn $f(x_{\max}) \geqq f(x)$ für alle x in einer Umgebung um $x_{\max}$,
- ein **lokales Minimum** $x_{\min}$, wenn $f(x_{\min}) \leqq f(x)$ für alle x einer Umgebung um $x_{\min}$.

Als Oberbegriffe für Maxima und Minima werden auch die Ausdrücke **Extremstellen** oder **Optimalstellen** verwendet. Ferner wird der Punkt $(x_{\max}/f(x_{\max}))$ als **Hochpunkt** bezeichnet, wenn $x_{\max}$ ein Maximum ist, der Punkt $(x_{\min}/f(x_{\min}))$ als **Tiefpunkt**, wenn $x_{\min}$ ein Minimum ist.

Die bisher genannten Begriffe beziehen sich auf die Lage spezieller Punkte der Funktion. Zusätzlich ist das Steigungs- und Krümmungsverhalten von Interesse. Eine reelle Funktion $f(x)$ heißt

- **monoton steigend**, wenn aus $x_1 < x_2$ folgt, dass $f(x_1) \leqq f(x_2)$,
- **streng monoton steigend**, wenn aus $x_1 < x_2$ folgt, dass $f(x_1) < f(x_2)$,
- **monoton fallend**, wenn aus $x_1 < x_2$ folgt, dass $f(x_1) \geqq f(x_2)$,
- **streng monoton fallend**, wenn aus $x_1 < x_2$ folgt, dass $f(x_1) > f(x_2)$,
- **streng konvex** oder **linksgekrümmt**, wenn ihre Steigung zunimmt,
- **streng konkav** oder **rechtsgekrümmt**, wenn ihre Steigung abnimmt.
- Die Funktion hat eine **Wendestelle**, wenn sich ihre Krümmung von konkav in konvex oder umgekehrt ändert.

Schritte der Kurvendiskussion

Die einzelnen Schritte einer Kurvendiskussion werden nun anhand eines Beispiels erläutert. Dazu betrachten wir das folgende Polynom dritten Grades:

$$f(x) = x^3 - 9x^2 + 108$$

Folgende Schritte werden betrachtet:

- Berechnung der Nullstellen und des Ordinatenabschnitts,
- Berechnung der Extremwerte,
- Berechnung der Wendestellen,
- Prüfung der Grenzwerte für $x \to \pm\infty$,
- graphische Darstellung.

Nullstellen und Ordinatenabschnitt

Die Berechnung der Nullstellen von Polynomen ist Ihnen bereits aus dem Kapitel 4 bekannt. Durch Ausprobieren stellt man fest, dass $x_1 = -3$ eine Nullstelle von $f(x) = x^3 - 9x^2 + 108$ ist. Zur Berechnung der weiteren Nullstellen wird eine Polynomdivision durchgeführt:

$$\begin{array}{llll}
(\;\; x^3 & -\,9x^2 & & +\,108\,) : (x+3) = x^2 - 12x + 36 \\
\underline{-\,x^3} & \underline{-\,3x^2} & & \\
 & -\,12x^2 & & \\
 & \underline{12x^2} & \underline{+\,36x} & \\
 & & 36x & +\,108 \\
 & & \underline{-\,36x} & \underline{-\,108} \\
 & & & 0
\end{array}$$

Aus dem Restpolynom erhält man mittels der p-q-Formel die weiteren Nullstellen $x_2 = x_3 = 6$. Es gibt also nur zwei Nullstellen. Der Schnittpunkt mit der y-Achse, also der Ordinatenabschnitt, folgt aus $f(0) = 108$.

Damit haben wir die folgenden Punkte der Funktion bereits gefunden: $(-3/0)$, $(6/0)$ und $(0/108)$. Bei der praktischen Durchführung ist es sinnvoll, diese Punkte direkt in ein Koordinatensystem einzutragen. In der Abbildung 5.6 sind diese Punkte bereits eingetragen.

Steigung und Extremwerte

Zunächst benötigen wir einige allgemeine Aussagen, wie die Differentialrechnung zur Analyse des Verlaufs von Funktionen verwendet werden kann. Die erste Ableitung einer Funktion beschreibt ihre Steigung. Damit ergibt sich folgende Bedingung:

> Eine differenzierbare Funktion verläuft **streng monoton steigend** auf einem Intervall I, wenn $f'(x) > 0$ für alle $x \in I$. Sie verläuft **streng monoton fallend** auf I, wenn $f'(x) < 0$ für alle $x \in I$.

Abbildung 5.6 Kurvendiskussion

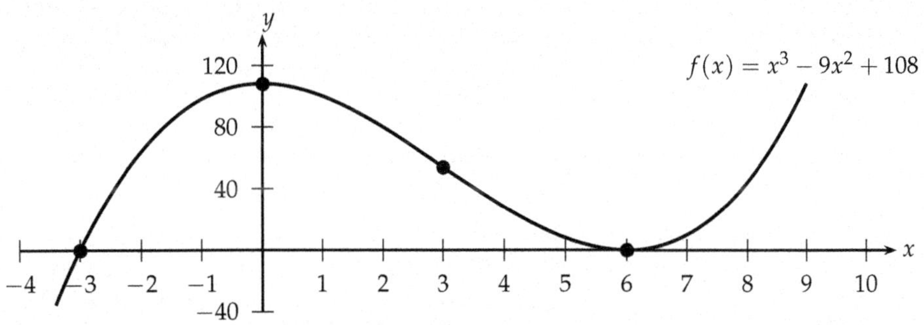

Ein Maximum liegt da, wo die Funktion von einem steigenden Verlauf in einen fallenden Verlauf übergeht. Wenn also $f'(x)$ erst positiv ist und dann negativ wird, so steigt die Funktion erst, um dann zu fallen. Das Maximum muss also da liegen, wo der Vorzeichenwechsel von $f'(x)$ vorliegt, also da, wo gerade $f'(x) = 0$ ist. Mit einer analogen Argumentation gilt, dass auch bei einem Minimum $f'(x) = 0$ sein muss. Bei einem Minimum muss die Steigung aber von fallend auf steigend umschwenken. In der Abbildung 5.6 unserer Beispielfunktion sind diese Eigenschaften der Ableitung rund um das Maximum an der Stelle $x = 0$ und das Minimum an der Stelle $x = 6$ gut zu erkennen.

Damit erhalten wir die folgende grundlegende Bedingung (bei der Sie sich nicht an den Worten *im Inneren des Definitionsbereichs* stören sollten; was damit gemeint ist, behandeln wir später im Abschnitt 5.4):

> Wenn x_0 ein lokaler Extremwert im Inneren des Definitionsbereichs von $f(x)$ ist, dann gilt:
>
> $$f'(x_0) = 0$$

Abbildung 5.7 Die Funktionen $f(x) = x^3$ und $f(x) = x^4$

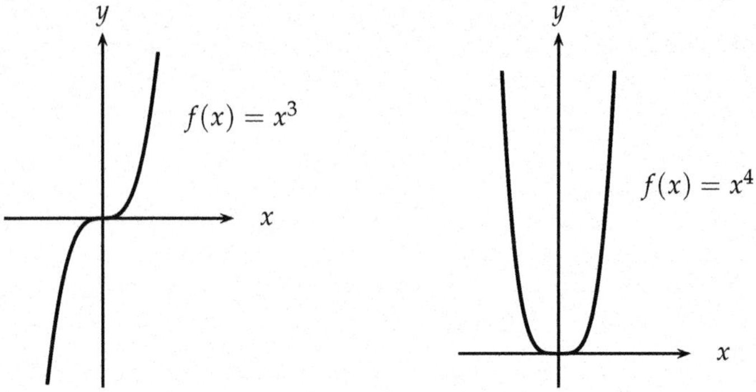

Diese Bedingung heißt **notwendige Bedingung** erster Ordnung für einen Extremwert. Ein Wert x_0, für den $f'(x_0) = 0$ gilt, heißt auch **kritischer Punkt**.

Beachten Sie bitte, dass es sich hierbei um eine **notwendige Bedingung** handelt. Mit **notwendig** ist gemeint, dass diese Bedingung für jeden Extremwert erfüllt sein **muss**. Ist umgekehrt die Bedingung $f'(x_0) = 0$ erfüllt, dann **kann** ein Extremwert vorliegen, muss aber nicht. Betrachten Sie zum Beispiel die Funktion $f(x) = x^3$ in der Abbildung 5.7. Dort ist an der Stelle $x = 0$ die erste Ableitung gleich 0, aber es liegt kein Maximum oder Minimum vor. Da die Steigung links und rechts von diesem **kritischen Punkt** positiv ist, das Vorzeichen der Ableitung also nicht wechselt, handelt es sich um kein Extremum.

Der Vorzeichenwechsel der ersten Ableitung kann durch die zweite Ableitung genauer spezifiziert werden. Eine positive zweite Ableitung sagt aus, dass die erste Ableitung immer größer wird. Ist zusätzlich die erste Ableitung an einer Stelle gleich 0, muss sie vorher kleiner und nachher größer 0 sein, die Funktion also erst fallen und dann steigen, so dass ein Minimum vorliegt.

Wenn an der Stelle x_0 gilt

$$f'(x_0) = 0 \quad \text{und} \quad f''(x_0) > 0,$$

hat $f(x)$ bei x_0 ein **lokales Minimum**. Diese Bedingung heißt **hinreichende Bedingung** zweiter Ordnung für ein lokales Minimum.

Mit hinreichend ist gemeint, dass immer, wenn diese beiden Bedingungen gelten, auch ein Minimum vorliegt. Allerdings kann auch ein lokales Minimum vorliegen, wenn die Bedingung nicht erfüllt ist, denn sie ist **nicht notwendig**. Zum Beispiel hat die Funktion $f(x) = x^4$ ein lokales (und globales) Minimum an der Stelle $x_0 = 0$, obwohl $f''(0) = 12 \cdot 0^2 = 0$ ist (vgl. die Abbildung 5.7). Beachten Sie bitte, dass auch die zuvor angegebene Bedingung für das monotone Steigen oder Fallen einer Funktion lediglich hinreichend, nicht aber notwendig ist.

Eine ausführlichere Diskussion der Begriffe *notwendige Bedingung* und *hinreichende Bedingung* finden Sie im Abschnitt 7.1.3 auf der Seite 291.

Ganz analog ergibt sich die hinreichende Bedingung für ein lokales Maximum.

Wenn an der Stelle x_0 gilt

$$f'(x_0) = 0 \quad \text{und} \quad f''(x_0) < 0,$$

hat $f(x)$ bei x_0 ein **lokales Maximum**. Diese Bedingung heißt **hinreichende Bedingung** zweiter Ordnung für ein lokales Maximum.

Wir wenden diese Erkenntnisse nun auf das Beispiel $f(x) = x^3 - 9x^2 + 108$ an. Zunächst werden die erste und die zweite Ableitung berechnet:

$$f'(x) = 3x^2 - 18x, \qquad f''(x) = 6x - 18$$

Setzt man die erste Ableitung gleich 0 und löst die quadratische Gleichung mittels der p-q-Formel, so ergeben sich mögliche Extremwerte, die die notwendige Bedingung erster Ordnung erfüllen, bei:

$$x_1 = 0; \qquad x_2 = 6$$

Diese Werte werden in die zweite Ableitung eingesetzt:

$$f''(0) = 6 \cdot 0 - 18 < 0, \quad f''(6) = 6 \cdot 6 - 18 > 0$$

Wir haben die Werte der zweiten Ableitung absichtlich nicht vollständig ausgerechnet, um zu betonen, dass es lediglich auf das Vorzeichen der zweiten Ableitung ankommt. Bei $x = 0$ liegt ein Maximum, weil die hinreichende Bedingung zweiter Ordnung für ein Minimum erfüllt ist, und bei $x = 6$ liegt entsprechend ein Minimum. Einsetzen in $f(x)$ liefert $f(0) = 108$ und $f(6) = 0$, also die **Extrempunkte** $(0/108)$ und $(6/0)$. Auch diese Punkte sollten Sie bei einer Kurvendiskussion direkt in ein entsprechendes Koordinatensystem einzeichnen. In der Abbildung 5.6 ist das bereits erfolgt. Beachten Sie bitte, dass das lokale Maximum hier zufällig mit dem Ordinatenabschnitt und das lokale Minimum mit einer der beiden Nullstellen übereinstimmt.

Wir haben die Steigung nicht explizit analysiert, weil das zumeist gar nicht nötig ist. Wir wissen zum Beispiel, dass $(0/108)$ ein Maximum und $(6/0)$ ein Minimum ist. Links vom Maximum muss die Funktion steigend verlaufen, zwischen dem Maximum und dem Minimum fallend und nach dem Minimum wieder steigend. Da keine weiteren Minima und Maxima mehr existieren können, kann sich an diesem Verlauf auch nichts mehr ändern. Eine explizite Berechnung des Steigungsverhaltens erübrigt sich deshalb.

Krümmung und Wendestellen

Wir beginnen wieder mit den allgemeinen Aussagen und wenden sie anschließend auf das Beispiel an. Ist die zweite Ableitung einer Funktion positiv, so wird die erste Ableitung größer, also wird die Funktion steiler. Sie ist also linksgekrümmt oder streng konvex.

Eine zweimal differenzierbare Funktion verläuft **linksgekrümmt** oder **streng konvex** auf einem Intervall I, wenn $f''(x) > 0$ für alle $x \in I$. Sie verläuft **rechtsgekrümmt** oder **streng konkav** auf I, wenn $f''(x) < 0$ für alle $x \in I$.

An der Stelle, wo sich die Krümmung ändert, muss daher gerade die zweite Ableitung gleich 0 sein.

Eine **notwendige Bedingung** für eine Wendestelle im Inneren des Definitionsbereichs ist:

$$f''(x) = 0$$

Ähnlich wie man mittels der zweiten Ableitung eine hinreichende Bedingung für einen Extremwert erhält, liefert hier die dritte Ableitung eine hinreichende Bedingung für eine Wendestelle.

Eine **hinreichende Bedingung** für eine **Links-Rechts-Wendestelle** an der Stelle x_0 ist:

$$f''(x_0) = 0 \quad \text{und} \quad f'''(x_0) < 0$$

Eine **hinreichende Bedingung** für eine **Rechts-Links-Wendestelle** an der Stelle x_0 ist:

$$f''(x_0) = 0 \quad \text{und} \quad f'''(x_0) > 0$$

Für unser Beispiel $f(x) = x^3 - 9x^2 + 108$ benötigen wir also zuerst die zweite und die dritte Ableitung:

$$f''(x) = 6x - 18, \qquad f'''(x) = 6$$

Setzt man die zweite Ableitung gleich 0, so folgt, dass bei $x = 3$ eine mögliche Wendestelle liegt. Einsetzen in die dritte Ableitung ergibt:

$$f'''(3) = 6 > 0$$

Also liegt bei $x = 3$ eine Rechts-Links-Wendestelle vor, bei der sich die Krümmung von konkav in konvex ändert. Einsetzen in $f(x)$ liefert den **Wendepunkt** $(3/54)$, der ebenfalls in der Abbildung 5.6 eingezeichnet ist.

Sattelpunkte

Vielleicht ist Ihnen aufgefallen, dass wir unter den verschiedenen Varianten von Nullstellen der ersten und zweiten Ableitungen einen Spezialfall noch nicht genauer benannt haben. Ist die erste Ableitung gleich 0, handelt es sich um einen kritischen Punkt. Ist gleichzeitig auch noch die zweite Ableitung gleich 0, können wir nicht folgern, ob dort tatsächlich eine Extremstelle liegt. Ist allerdings die dritte Ableitung ungleich 0, dann handelt es sich sicher um keinen Extremwert, sondern um eine Wendestelle mit horizontaler Steigung, eine sogenannte **Sattelstelle** oder **Terrassenstelle**. Die zugehörigen Punkte werden **Sattelpunkt** oder **Terrassenpunkt** genannt.

Eine **hinreichende Bedingung** für einen **Sattelpunkt** an der Stelle x_0 ist:

$$f'(x_0) = 0 \quad \text{und} \quad f''(x_0) = 0 \quad \text{und} \quad f'''(x_0) \neq 0$$

Für unser Beispiel $f(x) = x^3 - 9x^2 + 108$ ist der gefundene Wendepunkt $(3/54)$ kein Sattelpunkt, da die erste Ableitung an der Stelle $x = 3$ ungleich 0 ist. Für die Beispielfunktion $f(x) = x^3$ aus der Abbildung 5.7 hingegen existiert ein Sattelpunkt, denn die hinreichende Bedingung ist erfüllt:

$$f'(0) = 3 \cdot 0^2 = 0 \quad \text{und} \quad f''(0) = 6 \cdot 0 = 0 \quad \text{und} \quad f'''(0) = 6 \neq 0$$

Grenzwerte

Bei den Grenzwerten für $x \to \pm\infty$ geht es um die Frage, wie sich die Funktionswerte verhalten, wenn die unabhängige Variable x immer größer, im Grenzfall unendlich groß ($x \to \infty$) oder immer kleiner, im Grenzfall unendlich groß im negativen Zahlbereich ($x \to -\infty$) wird. Wir haben hier keine allgemeine Theorie der Grenzwerte behandelt, was aber zur Analyse zahlreicher Funktionen gar nicht nötig ist.

Setzen wir einfach einmal eine recht große Zahl in die Funktion ein, zum Beispiel $x = 1.000$:

$$\begin{aligned} f(1.000) &= 1.000^3 - 9 \cdot 1.000^2 + 108 \\ &= 1.000.000.000 - 9.000.000 + 108 \end{aligned}$$

Sie können hier schon sehen, dass für sehr große x-Werte eigentlich nur noch die höchste Potenz des Polynoms entscheidend ist. Im Vergleich zu der einen Milliarde, die aus 1.000^3 wird, sind alle anderen Zahlen in diesem Ausdruck schon recht klein. Wenn wir anstelle von 1.000 zum Beispiel 1.000.000 einsetzen, wird dieser Effekt noch viel deutlicher. Da die höchste Potenz, hier x^3, mit positivem Vorzeichen in die Funktion eingeht, ist der Grenzwert von $f(x)$ für $x \to \infty$ gleich unendlich, denn x^3 wird dann unendlich groß, während die anderen Terme im Vergleich dazu viel kleiner sind. Analog können Sie feststellen, dass $f(x)$ unendlich klein wird (also im negativen Zahlenbereich unendlich groß), wenn $x \to -\infty$ geht, indem Sie zum Beispiel $x = -1.000$ einsetzen. Man schreibt diese Ergebnisse wie folgt auf:

$$\lim_{x \to \infty} f(x) = \infty$$

$$\lim_{x \to -\infty} f(x) = -\infty$$

Würde vor der höchsten Potenz, im Beispiel x^3, ein Minuszeichen stehen, also $f(x) = -x^3 - 9x^2 + 108$, so kehrten sich die Vorzeichen der Grenzwerte um: $\lim_{x \to \infty} f(x) = -\infty$ und $\lim_{x \to -\infty} f(x) = \infty$.

> Bei Polynomen werden die Grenzwerte von y für $x \to \pm\infty$ durch den Grenzwert der höchsten Potenz des Polynoms bestimmt.

Zusammenfassung mit graphischer Darstellung

Werden alle Ergebnisse dieser Kurvendiskussion in eine Graphik eingezeichnet, ist der Verlauf der Funktion erkennbar. In der Abbildung 5.6 sind das die eingezeichneten Punkte und die Erkenntnis, dass die Funktion von $-\infty$ kommt und nach $+\infty$ strebt. Da es auch keine weiteren Wendepunkte mehr gibt, muss der Verlauf auch außerhalb des eingezeichneten Bereichs seine Charakteristika beibehalten.

Fassen wir die durchgeführte Kurvendiskussion derartig zusammen, dass wir dieses Verfahren als Standardanalyse verwenden können:

(a) Bestimmung der Nullstellen mit $f(x) = 0$ und des Ordinatenschnittpunkts mit $f(0)$.

(b) Bestimmung der kritischen Stellen x_k durch $f'(x_k) = 0$.

(c) Überprüfung der kritischen Stellen x_k durch Einsetzen in $f''(x)$:

- $f''(x_k) < 0 \Rightarrow x_k$ ist Maximum

- $f''(x_k) > 0 \Rightarrow x_k$ ist Minimum
- $f''(x_k) = 0$ und $f'''(x_k) \neq 0 \Rightarrow x_k$ ist Sattelpunkt

(d) Bestimmung der Wendestellen x_w durch $f''(x_w) = 0$ und Überprüfung durch Einsetzen in $f'''(x)$:

- $f'''(x_w) < 0 \Rightarrow x_w$ ist Links-Rechts-Wendestelle
- $f'''(x_w) > 0 \Rightarrow x_w$ ist Rechts-Links-Wendestelle

(e) Grenzwertbetrachtung durch Einsetzen sehr großer und sehr kleiner Zahlen.

(f) Graphische Skizzierung der Funktion durch Einzeichnen der gewonnen Erkenntnisse.

Aufgaben

5.16 Erstellen Sie die Kurvendiskussionen für die folgenden Funktionen:

(a) $f(x) = x^3 + 4x^2 - 4x - 16$; (b) $f(x) = 3x^2 + 10$; (c) $f(x) = -4x^2 + 8x + 2$;
(d) $f(x) = -2x^3 + 18x^2 + 32x - 120$; (e) $f(x) = x^4 - 24x^2$; (f) $f(x) = -x^4 + 4x^2 - 3$.

5.17 Untersuchen Sie (a) $f(x) = x^2$ und (b) $f(x) = -x^4$ auf Monotonie und Extremwerte.

Lösungen

5.16 (a) **Achsenabschnitte**: $f(x) = x^3 + 4x^2 - 4x - 16 = 0$ ergibt die Nullstellen $x_1 = -4$ und $x_2 = -2$ und $x_3 = 2$, also drei Schnittpunkte mit der x-Achse. $f(0) = -16$, also Schnittpunkt mit der y-Achse $(0/-16)$. **Extremwerte**: $f'(x) = 3x^2 + 8x - 4 = 0$ liefert $x_1 = 0{,}43$ und $x_2 = -3{,}10$ als mögliche Extremstellen; wegen $f''(x) = 6x + 8$ und $f''(0{,}43) > 0$ sowie $f''(-16{,}90) < 0$ liegt bei $x_1 = 0{,}43$ ein Minimum mit $f(0{,}43) = -16{,}90$ und bei $x_2 = -3{,}10$ ein Maximum mit $f(-3{,}10) = 5{,}05$. **Wendepunkte**: Aus $f''(x) = 6x + 8 = 0$ und $f'''(-1{,}33) = 6 > 0$ folgt, dass bei $x = -1{,}33$ eine Rechts-Links-Wendestelle mit $f(-1{,}33) = -5{,}96$ liegt. **Grenzwerte**: Da x^3 für positive x positiv und für negative x negativ ist, ist der Grenzwert für $x \to -\infty$ gleich $-\infty$ und für $x \to \infty$ gleich ∞. **Graphik**: Abbildung 5.8.

(b) **Achsenabschnitte**: $f(x) = 3x^2 + 10 = 0$ hat keine Nullstellen, also kein Schnittpunkt mit der x-Achse. $f(0) = 10$, also Schnittpunkt mit der y-Achse $(0/10)$. **Extremwerte**: $f'(x) = 6x = 0$ liefert $x = 0$ als mögliche Extremstelle; wegen $f''(x) = 6 > 0$ liegt ein Minimum bei $(0/10)$. **Wendepunkte**: Wegen $f''(x) \neq 0$ für alle x gibt es keine Wendestellen. **Grenzwerte**: Da $3x^2$ stets positiv ist, sind die Grenzwerte für $x \to \pm\infty$ jeweils gleich ∞. **Graphik**: Parabel, die um 10 nach oben verschoben und steiler als die Normalparabel ist.

(c) **Achsenabschnitte**: $f(x) = -4x^2 + 8x + 2 = 0$ ergibt die Nullstellen $x_1 = -0{,}22$ und $x_2 = 2{,}22$, also zwei Schnittpunkte mit der x-Achse. $f(0) = 2$, also Schnittpunkt mit der y-Achse $(0/2)$. **Extremwerte**: $f'(x) = -8x + 8 = 0$ liefert $x = 1$ als mögliche Extremstelle; wegen $f''(x) = -8 > 0$ und $f(1) = 6$ liegt ein Maximum bei $(1/6)$. **Wendepunkte**: Wegen $f''(x) \neq 0$ für alle x gibt es keine Wendestellen. **Grenzwerte**: Da $-4x^2$ stets negativ ist, sind die Grenzwerte für $x \to \pm\infty$ jeweils gleich $-\infty$ (die höchste Potenz von x ist entscheidend). **Graphik**: Umgedrehte Parabel, die ihr Maximum bei $(1/6)$ hat und steiler als die Normalparabel ist.

(d) **Achsenabschnitte**: $f(x) = -2x^3 + 18x^2 + 32x - 120 = 0$ ergibt Schnittpunkte mit der x-Achse an den Stellen $x_1 = -3$, $x_2 = 2$ und $x_3 = 10$. Wegen $f(0) = -120$ ist $(0/-120)$ der Schnittpunkt mit der y-Achse. **Extremwerte**: $f'(x) = -6x^2 + 36x + 32 = 0$ liefert $x_1 = -0{,}79$ und $x_2 = 6{,}79$ als mögliche Extremstellen; wegen $f''(x) = 36 - 12x$ und $f''(-0{,}79) > 0$ sowie $f''(6{,}79) < 0$ liegt bei $-0{,}79$ ein Minimum mit $f(-0{,}79) = -133{,}06$ und bei $6{,}79$ ein Maximum mit $f(6{,}79) = 301{,}06$. **Wendepunkte**: Aus $f''(x) = 36 - 12x = 0$ und $f'''(x) = -12 < 0$ folgt, dass bei $x = 3$ eine Links-Rechts-Wendestelle liegt. **Grenzwerte**: Da $-2x^3$ für positive x negativ und für negative x positiv ist, ist der Grenzwert für $x \to -\infty$ gleich ∞ und für $x \to \infty$ gleich $-\infty$. **Graphik**: Gleicht qualitativ einer auf den Kopf gestellten Funktion in der Abbildung 5.8.

(e) **Achsenabschnitte**: $f(x) = x^4 - 24x^2 = 0$ liefert die Nullstellen $x_1 = -2\sqrt{6}$, $x_2 = 0$ (also auch y-Achsenabschnitt $(0/0)$) und $x_3 = 2\sqrt{6}$. **Extremwerte**: Aus $f'(x) = 4x^3 - 48x = 0$ erhält man die möglichen Extremstellen $x_1 = -2\sqrt{3}$, $x_2 = 0$ und $x_3 = 2\sqrt{3}$. Einsetzen in $f''(x) = 12x^2 - 48$ zeigt, dass $f''(-2\sqrt{3}) > 0$ (Minimum bei $(-2\sqrt{3}/-144)$), $f''(0) < 0$ (Maximum bei $(0/0)$) und $f''(2\sqrt{3}) > 0$ (Minimum bei $(2\sqrt{3}/-144)$). **Wendepunkte**: Aus $f''(x) = 12x^2 - 48 = 0$ folgt $x_1 = -2$ und $x_2 = 2$. Wegen $f'''(x) = 24x$ und $f'''(-2) = -48 < 0$ liegt bei $x_1 = -2$ eine Links-Rechts-Wendestelle und bei $x_2 = 2$ wegen $f'''(2) = 48 > 0$ eine Rechts-Links-Wendestelle vor. Für $x < -2$ und $x > 2$ ist die Funktion wegen $f''(x) > 0$ linksgekrümmt, für $-2 < x < 2$ ist sie wegen $f''(x) < 0$ rechtsgekrümmt. **Grenzwerte**: Da x^4 für alle x positiv ist, ist der Grenzwert für $x \to \pm\infty$ gleich ∞. **Graphik**: Qualitativ sieht die Funktion aus wie die in der Abbildung 4.11 auf der Seite 147 links dargestellte Funktion.

(f) **Achsenabschnitte**: $f(x) = -x^4 + 4x^2 - 3 = 0$ liefert die Nullstellen $x_1 = -\sqrt{3}$, $x_2 = -1$, $x_3 = 1$ und $x_1 = \sqrt{3}$. Der y-Achsenschnittpunkt ist $(0/-3)$. **Extremwerte**: Aus $f'(x) = -4x^3 + 8x = 0$ erhält man die möglichen Extremstellen $x_1 = -\sqrt{2}$, $x_2 = 0$ und $x_3 = \sqrt{2}$. Einsetzen in $f''(x) = -12x^2 + 8$ zeigt, dass $f''(-\sqrt{2}) < 0$ (Maximum bei $(-\sqrt{2}/1)$), $f''(0) > 0$ (Minimum bei $(0/-3)$) und $f''(\sqrt{2}) < 0$ (Maximum bei $(\sqrt{2}/1)$). **Wendepunkte**: Aus $f''(x) = -12x^2 + 8 = 0$ folgt $x_1 = -\sqrt{2/3}$ und $x_2 = \sqrt{2/3}$. Wegen $f'''(x) = -24x$ und $f'''(-\sqrt{2/3}) > 0$ liegt bei $x_1 = -\sqrt{2/3}$ eine Rechts-Links-Wendestelle und bei $x_2 = \sqrt{2/3}$ wegen $f'''(\sqrt{2/3}) < 0$ eine Links-Rechts-Wendestelle vor. **Grenzwerte**: Da $-x^4$ für alle x negativ ist, ist der Grenzwert für $x \to \pm\infty$ gleich $-\infty$. **Graphik**: Qualitativ sieht die Funktion aus wie die in der Abbildung 4.11 auf der Seite 147 rechts dargestellte Funktion.

5.17 (a) $f(x) = x^2$ verläuft wegen $f'(x) = 2x < 0$ für $x < 0$ streng monoton fallend und wegen $f'(x) = 2x > 0$ für $x > 0$ streng monoton steigend. An der Stelle $x = 0$ liegt wegen $f'(0) = 0$ und $f''(0) = 2 > 0$ ein lokales (und globales) Minimum vor.

(b) $f(x) = -x^4$ verläuft wegen $f'(x) = -4x^3 > 0$ für $x < 0$ streng monoton fallend und wegen $f'(x) = -4x^3 < 0$ für $x > 0$ streng monoton steigend. An der Stelle $x = 0$ liegt daher ein lokales und globales Maximum, obwohl $f''(0) = 0$ ist und daher die im Text angegebene hinreichende Bedingung zweiter Ordnung nicht erfüllt ist. Beachten Sie, dass auch $f'''(0) = 0$ ist, so dass die hinreichende Bedingung für einen Sattelpunkt nicht erfüllt ist.

Abbildung 5.8 Lösung der Aufgabe 5.16 (a)

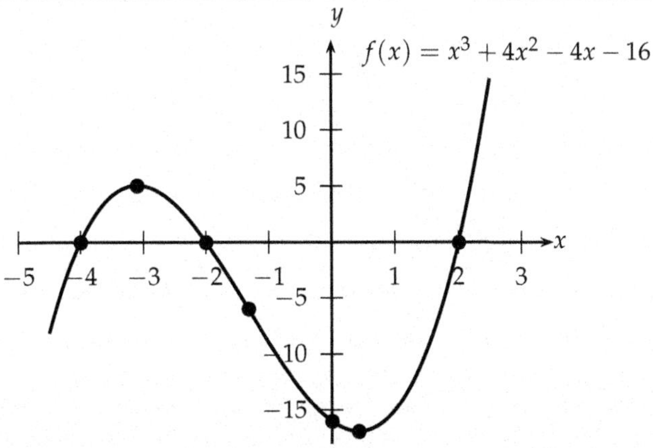

5.3 Ökonomische Anwendungen

Die Kostenfunktion

In der Theorie der Unternehmung gibt die **Kostenfunktion** $K(x)$ die Gesamtkosten in Abhängigkeit von der Produktionsmenge x an:

$$K(x) = K_f + K_v(x)$$

Dabei bezeichnet K_f die Fixkosten und $K_v(x)$ die variablen Kosten.

Die **Fixkosten** K_f sind unabhängig von der Produktionsmenge, zum Beispiel (kalkulatorische) Raummiete, Abschreibungen und Zinskosten. Ob Kosten fix sind, hängt vom Planungszeitraum ab. Kurzfristig ist fest angestelltes Personal nicht zu entlassen, so dass dadurch Fixkosten entstehen. Sehr langfristig können zum Beispiel auch Gebäude veräußert und damit kalkulatorische Mietkosten abgebaut werden.

Die **variablen Kosten** ändern sich in Abhängigkeit von der Ausbringungsmenge x, sind also eine Funktion von x:

$$K_v(x) \qquad \text{mit} \quad K_v(0) = 0$$

Die variablen Kosten sind daher im Vergleich zu den fixen Kosten reduzierbar, wenn weniger produziert und abgesetzt werden kann. Beispiele sind Kosten für Leiharbeiter, eingekaufte Zwischenprodukte und Rohstoffe.

Je nachdem, ob die variablen Kosten bei steigender Ausbringungsmenge überproportional, proportional, oder unterproportional steigen, spicht man von **progressiv**, **linear** oder **degressiv** steigenden Kosten. Der Kostenverlauf ist also streng konvex im Falle von progressiv steigenden Kosten und streng konkav im Falle von degressiv steigenden Kosten (vgl. die Abbildung 5.9).

Abbildung 5.9 Klassifikation der variablen Kostenverläufe

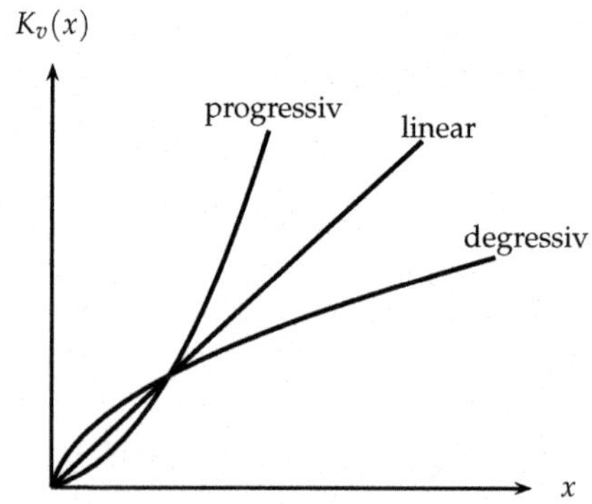

Die **Grenzkosten** erhält man als erste Ableitung der Kostenfunktion. Sie geben die zusätzlichen Kosten an, die für eine zusätzlich produzierte Einheit entstehen (vgl. ausführlich die Seite 169). Progressiv steigende Kosten liegen vor, wenn die erste Ableitung größer wird, wenn also die Grenzkosten steigen. Entsprechend erhält man linear steigende Kosten im Falle konstanter Grenzkosten und degressiv steigende Kosten im Falle sinkender Grenzkosten.

Beispiel

- Als **typische Kostenfunktion** wird häufig ein Polynom dritten Grades unterstellt:

$$K(x) = a_3x^3 - a_2x^2 + a_1x + a_0$$

Dabei sind alle Koeffizienten a_i positiv. Diese Funktion wird für $a_3 = 0{,}14$, $a_2 = 0{,}7$, $a_1 = 1{,}7$ und $a_0 = 1$ in der Abbildung 5.10 dargestellt.

- Der Ordinatenabschnitt entspricht den Fixkosten $K_f = 1$.
- Die variablen Kosten lauten $K_v(x) = 0{,}14x^3 - 0{,}7x^2 + 1{,}7x$.
- Die Grenzkosten sind $K'(x) = 0{,}42x^2 - 1{,}4x + 1{,}7$.
- Mit steigender Produktionsmenge nehmen die Kosten zunächst degressiv zu, um dann schließlich ab dem Wendepunkt progressiv zu steigen, weil sich der Betrieb der Kapazitätsgrenze nähert.
- Den Wendepunkt erhält man durch Nullsetzen der zweiten Ableitung:

$$K''(x) = 0{,}84x - 1{,}4 = 0, \quad \text{also} \quad x = 1{,}67$$

Wegen $K'''(x) = 0{,}84 > 0$ ist die hinreichende Bedingung für einen Rechts-Links-Wendepunkt erfüllt (Übergang von konkav in konvex). Vor dem Wendepunkt fallen die Grenzkosten ($K''(x) < 0$), danach steigen sie ($K''(x) > 0$).

Abbildung 5.10 Eine typische Kostenfunktion

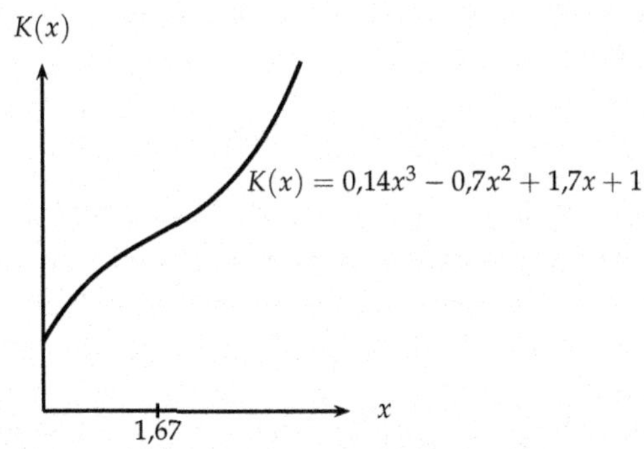

Aufgaben

5.18 Bei welchen der folgenden Kostenfunktionen liegen progressiv, linear oder degressiv steigende Kosten vor?

$$(a) \quad K(x) = 100 + 3x; \quad (b) \quad K(x) = 1000 + 3x^2; \quad (c) \quad K(x) = 10 + \sqrt{x}.$$

Berechnen Sie die Wirkung einer Erhöhung der Produktionsmenge auf die Kosten für alle drei Funktionen von 10 auf 12 Einheiten direkt und mittels des Differentials. Was fällt Ihnen auf?

5.19 Gegeben ist die folgende Kostenfunktion eines Unternehmens:

$$K(x) = x^3 - x^2 + x + 100$$

Bestimmen Sie die Fixkosten, die variablen Kosten und die Grenzkosten. Für welchen Bereich von x ist der Kostenverlauf progressiv? Bestimmen Sie auch die folgenden durchschnittlichen Kosten: Stückkosten oder totale Durchschnittskosten $K(x)/x$, durchschnittliche variable Kosten $K_v(x)/x$ und durchschnittliche Fixkosten K_f/x.

Lösungen

5.18 (a) $K''(x) = 0$, also linear. Exakte Änderung der Kosten: $\Delta K = K(12) - K(10) = 6$. Differential: $dK = K'(10) \cdot dx = 3 \cdot 2 = 6$.

(b) $K''(x) = 6 > 0$, also progressiv. Exakte Änderung der Kosten: $\Delta K = K(12) - K(10) = 132$. Differential: $dK = K'(10) \cdot dx = 60 \cdot 2 = 120$.

(c) $K''(x) = -0{,}25x^{-3/2} < 0$, also degressiv. Exakte Änderung der Kosten: $\Delta K = K(12) - K(10) = 0{,}30$. Differential: $dK = K'(10) \cdot dx = 0{,}16 \cdot 2 = 0{,}32$.

Bei linear steigenden Kosten wird durch das Differential die exakte Kostenänderung angegeben. Bei progressiv steigenden Kosten wird die Kostensteigerung durch das Differential unterschätzt, bei degressiv steigenden Kosten wird sie überschätzt.

5.19 Fixkosten: $K_f = 100$, variable Kosten: $K_v(x) = x^3 - x^2 + x$, Grenzkosten: $K'(x) = 3x^2 - 2x + 1$. Progressiv, wenn $K''(x) = 6x - 2 > 0$, also für $x > 1/3$. Durchschnittliche Kosten:

$$\frac{K(x)}{x} = x^2 - x + 1 + \frac{100}{x}, \quad \frac{K_v(x)}{x} = x^2 - x + 1, \quad \frac{K_f}{x} = \frac{100}{x}$$

Gewinnmaximierung

Wir betrachten ein Unternehmen unter vollständiger Konkurrenz, das seinen **Gewinn** maximieren will. Die Annahme der **vollständigen Konkurrenz** beinhaltet, dass das Unternehmen im Vergleich zum Gesamtmarkt klein ist und keinen Einfluss auf den Marktpreis p hat. Der Marktpreis ist aus Perspektive des Unternehmens konstant und unabhängig von der Menge. Der Gewinn wird definiert als

$$\text{Gewinn} = \text{Erlös (Umsatz)} - \text{Kosten}.$$

Mit der Produktionsmenge x und dem konstanten Verkaufspreis p lautet die Erlösfunktion $E(x) = p \cdot x$. Bezeichnen wir die Kostenfunktion wieder mit $K(x)$ und den Gewinn mit $G(x)$, so kann die Frage der Gewinnmaximierung wie folgt dargestellt werden. Zu maximieren ist:

$$G(x) = px - K(x)$$

Die notwendige Bedingung erster Ordnung für ein Gewinnmaximum lautet

$$G'(x) = p - K'(x) = 0,$$

weil p annahmegemäß konstant ist. Daraus folgt die sogenannte **Grenzkosten-Preis-Regel**:

$$K'(x) = p$$

Wenn der Verkaufspreis konstant ist, müssen in einem Gewinnmaximum die Grenzkosten gleich dem Preis sein. In der Volkswirtschaftslehre bezeichnet man ein Unternehmen, das bei konstantem Absatzpreis seinen Gewinn maximiert, als **Mengenanpasser** oder **Preisnehmer**.

Für die hinreichende Bedingung zweiter Ordnung für ein lokales Gewinnmaximum wird zusätzlich die zweite Ableitung der Gewinnfunktion benötigt:

$$G''(x) = -K''(x) < 0, \quad \text{oder} \quad K''(x) > 0$$

Damit liegt ein Gewinnmaximum vor, wenn gilt

$$K'(x) = p \quad \text{und} \quad K''(x) > 0,$$

wenn also die Grenzkosten-Preis-Regel erfüllt ist und die Grenzkosten steigen ($K''(x) > 0$).

Beispiel

Mit der Kostenfunktion $K(x) = 2.040 + 0{,}4x^2$ und dem Absatzpreis $p = 80$ erhält man die Gewinnfunktion:

$$G(x) = px - K(x) = 80x - (2.040 + 0{,}4x^2) = 80x - 2.040 - 0{,}4x^2$$

Da wir es hier mit einer ökonomischen Fragestellung zu tun haben, sollte der Definitionsbereich sinnvollerweise auf die nichtnegativen Zahlen eingegrenzt werden ($x \in R_+$), da keine negativen Mengen hergestellt werden können. Beachten Sie bitte das Minuszeichen vor $0{,}4x^2$. Ein typischer Fehler besteht darin, dass die Klammer vergessen und dadurch die Kostenfunktion falsch subtrahiert wird. Die Nullstellen dieser Funktion ergeben sich nach Division durch $(-0,4)$ aus der p-q-Formel:

$$x_1 = 30, \quad x_2 = 170$$

Die Bedeutung dieser Nullstellen wird anhand der Abbildung 5.11 verdeutlicht. Vor der ersten Nullstelle bei $x_1 = 30$ ist der Gewinn negativ, danach positiv. Dieser Punkt heißt daher **Gewinnschwelle** oder **Break-Even-Punkt**. Zwischen der ersten und der zweiten Nullstelle ist der Gewinn positiv. Deshalb heißt dieser Bereich **Gewinnzone**. Nach der zweiten Nullstelle bei $x_2 = 170$ wird der Gewinn wieder negativ. Dieser Punkt heißt **Gewinngrenze**.

Abbildung 5.11 Der Gewinn als Differenz von Erlös und Kosten

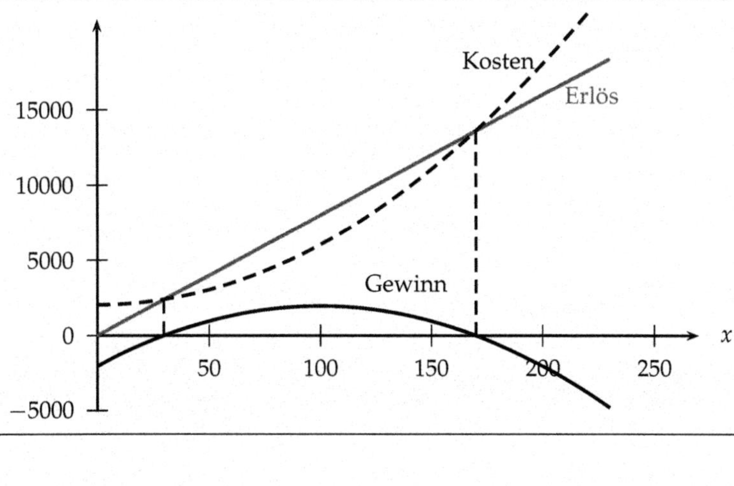

Das **Gewinnmaximum** liegt bei einer Produktion von $x = 100$, da hier $G'(x) = 80 - 0{,}8x = 0$ und $G''(x) = -0{,}8 < 0$ gilt. Alternativ kann auch die Grenzkosten-Preis-Bedingung verwendet werden, die ja allgemein hergeleitet worden ist:

$$K'(x) = p \quad \Longleftrightarrow \quad 0{,}8x = 80, \quad \text{also} \quad x = 100 \quad \text{sowie} \quad K''(x) = 0{,}8 > 0.$$

Notwendige und hinreichende Bedingungen für ein Gewinnmaximum sind also erfüllt. Der **maximale Gewinn** ist $G(100) = 1.960$.

Aufgaben

5.20 Gegeben ist ein Unternehmen unter vollständiger Konkurrenz, das sein Produkt zum konstanten Preis von $p = 4$ absetzen kann. Die Kostenfunktion lautet $K(x) = 2x^2 - 8x + 10$. Bestimmen Sie den maximalen Gewinn und stellen Sie den Gewinn als Differenz von Erlös und Kosten graphisch dar.

5.21 Bestimmen Sie für die nachfolgenden Erlös- und Kostenfunktionen die Gewinnfunktionen, die Gewinnschwellen und Gewinngrenzen sowie die Gewinnmaxima.

(a) $E(x) = 10x$, $K(x) = x^2 + 21$; (b) $E(x) = 100x$, $K(x) = 2x^2 - 20x + 1000$;

(c) $E(x) = 8x$, $K(x) = 2x^2 + 8$; (d) $E(x) = 20x$, $K(x) = 2x^3 - 6x^2 + 8x + 16$;

(e) $E(x) = 100x$, $K(x) = 2x^3 - 18x^2 + 76x + 40$; (f) $E(x) = 40x$, $K(x) = x^3 - 13x^2 + 60x + 100$.

Lösungen

5.20 Gewinn: $G(x) = 4x - (2x^2 - 8x + 10) = -2x^2 + 12x - 10$. $G'(x) = -4x + 12 = 0$ ergibt $x = 3$, wobei $G''(x) = -4 < 0$, so dass ein Maximum vorliegt. Der maximale Gewinn ist $G(3) = 8$. Die graphische Darstellung entspricht qualitativ der Abbildung 5.11, wobei die Gewinnfunktion die x-Achse bei $x = 1$ und $x = 5$ schneidet.

5.21 (a) $G(x) = -x^2 + 10x - 21$, Nullstellen: $x_1 = 3$ (Gewinnschwelle) und $x_2 = 7$ (Gewinngrenze), Gewinnmaximum: $G'(x) = -2x + 10 = 0$ und $G''(x) = -2 < 0$, also Maximum bei $x = 5$ mit $G(5) = 4$.

(b) $G(x) = -2x^2 + 120x - 1000$, Nullstellen: $x_1 = 10$ (Gewinnschwelle) und $x_2 = 50$ (Gewinngrenze), Gewinnmaximum: $G'(x) = -4x + 120 = 0$ und $G''(x) = -4 < 0$, also Maximum bei $x = 30$ mit $G(30) = 800$.

(c) $G(x) = -2x^2 + 8x - 8$, einzige Nullstelle: $x_1 = 2$, Gewinnmaximum: $G'(x) = -4x + 8 = 0$ und $G''(x) = -4 < 0$, also Maximum bei $x = 2$ mit $G(2) = 0$. Die Gewinnfunktion ist eine auf dem Kopf stehende Parabel, die mit ihrem Maximum gerade die x-Achse bei $x = 2$ berührt. Der maximale Gewinn ist daher gleich 0 und Gewinnschwelle und Gewinngrenze stimmen mit dem Gewinnmaximum überein.

(d) $G(x) = -2x^3 + 6x^2 + 12x - 16$, Nullstellen: Eine Nullstelle muss durch Ausprobieren gesucht werden, zum Beispiel $x_1 = 1$. Nach der Polynomdivison ergeben sich die weiteren Nullstellen $x_2 = -2$ und $x_3 = 4$. Da -2 ökonomisch keinen Sinn macht, sind 1 (Gewinnschwelle) und 4 (Gewinngrenze) die relevanten Nullstellen. Gewinnmaximum: Aus $G'(x) = -6x^2 + 12x + 12 = 0$ folgt $x_1 = -0{,}73$ (ökonomisch irrelevant) und $x_2 = 2{,}73$. Wegen $G''(x) = -12x + 12$ und $G''(2{,}73) < 0$ liegt ein Maximum vor mit $G(2{,}73) = 20{,}78$.

(e) $G(x) = -2x^3 + 18x^2 + 24x - 40$, Nullstellen: $x_1 = -2$, $x_2 = 1$ (Gewinnschwelle) und $x_3 = 10$ (Gewinngrenze). Gewinnmaximum: Aus $G'(x) = -6x^2 + 36x + 24 = 0$ folgt $x_1 = -0{,}61$ (ökonomisch irrelevant) und $x_2 = 6{,}61$. Wegen $G''(x) = -12x + 36$ und $G''(6{,}61) < 0$ liegt ein Maximum vor mit $G(6{,}61) = 327{,}49$.

(f) $G(x) = -x^3 + 13x^2 - 20x - 100$, Nullstellen: $x_1 = -2$, $x_2 = 5$ (Gewinnschwelle) und $x_3 = 10$ (Gewinngrenze). Gewinnmaximum: Aus $G'(x) = -3x^2 + 26x - 20 = 0$ folgt $x_1 = 0{,}85$ und $x_2 = 7{,}81$. Wegen $G''(x) = -6x + 26$ und $G''(0{,}85) > 0$ liegt bei $x_1 = 0{,}85$ ein Minimum und wegen $G''(7{,}81) < 0$ bei $x_2 = 7{,}81$ ein Maximum mit $G(7{,}81) = 60{,}37$.

Langfristiges Gleichgewicht unter vollständiger Konkurrenz

Bisher ist der Absatzpreis p als gegeben unterstellt worden, weil von einem Unternehmen ausgegangen worden ist, das als Mengenanpasser agiert. In der Mikroökonomik verhalten sich Unternehmen so, wenn die Marktform der **vollständigen Konkurrenz** vorliegt, die definiert ist als ein vollkommener Markt mit vielen Anbietern und Nachfragern (bilaterales Polypol).

Ein Markt ist **vollkommen**, wenn es nichts gibt, was zu unterschiedlichen Preisen bei verschiedenen Anbietern führen könnte. Das heißt, die gehandelten Güter müssen homogen sein, dürfen also keinerlei Unterschiede aufweisen. Ebenso darf es keine ungerechtfertigten Präferenzen für einen bestimmten Anbieter geben (zum Beispiel persönliche Sympathie), und die Transportkosten dürfen sich nicht unterscheiden (Punktförmigkeit des Marktes). Schließlich müssen vollkommene Informationen bestehen.

Langfristig sind Gewinne ein Anreiz für neue Unternehmen, in den Markt einzutreten. Mehr Unternehmen in einem Markt führen aber zu einer Erhöhung des Angebots und damit zu fallenden Marktpreisen. Wie tief können die Marktpreise langfristig fallen? Solange positive Gewinne erzielt werden können, werden Unternehmen den Markteintritt vollziehen, und erst wenn die Gewinne gleich 0 sind, hört dieser Prozess auf. Falls sogar Verluste entstehen, treten Unternehmen langfristig wieder aus dem Markt aus. Der Marktpreis entwickelt sich also langfristig so, dass jedes der vielen im Markt aktiven Unternehmen einen Gewinn von 0 hat.

Dass Unternehmen bei einem Gewinn in Höhe von 0 überhaupt etwas produzieren, erscheint zunächst sicher etwas ungewöhnlich. Wenn Sie jedoch bedenken, dass der ökonomische Gewinn anders als der steuerliche Gewinn dadurch entsteht, dass man vom Umsatz **alle** Kosten abzieht, erscheint die Aussage schon plausibler. Denn damit werden auch die sogenannten **kalkulatorischen Kosten** erfasst, zum Beispiel auch die Entlohnung der Arbeitskraft des Unternehmers und die Verzinsung des eingesetzten Eigenkapitals. Der Umsatz reicht also aus, um die vom Unternehmer eingesetzten Produktionsfaktoren zu entlohnen, auch wenn der Gewinn gleich 0 ist.

Mathematisch können wir die Frage, auf welches langfristige Niveau sich der Marktpreis p einpendeln wird, durch folgende Überlegung lösen: Wenn der Marktpreis pro Stück gleich den Gesamtkosten pro Stück ist, ist der Gewinn gleich 0. Der Prozess fallender Marktpreise wird also erst dann beendet sein, wenn alle Unternehmen zu den geringstmöglichen Stückkosten produzieren. Rechnerisch bedeutet das, wir müssen das Minimum der **Durchschnittskosten** berechnen. Der Funktionswert der Durchschnittskosten im Minimum entspricht dem langfristigen Preis. Die Produktionsmenge im Minimum der Durchschnittkosten wird auch **Betriebsoptimum** genannt.

Betrachten wir hierzu das Beispiel aus dem vorhergehenden Abschnitt und berechnen die Durchschnittskosten, die wir nun mit $DK(x)$ bezeichnen:

$$DK(x) = \frac{K(x)}{x} = \frac{2.040 + 0{,}4x^2}{x} = 2.040 \cdot x^{-1} + 0{,}4x$$

Das Minimum der Durchschnittskosten (Betriebsoptimum) ermitteln wir mit der ersten Ableitung, die gleich 0 gesetzt wird:

$$DK'(x) = -2.040 \cdot x^{-2} + 0{,}4 \qquad \Longleftrightarrow \qquad x = \pm\sqrt{\frac{2.040}{0{,}4}} = \pm 71{,}41$$

Die negative Lösung befindet sich außerhalb des Defintionsbereichs (negative Mengen machen ökonomisch keinen Sinn und sind deshalb irrelevant) und wird nicht weiter analysiert. Wird nun der verbleibende kritische Punkt $x = 71{,}41$ mit der zweiten Ableitung

$DK''(x) = (-2) \cdot (-2.040) \cdot x^{-3}$ überprüft, ergibt sich, dass es sich wirklich um ein Minimum handelt:

$$DK''(x) = (-2) \cdot (-2.040) \cdot 71{,}41^{-3} > 0$$

Mit dem Funktionswert im Minimum können wir nun auch den langfristigen Preis ausrechnen:

$$p_{\text{langfr}} = DK(71{,}41) = 57{,}13$$

Schauen wir uns diese Beziehung in der Abbildung 5.12 an, in der zusätzlich auch noch die Grenzkosten $K'(x) = 0{,}8x$ eingezeichnet sind. Durch Markteintritt und -austritt von Unternehmen pendelt sich der Preis auf dem Niveau $p_{\text{langfr}} = 57{,}13$ ein. Jedes der vielen beteiligten Unternehmen produziert natürlich nach wie vor gemäß der **Grenzkosten-Preis-Regel** die Menge $x = 71{,}41$, also zu minimalen Durchschnittskosten im Betriebsoptimum. Dies ist eine wichtige Erkenntnis der Mikroökonomik:

> Langfristig produzieren die Unternehmen bei vollständiger Konkurrenz zu minimalen Durchschnitts- oder Stückkosten, und der Marktpreis pendelt sich auf diesem Niveau der Durchschnittskosten ein.

Vielleicht ist Ihnen aufgefallen, dass die gesamte Argumentation voraussetzt, dass alle Unternehmen über dieselbe Kostenfunktion verfügen, denn andernfalls würden sie im Allgemeinen ihre Betriebsoptima bei unterschiedlichen Mengen und Stückkostenniveaus haben. Die übliche Begründung dafür lautet, dass die Produktionstechnik bei vollständiger Konkurrenz allgemein bekannt sein müsse, so dass alle Unternehmen mit derselben Technik auch dieselbe Kostenfunktion aufweisen.

Eine Schlussfolgerung aus diesen Bedingungen ist ebenfalls in der Abbildung erkennbar. Die Grenzkosten schneiden die Durchschnittskosten immer in deren Minimum (Betriebsoptimum). Anhand unseres Beispiels sehen wir, dass der Funktionswert im Minimum der Durchschnittskosten gleich den Grenzkosten ist:

$$DK(71{,}41) = K'(71{,}41) = 0{,}8 \cdot 71{,}41 = 57{,}13$$

Abbildung 5.12 Das Minimum der Durchschnittskosten (langfristiges Gleichgewicht)

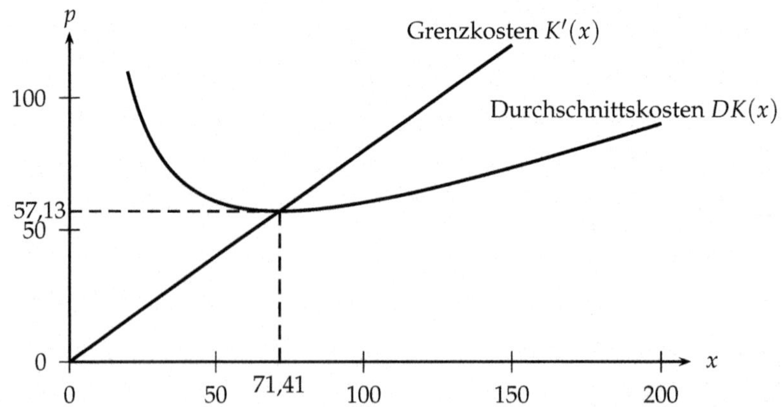

Zum allgemeinen Beweis leitet man $DK(x) = K(x)/x$ nach der Quotientenregel ab und erhält als notwendige Bedingung für ein Minimum der Durchschnittskosten an einer Stelle $x > 0$:

$$DK'(x) = \frac{K'(x) \cdot x - K(x)}{x^2} = 0 \quad \Rightarrow \quad K'(x) = \frac{K(x)}{x}$$

Im Minimum der Durchschnittskosten muss also tatsächlich $K'(x) = DK(x)$ sein.

Aufgaben

5.22 Bestimmen Sie für ein Unternehmen bei vollständiger Konkurrenz, das sich nachfolgendem Marktpreis p und Kosten $K(x)$ gegenübersieht, die Gewinnschwelle x_{BE}, die gewinnmaximale Menge $x_{\max}$ und den Gewinn $G(x_{\max})$. Wo ist das Minimum der Durchschnittskosten (Betriebsoptimum) x_{BO} und auf welchem Niveau pendelt sich der langfristige Preis p_{langfr} ein?

(a) $p = 10$; $K(x) = 0,64x^2 - 6x + 64$; (b) $p = 24$; $K(x) = 0,5x^2 + 19x + 8$;
(c) $p = 16$; $K(x) = 2x^2 + 6x + 8$; (d) $p = 12$; $K(x) = x^2 + 7x + 4$;
(e) $p = 4$; $K(x) = x^2 - 22x + 144$; (f) $p = 60$; $K(x) = 2x^2 + 2x + 200$.

Lösungen

5.22 (a) Gewinnfunktion: $G(x) = 10x - (0,64x^2 - 6x + 64) = -0,64x^2 + 16x - 64$. Die Gewinnschwelle ist die kleinere, die Gewinngrenze die größere der Nullstellen der Gewinnfunktion. Mit der p-q-Formel folgt: $x_{BE} = 5$ für die Gewinnschwelle (die Gewinngrenze ist $x = 20$).

Maximaler Gewinn: Aus $G'(x) = -1,28x + 16 = 0$ folgt $x_{\max} = 12{,}5$, eine Maximalstelle, da $G''(12{,}5) = -1,28 < 0$. Einsetzen von $x_{\max}$ in die Gewinnfunktion ergibt $G(12{,}5) = 36$.

Durchschnittskostenfunktion: $DK(x) = K(x)/x = 0,64x - 6 + 64x^{-1}$. Minimierung der Durchschnittskosten: $DK'(x) = 0,64 - 64x^{-2} = 0$ woraus $x = \pm 10$ folgt. Die negative Lösung ist ökonomisch irrelevant. Da die zweite Ableitung für $x_{BO} = 10$ positiv ist, $DK''(10) = 128/10^3 > 0$, handelt es sich um ein Minimum (Betriebsoptimum).

Der langfristige Marktpreis ist gleich dem Funktionswert im Minimum der Durchschnittskosten: $p_{\text{langfr}} = DK(10) = 0,64 \cdot 10 - 6 + 64 \cdot 10^{-1} = 6{,}8$.

(b) $x_{BE} = 2$; $x_{\max} = 5$; $G_{\max} = 4{,}5$; $x_{BO} = 4$; $p_{\text{langfr}} = 23$;

(c) $x_{BE} = 1$; $x_{\max} = 2{,}5$; $G_{\max} = 4{,}5$; $x_{BO} = 2$; $p_{\text{langfr}} = 14$;

(d) $x_{BE} = 1$; $x_{\max} = 2{,}5$; $G_{\max} = 2{,}25$; $x_{BO} = 2$; $p_{\text{langfr}} = 11$;

(e) $x_{BE} = 8$; $x_{\max} = 13$; $G_{\max} = 25$; $x_{BO} = 12$; $p_{\text{langfr}} = 2$;

(f) $x_{BE} = 4$; $x_{\max} = 14{,}5$; $G_{\max} = 220{,}5$; $x_{BO} = 10$; $p_{\text{langfr}} = 42$.

Gewinnmaximierung im Monopol

Im Folgenden soll noch der Fall untersucht werden, in dem nur ein Anbieter am Markt ist, der aber vielen Nachfragern gegenübersteht. Diese Marktform nennt man ein **Monopol**. Anders als bei vollständiger Konkurrenz ist der Preis jetzt nicht konstant gegeben, sondern er hängt von der verkauften Menge ab.

Wir beginnen mit einem Beispiel. Die **inverse Nachfragefunktion** (auch als **Preis-Absatz-Funktion** bezeichnet) laute $p(x) = 150 - 2x$. Das bedeutet, der zu erzielende Preis p sinkt, wenn die verkaufte Menge x steigt. Der Monopolist kann sich also entscheiden, ob er eine größere Menge zu einem kleineren Preis verkauft oder lieber eine kleinere Menge zu einem höheren Preis. Die **Erlösfunktion** ist nun

$$E(x) = p(x)x = (150 - 2x)x = 150x - 2x^2,$$

der Erlös ist also nicht mehr wie bei einem konstanten Preis linear. Die Kostenfunktion sei $K(x) = x^2 + 300$. Damit erhält man für die Gewinnfunktion:

$$G(x) = E(x) - K(x) = 150x - 2x^2 - x^2 - 300 = -3x^2 + 150x - 300$$

Mittels der p-q-Formel folgt aus $x^2 - 50x + 100 = 0$, dass der Gewinn bei $x_1 = 2{,}09$ und bei $x_2 = 47{,}91$ gleich 0 ist. Setzt man eine Zahl zwischen diesen beiden Werten ein, so erkennt man, dass der Gewinn dann positiv ist. Die Gewinnschwelle liegt also bei $x_1 = 2{,}09$, die Gewinngrenze bei $x_2 = 47{,}91$ und die Gewinnzone dazwischen.

Die notwendige Bedingung erster Ordnung für ein Gewinnmaximum verlangt, dass die erste Ableitung des Gewinns gleich 0 ist:

$$G'(x) = -6x + 150 = 0, \quad \Rightarrow x = 25$$

Der Monopolist kann nun diese Menge in die inverse Nachfragefunktion einsetzen, um den Preis zu berechnen, zu dem er diese gewinnmaximale Menge verkaufen kann:

$$p(25) = 150 - 2 \cdot 25 = 100$$

Der maximale Gewinn beträgt:

$$G(25) = -3 \cdot 25^2 + 150 \cdot 25 - 300 = 1.575{,}00$$

Der Vollständigkeit halber müssen wir noch die hinreichende Bedingung zweiter Ordnung prüfen. Da die zweite Ableitung der Gewinnfunktion stets negativ ist, $G''(x) = -6 < 0$, ist diese Bedingung bei $x = 25$ jedenfalls erfüllt.

Abbildung 5.13 Der Gewinn als Differenz von Erlös und Kosten im Monopol

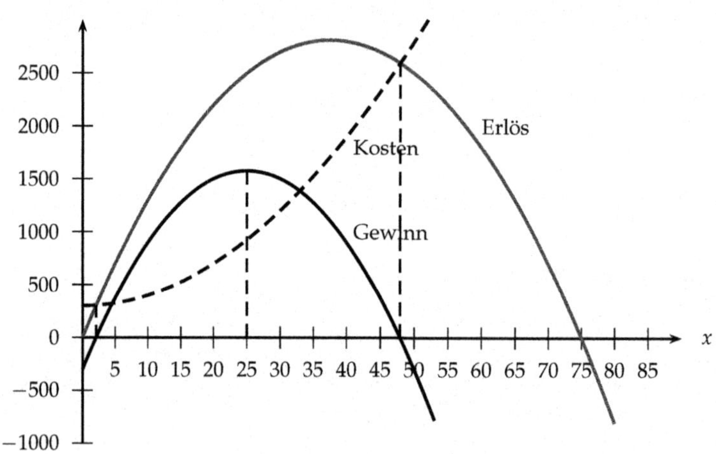

Das anhand des Beispiels erläuterte Vorgehen bei der Berechnung der gewinnmaximalen Lösung unterscheidet sich nicht sehr vom zuvor analysierten Vorgehen bei vollständiger Konkurrenz und kann auch ähnlich graphisch dargestellt werden (Abbildung 5.13). Der Unterschied besteht in der Form der Erlösfunktion, die nun keine Gerade mehr ist. In der Mikroökonomik wählt man allerdings in der Regel einen anderen Weg, der weitere Einsichten beim Vergleich des Monopols mit vollständiger Konkurrenz ermöglicht. Ausgangspunkt ist die folgende allgemeine Darstellung des Gewinns als Differenz von Erlös und Kosten:

$$G(x) = E(x) - K(x)$$

Setzt man die erste Ableitung gleich 0 (notwendige Bedingung erster Ordnung für ein Maximum), so folgt $G'(x) = E'(x) - K'(x) = 0$, also:

$$E'(x) = K'(x)$$

Im Gewinnmaximum des Monopolisten müssen also **Grenzerlös** (die erste Ableitung der Erlösfunktion) und **Grenzkosten** übereinstimmen.

Diese Bedingung lässt sich in einem Diagramm gut veranschaulichen. Im Beispiel lautet die Erlösfunktion $E(x) = 150x - 2x^2$ und damit der Grenzerlös:

$$E'(x) = 150 - 4x$$

Die Grenzerlöskurve hat also den selben Ordinatenabschnitt wie die Preis-Absatz-Funktion $p(x) = 150 - 2x$ und ist doppelt so steil. Dieses Ergebnis **gilt** bei linearen Nachfragekurven **immer**. In der Abbildung 5.14 werden die inverse Nachfragefunktion $p(x)$ und die Grenzerlösfunktion $E'(x)$ entsprechend eingezeichnet. Die Grenzkosten sind wegen $K(x) = x^2 + 300$ gleich:

$$K'(x) = 2x$$

Verwenden wir die Bedingung $E'(x) = K'(x)$, so erhalten wir dieselbe optimale Menge wie zuvor: $x = 25$, die sich in der Abbildung durch den Schnittpunkt von $E'(x)$ und $K'(x)$ ergibt. Der Preis im Monopol und der maximale Gewinn werden genau wie zuvor berechnet. In der Abbildung bedeutet das, dass der Wert der inversen Nachfragefunktion bei der Menge 25 abgelesen wird. Man erhält den optimalen Monopolpreis 100. Diesen Punkt auf der Nachfragekurve bezeichnet man in der Regel mit C und nennt ihn zu Ehren des französischen Ökonomen Antoine-Augustin Cournot den **Cournot-Punkt**.

Abbildung 5.14 Das Monopol im Mengen-Preis-Diagramm

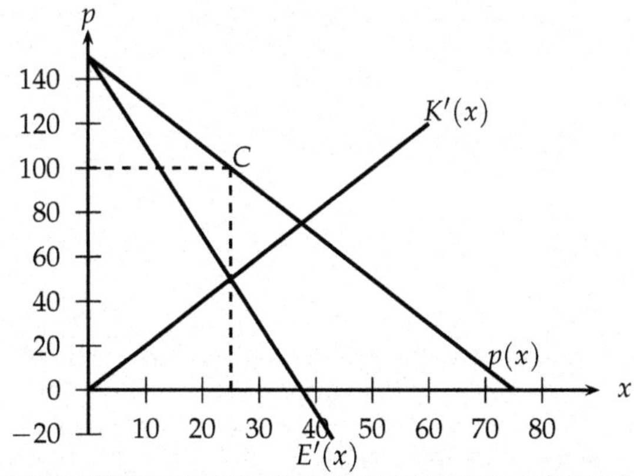

Der große Vorteil dieser graphischen Darstellung liegt darin, dass die Monopollösung direkt mit der Lösung bei vollständiger Konkurrenz verglichen werden kann. Um die Abbildung nicht zu überladen, ist diese Lösung nicht eingezeichnet worden; eine vollständige

Begründung würde ohnehin den Rahmen dieses Buches sprengen. Eine grundlegende Idee kann man jedoch einfach erhalten. Im Gewinnmaximum bei vollständiger Konkurrenz gilt die Grenzkosten-Preis-Regel. In der Abbildung 5.14 wäre der Preis gleich den Grenzkosten, wenn $x = 37{,}5$ und $p = 75$ wäre, da wo der Schnittpunkt von Grenzkostenkurve und inverser Nachfragekurve liegt. Sie können erkennen, dass diese Lösung zu einem geringeren Preis und zu einer größeren Menge als im Monopol führt. Der Preis im Monopol, hier 100, liegt bei der produzierten Menge $x = 25$ deutlich über der Grenzkostenkurve.

Aufgaben

5.23 Bestimmen Sie für die nachfolgenden Preis-Absatz- und Kostenfunktionen die Erlösfunktionen, die Gewinnfunktionen, die Gewinnschwellen und Gewinngrenzen sowie die Gewinnmaxima inklusive der Monopolpreise:

(a) $p(x) = 100 - 5x;\ K(x) = x^2 + 224;$ (b) $p(x) = 10 - x;\ K(x) = 0{,}5x^2 - 0{,}5x + 9;$

(c) $p(x) = 100 - 10x;\ K(x) = 10x^2 - 5x + 140.$

5.24 Lösen Sie das Problem der Gewinnmaximierung für den Teil (a) der vorangehenden Aufgabe erneut unter Verwendung der Bedingung *Grenzerlös gleich Grenzkosten* und stellen Sie das Ergebnis in einem Mengen-Preis-Diagramm dar.

Lösungen

5.23 (a) $E(x) = p(x) \cdot x = 100x - 5x^2$, $G(x) = E(x) - K(x) = -6x^2 + 100x - 224$. Nullstellen: $x_1 = 8/3$ (Gewinnschwelle) und $x_2 = 14$ (Gewinngrenze). Gewinnmaximum: $G'(x) = -12x + 100 = 0$ liefert $x = 25/3$. Wegen $G''(x) = -12 < 0$ ist das ein Maximum mit $G(25/3) = 578/3$. Optimaler Preis: $p(25/3) = 100 - 5 \cdot 25/3 = 175/3$.

(b) $E(x) = p(x) \cdot x = 10x - x^2$, $G(x) = E(x) - K(x) = -1{,}5x^2 + 10{,}5x - 9$. Nullstellen: $x_1 = 1$ (Gewinnschwelle) und $x_2 = 6$ (Gewinngrenze). Gewinnmaximum: $G'(x) = -3x + 10{,}5 = 0$ liefert $x = 3{,}5$. Wegen $G''(x) = -3 < 0$ ist das ein Maximum mit $G(3{,}5) = 9{,}375$. Optimaler Preis: $p(3{,}5) = 10 - 3{,}5 = 6{,}5$.

(c) $E(x) = p(x) \cdot x = 100x - 10x^2$, $G(x) = E(x) - K(x) = -20x^2 + 105x - 140$. Nullstellen: $G(x)$ ist eine auf dem Kopf stehende Parabel, die vollständig unterhalb der x-Achse liegt und damit keine Nullstellen hat. Der Gewinn ist stets negativ. Gewinnmaximum: $G'(x) = -40x + 105 = 0$ liefert $x = 2{,}625$. Wegen $G''(x) = -40 < 0$ ist das ein Maximum, wobei aber trotzdem ein Verlust entsteht: $G(2{,}625) = -2{,}1875$. Optimaler Preis: $p(2{,}625) = 100 - 26{,}25 = 73{,}75$.

5.24 Grenzerlös: $E'(x) = 100 - 10x$, Grenzkosten: $K'(x) = 2x$. Aus der Bedingung $E'(x) = K'(x)$ folgt $100 = 12x$, also $x = 25/3$. Optimaler Preis: $p(25/3) = 100 - 5 \cdot 25/3 = 175/3$. Gewinn: $G(25/3) = (175/3) \cdot (25/3) - (25/3)^2 - 224 = 578/3$. Das Mengen-Preis-Diagramm wird in der Abbildung 5.15 dargestellt.

Elastizitäten

Elastizitäten stellen wichtige dimensionslose Kennzahlen dar, mit denen zum Beispiel die Reaktion von Nachfrage- und Angebotsmengen auf Preis- oder Einkommensänderungen beschrieben wird. Da **Elastizitäten** als Verhältnisse zweier dimensionsloser Prozentzahlen definiert sind, sind ihre Werte unabhängig von den gewählten Einheiten. Folglich spielt es zum Beispiel keine Rolle, ob Preise in Euro oder in Dollar gemessen werden.

Im Folgenden wird beispielhaft die sogenannte **Preiselastizität der Nachfrage** betrachtet:

$$\text{Preiselastizität der Nachfrage} = \frac{\text{prozentuale Nachfrageänderung}}{\text{prozentuale Preisänderung}}$$

Abbildung 5.15 Lösung der Aufgabe 5.24

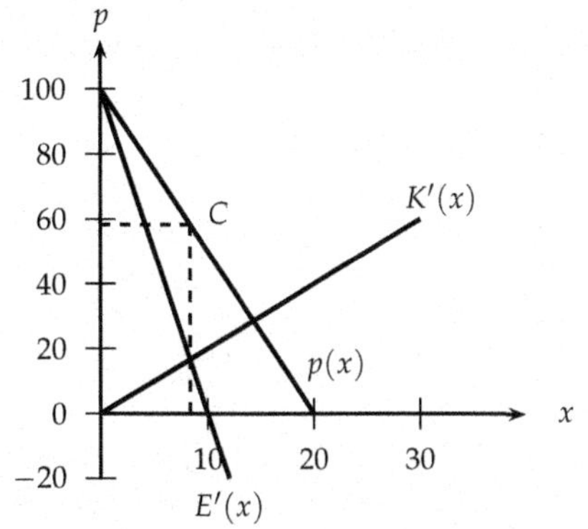

Verwendet man das Symbol Δ für Änderungen und x für die Menge sowie p für den Preis, dann ist die prozentuale Nachfrageänderung gleich $(\Delta x/x) \cdot 100$, die prozentuale Preisänderung gleich $(\Delta p/p) \cdot 100$. Also gilt:

$$\text{Preiselastizität der Nachfrage} = \frac{\Delta x/x}{\Delta p/p} = \frac{\Delta x}{\Delta p}\frac{p}{x}$$

Wenn wir die Nachfrage als Funktion $x = x(p)$ darstellen, können wir $\Delta x/\Delta p$ als Differenzenquotienten interpretieren. Aus dem Abschnitt 5.1.1 ist bekannt, dass der Grenzwert des Differenzenquotienten für $\Delta p \to 0$ der Differentialquotient, also die Ableitung der Funktion ist. Also können wir für $\Delta p \to 0$ die Elastizität so definieren:

$$\text{Preiselastizität der Nachfrage} = \eta_{xp} = \lim_{\Delta x \to 0} \frac{\Delta x}{\Delta p}\frac{p}{x} = \frac{dx}{dp}\frac{p}{x} = x'(p)\frac{p}{x}$$

Die mit den Änderungen Δ formulierte Elastizität wird **Bogenelastizität**, die mit den Differentialen dagegen zur Unterscheidung **Punktelastizität** genannt. Die Punktelastizität hat den Vorteil, dass sie mittels der Ableitung relativ einfach zu berechnen ist.

Als Beispiel betrachten wir die lineare Nachfragefunktion $x(p) = 100 - 2p$, die in der Abbildung 5.16 dargestellt wird. Für die Preiselastizität der Nachfrage η_{xp} folgt

$$\eta_{xp} = x'(p)\frac{p}{x} = -2 \cdot \frac{p}{x} = -2 \cdot \frac{p}{100 - 2p} = \frac{-2p}{100 - 2p},$$

wobei x im Nenner gemäß der Nachfragefunktion durch $100 - 2p$ ersetzt worden ist, um die Elastizität nur in Abhängigkeit von einer Variablen, hier p, zu erhalten.

Zum Beispiel beträgt die Elastizität $\eta_{xp} = -3/2$ bei $p = 30$, -1 bei $p = 25$ und $-2/3$ bei $p = 20$. Die Preiselastizität der Nachfrage ist in praktischen Fällen fast immer negativ, weshalb das negative Vorzeichen auch gerne weggelassen wird. Mathematisch wird dazu der Betrag verwendet, um einen positiven Ausdruck zu erhalten. Der **Betrag** oder **Absolutwert** einer Zahl x wird durch $|x|$ symbolisiert und ist einfach die Zahl x selbst, wenn sie positiv ist, oder

$-x > 0$, wenn x negativ ist. Der Betrag von 4 ist also $|4| = 4$, der Betrag von -4 ist ebenfalls $|-4| = 4$. Für die Elastizität im Beispiel gilt also:

$$|\eta_{xp}| = \left|x'(p)\frac{p}{x}\right| = \frac{2p}{100-2p} \qquad (0 \leqq p < 50)$$

Um die verschiedenen Elastizitätsbereiche einer Nachfragefunktion zu berechnen, setzt man $|\eta_{xp}| \gtreqless 1$. Daraus folgt für unser Beispiel:

$$|\eta_{xp}| \begin{cases} > 1 & \text{wenn } p > 25 \qquad \text{(elastische Nachfrage)} \\ = 1 & \text{wenn } p = 25 \\ < 1 & \text{wenn } p < 25 \qquad \text{(unelastische Nachfrage)} \end{cases}$$

Die in Klammern angegebenen Bezeichnungen werden generell so verwendet. Wenn die Nachfrage zum Beispiel elastisch ist, übersteigt also die prozentuale Mengenänderung absolut gesehen die prozentuale Preisänderung.

Abbildung 5.16 Elastizitäten der Funktion x = 100 − 2p

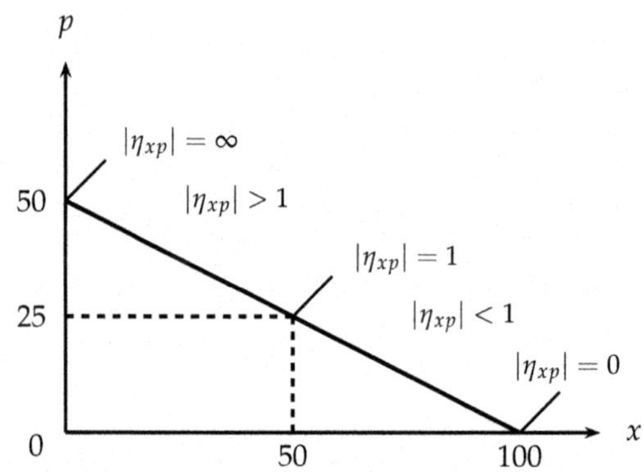

Diese Elastizitäten werden in der Abbildung 5.16 dargestellt. Der $|\eta_{xp}| = 1$ entsprechende Wert $x = 50$ ergibt sich, in dem $p = 25$ in die Nachfragefunktion eingesetzt wird. Für die Grenzwerte $p \to 0$ (entspricht $x \to 100$) und $p \to 50$ (entspricht $x \to 0$) folgt $|\eta_{xp}| = 0$ und $|\eta_{xp}| = \infty$.

Bei unelastischer Nachfrage nimmt der Umsatz mit steigendem Preis zu, bei elastischer Nachfrage nimmt er ab. Um diese Aussage allgemein zu beweisen, wird der Umsatz beziehungsweise Erlös geschrieben als $E(p) = p \cdot x(p)$. Die Ableitung ergibt dann unter Verwendung der Produktregel und nach einigen Umformungen:

$$E'(p) = x(p) + p \cdot x'(p) = x(p) + x(p) \cdot \frac{p}{x(p)} \cdot x'(p) = x(p)\left(1 + x'(p)\frac{p}{x}\right) = x(p)(1 + \eta_{xp})$$

Die Ableitung ist damit positiv oder negativ, je nachdem ob $\eta_{xp} > -1$ ($\Rightarrow |\eta_{xp}| < 1$, unelastische Nachfrage) oder $\eta_{xp} < -1$ ($\Rightarrow |\eta_{xp}| > 1$, elastische Nachfrage) ist.

Der Index xp bei der Preiselastizität der Nachfrage η_{xp} verdeutlicht, dass hier die Mengenänderung von x in Reaktion auf eine Preisänderung von p analysiert wird. Entsprechend kann auch die **Nachfrageelastizität des Preises** η_{px} definiert werden als

$$\eta_{px} = p'(x) \cdot \frac{x}{p},$$

wobei $p(x)$ die inverse Nachfragefunktion, also die Umkehrfunktion von $x(p)$ ist. η_{px} beschreibt die relative Preisänderung in Reaktion auf eine relative Mengenänderung. Für η_{px} und η_{xp} gilt folgende Beziehung, die die Elastizitätsberechnung häufig vereinfacht:

$$\eta_{px} = \frac{1}{\eta_{xp}}$$

Als Beispiel zeigen wir, dass die Preiselastizität der Nachfrage η_{xp} an der Stelle $p = 6$ für $x(p) = 2 - 0{,}2p$ und ihre Inverse $p(x) = 10 - 5x$ auf zwei Arten berechnet werden kann:

(a) $\eta_{xp} = x'(p) \cdot \frac{p}{x} = x'(p) \cdot \frac{p}{2 - 0{,}2p} = -0{,}2 \cdot \frac{6}{2 - 0{,}2 \cdot 6} = -1{,}5$

(b) Mit der inversen Nachfragefunktion $p(x) = 10 - 5x$ und $x = 0{,}8$ für $p = 6$ gilt:

$$\eta_{px} = p'(x) \cdot \frac{x}{p} = p'(x) \cdot \frac{x}{10 - 5x} = -5 \cdot \frac{0{,}8}{10 - 5 \cdot 0{,}8} = -\frac{2}{3}, \quad \text{also} \quad \eta_{xp} = \frac{1}{\eta_{px}} = -1{,}5$$

Aufgaben

5.25 (a) Bestimmen Sie für die Nachfragefunktion $x(p) = 10 - p$ die Preiselastizität der Nachfrage und die Bereiche aller Preise, für die die Elastizität betragsmäßig größer (kleiner) als 1 ist.

(b) Berechnen Sie den Erlös eines Monopolisten als Funktion von p, dessen Preis-Absatz-Funktion wiederum die Nachfragefunktion $x(p) = 10 - p$ ist. Zeigen Sie, dass eine Preiserhöhung genau dann zu einem Umsatzanstieg führt, wenn die Preiselastizität der Nachfrage betragsmäßig kleiner 1 ist.

(c) Berechnen Sie die Elastizität der Funktion $y = ax^b$ bezüglich der Variablen x (a und b sind Konstanten).

5.26 Bestimmen Sie für die nachfolgenden Nachfrage- beziehungsweise inversen Nachfragefunktionen mit x = Menge und p = Preis jeweils die Preiselastizität der Nachfrage an der angegebenen Stelle.

(a)	$p(x) = 100 - 10x$;	$p = 50$;	(b)	$p(x) = 20 - x$;	$x = 5$;
(c)	$p(x) = 10.000 - x$;	$x = 2.000$;	(d)	$x(p) = 100 - 0{,}01p$;	$p = 8.000$;
(e)	$x(p) = 25 - 0{,}5p$;	$p = 40$;	(f)	$p(x) = 40 - 10x$;	$p = 30$;
(g)	$x(p) = \frac{1}{p}$;	$p = 4$;	(h)	$p(x) = e^{-x}$;	$x = 2$.

Lösungen

5.25 (a) $x'(p)\frac{p}{x} = -1 \cdot \frac{p}{x} = \frac{-p}{10 - p}$; Betrag: $|\eta_{xp}| = \frac{p}{10 - p} \begin{cases} > 1 & \text{wenn } p > 5 \\ = 1 & \text{wenn } p = 5; \\ < 1 & \text{wenn } p < 5 \end{cases}$

(b) $E(p) = p \cdot x(p) = 10p - p^2$; $E'(p) = 10 - 2p$ ist genau dann positiv, wenn $p < 5$ ist, also bei preisunelastischer Nachfrage;

(c) $y'(x)\frac{x}{y} = bax^{b-1}\frac{x}{ax^b} = b\frac{ax^{b-1}x^1}{ax^b} = b\frac{ax^b}{ax^b} = b.$

5.26 (a) $\eta_{xp} = -1$; (b) $\eta_{xp} = -3$; (c) $\eta_{xp} = -4$; (d) $\eta_{xp} = -4$; (e) $\eta_{xp} = -4$; (f) $\eta_{xp} = -3$;
(g) $\eta_{xp} = x'(p) \cdot \frac{p}{x} = -p^{-2} \cdot \frac{p}{1/p} = -1$; (h) $\eta_{xp} = \frac{1}{\eta_{px}} = \frac{1}{p'(x) \cdot \frac{x}{p}} = \frac{1}{-e^{-x}\frac{x}{e^{-x}}} = -\frac{1}{x} = -\frac{1}{2}$.

Losgrößenplanung

Gegenstand der Losgrößenplanung ist die Bestimmung der optimalen Stückzahl, die in einem Produktionsbetrieb mit **Sorten-** oder **Serienfertigung** ohne Unterbrechung oder Umschaltung des Fertigungsprozesses hintereinander gefertigt werden soll, also die Frage nach der sogenannten **optimalen Losgröße**.

Unter **Sortenfertigung** versteht man dabei eine Art der Massenfertigung, bei der zwar verschiedene Endprodukte erzeugt werden, die aber fertigungstechnisch nahezu identisch sind. Eine **Serienfertigung** liegt vor, wenn unterschiedliche Varianten eines Produktes mehrfach nacheinander in jeweils einer bestimmten Stückzahl hergestellt werden, wobei sich die nacheinander hergestellten Serien fertigungstechnisch nur geringfügig unterscheiden.

Wir betrachten hier das sogenannte **klassische Losgrößenmodell**, das insbesondere auf folgenden Annahmen basiert:

- Der Periodenbedarf x einer betrachteten Sorte oder Serie und die variablen Herstellkosten k_v pro Stück sind bekannt; die Herstellkosten der Gesamtmenge betragen damit $k_v \cdot x$.
- Für die Umrüstung der Produktionsanlage auf eine neue Sorte oder Serie entstehen jeweils konstante Rüstkosten k_f pro Umrüstung. Bei einem gesamten Bedarf in Höhe von x, der in Losen der Größe m produziert wird, müssen x/m Lose aufgelegt werden. Die gesamten Rüstkosten betragen daher $k_f \cdot x/m$.
- Die Lose der Größe m können ohne Zeitaufwand komplett an das Lager geliefert werden. Absatz und Lagerentnahme verlaufen kontinuierlich ohne Fehlmengen. Wenn ein Los der Größe m produziert und eingelagert wird, so sinkt der Lagerbestand durch den kontinuierlichen Absatz gleichmäßig von m auf 0, bis das nächste Los eingelagert wird. Der durchschnittliche Lagerbestand beträgt daher $m/2$, sein Wert $(m/2) \cdot k_v$. Bei konstanten Zins- und Lagerkostensätzen i und k_l betragen die gesamten Lagerungskosten daher $(m/2) \cdot k_v \cdot (i + k_l)$.

Damit erhalten wir die Gesamtkosten $K(m)$ der Produktion von x Einheiten einer Sorte oder Serie in Abhängigkeit von der Losgröße m:

$$K(m) = \underbrace{k_v \cdot x}_{\text{Herstellkosten}} + \underbrace{k_f \cdot \frac{x}{m}}_{\text{Rüstkosten}} + \underbrace{\frac{m}{2} \cdot k_v \cdot (i + k_l)}_{\text{Lagerungskosten}}$$

Diese Gesamtkosten sollen nun durch Wahl der optimalen Losgröße minimiert werden. Die erste Ableitung bezüglich m wird gemäß der notwendigen Bedingung erster Ordnung für ein Minimum gleich 0 gesetzt:

$$K'(m) = -k_f \cdot \frac{x}{m^2} + \frac{1}{2}k_v \cdot (i + k_l) = 0$$

Löst man diese Gleichung nach m auf, so folgt die Formel für die **optimale Losgröße** (die positive Lösung der quadratischen Gleichung):

$$m = \sqrt{\frac{2 \cdot x \cdot k_f}{k_v \cdot (i + k_l)}}$$

Um zu zeigen, dass tatsächlich ein Kostenminimum vorliegt, ist noch die hinreichende Bedingung zweiter Ordnung zu prüfen. Die zweite Ableitung der Gesamtkosten lautet:

$$K''(m) = 2k_f \cdot \frac{x}{m^3}$$

Weil m gemäß der Formel für die optimale Losgröße positiv ist, ist dieser Ausdruck ebenfalls positiv. Damit ist die hinreichende Bedingung zweiter Ordnung für ein Minimum erfüllt.

Anhand der Formel für m ist zu erkennen, dass die optimale Losgröße mit dem Periodenbedarf x und den Kosten pro Umrüstung k_f steigt, während sie mit den variablen Herstellkosten k_v pro Stück, den Zinskostensätzen i und den Lagerkostensätzen k_l sinkt. Diese Ergebnisse sind auch intuitiv plausibel.

Aufgaben

5.27 (a) Sie planen, von einer bestimmten Serie eines Fahrrades in der nächsten Periode 20.000 Stück zu verkaufen. Die variablen Herstellkosten pro Stück betragen 200 €, die Rüstkosten pro Umrüstung 1.000 €, der Lagerkostensatz 2% und der Zinssatz 3%. Bestimmen Sie die optimale Losgröße und die optimale Anzahl der Lose.

(b) Sie planen, von einer bestimmten Serie eines Fahrrades in der nächsten Periode 20.000 Stück zu verkaufen. Die variablen Herstellkosten pro Stück betragen 200 €, die Rüstkosten pro Umrüstung 1.000 €, der Lagerkostensatz 2% und der Zinssatz 4%. Bestimmen Sie die optimale Losgröße und die optimale Anzahl der Lose.

Lösungen

5.27 (a) Einsetzen von $x = 20.000$, $k_v = 200$, $k_f = 1.000$, $k_l = 0{,}02$ und $i = 0{,}03$ in die optimale Losgrößenformel ergibt:

$$m = \sqrt{\frac{2 \cdot x \cdot k_f}{k_v \cdot (i + k_l)}} = \sqrt{\frac{2 \cdot 20.000 \cdot 1.000}{200 \cdot (0{,}03 + 0{,}02)}} = 2.000$$

Die optimale Anzahl der Lose ist demnach gleich $20.000/2.000 = 10$.

(b) Einsetzen von $x = 20.000$; $k_v = 200$; $k_f = 1.000$; $k_l = 0{,}02$ und $i = 0{,}04$ in die optimale Losgrößenformel ergibt:

$$m = \sqrt{\frac{2 \cdot x \cdot k_f}{k_v \cdot (i + k_l)}} = \sqrt{\frac{2 \cdot 20.000 \cdot 1.000}{200 \cdot (0{,}04 + 0{,}02)}} = 1.825{,}74$$

Die optimale Anzahl der Lose ist demnach gleich $20.000/1.825{,}74 = 10{,}95$. Sie bemerken an dieser Aufgabe, dass bei der Anwendung der Differentialrechnung auf reale Aufgabenstellungen das Problem auftritt, dass in der Realität oftmals nur ganzzahlige Lösungen Sinn machen, während die Differentialrechnung häufig reelle, nicht ganzzahlige Lösungen liefert. Sie müssen also die beiden angrenzenden, ganzzahligen Lösungen prüfen, das heißt, die Gesamtkosten für 10 Lose der Losgröße 2.000 mit den Gesamtkosten von 11 Losen, aufgeteilt in zehnmal 1.818 und einmal 1.820 Stück pro Los berechnen. Wir verzichten hier darauf, weil der Unterschied in den Gesamtkosten bei beiden Lösungen nur sehr gering ist. Das kann man daran erkennen, dass die zweite Ableitung der Gesamtkosten bei der optimalen Lösung sehr klein ist:

$$K''(1.825{,}74) = 2 \cdot 1.000 \cdot \frac{20.000}{1.825{,}74^3} = 0{,}0066$$

Die Gesamtkosten verlaufen daher in der Nähe des Optimums sehr flach, sind also wenig gekrümmt. Kleine Änderungen der Losgröße bewirken daher nur sehr kleine Änderungen der Gesamtkosten. Man kann hier also ruhig einfach die bequemere Lösung, 10 Lose der Losgröße 2.000, wählen.

5.4 Ein ausführlicherer Blick auf Extremwerte

Randmaxima und -minima

Wir haben früher bereits betont, dass die Analyse von Extremwerten der wichtigste Teil einer Kurvendiskussion im Kontext der Wirtschaftswissenschaften ist. Denn die Maximierung oder Minimierung einer Funktion ist im Zusammenhang ökonomischer Theorien eine direkte Folgerung aus der Anwendung des **ökonomischen Prinzips**. Zum Schluss dieses Kapitels wird die Analyse von Extremwerten daher eingehender analysiert.

Anhand der Abbildung 5.5 haben wir wichtige Begriffe der Kurvendiskussion, darunter lokale und globale Maxima und Minima veranschaulicht. In unserer bisherigen Diskussion sind wir implizit davon ausgegangen, dass der Definitionsbereich $D = R$ oder zumindest ein offenes Intervall ist (vgl. dazu die Seite 2 im Kapitel 1). In diesen Fällen ist jeder Extremwert automatisch ein sogenannter **innerer Extremwert**, der nicht am Rand des Definitionsbereichs liegt, da der Rand ja gar nicht dazu gehört.

Die Abbildung 5.17 dient nun einer weitergehenden Klassifikation von Extremwerten einschließlich sogenannter **Randmaxima** und **Randminima**, wobei beispielhaft angenommen wird, dass der Definitionsbereich nur das **abgeschlossene** Intervall von 0 bis 100 umfasst ($D = \{x \in R \mid 0 \leqq x \leqq 100\}$). In der Abbildung werden zwei Extremwerte dargestellt, die im Inneren des Definitionsbereichs liegen, ein **inneres Maximum** und ein **inneres Minimum**. Für derartige innere Extremwerte gilt die früher hergeleitete notwendige Bedingung erster Ordnung $f'(x) = 0$. Man kann sich das auch direkt anhand der Abbildung 5.17 noch einmal klarmachen. An den Extremstellen im Inneren des Definitionsbereichs muss die Funktion horizontale Tangenten haben.

In der Abbildung werden auch zwei Randextremwerte bei $x = 0$ und $x = 100$ dargestellt. An der Stelle $x = 0$ ist die früher gegebene Definition für ein lokales Minimum erfüllt. Weil aber der Funktionswert beim inneren Minimum kleiner ist, ist das innere Minimum auch das globale Minimum. An der Stelle $x = 100$ sind die jeweiligen Bedingungen für ein lokales und globales Maximum erfüllt. Trotzdem reicht ein Blick auf die Abbildung, um sich zu überzeugen, dass die betrachtete Funktion an den Stellen $x = 0$ und $x = 100$ keine horizontalen Tangenten besitzt, die Ableitungen (die man hier einseitig definieren muss) sind ungleich 0.

> An den Rändern des Definitionsbereichs stellt $f'(x) = 0$ **keine** notwendige Bedingung für einen Extremwert dar.

In der Abbildung 5.17 ist das Randmaximum auch das globale Maximum. Denken Sie sich ein Unternehmen, das seinen Gewinn maximieren will. Mit der bisher behandelten Methode, die erste Ableitung gleich 0 zu setzen, würden wir unter Umständen nur ein lokales

Abbildung 5.17 Klassifikation von Extremwerten

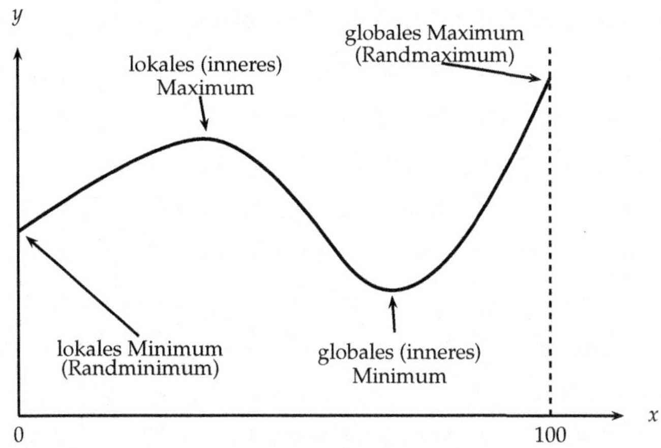

Gewinnmaximum finden. Das Unternehmen, das dieser Strategie vertraute, würde also seinen Gewinn nicht maximieren, da es das Randmaximum übersähe. Es ist also wichtig, bei der Suche nach einem globalen Maximum nicht nur die Maxima im Inneren des Definitionsbereichs, sondern auch die Randwerte zu bestimmen. Auf diese Weise kann das globale Maximum ermittelt werden.

Beispiel

Gegeben ist die Funktion $f(x) = 0{,}1x^3 - 1{,}35x^2 + 5{,}4x$, deren Definitionsbereich aus ökonomischen Gründen auf den Bereich $0 \leqq x \leqq 10$ eingeschränkt wird. Zum Beispiel kann man sich denken, dass x die produzierte Menge eines Gutes ist, die nicht negativ sein kann, und dass die Kapazitätsgrenze der Produktion bei 10 Einheiten liegt. Gesucht ist das globale Maximum der Funktion auf diesem Definitionsbereich.

Zunächst bestimmen wir die möglichen Extrempunkte im Inneren des Definitionsbereichs. Setzt man die erste Ableitung, $f'(x) = 0{,}3x^2 - 2{,}7x + 5{,}4$, gleich 0, so erhält man die Lösungen $x = 3$ und $x = 6$. Durch Prüfen der zweiten Ableitung an diesen Stellen zeigt man, dass bei $x = 3$ ein lokales Maximum und bei $x = 6$ ein lokales Minimum liegt. Die jeweiligen Funktionswerte sind $f(3) = 6{,}75$ und $f(6) = 5{,}4$. Um festzustellen, ob es sich bei $x = 3$ um ein globales Maximum handelt, muss $f(3) = 6{,}75$ mit den Funktionswerten an den Rändern des Definitionsbereichs verglichen werden. Durch Einsetzen in die Funktion erhält man $f(0) = 0$ und $f(10) = 19$. Damit ist klar, dass das globale Maximum nicht bei $x = 3$, sondern bei $x = 10$ liegt. Analog kann man feststellen, dass das globale Minimum nicht bei $x = 6$, sondern bei $x = 0$ liegt. In der Abbildung 5.18 wird die Funktion mit den berechneten Extremwerten dargestellt.

Wenn in diesem Beispiel der Definitionsbereich der Funktion $f(x)$ nicht abgeschlossen, sondern zum Beispiel gleich R ist, kann man den Funktionswert des lokalen Maximums nicht mit Randwerten vergleichen. Stattdessen können dann die Grenzwerte für $x \to \pm\infty$ berech-

Abbildung 5.18 Extremwerte von $f(x) = 0{,}1x^3 - 1{,}35x^2 + 5{,}4x$ auf $0 \leqq x \leqq 10$

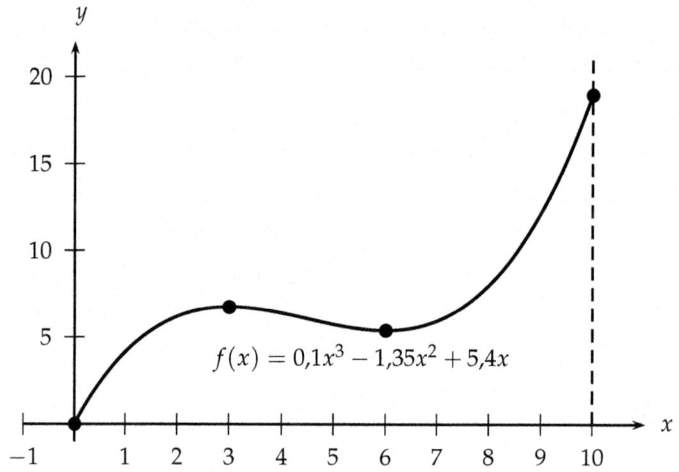

net und mit dem lokalen Maximum verglichen werden. Da $\lim_{x \to \infty} f(x) = \infty$ ist, liegt auch in diesem Fall bei $x = 3$ lediglich ein lokales und kein globales Maximum. Ein globales Maximum existiert dann nicht, denn jeder Funktionswert wird von einem anderen noch übertroffen. Für das Minimum gelten analoge Anmerkungen.

Auch wenn der Definitionsbereich zwar beschränkt, aber offen ist, kann man ähnlich argumentieren. Gilt im Beispiel etwa der Definitionsbereich $D = (0; 10)$, also $0 < x < 10$, so gehört der Randwert $x = 10$ gar nicht zum Definitionsbereich, und daher kann dort auch kein globales Maximum liegen. Allerdings liegt auch bei $x = 3$ kein globales Maximum, weil der Grenzwert der Funktion für $x \to 10$ weiterhin 19 beträgt und damit größer ist als $f(3) = 6{,}75$. In diesem Fall existiert daher kein globales Maximum.

Die anhand des Beispiels erläuterten Methoden zur Ermittlung der globalen Extremwerte werden nun allgemein zusammengefasst.

Wenn der Definitionsbereich ein abgeschlossenes Intervall ist, vergleicht man zur Bestimmung der globalen Extremwerte die Funktionswerte der lokalen Extrema mit denjenigen der Randextrema.

Ist der Definitionsbereich nicht abgeschlossen, so vergleicht man die Funktionswerte der lokalen Extrema mit den Grenzwerten der Funktionswerte an den Rändern des Definitionsbereichs. Ein globaler Extremwert existiert dann nur, wenn ein lokales Maximum (Minimum) einen größeren (kleineren) Funktionswert als alle Grenzwerte liefert.

Aufgaben

5.28 Bestimmen Sie alle Extremwerte:

$$(a)\quad f(x) = 4x + 5 \quad \text{mit} \quad D = [-5;5]; \quad (b)\quad f(x) = \sqrt{x} - 50 \quad \text{mit} \quad D = (0;16].$$

5.29 Bestimmen Sie alle Extremwerte von $f(x) = 10x^3 - 135x^2 + 540x$ (a) auf $D = (2;10)$ und (b) auf $D = [0, \infty)$.

5.30 Ein Unternehmen bei vollständiger Konkurrenz kann sein Produkt zum Preis von $p = 100$ verkaufen, die Kostenfunktion lautet $K(x) = 80x$. Bestimmen Sie den maximalen Gewinn, wenn die Kapazitätsgrenze bei $x = 10.000$ liegt.

Lösungen

5.28 (a) Wegen $f'(x) = 4 \neq 0$ gibt es keine inneren Extremwerte. Wegen $f(-5) = -15$ und $f(5) = 25$ gibt es globale Randextrema: Globales Minimum bei $(-5/-15)$ und globales Maximum bei $(5/25)$; (b) Wegen $f'(x) = 1/(2\sqrt{x}) \neq 0$ gibt es keine inneren Extremwerte. Da der untere Rand des Definitionsbereichs offen ist, kann auch bei $\lim_{x\to 0} f(x) = -50$ kein Extremwert liegen, denn 0 gehört nicht zum Definitionsbereich. Da der Grenzwert hier aber kleiner ist als der andere Randwert, $f(16) = -46$, liegt ein globales Maximum bei $(16/-46)$.

5.29 $f'(x) = 30x^2 - 270x + 540 = 0$ liefert $x_1 = 3$ und $x_2 = 6$. Wegen $f''(x) = 60x - 270$ und $f''(3) < 0$ sowie $f''(6) > 0$ liegt bei 3 ein lokales Maximum mit $f(3) = 675$ und bei 6 ein lokales Minimum mit $f(6) = 540$. (a) Da die Ränder 2 und 10 nicht zum Definitionsbereich gehören, können hier keine Extremwerte liegen. Trotzdem müssen die Grenzwerte an den Rändern mit den inneren Extremwerten verglichen werden, um festzustellen, ob die Extremwerte global sind: $\lim_{x\to 2} f(x) = 620$ und $\lim_{x\to 10} f(x) = 1900$. Bei 3 liegt also nur ein lokales Maximum, bei 6 dagegen ein globales Minimum. (b) Nun liegt der Randwert 0 im Definitionsbereich. Wegen $f(0) = 0 < f(6) = 540$ liegt hier das globale Minimum. Da der Grenzwert $\lim_{x\to\infty} f(x) = \infty$ ist, liegt bei 3 weiterhin nur ein lokales Maximum.

5.30 Gewinn: $G(x) = 100x - 80x = 20x$. Der Gewinn wird also umso größer, je mehr produziert wird. Der maximale Gewinn ergibt sich daher an der Kapazitätsgrenze: $G(10.000) = 200.000$.

Eine alternative hinreichende Bedingung

Betrachten Sie die Funktion $f(x) = x^4$, die bereits in der Abbildung 5.7 auf der Seite 182 dargestellt worden ist. Um die Existenz eines Minimums nachzuweisen, verwenden wir zunächst die auf der Seite 182 angegebene hinreichende Bedingung zweiter Ordnung. Setzt man die erste Ableitung gleich 0, $f'(x) = 4x^3 = 0$, so erhält man $x = 0$ als einzige mögliche Extremstelle. Setzt man diesen Wert in die zweite Ableitung, $f''(x) = 12x^2$ ein, so folgt:

$$f''(0) = 12 \cdot 0^2 = 0$$

Die hinreichende Bedingung zweiter Ordnung für ein Minimum ist also nicht erfüllt. Da diese Bedingung lediglich hinreichend, aber nicht notwendig ist, kann man daraus nichts folgern. Da auch die dritte Ableitung $f'''(0) = 0$ ist, ist die hinreichende Bedingung für einen Sattelpunkt ebenfalls nicht erfüllt. Wir können weder beweisen, dass bei $x = 0$ ein Minimum liegt, noch, dass dort keines liegt.

Als alternatives Kriterium bietet sich die Analyse der Vorzeichen der ersten Ableitung anhand einer **Vorzeichenwechseltabelle** an:

x	-1	0	1
$f'(x) = 4x^3$	-4	0	4

Eine stetige Funktion kann ihr Vorzeichen nur an einer Nullstelle ändern. Da die erste Ableitung lediglich an der Stelle $x = 0$ gleich 0 und $f'(x)$ selbst eine stetige Funktion ist, kann sich das Vorzeichen der ersten Ableitung also nur an der Stelle $x = 0$ ändern. Daher reicht es aus, für je einen Wert links von $x = 0$ und einen Wert rechts von $x = 0$ das Vorzeichen zu bestimmen. In der Tabelle haben wir $x = -1$ und $x = 1$ gewählt. Da $f'(-1) < 0$ ist, gilt also $f'(x) < 0$ für alle $x < 0$. Die Funktion $f(x)$ muss daher im Bereich negativer x-Werte fallend verlaufen. Analog folgt, dass sie im Bereich positiver x-Werte steigend verläuft. Wenn aber die Funktion vor $x = 0$ immer fällt und danach stets steigt, so muss sie an der Stelle $x = 0$ ein globales Minimum haben. Wir können mit diesem Kriterium also sogar nachweisen, dass es sich um ein globales und nicht nur ein lokales Minimum handelt.

Wechselt die erste Ableitung einer differenzierbaren Funktion genau einmal ihr Vorzeichen, so liegt an der Stelle $f'(x) = 0$ ein globales Minimum, wenn das Vorzeichen von $-$ auf $+$ wechselt, und ein globales Maximum, wenn das Vorzeichen von $+$ auf $-$ wechselt. Wenn das Vorzeichen mehrmals gewechselt wird, ist das Kriterium hinreichend für lokale Extremstellen.

In den Fällen, in denen das hinreichende Kriterium mit der zweiten Ableitung funktioniert, kann man auch ohne Vorzeichenwechseltabelle nachweisen, dass ein Extremwert ein globaler Extremwert ist, wenn es nur eine Nullstelle der ersten Ableitung gibt. Wir halten dieses wichtige Ergebnis hier fest und fragen in der Aufgabe 5.33 nach einem Beweis.

Wenn es nur eine Nullstelle der ersten Ableitung gibt (also nur einen kritischen Punkt), ist jeder lokale Extremwert einer differenzierbaren Funktion auch ein globaler Extremwert.

Streng genommen ist für alle Aussagen dieses Abschnitts erforderlich, dass der Definitionsbereich D ein zusammenhängendes Intervall ist, also nicht etwa aus zwei voneinander getrennten Intervallen besteht. Das ist jedoch der Normalfall, und wir wollen die Darstellung nicht unnötig verkomplizieren.

Aufgaben

5.31 Bestimmen Sie alle Extremwerte von $f(x) = x^6 - 2x^3$.

5.32 Bestimmen Sie alle Extremwerte der folgenden Funktionen:

(a) $f(x) = 10 - x^2$; (b) $f(x) = 10 - x^4$;

(c) $f(x) = -(x-3)^4 + 10$; (d) $f(x) = (x+2)e^{-x}$;

(e) $f(x) = x^2 e^x$; (f) $f(x) = \ln(x) + 1/x$.

5.33 Beweisen Sie, dass jedes lokale Maximum (Minimum) auch ein globales Maximum (Minimum) ist, wenn es nur eine Nullstelle der ersten Ableitung gibt.

Lösungen

5.31 Aus $f'(x) = 6x^5 - 6x^2 = x^2(6x^3 - 6) = 0$ folgen die möglichen Extremstellen $x_1 = 0$ und $x_2 = 1$. Setzt man diese Werte in die zweite Ableitung $f''(x) = 30x^4 - 12x$ und die dritte Ableitung $f'''(x) = 120x^3 - 12$ ein, so ergeben sich: $f''(0) = 0$ und $f'''(0) = -12 < 0$ sowie $f''(1) = 18 > 0$. An der Stelle $x_1 = 0$ liegt deshalb ein Sattelpunkt mit $f(0) = 0$, und an der Stelle $x_2 = 1$ liegt ein Minimum mit $f(1) = -1$ (global, wie der Vergleich mit den Grenzwerten für $x \to \pm\infty$ zeigt). Die Funktion wird in der Abbildung 5.19 dargestellt.

5.32 (a) $f'(x) = -2x = 0$ liefert $x = 0$, wegen $f''(x) = -2 < 0$ liegt ein lokales Maximum vor. Da $x = 0$ der einzige kritische Punkt ist mit $f(0) = 10$, handelt es sich bei $(0/10)$ auch um ein globales Maximum.

(b) $f'(x) = -4x^3 = 0$ liefert $x = 0$ als einzigen kritischen Punkt, allerdings ist $f''(0) = 0$. Mit dem Vorzeichenwechselkriterium ergibt sich jedoch, dass $(0/10)$ ein globales Maximum ist.

(c) Man kann analog zur vorhergehenden Aufgabe vorgehen. Bei $(3/10)$ liegt ein globales Maximum.

(d) $f'(x) = -(x+1)e^{-x} = 0$ liefert $x = -1$ als einzigen kritischen Punkt. Mit $f''(x) = xe^{-x}$ und damit $f''(-1) = -e < 0$ sowie $f(-1) = e$ folgt, dass es sich um ein globales Maximum bei $(-1/e)$ handelt, weil $x = -1$ der einzige kritische Punkt ist.

(e) $f'(x) = (2x + x^2)e^x = 0$ liefert $x = -2$ und $x = 0$ als kritische Punkte. Mit $f''(x) = (2 + 4x + x^2)e^x$ und damit $f''(-2) = -2e^{-2} < 0$ sowie $f''(0) = 2 > 0$ folgt, dass es sich um ein lokales Maximum bei $(-2/4e^{-2})$ und ein lokales Minimum bei $(0/0)$ handelt. Die Grenzwerte für $x \to \pm\infty$ sind $\lim_{x\to\infty} f(x) = \infty$ und $\lim_{x\to-\infty} f(x) = 0$, weil sich e^x für $x \to -\infty$ schneller der 0 nähert, als x^2 gegen ∞ geht. Damit ist $(0/0)$ ein globales Minimum, weil es keinen Funktionswert gibt, der kleiner als 0 ist, während $(-2/4e^{-2})$ nur ein lokales Maximum ist.

(f) Aus $f'(x) = \frac{1}{x} - \frac{1}{x^2} = 0$ folgt nach Multiplikation mit x^2 die Lösung $x = 1$. Wegen $f''(x) = -\frac{1}{x^2} + \frac{2}{x^3}$ und damit $f''(1) = 1 > 0$ sowie $f(1) = 1$ liegt ein lokales Minimum bei $(1/1)$. Da es nur einen kritischen Punkt gibt, ist dies zugleich ein globales Minimum.

5.33 Sei x_0 ein lokales, inneres Maximum von $f(x)$, dann muss $f'(x_0) = 0$ sein. Annahmegemäß ist x_0 die einzige Nullstelle der ersten Ableitung. Angenommen, x_0 ist nur ein lokales, aber kein globales Maximum. Dann muss es einen Wert $x_1 \in D$ geben, für den $f(x_1) > f(x_0)$ ist. Sei $x_1 > x_0$ (der Fall $x_1 < x_0$ geht analog). Da x_0 ein lokales Maximum ist, wird $f(x)$ in der Nähe von x_0 kleiner, wenn x über x_0 steigt. Da bei x_1 gelten soll, dass $f(x_1) > f(x_0)$, muss die Funktion auf dem Weg von x_0 nach x_1 irgendwann anfangen zu steigen, also von einem fallenden in einen steigenden Verlauf übergehen. Das bedeutet, dass $f(x)$ zwischen x_0 und x_1 ein Minimum haben muss, bei dem die erste Ableitung gleich 0 ist, im Widerspruch zur Annahme. Also muss x_0 ein globales Maximum sein. Der Beweis im Falle eine Minimums verläuft analog. (Dieser Beweis ist ein Beispiel für einen *indirekten Beweis*, vgl. dazu den Abschnitt 7.1.3.)

Abbildung 5.19 Die Funktion $f(x) = x^6 - 2x^3$

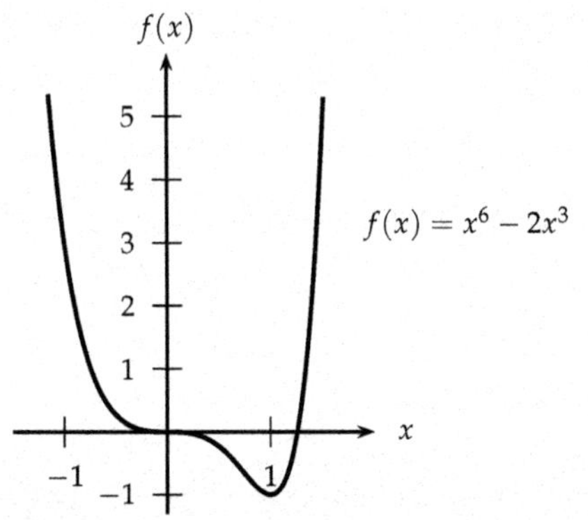

Konvexe und konkave Funktionen

In der Wirtschaftstheorie kann man häufig für einen bestimmten ökonomischen Zusammenhang keine exakte Funktionsgleichung angeben, sondern lediglich annehmen, dass eine Funktion bestimmte plausible Eigenschaften hat. Oftmals wird in solchen Fällen unterstellt, dass die Funktion streng konvex oder streng konkav ist. Hinreichende Bedingungen dafür haben wir bereits kennengelernt. Ist die zweite Ableitung stets positiv, so ist die Funktion streng konvex oder linksgekrümmt, ist die zweite Ableitung stets negativ, so ist die Funktion streng konkav oder rechtsgekrümmt (vgl. Seite 183). Diese Annahmen stellen sicher, dass innere Extremwerte stets auch globale Extremwerte sind, weil sich das Krümmungsverhalten nie ändert. Wir formulieren hier eine entsprechende Aussage ohne Beweis.

> Ist bekannt, dass $f(x)$ **streng konvex** ist, so muss jeder Punkt mit $f'(x) = 0$ ein **globales Minimum** sein.
>
> Ist bekannt, dass $f(x)$ **streng konkav** ist, so muss jeder Punkt mit $f'(x) = 0$ ein **globales Maximum** sein.

Beispiele

- Die Funktion $f(x) = x^2$ ist wegen $f''(x) = 2 > 0$ für alle $x \in R$ streng konvex und hat ein globales Minimum bei $x = 0$ mit $f'(0) = 0$.

- Die Funktion $f(x) = -x^2 + 10$ ist wegen $f''(x) = -2 < 0$ für alle $x \in R$ streng konkav und hat ein globales Maximum bei $x = 0$ mit $f'(0) = 0$.

- Betrachten Sie als ökonomische Anwendung die Maximierung des Gewinns

$$G(x) = px - K(x)$$

durch ein Unternehmen bei vollständiger Konkurrenz, für das der Absatzpreis p eine vorgegebene Konstante darstellt. Bei der Analyse dieses Problems wird häufig davon ausgegangen, dass es zwar schwierig ist, die exakte funktionale Form der Kostenfunktion $K(x)$ zu bestimmen, dass man aber bestimmte plausible Annahmen über diese Funktion treffen kann. In der Regel wird dann für alle $x \geqq 0$ unterstellt, dass $K'(x) > 0$ ist (positive Grenzkosten) und auch $K''(x) > 0$ ist (steigende Grenzkosten). Die Kostenfunktion ist dann also streng konvex. Für die Gewinnfunktion folgt damit

$$G''(x) = -K''(x) < 0,$$

sie ist also streng konkav. Also liegt an einer Stelle x_0 mit $G'(x_0) = 0$ ein globales Gewinnmaximum.

Aufgaben

5.34 Bestimmen Sie alle Extremwerte von (a) $f(x) = e^{x^2}$ und (b) $f(x) = 5\ln(x) - 10x$.

5.35 Zeigen Sie, dass im Falle eines Monopols mit linearer Nachfragefunktion jedes lokale Gewinnmaximum auch ein globales Gewinnmaximum ist, wenn die Kostenfunktion streng konvex mit $K''(x) > 0$ ist, und dass das auch dann noch stimmt, wenn die Kostenfunktion nicht *zu konkav* ist.

Lösungen

5.34 (a) $f'(x) = 2xe^{x^2}$ und $f''(x) = (2 + 4x^2)e^{x^2} > 0$ für alle $x \in R$, also ist $f(x)$ streng konvex. Der einzige kritische Punkt mit $f'(x) = 0$ ist $x = 0$ mit $f(0) = 0$. Bei $(0/0)$ liegt also ein globales Minimum.

(b) $f'(x) = 5/x - 10$ und $f''(x) = -5/x^2 < 0$ für alle $x \in D$, wobei D alle positiven reellen Zahlen umfasst, weil der Logarithmus für nichtpositive Zahlen nicht definiert ist. Die Funktion ist also streng konkav auf D. Der einzige kritische Punkt mit $f'(x) = 0$ ist $x = 0{,}5$ mit $f(0{,}5) = -8{,}47$. Bei $(0/-8{,}47)$ liegt also ein globales Maximum.

5.35 Gewinn im Monopol: $G(x) = E(x) - K(x) = p(x)x - K(x)$, wobei $p(x) = a - bx$ für $a > 0$ und $b > 0$ die inverse, lineare Nachfragefunktion ist. Also gilt $G(x) = ax - bx^2 - K(x)$. Die zweite Ableitung ist $G''(x) = -2b - K''(x) < 0$ für alle x, weil annahmegemäß $K''(x) > 0$ ist. Die Gewinnfunktion ist also streng konkav, und damit ist jedes lokale Maximum auch ein globales Maximum. Die Gewinnfunktion ist auch dann noch streng konkav, wenn zwar $K''(x) < 0$ ist, aber $K''(x) > -2b$ gilt, weil dann $-2b - K''(x) < 0$ weiterhin erfüllt ist.

Nichtdifferenzierbare Stellen

In der Abbildung 5.20 wird die **Betragsfunktion**

$$f(x) = |x| = \begin{cases} -x & \text{für} \quad x < 0 \\ x & \text{für} \quad x \geqq 0 \end{cases}$$

dargestellt. Diese Funktion hat an der Stelle $x = 0$ ein globales Minimum, bei dem die Bedingung $f'(x) = 0$ nicht erfüllt ist.

Abbildung 5.20 Extremwert ohne Differenzierbarkeit

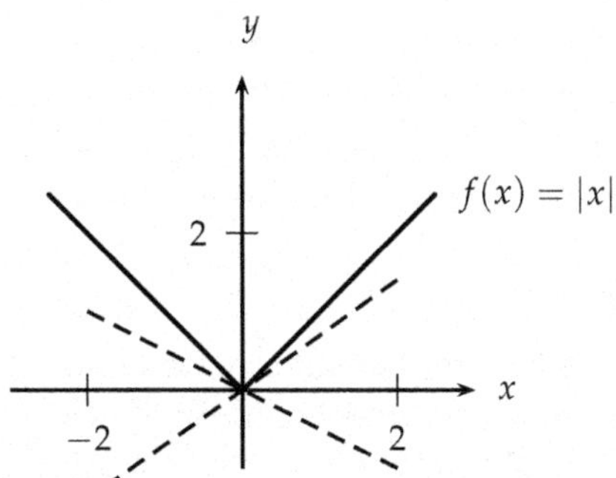

Zu beachten ist hier, dass $f'(x) = 0$ nur dann eine notwendige Bedingung für einen Extremwert ist, wenn die Funktion auch differenzierbar ist. Differenzierbarkeit an einer Stelle x_0 bedeutet anschaulich, dass die Funktion dort eine eindeutige Tangente besitzt. Die Betragsfunktion hat an der Stelle $x = 0$ keine eindeutige Tangente. Zur Veranschaulichung haben wir zwei mögliche Tangenten gestrichelt eingezeichnet. Jede Gerade $y = mx$ mit einer Steigung zwischen $m = -1$ und $m = +1$ kommt als Tangente in Betracht, weil die Steigung der Betragsfunktion für $x < 0$ gleich -1 und für $x > 0$ gleich $+1$ ist.

In Fällen wie dem der Betragsfunktion mit wenigen nicht differenzierbaren Stellen reicht es aus, ähnlich wie bei Randextremwerten die Funktionswerte an den nicht differenzierbaren

Stellen mit denen der möglichen Extremstellen aufgrund des Kriteriums $f'(x) = 0$, also den kritischen Punkten zu vergleichen, um die Optimierungsaufgaben zu lösen.

Aufgaben

5.36 (a) Bestimmen Sie alle Extremwerte der Funktion $f(x) = -|x+10|$;

(b) Bestimmen Sie auf $D = [-2, 10]$ alle Extremwerte der Funktion

$$f(x) = \begin{cases} |x| & \text{für} \quad -2 \leqq x < 1 \\ -3(x-2)^2 + 4 & \text{für} \quad 1 \leqq x \leqq 10. \end{cases}$$

Lösungen

5.36 (a) Bereichsweise geschriebene Funktion:

$$f(x) = -|x+10| = \begin{cases} -x-10 & \text{für} \quad x \geqq -10 \\ x+10 & \text{für} \quad x < -10 \end{cases}$$

An der Stelle $x = -10$ ist die stetige Funktion nicht differenzierbar, an allen anderen Stellen gibt es keinen kritischen Punkt, da $f'(x) = 1$ für $x < -10$ und $f'(x) = -1$ für $x > -10$. An der Stelle $x = 10$ ist der Funktionswert $f(-10) = 0$, an allen anderen Stellen ist er negativ. Also ist $(-10/0)$ ein globales Maximum.

(b) Die Funktion kann man auch schreiben als:

$$f(x) = \begin{cases} -x & \text{für} \quad -2 \leqq x < 0 \\ x & \text{für} \quad 0 \leqq x < 1 \\ -3(x-2)^2 + 4 & \text{für} \quad 1 \leqq x \leqq 10 \end{cases}$$

Beachten Sie zunächst, dass die Funktion stetig ist. An den Stellen -2, 0, 1 und 10 ist die Funktion jedoch nicht differenzierbar. Extremwerte können nur bei diesen nicht differenzierbaren Stellen oder bei kritischen Punkten liegen. Ein kritischer Punkt existiert nur für den Bereich $1 < x < 10$ mit $f'(x) = -6(x-2) = 0$ für $x = 2$, wo wegen $f''(2) = -6 < 0$ ein lokales Maximum liegt. Der Vergleich mit den Rändern und anderen nicht differenzierbaren Stellen zeigt, dass es ein globales Maximum ist, denn $f(-2) = 2$, $f(0) = 0$, $f(1) = 1$, $f(2) = 4$, $f(10) = -188$. An der Stelle $x = -2$ liegt ein lokales Maximum, bei $x = 0$ ein lokales Minimum und bei $x = 10$ ein globales Minimum. An der Stelle $x = 1$ liegt kein Extremwert, weil die Ableitung links und rechts von 1 jeweils positiv ist.

Schwache Extremwerte

Schauen Sie sich bitte noch einmal die Definition der Extremwerte auf der Seite 179 an. Bisher haben wir es – ohne darauf explizit hingewiesen zu haben – ausschließlich mit sogenannten **strengen Extremstellen** zu tun gehabt, bei denen in der jeweiligen Definition jeweils das strenge Ungleichheitszeichen gilt. Zum Beispiel liegt ein **strenges globales Maximum** an der Stelle x_{max} vor, wenn $f(x_{max}) > f(x)$ für alle $x \neq x_{max}$ aus dem Definitionsbereich D. Die Definitionen sind jedoch allgemeiner gehalten, weil auch $f(x_{max}) \geqq f(x)$ für alle $x \in D$ für ein globales Maximum bereits ausreicht. Wenn der Funktionswert bei x_{max} tatsächlich nicht streng größer ist als alle anderen Funktionswerte, so spricht man von einem **schwachen Maximum**. Analoge Bemerkungen gelten für **schwache** und **strenge Minima** und ebenso für lokale Extremwerte.

Betrachten Sie die in der Abbildung 5.21 dargestellte, bereichsweise definierte Funktion:

$$f(x) = \begin{cases} x^3 - 6x^2 + 12x & \text{für} \quad 0 \leqq x < 2 \\ 8 & \text{für} \quad 2 \leqq x \end{cases}$$

Alle Werte $x \geqq 2$ erfüllen die Definition für ein schwaches lokales und globales Maximum, da sie offensichtlich größer oder gleich allen anderen Funktionswerten sind, und ebenfalls die notwendige Bedingung $f'(x) = 0$, aber wegen $f''(x) = 0$ für $x \geqq 2$ nicht die hinreichende Bedingung zweiter Ordnung.

Abbildung 5.21 Schwache Extremwerte

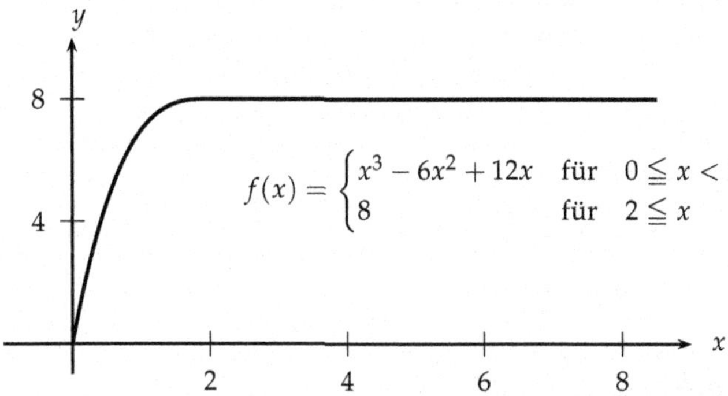

$$f(x) = \begin{cases} x^3 - 6x^2 + 12x & \text{für} \quad 0 \leqq x < 2 \\ 8 & \text{für} \quad 2 \leqq x \end{cases}$$

Die auf der Seite 182 angegebene hinreichende Bedingung zweiter Ordnung für ein inneres Minimum lautet $f'(x) = 0$ und $f''(x) > 0$. Sie ist tatsächlich hinreichend für ein **strenges** lokales Minimum. Offenbar kann ein inneres Maximum an einer Stelle x_0 nur dann vorliegen, wenn die hinreichende Bedingung für ein strenges Minimum nicht erfüllt ist, wenn also $f''(x_0) \leqq 0$ ist. Entsprechende Ausführungen gelten für den Fall eines Minimums.

(Notwendige Bedingung zweiter Ordnung) Wenn $f(x)$ an der Stelle x_0 ein schwaches oder strenges inneres Minimum hat, muss $f''(x_0) \geqq 0$ sein. Hat $f(x)$ an der Stelle x_0 ein schwaches oder strenges inneres Maximum, so muss $f''(x_0) \leqq 0$ sein.

Die auf der Seite 182 angegebenen hinreichenden Bedingungen zweiter Ordnung sind jeweils hinreichend für strenge Extremwerte.

Betrachten wir als ökonomisches Beispiel noch einmal die Maximierung des Gewinns

$$G(x) = px - K(x)$$

durch ein Unternehmen bei vollständiger Konkurrenz, wobei nun konkret angenommen wird, dass $p = 10$ und $K(x) = 10x$. Die Kapazitätsgrenze liege bei $x = 100$. Der Gewinn kann damit geschrieben werden als:

$$G(x) = 10x - 10x = 0 \quad \text{für} \quad 0 \leqq x \leqq 100$$

Die notwendige Bedingung erster Ordnung, $G'(x) = 0$, ist für alle x im Inneren des Definitionsbereichs erfüllt. Ebenso sind die notwendigen Bedingungen zweiter Ordnung sowohl für ein Maximum als auch für ein Minimum erfüllt, weil $G''(x) = 0$. Wenn ein Unternehmen zum Beispiel 100 Einheiten an der Kapazitätsgrenze produziert, kann man trotz eines Gewinns in Höhe von 0 sagen, dass es dort seinen Gewinn maximiert, da ein höherer Gewinn nicht möglich ist.

Aufgaben

5.37 Bestimmen Sie alle Extremwerte von $f(x) = 100$ auf dem Intervall von 0 bis 10.

5.38 Klassifizieren Sie die Gewinnmaxima für die Funktion $G(x) = px - 10x$ in Abhängigkeit von der Höhe des Preises p, wenn die Kapazitätsgrenze bei $x = 100$ liegt.

Lösungen

5.37 Da die Funktion konstant ist, gibt es keinen kleineren Funktionswert als 100; jeder Wert $x \in [0, 10]$ ist daher ein schwaches globales Minimum. Da es auch keinen größeren Funktionswert als 100 gibt, ist jeder Wert $x \in [0, 10]$ auch ein schwaches globales Maximum. Wegen $f'(x) = 0$ und $f''(x) = 0$ für alle $x \in D$ sind die notwendigen Bedingungen erfüllt.

5.38 $G'(x) = p - 10$ ist größer, gleich oder kleiner 0, je nachdem, ob p größer, gleich oder kleiner 10 ist. Für $p > 10$ steigt also der Gewinn mit der Ausbringungsmenge x, so dass der maximale Gewinn an der Kapazitätsgrenze $x = 100$ erreicht wird. Für $p = 10$ ist der Gewinn konstant gleich 0, so dass jede Ausbringungsmenge $x \in [0, 100]$ ein schwaches Gewinnmaximum ist. Für $p < 10$ fällt der Gewinn mit der Ausbringungsmenge x, so dass der maximale Gewinn in Höhe von 0 bei $x = 0$ erreicht wird.

Literaturhinweise

Die Differentialrechnung wird in jedem (einführenden) Buch zur Mathematik für Wirtschaftswissenschaftler in unterschiedlicher Ausführlichkeit dargestellt, zum Beispiel in Luderer und Würker (2011), Simon und Blume (1994), Sydsaeter und Hammond (2009) oder Tietze (2011).

Wenn Sie sich über die Differentialrechnung mit den hier nicht behandelten trigonometrischen Funktionen informieren wollen, finden Sie kurze Darstellungen zum Beispiel in Luderer und Würker (2011), Simon und Blume (1994), sowie Tietze (2011). Anspruchsvollere Darstellungen der in diesem Kapitel behandelten Mathematik liefern Teschl und Teschl (2007) oder Heuser (2009a).

Die genannten Bücher können Sie ebenfalls konsultieren, wenn Sie sich genauer über die Voraussetzungen der Differenzierbarkeit von Funktionen informieren wollen. Streng genommen erfordert die hier gewählte Darstellung, dass die Definitionsbereiche der betrachteten Funktionen offene Mengen sind, die als Teilmengen von R aus einem oder mehreren offenen Intervallen bestehen.

Die ökonomischen Anwendungen entstammen hauptsächlich der Mikroökonomik, die ausführlich von Varian (2011) behandelt wird, und der betriebswirtschaftlichen Produktionstheorie, die Sie beispielsweise in Wöhe (2010) nachlesen können.

6 Funktionen mehrerer Variablen

6.1 Grundlegende Darstellungsformen

6.1.1 Horizontalschnitte

Motivation

Ökonomische Sachverhalte sind in aller Regel nicht durch eine einzige Einflussgröße zu erklären. In der Sprache von mathematischen Funktionen ausgedrückt hängt die Variable y also häufig nicht nur von einer Variablen x ab, sondern von einer Vielzahl von Variablen. Gerade in den Wirtschaftswissenschaften ist es daher wichtig, sich auch mit Funktionen mehrerer Variablen zu befassen.

Betrachten wir dieselben Beispiele, die auch zu Beginn des Kapitels 4 diskutiert worden sind:

- Die Nachfrage nach einem Gut, etwa Milch, wird vom Preis dieses Gutes, aber auch noch von anderen Größen abhängen. So können das Einkommen eines Konsumenten und auch die Preise anderer Güter ebenfalls die Nachfrage nach Milch beeinflussen. Wenn der Preis von Apfelsaft fällt und ein Konsument deshalb mehr Apfelsaft konsumiert, wird er weniger Milch trinken.
- Die Kosten der Milchproduktion hängen von der produzierten Menge ab, aber auch von den Preisen der Produktionsfaktoren. Steigt zum Beispiel die Pacht für den landwirtschaftlich genutzten Boden, so nehmen dadurch die Produktionskosten zu.
- Das Bruttoinlandsprodukt hängt nicht nur von der Zeit, sondern von einer kaum zu überschauenden Vielzahl von Einflussfaktoren ab.
- Der Kapitalwert einer Investition hängt neben dem Zinssatz zum Beispiel auch von den erwarteten Einzahlungsüberschüssen ab.

Im Kapitel 4 sind alle diese Beispiele als Funktionen einer Variablen aufgefasst worden, was möglich ist, wenn alle anderen Einflussgrößen als konstant angenommen werden. Zum Beispiel kann man sagen, dass die Nachfrage nach Milch nur eine Funktion des Milchpreises ist, wenn das Einkommen und die Preise anderer Güter als gegeben und konstant unterstellt werden. Im Folgenden sollen derartige Zusammenhänge jedoch allgemein für den Fall untersucht werden, dass sich alle Einflussgrößen ändern können.

Hängt die Variable y von mehreren Variablen ab, so liegt eine **Funktion mehrerer Variablen** vor, die wie folgt dargestellt wird:

$$y = f(x_1, x_2, \ldots, x_n)$$

Da es mehrere Variablen gibt, müssen sie entweder wie hier durch tiefgestellte Indizes unterschieden werden (also $x_1, x_2, \ldots, x_n$), oder es müssen unterschiedliche Buchstaben verwendet werden. Der Definitionsbereich einer Funktion mehrerer Variablen ist nicht einfach eine Teilmenge der reellen Zahlen R, sondern jede einzelne der n Variablen kann reelle Werte annehmen. Das wird dadurch ausgedrückt, dass der Definitionsbereich D eine Teilmenge des n-dimensionalen Raumes R^n ist, also $D \subset R^n$ (vgl. ausführlicher Seite 298 im Abschnitt 7.2). Außerdem soll D wann immer möglich eine **offene Menge** sein, was bedeutet, dass sie analog zu den im Kapitel 1 auf der Seite 2 kurz dargestellten offenen Intervallen ihren Rand nicht enthält. Durch diese Annahme wird die Diskussion der Differentialrechnung vereinfacht.

Der wesentliche Schritt zum Verständnis von Funktionen mehrerer Variablen ist der Übergang von einer Funktion einer Variablen zu einer Funktion zweier Variablen. Wenn man mit solchen Funktionen umgehen kann, ist die Erweiterung auf den Fall von mehr als zwei Variablen nicht mehr schwierig. Um die Darstellung möglichst einfach zu halten, werden im Folgenden daher ausschließlich Funktionen von zwei Variablen betrachtet, also Funktionen

$$y = f(x_1, x_2).$$

Als Anwendungsbeispiel wird häufig das Konzept einer Produktionsfunktion verwendet. Die **Produktionsfunktion** gibt den mengenmäßigen Zusammenhang zwischen den Faktoreinsatzmengen (Inputs) und dem Faktorertrag (Output, Güterproduktion) eines Unternehmens in mathematischer Darstellung wieder. Der einfachste Fall bezieht sich dabei auf ein **Einproduktunternehmen**, das nur ein Gut mit zwei **Produktionsfaktoren** erzeugt. Die Produktionsmenge wird mit y bezeichnet, die Einsatzmengen der Produktionsfaktoren mit x_1 und x_2. In wirtschaftstheoretischen Anwendungen werden Sie häufig eine andere Schreibweise finden. Zum Beispiel werden in der Makroökonomik in der Regel ein großes Y für die gesamtwirtschaftliche Produktionsmenge sowie L und K für die Produktionsfaktoren Arbeit und Kapital verwendet:

$$Y = f(L, K)$$

Wir bleiben hier jedoch bei der mathematisch üblicheren Formulierung mit x_1 und x_2.

Lineare Funktionen

Lineare Funktionen zweier Variablen werden analog zum Fall einer Variablen definiert (was ebenso auch im Falle nichtlinearer Funktionen gilt). Wir beschränken uns daher hier auf die Betrachtung von Beispielen. Die folgende Funktion kann als **lineare Produktionsfunktion** interpretiert werden:

$$y = x_1 + 2x_2 \quad \text{oder} \quad f(x_1, x_2) = x_1 + 2x_2$$

Um diese Funktion zu analysieren, beginnen wir mit der Wertetabelle 6.1. Die Erstellung einer solchen Wertetabelle ist schon erheblich aufwändiger als im Falle nur einer unabhängigen Variablen. Daher bietet es sich an, zunächst immer eine Variable auf einem Wert zu belassen (zum Beispiel $x_1 = 0$) und dann für die andere Variable den Funktionswert für mehrere ganzzahlige Werte auszurechnen (hier $x_2 = 0$, $x_2 = 1, \ldots, x_2 = 4$). Im nächsten Schritt werden dann die Funktionswerte für $x_1 = 1$ ausgerechnet usw.

Tabelle 6.1 Wertetabelle für $y = x_1 + 2x_2$

x_1	0					1					2					3					4				
x_2	0	1	2	3	4	0	1	2	3	4	0	1	2	3	4	0	1	2	3	4	0	1	2	3	4
$f(x_1, x_2)$	0	2	4	6	8	1	3	5	7	9	2	4	6	8	10	3	5	7	9	11	4	6	8	10	12

Abbildung 6.1 Die lineare Funktion $f(x_1, x_2) = x_1 + 2x_2$

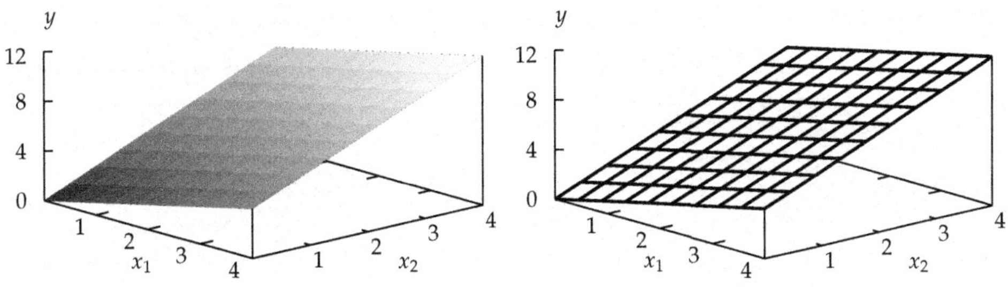

Die Abbildung 6.1 zeigt das sogenannte **Funktionsgebirge** der betrachteten linearen Produktionsfunktion. Während die graphische Darstellung einer Funktion einer Variablen eine Kurve im zweidimensionalen Raum (also in der Ebene) ist, erhält man bei Funktionen zweier Variablen im Allgemeinen eine gekrümmte Fläche im dreidimensionalen Raum. Für den betrachteten Spezialfall einer linearen Funktion ergibt sich eine Ebene im Raum.

In der Abbildung 6.1 wird dieselbe Funktion zweimal dargestellt. Die linke Darstellung verdeutlicht, dass es sich bei dem Funktionsgebirge tatsächlich um eine durchgehende Fläche handelt. Anschaulicher ist jedoch häufig die rechte Darstellung der Fläche als Gitter, die im Folgenden ausschließlich verwendet wird. Da die eigentlich hinten liegende x_2-Achse von der Funktion verdeckt wird, wird sie parallel zur hinten liegenden Achse vorne noch einmal dargestellt. Obwohl man zum Beispiel erahnen kann, dass die Fläche für $x_1 = x_2 = 4$ eine Höhe von 12 hat (wie in der Wertetabelle 6.1 berechnet), ist das für andere Punkte schlecht möglich. Der Funktionswert beträgt für $x_1 = 0$ und $x_2 = 4$ beispielsweise 8, was aufgrund der perspektivischen Darstellung des dreidimensionalen Funktionsgebirges auf einer zweidimensionalen Fläche anhand der Abbildung nicht zu erkennen ist. Wenn Sie versuchen, solche Funktionsgebirge von Hand zu zeichnen, stellen Sie insbesondere bei nichtlinearen Funktionen schnell fest, dass das mit großen Schwierigkeiten verbunden ist.

Daher ist es üblich, Funktionen zweier Variablen anders graphisch zu erfassen. Rechnerisch setzt man für eine der Variablen verschiedene konstante Werte ein, so dass nur zwei Variablen verbleiben. Wir beginnen mit dem praktisch wichtigsten Fall, die abhängige Variable y konstant zu setzen, und sehen uns zunächst an, was daraus geometrisch, und anschließend, was daraus rechnerisch folgt. Stellen Sie sich vor, Sie schneiden mit einem scharfen Messer durch das Funktionsgebirge, wobei Sie die Bewegung parallel zur x_1-x_2-Ebene durchführen. Wenn Sie das auf verschiedenen Höhen, also bei verschiedenen Werten für y machen, entstehen dadurch Schnittlinien mit dem Funktionsgebirge, die Sie für die lineare Funktion $y = x_1 + 2x_2$ im linken Teil der Abbildung 6.2 finden. Da die Schnitte parallel zur x_1-x_2-Ebene erfolgen, spricht man auch von **Horizontalschnitten**.

Um zu einer zweidimensionalen Darstellung zu gelangen, lässt man diese Schnittlinien nun in die x_1-x_2-Ebene *fallen*, wie im rechten Teil der Abbildung 6.2 angedeutet. Diese **Projektion** der Horizontalschnitte des Funktionsgebirges in die x_1-x_2-Ebene bezeichnet man als **Höhenlinien**. Der letzte Schritt besteht darin, diese Höhenlinien jetzt ohne das Funktionsgebirge im x_1-x_2-Diagramm darzustellen. In der Abbildung 6.3 werden diese Höhenlinien so einge-

Abbildung 6.2 Die Funktion $f(x_1, x_2) = x_1 + 2x_2$ mit Höhenlinien

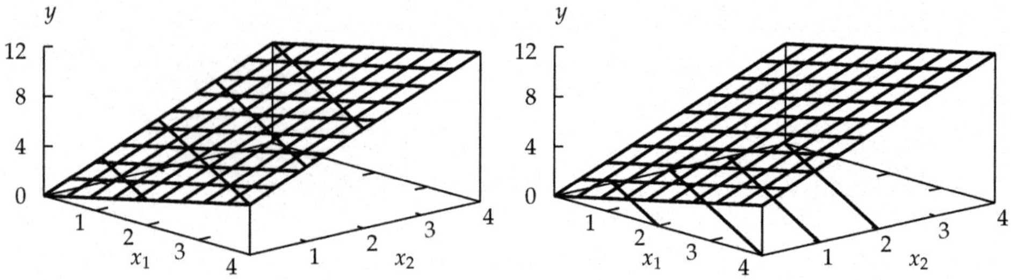

zeichnet wie auf dem Boden der Abbildung 6.2 rechts, wobei die x_1-Achse im Vergleich dazu etwas verlängert worden ist, so dass alle ausgewählten Linien bis zur Achse reichen.

Abbildung 6.3 Höhenlinien der Funktion $f(x_1, x_2) = x_1 + 2x_2$

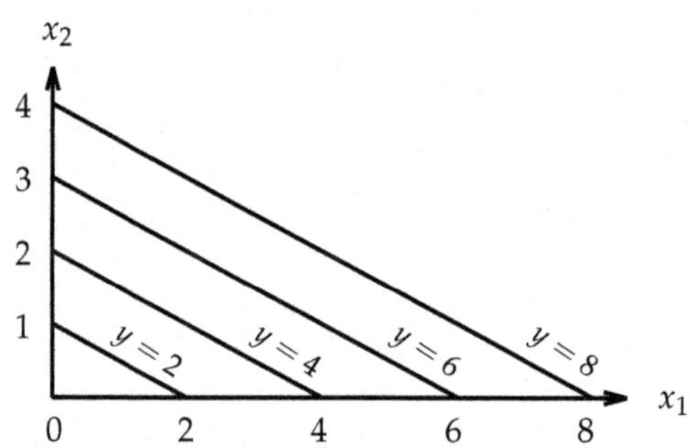

Auf diesen Höhenlinien ist der Funktionswert definitionsgemäß jeweils konstant, denn jeder Schnitt erfolgt parallel zur x_1-x_2-Ebene, also für eine konstante Höhe der y-Koordinate. Rechnerisch entstehen die Höhenlinien daher folgendermaßen. Für y wird ein Wert vorgegeben, zum Beipiel $y = 2$:

$$2 = x_1 + 2x_2$$

Diese Gleichung definiert die jeweils erste Höhenlinie in den Abbildungen 6.2 und 6.3. Man kann sie nach x_2 auflösen und erkennt, dass sie eine Geradengleichung mit der Steigung $-0{,}5$ und dem Ordinatenabschnitt 1 darstellt:

$$x_2 = 1 - 0{,}5x_1$$

Ganz entsprechend sind auch die anderen Höhenlinien formal Geradengleichungen, wobei sich lediglich der Ordinatenabschnitt ändert. Die jeweiligen konstanten y-Werte sind in der Abbildung 6.3 an den Höhenlinien eingetragen.

Aufgaben

6.1 (a) Berechnen Sie die weiteren in der Abbildung 6.3 dargestellten Höhenlinien der Funktion $y = x_1 + 2x_2$ in der nach x_2 aufgelösten Darstellung.

(b) Berechnen und zeichnen Sie die Höhenlinien für $y = 10$, $y = 20$ und $y = 30$ der Funktion $y = 4x_1 - 2x_2$.

Lösungen

6.1 (a) Einsetzen von $y = 4$ ergibt $4 = x_1 + 2x_2$. Auflösen nach x_2 liefert $x_2 = 2 - 0{,}5x_1$. Entsprechend erhält man für $y = 6$ die Höhenlinie $x_2 = 3 - 0{,}5x_1$ und für $y = 8$ die Höhenlinie $x_2 = 4 - 0{,}5x_1$.

(b) Einsetzen von $y = 10$ in $y = 4x_1 - 2x_2$ ergibt $10 = 4x_1 - 2x_2$. Auflösen nach x_2 liefert $x_2 = -5 + 2x_1$. Entsprechend erhält man für $y = 20$ die Höhenlinie $x_2 = -10 + 2x_1$ und für $y = 30$ die Höhenlinie $x_2 = -15 + 2x_1$. Die Graphik enthält drei parallele, positiv ansteigende Geraden mit jeweils der Steigung 2 und den Ordinatenabschnitten -5, -10 und -15.

Cobb-Douglas-Funktion

Als weiteres Beispiel betrachten wir nun eine nichtlineare Funktion, die eine wichtige Rolle in der Wirtschaftstheorie spielt. Die Funktion

$$y = ax_1^{\alpha_1}x_2^{\alpha_2} \quad \text{mit} \quad a > 0,\ 0 < \alpha_1, \alpha_2 < 1$$

heißt **Cobb-Douglas-Funktion.**

Die Cobb-Douglas-Funktion ist nach zwei amerikanischen Forschern benannt, die sie 1928 benutzt haben, um die gesamtwirtschaftliche Produktionsfunktion der USA zu schätzen. Dazu haben sie das sogenannte Prinzip der kleinsten Quadrate verwendet, das auch heute noch eine zentrale Rolle in der Statistik spielt. Dieses Prinzip wird verwendet, um numerische Werte für die Parameter a, α_1 und α_2 zu finden, so dass die resultierende Funktion in einem bestimmten Sinne möglichst gut zu den vorliegenden Daten passt. Aus theoretischen Erwägungen heraus wurde dabei die Bedingung $\alpha_2 = 1 - \alpha_1$ vorausgesetzt. Das Ergebnis von Cobb und Douglas lautete

$$y = 1{,}01x_1^{0{,}75}x_2^{0{,}25},$$

wobei y für einen Index der gesamtwirtschaftlichen Produktion, x_1 für den gesamten Arbeitseinsatz und x_2 für den gesamten Kapitaleinsatz in den USA steht.

Um ein konkretes und möglichst einfaches Zahlenbeispiel zu haben, nehmen wir hier zunächst an, dass $a = 5$ und $\alpha_1 = \alpha_2 = 0{,}5$, also:

$$y = 5x_1^{0{,}5}x_2^{0{,}5}$$

Aus Platzgründen werden in der folgenden Wertetabelle 6.2 nur die ganzzahligen Werte bis $x_1 = x_2 = 4$ ausgerechnet. Die Abbildung 6.4 zeigt das Funktionsgebirge für die Werte von $x_1 = x_2 = 0$ bis $x_1 = x_2 = 10$. Der größte dargestellte y-Wert ist gleich 50.

In der Abbildung 6.4 links sind direkt auch die Horizontalschnitte und rechts deren Projektionen in die x_1-x_2-Ebene, die Höhenlinien, eingezeichnet. Anders als im linearen Fall der Abbildung 6.2 ist das Funktionsgebirge jetzt keine Ebene mehr, sondern eine gekrümmte Fläche.

Eine zweidimensionale Darstellung der Höhenlinien findet sich analog zur Abbildung 6.3 nun in der Abbildung 6.5. Rechnerisch entstehen die Höhenlinien wieder durch Vorgabe eines festen Wertes für y, zum Beispiel $y = 10$:

$$10 = 5x_1^{0{,}5}x_2^{0{,}5}$$

Tabelle 6.2 Wertetabelle für $y = 5x_1^{0,5}x_2^{0,5}$

x_1	0					1					2				
x_2	0	1	2	3	4	0	1	2	3	4	0	1	2	3	4
$f(x_1, x_2)$	0	0	0	0	0	0	5	7,07	8,66	10	0	7,07	10	12,25	14,14
x_1	3					4									
x_2	0	1	2	3	4	0	1	2	3	4					
$f(x_1, x_2)$	0	8,66	12,25	15	17,32	0	10	14,14	17,32	20					

Abbildung 6.4 Die Funktion $f(x_1, x_2) = 5x_1^{0,5}x_2^{0,5}$ mit Höhenlinien

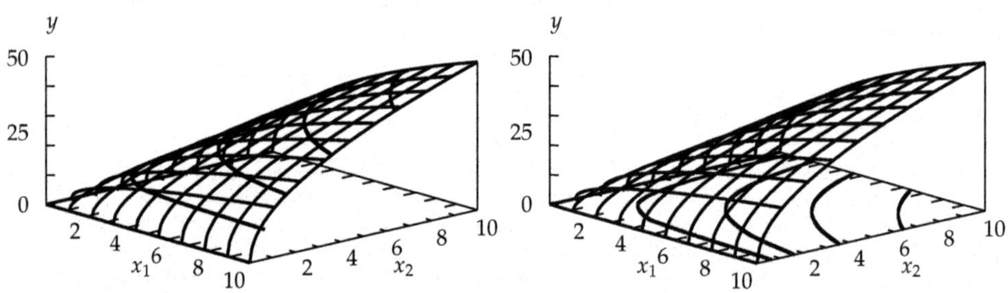

Diese Gleichung definiert die erste Höhenlinie in der Abbildung 6.5. Man kann sie durch Division durch $5x_1^{0,5}$ und anschließendes Quadrieren nach x_2 auflösen und erkennt, dass sie die Funktionsgleichung einer Hyperbel darstellt:

$$x_2 = \frac{4}{x_1} \quad \text{für} \quad x_1 > 0$$

Da die ursprüngliche Funktion $y = 5x_1^{0,5}x_2^{0,5} = 5\sqrt{x_1}\sqrt{x_2}$ lautet, sind nur nichtnegative Werte der beiden Variablen x_1 und x_2 zugelassen. Entsprechend sind auch die anderen Höhenlinien Hyperbeln.

In Anwendungen verläuft der Weg der Analyse in umgekehrter Reihenfolge. Während wir hier zunächst die Funktionsgebirge mit Hilfe von Software gezeichnet und daraus die Höhenlinien abgeleitet haben, bietet es sich ohne solche Hilfsmittel an, zunächst die Höhenlinien zu zeichnen, indem verschiedene konstante Werte für y vorgegeben werden. Aus dem Verlauf der Höhenlinien lassen sich dann Rückschlüsse auf das Aussehen des Funktionsgebirges ziehen. In den Aufgaben zu diesem Abschnitt sind Sie aufgefordert, so vorzugehen.

In der **Produktionstheorie** bezeichnet man die Höhenlinien als **Isoquanten**, was etwa *gleiche Menge* bedeutet, denn auf einer solchen Höhenlinie finden sich alle Kombinationen der Mengen x_1 und x_2 beider Produktionsfaktoren, mit denen sich dieselbe Produktionsmenge

Abbildung 6.5 Isoquanten der Cobb-Douglas-Funktion $f(x_1, x_2) = 5x_1^{0,5}x_2^{0,5}$

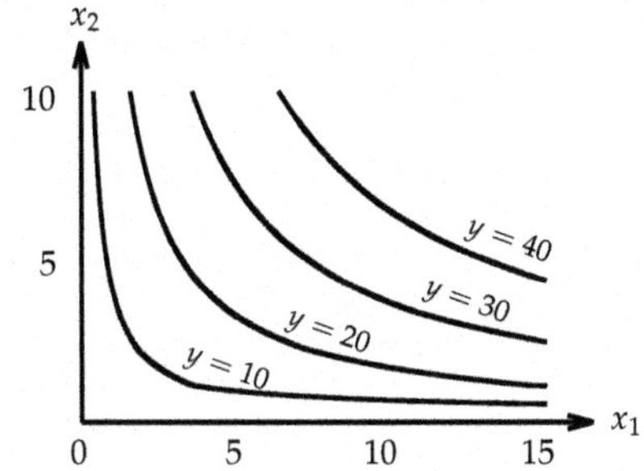

y, zum Beispiel $y = 10$, herstellen lässt. Für die Beispielfunktion $y = 5x_1^{0,5}x_2^{0,5}$ haben wir die Isoquante für das Outputniveau $y = 10$ bereits berechnet: $x_2 = 4/x_1$. Setzt man $x_1 = 2$ ein, so folgt $x_2 = 2$. Das heißt, die 10 Outputeinheiten können produziert werden, wenn von beiden Inputs jeweils 2 Einheiten verwendet werden. Anhand der Isoquantendarstellung lassen sich alle möglichen Kombinationen ablesen. Zum Beispiel ist auch die Kombination mit $x_1 = 4$ und $x_2 = 1$ möglich, um 10 Einheiten zu erzeugen. Bei dieser Produktionsfunktion kann also ein Produktionsfaktor in gewissen Grenzen durch den jeweils anderen ersetzt werden. Eine Produktionsfunktion mit dieser Eigenschaft heißt **substitutionale Produktionsfunktion**. Bei **limitationalen Produktionsfunktionen** ist das Einsatzverhältnis der Produktionsfaktoren dagegen in Abhängigkeit von der Produktionsmenge technisch vorgegeben.

Wir fassen das Verfahren zur Berechnung der Höhenlinien zusammen.

> Setzt man bei der Funktion $y = f(x_1, x_2)$ für y eine feste Zahl ein, so erhält man eine funktionale Darstellung der zugehörigen Höhenlinie, indem die Funktionsgleichung nach x_2 oder nach x_1 aufgelöst wird.

Das Auflösen der Funktionsgleichung ist allerdings nicht immer möglich, vgl. dazu den Abschnitt 6.3 über implizite Funktionen.

Aufgaben

6.2 (a) Berechnen Sie die weiteren in der Abbildung 6.5 dargestellten Isoquanten der Funktion $y = 5x_1^{0,5}x_2^{0,5}$ in der nach x_2 aufgelösten Darstellung.

(b) Berechnen und zeichnen Sie die Isoquanten $y = 10$ und $y = 20$ der Funktion $y = x_1^{0,75}x_2^{0,25}$. Wie sieht das Funktionsgebirge in etwa aus?

(c) Berechnen und zeichnen Sie die Höhenlinien für $y = -10$, $y = 0$, $y = 10$ und $y = 20$ der Funktion $y = 20 - x_1^2 - x_2^2$. Erläutern Sie aufgrund der Ergebnisse, wie das dreidimensionale Funktionsgebirge aussehen kann. Gibt es auch eine Höhenlinie für $y = 25$?

Abbildung 6.6 Höhenlinien und Funktionsgebirge von $f(x_1, x_2) = 20 - x_1^2 - x_2^2$

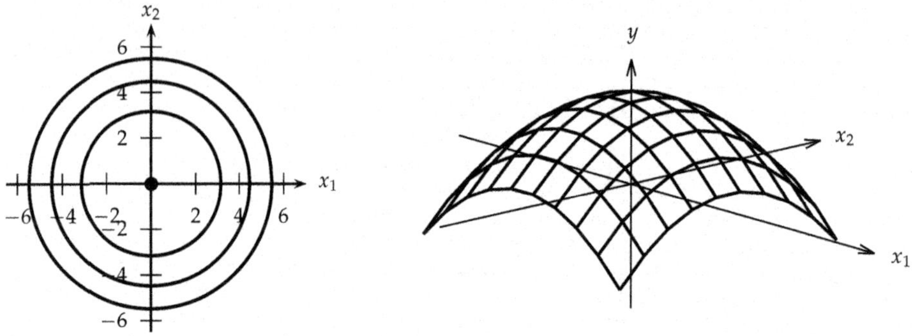

Lösungen

6.2 (a) Einsetzen von $y = 20$ in $y = 5x_1^{0,5}x_2^{0,5}$ ergibt $20 = 5x_1^{0,5}x_2^{0,5}$. Auflösen nach x_2 liefert durch Division mit $5x_1^{0,5}$ und Quadrieren $x_2 = 16/x_1$. Entsprechend erhält man für $y = 30$ die Isoquante $x_2 = 36/x_1$ und für $y = 40$ die Isoquante $x_2 = 64/x_1$.

(b) Einsetzen von $y = 10$ in $y = x_1^{0,75}x_2^{0,25}$ ergibt $10 = x_1^{0,75}x_2^{0,25}$. Division durch $x_1^{0,75}$ liefert

$$x_2^{0,25} = \frac{10}{x_1^{0,75}}, \quad \text{nach Potenzieren mit 4 also} \quad x_2 = \frac{10.000}{x_1^3}.$$

Entsprechend erhält man für $y = 20$ die Isoquante $x_2 = 160.000/x_1^3$. Beide Isoquanten sehen qualitativ ähnlich aus wie diejenigen in der Abbildung 6.5, allerdings mit anderen Funktionswerten und verzerrt (Sie sollten einige Werte ausrechnen). Auch das Funktionsgebirge sieht demjenigen in der Abbildung 6.4 ähnlich.

(c) Diese Funktion ist keine Cobb-Douglas-Funktion, sondern ein anderes Beispiel für eine Funktion zweier Variablen. Die Höhenlinie für $y = -10$ erhält man aus $-10 = 20 - x_1^2 - x_2^2$, woraus $x_2^2 = 30 - x_1^2$ und damit $x_2 = \pm\sqrt{30 - x_1^2}$ folgt. Sie können eine Kurvendiskussion durchführen und dabei feststellen, dass $+\sqrt{30 - x_1^2}$ ein Halbkreis oberhalb der x_1-Achse von $x_1 = -\sqrt{30} = -5{,}48$ bis $x_1 = 5{,}48$ mit einem Maximum bei $(0/5{,}48)$ ist. Durch $-\sqrt{30 - x_1^2}$ wird der entsprechende Halbkreis unterhalb der x_1-Achse beschrieben. (Einfacher und genauer geht das anhand von geometrischen Überlegungen und der Darstellung $x_1^2 + x_2^2 = 5{,}48^2$ mit dem Satz von Pythagoras, den wir aber in diesem Buch nicht behandelt haben.) Entsprechend sind die anderen Höhenlinien für $y = 0$ und $y = 10$ ebenfalls Kreise, die näher am Nullpunkt liegen. Setzt man $y = 20$ in die Funktion ein, so folgt $x_1^2 + x_2^2 = 0$, was nur für $x_1 = x_2 = 0$ erfüllt sein kann. Diese Höhenlinie fällt also auf einen Punkt zusammen. Für $y = 25$ gibt es keine Höhenlinie, weil die Gleichung $5 = -x_1^2 - x_2^2$ keine Lösung hat, ebenso für jedes $y > 20$. Die Höhenlinien sind also Kreise um den Nullpunkt, deren Radius umso größer ist, je kleiner y ist. Der maximale Wert von y ist 20, wo der Kreis auf einen Punkt zusammenfällt. Das Funktionsgebirge muss daher wie ein runder Berg mit eindeutigem Gipfel bei $(x_1/x_2/y) = (0/0/20)$ aussehen. Die Höhenlinien und das Funktionsgebirge werden in der Abbildung 6.6 dargestellt.

6.1.2 Vertikalschnitte

Lineare Funktionen

Die Höhenlinien ergeben sich als Schnitte durch das Funktionsgebirge parallel zur x_1-x_2-Ebene, sind also **Horizontalschnitte**. Alternativ oder ergänzend ist es möglich, parallel zur x_1-y-Ebene oder zur x_2-y-Ebene durch das Funktionsgebirge zu schneiden. Die sich dabei ergebenden geometrischen Gebilde werden als **Vertikalschnitte** bezeichnet. Rechnerisch wird für einen **Vertikalschnitt** eine der unabhängigen Variablen konstant gesetzt.

Als Beispiel betrachten wir wieder die lineare Funktion $y = x_1 + 2x_2$. Setzt man $x_2 = 2$, so erhält man die Funktionsgleichung

$$y = x_1 + 4$$

für den Vertikalschnitt parallel zur x_1-y-Ebene bei $x_2 = 2$. Für $x_2 = 4$ erhält man entsprechend die Funktion

$$y = x_1 + 8$$

als Vertikalschnitt bei $x_2 = 4$. Beide berechneten Vertikalschnitte werden in der Abbildung 6.7 dargestellt.

Abbildung 6.7 Vertikalschnitte der Funktion $y = x_1 + 2x_2$

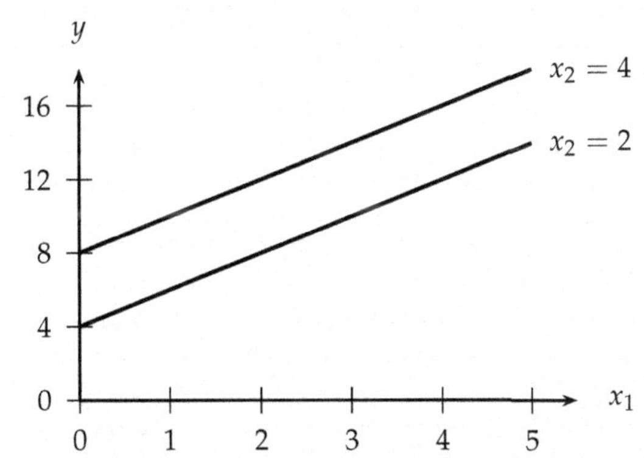

In der Produktionstheorie heißen die Vertikalschnitte **Ertragskurven**. Sie zeigen an, wie sich die Produktionsmenge ändert, wenn nur eine der beiden Faktoreinsatzmengen – hier x_1 – variiert wird. Anhand der Abbildung 6.7 erkennen Sie, dass die Ertragskurven des Faktors 1 ihre Lage ändern, wenn die fixe Einsatzmenge des Faktors 2 variiert wird.

Aufgaben

6.3 Gegeben ist die Produktionsfunktion $y = x_1 + 2x_2$. Berechnen und zeichnen Sie die Ertragskurven des Faktors 2 für $x_1 = 2$ und $x_1 = 4$.

6.4 Gegeben ist die Funktion $y = 3x_1 - 2x_2$.

(a) Erstellen Sie eine Wertetabelle für $x_1 = 0, 1, 2, 3$ und $x_2 = 0, 1, 2, 3$.

(b) Zeichnen Sie die Vertikalschnitte für $x_1 = 2$ und $x_1 = 3$ sowie für $x_2 = 0$.

(c) Zeichnen Sie die Horizontalschnitte für $y = 3$ und $y = 9$.

Lösungen

6.3 Für $x_1 = 2$ ist $y = 2 + 2x_2$ eine steigende Gerade im x_2-y-Koordinatensystem mit dem y-Achsenabschnitt 2 und der Steigung 2. Für $x_1 = 4$ ergibt sich die dazu parallele Gerade $y = 4 + 2x_2$ mit dem y-Achsenabschnitt 4.

6.4 (a) Wertetabelle:

x_1	0				1				2				3			
x_2	0	1	2	3	0	1	2	3	0	1	2	3	0	1	2	3
$f(x_1, x_2)$	0	−2	−4	−6	3	1	−1	−3	6	4	2	0	9	7	5	3

(b) Für $x_1 = 2$ ist $y = 6 - 2x_2$ eine fallende Gerade im x_2-y-Koordinatensystem mit dem y-Achsenabschnitt 6 und der Steigung −2. Für $x_1 = 3$ ergibt sich die dazu parallele Gerade $y = 9 - 2x_2$ mit dem y-Achsenabschnitt 9. Für $x_2 = 0$ müssen Sie ein anderes Koordinatensystem wählen, denn $y = 3x_1$ ist eine steigende Gerade im x_1-y-Koordinatensystem mit dem y-Achsenabschnitt 0 und der Steigung 3.

(c) Für $y = 3$ ergibt sich aus $3 = 3x_1 - 2x_2$ durch Auflösen nach x_2 die steigende Gerade $x_2 = -1{,}5 + 1{,}5x_1$ im x_1-x_2-Koordinatensystem mit dem x_2-Achsenabschnitt −1,5 und der Steigung 1,5. Für $y = 9$ ergibt sich die dazu parallele Gerade $x_2 = -4{,}5 + 1{,}5x_1$ mit dem x_2-Achsenabschnitt −4,5.

Cobb-Douglas-Funktion

Als weiteres Beispiel betrachten wir Vertikalschnitte der Cobb-Douglas-Funktion $y = ax_1^{\alpha_1} x_2^{\alpha_2}$ für $a = 5$ und $\alpha_1 = \alpha_2 = 0{,}5$, also:

$$y = 5x_1^{0,5} x_2^{0,5} = 5\sqrt{x_1}\sqrt{x_2}$$

Für $x_2 = 4$ ergibt sich, produktionstechnisch ausgedrückt, die Ertragskurve $y = 10\sqrt{x_1}$. Ist dagegen $x_2 = 9$, so lautet die Ertragskurve $y = 15\sqrt{x_1}$. Beide werden in der Abbildung 6.8 dargestellt. Analog können Ertragskurven für x_2 definiert werden.

Abbildung 6.8 Vertikalschnitte der Funktion $y = 5x_1^{0,5} x_2^{0,5}$

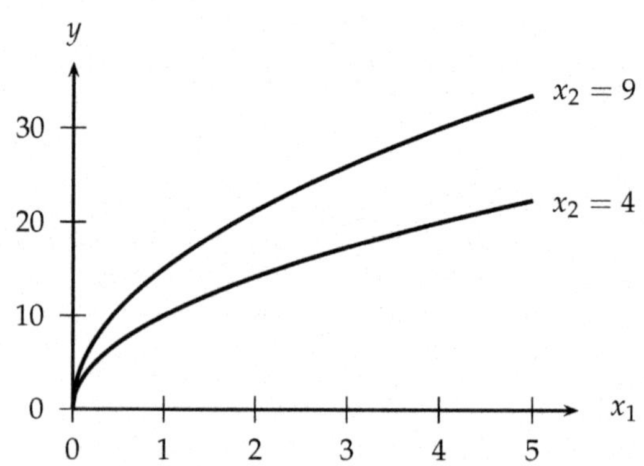

Wir fassen das Verfahren zur Berechnung der Vertikalschnitte zusammen:

> Setzt man bei der Funktion $y = f(x_1, x_2)$ für x_1 oder x_2 eine feste Zahl ein, so erhält man eine funktionale Darstellung des zugehörigen Vertikalschnittes.

Aufgaben

6.5 Berechnen Sie für die Produktionsfunktion $y = 5x_1^{0,5}x_2^{0,5}$ die Ertragskurven des Faktors 2 für $x_1 = 0$, $x_1 = 9$ und $x_1 = 10$.

6.6 Gegeben ist die Funktion $y = x_1^{0,25}x_2^{0,75}$ für $x_1 \geqq 0$ und $x_2 \geqq 0$.

(a) Zeichnen Sie die Vertikalschnitte für $x_1 = 1$ und $x_1 = 16$ sowie für $x_2 = 0$.

(b) Zeichnen Sie die Horizontalschnitte für $y = 8$ und $y = 27$.

6.7 Berechnen und zeichnen Sie die Vertikalschnitte der Funktion $y = 20 - x_1^2 - x_2^2$ für $x_1 = 0$, $x_1 = 4$ und $x_1 = 5$.

Lösungen

6.5 Für $x_1 = 0$ ist $y = 0$, egal welchen Wert x_2 hat. Für $x_1 = 9$ erhält man durch Einsetzen in die Produktionsfunktion die Ertragskurve $y = 15x_2^{0,5}$, für $x_1 = 10$ ergibt sich $y = 5\sqrt{10} \cdot x_2^{0,5} = 15{,}81x_2^{0,5}$.

6.6 (a) Für $x_1 = 1$ erhält man durch Einsetzen in die Funktion den Vertikalschnitt $y = x_2^{0,75}$. Die graphische Darstellung entspricht qualitativ einer Wurzelfunktion im x_2-y-Diagramm (Sie sollten einige Werte berechnen). Für $x_1 = 16$ erhält man analog $y = 2x_2^{0,75}$. Die graphische Darstellung ist eine gestreckte Variante des ersten Vertikalschnitts im x_2-y-Diagramm. Für $x_2 = 0$ erhält man $y = 0$; die graphische Darstellung ist der positive Teil der x_1-Achse im x_1-y-Diagramm.

(b) Setzt man $y = 8$ ein, so kann man $8 = x_1^{0,25}x_2^{0,75}$ nach x_2 auflösen und erhält $x_2 = 16/x_1^{1/3}$. Qualitativ sieht der Horizontalschnitt ähnlich wie eine Isoquante in der Abbildung 6.5 aus (Sie sollten einige Werte berechnen). Analog ergibt sich für $y = 27$ der Horizontalschnitt $x_2 = 81/x_1^{1/3}$, der in der graphischen Darstellung weiter außen liegt als der erste Schnitt.

6.7 Für $x_1 = 0$ erhält man durch Einsetzen in die Funktion den Vertikalschnitt $y = 20 - x_2^2$, also eine um 20 nach oben verschobene, nach unten geöffnete Normalparabel. Für $x_1 = 4$ erhält man analog den Vertikalschnitt $y = 4 - x_2^2$, also eine um 4 nach oben verschobene und nach unten geöffnete Normalparabel. Schließlich ergibt sich für $x_1 = 5$ der Vertikalschnitt $y = -5 - x_2^2$.

6.2 Differentialrechnung

Partielle Ableitungen

Wird für die Funktion $f(x_1, x_2)$ eine Variable (zum Beispiel x_2) als Konstante interpretiert (oder festgehalten), dann kann man sich vorstellen, dass zunächst nur noch eine unabhängige Variable vorliegt, zum Beispiel x_1. Bezüglich dieser einen Variablen kann man analog zum auf der Seite 164 für Funktionen einer Variablen definierten Differentialquotienten eine Ableitung definieren, die nach genau denselben Regeln berechnet wird, jetzt aber **partielle Ableitung** heißt. Der einzige Unterschied besteht in der Schreibweise und der Bezeichnung.

Beginnen wir mit einem Beispiel, $y = f(x_1, x_2) = x_1 + 2x_2$. Wenn $x_2 = 2$ ist, erhalten wir $f(x_1, 2) = x_1 + 4$. Die Ableitung dieser Funktion nach der Variablen x_1 können wir nach den Regeln aus dem Kapitel 5 berechnen:

$$\frac{\partial y}{\partial x_1} = 1$$

In der Differentialschreibweise der Ableitung wird anstelle des Symbols d das Symbol ∂ verwendet. Damit wird ausgedrückt, dass wir es ursprünglich nicht mit einer Funktion von einer, sondern einer Funktion von zwei Variablen zu tun haben. Der angegebene Ausdruck heißt daher **partielle Ableitung** von y nach x_1. Dasselbe funktioniert auch, wenn x_2 irgendeinen anderen festen Wert hat als 2. Im Beispiel gilt daher allgemein, dass die partielle Ableitung von $y = x_1 + 2x_2$ nach x_1 gleich 1 ist. Für andere, nichtlineare Funktionen hängt der Wert der partiellen Ableitung nach einer der Variablen aber im Allgemeinen vom Wert der jeweils anderen Variablen ab.

Neben der Schreibweise $\partial y/\partial x_1$ gibt es eine weitere Schreibweise mit dem Funktionssymbol f, nämlich $f_{x_1}(x_1, x_2)$. Anders als bei Funktionen einer Variablen reicht es nicht, einfach f' für die Ableitung zu verwenden, da dann nicht klar ist, welche Ableitung nach welcher der beiden Variablen gemeint ist. Daher setzt man die Variable, nach der abgeleitet wird, als Index an die Funktion f. Für das Beispiel können wir also schreiben

$$\frac{\partial y}{\partial x_1} = f_{x_1}(x_1, x_2) = 1$$

Geometrisch stellt diese partielle Ableitung die Steigung des Vertikalschnitts der Funktion $f(x_1, x_2) = x_1 + 2x_2$ bei $x_2 = 2$ parallel zur x_1-y-Ebene dar (vgl. die Abbildung 6.7). Analog wird die partielle Ableitung nach x_2 berechnet, indem x_1 als Konstante und nur x_2 als Variable betrachtet wird:

$$\frac{\partial y}{\partial x_2} = f_{x_2}(x_1, x_2) = 2$$

Diese Ableitung gibt die Steigung der Vertikalschnitte parallel zur x_2-y-Ebene an.

Partielle Ableitungen einer Funktion zweier Variablen beschreiben die Steigung der Funktion in Richtung einer der Variablen unter der Annahme, dass die jeweils andere Variable konstant bleibt. Sie werden genau wie Ableitungen von Funktionen einer Variablen berechnet, wobei immer nur eine Variable als variabel und die jeweils andere Variable als Konstante betrachtet wird.

Betrachten wir ein weiteres Beispiel ausführlich. Für $f(x_1, x_2) = 3x_1^2 x_2^4$ gilt:

$$\frac{\partial y}{\partial x_1} = f_{x_1}(x_1, x_2) = 2 \cdot 3x_1 x_2^4 = 6x_1 x_2^4$$

Auch hier wird also, wenn nach x_1 abgeleitet wird, x_2 wie eine Konstante behandelt, die jetzt aber nicht additiv, sondern multiplikativ eingeht und daher wie andere multiplikative Konstanten bei der Ableitung stehenbleibt. Für die partielle Ableitung nach x_2 gilt entsprechend:

$$\frac{\partial y}{\partial x_2} = f_{x_2}(x_1, x_2) = 4 \cdot 3x_1^2 x_2^3 = 12x_1^2 x_2^3$$

Beispiele

Zur Verdeutlichung werden einige weitere Beispiele angegeben. Sie können alle partiellen Ableitungen wie von den Funktionen einer Variablen gewohnt berechnen. Gegebenenfalls sollten Sie sich noch einmal die Kettenregel (und für die Aufgaben auch die Produktregel) im Kapitel 5 ansehen. Die Beispiele verdeutlichen, dass die partiellen Ableitungen im Allgemeinen nicht konstant sind, sondern selbst wieder Funktionen beider Variablen sein können.

- $f(x_1, x_2) = 6x_1^2 + x_2^5, \quad f_{x_1}(x_1, x_2) = 12x_1, \quad f_{x_2}(x_1, x_2) = 5x_2^4$

- $f(x_1, x_2) = x_1^2 x_2^3, \quad f_{x_1}(x_1, x_2) = 2x_1 x_2^3, \quad f_{x_2}(x_1, x_2) = 3x_1^2 x_2^2$
- $f(x_1, x_2) = \frac{x_1}{x_2} + x_1 x_2, \quad f_{x_1}(x_1, x_2) = \frac{1}{x_2} + x_2, \quad f_{x_2}(x_1, x_2) = -\frac{x_1}{x_2^2} + x_1$
- $f(x_1, x_2) = 3x_1^{-1} x_2^2, \quad f_{x_1}(x_1, x_2) = -3x_1^{-2} x_2^2, \quad f_{x_2}(x_1, x_2) = 6x_1^{-1} x_2$
- $f(x_1, x_2) = e^{x_1 x_2}, \quad f_{x_1}(x_1, x_2) = x_2 e^{x_1 x_2}, \quad f_{x_2}(x_1, x_2) = x_1 e^{x_1 x_2}$
- $f(x_1, x_2) = 3e^{x_1^2 x_2}, \quad f_{x_1}(x_1, x_2) = 6x_1 x_2 e^{x_1^2 x_2}, \quad f_{x_2}(x_1, x_2) = 3x_1^2 e^{x_1^2 x_2}$
- $f(x_1, x_2) = 4x_1 \ln(2x_2), \quad f_{x_1}(x_1, x_2) = 4 \ln(2x_2), \quad f_{x_2}(x_1, x_2) = 4x_1/x_2$

Aufgaben

6.8 Berechnen Sie alle partiellen Ableitungen:

$$\begin{array}{llcl llcl}
(a) & f(x_1, x_2) & = & x_1^3 - 6x_1 x_2; & (b) & f(x_1, x_2) & = & x_1 x_2; \\
(c) & f(x_1, x_2) & = & 5e^{x_1} e^{2x_2}; & (d) & f(x_1, x_2) & = & \frac{3x_1^2 + x_1 x_2}{x_2}; \\
(e) & f(x_1, x_2) & = & 4x_1^3 + 2x_2^4; & (f) & f(x_1, x_2) & = & 2x_1^2 + 6x_2; \\
(g) & f(x_1, x_2) & = & 5e^{4x_1 + 2x_2}; & (h) & f(x_1, x_2) & = & e^{0,5x_1^2 + 0,5x_2^{-2}}; \\
(i) & f(x_1, x_2) & = & x_1^2 e^{x_1 x_2}; & (j) & f(x_1, x_2) & = & (x_2 - 1) \ln(x_1 + 1).
\end{array}$$

6.9 Berechnen Sie die partiellen Ableitungen von $f(x_1, x_2) = 0{,}5 \ln x_1 + 0{,}5 \ln x_2$ und zeichnen Sie die Höhenlinie für $f(x_1, x_2) = 1$ sowie den Vertikalschnitt für $x_2 = e$.

Lösungen

6.8

$$\begin{array}{llcl llcl}
(a) & f_{x_1} & = & 3x_1^2 - 6x_2; \quad f_{x_2} = -6x_1; & (b) & f_{x_1} & = & x_2; \quad f_{x_2} = x_1; \\
(c) & f_{x_1} & = & 5e^{x_1} e^{2x_2}; \quad f_{x_2} = 10e^{x_1} e^{2x_2}; & (d) & f_{x_1} & = & \frac{6x_1 + x_2}{x_2}; \quad f_{x_2} = \frac{-3x_1^2}{x_2^2}; \\
(e) & f_{x_1} & = & 12x_1^2; \quad f_{x_2} = 8x_2^3; & (f) & f_{x_1} & = & 4x_1; \quad f_{x_2} = 6; \\
(g) & f_{x_1} & = & 20e^{4x_1 + 2x_2}; \quad f_{x_2} = 10e^{4x_1 + 2x_2}; & (h) & f_{x_1} & = & x_1 e^{0,5x_1^2 + 0,5x_2^{-2}}; \\
 & & & & & f_{x_2} & = & -x_2^{-3} e^{0,5x_1^2 + 0,5x_2^{-2}}; \\
(i) & f_{x_1} & = & (2x_1 + x_1^2 x_2) e^{x_1 x_2}; \quad f_{x_2} = x_1^3 e^{x_1 x_2}; & (j) & f_{x_1} & = & \frac{x_2 - 1}{x_1 + 1}; \quad f_{x_2} = \ln(x_1 + 1).
\end{array}$$

6.9 $f_{x_1} = 0{,}5/x_1$, $f_{x_2} = 0{,}5/x_2$. Die Höhenlinie $1 = 0{,}5 \ln x_1 + 0{,}5 \ln x_2$ kann nach x_2 aufgelöst werden, indem zunächst die folgende Umformung gemäß den Rechenregeln für Logarithmen beachtet wird (vgl. S. 157):

$$1 = 0{,}5 \ln x_1 + 0{,}5 \ln x_2 = \ln x_1^{0,5} + \ln x_2^{0,5} = \ln(x_1^{0,5} \cdot x_2^{0,5}),$$

also

$$e^1 = x_1^{0,5} \cdot x_2^{0,5}$$

Daran erkennen Sie, dass die Höhenlinie wie die Höhenlinie einer Cobb-Douglas-Funktion beim Niveau $y = e$ aussehen muss. Den Vertikalschnitt erhält man direkt durch Einsetzen von $x_2 = e$ in die Funktion: $y = 0{,}5 \ln x_1 + 0{,}5$. Es handelt sich also um eine um den Faktor 0,5 gestauchte und um 0,5 nach oben verschobene Logarithmusfunktion.

Differentiale

Analog zum Differential im Fall einer Variablen kann das **partielle Differential** bezüglich der Variablen x_1 definiert werden als:

$$dy = \frac{\partial y}{\partial x_1} dx_1$$

Es gibt die näherungsweise Änderung der abhängigen Variablen y an, wenn sich die unabhängige Variable x_1 um dx_1 ändert, während x_2 konstant bleibt. Die Werte der beiden unabhängigen Variablen in der Ausgangslage werden mit (x_{10}, x_{20}) bezeichnet. Wichtig ist, dass alle partiellen Ableitungen stets an der Stelle (x_{10}, x_{20}) **vor** der Änderung zu berechnen sind, was im Folgenden grundsätzlich vorausgesetzt wird. Will man das betonen, so bietet sich die folgende Schreibweise an:

$$dy = f_{x_1}(x_{10}, x_{20}) dx_1$$

Ebenso gibt

$$dy = \frac{\partial y}{\partial x_2} dx_2 \quad \text{beziehungsweise} \quad dy = f_{x_2}(x_{10}, x_{20}) dx_2$$

die näherungsweise Änderung von y in Abhängigkeit von einer Änderung von x_2 um dx_2 bei konstantem x_1 an. Beachten Sie bitte, dass für die Differentiale wie im Kapitel 5 ein normales d anstelle des ∂ verwendet werden muss. Wie im Kapitel 5 kann man auch hier für die tatsächlichen Änderungen die Schreibweise mit Δ verwenden:

$$\Delta y \approx \frac{\partial y}{\partial x_1} \Delta x_1 \quad \text{oder} \quad \Delta y \approx \frac{\partial y}{\partial x_2} \Delta x_2$$

Man kann also auch sagen, dass das Differential dy eine Näherung für die tatsächliche Änderung Δy ist.

Die Interpretation der partiellen Ableitungen bei Produktionsfunktionen ergibt sich daraus, dass sie die Steigungen der jeweiligen Ertragskurven angeben, also das Verhältnis einer kleinen Änderung der Produktionsmenge zu einer kleinen Änderung einer Faktoreinsatzmenge. Die partiellen Ableitungen werden daher als **Grenzproduktivitäten** bezeichnet:

$$\frac{\partial y}{\partial x_1} = f_{x_1}(x_1, x_2) \quad : \quad \text{Grenzproduktivität des Faktors 1}$$

$$\frac{\partial y}{\partial x_2} = f_{x_2}(x_1, x_2) \quad : \quad \text{Grenzproduktivität des Faktors 2}$$

Aus der Definition der Ableitungen ergibt sich, dass die Grenzproduktivitäten die Erhöhung der Produktionsmenge angeben, wenn der jeweilige Faktoreinsatz um eine Einheit steigt. Diese Aussage kann mittels der partiellen Differentiale exakt formuliert werden. Steigt nämlich der Einsatz des Faktors 1 um eine Einheit, so gilt in der Differentialschreibweise:

$$dy = \frac{\partial y}{\partial x_1} dx_1 = \frac{\partial y}{\partial x_1} \cdot 1$$

Für $dx_1 = 1$ gibt also $\partial y / \partial x_1$ näherungsweise die entsprechende Produktionssteigerung $\Delta y \approx dy$ an. Entsprechendes gilt für eine Erhöhung von x_2 um eine Einheit.

Offen ist bisher, wie die Gesamtänderung von y ermittelt werden kann, wenn x_1 und x_2 gleichzeitig variiert werden. Diese Gesamtänderung ist näherungsweise einfach gleich der

Summe der partiellen Differentiale. Diese Summe heißt das **totale Differential** einer Funktion zweier unabhängiger Variablen:

$$dy = \frac{\partial y}{\partial x_1} dx_1 + \frac{\partial y}{\partial x_2} dx_2$$

Ersetzt man d durch Δ, so erhält man wieder eine näherungsweise Formel für die Änderung eines Funktionswertes:

$$\Delta y \approx \frac{\partial y}{\partial x_1} \Delta x_1 + \frac{\partial y}{\partial x_2} \Delta x_2$$

Das totale Differential der Funktion $y = f(x_1, x_2)$ misst näherungsweise die Änderung der abhängigen Variablen y, wenn sich beide unabhängigen Variablen ausgehend von (x_{10}, x_{20}) um dx_1 beziehungsweise dx_2 ändern. Es ist definiert als Summe der partiellen Differentiale:

$$dy = f_{x_1}(x_{10}, x_{20})dx_1 + f_{x_2}(x_{10}, x_{20})dx_2 = \frac{\partial y}{\partial x_1} dx_1 + \frac{\partial y}{\partial x_2} dx_2$$

Bei linearen Funktionen ist die Näherung exakt.

Anhand des totalen Differentials wird auch besonders deutlich, warum partielle Ableitungen durch ∂ gekennzeichnet werden müssen. Nur wenn zum Beispiel $dx_2 = 0$ gilt, ist

$$dy = \frac{\partial y}{\partial x_1} \cdot dx_1 \text{ und damit } \frac{dy}{dx_1} = \frac{\partial y}{\partial x_1},$$

sonst nicht. Diese partielle Ableitung ist eben für den Fall definiert, dass eine Änderung der unabhängigen Variablen ausschließlich in Richtung der x_1-Achse erfolgt. Die Differentiale sind dagegen auch für gleichzeitige Änderungen von x_1 und x_2 definiert.

Beispiele

- Für die lineare Funktion $y = 4x_1 + 5x_2$ ist $f_{x_1}(x_1, x_2) = 4$ und $f_{x_2}(x_1, x_2) = 5$, also

  $$dy = 4dx_1 + 5dx_2 \quad \text{und} \quad \Delta y = 4\Delta x_1 + 5\Delta x_2.$$

  Steigt zum Beispiel x_1 von 3 auf 5 und x_2 von 4 auf 7, so ist $dx_1 = 2$ und $dx_2 = 3$. Das totale Differential ergibt damit eine Änderung von y um

  $$dy = 4 \cdot 2 + 5 \cdot 3 = 23.$$

  Die exakte Änderung Δy kann man wie folgt berechnen:

  $$\Delta y = f(5,7) - f(3,4) = 55 - 32 = 23$$

  Das totale Differential liefert also die exakte Änderung, was im Falle von linearen Funktionen immer gilt.

- Für $y = 4x_1^{0,5}x_2^{0,5}$ ist $f_{x_1}(x_1, x_2) = 2x_1^{-0,5}x_2^{0,5}$ und $f_{x_2}(x_1, x_2) = 2x_1^{0,5}x_2^{-0,5}$, also

  $$dy = 2x_1^{-0,5}x_2^{0,5}dx_1 + 2x_1^{0,5}x_2^{-0,5}dx_2.$$

  Für $(x_{10}, x_{20}) = (4, 9)$ und $(dx_1, dx_2) = (1, 1)$ folgt:

  $$dy = 2 \cdot \frac{3}{2} \cdot 1 + 2 \cdot \frac{2}{3} \cdot 1 = \frac{13}{3} = 4{,}33$$

  Die tatsächliche Änderung ist $\Delta y = f(5, 10) - f(4, 9) = 28{,}28 - 24 = 4{,}28$. Die Näherung durch das totale Differential ist also nicht exakt, aber recht gut. Sie wird allerdings im Allgemeinen umso schlechter, je größer die Änderungen dx_1 und dx_2 sind.

Aufgaben

6.10 Berechnen Sie für die folgenden Funktionen die Änderungen des Funktionswertes bei einer Erhöhung der Werte beider unabhängiger Variablen von jeweils 10 auf jeweils 11 sowohl exakt als auch mittels des totalen Differentials:

$$\text{(a)}\quad f(x_1,x_2)=2x_1+3x_2;\quad \text{(b)}\quad f(x_1,x_2)=x_1^{0,25}x_2^{0,75};\quad \text{(c)}\quad f(x_1,x_2)=4x_1+e^{2x_2}.$$

6.11 Gegeben ist die Produktionsfunktion $f(x_1,x_2)=10x_1^{0,5}x_2^{0,5}$. Wie ändert sich die Produktionsmenge bei einer Erhöhung der Faktormengen von $(x_1,x_2)=(20,5)$ auf $(x_1,x_2)=(25,9)$ bei exakter Berechnung? Welchen Wert ergibt das totale Differential?

6.12 Gegeben sind die Funktionen $f(x_1,x_2)=20-x_1^2-x_2^2$ und $g(x_1,x_2)=-20+x_1^2+x_2^2$. Die Werte der Variablen ändern sich von $(x_1,x_2)=(2,2)$ auf $(x_1,x_2)=(3,3)$. Berechnen Sie die Änderungen der Funktionswerte von f und g jeweils exakt und mittels des totalen Differentials. Erklären Sie, warum das Differential in einem Fall eine zu große und im anderen Fall eine zu kleine Änderung angibt.

Lösungen

6.10 (a) Exakt: $\Delta y=f(11,11)-f(10,10)=55-50=5$. Totales Differential: $dy=2\cdot dx_1+3\cdot dx_2=2\cdot 1+3\cdot 1=5$. Da die Funktion linear ist, gibt das Differential die exakte Änderung an.

(b) Exakt: $\Delta y=f(11,11)-f(10,10)=11-10=1$. Totales Differential: $dy=0{,}25x_1^{-0,75}x_2^{0,75}\cdot dx_1+0{,}75x_1^{0,25}x_2^{-0,25}\cdot dx_2=0{,}25\cdot 1+0{,}75\cdot 1=1$. Auch hier gilt $dy=\Delta y$, was aber am speziellen Zahlenbeispiel liegt.

(c) Exakt: $\Delta y=f(11,11)-f(10,10)=44+e^{22}-40-e^{20}=3.099.747.654{,}72$. Totales Differential: $dy=4\cdot dx_1+2e^{20}\cdot dx_2=4\cdot 1+2e^{20}\cdot 1=970.330.394{,}82$. In diesem Fall ist die Näherung vollkommen unbrauchbar, weil die Steigung der Exponentialfunktion im betrachteten Bereich extrem schnell zunimmt.

6.11 Exakt: $\Delta y=f(25,9)-f(20,5)=150-100=50$. Totales Differential: $dy=5x_1^{-0,5}x_2^{0,5}\cdot dx_1+5x_1^{0,5}x_2^{-0,5}\cdot dx_2=5\cdot 0{,}5\cdot 5+5\cdot 2\cdot 4=52{,}5$.

6.12 Bei f ist die exakte Änderung -10, das totale Differential ergibt

$$dy=-2x_1\cdot dx_1-2x_2\cdot dx_2=-2\cdot 2\cdot 1-2\cdot 2\cdot 1=-8.$$

Bei g ist die exakte Änderung 10, das totale Differential ergibt

$$dy=2x_1\cdot dx_1+2x_2\cdot dx_2=2\cdot 2\cdot 1+2\cdot 2\cdot 1=8.$$

Die Funktion f ist in der Abbildung 6.6 dargestellt, die Funktion g ergibt sich daraus, wenn Sie f an der x_1-x_2-Ebene spiegeln (vgl. die Abbildung 6.11 auf der Seite 247). Wenn Sie f durch eine lineare Funktion annähern, liegt diese lineare Funktion oberhalb von f; daher ergibt das totale Differential eine zu große Änderung $(-8>-10)$. Bei g ist es genau umgekehrt, und das totale Differential ergibt eine zu kleine Änderung $(8<10)$.

Differenzierbarkeit und Jacobi-Matrix

Im Falle von Funktionen einer Variablen heißt eine Funktion **differenzierbar** an der Stelle x_0, wenn ihre Ableitung dort existiert (das heißt, wenn der Differenzenquotient einen eindeutigen Grenzwert hat). In diesem Fall kann die Funktionswertänderung näherungsweise entlang der Tangente an x_0 berechnet werden. Im Falle von zwei Variablen ist eine Funktion jedoch nicht automatisch an einer Stelle (x_{10},x_{20}) differenzierbar, wenn ihre partiellen Ableitungen dort existieren. Verallgemeinert man die Idee der Approximation durch eine Tangente auf den Fall von Funktionen zweier Variablen, so gelangt man zu der anschaulichen Definition ihrer Differenzierbarkeit. Die Funktion $y=f(x_1,x_2)$ ist differenzierbar an der Stelle (x_{10},x_{20}), wenn dort eine eindeutige **Tangentialebene** an die Funktion existiert. Die Abbildung 6.9 veranschaulicht den Spezialfall einer Tangentialebene an

Abbildung 6.9 Horizontale Tangentialebene von $f(x_1, x_2) = 40 - (x_1 - 5)^2 - (x_2 - 5)^2$ an den Punkt (5/5/40)

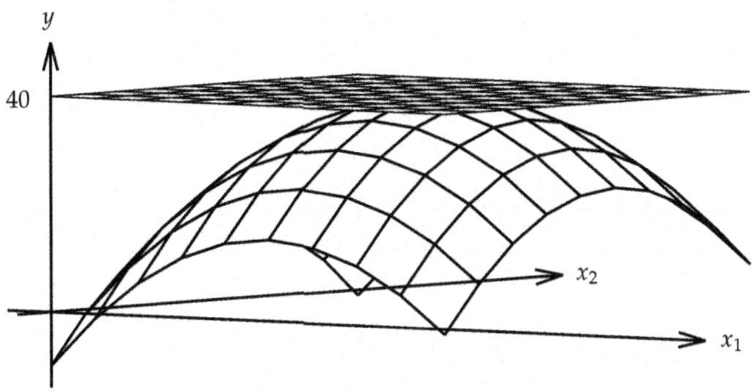

die Funktion $f(x_1, x_2) = 40 - (x_1 - 5)^2 - (x_2 - 5)^2$ an deren höchstem Punkt an der Stelle $(x_1/x_2) = (5/5)$. Die Tangentialebene verläuft hier horizontal und ist nur aufgrund der perspektivischen Darstellung als Ebene zu erkennen.

Formal ist die Definition der Differenzierbarkeit einer Funktion zweier Variablen komplizierter als bei einer unabhängigen Variablen, aber trotzdem eine direkte Verallgemeinerung, weil die eindeutige Tangente durch eine eindeutige Tangentialebene ersetzt wird. Wir benötigen die formale Definition der Differenzierbarkeit aufgrund der folgenden Aussage nicht:

Wenn beide partiellen Ableitungen an der Stelle (x_{10}, x_{20}) existieren **und** stetig sind, ist die Funktion $y = f(x_1, x_2)$ an der Stelle (x_{10}, x_{20}) differenzierbar. Die Änderungen der Funktionswerte lassen sich dann näherungsweise entlang einer eindeutigen Tangentialebene berechnen. Man bezeichnet eine solche Funktion als **stetig differenzierbar** an der Stelle (x_{10}, x_{20}). Gilt das für den gesamten Definitionsbereich, so nennt man die Funktion auch eine **C^1-Funktion**.

Bei der Darstellung des totalen Differentials haben wir die Differenzierbarkeit bereits stillschweigend vorausgesetzt.

Da es zwei partielle Ableitungen gibt, fasst man diese beiden partiellen Ableitungen in einem Zeilenvektor beziehungsweise einer (1×2)-Matrix zusammen. Diese Matrix

$$J(x_1, x_2) = \begin{pmatrix} f_{x_1}(x_1, x_2) & f_{x_2}(x_1, x_2) \end{pmatrix}$$

heißt **Ableitung** oder **Jacobi-Matrix** der Funktion $y = f(x_1, x_2)$ (nach dem deutschen Mathematiker Carl Gustav Jacobi).

Beispiele

- Die Jacobi-Matrix der linearen Funktion $y = 3x_1 - 4x_2$ lautet:

$$J(x_1, x_2) = \begin{pmatrix} 3 & -4 \end{pmatrix}$$

  Beide partiellen Ableitungen sind konstant und damit auch stetig. Daher ist diese Funktion stetig differenzierbar auf R.

■ Die Jacobi-Matrix der Cobb-Douglas-Funktion $y = 4x_1^{0,5}x_2^{0,5}$ lautet:

$$J(x_1, x_2) = \begin{pmatrix} 2x_1^{-0,5}x_2^{0,5} & 2x_1^{0,5}x_2^{-0,5} \end{pmatrix}$$

Beide partiellen Ableitungen existieren für $x_1 > 0$ und $x_2 > 0$ und sind stetig. Daher ist diese Funktion stetig differenzierbar auf R_{++}, also für alle positiven Werte von x_1 und x_2.

Aufgaben

6.13 (a) Berechnen Sie die Jacobi-Matrix von $y = ax_1^\alpha x_2^\beta$.

(b) Berechnen Sie die Jacobi-Matrix der Funktion $f(x_1, x_2) = x_1^3 \ln x_2$. Für welchen Definitionsbereich ist die Funktion stetig differenzierbar?

(c) Berechnen Sie die Ableitung von $y = e^{x_1}e^{x_2^2} - 10$.

Lösungen

6.13 (a) $J(x_1, x_2) = \begin{pmatrix} \alpha a x_1^{\alpha-1}x_2^\beta & \beta a x_1^\alpha x_2^{\beta-1} \end{pmatrix}$.

(b) $J(x_1, x_2) = \begin{pmatrix} 3x_1^2 \ln x_2 & x_1^3/x_2 \end{pmatrix}$. Da beide partiellen Ableitungen für $x_1 \in R$ und $x_2 \in R_{++}$ existieren und stetig sind, ist die Funktion auf ihrem gesamten Definitionsbereich $D = \{(x_1, x_2 \in R^2 \mid x_2 > 0)\}$ stetig differenzierbar.

(c) $J(x_1, x_2) = \begin{pmatrix} e^{x_1}e^{x_2^2} & 2x_2e^{x_1}e^{x_2^2} \end{pmatrix}$.

Kettenregel

Die Kettenregel für Funktionen einer Variablen besitzt eine wichtige Verallgemeinerung auf Funktionen mehrerer Variablen. Angenommen, die Variablen x_1 und x_2 der Funktion $y = f(x_1, x_2)$ seien selbst Funktionen einer unabhängigen Variablen t, also $x_1 = x_1(t)$ und $x_2 = x_2(t)$, und sowohl f als auch x_1 und x_2 sind stetig differenzierbar. Dann kann man

$$y = f(x_1(t), x_2(t))$$

als Funktion der einen Variablen t auffassen. Die Ableitung dieser Funktion nach t muss gleich dem Verhältnis der Differentiale dy und dt sein, ganz so, wie wir es bei der Diskussion der Ableitung von Funktionen einer Variablen kennengelernt haben. Die folgende Aussage zeigt, wie man diese Ableitung berechnen kann.

> Die Ableitung der Funktion $y = f(x_1(t), x_2(t))$ nach t wird mit der **Kettenregel** berechnet:
>
> $$\frac{dy}{dt} = \frac{\partial y}{\partial x_1}\frac{dx_1}{dt} + \frac{\partial y}{\partial x_2}\frac{dx_2}{dt}$$

Als Beispiel betrachten wir die Funktion $y = x_1^2 + x_2^2$, wobei $x_1 = t$ und $x_2 = 2t$ ist. Setzt man die letzten beiden Funktionen in die erste Funktion ein, so erhält man $y = t^2 + 4t^2 = 5t^2$. Die Ableitung kann nun nach den Regeln für Funktionen einer Variablen berechnet werden:

$$\frac{dy}{dt} = 10t$$

In vielen ökonomischen Anwendungen ist ein derartiges Vorgehen jedoch nicht möglich, zum Beispiel weil die Funktionen gar nicht explizit gegeben sind. Stattdessen sind oftmals lediglich einige allgemeine Eigenschaften gegeben, etwa Differenzierbarkeit und Vorzeichen der partiellen Ableitungen. Daher ist die angegebene Kettenregel wichtig, mit der wir dasselbe Ergebnis erhalten:

$$\frac{dy}{dt} = 2x_1 \frac{dx_1}{dt} + 2x_2 \frac{dx_2}{dt} = 2x_1 \cdot 1 + 2x_2 \cdot 2 = 2x_1 + 4x_2 = 2t + 8t = 10t$$

Aufgaben

6.14 (a) Berechnen Sie dy/dt für die Funktion $y = x_1^2 + x_2^3$ mit $x_1 = 2 + t^2$ und $x_2 = 1 + t^4$.

(b) Gegeben ist die Funktion $y = \sqrt{x_1}\sqrt{x_2}$ mit $x_1 = 4t^2$ und $x_2 = e^t$. Berechnen Sie dy/dt nach der Kettenregel.

(c) Berechnen Sie das Vorzeichen von dy/dt für $y = x_2(t)/x_1(t)$, wenn über die Funktionen $x_1(t) > 0$ und $x_2(t) > 0$ weiter lediglich bekannt ist, dass $dx_1/dt > 0$ und $dx_2/dt < 0$ ist.

Lösungen

6.14 (a) Mit der Kettenregel erhält man $\frac{dy}{dt} = 2x_1 \frac{dx_1}{dt} + 3x_2^2 \frac{dx_2}{dt} = 2x_1 \cdot 2t + 3x_2^2 \cdot 4t^3$

$$= 2(2+t^2) \cdot 2t + 3(1+t^4)^2 \cdot 4t^3 = 12t^{11} + 24t^7 + 16t^3 + 8t.$$

Sie erhalten dasselbe Ergebnis, wenn Sie x_1 und x_2 direkt in die Funktion einsetzen und dann nach t ableiten.

(b)

$$\frac{dy}{dt} = \frac{\sqrt{x_2}}{2\sqrt{x_1}} \frac{dx_1}{dt} + \frac{\sqrt{x_1}}{2\sqrt{x_2}} \frac{dx_2}{dt} = \frac{\sqrt{e^t}}{2\sqrt{4t^2}} \cdot 8t + \frac{\sqrt{4t^2}}{2\sqrt{e^t}} \cdot e^t = (2+t)\sqrt{e^t}.$$

(c) Mit der Kettenregel folgt wegen $dx_1/dt > 0$ und $dx_2/dt < 0$:

$$\frac{dy}{dt} = -\frac{x_2(t)}{x_1^2(t)} \frac{dx_1(t)}{dt} + \frac{1}{x_1(t)} \frac{dx_2(t)}{dt} < 0$$

Zweite partielle Ableitungen

Analog zu Funktionen einer Variablen kann eine Ableitung nochmals abgeleitet werden. Zum Beispiel ist die partielle Ableitung von $y = f(x_1, x_2)$ nach x_1 im Allgemeinen eine Funktion von x_1 und x_2 und besitzt daher wieder zwei partielle Ableitungen. Die partielle Ableitung bezüglich x_1 kann also nicht nur nochmals nach x_1, sondern auch nach x_2 abgeleitet werden. Das Gleiche gilt für die partielle Ableitung nach x_2.

Als Beispiel betrachten wir $y = f(x_1, x_2) = x_1^3 + 2x_1x_2$. Die partiellen Ableitungen erster Ordnung lauten:

$$\frac{\partial y}{\partial x_1} = 3x_1^2 + 2x_2 \quad \text{und} \quad \frac{\partial y}{\partial x_2} = 2x_1$$

Die partielle Ableitung nach x_1 kann selbst wieder nach x_1 abgeleitet werden:

$$\frac{\partial^2 y}{\partial x_1^2} = f_{x_1x_1}(x_1, x_2) = 6x_1$$

Beachten Sie die **Schreibweise.** In der Differentialschreibweise wird zur Kennzeichnung der zweiten Ableitung eine hochgestellte 2 hinter das ∂ im Zähler und eine hochgestellte 2 hinter das x_1 im Nenner gesetzt. Für die Schreibweise mit dem Funktionssymbol f werden die Variablen in der Reihenfolge der Ableitung (hier erst nach x_1 und dann noch einmal nach x_1) als Doppelindex tiefgestellt. Entsprechend lautet die partielle Ableitung von f_{x_1} nach x_2:

$$\frac{\partial^2 y}{\partial x_1 \partial x_2} = f_{x_1 x_2}(x_1, x_2) = 2$$

Diese Ableitung heißt auch **gemischte partielle Ableitung** zweiter Ordnung. Natürlich kann man entsprechend die zweiten partiellen Ableitungen von f_{x_2} berechnen. Damit gibt es also vier partielle Ableitungen zweiter Ordnung, die man daher zweckmäßig in einer Matrix H zusammenfasst:

$$H(x_1, x_2) = \begin{pmatrix} \frac{\partial^2 y}{\partial x_1^2} & \frac{\partial^2 y}{\partial x_1 \partial x_2} \\ \frac{\partial^2 y}{\partial x_2 \partial x_1} & \frac{\partial^2 y}{\partial x_2^2} \end{pmatrix} = \begin{pmatrix} f_{x_1 x_1}(x_1, x_2) & f_{x_1 x_2}(x_1, x_2) \\ f_{x_2 x_1}(x_1, x_2) & f_{x_2 x_2}(x_1, x_2) \end{pmatrix}$$

Diese Matrix heißt **Hesse-Matrix** (nach dem deutschen Mathematiker Ludwig Hesse). Für das Beispiel lautet sie

$$H(x_1, x_2) = \begin{pmatrix} 6x_1 & 2 \\ 2 & 0 \end{pmatrix}$$

Wenn alle (gemischten) partiellen Ableitungen bis zur Ordnung 2 an der Stelle (x_{10}, x_{20}) existieren und stetig sind, heißt die Funktion f eine **C^2-Funktion** an der Stelle (x_{10}, x_{20}). Gilt dies für alle Werte des Definitionsbereichs, so heißt f eine C^2-Funktion. Entsprechend ist eine **C^1-Funktion** eine einmal stetig differenzierbare Funktion. Allgemeiner bezeichnet man m-mal stetig partiell differenzierbare Funktionen als **C^m-Funktionen**. Eine stetige Funktion ist eine C^0-Funktion und eine C^∞-Funktion wird auch als **glatt** bezeichnet.

Anhand der Hesse-Matrix für das Beispiel $y = x_1^3 + 2x_1 x_2$ erkennen Sie, dass es in diesem Beispiel keine Rolle für den Wert der gemischten partiellen Ableitung zweiter Ordnung spielt, ob die Funktion zuerst nach x_1 und dann nach x_2 oder umgekehrt abgeleitet wird, denn in beiden Fällen ist das Ergebnis 2. Dieses Ergebnis ist kein Zufall, sondern für zweimal stetig differenzierbare Funktionen allgemein gültig (**Satz von Schwarz**). Da die gemischten Ableitungen symmetrisch auf beiden Seiten der Hauptdiagonalen angeordnet sind, kann man diesen Satz auch so formulieren: Die Hesse-Matrix einer C^2-Funktion ist symmetrisch.

Wenn Sie in englischsprachigen Lehrbüchern lesen, werden Sie sich vielleicht wundern, dass der Satz von Schwarz dort meist als **Youngs Theorem** bezeichnet wird. Das liegt daran, dass der englische Mathematiker William Young das ältere Ergebnis des deutschen Mathematikers Hermann Schwarz später unter allgemeineren Voraussetzungen bewiesen hat.

Aufgaben

6.15 Berechnen Sie alle partiellen Ableitungen erster und zweiter Ordnung von $f(x_1, x_2) = 4x_1 + e^{2x_2}$.

6.16 Berechnen Sie die Hesse-Matrizen der folgenden Funktionen:

(a) $f(x_1, x_2) = x_1^3 - 6x_1 x_2$; (b) $f(x_1, x_2) = x_1 x_2$;

(c) $f(x_1, x_2) = 5e^{x_1} e^{2x_2}$; (d) $f(x_1, x_2) = \frac{3x_1^2 + x_1 x_2}{x_2}$;

(e) $f(x_1, x_2) = x_1^2 e^{x_1 x_2}$; (f) $f(x_1, x_2) = (x_2 - 1)\ln(x_1 + 1)$.

Lösungen

6.15 $f_{x_1} = 4$, $f_{x_2} = 2e^{2x_2}$, $f_{x_1x_1} = 0$, $f_{x_1x_2} = 0$, $f_{x_2x_1} = 0$, $f_{x_2x_2} = 4e^{2x_2}$.

6.16 Die ersten partiellen Ableitungen haben Sie bereits in der Aufgabe 6.8 (a), (b), (c), (d), (i) und (j) berechnet.

(a) $H = \begin{pmatrix} 6x_1 & -6 \\ -6 & 0 \end{pmatrix}$; (b) $H = \begin{pmatrix} 0 & 1 \\ 1 & 0 \end{pmatrix}$;

(c) $H = \begin{pmatrix} 5e^{x_1}e^{2x_2} & 10e^{x_1}e^{2x_2} \\ 10e^{x_1}e^{2x_2} & 20e^{x_1}e^{2x_2} \end{pmatrix}$; (d) $H = \begin{pmatrix} \frac{6}{x_2} & -\frac{6x_1}{x_2^2} \\ -\frac{6x_1}{x_2^2} & \frac{6x_1^2}{x_2^3} \end{pmatrix}$;

(e) $H = \begin{pmatrix} (2+4x_1x_2+x_1^2x_2^2)e^{x_1x_2} & (3x_1^2+x_1^3x_2)e^{x_1x_2} \\ (3x_1^2+x_1^3x_2)e^{x_1x_2} & x_1^4e^{x_1x_2} \end{pmatrix}$; (f) $H = \begin{pmatrix} \frac{1-x_2}{(x_1+1)^2} & \frac{1}{x_1+1} \\ \frac{1}{x_1+1} & 0 \end{pmatrix}$.

Partielle Elastizitäten

Im Abschnitt 5.3 haben wir den Begriff der **Elastizität** für Funktionen einer Variablen definiert. Für eine Funktion $y = f(x)$ lautet die Elastizität:

$$\frac{dy}{dx}\frac{x}{y} = f'(x) \cdot \frac{x}{y}$$

Diese Definition lässt sich unmittelbar auf Funktionen mehrerer Variablen übertragen.

Betrachten wir die Cobb-Douglas-Funktion $y = x_1^{0,3}x_2^{0,7}$. Da es nun zwei unabhängige Variablen gibt, können wir auch zwei sogenannte partielle Elastizitäten definieren. Die partielle Elastizität bezüglich x_1 ist:

$$\frac{\partial y}{\partial x_1}\frac{x_1}{y} = 0{,}3x_1^{-0,7}x_2^{0,7} \cdot \frac{x_1}{x_1^{0,3}x_2^{0,7}} = 0{,}3\frac{x_1^{-0,7}x_2^{0,7}x_1}{x_1^{0,3}x_2^{0,7}} = 0{,}3\frac{x_1^{0,3}x_2^{0,7}}{x_1^{0,3}x_2^{0,7}} = 0{,}3$$

Ganz entsprechend kann man die partielle Elastizität bezüglich x_2 berechnen:

$$\frac{\partial y}{\partial x_2}\frac{x_2}{y} = 0{,}7$$

Für eine Funktion $y = f(x_1, x_2)$ sind die **partiellen Elastizitäten** bezüglich der Variablen x_1 und x_2 definiert durch:

$$\frac{\partial y}{\partial x_1}\frac{x_1}{y} \quad \text{und} \quad \frac{\partial y}{\partial x_2}\frac{x_2}{y}$$

Aufgaben

6.17 (a) Berechnen Sie die partiellen Elastizitäten der Funktion $y = ax_1^{\alpha_1}x_2^{\alpha_2}$ bezüglich x_1 und x_2.

(b) Gegeben ist die Produktionsfunktion $y = 100x_1^{0,4}x_2^{0,8}$. Um wie viel Prozent steigt die Produktionsmenge, wenn die Einsatzmenge des zweiten Faktors um 1 Prozent erhöht wird?

6.18 Berechnen Sie die partiellen Elastizitäten der folgenden Funktionen bezüglich x_1 und x_2 allgemein und an der Stelle $(x_1, x_2) = (1, 1)$:

(a) $y = 7x_1 + 6x_2$; (b) $y = x_1^2e^{x_2}$; (c) $y = x_1^2 + e^{x_2}$.

Lösungen

6.17 (a) $\frac{\partial y}{\partial x_1}\frac{x_1}{y} = \alpha_1 a x_1^{\alpha_1-1} x_2^{\alpha_2} \cdot \frac{x_1}{a x_1^{\alpha_1} x_2^{\alpha_2}} = \alpha_1 \cdot \frac{a x_1^{\alpha_1} x_2^{\alpha_2}}{a x_1^{\alpha_1} x_2^{\alpha_2}} = \alpha_1;\quad \frac{\partial y}{\partial x_2}\frac{x_2}{y} = \alpha_2.$

(b) Im Aufgabenteil (a) ist bereits allgemein gezeigt worden, dass die partiellen Elastizitäten bei einer Cobb-Douglas-Funktion gleich den jeweiligen Exponenten sind. Da eine Elastizität gleich dem Verhältnis der prozentualen Änderungen ist, steigt daher die Produktionsmenge um 0,8 Prozent, wenn die Einsatzmenge des zweiten Faktors um 1 Prozent erhöht wird.

6.18 (a) $\frac{\partial y}{\partial x_1}\frac{x_1}{y} = \frac{7x_1}{7x_1+6x_2};\quad \frac{\partial y}{\partial x_1}\frac{x_1}{y}\Big|_{(1,1)} = \frac{7}{13};\quad \frac{\partial y}{\partial x_2}\frac{x_2}{y} = \frac{6x_2}{7x_1+6x_2};\quad \frac{\partial y}{\partial x_2}\frac{x_2}{y}\Big|_{(1,1)} = \frac{6}{13};$

(b) $\frac{\partial y}{\partial x_1}\frac{x_1}{y} = \frac{2x_1 e^{x_2} x_1}{x_1^2 e^{x_2}} = 2;\quad \frac{\partial y}{\partial x_1}\frac{x_1}{y}\Big|_{(1,1)} = 2;\quad \frac{\partial y}{\partial x_2}\frac{x_2}{y} = \frac{x_1^2 e^{x_2} x_2}{x_1^2 e^{x_2}} = x_2;\quad \frac{\partial y}{\partial x_2}\frac{x_2}{y}\Big|_{(1,1)} = 1;$

(c) $\frac{\partial y}{\partial x_1}\frac{x_1}{y} = \frac{2x_1^2}{x_1^2+e^{x_2}};\quad \frac{\partial y}{\partial x_2}\frac{x_2}{y}\Big|_{(1,1)} = 0{,}54;\quad \frac{\partial y}{\partial x_2}\frac{x_2}{y} = \frac{e^{x_2}x_2}{x_1^2+e^{x_2}};\quad \frac{\partial y}{\partial x_2}\frac{x_2}{y}\Big|_{(1,1)} = 0{,}73.$

6.3 Implizite Funktionen

6.3.1 Eine abhängige Variable

Allgemeine Darstellung

In vielen ökonomischen Anwendungen werden Zusammenhänge zwischen Variablen durch Gleichungssysteme angegeben. Im einfachsten Fall interessiert man sich für die Frage, ob durch die Gleichung $f(x,y) = 0$ implizit eine differenzierbare Funktion $y = y(x)$ definiert wird, die die Gleichung erfüllt, so dass $f(y(x),x) = 0$, und wie deren Ableitung lautet. Die Antwort auf diese Frage ist relativ einfach, wenn man die Gleichung $f(x,y) = 0$ explizit nach y auflösen kann, was in vielen Fällen aber nicht geht. Hier hilft der **Satz über implizite Funktionen** weiter. Dieser Satz besagt in seiner einfachsten Form, dass die gesuchte implizite Funktion lokal in einer Umgebung von x_0 existiert, wenn es ein y_0 gibt mit $f(x_0,y_0) = 0$ und $f_y(x_0,y_0) \neq 0$.

Der Satz enthält auch eine Regel, wie man die Ableitung der impliziten Funktion bestimmen kann, selbst wenn man die Gleichung nicht explizit auflösen kann. Bildet man nämlich das totale Differential der Gleichung $f(x,y) = 0$, so folgt, weil die rechte Seite gleich 0 bleiben muss ($df = 0$), damit die Gleichung auch nach der Änderung von x und y erfüllt ist:

$$f_x(x,y)dx + f_y(x,y)dy = 0$$

Wenn an der Stelle (x_0,y_0) gilt $f_y(x_0,y_0) \neq 0$, so folgt nach Subtraktion von $f_x(x_0,y_0)dx$ auf beiden Seiten und Division durch dx und $f_y(x_0,y_0)$:

$$\frac{dy}{dx} = -\frac{f_x(x_0,y_0)}{f_y(x_0,y_0)}$$

Diese Formel heißt **Regel der impliziten Differentiation**, und sie gibt die Ableitung $y'(x)$ der Funktion $y = y(x)$ an der Stelle x_0 an. Die Ableitung gilt auch in der Nähe des Punktes (x_0,y_0). Wir können den **Satz über implizite Funktionen** also folgendermaßen formulieren:

Wenn die differenzierbare Gleichung $f(x,y) = 0$ für einen vorgegebenen Wert x_0 eine Lösung y_0 besitzt und an dieser Stelle die Ableitung nach y ungleich 0 ist, so existiert eine implizite Funktion $y = y(x)$ in der Nähe von (x_0, y_0) mit der Ableitung:

$$\frac{dy}{dx} = -\frac{f_x(x,y)}{f_y(x,y)}$$

Beispiele

- Gegeben ist die Gleichung $f(y,x) = x^{0,5}y^{0,5} - 100 = 0$. Für jeden Wert $x > 0$ hat diese Gleichung eine positive Lösung für y. Wegen $f_y = 0{,}5x^{0,5}y^{-0,5} \neq 0$ für $x > 0$ und $y > 0$ sind also die angegebenen Voraussetzungen für jedes positive x erfüllt, und die durch die Gleichung implizit definierte Funktion $y(x)$ existiert. Für ihre Ableitung erhält man gemäß der Regel der impliziten Differentiation:

$$\frac{dy}{dx} = -\frac{f_x(x,y)}{f_y(x,y)} = -\frac{0{,}5x^{-0,5}y^{0,5}}{0{,}5x^{0,5}y^{-0,5}} = -\frac{y}{x}$$

  Eigentlich braucht man den Satz über implizite Funktionen für dieses Beispiel nicht, denn man kann die Gleichung $x^{0,5}y^{0,5} - 100 = 0$ auch explizit nach y auflösen, um eine explizite Darstellung der gesuchten Funktion $y(x)$ zu erhalten:

$$y = \frac{10.000}{x}$$

  Die Ableitung kann nun auch unmittelbar berechnet werden:

$$\frac{dy}{dx} = -\frac{10.000}{x^2}$$

  Auf den ersten Blick scheint also die Ableitung mittels der Regel der impliziten Differentiation gar nicht richtig zu sein. Wenn wir allerdings das y im Zähler dort durch $y = 10.000/x$ ersetzen, so erkennen wir, dass beide Ergebnisse übereinstimmen.

- Das vorangehende Beispiel konnten wir auch explizit auflösen, so dass sich die Frage stellt, warum wir den Satz über implizite Funktionen überhaupt benötigen. Das kann anhand des folgenden Beispiels veranschaulicht werden. Schon für eine Gleichung wie $f(x,y) = 3y^5 - 8xy + 4x^2 = 0$ ist nämlich kein Lösungsverfahren nach y bekannt. Trotzdem wird zum Beispiel in der Nähe des Punktes (x_0, y_0) mit $x_0 = 0{,}5$ und $y_0 = 1$ eine implizite Funktion definiert. Für jeden Wert x aus einer Umgebung von $x_0 = 0{,}5$ lässt sich also eindeutig ein zugehöriger y-Wert angeben, der zum Beispiel mit Hilfe numerischer Näherungsverfahren ermittelt werden kann, obwohl es nicht möglich ist, eine explizite Formel dafür anzugeben. Die Ableitung dieser impliziten Funktion an der Stelle (x_0, y_0) kann jedoch exakt berechnet werden:

$$y'(x_0) = -\frac{f_x(x_0,y_0)}{f_y(x_0,y_0)} = -\frac{-8y_0 + 8x_0}{15y_0^4 - 8x_0} = -\frac{-4}{11} = \frac{4}{11}$$

  Obwohl also eine explizite Funktionsgleichung der Funktion $y(x)$ nicht bekannt ist, lässt sich ihre Ableitung $y'(x)$ mittels des Satzes über implizite Funktionen berechnen.

- Nun sei die Gleichung $f(x,y) = x^2 - y = 0$ gegeben. Wegen $f_y(x,y) = -1$ sind die Voraussetzungen des Satzes erfüllt. Tatsächlich kann diese Gleichung leicht nach y aufgelöst werden und ergibt die in der Abbildung 6.10 links noch einmal dargestellte Normalparabel $y = x^2$. Die Gleichung definiert also tatsächlich eine implizite Funktion $y = y(x)$. Wir können auch die Ableitung $y'(x)$ aus $f(x,y) = x^2 - y = 0$ mittels der Regel der impliziten Differentiation bestimmen:

$$y'(x) = \frac{dy}{dx} = -\frac{f_x}{f_y} = -\frac{2x}{-1} = 2x$$

- Man kann sich natürlich auch fragen, ob man nicht die Bedeutung der Variablen im vorangehenden Beispiel vertauschen und untersuchen kann, ob durch die Gleichung $f(x,y) = x^2 - y = 0$ auch eine implizite Funktion $x = x(y)$ definiert wird. Wegen $f_x(x,y) = 2x \neq 0$ für $x \neq 0$ muss das möglich sein. Außer an der Stelle $(0,0)$ werden in diesem Beispiel allerdings lokal **zwei** Funktionen $x = x(y)$ durch $f(x,y) = x^2 - y = 0$ definiert, die man erhält, wenn man die Gleichung nach x statt nach y auflöst:

$$x^2 = y, \quad \text{also} \quad x = \pm\sqrt{y}$$

Da die Lösung der Gleichung nicht eindeutig ist, ist auch die gesuchte implizite Funktion nicht eindeutig. Es gibt also zwei implizite Funktionen $x = x(y)$, nämlich zum Beispiel in der Nähe des Punktes $(x_0, y_0) = (2,4)$ die Funktion $x = \sqrt{y}$ und zum Beispiel in der Nähe des Punktes $(x_0, y_0) = (-2,4)$ die Funktion $x = -\sqrt{y}$. Beide Ausdrücke sind Funktionen, die durch $f(x,y) = x^2 - y = 0$ implizit definiert werden. Anschaulich ergeben beide zusammen eine um 90 Grad nach rechts gedrehte Parabel, vgl. die Abbildung 6.10 rechts. Da bei dieser gekippten Parabel einem Wert auf der horizontalen Achse zwei Werte auf der vertikalen Achse zugeordnet werden, ist sie zunächst einmal keine Funktion. Man kann aber eben zwei unterschiedliche Funktionen definieren, nämlich entweder den oberen Teil mit $x = \sqrt{y}$ oder den unteren Teil mit $x = -\sqrt{y}$. Die Voraussetzungen des Satzes über implizite Funktionen sind in beiden Fällen erfüllt, zum Beispiel beim Punkt $(x_0, y_0) = (2,4)$ ebenso wie beim Punkt $(x_0, y_0) = (-2,4)$. Der Satz besagt jedoch nur, dass **lokal** in der Nähe eines Punktes eine implizite Funktion existiert. **Global** lässt sich $x^2 - y = 0$ nicht eindeutig nach x auflösen.

Die Angebotsfunktion

Im Kapitel 5 auf der Seite 190 haben wir als notwendige Bedingung für die Maximierung des Gewinns unter vollständiger Konkurrenz die **Grenzkosten-Preis-Regel** abgeleitet:

$$K'(x) = p$$

Dabei ist $K(x)$ die Kostenfunktion in Abhängigkeit von der Produktionsmenge x, und p ist der konstante Absatzpreis (preisnehmendes Unternehmen bei vollständiger Konkurrenz). Da x von einem gewinnmaximierenden Unternehmen für jeden vorgegebenen Preis p so bestimmt werden muss, dass diese Regel erfüllt ist, wird dadurch die Angebotsmenge festgelegt. Man kann daher sagen, dass die **Angebotsfunktion** implizit durch die Grenzkosten-Preis-Regel definiert wird.

Von der Kostenfunktion sei bekannt, dass ihre erste und zweite Ableitung beide positiv sind (steigende Grenzkosten). Um zu sehen, wie sich eine Preisänderung auf das (als positiv unterstellte) Güterangebot auswirkt, können wir die Gleichung

$$f(x,p) = K'(x) - p = 0$$

Abbildung 6.10 f(x, y) = $x^2 - y = 0$ nach y und nach x aufgelöst

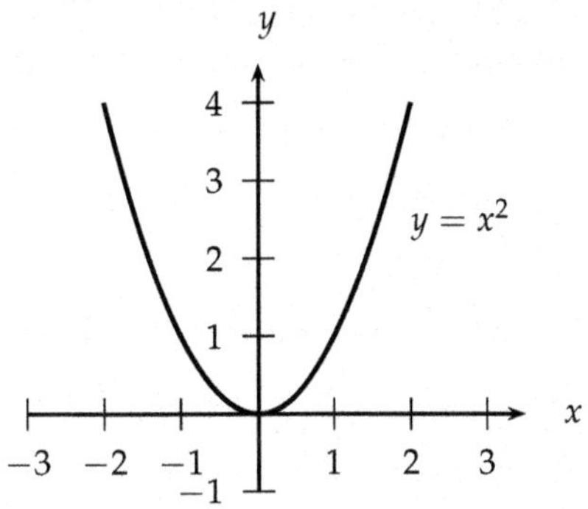

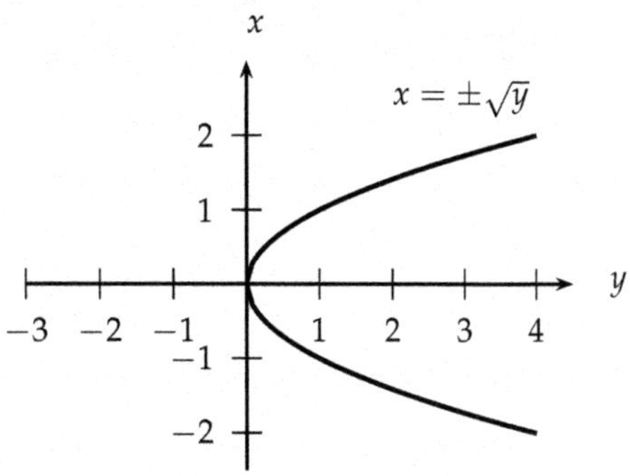

als implizte Definition der Angebotsfunktion $x = x(p)$ auffassen und ihre Ableitung mittels der Regel der impliziten Differentiation bestimmen:

$$\frac{dx}{dp} = -\frac{f_p(x,p)}{f_x(x,p)} = -\frac{-1}{K''(x)} = \frac{1}{K''(x)} > 0, \text{ da } K''(x) > 0$$

Wir haben damit ohne genaue Kenntnis der Kostenfunktion bewiesen, dass eine Güterangebotsfunktion eine steigende Funktion des vorgegebenen Güterpreises sein muss, wenn die Grenzkosten zunehmen.

Aufgaben

6.19 Bestimmen Sie die Steigung der durch $3x^2y + xy^2 + 2xy = 6$ definierten Funktion $y(x)$ allgemein und im Punkt $(1/1)$.

6.20 Die Grenzrate der Substitution ist als Steigung der Isoquante einer Produktionsfunktion definiert. Wie lautet die allgemeine Formel der Steigung einer Isoquante der Produktionsfunktion $f(x_1, x_2) = 4x_1^{0,5}x_2^{0,5}$?

6.21 Gegeben ist die Produktionsfunktion $y = x_1^{1/3}x_2^{2/3}$.

(a) Bestimmen Sie die Gleichung der Isoquante zum Outputniveau $y = 9$. Welche Steigung hat die Isoquante für $x_1 = 16$?

(b) Berechnen Sie die Grenzrate der Substitution allgemein unter Verwendung des Satzes über implizite Funktionen.

6.22 Nehmen Sie an, ein Unternehmen bei vollständiger Konkurrenz bietet ein Produkt zum vorgegebenen Marktpreis p an. Die Kostenfunktion lautet $K(x) = 0{,}25x^2$. Bestimmen Sie die Angebotsfunktion und zeigen Sie sowohl anhand der expliziten Funktion als auch anhand der Regel der impliziten Differentiation, dass die Angebotsmenge steigt, wenn der Preis steigt.

Lösungen

6.19 Die Regel der impliziten Differentiation liefert:

$$\frac{dy}{dx} = -\frac{f_x(x,y)}{f_y(x,y)} = -\frac{6xy + y^2 + 2y}{3x^2 + 2xy + 2x}$$

Einsetzen von $x = 1$ und $y = 1$ ergibt $-9/7$.

6.20 $\frac{dx_2}{dx_1} = -\frac{f_{x_1}(x_1, x_2)}{f_{x_2}(x_1, x_2)} = -\frac{2x_1^{-0,5}x_2^{0,5}}{2x_1^{0,5}x_2^{-0,5}} = -\frac{x_2}{x_1}.$

6.21 (a) Setzt man $y = 9$ in die Produktionsfunktion ein und löst nach x_2 auf, so folgt $x_2 = 27/x_1^{0,5}$. Die Ableitung an der Stelle $x_1 = 16$ ist:

$$\left.\frac{dx_2}{dx_1}\right|_{x_1=16} = -13{,}5x_1^{-1,5}\Big|_{x_1=16} = -0{,}21$$

(b) Der Satz über implizite Funktionen liefert:

$$\frac{dx_2}{dx_1} = -\frac{f_{x_1}(x_1, x_2)}{f_{x_2}(x_1, x_2)} = -\frac{x_2}{2x_1}$$

6.22 Die Angebotsfunktion ergibt sich aus der Grenzkosten-Preis-Regel $K'(x) = p$, hier also $0{,}5x = p$ durch Auflösen nach x als $x = 2p$. Daraus folgt $dx/dp = 2 > 0$, die Angebotsmenge steigt also, wenn der Preis steigt. Dasselbe Ergebnis liefert die Regel der impliziten Differentiation. Dazu wird die Grenzkosten-Preis-Regel formuliert als $f(x, p) = 0{,}5x - p = 0$:

$$\frac{dx}{dp} = -\frac{f_p(x, p)}{f_x(x, p)} = -\frac{-1}{0{,}5} = 2$$

6.3.2* Mehrere abhängige Variablen

Seine wahre Leistungsfähigkeit zeigt der Satz über implizite Funktionen erst, wenn mehrere Gleichungen mit mehreren Variablen gegeben sind. Wir betrachten hier den Fall von zwei Gleichungen mit insgesamt vier Unbekannten:

$$f(x_1, x_2, y_1, y_2) = 0$$
$$g(x_1, x_2, y_1, y_2) = 0$$

Die Funktionen f und g seien beide stetig differenzierbar. Die y-Variablen sollen hier die **endogenen**, also die durch das Gleichungssystem bestimmten Variablen, die x-Variablen dagegen die **exogenen**, also von außen vorgegebenen Variablen sein. Wichtig ist, dass die Anzahl der y-Variablen mit der Anzahl der Gleichungen übereinstimmt. Die Anzahl der x-Variablen darf auch geringer oder höher sein. Für dieses Gleichungssystem gilt die folgende Aussage.

(Satz über implizite Funktionen) Wenn es eine Lösung $(x_{10}, x_{20}, y_{10}, y_{20})$ für das stetig differenzierbare Gleichungssystem $f(x_1, x_2, y_1, y_2) = 0$, $g(x_1, x_2, y_1, y_2) = 0$ gibt und die **Jacobi-Matrix**

$$J = \begin{pmatrix} f_{y_1}(x_{10}, x_{20}, y_{10}, y_{20}) & f_{y_2}(x_{10}, x_{20}, y_{10}, y_{20}) \\ g_{y_1}(x_{10}, x_{20}, y_{10}, y_{20}) & g_{y_2}(x_{10}, x_{20}, y_{10}, y_{20}) \end{pmatrix}$$

regulär ist, dann existieren lokal in einer Umgebung von (x_{10}, x_{20}) die beiden Funktionen $y_1 = y_1(x_1, x_2)$ und $y_2 = y_2(x_1, x_2)$, die das Gleichungssystem lösen. Beide Funktionen sind n-mal stetig differenzierbar, wenn f und g n-mal stetig differenzierbar sind.

Wir hatten die Jacobi-Matrix als Matrix der partiellen Ableitungen einer Funktion bereits auf der Seite 231 definiert. Dort war es eine (1×2)-Matrix. Im Falle von zwei Funktionen mit zwei endogenen Variablen erhalten wir entsprechend eine (2×2)-Matrix. Diese Matrix ist **regulär**, wenn ihre Zeilenvektoren linear unabhängig voneinander sind, was genau dann der Fall ist, wenn ihre Determinante $|J|$ ungleich 0 ist (vgl. Seite 98 im Kapitel 3). Die Determinante einer solchen (2×2)-Matrix ist gleich der Differenz der Produkte entlang den Diagonalen:

$$|J| = f_{y_1}g_{y_2} - f_{y_2}g_{y_1} \neq 0$$

Um Formeln für die partiellen Ableitungen der beiden impliziten Funktionen y_1 und y_2 herzuleiten, werden zunächst die totalen Differentiale der beiden Gleichungen bestimmt. Da beide Gleichungen auch nach der Änderung erfüllt sein müssen, sich die Funktionswerte also insgesamt nicht ändern dürfen ($df = 0$ und $dg = 0$), gilt:

$$f_{x_1}dx_1 + f_{x_2}dx_2 + f_{y_1}dy_1 + f_{y_2}dy_2 = 0$$
$$g_{x_1}dx_1 + g_{x_2}dx_2 + g_{y_1}dy_1 + g_{y_2}dy_2 = 0$$

Ordnen wir die Differentiale von y auf der linken und die von x auf der rechten Seite an, so folgt:

$$f_{y_1}dy_1 + f_{y_2}dy_2 = -f_{x_1}dx_1 - f_{x_2}dx_2$$
$$g_{y_1}dy_1 + g_{y_2}dy_2 = -g_{x_1}dx_1 - g_{x_2}dx_2$$

Dieses Gleichungssystem ist linear in den Differentialen und kann aufgrund der Voraussetzung $|J| \neq 0$ explizit nach den linksstehenden Differentialen dy_1 und dy_2 aufgelöst werden, zum Beispiel unter Verwendung der **Cramerschen Regel** oder durch ein beliebiges anderes im Kapitel 3 beschriebenes Verfahren zur Lösung linearer Gleichungssysteme. Nach einigen Umformungen erhält man:

$$dy_1 = \frac{f_{y_2}g_{x_1} - f_{x_1}g_{y_2}}{|J|}dx_1 + \frac{f_{y_2}g_{x_2} - f_{x_2}g_{y_2}}{|J|}dx_2$$
$$dy_2 = \frac{f_{x_1}g_{y_1} - f_{y_1}g_{x_1}}{|J|}dx_1 + \frac{f_{x_2}g_{y_1} - f_{y_1}g_{x_2}}{|J|}dx_2$$

Der Vergleich mit der allgemeinen Formel für das totale Differential auf der Seite 229 zeigt, dass diese beiden Ausdrücke die totalen Differentiale der Funktionen $y_1 = y_1(x_1, x_2)$ und $y_2 = y_2(x_1, x_2)$ sind. Daher müssen die Brüche auf den rechten Seiten die partiellen Ableitungen sein, zum Beispiel also für die Funktion $y_1 = y_1(x_1, x_2)$:

$$\frac{\partial y_1}{\partial x_1} = \frac{f_{y_2}g_{x_1} - f_{x_1}g_{y_2}}{|J|}$$
$$\frac{\partial y_1}{\partial x_2} = \frac{f_{y_2}g_{x_2} - f_{x_2}g_{y_2}}{|J|}$$

Beispiel

Gegeben ist das Gleichungssystem

$$f(x_1, x_2, y_1, y_2) = y_1x_1 + y_2x_2 = 0,$$
$$g(x_1, x_2, y_1, y_2) = x_1 - y_2x_2 - 2 = 0,$$

das beispielsweise für $(x_{10}, x_{20}) = (1, 1)$ die Lösung $(x_{10}, x_{20}, y_{10}, y_{20}) = (1, 1, 1, -1)$ hat. Für die Jacobi-Matrix erhält man

$$J = \begin{pmatrix} f_{y_1}(x_{10}, x_{20}, y_{10}, y_{20}) & f_{y_2}(x_{10}, x_{20}, y_{10}, y_{20}) \\ g_{y_1}(x_{10}, x_{20}, y_{10}, y_{20}) & g_{y_2}(x_{10}, x_{20}, y_{10}, y_{20}) \end{pmatrix} = \begin{pmatrix} x_{10} & x_{20} \\ 0 & -x_{20} \end{pmatrix} = \begin{pmatrix} 1 & 1 \\ 0 & -1 \end{pmatrix}$$

mit der Determinante:

$$|J| = -1 \neq 0$$

Aus dem Satz über implizite Funktionen folgt damit, dass zwei Funktionen $y_1 = y_1(x_1, x_2)$ und $y_2 = y_2(x_1, x_2)$ in der Nähe von $(x_{10}, x_{20}) = (1, 1)$ existieren, die das Gleichungssystem erfüllen und deren partielle Ableitungen berechnet werden können. Dazu könnten wir zwar die für die Funktion y_1 angegebenen Formeln benutzen, doch in der Praxis ist es oft einfacher, die totalen Differentiale der Gleichungen zu bestimmen und aufzulösen. Diese lauten für das Beispiel:

$$\begin{aligned} x_1 dy_1 + x_2 dy_2 &= -y_1 dx_1 - y_2 dx_2 \\ -x_2 dy_2 &= -dx_1 + y_2 dx_2 \end{aligned}$$

Beachten Sie, dass die Differentiale dy_1 und dy_2 hier die Variablen sind, nach denen dieses lineare Gleichungssystem aufgelöst werden soll. Man kann zum Beispiel die zweite Gleichung durch $-x_2$ dividieren und das Ergebnis, $dy_2 = (1/x_2)dx_1 - (y_2/x_2)dx_2$, in die erste Gleichung einsetzen, um die Lösung zu berechnen:

$$\begin{aligned} dy_1 &= -\frac{1+y_1}{x_1} dx_1 \\ dy_2 &= \frac{1}{x_2} dx_1 - \frac{y_2}{x_2} dx_2 \end{aligned}$$

Damit erhalten wir die folgenden partiellen Ableitungen der Funktionen $y_1 = y_1(x_1, x_2)$ und $y_2 = y_2(x_1, x_2)$:

$$\begin{aligned} \frac{\partial y_1}{\partial x_1} &= -\frac{1+y_1}{x_1}, & \frac{\partial y_1}{\partial x_2} &= 0 \\ \frac{\partial y_2}{\partial x_1} &= \frac{1}{x_2}, & \frac{\partial y_2}{\partial x_2} &= -\frac{y_2}{x_2} \end{aligned}$$

Im Punkt $(x_{10}, x_{20}, y_{10}, y_{20}) = (1, 1, 1, -1)$ gilt beispielsweise

$$\begin{aligned} \frac{\partial y_1}{\partial x_1} &= -2, & \frac{\partial y_1}{\partial x_2} &= 0 \\ \frac{\partial y_2}{\partial x_1} &= 1, & \frac{\partial y_2}{\partial x_2} &= 1 \end{aligned}$$

Aufgaben

6.23 Gegeben ist das folgende lineare Gleichungssystem:

$$\begin{aligned} 8y_1 + 4y_2 - 4x_1 - 6x_2 &= 0 \\ 12y_1 - 4y_2 - x_1 + x_2 &= 0 \end{aligned}$$

(a) Berechnen Sie die totalen Differentiale der impliziten Funktionen $y_1 = y_1(x_1, x_2)$ und $y_2 = y_2(x_1, x_2)$ mittels des Satzes über implizite Funktionen. Ermitteln Sie auch die Werte aller partiellen Ableitungen an der Stelle $(x_{10}, x_{20}, y_{10}, y_{20}) = (4, 4, 2, 6)$.

(b) Lösen Sie das ursprüngliche Gleichungssystem auf und vergleichen Sie die Ergebnisse.

6.24 Gegeben ist das folgende Gleichungssystem:

$$\begin{aligned} y_1^2 + xy_1y_2 + y_2^2 + 21 &= 0 \\ y_1^2 + y_2^2 - x^2 - 4 &= 0 \end{aligned}$$

Berechnen Sie die Ableitungen der impliziten Funktionen $y_1 = y_1(x)$ und $y_2 = y_2(x)$ an der Stelle $(x_0, y_{10}, y_{20}) = (5, -2, 5)$.

Lösungen

6.23 (a) Die totalen Differentiale der Gleichungen lauten:

$$8dy_1 + 4dy_2 = 4dx_1 + 6dx_2$$
$$12dy_1 - 4dy_2 = dx_1 - dx_2$$

Dabei haben wir die endogenen Variablen auf die linke und die exogenen Variablen auf die rechte Seite gebracht. Die Jacobi-Matrix bezüglich der endogenen Variablen ist

$$J = \begin{pmatrix} 8 & 4 \\ 12 & -4 \end{pmatrix} \quad \text{mit} \quad |J| = -80 \neq 0,$$

so dass die Voraussetzungen des Satzes über implizite Funktionen erfüllt sind. Die Auflösung des differenzierten Gleichungssystems ergibt die totalen Differentiale der Funktionen $y_1 = y_1(x_1, x_2)$ und $y_2 = y_2(x_1, x_2)$:

$$dy_1 = \frac{1}{4}dx_1 + \frac{1}{4}dx_2$$
$$dy_2 = \frac{1}{2}dx_1 + dx_2$$

Die partiellen Ableitungen können daran direkt abgelesen werden. Zum Beispiel ist die partielle Ableitung von y_1 nach x_2 gleich $1/4$ oder die von y_2 nach x_1 gleich $1/2$. Die Stelle, an der die Ableitungen berechnet werden, spielt hier keine Rolle, weil das gesamte System linear ist. (Sie können durch Einsetzen überprüfen, dass $(x_{10}, x_{20}, y_{10}, y_{20}) = (4, 4, 2, 6)$ tatsächlich eine Lösung des Gleichungssystems darstellt.)

(b) Da das Gleichungssystem linear ist, kann es auch ohne vorherige Differentiation direkt aufgelöst werden:

$$y_1 = \frac{1}{4}x_1 + \frac{1}{4}x_2$$
$$y_2 = \frac{1}{2}x_1 + x_2$$

Sie erkennen, dass sich die Lösungen gleichen. In Teil (a) stehen anstelle der Variablen ihre Differentiale in der Lösung. Die Lösung in (b) liefert explizit die gesuchten Funktionen $y_1 = y_1(x_1, x_2)$ und $y_2 = y_2(x_1, x_2)$, die Sie natürlich auch direkt partiell ableiten können, um auf dieselben Ergebnisse wie in (a) zu kommen. Das funktioniert so allerdings in der Regel nur bei linearen Gleichungssystemen, während der Satz über implizite Funktionen auch bei nichtlinearen Systemen angewendet werden kann.

6.24 Wir haben bei der Formulierung des Satzes über implizite Funktionen darauf hingewiesen, dass es bei zwei Gleichungen zwei endogene Variablen (hier y_1 und y_2) geben muss, aber nicht unbedingt zwei exogene Variablen. In diesem Beispiel gibt es nur eine exogene Variable, x. Die Bildung der totalen Differentiale liefert:

$$(2y_1 + xy_2)dy_1 + (xy_1 + 2y_2)dy_2 = -y_1y_2dx$$
$$2y_1dy_1 + 2y_2dy_2 = 2xdx$$

An der Stelle $(x_0, y_{10}, y_{20}) = (5, -2, 5)$ lautet also die Jacobi-Matrix

$$J = \begin{pmatrix} 2y_1 + xy_2 & xy_1 + 2y_2 \\ 2y_1 & 2y_2 \end{pmatrix} = \begin{pmatrix} 21 & 0 \\ -4 & 10 \end{pmatrix} \quad \text{mit} \quad |J| = 210 \neq 0,$$

so dass die Voraussetzungen des Satzes erfüllt sind. Überprüfung ergibt, dass $(x_0, y_{10}, y_{20}) = (5, -2, 5)$ tatsächlich eine Lösung des Gleichungssystems ist. Setzt man den Punkt in das differenzierte Gleichungssystem ein, so erhält man:

$$21dy_1 = 10dx$$
$$-4dy_1 + 10dy_2 = 10dx$$

Die Auflösung nach dy_1 und dy_2 liefert:

$$dy_1 = \frac{10}{21}dx$$
$$dy_2 = \frac{25}{21}dx$$

Die gesuchten Ableitungen sind also:

$$\frac{dy_1}{dx} = \frac{10}{21}, \quad \frac{dy_2}{dx} = \frac{25}{21}$$

Da die gesuchten Funktionen nur von einer Variablen abhängen, handelt es sich hier nicht um partielle Ableitungen.

6.4* Homogenität und Konkavität

6.4.1* Homogenität

Eine naheliegende Frage bei Funktionen mehrerer Variablen ist, wie sich der Funktionswert ändert, wenn alle unabhängigen Variablen gleichzeitig proportional variiert werden. Verdoppelt sich zum Beispiel der Funktionswert stets, wenn die Werte aller unabhängigen Variablen verdoppelt werden? Wenn das der Fall ist, nennt man eine solche Funktion **linearhomogen** oder **homogen vom Grade 1**.

Als Beispiel betrachten wir wieder die Cobb-Douglas-Funktion $y = \sqrt{x_1}\sqrt{x_2}$. Für $x_1 = 4$ und $x_2 = 9$ beträgt der Funktionswert $y = 6$. Verdoppeln wir nun beide Werte der unabhängigen Variablen, so erhalten wir auch den doppelten Wert der abhängigen Variablen: $y = \sqrt{8}\sqrt{18} = \sqrt{144} = 12$. Ein analoges Ergebnis gilt für eine Verdreifachung oder, allgemein ausgedrückt, eine beliebige Vervielfachung mit dem Faktor $t > 0$ für beliebige positive Werte von x_1 und x_2. Multiplizieren wir nämlich in $f(x_1, x_2) = \sqrt{x_1}\sqrt{x_2}$ beide unabhängigen Variablen mit $t > 0$, so ändert sich auch der Funktionswert auf das t-Fache:

$$f(tx_1, tx_2) = \sqrt{tx_1}\sqrt{tx_2} = \sqrt{t^2 x_1 x_2} = t\sqrt{x_1}\sqrt{x_2} = tf(x_1, x_2)$$

Diese Funktion ist daher linearhomogen.

> Eine Funktion $f(x_1, x_2)$ heißt **homogen vom Grade r**, wenn für alle $t > 0$ gilt:
>
> $$f(tx_1, tx_2) = t^r f(x_1, x_2)$$
>
> Für $r = 1$ heißt die Funktion **linearhomogen**.

Streng genommen wird damit eine positiv homogene Funktion definiert, da $t > 0$ unterstellt worden ist. In den ökonomischen Anwendungen spricht man aber in der Regel einfach von einer **homogenen Funktion**. Ferner haben wir stillschweigend vorausgesetzt, dass für den Definitionsbereich $D \subset R^n$ gilt: Wenn $(x_1, x_2) \in D$ ist und $t > 0$ ist, dann ist auch $(tx_1, tx_2) \in D$.

Beispiele

- Die Cobb-Douglas-Funktion $f(x_1, x_2) = ax_1^{\alpha_1} x_2^{\alpha_2}$ ist homogen vom Grade $r = \alpha_1 + \alpha_2$:

$$f(tx_1, tx_2) = a(tx_1)^{\alpha_1}(tx_2)^{\alpha_2} = at^{\alpha_1}x_1^{\alpha_1}t^{\alpha_2}x_2^{\alpha_2} = t^{\alpha_1+\alpha_2}ax_1^{\alpha_1}x_2^{\alpha_2} = t^{\alpha_1+\alpha_2}f(x_1, x_2)$$

- Die Funktion $f(x_1, x_2) = 10 + 2x_1 + 3x_2$ ist nicht homogen (also **inhomogen**):

$$f(tx_1, tx_2) = 10 + 2(tx_1) + 3(tx_2) = 10 + t(2x_1 + 3x_2) \neq t^r f(x_1, x_2)$$

Es gibt keine reelle Zahl r, so dass t^r komplett ausgeklammert werden kann.

Homogene Funktionen haben weitere Eigenschaften mit zahlreichen ökonomischen Implikationen. Wir geben sie hier ohne Beweise an und erläutern sie anhand des Beispiels der Cobb-Douglas-Funktion.

Die Funktion f sei stetig differenzierbar auf ihrem Definitionsbereich D und homogen vom Grade r. Dann gilt:

- Die partiellen Ableitungen $f_{x_1}(x_1, x_2)$ und $f_{x_2}(x_1, x_2)$ sind jeweils homogen vom Grade $r-1$.
- **(Euler-Theorem)**

$$f_{x_1}(x_1, x_2) \cdot x_1 + f_{x_2}(x_1, x_2) \cdot x_2 = rf(x_1, x_2)$$

- Ist f linearhomogen und zweimal stetig differenzierbar, so ist die Determinante ihrer Hesse-Matrix auf dem gesamten Definitionsbereich gleich 0.

Beispiele

- Die Funktion $f(x_1, x_2) = x_1^{0,5} x_2^{0,5}$ ist homogen vom Grade 1. Ihre partielle Ableitung nach x_1,

$$f_{x_1}(x_1, x_2) = 0{,}5x_1^{-0,5}x_2^{0,5}$$

ist homogen vom Grade 0, weil:

$$\begin{aligned} f_{x_1}(tx_1, tx_2) &= 0{,}5(tx_1)^{-0,5}(tx_2)^{0,5} = 0{,}5t^{-0,5}x_1^{-0,5}t^{0,5}x_2^{0,5} \\ &= t^0 0{,}5x_1^{-0,5}x_2^{0,5} = t^0 f_{x_1}(x_1, x_2) = f_{x_1}(x_1, x_2) \end{aligned}$$

- Wegen $r = \alpha_1 + \alpha_2$ gilt für $f(x_1, x_2) = ax_1^{\alpha_1}x_2^{\alpha_2}$ (Euler-Theorem):

$$\alpha_1 a x_1^{\alpha_1 - 1}x_2^{\alpha_2} \cdot x_1 + \alpha_2 a x_1^{\alpha_1}x_2^{\alpha_2 - 1} \cdot x_2 = (\alpha_1 + \alpha_2)ax_1^{\alpha_1}x_2^{\alpha_2} = rf(x_1, x_2)$$

- Berechnen wir die Hesse-Matrix der Funktion $f(x_1, x_2) = x_1^{\alpha_1}x_2^{\alpha_2}$, die für alle positiven Werte von x_1 und x_2 zweimal stetig differenzierbar ist (das heißt, alle zweiten partiellen Ableitungen existieren und sind stetig):

$$H = \begin{pmatrix} f_{x_1x_1}(x_1, x_2) & f_{x_1x_2}(x_1, x_2) \\ f_{x_2x_1}(x_1, x_2) & f_{x_2x_2}(x_1, x_2) \end{pmatrix} = \begin{pmatrix} \alpha_1(\alpha_1 - 1)x_1^{\alpha_1 - 2}x_2^{\alpha_2} & \alpha_1\alpha_2 x_1^{\alpha_1 - 1}x_2^{\alpha_2 - 1} \\ \alpha_1\alpha_2 x_1^{\alpha_1 - 1}x_2^{\alpha_2 - 1} & \alpha_2(\alpha_2 - 1)x_1^{\alpha_1}x_2^{\alpha_2 - 2} \end{pmatrix}$$

Als Determinante für $x_1 > 0$ und $x_2 > 0$ erhält man:

$$\begin{aligned} |H| &= \alpha_1(\alpha_1 - 1)x_1^{\alpha_1 - 2}x_2^{\alpha_2}\alpha_2(\alpha_2 - 1)x_1^{\alpha_1}x_2^{\alpha_2 - 2} - (\alpha_1\alpha_2 x_1^{\alpha_1 - 1}x_2^{\alpha_2 - 1})^2 \\ &= \alpha_1(\alpha_1 - 1)x_1^{2(\alpha_1 - 1)}x_2^{2(\alpha_2 - 1)}\alpha_2(\alpha_2 - 1) - (\alpha_1\alpha_2)^2 x_1^{2(\alpha_1 - 1)}x_2^{2(\alpha_2 - 1)} \\ &= [\alpha_1(\alpha_1 - 1)\alpha_2(\alpha_2 - 1) - (\alpha_1\alpha_2)^2]x_1^{2(\alpha_1 - 1)}x_2^{2(\alpha_2 - 1)} \\ &= \alpha_1\alpha_2(1 - \alpha_1 - \alpha_2)x_1^{2(\alpha_1 - 1)}x_2^{2(\alpha_2 - 1)} \end{aligned}$$

Die Cobb-Douglas-Funktion ist linearhomogen, wenn $\alpha_1 + \alpha_2 = 1$. Der Ausdruck $(1 - \alpha_1 - \alpha_2)$ ist damit für alle $x_1 > 0$ und $x_2 > 0$ gleich 0, also ist auch $|H| = 0$.

Aufgaben

6.25 Überprüfen Sie die folgenden Funktionen auf Homogenität:

(a) $f(x_1, x_2) = x_2 e^{-x_1}$; (b) $f(x_1, x_2) = \dfrac{x_1^2 + 3x_2^2}{x_2 - x_1}$; (c) $f(x_1, x_2) = -3x_1^2 + 2x_1x_2 - x_2^2$.

6.26 Weisen Sie alle Aussagen dieses Abschnitts (a) für die lineare Funktion $f(x_1, x_2) = 4x_1 - 3x_2$ und (b) für die Funktion $f(x_1, x_2) = 10x_1x_2$ nach.

6.27 Für welche Parameterwerte ist die Funktion $y = ax_1^{\alpha_1}x_2^{\alpha_2}$ mit $a, \alpha_1, \alpha_2 > 0$ homogen vom Grade 0, vom Grade 1 und vom Grade 2?

Lösungen

6.25 (a) $f(tx_1, tx_2) = tx_2e^{-tx_1} \neq t^r x_2 e^{-x_1} = t^r f(x_1, x_2)$, also inhomogen.

(b) $f(tx_1, tx_2) = \dfrac{(tx_1)^2 + 3(tx_2)^2}{tx_2 - tx_1} = \dfrac{t^2(x_1^2 + 3x_2^2)}{t(x_2 - x_1)} = t\dfrac{x_1^2 + 3x_2^2}{x_2 - x_1} = tf(x_1, x_2)$, also homogen vom Grade $r = 1$ (linearhomogen).

(c) $f(tx_1, tx_2) = -3(tx_1)^2 + 2(tx_1tx_2) - (tx_2)^2 = t^2(-3x_1^2 + 2x_1x_2 - x_2^2) = t^2 f(x_1, x_2)$, also homogen vom Grade $r = 2$.

6.26 (a) Die Funktion ist homogen vom Grade $r = 1$: $f(tx_1, tx_2) = 4tx_1 - 3tx_2 = t(4x_1 - 3x_2) = tf(x_1, x_2)$. Ihre partiellen Ableitungen sind homogen vom Grade 0: $f_{x_1}(tx_1, tx_2) = 4 = t^0 4 = t^0 f_{x_1}(x_1, x_2)$ und $f_{x_2}(tx_1, tx_2) = -3 = t^0 \cdot (-3) = t^0 f_{x_2}(x_1, x_2)$. Das Euler-Theorem gilt ($r = 1$):

$$f_{x_1}(x_1, x_2)x_1 + f_{x_2}(x_1, x_2)x_2 = 4x_1 - 3x_2 = f(x_1, x_2)$$

Die Determinante der Hesse-Matrix ist gleich 0, weil alle zweiten partiellen Ableitungen gleich 0 sind.

(b) Die Funktion ist homogen vom Grade $r = 2$: $f(tx_1, tx_2) = 10tx_1tx_2 = t^2 10x_1x_2 = t^2 f(x_1, x_2)$. Ihre partiellen Ableitungen sind homogen vom Grade 1: $f_{x_1}(tx_1, tx_2) = 10tx_2 = t^1 10x_2 = t^1 f_{x_1}(x_1, x_2)$ und $f_{x_2}(tx_1, tx_2) = 10tx_1 = t^1 10x_1 = t^1 f_{x_2}(x_1, x_2)$. Das Euler-Theorem gilt ($r = 2$):

$$f_{x_1}(x_1, x_2)x_1 + f_{x_2}(x_1, x_2)x_2 = 10x_2x_1 + 10x_1x_2 = 20x_1x_2 = 2f(x_1, x_2)$$

Da die Funktion nicht linearhomogen ist, erübrigt sich die Prüfung der Determinante der Hesse-Matrix.

6.27 Im Text ist allgemein gezeigt worden, dass die Cobb-Douglas-Funktion homogen vom Grade $r = \alpha_1 + \alpha_2$ ist. Die Funktion ist also homogen vom Grade 0, wenn $\alpha_1 + \alpha_2 = 0$, homogen vom Grade 1, wenn $\alpha_1 + \alpha_2 = 1$ und homogen vom Grade 2, wenn $\alpha_1 + \alpha_2 = 2$.

6.4.2* Konkavität und Konvexität

Im Kapitel 5 haben wir konkave Funktionen einer Variablen beschrieben und auch ein Kriterium kennengelernt, die Konkavität mittels der zweiten Ableitung zu bestimmen. Eine Funktion einer Variablen ist streng konkav, wenn ihre Steigung kleiner wird, wenn also $f''(x) < 0$ ist (hinreichende Bedingung). Umgekehrt ist eine Funktion streng konvex, wenn $f''(x) > 0$ gilt. Diese Analyse lässt sich auf Funktionen mehrerer Variablen übertragen. Sie spielt eine wichtige Rolle bei der Analyse von ökonomischen Optimierungsproblemen.

Anschaulich gesprochen ist eine Funktion, deren Abbildung wie eine auf einem Tisch stehende Schale aussieht, streng konvex, und eine umgedrehte Schale ist streng konkav. Ein Beispiel für eine streng konvexe Funktion sehen Sie in der Abbildung 6.11, ein Beispiel für eine konkave Funktion stellt die Abbildung 6.6 auf der Seite 222 dar. Eine Ebene ist sowohl konkav als auch konvex, aber nicht streng.

Abbildung 6.11 Funktionsgebirge von $f(x_1, x_2) = -20 + x_1^2 + x_2^2$

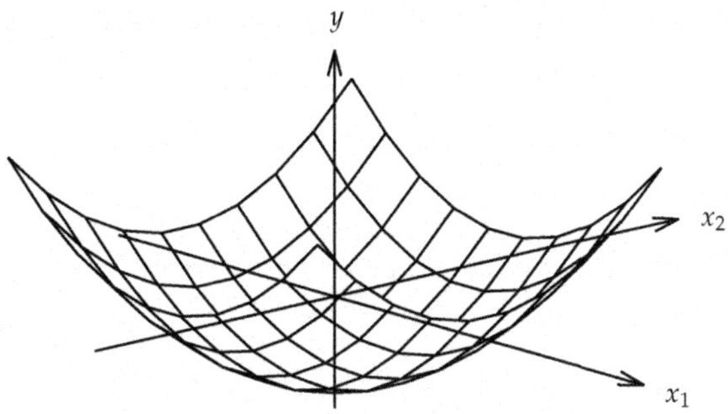

Formal ist die Definition leider etwas schwieriger: Eine Funktion f zweier Variablen heißt **konkav** auf ihrem Definitionsbereich, wenn für alle $t \in [0, 1]$ und alle Punkte (x_{10}, x_{20}) und (x_{11}, x_{21}) des Definitionsbereichs gilt:

$$f[tx_{10} + (1-t)x_{11}, tx_{20} + (1-t)x_{21}] \geqq tf(x_{10}, x_{20}) + (1-t)f(x_{11}, x_{21})$$

Anschaulich: Wenn man zwei Punkte auf der Funktion mit einer Geraden verbindet, so müssen die Funktionswerte zwischen diesen beiden Punkten oberhalb der verbindenden Geraden liegen. Wenn die Ungleichheit für $t \in (0, 1)$ und $(x_{10}, x_{20}) \neq (x_{11}, x_{21})$ immer streng ist, dann ist f **streng konkav**. Eine Funktion f ist **(streng) konvex**, wenn $-f$ (streng) konkav ist.

Das Kriterium der zweiten Ableitung wird mittels der **Hesse-Matrix**

$$H = \begin{pmatrix} f_{x_1x_1} & f_{x_1x_2} \\ f_{x_2x_1} & f_{x_2x_2} \end{pmatrix}$$

auf den Fall zweier Variablen verallgemeinert. Mit

$$|H| = f_{x_1x_1} f_{x_2x_2} - f_{x_1x_2} f_{x_2x_1}$$

bezeichnen wir ihre Determinante. Die Kriterien werden ohne Beweis angegeben, wobei wir mit notwendigen und hinreichenden Bedingungen für Konkavität oder Konvexität beginnen.

Eine zweimal stetig differenzierbare Funktion f zweier Variablen ist auf ihrem Definitionsbereich D genau dann

- konkav, wenn für alle $(x_1, x_2) \in D$ gilt $f_{x_1x_1} \leqq 0$, $f_{x_2x_2} \leqq 0$ und $|H| \geqq 0$,
- konvex, wenn für alle $(x_1, x_2) \in D$ gilt $f_{x_1x_1} \geqq 0$, $f_{x_2x_2} \geqq 0$ und $|H| \geqq 0$.

Die folgenden Bedingungen sind hinreichend, aber nicht notwendig für strenge Konkavität oder Konvexität oder deren Ausschluss.

Wenn für alle $(x_1, x_2) \in D$ gilt

- $f_{x_1x_1} < 0$ und $|H| > 0$, dann ist f streng konkav auf D (die Umkehrung gilt nicht),
- $f_{x_1x_1} > 0$ und $|H| > 0$, dann ist f streng konvex auf D (die Umkehrung gilt nicht),
- $|H| < 0$, dann ist f weder konkav noch konvex.

Vielleicht wundern Sie sich, warum bei den Bedingungen für strenge Konkavität oder Konvexität nur die zweite Ableitung bezüglich x_1 (und nicht bezüglich x_2) geprüft werden muss: Das liegt daran, dass aus $|H| > 0$ und $f_{x_1x_1} > 0$ (oder $f_{x_1x_1} < 0$) folgt, dass auch $f_{x_2x_2} > 0$ (oder $f_{x_2x_2} < 0$) ist.

Beispiele

- Die Hesse-Matrix der linearen Funktion $f(x_1, x_2) = 10x_1 - 20x_2 + 5$ lautet:

$$H = \begin{pmatrix} 0 & 0 \\ 0 & 0 \end{pmatrix}$$

  Also sind sowohl die notwendige und hinreichende Bedingung für Konkavität als auch die notwendige und hinreichende Bedingung für Konvexität erfüllt. Die lineare Funktion ist konkav und konvex, aber weder streng konkav noch streng konvex.

- Die Hesse-Matrix der in der Abbildung 6.6 auf Seite 222 dargestellten Funktion $f(x_1, x_2) = 20 - x_1^2 - x_2^2$ ist:

$$H = \begin{pmatrix} -2 & 0 \\ 0 & -2 \end{pmatrix}$$

  Die Determinante $|H| = -2 \cdot (-2) - 0 \cdot 0 = 4$ ist für alle (x_1, x_2) positiv und $f_{x_1x_1}(x_1, x_2) = -2$ ist stets negativ. Die Funktion ist also streng konkav.

- Die Funktion $x_1^2 e^{x_2}$ hat die Hesse-Matrix

$$H = \begin{pmatrix} 2e^{x_2} & 2x_1e^{x_2} \\ 2x_1e^{x_2} & x_1^2e^{x_2} \end{pmatrix}$$

  mit der Determinante $|H| = -2x_1^2e^{2x_2}$, die für alle $x_1 \neq 0$ negativ ist. Daher ist die Funktion weder konkav noch konvex.

Aufgaben

6.28 Überprüfen Sie die folgenden Funktionen auf Konkavität und Konvexität auf ihrem jeweiligen Definitionsbereich: (a) $f(x_1, x_2) = -7x_1 + 14x_2$; (b) $f(x_1, x_2) = x_2e^{-x_1}$; (c) $f(x_1, x_2) = \dfrac{x_1^2 + 3x_2^2}{x_2 - x_1}$; (d) $f(x_1, x_2) = -3x_1^2 + 2x_1x_2 - x_2^2$.

6.29 Prüfen Sie, ob und wenn ja für welche Parameterwerte die Funktion $y = x_1^{\alpha_1} x_2^{\alpha_2}$ mit $\alpha_1, \alpha_2 > 0$ auf $D = R_{++}^2$ (streng) konkav ist.

Lösungen

6.28 (a) Da die Funktion linear ist, lautet ihre Hesse-Matrix:

$$H = \begin{pmatrix} 0 & 0 \\ 0 & 0 \end{pmatrix}$$

Damit sind sowohl die notwendige und hinreichende Bedingung für Konkavität als auch die notwendige und hinreichende Bedingung für Konvexität erfüllt. Jede lineare Funktion ist sowohl konkav als auch konvex (aber nicht streng).

(b) Die Hesse-Matrix lautet

$$H = \begin{pmatrix} x_2 e^{-x_1} & -e^{-x_1} \\ -e^{-x_1} & 0 \end{pmatrix}$$

mit $|H| = -e^{-2x_1} < 0$. Die Funktion ist also weder konkav noch konvex.

(c) Die zweite Ableitung nach x_1 ist

$$f_{x_1x_1}(x_1, x_2) = \frac{8x_2^2}{(x_2 - x_1)^3},$$

sie ist positiv oder negativ, je nachdem ob $x_2 > x_1$ oder $x_2 < x_1$ ist. Die notwendigen und hinreichenden Bedingungen für Konkavität oder Konvexität auf dem Definitionsbereich können also nicht erfüllt sein.

(d) Die Hesse-Matrix lautet

$$H = \begin{pmatrix} -6 & 2 \\ 2 & -2 \end{pmatrix}$$

mit $|H| = 8 > 0$. Da $f_{x_1x_1}(x_1, x_2) = -6 < 0$ ist, ist die hinreichende Bedingung für strenge Konkavität auf dem gesamten Definitionsbereich erfüllt.

6.29 Auf der Seite 245 haben wir bereits die Hesse-Matrix und die Determinante der Cobb-Douglas-Funktion berechnet:

$$|H| = \alpha_1\alpha_2(1 - \alpha_1 - \alpha_2)x_1^{2(\alpha_1-1)}x_2^{2(\alpha_2-1)}$$

Diese Determinante ist kleiner 0, wenn $\alpha_1 + \alpha_2 > 1$. In diesem Fall ist die Funktion weder konkav noch konvex. Für $\alpha_1 + \alpha_2 = 1$ ist die Determinante 0 und die zweite Ableitung bezüglich x_1 ist $\alpha_1(\alpha_1 - 1)x_1^{\alpha_1-2}x_2^{\alpha_2} < 0$, weil aus $\alpha_2 > 0$ folgt, dass $\alpha_1 < 1$ (analog für die zweite Ableitung bezüglich x_2). Die notwendigen und hinreichenden Bedingungen für Konkavität sind damit erfüllt (strenge Konkavität ist ausgeschlossen, weil die Funktion in diesem Fall linearhomogen ist). Ist schließlich $\alpha_1 + \alpha_2 < 1$, so ist $|H| > 0$, und die hinreichenden Bedingungen für strenge Konkavität sind erfüllt.

6.5 Optimierungsprobleme

6.5.1 Optimierung ohne Nebenbedingungen

Notwendige Bedingungen

Optimierungsprobleme nehmen in der Ökonomik eine zentrale Stellung ein. Mathematisch interpretiert besagt das **ökonomische Prinzip** nichts anderes, als dass eine Funktion zu maximieren oder zu minimieren ist, wobei häufig bestimmte Nebenbedingungen einzuhalten sind.

Bei den Optimierungsverfahren für Funktionen mehrerer Variablen ist danach zu unterscheiden, ob Nebenbedingungen vorliegen oder nicht. Zunächst wird der Fall ohne Nebenbedingungen betrachtet, wobei wir uns wieder auf den Fall einer Funktion von zwei Variablen beschränken:

$$y = f(x_1, x_2)$$

Wir verzichten hier auf formale Definitionen von **Maxima** und **Minima** bei Funktionen mehrerer Variablen, die inhaltlich völlig analog zu denjenigen bei Funktionen einer Variablen sind (vgl. die S. 179 im Kapitel 5). Eine anschauliche Vorstellung von einem Maximum bei einer Funktion zweier Variablen vermittelt die Abbildung 6.6 auf der Seite 222. Die dort dargestellte Funktion hat ein Maximum an der Stelle $(0/0)$. Entsprechend hat die in der Abbildung 6.11 auf der Seite 247 dargestellte Funktion ein Minimum an der Stelle $(0/0)$.

Bei den Funktionen einer Variablen haben wir gesehen, dass eine notwendige Optimumbedingung für einen Extremwert darin besteht, dass die erste Ableitung dieser Funktion gleich 0 sein muss. Diese Bedingung lässt sich direkt auf den Fall mehrerer Variablen übertragen, wobei jetzt beide partiellen Ableitungen erster Ordnung gleich 0 sein müssen. Wir beschränken uns hier auf den Fall von Extremwerten im Inneren des Definitionsbereichs (vgl. dazu die Diskussion im Abschnitt 5.4 auf den Seiten 204 ff.).

(Notwendige Bedingungen) Wenn die stetig differenzierbare Funktion $y = f(x_1, x_2)$ im Inneren ihres Definitionsbereichs an der Stelle (x_{10}, x_{20}) einen Extremwert hat, so muss gelten:

$$f_{x_1}(x_{10}, x_{20}) = 0$$
$$f_{x_2}(x_{10}, x_{20}) = 0$$

Man nennt einen Punkt (x_{10}, x_{20}), für den die notwendigen Bedingungen erfüllt sind, einen **kritischen Punkt**.

Beispiele

- Die Funktion $f(x_1, x_2) = 7x_1 - 8x_2 + 9$ hat keine Extremwerte, denn die partiellen Ableitungen $f_{x_1} = 7$ und $f_{x_2} = -8$ sind stets ungleich 0.

- Setzt man die ersten partiellen Ableitungen der Funktion $y = x_1^2 + x_2^2$ gleich 0, so folgt:

$$f_{x_1}(x_1, x_2) = 2x_1 = 0$$
$$f_{x_2}(x_1, x_2) = 2x_2 = 0$$

  Dieses Gleichungssystem hat die eindeutige Lösung $(x_1, x_2) = (0, 0)$. Daraus folgt, dass ein Extremwert nur beim kritischen Punkt $(x_1, x_2) = (0, 0)$ liegen kann.

- Analog erhalten wir für die Funktion $y = x_1^2 - x_2^2$:

$$f_{x_1}(x_1, x_2) = 2x_1 = 0$$
$$f_{x_2}(x_1, x_2) = -2x_2 = 0$$

  Auch hier kann ein Extremwert nur bei $(x_1, x_2) = (0, 0)$ liegen.

Hinreichende Bedingungen

Um festzustellen, ob es sich tatsächlich um einen Extremwert und wenn ja um ein Minimum oder ein Maximum handelt, benötigen wir wie im Fall einer Variablen eine hinreichende Bedingung. Wenn Sie den Abschnitt 6.4.2 über konkave und konvexe Funktionen gelesen haben, wissen Sie, dass eine konkave Funktion etwa wie in der Abbildung 6.6 und eine konvexe Funktion etwa wie in der Abbildung 6.11 gekrümmt ist. Eine konkave Funktion wird also ein Maximum, eine konvexe Funktion ein Minimum haben, wenn die ersten partiellen Ableitungen gleich 0 sind.

Wir beschränken uns hier auf den Fall strenger Maxima und Minima. Diese sind analog zum Fall einer Funktion einer Variablen definiert. Ein strenges lokales Maximum liegt an der Stelle (x_{10}, x_{20}) zum Beispiel dann vor, wenn $f(x_{10}, x_{20}) > f(x_1, x_2)$ für alle (x_1, x_2) in der Nähe von (x_{10}, x_{20}). Die hinreichenden Bedingungen ergeben sich dann aus den Bedingungen für strenge Konkavität beziehungsweise Konvexität. Mit

$$|H| = f_{x_1x_1}f_{x_2x_2} - f_{x_1x_2}f_{x_2x_1}$$

wird wieder die Determinante der Hesse-Matrix von f bezeichnet, mit $|H(x_{10}, x_{20})|$ die an der Stelle (x_{10}, x_{20}) berechnete Determinante.

(Hinreichende Bedingungen) Wenn die Funktion f zweimal stetig differenzierbar sowie $f_{x_1}(x_{10}, x_{20}) = 0$ und $f_{x_2}(x_{10}, x_{20}) = 0$ ist, dann gilt:

- Wenn $f_{x_1x_1}(x_{10}, x_{20}) < 0$ und $|H(x_{10}, x_{20})| > 0$ ist, ist (x_{10}, x_{20}) ein strenges lokales **Maximum**. Wenn diese Bedingungen nicht nur für (x_{10}, x_{20}), sondern für alle (x_1, x_2) aus dem Definitionsbereich von f gelten, ist (x_{10}, x_{20}) ein strenges globales Maximum.
- Wenn $f_{x_1x_1}(x_{10}, x_{20}) > 0$ und $|H(x_{10}, x_{20})| > 0$ ist, ist (x_{10}, x_{20}) ein strenges lokales **Minimum**. Wenn diese Bedingungen nicht nur für (x_{10}, x_{20}), sondern für alle (x_1, x_2) aus dem Definitionsbereich von f gelten, ist (x_{10}, x_{20}) ein strenges globales Minimum.
- Wenn $|H(x_{10}, x_{20})| < 0$ ist, dann ist (x_{10}, x_{20}) weder ein Maximum noch ein Minimum, sondern ein **Sattelpunkt**.

Wenn Sie sich die hinreichenden Bedingungen für globale Maxima oder Minima genau ansehen und mit den Bedingungen für strenge Konkavität oder Konvexität auf dem gesamten Definitionsbereich im Abschnitt 6.4.2 vergleichen, so stellen Sie fest, dass eine streng konkave Funktion ein globales Maximum und eine streng konvexe Funktion ein globales Minimum hat, wenn die notwendigen Bedingungen erster Ordnung erfüllt sind.

Wenn die ersten partiellen Ableitungen gleich 0 und die Determinante der Hesse-Matrix kleiner 0 sind, so handelt es sich bei (x_{10}, x_{20}) um einen **Sattelpunkt**. Diese Bezeichnung beschreibt relativ anschaulich, dass bei einem Sattelpunkt in der Richtung einer Variablen ein Minimum, in der Richtung einer anderen Variablen dagegen ein Maximum vorliegt. Die in der Abbildung 6.12 dargestellte Funktion $f(x_1, x_2) = x_1^2 - x_2^2$ hat an der Stelle (0/0) einen solchen Sattelpunkt.

Beispiele

- Wir haben bereits gesehen, dass für $y = x_1^2 + x_2^2$ die notwendigen Bedingungen an der Stelle $(x_1, x_2) = (0, 0)$ erfüllt sind. Für die zweite partielle Ableitung nach x_1 erhält man

  $$f_{x_1x_1}(x_1, x_2) = 2 > 0$$

  für alle (x_1, x_2) des Definitionsbereichs. Die Determinante der Hesse-Matrix ist

  $$|H| = 2 \cdot 2 - 0 \cdot 0 = 4 > 0$$

Abbildung 6.12 Sattelpunkt an der Stelle (0/0) der Funktion $f(x_1, x_2) = x_1^2 - x_2^2$

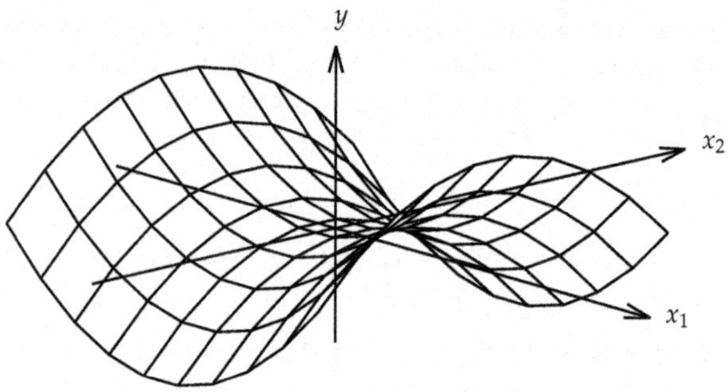

für alle (x_1, x_2) des Definitionsbereichs. Also liegt bei $(0,0)$ ein strenges globales Minimum. Der kleinste Funktionswert ist demnach $f(0,0) = 0$.

- Auch für $y = x_1^2 - x_2^2$ sind die notwendigen Bedingungen an der Stelle $(x_1, x_2) = (0,0)$ erfüllt. Die Determinante der Hesse-Matrix lautet nun aber:

$$|H| = 2 \cdot (-2) - 0 \cdot 0 = -4 < 0$$

Also liegt bei $(0,0)$ ein Sattelpunkt (vgl. die Abbildung 6.12).

- Als weiteres Beispiel betrachten wir $f(x_1, x_2) = x_1^3 - x_2^3 + 9x_1x_2$. Das Gleichungssystem

$$f_{x_1} = 3x_1^2 + 9x_2 = 0$$
$$f_{x_2} = -3x_2^2 + 9x_1 = 0,$$

das mit dem Ersetzungsverfahren gelöst werden kann, hat die Lösungen $(x_1, x_2) = (0,0)$ und $(x_1, x_2) = (3, -3)$. Die Hesse-Matrix lautet:

$$H(x_1, x_2) = \begin{pmatrix} f_{x_1x_1} & f_{x_1x_2} \\ f_{x_2x_1} & f_{x_2x_2} \end{pmatrix} = \begin{pmatrix} 6x_1 & 9 \\ 9 & -6x_2 \end{pmatrix}$$

Für $(x_1, x_2) = (0,0)$ ist $f_{11} = f_{22} = 0$ und $|H(0,0)| = -81 < 0$, so dass $(0,0)$ ein Sattelpunkt ist. Für $(x_1, x_2) = (3, -3)$ ist $f_{11} = 18 > 0$ und $|H(3, -3)| = 243 > 0$, also ist $(3, -3)$ ein strenges lokales Minimum. Der lokal kleinste Funktionswert ist demnach $f(3, -3) = -27$.

Aufgaben

6.30 Bestimmen Sie die Extrema der folgenden Funktionen:

(a) $f(x_1, x_2) = (x_1 + 1)^2 + (x_2 + 2)^2$; (b) $f(x_1, x_2) = x_1^2 + 2x_1x_2 + 4x_2^2$;

(c) $f(x_1, x_2) = x_1^2 + 2x_1x_2 + 4x_2^2 + 1.000$; (d) $f(x_1, x_2) = 3x_1^2 + 6x_1x_2 + 12x_2^2 + 3.000$;

(e) $f(x_1, x_2) = (x_1 - x_2)^2$; (f) $f(x_1, x_2) = x_1^2 - 2x_1x_2 + x_2^2$;

(g) $f(x_1, x_2) = 5x_1 - 40x_2$; (h) $f(x_1, x_2) = (x_1 - 1)(x_2 + 1)$;

(i) $f(x_1, x_2) = 100 - x_1^2 - x_2^2$; (j) $f(x_1, x_2) = x_1^{0,5}x_2^{0,5}$;

(k) $f(x_1, x_2) = e^{-x_1^2 - x_2^2}$; (l) $f(x_1, x_2) = e^{x_1}e^{x_2}$.

6.31 Bestimmen Sie die Extremwerte der Funktion $f(x_1, x_2) = x_1x_2$ für $D = R^2$ und für $D = R^2_+$.

Lösungen

6.30 (a) Nullsetzen der ersten partiellen Ableitungen liefert das Gleichungssystem

$$f_{x_1}(x_1, x_2) = 2(x_1 + 1) = 0$$
$$f_{x_2}(x_1, x_2) = 2(x_2 + 2) = 0$$

mit der Lösung $(x_1, x_2) = (-1, -2)$. Die Hesse-Matrix lautet:

$$H(x_1, x_2) = \begin{pmatrix} 2 & 0 \\ 0 & 2 \end{pmatrix}$$

Also gilt $f_{x_1x_1} = 2 > 0$ und $|H| = 4 > 0$. Daher ist die Funktion streng konvex und $(-1, -2)$ ist ein strenges globales Minimum. Der minimale Funktionswert ist $f(-1, -2) = 0$.

(b) Nullsetzen der ersten partiellen Ableitungen liefert das Gleichungssystem

$$f_{x_1}(x_1, x_2) = 2x_1 + 2x_2 = 0$$
$$f_{x_2}(x_1, x_2) = 2x_1 + 8x_2 = 0$$

mit der Lösung $(x_1, x_2) = (0, 0)$. Die Hesse-Matrix lautet:

$$H(x_1, x_2) = \begin{pmatrix} 2 & 2 \\ 2 & 8 \end{pmatrix}$$

Also gilt $f_{x_1x_1} = 2 > 0$ und $|H| = 12 > 0$. Daher ist die Funktion streng konvex, und $(0, 0)$ ist ein strenges globales Minimum. Der minimale Funktionswert ist $f(0, 0) = 0$.

(c) Wenn Sie (b) und(c) vergleichen, stellen Sie fest, dass in (c) zum Term aus (b) lediglich die Konstante 1.000 addiert wird, die beim Ableiten wegfällt. Das Gleichungssystem und die Hesse-Matrix stimmen also überein, und wiederum liegt das globale Minimum bei $(0, 0)$. Lediglich der Funktionswert ändert sich auf $f(0, 0) = 1.000$.

(d) Wenn Sie (c) und (d) vergleichen, stellen Sie fest, dass in (d) der Term aus (c) lediglich mit der Konstanten 3 multipliziert wird. Diese Konstante kann im sich ergebenden Gleichungssystem herausgekürzt werden, so dass die Lösung wieder $(0, 0)$ ist. Auch die zweiten partiellen Ableitungen in der Hesse-Matrix werden im Vergleich zu (c) nur mit 3 multipliziert, wodurch sich keines der relevanten Vorzeichen ändert, so dass wieder ein globales Minimum vorliegt. Der Funktionswert ändert sich auf $f(0, 0) = 3.000$.

(e) Aus $f_{x_1} = 2(x_1 - x_2) = 0$ und $f_{x_2} = -2(x_1 - x_2) = 0$ folgt, dass alle Punkte mit $x_1 = x_2$ kritische Punkte sind. Die Hesse-Matrix lautet:

$$H(x_1, x_2) = \begin{pmatrix} 2 & -2 \\ -2 & 2 \end{pmatrix}$$

Ihre Determinante ist $|H| = 0$. Die hinreichenden Bedingungen für einen Extrempunkt sind daher nicht erfüllt. Man kann anhand der Funktion jedoch erkennen, dass alle kritischen Punkte tatsächlich globale, nicht-strenge Minima sind, denn der quadratische Term $(x_1 - x_2)^2$ ist nichtnegativ, und für $x_1 = x_2$ ist der Funktionswert 0.

(f) Die Funktion in (f) stimmt mit der Funktion in (e) überein.

(g) Die partiellen Ableitungen $f_{x_1} = 5$ und $f_{x_2} = -40$ sind stets ungleich 0, so dass keine Extremwerte existieren.

(h) Der einzige kritische Punkt ist $(x_1, x_2) = (1, -1)$, die Determinante der Hesse-Matrix ist $|H| = -1 < 0$. Bei $(1, -1)$ liegt also ein Sattelpunkt.

(i) Wieder liegt der einzige kritische Punkt bei $(0, 0)$, die Determinante der Hesse-Matrix ist $|H| = 4 > 0$ und $f_{x_1x_1} = -2 < 0$. Bei $(0, 0)$ liegt also ein globales Maximum, weil die Funktion streng konvex ist. Der maximale Funktionswert ist $f(0, 0) = 100$.

(j) Ein inneres Extremum existiert nicht, weil die ersten partiellen Ableitungen nicht 0 werden können, wenn x_1 und x_2 positiv sind. Allerdings liegt zum Beispiel bei $(0/0)$ wegen $f(0,0) = 0$ ein (nicht strenges) globales Randminimum, denn negative Werte dürfen nicht eingesetzt werden, und die Wurzelfunktion kann nur nichtnegative Werte annehmen. Das Randminimum ist nicht streng, weil die Funktionswerte immer 0 sind, wenn mindestens eine der Variablen x_1 oder x_2 gleich 0 ist.

(k) Der einzige kritische Punkt ist $(0,0)$. Die Hesse-Matrix lautet

$$H(x_1,x_2) = \begin{pmatrix} (4x_1^2-2)e^{-x_1^2-x_2^2} & 4x_1x_2e^{-x_1^2-x_2^2} \\ 4x_1x_2e^{-x_1^2-x_2^2} & (4x_2^2-2)e^{-x_1^2-x_2^2} \end{pmatrix}$$

An der Stelle $(0,0)$ gilt $|H(0,0)| > 0$ und $f_{x_1x_1}(0,0) < 0$, so dass $(0,0)$ ein lokales Maximum ist.

(l) Beide ersten partiellen Ableitungen sind stets ungleich 0, so dass kein Extremwert existiert.

6.31 Ähnlich wie im Teil (h) der vorangehenden Aufgabe ist der einzige kritische Punkt $(x_1,x_2) = (0,0)$ ein Sattelpunkt, da die Determinante der Hesse-Matrix $|H| = -1 < 0$ ist. Beschränkt man allerdings den Definitionsbereich auf die nichtnegativen Zahlen für x_1 und x_2, so erkennt man, dass $f(x_1,x_2) > 0$, wenn x_1 und x_2 beide positiv sind, und $f(x_1,x_2) = 0$, wenn mindestens eine der Variablen gleich 0 ist. Jeder Punkt mit $x_1 = 0$ und/oder $x_2 = 0$ ist daher ein (nicht strenges) globales Randminimum.

6.5.2 Optimierung mit Nebenbedingungen

Grundlagen

In zahlreichen ökonomisch relevanten Optimierungsproblemen ist eine Funktion mehrerer Variablen unter Beachtung einer oder mehrerer Nebenbedingungen zu maximieren oder zu minimieren. Denken Sie zum Beispiel an das Problem der Minimierung der Kosten unter der Nebenbedingung, dass eine bestimmte Menge produziert wird. Wir beschränken uns hier auf den Fall einer Funktion zweier Variablen mit einer Nebenbedingung.

Die zu maximierende oder minimierende Funktion $f(x_1,x_2)$ wird als **Zielfunktion** bezeichnet. Die einzuhaltende **Nebenbedingung** wird allgemein als Funktion $g(x_1,x_2)$ geschrieben, die gleich 0 sein muss, also $g(x_1,x_2) = 0$.

Da die Nebenbedingung eine Gleichung ist, kann sie in bestimmten Fällen nach einer der beiden Variablen aufgelöst und so in die Zielfunktion eingesetzt werden. Die Zielfunktion ist dann nur noch von einer Variablen abhängig, und die Extremwerte können dann mit den Methoden der eindimensionalen Extremwertbestimmung ermittelt werden. Dieses Verfahren wird **Einsetzungsverfahren** genannt.

Allgemeiner ist die Methode der Verwendung einer **Lagrangefunktion**, die auch funktioniert, wenn die Nebenbedingung nicht aufgelöst werden kann. Sie ist auch einfacher auf den Fall mit mehr als zwei Variablen und mehr als einer Nebenbedingung zu verallgemeinern. Wir stellen beide Methoden dar.

Einsetzungsverfahren

Betrachten Sie das Problem der Kostenminimierung. Werden zwei Produktionsfaktoren mit den Mengen x_1 und x_2 eingesetzt, deren Faktorpreise $q_1 = 2$ und $q_2 = 8$ sind, dann ist die Zielfunktion durch die zu minimierenden Kosten K gegeben:

$$K = f(x_1,x_2) = 2x_1 + 8x_2$$

Angestrebt werde nun ein Produktionsniveau von $y = 10$, wobei sich diese Menge aus der Produktionsfunktion $y = \sqrt{x_1 x_2}$ ergibt. Gesucht ist damit die Faktormengenkombination, die die Produktionskosten K unter der Nebenbedingung $\sqrt{x_1 x_2} = 10$ minimiert. (Diese Nebenbedingung kann entsprechend der allgemeinen Form $g(x_1, x_2) = 0$ geschrieben werden, indem sie als $10 - \sqrt{x_1 x_2} = 0$ formuliert wird, wobei dann $g(x_1, x_2) = 10 - \sqrt{x_1 x_2}$ ist.)

Wir haben bereits im Kapitel 5 Kostenfunktionen behandelt. Beachten Sie bitte, dass dort die unabhängige Variable stets die Produktionsmenge war, die mit x bezeichnet worden ist. Da wir nun die Faktormengen mit x_1 und x_2 bezeichnen, verwenden wir für die Produktionsmenge das Symbol y.

Für das Einsetzungsverfahren wird nun die Nebenbedingung nach x_2 aufgelöst:

$$x_2 = 100/x_1$$

Dieses Ergebnis kann für x_2 in die Zielfunktion eingesetzt werden, die damit zu einer Funktion der einen Variablen x_1 wird:

$$K(x_1) = 2x_1 + 800/x_1$$

Das Minimum dieser Funktion kann nun mit den Methoden aus dem Kapitel 5 für Funktionen einer Variablen bestimmt werden. Wir setzen also zunächst die erste Ableitung gleich 0 (vgl. die Darstellung auf der Seite 181) und lösen die Gleichung nach x_1 auf:

$$K'(x_1) = 2 - 800/x_1^2 = 0 \quad \Rightarrow \quad x_1 = 20$$

Auch die hinreichende Bedingung zweiter Ordnung für ein Minimum ist erfüllt, weil die zweite Ableitung für $x_1 = 20$ positiv ist:

$$K''(x_1) = 1600/x_1^3, \quad \text{also} \quad K''(20) > 0$$

Es ist also optimal, die Menge $x_1 = 20$ zu verwenden (mit den im Abschnitt 5.4 dargestellten Methoden können Sie prüfen, dass wir ein globales Kostenminimum gefunden haben). Den optimalen Wert für x_2 erhält man durch Einsetzen in die Nebenbedingung:

$$x_2 = 100/20 = 5$$

Die minimalen Kosten zur Produktion von $y = 10$ betragen demnach:

$$K = 2 \cdot 20 + 8 \cdot 5 = 80$$

Wir fassen das Verfahren folgendermaßen zusammen:

(Einsetzungsverfahren) Die Funktion $y = f(x_1, x_2)$ sei unter der Nebenbedingung $g(x_1, x_2) = 0$ zu maximieren oder zu minimieren, wobei $g(x_1, x_2) = 0$ nach einer der beiden Variablen auflösbar sei.

- Man löst $g(x_1, x_2) = 0$ nach einer Variablen auf, zum Beispiel nach x_2.
- Das Ergebnis wird in $f(x_1, x_2)$ eingesetzt.
- Das sich ergebende Optimierungsproblem in der anderen Variablen x_1 wird gelöst.
- Die optimale Lösung für x_1 wird in $g(x_1, x_2) = 0$ eingesetzt, um die optimale Lösung für x_2 zu berechnen.
- Die Lösungen für x_1 und x_2 werden in $f(x_1, x_2)$ eingesetzt, um den optimalen Wert der Zielfunktion zu berechnen.

Aufgaben

6.32 Lösen Sie die folgenden Optimierungsprobleme:

(a) Minimierung der Kosten $K = 50x_1 + 150x_2$ unter der Nebenbedingung $x_1^{0,25}x_2^{0,75} = 100$.

(b) Minimierung der Kosten $K = 150x_1 + 50x_2$ unter der Nebenbedingung $x_1^{0,75}x_2^{0,25} = 100$.

(c) Maximierung der Funktion $f(x_1, x_2) = x_1x_2$ unter der Nebenbedingung $2x_1 + x_2 = 16$.

(d) Maximierung der Funktion $f(x_1, x_2) = x_1^2x_2^2$ unter der Nebenbedingung $2x_1 + x_2 = 16$.

6.33 Ein Unternehmen plant den Bau einer rechteckigen Lagerhalle. Wie lang müssen die einzelnen Seiten der Lagerhalle jeweils sein, wenn mit einem gegebenen Materialaufwand, der eine Gesamtlänge a der Mauern erlaubt, die maximale Lagerfläche erreicht werden soll?

Lösungen

6.32 (a) Die Nebenbedingung kann aufgelöst werden nach $x_1 = 100^4/x_2^3$. Einsetzen in die Zielfunktion ergibt $K(x_2) = 50 \cdot 100^4/x_2^3 + 150x_2$. Setzt man die erste Ableitung gleich 0, so erhält man als positive Lösung $x_2 = 100$. Da die zweite Ableitung $K''(x_2) = 600 \cdot 100^4 x_2^{-5}$ positiv ist, liegt ein Minimum vor. Einsetzen von $x_2 = 100$ in die Nebenbedingung liefert $x_1 = 100$. Die minimalen Kosten betragen also $K = 50 \cdot 100 + 150 \cdot 100 = 20.000$.

(b) Gleiche Lösung wie Aufgabenteil (a).

(c) Einsetzen der nach x_2 aufgelösten Nebenbedingung in die Zielfunktion ergibt $f(x_1) = 16x_1 - 2x_1^2$, also die notwendige Bedingung $f'(x_1) = 16 - 4x_1 = 0$ mit der Lösung $x_1 = 4$. Die hinreichende Bedingung für ein globales Maximum ist ebenfalls erfüllt, weil $f''(x_1) = -4 < 0$. Aus der Nebenbedingung erhält man $x_2 = 8$. Der maximale Funktionswert ist $f(4, 8) = 32$.

(d) Gleiche Lösung wie Aufgabenteil (c), lediglich der maximale Funktionswert ändert sich in $f(4, 8) = 1.024$.

6.33 Die Längen der beiden Seiten eines Rechtecks seien x_1 und x_2. Dann muss die Nebenbedingung $2x_1 + 2x_2 = a$ eingehalten werden. Die Zielfunktion, das heißt die Fläche des Rechtecks, ist gleich dem Produkt der Seitenlängen, also $f(x_1, x_2) = x_1x_2$. Setzt man die nach x_2 aufgelöste Nebenbedingung ein, so folgt $f(x_1) = x_1(a/2 - x_1) = ax_1/2 - x_1^2$. Die Maximierung dieser Funktion liefert die Lösung $x_1 = a/4$, mit der Nebenbedingung also auch $x_2 = a/4$. Alle Seiten müssen also gleich lang sein, das heißt, die Lagerhalle ist quadratisch.

Lagrangefunktion

Die Lagrangefunktion (nach dem italienischen Mathematiker Giuseppe Lagrangia) ist eine Hilfsfunktion, die gebildet wird, um die Optimumbedingungen für ein Extremwertproblem unter Nebenbedingungen einfacher angeben zu können. Wenn das Problem darin besteht, die Extremwerte der Funktion $f(x_1, x_2)$ unter der Nebenbedingung $g(x_1, x_2) = 0$ zu finden, wird eine Hilfsvariable λ verwendet, um die Zielfunktion f mit der Nebenbedingung zu verknüpfen. Die **Lagrangefunktion** lautet dann:

$$L(x_1, x_2, \lambda) = f(x_1, x_2) + \lambda g(x_1, x_2)$$

Ein notwendige Bedingung für ein Maximum oder Minimum von $f(x_1, x_2)$ unter der Nebenbedingung $g(x_1, x_2) = 0$ ist, dass alle partiellen Ableitungen der Lagrangefunktion gleich 0 sind, also:

$$L_{x_1}(x_1, x_2, \lambda) = 0$$
$$L_{x_2}(x_1, x_2, \lambda) = 0$$
$$L_{\lambda}(x_1, x_2, \lambda) = 0$$

Allerdings muss zusätzlich noch eine sogenannte **Beschränkungsqualifikation** erfüllt sein, die wir später behandeln. Der Vorteil der Lagrangefunktion ist, dass das Problem der Optimierung unter einer Nebenbedingung durch Formulierung der Lagrangefunktion auf die Diskussion einer einzelnen Funktion reduziert wird. Die zusätzliche Variable λ erscheint zwar zunächst wie ein Nachteil, doch werden wir später sehen, dass diese Variable wichtige zusätzliche Informationen liefern kann.

Betrachtet wird zunächst das Beispiel der Kostenminimierung, das wir auch im letzten Abschnitt gelöst haben. Die Kosten $K = 2x_1 + 8x_2$ stellen die zu minimierende Zielfunktion dar, die Nebenbedingung lautet $g(x_1, x_2) = 10 - \sqrt{x_1 x_2} = 0$. Damit erhält man die Lagrangefunktion:

$$L = 2x_1 + 8x_2 + \lambda(10 - \sqrt{x_1 x_2})$$

Die notwendigen Bedingungen lauten:

$$\begin{aligned} L_{x_1} &= 2 - \lambda \cdot 0{,}5 \cdot x_1^{-0{,}5} x_2^{0{,}5} = 0 \\ L_{x_2} &= 8 - \lambda \cdot 0{,}5 \cdot x_1^{0{,}5} x_2^{-0{,}5} = 0 \\ L_\lambda &= 10 - \sqrt{x_1 x_2} = 0 \end{aligned}$$

Die Ableitung nach λ ergibt also wieder die Nebenbedingung.

Bei der Auflösung der notwendigen Bedingungen aus der Lagrangefunktion kann man häufig folgendermaßen vorgehen. Zunächst werden die ersten beiden Gleichungen betrachtet und die Terme mit λ auf die rechte Seite gebracht:

$$\begin{aligned} 2 &= \lambda \cdot 0{,}5 \cdot x_1^{-0{,}5} x_2^{0{,}5} \\ 8 &= \lambda \cdot 0{,}5 \cdot x_1^{0{,}5} x_2^{-0{,}5} \end{aligned}$$

Nun dividiert man beide Seiten der Gleichungen durcheinander (wobei natürlich vorausgesetzt werden muss, das nicht durch 0 dividiert wird), wodurch λ herausgekürzt und weiter vereinfacht wird:

$$\frac{2}{8} = \frac{\lambda \cdot 0{,}5 \cdot x_1^{-0{,}5} x_2^{0{,}5}}{\lambda \cdot 0{,}5 \cdot x_1^{0{,}5} x_2^{-0{,}5}} = \frac{x_2}{x_1}$$

Daraus folgt $x_1 = 4x_2$, was in die dritte Gleichung eingesetzt werden kann:

$$10 - \sqrt{4x_2 x_2} = 0, \quad \text{also} \quad \sqrt{4x_2^2} = 10 \quad \text{oder} \quad 2x_2 = 10$$

Damit erhält man $x_2 = 5$ und $x_1 = 4x_2 = 20$, also die gleiche Lösung wie mit dem Einsetzungsverfahren. Setzt man diese Werte in eine der ersten beiden Gleichungen ein, so folgt $\lambda = 8$. Die minimalen Kosten betragen demnach $K = 2 \cdot 20 + 8 \cdot 5 = 80$. Die hinreichenden Bedingungen sind leider deutlich komplizierter. Wir betrachten sie daher gesondert im Abschnitt 6.5.4.

Wir fassen nun die Lagrangemethode zusammen, wobei wir die Notwendigkeit der Beschränkungsqualifikation nur andeuten. In der Regel werden Sie damit bei den Standardaufgaben während Ihres Studiums keine Probleme haben. Im folgenden Unterabschnitt gehen wir darauf genauer ein.

Wenn (x_{10}, x_{20}) ein Extremwert von $f(x_1, x_2)$ unter der Nebenbedingung $g(x_1, x_2) = 0$ ist und eine Beschränkungsqualifikation erfüllt, dann gibt es ein λ_0, so dass für die partiellen Ableitungen der **Lagrangefunktion** $L(x_1, x_2, \lambda)$ gilt:

$$L_{x_1}(x_{10}, x_{20}, \lambda_0) = 0$$
$$L_{x_2}(x_{10}, x_{20}, \lambda_0) = 0$$
$$L_{\lambda}(x_{10}, x_{20}, \lambda_0) = 0$$

Aufgaben

6.34 Lösen Sie die Aufgaben 6.32 (a) und (c) erneut mittels der Lagrangemethode.

6.35 Ein Unternehmen plant den Bau einer rechteckigen Lagerhalle mit der Grundfläche A. Wie lang müssen die einzelnen Seiten der Lagerhalle jeweils sein, wenn der Materialaufwand minimiert werden soll? Lösen Sie das Problem mit der Lagrangemethode.

Lösungen

6.34 (a) Ableiten von $L = 50x_1 + 150x_2 + \lambda(100 - x_1^{0,25}x_2^{0,75})$ ergibt:

$$L_{x_1} = 50 - \lambda 0{,}25 x_1^{-0,75} x_2^{0,75} = 0$$
$$L_{x_2} = 150 - \lambda 0{,}75 x_1^{0,25} x_2^{-0,25} = 0$$
$$L_{\lambda} = 100 - x_1^{0,25} x_2^{0,75} = 0$$

Nachdem die Terme mit λ in den ersten beiden Gleichung auf die rechte Seite gebracht worden sind, erhält man durch Division der zweiten durch die erste Gleichung:

$$3 = 3\frac{x_1}{x_2}, \quad \text{also} \quad x_2 = x_1$$

Einsetzen in die dritte Bedingung ergibt $100 = x_1^{0,25}x_1^{0,75} = x_1$ und damit auch $x_2 = 100$. Die minimalen Kosten sind $K = 50 \cdot 100 + 150 \cdot 100 = 20.000$, die Lösung stimmt also mit derjenigen der Aufgabe 6.32 (a) überein.

(c) Mit der Lagrangefunktion $L = x_1x_2 + \lambda(16 - 2x_1 - x_2)$ erhalten Sie dieselbe Lösung wie in der Aufgabe 6.32 (c).

6.35 Bezeichnet man die Seitenlängen mit x_1 und x_2, so lautet die Nebenbedingung $x_1x_2 = A$, und die Zielfunktion ist $f(x_1, x_2) = 2x_1 + 2x_2$. Aus der Lagrangefunktion $L = 2x_1 + 2x_2 + \lambda(A - x_1x_2)$ erhält man die notwendigen Bedingungen:

$$L_{x_1} = 2 - \lambda x_2 = 0$$
$$L_{x_2} = 2 - \lambda x_1 = 0$$
$$L_{\lambda} = A - x_1x_2 = 0$$

Aus den ersten beiden Gleichungen folgt $x_2 = x_1$, zusammen mit der letzten Gleichung also $x_1 = x_2 = \sqrt{A}$. Die Lagerhalle muss quadratisch sein. Der Wert des Lagrangemultiplikators im Optimum folgt aus $2 = \lambda x_1 = \lambda\sqrt{A}$ als $\lambda = 2/\sqrt{A}$.

Allgemeine Charakterisierung der Minimalkostenkombination

Wir haben in den vorangehenden Abschnitten bereits konkrete Zahlenbeispiele für das Problem der Kostenminimierung betrachtet. Jetzt nehmen wir an, dass von der Produktionsfunktion $y = f(x_1, x_2)$ lediglich bekannt ist, dass sie stetig differenzierbar und streng konkav mit positiven Grenzproduktivitäten ist. Für das Unternehmen bei vollständiger Konkurrenz sind die Faktorpreise q_1 und q_2 gegeben. Das Unternehmen möchte die Kosten $q_1x_1 + q_2x_2$ minimieren, wobei die Menge y produziert werden soll, so dass die einzuhaltende Nebenbedingung $y - f(x_1, x_2) = 0$ ist, das heißt, die Faktormengen x_1 und x_2 müssen auf der Isoquante $y - f(x_1, x_2) = 0$ liegen.

Die Lagrangefunktion lautet demnach:

$$L(x_1, x_2, \lambda) = q_1x_1 + q_2x_2 + \lambda(y - f(x_1, x_2))$$

Die folgenden Bedingungen sind notwendig für ein Kostenminimum:

$$\begin{aligned} L_{x_1} &= q_1 - \lambda f_{x_1} = 0 \\ L_{x_2} &= q_2 - \lambda f_{x_2} = 0 \\ L_\lambda &= y - f(x_1, x_2) = 0 \end{aligned}$$

Da die Faktorpreise q_1 und q_2 ebenso wie die Grenzproduktivitäten f_{x_1} und f_{x_2} positiv sind, folgt aus den ersten beiden Gleichungen, dass $\lambda > 0$. Bringt man in beiden Gleichungen λf_{x_1} beziehungsweise λf_{x_2} auf die rechte Seite und dividiert die erste durch die zweite Gleichung, so folgt

$$\frac{f_{x_1}}{f_{x_2}} = \frac{q_1}{q_2}, \quad \text{oder} \quad -\frac{f_{x_1}}{f_{x_2}} = -\frac{q_1}{q_2}$$

Im Kostenminimum muss also das **Verhältnis der Grenzproduktivitäten** dem **Verhältnis der Faktorpreise** entsprechen.

Gemäß der Regel der impliziten Differentiation (vgl. Seite 236) ist die Steigung der **Isoquante** $y - f(x_1, x_2) = 0$ gleich:

$$\frac{dx_2}{dx_1} = -\frac{f_{x_1}}{f_{x_2}}$$

Diese Steigung, die als **Grenzrate der Substitution (GRS)** bezeichnet wird, ist also gleich dem negativen Verhältnis der Grenzproduktivitäten (vgl. auch die Aufgabe 6.20 auf der Seite 239). Die Steigung einer **Isokostenlinie** $K = q_1x_1 + q_2x_2$ erhält man durch Auflösen nach x_2:

$$x_2 = \frac{K}{q_2} - \frac{q_1}{q_2}x_1, \quad \text{also Steigung} = -\frac{q_1}{q_2}$$

Damit haben wir allgemein gezeigt, dass im Kostenminimum die Steigung der Isoquante gleich der Steigung der Isokostenlinie sein muss. Ein Punkt, der diese Bedingung erfüllt, ist also ein Tangentialpunkt zwischen der Isoquante für das vorgegebene Produktionsniveau y und der Isokostenlinie, die möglichst weit innen liegt und die Isoquante gerade noch berührt. In der Abbildung 6.13 ist eine Isoquante vorgegeben, die die Inputkombinationen darstellt, mit denen das gewünschte Produktionsniveau erzeugt werden kann. Außerdem sind drei Isokostenlinien eingezeichnet, die Faktorkombinationen angeben, die jeweils zu konstanten Kosten K führen. Je weiter die Isokostenlinie außen liegt, desto höher sind die Kosten (der Ordinatenabschnitt ist K/q_2). Man muss also die niedrigste Isokostenlinie wählen, die noch einen gemeinsamen Punkt mit der Isoquante hat, um die Kosten zu minimieren. Dadurch entsteht ein Tangentialpunkt zwischen Isoquante und Isokostenlinie, durch den die optimale Kombination der Faktormengen x_1^* und x_2^* festgelegt wird. Dieser Punkt heißt **Minimalkostenkombination (MKK)**.

Abbildung 6.13 Die Minimalkostenkombination (MKK)

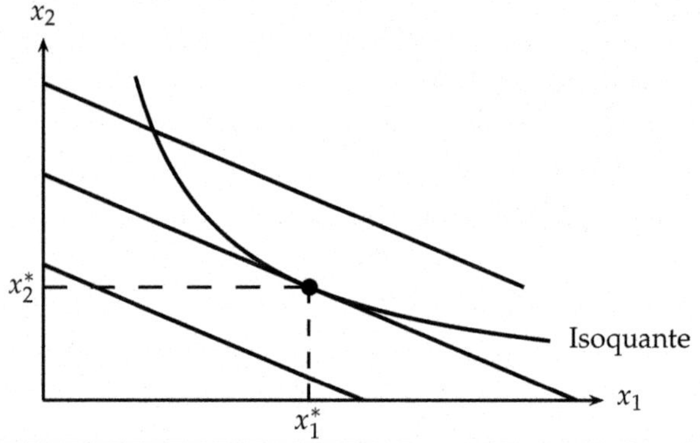

Beschränkungsqualifikation*

Die bisher vernachlässigte **Beschränkungsqualifikation** besagt, dass die mittels der Langrangefunktion bestimmten Bedingungen erster Ordnung nur dann notwendig sind, wenn die ersten partiellen Ableitungen $g_{x_1}(x_1, x_2)$ und $g_{x_2}(x_1, x_2)$ der Nebenbedingung $g(x_1, x_2) = 0$ nicht beide gleich 0 sind:

$$(g_{x_1}(x_1, x_2), g_{x_2}(x_1, x_2)) \neq (0, 0)$$

Anders ausgedrückt: Wenn für einen Punkt (x_{10}, x_{20}) beide ersten partiellen Ableitungen der Nebenbedingung gleich 0 sind, kann dieser Punkt auch dann ein Extremwert sein, wenn er die Bedingungen erster Ordnung nicht erfüllt. Diese Beschränkungsqualifikation muss daher streng genommen stets geprüft werden.

Ein häufiges Missverständnis liegt darin, für welche Werte die Beschränkungsqualifikation geprüft werden muss. Sie muss **nicht** für diejenigen Werte der unabhängigen Variablen geprüft werden, die die Bedingungen $L_{x_1} = L_{x_2} = L_\lambda = 0$ erfüllen, sondern für **alle anderen**. Denn der Sinn von notwendigen Bedingungen ist es, diejenigen Werte auszusortieren, die keine optimale Lösung darstellen können. Für alle Werte, die $L_{x_1} = L_{x_2} = L_\lambda = 0$ nicht erfüllen, muss also geprüft werden, ob man sie aufgrund der Nichterfüllung dieser Bedingung überhaupt ausschließen kann. Ist nämlich für bestimmte Werte die Beschränkungsqualifikation nicht erfüllt, so können sie auch dann ein Optimum darstellen, wenn für sie $L_{x_1} = L_{x_2} = L_\lambda = 0$ nicht gilt.

Als Beispiel soll die Funktion $y = f(x_1, x_2) = x_1 x_2$ unter der Nebenbedingung $g(x_1, x_2) = (10 - x_1 - x_2)^2 = 0$ maximiert werden. Die Lagrangefunktion lautet:

$$L = x_1 x_2 + \lambda(10 - x_1 - x_2)^2$$

Die partiellen Ableitungen nach den drei Variablen sind:

$$\begin{aligned} L_{x_1} &= x_2 - 2\lambda(10 - x_1 - x_2) = 0 \\ L_{x_1} &= x_1 - 2\lambda(10 - x_1 - x_2) = 0 \\ L_\lambda &= (10 - x_1 - x_2)^2 = 0 \end{aligned}$$

Aus der dritten Gleichung folgt $10 - x_1 - x_2 = 0$, eingesetzt in die ersten beiden Gleichungen also $x_2 = x_1 = 0$, womit allerdings $10 - x_1 - x_2 = 0$ im Widerspruch steht. Die aus der Lagrangefunktion abgeleiteten Bedingungen haben also **keine** Lösung. Allerdings kann man sich schnell überlegen, dass es trotzdem eine optimale Lösung gibt, die diese Bedingungen **nicht** erfüllt. Wir verwenden dazu wieder das Einsetzungsverfahren. Löst man nämlich die Nebenbedingung nach $x_2 = 10 - x_1$ auf und setzt diesen Wert in die Zielfunktion ein, so ist die Funktion $y = x_1(10 - x_1)$ zu maximieren:

$$\frac{dy}{dx_1} = 10 - 2x_1 = 0, \quad \text{also} \quad x_1 = 5 \quad \text{und damit auch} \quad x_2 = 5$$

Da die zweite Ableitung stets negativ ist, haben wir ein lokales und sogar auch globales Maximum gefunden.

Die Lagrangemethode versagt in diesem Beispiel, weil die Beschränkungsqualifikation für $(x_1, x_2) = (5, 5)$ nicht erfüllt ist:

$$(g_{x_1}(5,5), g_{x_2}(5,5)) = (-2 \cdot (10 - 5 - 5), -2 \cdot (10 - 5 - 5)) = (0,0)$$

Für solche Werte ist es eben nicht notwendig für ein Optimum, dass die partiellen Ableitungen der Lagrangefunktion gleich 0 sind.

Aufgaben*

6.36 Überprüfen Sie die Beschränkungsqualifikation für das im letzten Unterabschnitt dargestellte Problem der Minimierung von $K = 2x_1 + 8x_2$ unter der Nebenbedingung $g(x_1, x_2) = 10 - \sqrt{x_1 x_2} = 0$.

6.37 Bestimmen Sie das Maximum von $y = f(x_1, x_2) = x_1 x_2$ unter der Nebenbedingung $g(x_1, x_2) = 10 - x_1 - x_2 = 0$ mittels der Lagrangemethode.

6.38 Zeigen Sie, dass die Beschränkungsqualifikation immer erfüllt ist, wenn die Nebenbedingung linear ist.

Lösungen*

6.36 Die partiellen Ableitungen von $g(x_1, x_2) = 10 - \sqrt{x_1 x_2} = 0$ sind:

$$(g_{x_1}(x_1, x_2,), g_{x_1}(x_1, x_2,)) = (-\frac{\sqrt{x_2}}{\sqrt{x_1}}, -\frac{\sqrt{x_1}}{\sqrt{x_2}})$$

Die Funktion ist nur für $x_1 > 0$ und $x_2 > 0$ stetig differenzierbar. Die Randpunkte mit $x_1 = 0$ oder $x_2 = 0$ scheiden als Lösung ohnehin aus, weil die Nebenbedingung nicht eingehalten werden kann, wenn $x_1 = 0$ oder $x_2 = 0$ ist. Für alle anderen Punkte ist die Beschränkungsqualifikation erfüllt, weil keine partielle Ableitung gleich 0 ist.

6.37 Anders als in der im Text dargestellten Aufgabe ist nun die Beschränkungsqualifikation erfüllt, wobei die Nebenbedingung dieselbe Punktmenge im R^2 beschreibt, wie $(10 - x_1 - x_2)^2$. Die Lagrangefunktion lautet:

$$L = x_1 x_2 + \lambda(10 - x_1 - x_2)$$

Die partiellen Ableitungen nach den drei Variablen sind:

$$L_{x_1} = x_2 - \lambda = 0$$
$$L_{x_1} = x_1 - \lambda = 0$$
$$L_\lambda = 10 - x_1 - x_2 = 0$$

Aus den ersten beiden Gleichungen folgt $x_1 = x_1$, zusammen mit der dritten Gleichung also $x_1 = x_2 = 5$. Der optimale Wert der Zielfunktion beträgt $f(5,5) = 25$.

6.38 Allgemeine Form einer linearen Nebenbedingung: $g(x_1, x_2) = c - ax_1 - bx_2 = 0$ für beliebige Konstanten a, b und c, wobei a und b nicht beide 0 sein dürfen. Damit gilt für die partiellen Ableitungen:

$$(g_{x_1}(x_1, x_2,), g_{x_1}(x_1, x_2,)) = (-a, -b) \neq (0,0)$$

6.5.3* Umhüllendensätze

Optimierung ohne Nebenbedingungen

Häufig hängen Funktionen nicht nur von einer Variablen x, sondern zusätzlich von einem **Parameter** a ab, zum Beispiel:

$$f(x,a) = x^2 - ax$$

Der Unterschied zwischen einem Parameter und einer Variablen ist, dass der Parameter als konstant interpretiert wird. Man bezeichnet $f(x,a)$ daher auch als **Funktionenschar**, da sich für jede konkrete Wahl des konstanten Parameters a eine andere Funktion ergibt. Im Beispiel erhalten wir etwa für $a = 1$ die Funktion $f(x,1) = x^2 - x$ und für $a = 2$ die Funktion $f(x,2) = x^2 - 2x$.

Wenn wir die Extremwerte einer solchen parameterabhängigen Funktion bestimmen wollen, können wir nach der gewohnten Methode vorgehen. Wir setzen die erste Ableitung gleich 0 und prüfen das Vorzeichen der zweiten Ableitung:

$$f_x(x,a) = 2x - a = 0, \quad \text{also} \quad x = a/2 \quad \text{und} \quad f_{xx}(x,a) = 2 > 0$$

Bei $x = a/2$ liegt also ein Minimum. Zum Beispiel hat die Funktion $f(x,1) = x^2 - x$ ein Minimum an der Stelle $x = 1/2$ und die Funktion $f(x,2) = x^2 - 2x$ ein Minimum an der Stelle $x = 1$.

Setzt man nun $x(a) = a/2$ in $f(x,a)$ ein, so erhält man mit $f(x(a),a) = a^2/4 - a^2/2 = -a^2/4$ die sogenannte **Umhüllende** des Optimierungsproblems, die hier die Minimalwerte von $f(x,a)$ in Abhängigkeit von a angibt. Zum Beispiel ist der minimale Funktionswert für $a = 1$ gleich $f(x(1),1) = -1/4$ und für $a = 2$ gleich $f(x(2),2) = -1$.

Die Funktion $f(x(a),a)$ hängt letztlich nur noch von a ab. Daher definiert man die Umhüllende häufig auch durch ein neues Funktionssymbol, zum Beispiel M (für Maximum- oder Minimumfunktion):

$$M(a) = f(x(a),a)$$

Eine wichtige Frage ist, wie die Ableitung von M bezüglich a berechnet werden kann. Dazu verwenden wir die Kettenregel:

$$M'(a) = \underbrace{f_x(x(a),a)}_{=0}\frac{dx}{da} + f_a(x(a),a)\underbrace{\frac{da}{da}}_{=1} = f_a(x(a),a)$$

Dabei ist $f_x(x(a),a) = 0$, weil das die notwendige Bedingung erster Ordnung für einen Extremwert ist. Die Ableitung der Umhüllenden M nach dem Parameter a ist also gleich der partiellen Ableitung von f nach a, wenn diese Ableitung im Optimum $x(a)$ ausgewertet wird. Anders ausgedrückt, obwohl f auch indirekt über x von a abhängt, weil $x = x(a)$ ist, muss die indirekte Änderung der Zielfunktion f durch die Änderung des optimalen Wertes von $x(a)$ nicht berücksichtigt werden. Das ist die erste Version des Umhüllendensatzes.

(Umhüllendensatz I) Die Änderung des Wertes der Zielfunktion f aufgrund einer Parameteränderung kann durch die *partielle* Ableitung nach a ermittelt werden, wenn diese Ableitung im Optimum $x(a)$ ausgewertet wird:

$$M'(a) = \frac{dM(a)}{da} = f_a(x(a),a)$$

Beispiele

- Gegeben sei eine Unternehmung bei vollständiger Konkurrenz, die ihren Gewinn maximiert. Die Kostenfunktion lautet allgemein $K(x)$, und der Preis p sei nicht konkret, sondern nur als Parameter gegeben. Dann lautet der Gewinn:

$$G(x, p) = px - K(x)$$

Nehmen wir an, wir könnten die gewinnmaximale Lösung für x bestimmen. Diese optimale Lösung muss dann vom Preis p abhängen, der hier der Parameter ist: $x = x(p)$. Setzen wir diese (gar nicht explizit berechnete) optimale Lösung in die Gewinnfunktion ein, so erhalten wir die Umhüllende:

$$M(p) = G(x(p), p) = px(p) - K(x(p))$$

Nun wenden wir den Umhüllendensatz an und erhalten

$$M'(p) = G_p(x(p), p) = x(p),$$

weil bei der Ableitung G_p nur das p zu berücksichtigen ist, das explizit in der Gewinnfunktion auftaucht, nicht dagegen das p in $x(p)$. Die Ableitung der Umhüllenden der Gewinnfunktion ergibt also die Güterangebotsfunktion $x(p)$. Dieses Ergebnis wird in der theoretischen Volkswirtschaftslehre häufig verwendet und heißt **Hotellings Lemma** (nach dem amerikanischen Ökonomen Harold Hotelling; ein *Lemma* ist ein Hilfssatz).

- Betrachten wir nun ein konkretes Zahlenbeispiel mit $K(x) = x^2$. Setzen wir die erste Ableitung des Gewinns gleich 0, so erhalten wir gemäß der Grenzkosten-Preis-Regel ($K'(x) = p$ als notwendige Optimumbedingung) die optimale Lösung $2x = p$, also die Güterangebotsfunktion $x = p/2$. Einsetzen in die Gewinnfunktion $G(x, p) = px - x^2$ ergibt die Umhüllende:

$$M(p) = p \cdot p/2 - (p/2)^2 = p^2/4$$

Die Ableitung der Umhüllenden nach p liefert wieder die Angebotsfunktion:

$$M'(p) = p/2$$

Aufgaben

6.39 Berechnen Sie die Umhüllende der Maximierung von $f(x, a) = a - 0{,}5x^2$ und interpretieren Sie die Ableitung der Umhüllenden.

6.40 Der maximale Gewinn eines Unternehmens bei vollständiger Konkurrenz in Abhängigkeit vom Preis p sei $M(p) = 20p^2$. Bestimmen Sie die Angebotsfunktion.

Lösungen

6.39 Die notwendige Optimumbedingung liefert $f_x(x, a) = -x = 0$ unabhängig vom Wert von a. Einsetzen in die Zielfunktion liefert die Umhüllende $M(a) = a$ mit der Ableitung $M'(a) = 1$, die entsprechend dem Umhüllendensatz gleich $f_a(0, a) = 1$ ist. Steigt also a um da an, so steigt der maximale Wert der Zielfunktion ebenfalls um da.

6.40 Nach Hotellings Lemma ist die Angebotsfunktion $M'(p) = x(p) = 40p$.

Optimierung mit Nebenbedingungen

Der Umhüllendensatz gilt ebenso für Funktionen mehrerer Variablen und in modifizierter Form auch für den Fall der Optimierung unter Nebenbedingungen. Diese Variante ist auch deshalb von Bedeutung, weil sie eine Interpretation des Lagrangemultiplikators λ ermöglicht. Wir beschränken uns hier auf eine Darstellung in diesem Zusammenhang.

Zu maximieren oder minimieren sei nun die Funktion

$$f(x_1, x_2)$$

unter der Nebenbedingung $h(x_1, x_2) = a$. Dann lautet die Lagrangefunktion:

$$L(x_1, x_2, \lambda, a) = f(x_1, x_2) + \lambda[a - h(x_1, x_2)]$$

Die Beschränkungsqualifikation sei erfüllt, so dass die partiellen Ableitungen der Lagrangefunktion nach x_1, x_2 und λ als notwendige Bedingung gleich 0 sein müssen. Damit sind drei Gleichungen gegeben. Wenn die Jacobi-Matrix regulär ist, was im Folgenden angenommen wird, definieren diese Gleichungen nach dem auf der Seite 240 angegebenen Satz über implizite Funktionen (der analog für drei endogene Variablen gilt) die stetig differenzierbaren Funktionen $x_1(a)$, $x_2(a)$ und $\lambda(a)$. Setzt man $x_1(a)$ und $x_2(a)$ in die Zielfunktion $f(x_1, x_2)$ ein, so ergibt sich die **Umhüllende**

$$M(a) := f(x_1(a), x_2(a)),$$

die ebenfalls stetig differenzierbar ist. Der Umhüllendensatz für dieses Problem lautet:

> **(Umhüllendensatz II)** Die Änderung des Wertes der Zielfunktion aufgrund einer Änderung von a kann im Falle der Differenzierbarkeit durch die partielle Ableitung der Lagrangefunktion ermittelt werden, wenn diese Ableitung im Optimum ausgewertet wird:
>
> $$M'(a) = \frac{dM(a)}{da} = \frac{\partial L(x_1(a), x_2(a), \lambda(a), a)}{\partial a} = \lambda(a)$$

Der **Lagrangemultiplikator**, berechnet im Optimum, ist in diesem Fall also gleich der Ableitung der Umhüllenden nach dem Parameter a. Er besagt näherungsweise, um wie viel sich der Wert der Zielfunktion ändert, wenn a um eine Einheit erhöht wird. Man bezeichnet eine Erhöhung von a auch als *Lockerung der Nebenbedingung*. Daraus ergeben sich für zahlreiche ökonomische Anwendungen wichtige Schlussfolgerungen.

Beispiel

Wir betrachten das Problem der Kostenminimierung, das wir bereits auf der Seite 257 gelöst haben. Die Kosten $K = 2x_1 + 8x_2$ haben wir dort unter der Nebenbedingung $10 - \sqrt{x_1 x_2} = 0$ minimiert, wobei die Produktionsmenge 10 vorgegeben war. Nun sollen nicht 10 Einheiten, sondern allgemeiner y Einheiten unter der Nebenbedingung $g(x_1, x_2, y) = y - \sqrt{x_1 x_2} = 0$ minimiert werden. Die Produktionsmenge y übernimmt jetzt also die Rolle des Parameters a. Damit lautet die Lagrangefunktion:

$$L = 2x_1 + 8x_2 + \lambda(y - \sqrt{x_1 x_2})$$

Daraus ergeben sich die notwendigen Bedingungen:

$$L_{x_1} = 2 - \lambda 0{,}5 x_1^{-0{,}5} x_2^{0{,}5} = 0$$
$$L_{x_2} = 8 - \lambda 0{,}5 x_1^{0{,}5} x_2^{-0{,}5} = 0$$
$$L_{\lambda} = y - \sqrt{x_1 x_2} = 0$$

Die Lösung kann wie zuvor berechnet werden, wobei sie jetzt allerdings von y abhängt. Mittels der ersten beiden Bedingungen errechnet man $x_1 = 4x_2$. Einsetzen in die dritte Bedingung ergibt dann $x_2 = y/2$ und damit $x_1 = 2y$. Diese Ergebnisse können in eine der beiden ersten Gleichungen eingesetzt werden, um $\lambda = 8$ zu erhalten. Wir haben damit die optimalen Faktormengen in Abhängigkeit von der noch festzulegenden Produktionsmenge y gefunden. Wollen wir zum Beispiel 20 Einheiten produzieren, können wir direkt ablesen, dass $x_1 = 40$ und $x_2 = 10$ sein muss. Auch die minimalen Kosten können wir nun in Abhängigkeit von y darstellen, indem wir die Lösungen für x_1 und x_2 in $K = 2x_1 + 8x_2$ einsetzen:

$$K(y) = 8y$$

Anhand von dieser **Kostenfunktion** kann man die **Grenzkosten** berechnen: $K'(y) = 8$.

Wir haben festgestellt, dass der Wert des Lagrangemultiplikators λ im Optimum gleich 8 ist, also gleich den Grenzkosten. Das ist kein Zufall, sondern es folgt allgemein aus dem Umhüllendensatz. Denn die Umhüllende des Kostenminimierungsproblems ist die Kostenfunktion $K(y)$, und die Ableitung der Umhüllenden muss demnach gleich den Grenzkosten sein. Die Umhüllende $M(a)$ lautet jetzt also $K(y)$, und nach dem Umhüllendensatz II gilt:

$$K'(y) = \lambda(y)$$

Für das hier betrachtete Beispiel ist λ von y unabhängig und konstant gleich 8, was aber im Allgemeinen nicht der Fall ist.

Im Kapitel 5 ist die Produktionsmenge mit x bezeichnet worden. Da x_1 und x_2 nun die Faktoreinsatzmengen sind, ist es sinnvoll, die Produktionsmenge mit y statt mit x zu bezeichnen.

Aufgaben

6.41 Betrachten Sie erneut die Aufgabe 6.35 und ihre Lösung und geben Sie ohne weitere Rechnung an, um welchen Wert der Umfang der Lagerhalle ungefähr steigen muss, wenn die Lagerfläche um eins steigen soll. Berechnen Sie auch die Umhüllende des Problems.

6.42 (a) Gegeben sind die Faktorpreise 2 und 8 für die Produktionsfaktoren mit den Mengen x_1 und x_2. Die Produktionsfunktion lautet $y = x_1^{0.25} x_2^{0.25}$. Bestimmen Sie die Kostenfunktion $K(y)$ und zeigen Sie, dass der Langrange-Multiplikator die Grenzkosten misst.

(b) Gegeben sind die Faktorpreise 2 und 8 für die Produktionsfaktoren mit den Mengen x_1 und x_2. Die Produktionsfunktion lautet $y = x_1^{0.75} x_2^{0.75}$. Bestimmen Sie die Kostenfunktion $K(y)$ und zeigen Sie, dass der Langrange-Multiplikator die Grenzkosten misst. Vergleichen Sie den Grenzkostenverlauf mit den Grenzkosten aus dem Beispiel im Text und denen der vorangehenden Aufgabe. Können Sie eine Beziehung zur Homogenität der Produktionsfunktion herstellen?

Lösungen

6.41 Aus dem Umhüllendensatz folgt, dass der Lagrangemultiplikator in $L = 2x_1 + 2x_2 + \lambda(A - x_1x_2)$ gleich der Ableitung der im Optimum abgeleiteten Zielfunktion, dem Umfang, nach der Fläche A ist. Also muss der Umfang um etwa $\lambda = 2/\sqrt{A}$ steigen. Das Ergebnis erhalten Sie auch mit der Umhüllenden $M(A) = 2\sqrt{A} + 2\sqrt{A} = 4\sqrt{A}$, deren Ableitung $M'(A) = 2/\sqrt{A}$ ist.

6.42 (a) Aus der Lagrangefunktion $L = 2x_1 + 8x_2 + \lambda(y - x_1^{0,25}x_2^{0,25})$ ergeben sich die notwendigen Bedingungen:

$$L_{x_1} = 2 - \lambda 0{,}25x_1^{-0,75}x_2^{0,25} = 0$$
$$L_{x_2} = 8 - \lambda 0{,}25x_1^{0,25}x_2^{-0,75} = 0$$
$$L_\lambda = y - x_1^{0,25}x_2^{0,25} = 0$$

Aus den ersten beiden Bedingungen errechnet man $x_1 = 4x_2$. Einsetzen in die dritte Bedingung ergibt dann $x_2 = y^2/2$ und damit $x_1 = 2y^2$. Diese Ergebnisse können in eine der beiden ersten Gleichungen eingesetzt werden, um $\lambda = 16y$ zu erhalten. Einsetzen der Lösungen für x_1 und x_2 in $K = 2x_1 + 8x_2$ ergibt die minimalen Kosten $K(y) = 8y^2$. Daraus folgen die Grenzkosten $K'(y) = 16y$, die mit dem berechneten Wert für λ übereinstimmen.

(b) Wenn Sie analog zum Aufgabenteil (b) vorgehen, erhalten Sie $x_1 = 4x_2$, $x_2 = y^{2/3}/2$, $x_1 = 2y^{2/3}$, $\lambda = 5{,}33y^{-1/3}$, $K(y) = 8y^{2/3}$ und $K'(y) = 5{,}33y^{-1/3}$, das heißt, λ ist wieder gleich den Grenzkosten. Wenn Sie das Beispiel im Text, die vorangehende Aufgabe und diese Aufgabe vergleichen, erkennen Sie, dass der einzige Unterschied darin besteht, dass die Produktionsfunktion im Text homogen vom Grade 1 ist und die Grenzkosten konstant sind, die Produktionsfunktion in der vorangehenden Aufgabe homogen vom Grade $0{,}5 < 1$ ist und die Grenzkosten steigen, und schließlich die vorliegende Produktionsfunktion homogen vom Grade $1{,}5 > 1$ ist und die Grenzkosten fallen. Dieses Ergebnis ist kein Zufall. Man kann allgemein zeigen, dass die Grenzkosten steigen, konstant sind oder fallen, je nachdem, ob die Produktionsfunktion homogen vom Grade kleiner 1, gleich 1 oder größer 1 ist.

6.5.4* Hinreichende Bedingungen und Verallgemeinerungen

Hinreichende Bedingungen

Hinreichende Bedingungen sind unter Verwendung der Lagrangefunktion erheblich komplizierter als die notwendigen Bedingungen. Wir geben sie für den Fall zweier Variablen mit einer Nebenbedingung ohne Beweis an. Für die Formulierung wird der folgende Term benötigt:

$$D(x_1, x_2, \lambda) = -g_{x_2}^2(f_{x_1x_1} + \lambda g_{x_1x_1}) + 2g_{x_1}g_{x_2}(f_{x_1x_2} + \lambda g_{x_1x_2}) - g_{x_1}^2(f_{x_2x_2} + \lambda g_{x_2x_2})$$

(Hinreichende Bedingungen zweiter Ordnung) Gegeben sind die zweimal stetig differenzierbare Zielfunktion $f(x_1, x_2)$ und die ebenfalls zweimal stetig differenzierbare Nebenbedingung $g(x_1, x_2) = 0$. Die Lagrangefunktion wird gemäß $L(x_1, x_2, \lambda) = f(x_1, x_2) + \lambda g(x_1, x_2)$ gebildet. Der Punkt $(x_{10}, x_{20}, \lambda_0)$ erfülle die Bedingungen erster Ordnung:

$$L_{x_1}(x_{10}, x_{20}, \lambda_0) = 0$$
$$L_{x_2}(x_{10}, x_{20}, \lambda_0) = 0$$
$$L_\lambda(x_{10}, x_{20}, \lambda_0) = 0$$

- Wenn $D(x_{10}, x_{20}, \lambda_0) > 0$ ist, ist (x_{10}, x_{20}) ein strenges lokales Maximum von $f(x_1, x_2)$ unter der Nebenbedingung $g(x_1, x_2) = 0$.

- Wenn $D(x_{10}, x_{20}, \lambda_0) < 0$ ist, ist (x_{10}, x_{20}) ein strenges lokales Minimum von $f(x_1, x_2)$ unter der Nebenbedingung $g(x_1, x_2) = 0$.

Wir betrachten wieder das Beispiel der Minimierung der Kosten $K = f(x_1, x_2) = 2x_1 + 8x_2$ unter der Nebenbedingung $g(x_1, x_2) = 10 - \sqrt{x_1 x_2} = 0$ mit der Lagrangefunktion:

$$L = 2x_1 + 8x_2 + \lambda(10 - \sqrt{x_1 x_2})$$

Als Lösung haben wir bereits $x_1 = 20$, $x_2 = 5$ und $\lambda = 8$ ermittelt, ohne jedoch für den Fall der Lagrangemethode die hinreichenden Bedingungen geprüft zu haben. Um den Ausdruck $D(x_1, x_2, \lambda)$ zu berechnen, geben wir erst die folgenden Zwischenergebnisse an:

$$f_{x_1x_1} = 0; \qquad f_{x_1x_2} = 0; \qquad f_{x_2x_2} = 0; \qquad g_{x_1} = -\frac{\sqrt{x_2}}{2\sqrt{x_1}};$$

$$g_{x_2} = -\frac{\sqrt{x_1}}{2\sqrt{x_2}}; \quad g_{x_1x_1} = \frac{\sqrt{x_2}}{4\sqrt{x_1^3}}; \quad g_{x_2x_2} = \frac{\sqrt{x_1}}{4\sqrt{x_2^3}}; \quad g_{x_1x_2} = -\frac{1}{4\sqrt{x_1}\sqrt{x_2}}.$$

Einsetzen in $D(x_1, x_2, \lambda)$ liefert unter Berücksichtigung von $x_1 = 20$, $x_2 = 5$ und $\lambda = 8$, dass:

$$\begin{aligned} D(x_1, x_2, \lambda) &= -\frac{x_1}{4x_2} \cdot \lambda \cdot \frac{\sqrt{x_2}}{4\sqrt{x_1^3}} + 2 \cdot \frac{\sqrt{x_2}}{2\sqrt{x_1}} \frac{\sqrt{x_1}}{2\sqrt{x_2}} \cdot \lambda \cdot \frac{-1}{4\sqrt{x_1}\sqrt{x_2}} - \frac{x_2}{4x_1} \cdot \lambda \cdot \frac{\sqrt{x_1}}{4\sqrt{x_2^3}} \\ &= \lambda\left(-\frac{1}{16\sqrt{x_1}\sqrt{x_2}} - \frac{2}{16\sqrt{x_1}\sqrt{x_2}} - \frac{1}{16\sqrt{x_1}\sqrt{x_2}}\right) \\ &= -\frac{\lambda}{4\sqrt{x_1}\sqrt{x_2}} = -\frac{8}{4 \cdot \sqrt{20 \cdot 5}} = -0{,}2 < 0 \end{aligned}$$

Bei der Lösung handelt es sich also tatsächlich um ein strenges lokales Minimum.

Wenn Sie in die Literatur sehen, werden Sie die hinreichenden Bedingungen zweiter Ordnung auch in anderer Form finden. Dazu einige Hinweise:

- Wir haben hier die Langrangefunktion als $L(x_1, x_2, \lambda) = f(x_1, x_2) + \lambda g(x_1, x_2)$ formuliert. Genauso gut hätten wir $L(x_1, x_2, \lambda) = f(x_1, x_2) - \lambda g(x_1, x_2)$ verwenden können, wodurch natürlich die Bedingungen erster und zweiter Ordnung ein anderes Aussehen erhielten ($L_{x_1} = L_{x_2} = L_\lambda = 0$ gilt nach wie vor). In unserem Beispiel der Kostenminimierung würde dann in der Lösung $\lambda = -8$ statt $\lambda = 8$ sein, während für x_1 und x_2 dieselben Werte wie hier folgen würden.
- Auch für die Formulierung der Nebenbedingung gibt es mehrere Möglichkeiten. Anstelle von $g(x_1, x_2) = 0$ wird häufig $a - g(x_1, x_2) = 0$ verwendet, wobei a eine vorgegebene Konstante ist. Auch dadurch ändert sich das Aussehen der Optimumbedingungen.
- Schließlich ist es möglich, $D(x_1, x_2, \lambda)$ mit -1 zu multiplizieren und die hinreichenden Bedingungen mit $\tilde{D}(x_1, x_2, \lambda) = -D(x_1, x_2, \lambda)$ zu formulieren. Damit drehen sich die entsprechenden Vorzeichen in der Formulierung der hinreichenden Bedingungen um.

Hinsichtlich des letzten Hinweises eine weitere Anmerkung. Wir haben früher bereits betont, dass die Lagrangemethode problemlos auf mehr als zwei Variablen und mehr als eine Nebenbedingung verallgemeinert werden kann. Die Bedingungen zweiter Ordnung sind dann allerdings so komplex, dass sie nicht mehr sinnvoll wie hier durch eine Ungleichung für einen Term wie $D(x_1, x_2, \lambda)$ formuliert werden können. Stattdessen bedient man sich dann der Schreibweise mit Determinanten. Um Ihnen den Übergang zu fortgeschrittener Literatur zu erleichtern, skizzieren wir die Determinantenschreibweise für den vorliegenden Fall. Die Matrix

$$\begin{pmatrix} 0 & g_{x_1} & g_{x_2} \\ g_{x_1} & L_{x_1 x_1} & L_{x_1 x_2} \\ g_{x_2} & L_{x_2 x_1} & L_{x_2 x_2} \end{pmatrix}$$

heißt **geränderte Hesse-Matrix** von $L(x_1, x_2, \lambda) = f(x_1, x_2) + \lambda g(x_1, x_2)$. Die hinreichenden Bedingungen zweiter Ordnung laufen nun auf das Vorzeichen der Determinante dieser geränderten Hesse-Matrix hinaus. Ist die Determinante positiv, so liegt ein strenges lokales Maximum vor, ist sie negativ, ein strenges lokales Minimum. In der Aufgabe 6.44 sind Sie aufgefordert zu zeigen, dass diese Determinante genau gleich dem in der hinreichenden Bedingung angegebenen Term $D(x_1, x_2, \lambda)$ ist. Bei mehr als zwei Variablen und mehr als einer Nebenbedingung sind mehrere Determinanten zu prüfen.

Verallgemeinerungen

Ein zentrales Problem der Wirtschaftstheorie besteht in der Lösung von Optimierungsproblemen, denn **Wirtschaften** heißt letztlich nichts anderes, als mit knappen Ressourcen möglichst gut, also optimal umzugehen. Daher verwundert es wenig, dass die Theorie der Optimierung von Ökonomen und ökonomisch interessierten Mathematikern erheblich ausgebaut worden ist. Die Analyse geht dabei teilweise deutlich über das Niveau dieses Buches hinaus, und wir wollen uns hier daher mit einigen Hinweisen begnügen, die Sie gegebenenfalls auf die richtige Spur führen können. Dazu dienen auch die Literaturhinweise am Ende des Kapitels.

Zunächst einmal funktioniert die **Lagrangemethode** auch mit mehr als zwei Variablen und mehr als einer Nebenbedingung. Dabei muss die Anzahl der Nebenbedingungen in der Form von Gleichungen jedoch kleiner sein als die Anzahl der Variablen.

Wir haben hier ausschließlich lokale Extremwerte analysiert. Als Ökonom sucht man aber eigentlich nach den globalen Extremwerten, denn ein Unternehmen möchte natürlich zum Beispiel das globale Kostenminimum finden. Für Optimierungsprobleme ohne Nebenbedingungen haben wir im Abschnitt 6.4.2 die Konkavität und Konvexität von Funktionen mehrerer Variablen kurz besprochen und im Abschnitt 6.5.1 gefolgert, dass jedes lokale Maximum automatisch ein **globales Maximum** ist, wenn eine Funktion **konkav** ist, und jedes lokale Minimum automatisch ein **globales Minimum**, wenn sie **konvex** ist. In der Wirtschaftstheorie wird daher häufig auch einfach die Konkavität oder Konvexität unterstellt. Zum Beispiel werden Sie in zahlreichen mikroökonomischen Anwendungen die Annahme finden, dass die Produktionsfunktion konkav oder streng konkav sein soll. Für Optimierungsprobleme mit Nebenbedingungen gelten ähnliche Bedingungen, wobei es allerdings auf die Form der Zielfunktion und der Nebenbedingung ankommt. Dafür kommt man in diesem Fall auch mit einer weniger restriktiven Voraussetzung als der Konkavität aus, der sogenannten **Quasikonkavität**.

Eine weitere Verallgemeinerung besteht in der Berücksichtigung von Nebenbedingungen in Form von **Ungleichungen**. Auch dann können Optimumbedingungen aus der Lagrangefunktion abgeleitet werden, die sogenannten **Kuhn-Tucker-Bedingungen**. Diese Bedingungen sind auch deshalb interessant, weil dadurch der Bogen von der in diesem Kapitel dargestellten Theorie zur im Kapitel 3 kurz dargestellten **linearen Optimierung** geschlagen wird. Dort hatten wir bereits Nebenbedingungen in Ungleichungsform für den linearen Fall betrachtet. Mit den Kuhn-Tucker-Bedingungen lassen sich solche Ungleichungen auch als Nebenbedingungen bei nichtlinearen Problemen berücksichtigen.

Aufgaben

6.43 Überprüfen Sie die hinreichenden Bedingungen für das Optimierungsproblem der Aufgabe 6.37.

6.44 Berechnen Sie die Determinante der auf der Seite 268 angegebenen geränderten Hesse-Matrix und zeigen Sie, dass sie gleich $D(x_1, x_2, \lambda)$ ist.

Lösungen

6.43 Zu berechnen ist der in der hinreichenden Bedingung angegebene Term $D(x_1, x_2, \lambda)$. In der Aufgabe 6.37 sind die zweiten partiellen Ableitungen von g jeweils gleich 0. Daher erhält man:

$$D = -g_{x_2}^2 f_{x_1x_1} + 2g_{x_1}g_{x_2}f_{x_1x_2} - g_{x_1}^2 f_{x_2x_2} = -1^2 \cdot 0 + 2 \cdot (-1) \cdot (-1) \cdot 1 - 1^2 \cdot 0 = 2 > 0$$

Bei der Lösung handelt es sich also tatsächlich um ein strenges lokales Maximum.

6.44 Sie können die Sarrus-Regel verwenden, um die Determinante zu berechnen. Das Ergebnis ist

$$g_{x_1}L_{x_1x_2}g_{x_2} + g_{x_2}g_{x_1}L_{x_2x_1} - g_{x_1}g_{x_1}L_{x_2x_2} - g_{x_2}L_{x_1x_1}g_{x_2},$$

unter Berücksichtigung von $L_{x_2x_1} = L_{x_1x_2}$ also:

$$-g_{x_2}^2 L_{x_1x_1} + 2g_{x_1}g_{x_2}L_{x_1x_2} - g_{x_1}^2 L_{x_2x_2}$$

Nun muss nur noch beachtet werden, dass $L_{x_1x_1} = f_{x_1x_1} + \lambda g_{x_1x_1}$ und analog für $L_{x_1x_2}$ und $L_{x_2x_2}$, um das gewünschte Ergebnis zu erhalten.

6.6 Ökonomische Anwendungen

6.6.1 Gewinnmaximierung

Ein konkretes Zahlenbeispiel

Wir beginnen mit einem Zahlenbeispiel aus der Theorie der Unternehmung. Gegeben ist ein kleines Unternehmen, das als **Mengenanpasser** seinen Gewinn maximieren will. Das bedeutet, das Unternehmen muss die Marktpreise für sein Produkt und die beiden Produktionsfaktoren als gegeben hinnehmen. Anders als auf der Seite 190 im Abschnitt 5.3 wird jetzt nicht unterstellt, dass die Kostenfunktion bereits bekannt ist, sondern das Problem wird mit der **Produktionsfunktion** $y = x_1^{0,5}x_2^{0,25}$ und den Kosten in Abhängigkeit von den beiden eingesetzten Faktormengen x_1 und x_2 formuliert. Dieser Ansatz ist zwar aufwändiger, erlaubt aber dafür neben einer Ableitung des optimalen Güterangebots auch eine direkte Ableitung der optimalen Faktornachfrage.

Wird die produzierte und verkaufte Menge mit y bezeichnet und beträgt der vorgegebene Produktpreis $p = 10$, so ist der Erlös gleich $10 \cdot y = 10 \cdot x_1^{0,5}x_2^{0,25}$. Wenn die Faktorpreise $q_1 = 2$ und $q_2 = 4$ lauten, so betragen die Kosten $2x_1 + 4x_2$. Damit kann man den Gewinn formulieren als:

$$G(x_1, x_2) = 10x_1^{0,5}x_2^{0,25} - 2x_1 - 4x_2$$

Gemäß den notwendigen Optimumbedingungen erster Ordnung für ein Gewinnmaximum müssen die ersten Ableitungen bezüglich beider Faktormengen gleich 0 sein, wenn im Inneren des Definitionsbereichs ein Maximum liegt:

$$G_{x_1} = 5x_1^{-0{,}5}x_2^{0{,}25} - 2 = 0$$
$$G_{x_2} = 2{,}5x_1^{0{,}5}x_2^{-0{,}75} - 4 = 0$$

Addiert man bei der ersten Gleichung 2 und bei der zweiten Gleichung 4 auf beiden Seiten und dividiert dann die zweite durch die erste Gleichung, so folgt:

$$x_1/x_2 = 4, \quad \text{also} \quad x_1 = 4x_2$$

Einsetzen in die erste Gleichung ergibt:

$$\frac{5x_2^{0{,}25}}{(4x_2)^{0{,}5}} = 2, \quad \text{also gerundet} \quad x_2 = 2{,}44$$

Wegen $x_1 = 4x_2$ folgt gerundet $x_1 = 9{,}77$. Diese Werte beschreiben die optimalen Faktornachfragemengen der betrachteten Unternehmung. Man kann sie in die Produktionsfunktion und die Gewinnfunktion einsetzen, um die optimale Angebotsmenge und den maximalen Gewinn zu ermitteln:

$$f(9{,}77; 2{,}44) = 3{,}91 \quad \text{und} \quad G(9{,}77; 2{,}44) = 9{,}77$$

Abschließend bleibt noch zu prüfen, ob auch die auf der Seite 251 angegebene hinreichende Bedingung zweiter Ordnung für ein Maximum erfüllt ist. Die Hesse-Matrix der Gewinnfunktion lautet

$$H(x_1, x_2) = \begin{pmatrix} -2{,}5x_1^{-1{,}5}x_2^{0{,}25} & 1{,}25x_1^{-0{,}5}x_2^{-0{,}75} \\ 1{,}25x_1^{-0{,}5}x_2^{-0{,}75} & -1{,}875x_1^{0{,}5}x_2^{-1{,}75} \end{pmatrix}$$

Der Eintrag oben links ist die zweite Ableitung des Gewinns nach x_1. Setzt man die Werte $x_1 = 9{,}77$ und $x_2 = 2{,}44$ ein, so ist diese zweite Ableitung negativ:

$$G_{x_1x_1}(9{,}77; 2{,}44) < 0$$

Die Determinante von H ist

$$\begin{aligned} |H(x_1, x_2)| &= 2{,}5x_1^{-1{,}5}x_2^{0{,}25} \cdot 1{,}875x_1^{0{,}5}x_2^{-1{,}75} - 1{,}25x_1^{-0{,}5}x_2^{-0{,}75} \cdot 1{,}25x_1^{-0{,}5}x_2^{-0{,}75} \\ &= 4{,}6875x_1^{-1}x_2^{-1{,}5} - 1{,}5625x_1^{-1}x_2^{-1{,}5} = 3{,}125x_1^{-1}x_2^{-1{,}5} \end{aligned}$$

Setzt man wieder $x_1 = 9{,}77$ und $x_2 = 2{,}44$. ein, so erkennt man, dass die Determinante positiv ist. Damit ist die hinreichende Bedingung für ein strenges lokales Maximum erfüllt.

Wir haben die Determinante der Hesse-Matrix allgemein berechnet, weil so zu erkennen ist, dass auch die Bedingungen für ein strenges globales Maximum erfüllt sind (vgl. ebenfalls die Seite 251). Denn für alle positiven Werte von x_1 und x_2 ist $G_{x_1x_1}(x_1, x_2) < 0$ und $|H(x_1, x_2)| > 0$. Wir haben also nicht nur ein lokales, sondern das globale Gewinnmaximum gefunden.

Streng genommen setzt die hinreichende Bedingung auf der Seite 251 voraus, dass die betrachtete Funktion auf ihrem gesamten Definitionsbereich zweimal stetig differenzierbar ist. Das gilt hier aber nur, wenn x_1 und x_2 beide positiv sind. Das können Sie direkt anhand der Ableitung $G_{x_1} = 5x_1^{-0{,}5}x_2^{0{,}25} - 2$ erkennen, die für $x_1 = 0$ gar nicht definiert ist. Punkte mit $x_1 = 0$ oder $x_2 = 0$ liegen also im Definitionsbereich der Gewinnfunktion, sie ist dort aber nicht differenzierbar. Um ganz sicher zu gehen, kann man den hier gefundenen Wert für den maximalen Gewinn, $G(9{,}77; 2{,}44) = 9{,}77$, noch mit dem möglichen Gewinn vergleichen, der sich ergibt, wenn eine Variable gleich 0 gesetzt wird. Dieser Gewinn ist jedoch nicht positiv. Zum Beispiel gilt $G(0, x_2) = 0 - 4x_2 \leqq 0$. Wir haben also tatsächlich das globale Gewinnmaximum gefunden.

Gewinnmaximierung ohne Maximum

Wir betrachten dasselbe Beispiel wie im vorangehenden Abschnitt, aber die Produktionsfunktion lautet nun $f(x_1, x_2) = \sqrt{x_1}\sqrt{x_2}$. Unter denselben Annahmen wie zuvor ist der Gewinn jetzt:

$$G(x_1, x_2) = 10\sqrt{x_1}\sqrt{x_2} - 2x_1 - 4x_2$$

Wieder verlangen die notwendigen Optimumbedingungen erster Ordnung für ein Gewinnmaximum, dass die ersten Ableitungen bezüglich beider Faktormengen gleich 0 sind:

$$\begin{aligned} G_{x_1} &= 5\sqrt{x_2}/\sqrt{x_1} - 2 = 0 \\ G_{x_2} &= 5\sqrt{x_1}/\sqrt{x_2} - 4 = 0 \end{aligned}$$

Addiert man bei der ersten Gleichung 2 und bei der zweiten Gleichung 4 auf beiden Seiten und dividiert dann die zweite durch die erste Gleichung, so folgt:

$$x_1/x_2 = 2, \quad \text{also} \quad x_1 = 2x_2$$

Einsetzen in die erste Gleichung ergibt einen Widerspruch:

$$\frac{5\sqrt{x_2}}{\sqrt{2}\sqrt{x_2}} = 2, \quad \text{also} \quad 3{,}54 = 2$$

Die notwendigen Optimumbedingungen haben also keine Lösung, und damit gibt es kein Gewinnmaximum im Inneren des Definitionsbereichs.

Setzen wir $x_1 = 2x_2$ in den Gewinn ein, so erkennen wir:

$$G(2x_2, x_2) = 10\sqrt{2x_2}\sqrt{x_2} - 2 \cdot 2x_2 - 4x_2 = (10\sqrt{2} - 8)x_2$$

Weil $10\sqrt{2} - 8 > 0$ ist, ist der Gewinn nach oben unbeschränkt. Je größer x_2 (und damit $x_1 = 2x_2$ ist), desto größer ist der Gewinn. In diesem Fall wird das Unternehmen daher so viel wie möglich produzieren. Das hier formulierte Problem hat mathematisch keine Lösung, aber auf die Praxis übertragen bedeutet die vorliegende Situation, dass eine Produktion an der Kapazitätsgrenze optimal ist.

Der Grund für dieses außergewöhnliche Lösungsverhalten liegt darin, dass die Produktionsfunktion linearhomogen ist (vgl. Abschnitt 6.4.1; Sie können den vorliegenden Abschnitt jedoch auch verstehen, ohne 6.4.1 gelesen zu haben). Wenn eine Funktion linearhomogen ist, bewirkt eine Verdoppelung der Werte beider unabhängiger Variablen eine Verdoppelung des Funktionswertes. Die Gewinnfunktion $G(x_1, x_2)$ ist hier ebenfalls linearhomogen (vgl. die Aufgabe 6.46). Wenn der Gewinn also an irgendeiner Stelle positiv ist, so verdoppelt er sich, wenn man beide Faktoreinsätze verdoppelt. Daher kann es kein Gewinnmaximum geben.

Aufgaben

6.45 Eine Einproduktunternehmung hat die Produktionsfunktion $y = x_1^{0,25}x_2^{0,25}$. Die Faktorpreise sind für beide Faktoren gleich 2, der Outputpreis beträgt $p = 16$. Berechnen Sie die optimalen Faktoreinsatzmengen, die Produktionsmenge und den maximalen Gewinn.

6.46 Zeigen Sie, dass die Gewinnfunktion $G(x_1, x_2) = 10\sqrt{x_1}\sqrt{x_2} - 2x_1 - 4x_2$ linearhomogen ist.

Lösungen

6.45 Gewinn: $G(x_1, x_2) = 16x_1^{0,25}x_2^{0,25} - 2x_1 - 2x_2$. Notwendige Optimumbedingungen:

$$G_{x_1} = 4x_1^{-0,75}x_2^{0,25} - 2 = 0$$
$$G_{x_2} = 4x_1^{0,25}x_2^{-0,75} - 2 = 0$$

Addition von 2 bei beiden Gleichung auf beiden Seiten und Division der zweiten durch die erste Gleichung ergibt $x_1/x_2 = 1$ also $x_1 = x_2$. Einsetzen in die erste Gleichung liefert $x_1 = x_2 = 4$. Einsetzen in die Produktionsfunktion und die Gewinnfunktion liefert die optimale Angebotsmenge und den maximalen Gewinn: $f(4,4) = 2$ und $G(4,4) = 16$. Die Hesse-Matrix der Gewinnfunktion lautet:

$$H(x_1, x_2) = \begin{pmatrix} -3x_1^{-1,75}x_2^{0,25} & x_1^{-0,75}x_2^{-0,75} \\ x_1^{-0,75}x_2^{-0,75} & -3x_1^{0,25}x_2^{-1,75} \end{pmatrix}$$

Der Eintrag oben links ist $G_{x_1x_1}(x_1, x_2)$. Wenn dieser Ausdruck negativ und die Determinante der Hesse-Matrix positiv ist, ist die hinreichende Bedingung für ein Maximum erfüllt. Setzt man $x_1 = x_2 = 4$ ein, so erhält man $G_{x_1x_1}(4,4) = -0,375 < 0$ und $|H(4,4)| = 0,125 > 0$.

6.46 $G(tx_1, tx_2) = 10\sqrt{tx_1}\sqrt{tx_2} - 2tx_1 - 4tx_2 = t(10\sqrt{x_1}\sqrt{x_2} - 2x_1 - 4x_2) = tG(x_1, x_2)$.

Allgemeine Analyse der Gewinnmaximierung*

Bisher haben wir lediglich Zahlenbeispiele für die Theorie der Unternehmung betrachtet. Eine allgemeinere Formulierung basiert auf einer Analyse des Problems der Gewinnmaximierung mit Funktionen, für die lediglich bestimmte Eigenschaften unterstellt werden. Die Schlussfolgerungen aus einem solchen Modell ohne konkrete funktionale Form sind relativ allgemein und daher auch erwünscht. Wir demonstrieren das hier anhand des Beispiels der Gewinnmaximierung eines Unternehmens bei vollständiger Konkurrenz.

Gegeben ist also wiederum ein kleines Unternehmen, das als **Mengenanpasser** seinen Gewinn maximieren will. Das Problem wird allgemein mit der **Produktionsfunktion** $f(x_1, x_2)$ und den Kosten in Abhängigkeit von den beiden eingesetzten Faktormengen x_1 und x_2 formuliert. Dieser Ansatz erlaubt eine Diskussion des Verlaufs der Faktornachfragefunktionen. Mit dem Produktpreis p und den Faktorpreisen q_1 und q_2 lautet der Gewinn nun:

$$G(x_1, x_2) = pf(x_1, x_2) - q_1x_1 - q_2x_2$$

Die Preise p, q_1 und q_2 sind keine Variablen, sondern Parameter. Von der Produktionsfunktion f sei zunächst lediglich bekannt, dass sie zweimal stetig differenzierbar und streng konkav ist. Die strenge Konkavität bedeutet, dass wir uns um die hinreichenden Bedingungen für ein Maximum nicht zu sorgen brauchen. Jede Lösung, die die notwendigen Bedingungen erster Ordnung erfüllt, stellt ein globales Maximum dar (vgl. die Seite 251).

Gemäß den notwendigen Optimumbedingungen erster Ordnung für ein Gewinnmaximum müssen die ersten Ableitungen bezüglich beider Faktormengen gleich 0 sein, wenn im Inneren des Definitionsbereichs ein Maximum liegt:

$$G_{x_1} = pf_{x_1}(x_1, x_2) - q_1 = 0$$
$$G_{x_2} = pf_{x_2}(x_1, x_2) - q_2 = 0$$

Anhand dieser Bedingungen ist zu erkennen, dass bei Division beider Gleichungen durch p

die optimale Lösung nur noch von den **realen Faktorpreisen** q_1/p und q_2/p abhängt:

$$f_{x_1}(x_1, x_2) = \frac{q_1}{p}$$
$$f_{x_2}(x_1, x_2) = \frac{q_2}{p}$$

Dieses wichtige Ergebnis heißt **Grenzproduktivitätssatz**: Im Gewinnmaximum einer Unternehmung bei vollständiger Konkurrenz sind die realen Faktorpreise gleich den jeweiligen Grenzproduktivitäten der Produktionsfaktoren.

Der Faktorpreis q_1 wird in Geldeinheiten pro Mengeneinheit des Faktors gemessen. Ist der erste Faktor Arbeit und die Währung Euro, so hat q_1 die Dimension Euro pro Arbeitsstunde. Der Güterpreis p wird in Geldeinheiten pro Mengeneinheit des Gutes gemessen. Handelt es sich zum Beispiel um Milch, so hat p die Dimension Euro pro Liter Milch. Die Dimension des realen Faktorpreises q_1/p ist dann

$$\frac{\text{€}/\text{Arbeitsstunde}}{\text{€}/\text{Liter Milch}} = \frac{\text{€}}{\text{Arbeitsstunde}} \frac{\text{Liter Milch}}{\text{€}} = \frac{\text{Liter Milch}}{\text{Arbeitsstunde}}$$

Der reale Faktorpreis, der im Falle des Faktors Arbeit **Reallohnsatz** heißt, drückt also aus, wie viele Einheiten des produzierten Gutes der Arbeitnehmer für eine Arbeitsstunde erhält. Dagegen besagt der **Nominallohnsatz** q_1, wie viel Euro der Arbeitnehmer pro Arbeitsstunde erhält. Wenn Sie an das Problem der Inflation denken, sehen Sie, dass der Wert eines bestimmten Nominallohnsatzes von der Preisentwicklung abhängt, der Wert des Reallohnsatzes dagegen nicht. Für den zweiten Faktorpreis gelten analoge Anmerkungen.

Zur Vereinfachung der Notation bietet es sich im Folgenden an, den Preis p auf 1 zu normieren. Dadurch wird die Allgemeingültigkeit der Darstellung nicht beschränkt, weil für die zuvor angegebenen Optimumbedingungen ohnehin nur das Verhältnis der Faktorpreise zum Preis p, nicht aber dessen absolute Höhe relevant ist. Wir können daher nun das folgende Gleichungssystem betrachten:

$$f_{x_1}(x_1, x_2) = q_1$$
$$f_{x_2}(x_1, x_2) = q_2$$

Dieses Gleichungssystem dient dazu, die Werte der **endogenen Variablen** x_1 und x_2 in Abhängigkeit von den Werten der **exogenen Variablen** oder **Parameter** q_1 und q_2 zu bestimmen. Da das Gleichungssystem nicht vollständig spezifiziert ist, können wir die endogenen Variablen nicht numerisch ausrechnen. Unter Verwendung des totalen Differentials und des Satzes über implizite Funktionen kann man jedoch trotzdem einige Informationen über die Abhängigkeit der endogenen von den exogenen Variablen herausfinden. Im Vergleich zur allgemeinen Darstellung des Satzes über implizite Funktionen im Abschnitt 6.3.2 ist zu beachten, dass die endogenen Variablen in dieser Anwendung die x-Variablen statt der y-Variablen dort sind. Die (realen) Faktorpreise q_1 und q_2 übernehmen hier die Rolle der exogenen Variablen.

Wenn die Voraussetzungen des Satzes über implizite Funktion erfüllt sind, werden durch das Gleichungssystem die **Faktornachfragekurven** $x_1 = x_1(q_1, q_2)$ und $x_2 = x_2(q_1, q_2)$ bestimmt. Eine wichtige Frage ist, wie die Faktornachfrage auf Preisänderungen reagiert. Für den Fall, dass nur q_1 steigt (also $dq_1 > 0$ und $dq_2 = 0$), lauten die totalen Differentiale der beiden Gleichungen:

$$f_{x_1x_1}(x_1, x_2)dx_1 + f_{x_1x_2}(x_1, x_2)dx_2 = dq_1$$
$$f_{x_2x_1}(x_1, x_2)dx_1 + f_{x_2x_2}(x_1, x_2)dx_2 = 0$$

Ist die Determinante der Koeffizientenmatrix auf der linken Seite ungleich 0, so lässt sich das System nach dem Satz über implizite Funktionen auflösen, um wie im Abschnitt 6.3.2 beschrieben die partiellen Ableitungen bezüglich q_1 zu ermitteln:

$$\frac{\partial x_1}{\partial q_1} = \frac{f_{x_2x_2}}{f_{x_1x_1}f_{x_2x_2} - f_{x_1x_2}f_{x_2x_1}}$$
$$\frac{\partial x_2}{\partial q_1} = \frac{-f_{x_2x_1}}{f_{x_1x_1}f_{x_2x_2} - f_{x_1x_2}f_{x_2x_1}}$$

Diese Ausdrücke erscheinen zunächst zwar unübersichtlich, doch mit einigen zusätzlichen Überlegungen lassen sich ihre Vorzeichen bestimmen. Da wir angenommen haben, dass die Produktionsfunktion streng konkav ist, muss die Determinante der Jacobi-Matrix des Gleichungssystems, die der Hesse-Matrix der Produktionsfunktion entspricht, gemäß den im Abschnitt 6.4.2 angegebenen Bedingungen nichtnegativ sein, also $|H| = f_{x_1x_1}f_{x_2x_2} - f_{x_1x_2}f_{x_2x_1} \geqq 0$. Außerdem muss gelten $f_{x_1x_1} \leqq 0$ und $f_{x_2x_2} \leqq 0$. Als **Regularitätsbedingung** wird in der Regel unterstellt, dass $|H| > 0$ sowie $f_{x_1x_1} < 0$ und $f_{x_2x_2} < 0$. Damit gilt:

$$\frac{\partial x_1}{\partial q_1} = \frac{f_{x_2x_2}}{f_{x_1x_1}f_{x_2x_2} - f_{x_1x_2}f_{x_2x_1}} < 0$$

Man kann zeigen, dass die strengen Ungleichungen $|H| > 0$ sowie $f_{x_1x_1} < 0$ und $f_{x_2x_2} < 0$ für ein **strenges Maximum** oder **strenge Konkavität** tatsächlich nahezu notwendig sind, weil die Gleichheitszeichen in diesem Fall nur auf sogenannten nicht dichtliegenden Teilmengen gelten dürfen (vereinfacht ausgedrückt: nur in Ausnahmefällen). Das rechtfertigt die Bezeichnung als **Regularitätsbedingung**.

Wir haben damit allgemein bewiesen: Wenn ein Unternehmen ein gewinnmaximierender Mengenanpasser ist und eine zweimal stetig differenzierbare, streng konkave Produktionsfunktion hat, so muss die Faktornachfragefunktion $x_1(q_1, q_2)$ in Abhängigkeit vom eigenen Faktorpreis q_1 fallend verlaufen, solange die Faktoreinsatzmengen positiv sind. Der Verlauf der Nachfrage nach x_2 in Abhängigkeit von q_1 hängt dagegen von einer zusätzlichen Annahme über die Produktionsfunktion ab, nämlich dem Vorzeichen von $f_{x_2x_1}$. Ist dieses Vorzeichen positiv, so fällt die Nachfrage nach x_2, wenn q_1 steigt, und umgekehrt. Analoge Ergebnisse gelten für die Nachfrage in Abhängigkeit von q_2 (vgl. die Aufgabe 6.47 (a)).

Aufgaben*

6.47 (a) Nehmen Sie an, ein Unternehmen maximiert seinen Gewinn bei vollständiger Konkurrenz. Die Produktionsfunktion $y = f(x_1, x_2)$ sei streng konkav. Berechnen Sie analog zum Vorgehen im Text die partiellen Ableitungen der optimalen Faktoreinsatzmengen x_1 und x_2 nach dem Faktorpreis q_2.

(b) Eine Einproduktunternehmung hat die Produktionsfunktion $y = x_1^{0,25}x_2^{0,75}$. Der Faktorpreis für den ersten Faktor beträgt $q_1 = 2$, für den zweiten Faktor $q_2 = 6$. Zeigen Sie, dass der maximale Gewinn für $p \leqq 8$ gleich 0 und für $p > 8$ gleich unendlich ist.

Lösungen*

6.47 (a) Für das Gleichungssystem $f_{x_1}(x_1, x_2) = q_1$ und $f_{x_2}(x_1, x_2) = q_2$ müssen wieder die totalen Differentiale gebildet werden, wobei nun $dq_1 = 0$ und $dq_2 > 0$ unterstellt wird. Geht man wie im Text vor, so folgt:

$$\frac{\partial x_1}{\partial q_2} = \frac{-f_{x_1x_2}}{f_{x_1x_1}f_{x_2x_2} - f_{x_1x_2}f_{x_2x_1}}$$
$$\frac{\partial x_2}{\partial q_2} = \frac{f_{x_1x_1}}{f_{x_1x_1}f_{x_2x_2} - f_{x_1x_2}f_{x_2x_1}} < 0$$

(b) Der Gewinn ist $G(x_1, x_2) = px_1^{0,25}x_2^{0,75} - 2x_1 - 6x_2$. Die Optimumbedingungen erster Ordnung

$$G_{x_1} = 0{,}25px_1^{-0,75}x_2^{0,75} - 2 = 0$$
$$G_{x_2} = 0{,}75px_1^{0,25}x_2^{-0,25} - 6 = 0$$

implizieren, dass $x_1 = x_2$. Ersetzt man in der Gewinnfunktion x_2 durch x_1, so folgt:

$$G = px_1 - 8x_1 = (p - 8)x_1$$

Wenn also $p < 8$ ist, ist der Gewinn für $x_1 > 0$ negativ, so dass die optimale Lösung bei $x_1 = 0$ mit einem Gewinn in Höhe von 0 liegt. Ist $p = 8$, so ist der Gewinn immer gleich 0. Wenn schließlich $p > 8$ ist, kann der Gewinn unbegrenzt gesteigert werden, indem x_1 erhöht wird. Ursache ist, dass die Produktionsfunktion und damit auch die Gewinnfunktion linearhomogen ist.

6.6.2* Die Produktionsfunktion

Wir haben bereits mehrfach das Konzept der Produktionsfunktion verwendet. Nun wird die Produktionsfunktion etwas systematischer unter Verwendung der gelernten mathematischen Methoden dargestellt. Beschränkt man sich auf den Fall eines einzelnen Produktes, so beschreibt die **Produktionsfunktion** $y = f(x_1, x_2)$ den Zusammenhang zwischen den Einsatzmengen der **Produktionsfaktoren** oder **Inputs** x_1 und x_2 und der erstellten **Produktionsmenge** oder dem **Output** x. Aufgrund der Definition einer Funktion, die jeder Inputkombination (x_1, x_2) **genau einen** Funktionswert y zuordnet, ist y der maximale Output, der mit diesen gegebenen Inputs erreicht werden kann.

Die in den Wirtschaftswissenschaften häufig verwendeten Produktionsfunktionen lassen sich grundlegend in substitutionale und limitationale Funktionen unterscheiden. Bei **substitutionalen Funktionen** kann ein Produktionsfaktor durch einen anderen substituiert, also ersetzt werden, so dass die **Inputkoeffizienten** als Verhältnis der jeweiligen Faktoreinsatzmenge zur Produktionsmenge ökonomisch wählbar sind. Das heißt, die Inputkoeffizienten werden sich in der Regel verändern, wenn sich die Faktorpreise ändern. Dagegen sind die Inputkoeffizienten bei **limitationalen Produktionsfunktionen** technisch vorgegeben. Wir beschränken uns hier auf substitutionale Produktionsfunktionen.

Eine wichtige Verallgemeinerung der bisher fast ausschließlich verwendeten **Cobb-Douglas-Produktionsfunktion** ist die sogenannte **CES-Produktionsfunktion**. Wir verwenden hier zunächst weiterhin die Cobb-Douglas-Funktion

$$y = ax_1^{\alpha_1}x_2^{\alpha_2} \quad \text{mit} \quad a > 0, \alpha_1 > 0, \alpha_2 > 0$$

und behandeln die CES-Funktion in einer Aufgabe zu diesem Abschnitt.

Die **Grenzproduktivität** $\partial y/\partial x_i$ eines Faktors i beschreibt die Steigung des Funktionsgebirges in Richtung der betrachteten Faktormenge und gibt an, um welchen Betrag der Output ungefähr steigt, wenn der Faktoreinsatz um eine Einheit zunimmt. Die **Durchschnittsproduktivität** y/x_i, der Kehrwert des Inputkoeffizienten x_i/y, gibt das Verhältnis der Produktionsmenge zur Einsatzmenge des Faktors an. Für die Cobb-Douglas-Funktion folgt:

$$\frac{\partial y}{\partial x_1} = \alpha_1 a x_1^{\alpha_1 - 1} x_2^{\alpha_2} = \alpha_1 \frac{y}{x_1}, \quad \frac{\partial y}{\partial x_2} = \alpha_2 a x_1^{\alpha_1} x_2^{\alpha_2 - 1} = \alpha_2 \frac{y}{x_2}$$

Die Grenzproduktivität eines Faktors i ist also gleich der Durchschnittsproduktivität multipliziert mit α_i für beide Faktoren $i = 1, 2$. Der **Inputkoeffizient** ist der Kehrwert der Durchschnittsproduktivität.

Die **partielle Produktionselastizität** ε_i eines Faktors i ist gleich dem Quotienten aus Grenzproduktivität und Durchschnittsproduktivität. Sie erfasst die prozentuale Änderung des Outputs bei einer einprozentigen Erhöhung einer Inputmenge i:

$$\varepsilon_i = \frac{\partial y}{\partial x_i} \frac{x_i}{y} = \alpha_i \frac{y}{x_i} \frac{x_i}{y} = \alpha_i, \quad i = 1, 2$$

Bei einer Cobb-Douglas-Produktionsfunktion sind die partiellen Produktionselastizitäten also konstant.

Werden alle Inputs um ein Prozent erhöht, so beschreibt die **Skalenelastizität** als Maß für die **Skalenerträge** die prozentuale Veränderung des Outputs. Steigende (konstante, fallende) Skalenerträge liegen vor, wenn der Output bei proportionaler Erhöhung aller Inputs überproportional (proportional, unterproportional) wächst. Um darzustellen, dass alle Inputs um denselben Prozentsatz, also proportional erhöht werden, definiert man die **Niveauproduktionsfunktion** $y(t) = f(tx_1, tx_2)$, wobei die Variablen x_1 und x_2 nun auf ihrem Ausgangsniveau fixiert sein sollen und eine Erhöhung der Faktoreinsatzmengen durch eine Erhöhung von t dargestellt wird. Ausgehend von $t = 1$ ist die Skalenelastizität an der Stelle (x_1, x_2) definiert als:

$$\varepsilon = \left. \frac{dy}{dt} \frac{t}{y} \right|_{t=1} = \left. \frac{df(tx_1, tx_2)/f(tx_1, tx_2)}{dt/t} \right|_{t=1}$$

Unter Verwendung der Kettenregel erhält man:

$$\begin{aligned} \varepsilon = \left. \frac{df(tx_1, tx_2)}{dt} \frac{t}{f(tx_1, tx_2)} \right|_{t=1} &= \left. \frac{\partial y}{\partial (tx_1)} \frac{d(tx_1)}{dt} \frac{1}{y} \right|_{t=1} + \left. \frac{\partial y}{\partial (tx_2)} \frac{d(tx_2)}{dt} \frac{1}{y} \right|_{t=1} \\ &= \frac{\partial y}{\partial x_1} \frac{x_1}{y} + \frac{\partial y}{\partial x_2} \frac{x_2}{y} \end{aligned}$$

Daran erkennt man, dass die Skalenelastizität gleich der Summe der partiellen Produktionselastizitäten ist, ein Ergebnis, das als **Wicksell-Johnson-Theorem** bekannt ist (nach dem schwedischen Ökonomen Knut Wicksell und dem englischen Logiker und Ökonomen William Johnson):

$$\varepsilon = \frac{\partial y}{\partial x_1} \frac{x_1}{y} + \frac{\partial y}{\partial x_2} \frac{x_2}{y} = \varepsilon_1 + \varepsilon_2$$

Unter Verwendung des Wicksell-Johnson-Theorems müssen für die Berechnung der Skalenelastizität der Cobb-Douglas-Funktion also lediglich die beiden partiellen Produktionselastizitäten addiert werden:

$$\varepsilon = \alpha_1 + \alpha_2$$

Wenn $\varepsilon > 1$ ($\varepsilon = 1$, $\varepsilon < 1$) ist, liegen an der Stelle (x_{10}, x_{20}) lokal steigende (konstante, fallende) Skalenerträge vor.

Die Funktion f ist homogen vom Grade r in x_1 und x_2, wenn für alle $t > 0$ gilt:

$$f(tx_1, tx_2) = t^r f(x_1, x_2)$$

Denkt man sich (x_1, x_2) wieder auf einem Anfangsniveau fixiert und erhöht die Faktormengen proportional durch Variation von t, so kann man die Skalenelastizität direkt anhand von $y = t^r f(x_1, x_2)$ berechnen:

$$\varepsilon = \frac{dy}{dt}\frac{t}{y} = rt^{r-1} f(x_1, x_2) \cdot \frac{t}{t^r f(x_1, x_2)} = r\frac{t^r f(x_1, x_2)}{t^r f(x_1, x_2)} = r$$

Die **Skalenelastizität** ε ist also bei homogenen Funktionen gleich dem **Homogenitätsgrad** r. Da die Cobb-Douglas-Funktion homogen vom Grade $\alpha_1 + \alpha_2$ ist, erhalten wir nochmals unmittelbar das Ergebnis $\varepsilon = \alpha_1 + \alpha_2$.

Aufgaben*

6.48 Berechnen Sie die Grenz- und Durchschnittsproduktivitäten, die Inputkoeffizienten, die partiellen Produktionselastizitäten, die Skalenelastizität und den Homogenitätsgrad der linearen Produktionsfunktion $y = 10x_1 + 12x_2$.

6.49 Die **CES-Produktionsfunktion** (für *Constant Elasticity of Substitution*) ist eine wichtige Verallgemeinerung der Cobb-Douglas-Funktion. Sie lautet allgemein

$$y = a\left(\alpha_1 x_1^\rho + \alpha_2 x_2^\rho\right)^{\eta/\rho},$$

wobei für die verwendeten Parameter folgende Annahmen gelten: $0 \neq \rho \leqq 1$, $a, \eta, \alpha_1, \alpha_2 > 0$, $\alpha_1 + \alpha_2 = 1$. Berechnen Sie die Grenz- und Durchschnittsproduktivitäten, die Inputkoeffizienten, die partiellen Produktionselastizitäten, die Skalenelastizität und den Homogenitätsgrad. [Hinweis: Wir haben den Begriff der Substitutionselastizität (Elasticity of Substitution) hier nicht behandelt, vgl. dazu die Literaturhinweise am Ende des Kapitels.]

Lösungen*

6.48 Grenzproduktivitäten: $\frac{\partial y}{\partial x_1} = 10$, $\frac{\partial y}{\partial x_2} = 12$;

Durchschnittsproduktivitäten: $\frac{y}{x_1} = 10 + 12\frac{x_2}{x_1}$, $\frac{y}{x_2} = 12 + 10\frac{x_1}{x_2}$;

Inputkoeffizienten: $x_1/y = x_1/(10x_1 + 12x_2)$, $x_2/y = x_2/(10x_1 + 12x_2)$;

Partielle Produktionselastizitäten: $\varepsilon_1 = \frac{\partial y}{\partial x_1}\frac{x_1}{y} = \frac{10x_1}{10x_1 + 12x_2}$, $\varepsilon_2 = \frac{\partial y}{\partial x_2}\frac{x_2}{y} = \frac{12x_2}{10x_1 + 12x_2}$;

Skalenelastizität (gemäß Wicksell-Johnson-Theorem): $\varepsilon = \varepsilon_1 + \varepsilon_2 = 1$;

Homogenitätsgrad: $f(tx_1, tx_2) = 10(tx_1) + 12(tx_2) = t(10x_1 + 12x_2) = tf(x_1, x_2)$, also $r = 1$. Skalenelastizität und Homogenitätsgrad stimmen also überein.

6.49 Grenzproduktivitäten: $\frac{\partial y}{\partial x_i} = \eta\alpha_i a\left(\alpha_1 x_1^\rho + \alpha_2 x_2^\rho\right)^{(\eta-\rho)/\rho} x_i^{\rho-1}$;

Durchschnittsproduktivitäten: $\frac{y}{x_i} = \frac{a\left(\alpha_1 x_1^\rho + \alpha_2 x_2^\rho\right)^{\eta/\rho}}{x_i}$;

Inputkoeffizienten: $\frac{x_i}{y} = \frac{x_i}{a\left(\alpha_1 x_1^\rho + \alpha_2 x_2^\rho\right)^{\eta/\rho}}$;

Partielle Produktionselastizitäten: $\varepsilon_i = \frac{\partial y}{\partial x_i}\frac{x_i}{y} = \frac{\eta\alpha_i x_i^\rho}{\alpha_1 x_1^\rho + \alpha_2 x_2^\rho}$;

Skalenelastizität (gemäß Wicksell-Johnson-Theorem): $\varepsilon = \varepsilon_1 + \varepsilon_2 = \frac{\eta\alpha_1 x_1^\rho + \eta\alpha_2 x_2^\rho}{\alpha_1 x_1^\rho + \alpha_2 x_2^\rho} = \eta$;

Homogenitätsgrad: $f(tx_1, tx_2) = a\left(\alpha_1(tx_1)^\rho + \alpha_2(tx_2)^\rho\right)^{\eta/\rho} = t^\eta a\left(\alpha_1 x_1^\rho + \alpha_2 x_2^\rho\right)^{\eta/\rho} = t^\eta f(x_1, x_2)$, also $r = \eta$. Skalenelastizität und Homogenitätsgrad stimmen überein.

Literaturhinweise

Unsere Darstellung der Differentialrechnung für Funktionen mehrerer Variablen basiert weitgehend auf Plausibilitätsargumenten. Exakte Beweise dazu findet man in der auch mathematisch interessierten Ökonomen zugänglichen Darstellung von Heuser (2008). Funktionen mehrerer Variablen werden auch in anderen Lehrbüchern der Wirtschaftsmathematik ausführlich dargestellt, zum Beispiel in Luderer und Würker (2011), Sydsaeter und Hammond (2009) oder Tietze (2011). Die Darstellung des totalen Differentials und der impliziten Funktionen folgt Christiaans (2010).

Erheblich weitergehende Darstellungen der Optimierungstheorie, insbesondere auch unter Berücksichtigung des Konzeptes der Quasikonkavität, liefern Beavis und Dobbs (1990), Simon und Blume (1994) und Takayama (1985). Mehr an der praktischen Anwendung orientiert sind Lehrbücher zum Operations Research, zum Beispiel Gohout (2009). Wir betonen, dass wir zwar einige mikroökonomische Anwendungen der Mathematik behandelt haben, aber weit entfernt von einer systematischen Darstellung der mikroökonomischen Theorie sind. Solche Darstellungen findet man auf einführendem Niveau zum Beipiel in Varian (2011) und auf mathematisch anspruchsvollem Niveau in Varian (1994), der auch die sogenannte Dualitätstheorie behandelt, in der zum Beispiel weitergehende Beziehungen zwischen der Produktionsfunktion und der Kostenfunktion hergeleitet werden. Der Umhüllendensatz spielt dabei eine zentrale Rolle. Dort finden Sie auch die Definition der Substitutionselastizität, die zum Verständnis der CES-Funktion wichtig ist.

Während Konkavität impliziert, dass die Determinante der Hesse-Matrix einer Produktionsfunktion zweier Variablen nichtnegativ ist, kann man aus der strengen Konkavität leider nicht folgern, dass sie positiv ist. Allerdings kann man zeigen, dass sie vereinfacht ausgedrückt so gut wie immer positiv sein muss. Beweise dazu werden selten geliefert, man findet sie neben weiteren Verallgemeinerungen in Katzner (1970). Dadurch wird die Bezeichnung *Regularitätsbedingung* gerechtfertigt, wenn man aufgrund der Annahme strenger Konkavität eine positive Determinante unterstellt.

7 Ergänzungen im Überblick

7.1 Logik

7.1.1 Aussagenlogik

Gegenstand

Die **Aussagenlogik** beschäftigt sich mit **Aussagen**, das sind Sätze, die die Eigenschaft haben, wahr oder falsch zu sein. Man spricht deswegen auch von einer **zweiwertigen Logik**, weil neben den beiden Wahrheitswerten *wahr* und *falsch* keine weitere Möglichkeit existiert (Prinzip vom ausgeschlossenen Dritten). Daneben gibt es auch mehrwertige Logiken, auf die wir hier aber nicht eingehen. Die zweiwertige Logik hat zahlreiche Anwendungen in der Informatik. Den beiden Wahrheitswerten kann man auch Zahlen zuordnen, zum Beispiel die 1 für *wahr* (oder *Strom an*) und die 0 für *falsch* (oder *Strom aus*).

Die Straße ist nass ist ebenso eine Aussage wie *Es regnet*. Beide Aussagen können wahr oder falsch sein. Gegenstand der Aussagenlogik ist es nicht, die Wahrheit oder Falschheit solcher Tatsachenbehauptungen zu begründen. Die Logik kommt ins Spiel, wenn es darum geht, Verknüpfungen solcher einfachen Aussagen zu beurteilen. Wir könnten diese beiden Aussagen etwa wie in den folgenden Beispielen zu komplexeren Aussagen verknüpfen:

- *Wenn es regnet, dann ist die Straße nass.*
- *Es regnet, und die Straße ist nicht nass.*
- *Es regnet nicht, und die Straße ist nass.*

Die Logik beschäftigt sich damit, wie der **Wahrheitswert** der komplexeren Aussagen vom Wahrheitswert der einfachen Aussagen abhängt, aus denen sie zusammengesetzt sind, also mit dem **folgerichtigen Schließen** von Wahrheitswerten auf andere Wahrheitswerte.

Die zweite der drei angegebenen Aussagen bildet das **logische Gegenteil** der ersten Aussage. Das bedeutet, dass eine der beiden Aussagen genau dann falsch ist, wenn die jeweils andere wahr ist. Es ist also zum Beispiel ein logisch korrekter Schluss, dass die zweite Aussage falsch sein muss, wenn die erste richtig ist. Dagegen ist die dritte Aussage nicht das logische Gegenteil der ersten Aussage. Trotzdem besteht ein logischer Zusammenhang. Wir werden später genauer analysieren, wie derartige logische Zusammenhänge aufgedeckt werden können.

Grundlegende Aussageverknüpfungen

Anstelle der bisherigen umgangssprachlichen Beispiele verwendet man in der formalen Logik Buchstaben als Platzhalter für die einfachen Aussagen. Zum Beispiel könnte p für die Aussage *Es regnet* und q für die Aussage *Die Straße ist nass* stehen. Die grundlegenden Verknüpfungen von zwei solchen Aussagen p und q und die ihnen zugeordneten Wahrheitswerte sind:

- Die **Konjunktion**: $p \wedge q$. Sie entspricht dem umgangssprachlichen *und* und ist wahr, wenn beide Aussagen wahr sind.

- Die **Disjunktion**: $p \vee q$. Sie entspricht dem umgangssprachlichen **nichtausschließlichen** *oder* und ist wahr, wenn wenigstens eine der beiden Aussagen wahr ist.
- Das **Konditional**: $p \rightarrow q$. Es entspricht dem umgangssprachlichen *wenn, dann* und ist nur falsch, wenn p wahr und q falsch ist. Ansonsten ist sie stets wahr.
- Das **Bikonditional**: $p \leftrightarrow q$. Es entspricht dem umgangssprachlichen *genau dann, wenn* und ist wahr, wenn die Wahrheitswerte von p und q übereinstimmen.
- Die **Negation**: $\bar{p}$. Sie entspricht dem umgangssprachlichen *nicht* und ist wahr, wenn p falsch ist. (Anstelle der Schreibweise $\bar{p}$ finden Sie relativ häufig auch die Schreibweise $\neg p$ für die Negation.)

Die Wahrheitswerte der fünf grundlegenden Verknüpfungen werden zusammenfassend anhand von Wahrheitswerttafeln definiert. Dabei steht die 1 für *wahr* und die 0 für *falsch*:

p	q	$p \wedge q$	$p \vee q$	$p \rightarrow q$	$p \leftrightarrow q$	$\bar{p}$	$\bar{q}$
0	0	0	0	1	1	1	1
0	1	0	1	1	0	1	0
1	0	0	1	0	0	0	1
1	1	1	1	1	1	0	0

Als Beispiel für das Lesen der Wahrheitswerttafel betrachten wir die zweite Zeile und die Spalte $p \wedge q$. Da p den Wahrheitswert 0 und q den Wahrheitswert 1 hat, ergibt sich für $p \wedge q$ der Wahrheitswert 0, weil die Konjunktion falsch ist, wenn eine der beiden verknüpften Grundaussagen falsch ist. Diese Tafel ist die Grundlage für die weitere Analyse in diesem Abschnitt.

Beispiele

Als Kurzschreibweise für Wahrheitswerte wird im Folgenden $W(p) = 1$ beziehungsweise $W(p) = 0$ verwendet, um auszudrücken, dass p wahr beziehungsweise falsch ist. Wie zuvor betrachten wir als Beispiel p = *es regnet* und q = *die Straße ist nass*. Betrachten wir nun folgende Situation: *Es regnet nicht, die Straße ist aber tatsächlich nass.* Dann bedeutet das in der symbolischen Schreibweise $W(p) = 0$ und $W(q) = 1$, und für die grundlegenden Aussageverknüpfungen ergeben sich die folgenden Wahrheitswerte:

- $W(p \wedge q) = 0$: Die Aussage *Es regnet, und die Straße ist nass* ist falsch.
- $W(p \vee q) = 1$: Die Aussage *Es regnet, oder die Straße ist nass* ist wahr.
- $W(p \rightarrow q) = 1$: Die Aussage *Wenn es regnet, ist die Straße nass* ist wahr, obwohl es gerade nicht regnet.
- $W(p \leftrightarrow q) = 0$: Die Aussage *Es regnet genau dann, wenn die Straße nass ist* ist falsch.
- $W(\bar{p}) = 1$: Die Aussage *Es regnet nicht* ist wahr.
- $W(\bar{q}) = 0$: Die Aussage *Die Straße ist nicht nass* ist falsch.

Klammerung und Priorität

Werden mehrere Verknüpfungen von Aussagen durchgeführt, so muss geklärt werden, welche der Verknüpfungen zuerst anzuwenden ist. Generell kann man Klammern setzen; die geklammerten Operationen werden dann zuerst ausgeführt. Ohne Klammerung gilt folgende Priorität (in absteigender Reihenfolge):

$$\bar{\ }, \quad \wedge, \quad \vee, \quad \rightarrow \text{ und } \leftrightarrow$$

Die folgende Klammerung ist zum Beispiel überflüssig, weil $((\bar{p}) \wedge q) \rightarrow r$ auch einfach als $\bar{p} \wedge q \rightarrow r$ geschrieben werden kann, ohne die Bedeutung zu ändern. Zuerst wird p negiert, dann erfolgt die Konjunktion mit q, und das Ergebnis dieser Operationen ist das erste Glied des Konditionals.

Dagegen ergibt die folgende Klammerung $\bar{p} \wedge (q \rightarrow r)$ eine andere Aussage, weil nun zuerst das Konditional zwischen q und r gebildet und das Ergebnis als zweites Glied der Konjunktion mit $\bar{p}$ verwendet wird.

Die Priorität der logischen Verknüpfungen wird in der Literatur nicht ganz einheitlich behandelt. Zum Beispiel werden $\wedge$ und $\vee$ häufig mit gleicher Priorität behandelt. Die hier verwendete Priorität ergibt sich aus der Analogie des logischen $\wedge$ zur Multiplikation und des logischen $\vee$ zur Addition (Punktrechung vor Strichrechnung), die Sie anhand der ersten Wahrheitswerttabelle auf der Seite 280 erkennen können. Multiplikation von p und q ergibt dieselben Werte, die in der Tabelle für $p \wedge q$ angegeben sind, Addition von p und q dieselben Werte, die für $p \vee q$ angegeben sind (wenn man die Besonderheit berücksichtigt, dass $1 + 1$ in der Aussagenlogik 1 ergibt). Im Zweifel schadet es nicht, eine Klammer zu setzen, auch wenn sie nicht unbedingt erforderlich ist.

Wahrheitswertanalyse

Als Beispiel für eine Wahrheitswertanalyse zeigen wir, dass die Aussage *Es regnet, und die Straße ist nicht nass* (also $p \wedge \bar{q}$) tatsächlich das logische Gegenteil von *Wenn es regnet, dann ist die Straße nass* (also $p \rightarrow q$) ist. Dazu stellt man die Wahrheitswerttafeln für beide Aussagen auf und vergleicht anschließend ihre Wahrheitswerte. Für $p \rightarrow q$ können wir die Werte direkt aus der Definition des Konditionals übernehmen. Für $p \wedge \bar{q}$ muss berücksichtigt werden, dass $\bar{q}$ genau dann falsch ist, wenn q wahr ist, und dass die Konjunktion nur dann wahr ist, wenn beide Teilaussagen wahr sind:

p	q	$p \rightarrow q$	$\bar{q}$	$p \wedge \bar{q}$
0	0	1	1	0
0	1	1	0	0
1	0	0	1	1
1	1	1	0	0

Damit ist *Es regnet, und die Straße ist nicht nass* immer dann wahr, wenn *Wenn es regnet, dann ist die Straße nass* falsch ist und umgekehrt. Es handelt sich also um ein **logisches Gegenteil**.

Welche logische Beziehung besteht zwischen dem ersten und dem dritten Satz unseres Eingangsbeispiels? Auch das können wir mit Hilfe einer Wahrheitswerttafel feststellen. Wie zuvor bedeutet $p \rightarrow q$ nun *Wenn es regnet, dann ist die Straße nass*. Die Aussage *Es regnet nicht, und die Straße ist nass* entspricht $\bar{p} \wedge q$.

p	q	$p \to q$	$\bar{p}$	$\bar{p} \wedge q$
0	0	1	1	0
0	1	1	1	1
1	0	0	0	0
1	1	1	0	0

Anhand der Tabelle ist zu erkennen, dass aus $W(p \to q) = 1$ nichts über den Wahrheitswert von $\bar{p} \wedge q$ folgt, weil in diesem Fall sowohl $W(\bar{p} \wedge q) = 0$ als auch $W(\bar{p} \wedge q) = 1$ möglich ist. Dagegen folgt aus $W(p \to q) = 0$ zwingend, dass $W(\bar{p} \wedge q) = 0$ ist. Wenn also die Aussage *Wenn es regnet, dann ist die Straße nass* falsch ist, dann auch die Aussage *Es regnet nicht, und die Straße ist nass.* Analog kann man nachweisen, dass aus der Wahrheit von *Es regnet nicht, und die Straße ist nass*, also $W(\bar{p} \wedge q) = 1$ folgt, dass auch *Wenn es regnet, dann ist die Straße nass* wahr sein muss, also $W(p \to q) = 1$.

Aufgaben

7.1 Prüfen Sie, für welche Wahrheitswerte von p und q die folgenden Aussagen jeweils wahr sind:

$$(a)\ p \vee (\bar{p} \vee q), \quad (b)\ \bar{p} \wedge \bar{q}, \quad (c)\ p \wedge \bar{q}, \quad (d)\ p \to \bar{p}$$

7.2 Aussagen: p: *Düsseldorf (D) liegt am Rhein*, q: *Köln (K) liegt nicht am Rhein.* Welche der folgenden Aussagen sind wahr? (a) *D liegt am Rhein oder K liegt nicht am Rhein.* (b) *D liegt am Rhein und K liegt nicht am Rhein.* (c) *Wenn K nicht am Rhein liegt, dann liegt D am Rhein.* (d) *Wenn D nicht am Rhein liegt, dann liegt K nicht am Rhein.*

7.3 Geben Sie nur mit den Symbolen p, q, $\vee$, $\wedge$, $\bar{\ }$ und Klammern eine Darstellung für das umgangssprachliche *entweder ... oder ...* an. (Hinweis: In der Programmiersprache C_{++} existiert zum Beispiel kein eigener Operator für das ausschließliche *oder*, es gibt aber das einschließliche *oder* (||), das *und* (&&) und die Negation (!).)

7.4 Nehmen Sie an, Sie werden in eine Zelle mit zwei Ausgängen gesperrt, von denen einer in die Freiheit und einer ins Verderben führt. Vor jedem Ausgang steht ein Wächter, und Sie wissen, dass einer von beiden stets lügt, während der andere stets die Wahrheit sagt. Sie wissen aber nicht, welcher von beiden lügt, und auch nicht, welcher Ausgang in die Freiheit führt. Sie dürfen nur eine einzige Frage stellen. Welche Frage müssen Sie einem der beiden Wächter stellen, um den Ausgang in die Freiheit zu finden?

Lösungen

7.1 Wir stellen alle Aussagen und zusätzlich $\bar{p}$, $\bar{q}$ und $\bar{p} \vee q$ als Zwischenschritte in einer Wahrheitswerttabelle zusammen:

					(a)	(b)	(c)	(d)
p	q	$\bar{p}$	$\bar{q}$	$\bar{p} \vee q$	$p \vee (\bar{p} \vee q)$	$\bar{p} \wedge \bar{q}$	$p \wedge \bar{q}$	$p \to \bar{p}$
0	0	1	1	1	1	1	0	1
0	1	1	0	1	1	0	0	1
1	0	0	1	0	1	0	1	0
1	1	0	0	1	1	0	0	0

Für (a) werden zum Beispiel erst die Wahrheitswerte von $\bar{p} \vee q$ bestimmt, wobei $\bar{p} \vee q$ nur falsch ist, wenn $\bar{p}$ und q beide falsch sind. In diesem Fall ist p wahr, so dass $p \vee (\bar{p} \vee q)$ immer wahr ist.

7.2 Wir benötigen hier eine Wahrheitstabelle mit nur einer Zeile, denn p ist wahr und q ist falsch. In den Spalten (a) bis (d) stehen die symbolischen Darstellungen der vier Aussagen.

		(a)	(b)	(c)	(d)
p	q	$p \vee q$	$p \wedge q$	$q \to p$	$\bar{p} \to q$
1	0	1	0	1	1

Bis auf die Aussage (b) sind also alle Aussagen wahr.

7.3 Gesucht ist eine Aussage, die genau dann wahr ist, wenn p wahr und q falsch ist oder umgekehrt. Durch Ausprobieren findet man als mögliche Lösung $(\bar{p} \wedge q) \vee (p \wedge \bar{q})$. Sie können anhand einer Wahrheitswerttabelle prüfen, dass diese Aussage wahr ist, wenn ausschließlich entweder p oder q wahr ist und sonst falsch.

7.4 Wenn Sie einen der Wächter fragen: *Welchen Ausgang würde der andere Wächter nennen, wenn ich ihn frage, welcher Ausgang in die Freiheit führt?*, so erhalten sie auf jeden Fall als Antwort den Ausgang ins Verderben. Damit kennen Sie dann auch den Ausgang in die Freiheit. Das liegt daran, dass Sie durch diese Fragestellung eine Konjunktion der Antworten beider Wächter erhalten. Da einer lügt (0) und einer die Wahrheit sagt (1), ist die Konjunktion in jedem Fall die Lüge (0).

Tautologie und Kontradiktion

Ist eine verknüpfte Aussage immer wahr, so bezeichnet man sie als **allgemeingültig** oder als **Tautologie**. Beispiele dazu sind:

- *Die Straße ist nass, oder die Straße ist nicht nass:* $q \vee \bar{q}$.
- *Wenn es regnet und die Straße nass ist, dann ist die Straße nass:* $(p \wedge q) \rightarrow q$.

Ist eine verknüpfte Aussage nicht erfüllbar, also bei jeder Wahrheitsbelegung der einzelnen Bestandteile falsch, so bezeichnet man sie als **Kontradiktion**. Beispiele dazu sind:

- *Die Straße ist nass, und die Straße ist nicht nass:* $q \wedge \bar{q}$.
- *Wenn es regnet oder nicht regnet, dann ist die Straße trocken und nass:* $(p \vee \bar{p}) \rightarrow (q \wedge \bar{q})$.

Wenn eine Tautologie stets wahr ist, dann muss ihr Gegenteil, also die Negation einer Tautologie, stets falsch und damit eine Kontradiktion sein. Umgekehrt muss auch die Negation einer Kontradiktion eine Tautologie sein. Da wir bereits gesehen haben, dass $p \rightarrow q$ und $p \wedge \bar{q}$ logische Gegenteile voneinander sind, gilt zum Beispiel:

- $(p \rightarrow q) \vee (p \wedge \bar{q})$ ist eine Tautologie, weil eine der beiden Teilaussagen stets wahr ist, wenn die andere falsch ist, woraus die Wahrheit der Disjunktion folgt.
- $(p \rightarrow q) \wedge (p \wedge \bar{q})$ ist eine Kontradiktion, weil es für die Falschheit der Konjunktion ausreicht, wenn eine der beiden Teilaussagen falsch ist.

Aufgaben

7.5 Weisen Sie anhand von Wahrheitstafeln nach, dass alle Beispiele in diesem Abschnitt tatsächlich Tautologien oder Kontradiktionen sind.

7.6 Ein Krokodil raubt Ihnen Ihr neugeborenes Kind und verspricht Ihnen, das Kind genau dann zurückzugeben, wenn Sie richtig erraten, ob das Krokodil das Kind behalten oder es zurückgeben wird. Wie antworten Sie?

Lösungen

7.5 Wir beginnen mit den Tautologien, wobei zunächst immer Zwischenschritte angegeben werden. Die letzten drei Tabellenspalten enthalten die gesuchten Tautologien.

p	q	$\bar{q}$	$p \wedge q$	$p \to q$	$p \wedge \bar{q}$	$q \vee \bar{q}$	$(p \wedge q) \to q$	$(p \to q) \vee (p \wedge \bar{q})$
0	0	1	0	1	0	1	1	1
0	1	0	0	1	0	1	1	1
1	0	1	0	0	1	1	1	1
1	1	0	1	1	0	1	1	1

In der folgenden Tabelle enthalten die letzten drei Spalten die gesuchten Kontradiktionen.

p	q	$\bar{q}$	$p \vee \bar{p}$	$p \to q$	$p \wedge \bar{q}$	$q \wedge \bar{q}$	$(p \vee \bar{p}) \to (q \wedge \bar{q})$	$(p \to q) \wedge (p \wedge \bar{q})$
0	0	1	1	1	0	0	0	0
0	1	0	1	1	0	0	0	0
1	0	1	1	0	1	0	0	0
1	1	0	1	1	0	0	0	0

7.6 Wenn Sie sagen, dass das Krokodil Ihnen das Kind zurückgibt, riskieren Sie die Antwort, dass das falsch ist, worauf das Krokodil das Kind behält. Sagen Sie dagegen, dass das Krokodil das Kind behalten wird, so muss das Krokodil Ihnen das Kind zurückgeben, wenn es das Kind eigentlich behalten wollte, weil Sie ja richtig geraten haben. Wenn das Krokodil dagegen *falsch* sagt, dann muss es Ihnen das Kind auch zurückgeben, weil Ihre Antwort sonst nicht falsch wäre. Dieses Problem ist ein Beispiel für einen **Zirkelschluss**, bei dem das Ergebnis die ursprüngliche Voraussetzung ändert und dadurch eine Kontradiktion erzeugt.

Konditional und Implikation

Die Tautologie $(p \wedge q) \to q$ ist ein Beispiel für eine logisch korrekte **Schlussfolgerung** oder **Implikation**, denn $W(p \wedge q) = 1$ impliziert, dass auch $W(q) = 1$ gilt. Wenn also $p \wedge q$ wahr ist, dann ist auch q wahr. Das Konditional $(p \wedge q) \to q$ kann daher nicht falsch sein, denn es ist definitionsgemäß nur dann falsch, wenn das Vorderglied wahr und das Hinterglied falsch ist. Es gilt also stets:

$$W((p \wedge q) \to q) = 1$$

Die Implikation wird durch einen einseitigen Doppelpfeil symbolisiert:

$$(p \wedge q) \Rightarrow q$$

Logische Schlussfolgerungen sind in diesem Sinne stets Tautologien.

Ist ein Konditional stets wahr, so handelt es sich um eine **Implikation** oder eine **logische Schlussfolgerung**. Das Vorderglied des Konditionals impliziert dann das Hinterglied. Weitere Sprechweisen sind: Das Vorderglied ist eine **hinreichende Bedingung** für das Hinterglied, oder: Das Hinterglied folgt aus dem Vorderglied (im Beispiel: q folgt aus $p \wedge q$).

Die Verwendung des Pfeils für das Konditional und teilweise auch irreführende Bezeichnungen (wie *Implikation* statt *Konditional*, wobei die Implikation dann bei sorgfältiger Unterscheidung *tautologische Implikation genannt wird*) hat zu einigen Missverständnissen geführt. Ein Konditional ist eben keine logische Schlussfolgerung, sondern lediglich eine durch eine Wahrheitswerttabelle definierte Aussagenverknüpfung.

Zum Beispiel sind die Aussagen (1) *Wenn Deutschland in Europa liegt, ist das Meer salzig,* (2) *Wenn Deutschland in Asien liegt, ist das Meer salzig,* und (3) *Wenn Deutschland in Asien liegt, ist das Meer süß* allesamt wahre Konditionale. Offenbar folgt der *dann*-Teil (das Hinterglied) jedoch keineswegs logisch aus dem *wenn*-Teil (dem Vorderglied). Es handelt sich schlichtweg um keine logischen Schlüsse.

Die Vermischung der Begriffe *Konditional* und *Implikation* hat auch zu der häufig zitierten Behauptung geführt, man könne aus falschen Voraussetzungen alles folgern. Diese Behauptung entbehrt jeder Grundlage, lediglich das Konditional ist für falsche Vorderglieder stets wahr, weil es so definiert ist, nicht aber, weil es sich um einen logischen Schluss handelt.

Zum Beispiel können wir aus der falschen Voraussetzung, dass $3 = 5$ ist, durch Addition von 2 auf beiden Seiten der Gleichung den logisch korrekten Schluss ziehen, dass $5 = 7$ ist. Aus der falschen Voraussetzung folgt, logisch korrekt, ein falsches Ergebnis. Wir können aber nicht folgern, dass $5 = 8$ ist, denn dazu müssten wir einen weiteren Fehler begehen. Trotzdem ist das Konditional *Wenn* $3 = 5$ *ist, dann ist* $5 = 8$ definitionsgemäß wahr, weil das Vorderglied falsch ist. Das hat aber nichts mit einer logischen Schlussfolgerung zu tun.

Als weitere Warnung: Der Satz *Müller starb, weil er Fisch mit Speiseeis aß* ist weder ein Konditional noch eine Implikation, sondern eine Behauptung über eine faktische Kausalbeziehung. Ob diese Behauptung richtig ist, lässt sich mittels der Aussagenlogik nicht entscheiden.

Natürlich besteht ein Zusammenhang zwischen Konditional und Implikation, der bereits in der Definition der Implikation verwendet worden ist. Man kann diesen Zusammenhang pointiert so ausdrücken: **Implikation bedeutet Allgemeingültigkeit des Konditionals**.

Bikonditional und Äquivalenz

Die Anmerkungen zum Verhältnis von Konditional und Implikation gelten analog für das Verhältnis von **Bikonditional** und **Äquivalenz**: Äquivalenz bedeutet Allgemeingültigkeit des Bikonditionals. Als Symbol wird ein zweiseitiger Doppelpfeil $\Longleftrightarrow$ verwendet. Zwei Sätze sind also äquivalent, wenn ihre Wahrheitswerte stets übereinstimmen.

Zum Beispiel haben wir bereits festgestellt, dass $p \to q$ das logische Gegenteil von $p \wedge \bar{q}$ ist. Daher ist $p \to q$ genau dann wahr, wenn $p \wedge \bar{q}$ falsch ist oder wenn die Negation $\overline{p \wedge \bar{q}}$ wahr ist. Das bedeutet, $p \to q$ und $\overline{p \wedge \bar{q}}$ sind äquivalent:

$$(p \to q) \Longleftrightarrow \overline{(p \wedge \bar{q})}$$

Zum Beweis kann man wieder eine Wahrheitswerttabelle verwenden, um zu zeigen, dass die Wahrheitswerte von $p \to q$ und $\overline{p \wedge \bar{q}}$ stets gleich sind:

p	q	$p \to q$	$p \wedge \bar{q}$	$\overline{(p \wedge \bar{q})}$
0	0	1	0	1
0	1	1	0	1
1	0	0	1	0
1	1	1	0	1

Aufgrund der Definition des Bikonditionals heißt das, $(p \to q) \leftrightarrow \overline{(p \wedge \bar{q})}$ ist stets wahr.

Aufgaben

7.7 (a) Impliziert $\bar{p}$, dass $p \to q$? Impliziert p, dass $p \to q$?

(b) Zeigen Sie, dass $\overline{p \vee q}$ und $\bar{p} \wedge \bar{q}$ äquivalent sind.

(c) Beweisen Sie die alte Bauernregel: *Wenn der Hahn kräht auf dem Mist, ändert sich das Wetter, oder es bleibt, wie es ist.*

Lösungen

7.7 (a) Die Wahrheitswerttabelle liefert:

p	q	$\bar{p}$	$p \to q$	$\bar{p} \to (p \to q)$	$p \to (p \to q)$
0	0	1	1	1	1
0	1	1	1	1	1
1	0	0	0	1	0
1	1	0	1	1	1

Also impliziert $\bar{p}$, dass $p \to q$, aber p impliziert nicht, dass $p \to q$.

(b) Die Wahrheitswerttabelle liefert:

p	q	$p \vee q$	$\overline{(p \vee q)}$	$\bar{p} \wedge \bar{q}$
0	0	0	1	1
0	1	1	0	0
1	0	1	0	0
1	1	1	0	0

Diese Äquivalenz ist das zweite der im nächsten Abschnitt angegebenen de Morganschen Gesetze.

(c) Diese Bauernregel ist eine Tautologie und ist zwar immer richtig, sagt aber genau aus diesem Grund auch nichts über die Wirklichkeit aus. Ist p die Aussage *Der Hahn kräht auf dem Mist* und q die Aussage *Das Wetter ändert sich*, so lautet die Bauernregel symbolisch: $p \to (q \vee \bar{q})$. Das Folgeglied $q \vee \bar{q}$ ist eine Tautologie, also stets wahr. Damit ist auch das gesamte Konditional stets wahr.

Einige logische Gesetze

Zum Abschluss der Aussagenlogik geben wir kurz einige logische Gesetze an. Damit sind hier logische Äquivalenzen gemeint, also Regeln, die die Gleichwertigkeit von aussagenlogischen Ausdrücken angeben.

Kommutativgesetze:

$$p \vee q \iff q \vee p$$

$$p \wedge q \iff q \wedge p$$

Assoziativgesetze:

$$p \vee (q \vee r) \iff (p \vee q) \vee r$$

$$p \wedge (q \wedge r) \iff (p \wedge q) \wedge r$$

Distributivgesetze:

$$p \wedge (q \vee r) \iff (p \wedge q) \vee (p \wedge r)$$

$$p \vee (q \wedge r) \iff (p \vee q) \wedge (p \vee r)$$

De Morgansche Gesetze (nach dem englischen Mathematiker Augustus de Morgan):

$$\overline{p \wedge q} \iff \bar{p} \vee \bar{q}$$
$$\overline{p \vee q} \iff \bar{p} \wedge \bar{q}$$

Als Beispiel geben wir den Beweis des ersten de Morganschen Gesetzes an:

p	q	$p \wedge q$	$\overline{p \wedge q}$	$\bar{p} \vee \bar{q}$
0	0	0	1	1
0	1	0	1	1
1	0	0	1	1
1	1	1	0	0

Von besonderer Bedeutung für die **Beweistechnik** in der Mathematik ist die **Kontrapositionsregel**, die hier für das Konditional angegeben wird.

Kontrapositionsregel:

$$(p \to q) \iff (\bar{q} \to \bar{p})$$

Die Regel gilt für die Implikation (also das allgemeingültige Konditional) ebenso. Um eine Aussage der Form *Aus p folgt q* zu beweisen, kann man daher die Kontraposition *Aus $\bar{q}$ folgt $\bar{p}$* nachweisen. Wir kommen darauf im Abschnitt 7.1.3 noch einmal zurück.

Aufgaben

7.8 (a) Nehmen Sie an, die folgende Aussage sei wahr: *Es regnet, und die Straße ist nass oder trocken.* Welche der beiden folgenden Aussagen ist dann notwendigerweise auch wahr? (a) *Es regnet, und die Straße ist nass, und es regnet, und die Straße ist trocken.* (b) *Es regnet, und die Straße ist nass, oder es regnet, und die Straße ist trocken.*

(b) Man kann zeigen, dass in der Aussagenlogik eigentlich die beiden Zeichen $^-$ und $\wedge$ (zum Beispiel) ausreichen, um alle möglichen Verknüpfungen auszudrücken. So ist bereits gezeigt worden, dass die Wahrheitswerte von $p \to q$ und $\overline{p \wedge \bar{q}}$ exakt übereinstimmen. Zeigen Sie, dass $p \vee q$ durch $\overline{\bar{p} \wedge \bar{q}}$ ausgedrückt werden kann.

(c) Beweisen Sie die Kontrapositionsregel. Prüfen Sie, ob $p \to q$ und $q \to p$ äquivalent sind.

Lösungen

7.8 (a) Aussage (b) ist nach dem ersten Distributivgesetz äquivalent zur angegebenen wahren Aussage und damit ebenfalls wahr.

(b) Dies ist eine direkte Anwendung des ersten de Morganschen Gesetzes.

(c) Die Kontrapositionsregel kann mit einer Wahrheitswerttabelle nachgewiesen werden. Die dritte und vierte Spalte dienen als Hilfen, die fünfte und sechste Spalte beweisen die Kontrapositionsregel. Anhand der siebten Spalte erkennt man, dass $q \to p$ und $p \to q$ nicht äquivalent sind.

p	q	$\bar{p}$	$\bar{q}$	$p \to q$	$\bar{q} \to \bar{p}$	$q \to p$
0	0	1	1	1	1	1
0	1	1	0	1	1	0
1	0	0	1	0	0	1
1	1	0	0	1	1	1

7.1.2 Prädikatenlogik

Gegenstand

Eine Aussage wie *Die Gleichung $x + 2 = 9$ besitzt eine ganzzahlige Lösung* lässt sich mit den bisherigen Methoden noch gar nicht formulieren. In der **Prädikatenlogik**, die die einfachen Aussagen der Aussagenlogik in ihren Bestandteilen weiter analysiert, werden die erforderlichen Ergänzungen vorgenommen. Aus Platzgründen werden hier nur einige Grundbegriffe skizziert.

Die betrachteten Objekte werden zu **Mengen** zusammengefasst. Beispiel: Z sei die Menge aller ganzen Zahlen $\{\ldots, -3, -2, -1, 0, 1, 2, 3, \ldots\}$. Die Zahl 2 ist dann ein Element von Z. Die Eigenschaften der Elemente und die Beziehungen zwischen ihnen heißen **Prädikate**. Beispiele: *7 ist eine Primzahl*, oder: *7 ist Teiler von 14.*

Aussageformen

Auch in den folgenden beiden Beispielen werden Prädikate angegeben, es handelt sich jedoch um keine Aussagen, sondern um **Aussageformen**:

- *Die Zahl x ist größer als 2.* Als Formel: $x > 2$.
- *Die Summe aus x und 2 ist 9.* Als Formel: $x + 2 = 9$.

Der Unterschied zwischen Aussagen und Aussageformen ist, dass Letztere noch keinen Wahrheitswert haben. Während die Aussage *7 ist eine Primzahl* wahr ist, weil das Prädikat *Primzahl* für die Zahl 7 zutrifft, kann man die Wahrheit oder Falschheit von *Die Zahl x ist größer als 2*, erst beurteilen, wenn man die Zahl x kennt.

Eine Aussageform wird durch Einsetzen eines speziellen Wertes für die Variable zu einer Aussage (im Unterschied zu den folgenden mit Quantoren definierten Existenz- und Allaussagen auch **singuläre Aussage** genannt). Zum Beispiel wird aus der Aussageform $x > 2$ durch Einsetzen von $x = 3$ eine wahre und durch Einsetzen von $x = 1$ eine falsche singuläre Aussage.

Wie Aussagen können auch Aussageformen durch logische Verknüpfungen in zusammengesetzte Aussageformen überführt werden, wofür wir einige Beispiele angeben: (1) Die Negation von $x > 2$ ist $x \leqq 2$. (2) Die verknüpfte Aussageform $(x > 2) \wedge (x^2 < 10)$ geht für $x = 3$ in eine wahre Aussage über. (3) Die verknüpfte Aussageform $(x > 2) \wedge (x^2 < 9)$ kann im Bereich der ganzen Zahlen nicht zu einer wahren Aussage werden, wohl aber im Bereich der reellen Zahlen. Denn die kleinste ganze Zahl, die größer als 2 ist, ist 3, und das Quadrat von 3 ist nicht kleiner als 9. Lässt man die reellen Zahlen zu, so wird die Aussageform zum Beispiel für $x = 2{,}5$ zu einer wahren Aussage.

Quantoren

Allein durch Einsetzen von speziellen Werten in die Aussageformen haben wir noch nicht allzu viel gewonnen. Die Aussageformen lassen sich allgemeiner durch sogenannte **Quantoren** in spezielle Aussagen überführen:

$\exists$: **Existenzquantor**: *es gibt (mindestens ein)*

$\forall$: **Allquantor**: *für alle*

Eine mit dem Existenzquantor formulierte Aussage heißt **Existenzaussage**, mit dem Allquantor heißt sie **Allaussage**. Eine Aussage kann aber auch mehrere Quantoren enthalten.

Die Symbolik ist in verschiedenen Lehrbüchern leider nicht einheitlich. Anstelle von „$\forall$" wird häufig „$\wedge$" und anstelle von „$\exists$" häufig „$\vee$" verwendet.

Damit kann nun der Satz *Die Gleichung* $x + 2 = 9$ *besitzt eine ganzzahlige Lösung* gebildet werden:

$$\exists x \in Z(x + 2 = 9) \quad \text{(gelesen: } \textit{Es gibt ein } x \textit{ Element von } Z\textit{, so dass } x + 2 = 9 \textit{ gilt)}$$

Diese Aussage ist wahr, wenn es eine zulässige Belegung für x gibt, für die $(x \in Z \wedge x + 2 = 9)$ wahr wird. Da $x = 7$ die Gleichung erfüllt und ganzzahlig ist, ist die Aussage also wahr.

Dagegen ist die folgende Aussage falsch:

$$\forall x \in Z(x + 2 = 9) \quad \text{(gelesen: } \textit{Für alle } x \textit{ Element von } Z \textit{ gilt } x + 2 = 9\text{)}$$

Um das zu zeigen, muss lediglich ein Gegenbeispiel angegeben werden, zum Beipiel $x = 1$.

Beispiele

- Die Aussage

  $$\forall x \in Z\ (x + 1 > x)$$

  ist wahr, weil die Ungleichung durch Subtraktion von x auf beiden Seiten äquivalent in $1 > 0$ umgeformt werden kann. Die angegebene Ungleichung ist also tatsächlich **für jedes** $x \in Z$ erfüllt.

- Die Aussage

  $$\forall x \in Z\ (x > 1)$$

  ist falsch, weil zum Beispiel $x = 0$ kleiner als 1 ist.

Anhand dieser Beispiele können Sie erkennen, dass die Wiederlegung von Allaussagen prinzipiell einfach dadurch erfolgt, dass man ein Gegenbeispiel angibt. Der Beweis von Allaussagen ist dagegen im Allgemeinen erheblich aufwändiger, weil man prinzipiell beweisen muss, dass die Aussage wirklich **für alle** zulässigen Belegungen der Variablen wahr ist. Im Beispiel war das relativ einfach durch Umformen der Gleichung möglich, aber diese einfache Variante funktioniert in vielen Anwendungen nicht.

In der Mathematik ist es trotzdem oftmals möglich, Allaussagen zu beweisen (vgl. auch den Abschnitt 7.1.3). Dagegen ist es in den empirischen Wissenschaften, etwa der Betriebswirtschaftslehre und der Volkswirtschaftslehre, die Aussagen über die Realität machen, prinzipiell unmöglich, Allaussagen zu beweisen (also zu verifizieren). Ein klassisches Beispiel ist die Aussage *Alle Schwäne sind weiß*. Man müsste **jeden** Schwan auf seine Farbe hin überprüfen und könnte sich nie sicher sein, nicht doch noch irgendwann einmal einen nicht weißen Schwan zu finden. Dagegen reicht es aus, einen einzigen Schwan zu finden, der nicht weiß ist, um die Aussage zu widerlegen (also zu falsifizieren). Empirische Allaussagen sind also **falsifizierbar**, aber nicht **verifizierbar**. Übrigens sind australische Schwäne schwarz.

Negation von All- und Existenzaussagen

Durch die Negation einer Allaussage entsteht eine Existenzaussage und umgekehrt. Das kann man sich zunächst anhand von Beispielen klarmachen. Die Negation von *Alle Menschen können lesen* ist *Es gibt einen Menschen, der nicht lesen kann*, denn die zweite Aussage ist genau dann wahr, wenn die erste Aussage falsch ist. Die Negation von *Es gibt einen Menschen, der lesen kann* ist *Alle Menschen können nicht lesen*, denn auch hier ist die zweite Aussage genau dann wahr, wenn die erste Aussage falsch ist.

Anhand der Beispiele kann man auch erkennen, dass die Aussageform selbst negiert werden muss. Zum Beispiel wird aus *lesen* bei der Negation *nicht lesen*.

> Eine Allaussage wird durch Negation der Aussageform und Ersetzung des Allquantors durch den Existenzquantor negiert. Eine Existenzaussage wird durch Negation der Aussageform und Ersetzung des Existenzquantors durch den Allquantor negiert.

Rufen Sie sich noch einmal in Erinnerung, dass die Negation einer Aussage genau dann wahr ist, wenn die Aussage selbst falsch ist. Um zu zeigen, dass eine Aussage wahr ist, kann man also zeigen, dass ihre Negation falsch ist. Um zu zeigen, dass eine Aussage falsch ist, kann man entsprechend zeigen, dass ihre Negation wahr ist.

Beispiele

- Die Negation der falschen Aussage $\forall x \in Z\ (x > 3)$ ist die folgende wahre Aussage:

  $$\exists x \in Z\ (x \leqq 3)$$

  Die Negation lässt sich durch Angabe eines Beispiels beweisen, etwa $x = 1$.

- Die Negation der falschen Aussage $\exists x \in Z\ (x^2 \leqq -9)$ ist die folgende wahre Aussage:

  $$\forall x \in Z\ (x^2 > -9)$$

  Die Wahrheit der Negation folgt in diesem Beispiel daraus, dass das Quadrat einer Zahl stets nichtnegativ ist.

Aufgaben

7.9 Liegt eine Aussage vor? Wenn ja, ist sie wahr?

$(a)\ x + 15 = 20;\ (b)\ \forall x \in Z\ (x + 15 = 20);\ (c)\ \exists x \in Z\ (x + 15 = 20);\ (d)\ \exists x \in Z\ (x + 15{,}5 = 20).$

7.10 Formulieren Sie die folgenden Aussagen symbolisch und bestimmen Sie den Wahrheitswert: (a) *Es gibt eine reelle Zahl, deren Quadrat gleich 100 ist.* (b) *Alle natürlichen Zahlen sind kleiner als ihr Quadrat.*

7.11 Negieren Sie die folgenden Aussagen und geben Sie alle Wahrheitswerte an:

$$(a)\ \forall x \in Z\ (x \geqq 0); \quad (b)\ \exists x \in Z\ (x^2 = -4).$$

7.12 Negieren Sie den Satz *In der Nacht sind alle Katzen grau.*

7.13 Aussagen können auch mit gemischten Quantoren formuliert werden. Seien $A_i(p_1, \ldots, p_n)$ für $i = 1, \ldots, n$ die Angebotsfunktionen der Güter $i = 1, \ldots, n$ und $N_i(p_1, \ldots, p_n)$ die entsprechenden Nachfragefunktionen. Formulieren Sie die Aussage *In einer Volkswirtschaft existiert stets ein System nichtnegativer Preise, so dass für jedes der n Güter Angebot und Nachfrage ausgeglichen sind* mit Quantoren symbolisch und geben Sie auch ihr Gegenteil an.

Lösungen

7.9 (a) ist keine Aussage, sondern eine Aussageform. (b) ist eine falsche Aussage, weil jede ganze Zahl x außer 5 ein Gegenbeispiel ist. (c) ist eine wahre Aussage, weil $x = 5$ eine ganzzahlige Lösung ist. (d) ist eine falsche Aussage, weil die einzige Lösung $x = 4{,}5$ nicht ganzzahlig ist.

7.10 (a) $\exists x \in R\ (x^2 = 100)$ ist wahr, weil es sogar zwei reelle Zahlen gibt, die die Bedingung erfüllen, nämlich 10 und -10. (b) $\forall x \in N\ (x < x^2)$ ist falsch, weil $1 = 1^2$ ist.

7.11 (a) Das Gegenteil ist $\exists x \in Z\ (x < 0)$. Es ist wahr, weil jede negative ganze Zahl die Bedingung erfüllt. Damit ist die Aussage in (a) falsch. (b) Das Gegenteil ist $\forall x \in Z\ (x^2 \neq -4)$. Es ist wahr, weil das Quadrat einer Zahl nicht negativ sein kann. Damit ist die Aussage in (b) falsch.

7.12 *Es gibt (mindestens) eine Katze, die in der Nacht nicht grau ist.*

7.13 Die Aussage lautet in symbolischer Form:

$$\exists (p_1, \ldots, p_n) \in R^n_+ (\forall i \in \{1, \ldots, n\} (A_i(p_1, \ldots, p_n) = N_i(p_1, \ldots, p_n)))$$

Das Gegenteil der Aussage ist, dass es bei jedem Preissystem mindestens ein Gut gibt, für das kein Ausgleich zwischen Angebot und Nachfrage entsteht:

$$\forall (p_1, \ldots, p_n) \in R^n_+ (\exists i \in \{1, \ldots, n\} (A_i(p_1, \ldots, p_n) \neq N_i(p_1, \ldots, p_n)))$$

7.1.3 Mathematische Beweistechniken

Beweislogik

Ein mathematischer Satz ist eine Aussage der Art *Wenn die Annahmen A erfüllt sind, dann gilt B.* Sie haben bereits gelernt, dass eine solche Folgerung **Implikation** genannt wird. Eine Implikation liegt vor, wenn aus der Wahrheit des Vordergliedes A die Wahrheit des Hintergliedes B folgt. Sie wird durch einen einseitigen Doppelpfeil dargestellt:

$$A \Rightarrow B$$

Man bezeichnet die Annahmen in A dann auch als **hinreichende Bedingungen** für B und die Aussage B als **notwendige Bedingung** für A. Denn gemäß der **Kontrapositionsregel** ist $\bar{B} \Rightarrow \bar{A}$ äquivalent zu $A \Rightarrow B$. Wenn also B nicht gilt, kann A nicht gelten, so dass B notwendig für A ist.

Die Kontrapositionsregel haben wir bereits behandelt. Unter Verwendung eines Mengendiagramms (siehe dazu ausführlicher den Abschnitt 7.2) kann man sich ihre Gültigkeit jedoch besonders gut veranschaulichen. Wenn in der Abbildung 7.1 ein Objekt a in der Menge A liegt, dann muss es auch in B liegen, das heißt, $a \in A$ impliziert $a \in B$. Das muss aber gleichbedeutend damit sein, dass, wenn ein Objekt a nicht in B liegt, es auch nicht in A liegen kann.

Im Unterschied zur bisherigen Symbolik in der Aussagenlogik verwenden wir nun A und B statt p und q, um anzudeuten, dass A und B nun anders als die elementaren Sätze p und q bereits zusammengesetzte Aussagen sein können.

Manche Sätze sind auch der Art, dass sie die **Äquivalenz** von A und B behaupten ($A \iff B$), also etwa *Genau dann, wenn die Annahmen A erfüllt sind, gilt B.* Gleichbedeutend wird die Redewendung *dann und nur dann ...* verwendet. In diesem Fall ist A notwendig und hinreichend für B (und umgekehrt).

Zwei grundlegende Beweistechniken sind der **direkte** und der **indirekte Beweis**. Beim direkten Beweis wird die Folgerung $A \Rightarrow B$ über Zwischenschritte direkt abgeleitet. Beim indirekten Beweis nutzt man die Kontrapositionsregel und beweist $\bar{B} \Rightarrow \bar{A}$. Das heißt, aus

Abbildung 7.1 Die Kontrapositionsregel

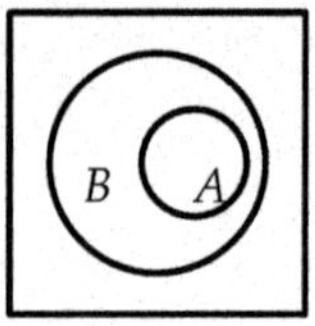

$$(a \in A \Rightarrow a \in B) \iff (a \notin B \Rightarrow a \notin A)$$

der Annahme, dass B nicht stimmt ($\bar{B}$), folgert man, dass A nicht stimmt ($\bar{A}$), also einen Widerspruch zu A (Widerspruchsbeweis). Schließlich lässt sich häufig ein Beweis über die sogenannte **vollständige Induktion** führen, wenn sich eine Aussage auf natürliche Zahlen bezieht. Im Folgenden werden diese drei Beweistechniken anhand von Beispielen erläutert.

Direkter Beweis

Wir beweisen die folgende Aussage: Wenn die ganze Zahl $n \in Z$ gerade ist, dann ist auch $n^2 \in Z$ eine gerade Zahl.

Direkter Beweis von *n gerade* $\Rightarrow$ n^2 *gerade*:

$$\begin{aligned} n \text{ gerade} &\Rightarrow n = 2k,\ k \text{ ganze Zahl} \\ &\Rightarrow n^2 = (2k)^2 = 2 \cdot (2k^2),\ 2k^2 \text{ ganze Zahl} \\ &\Rightarrow n^2 \text{ gerade} \end{aligned}$$

Indirekter Beweis

Wir beweisen die folgende Aussage: Wenn $n^2 \in Z$ eine gerade Zahl ist, dann ist auch $n \in Z$ gerade.

Indirekter Beweis von n^2 *gerade* $\Rightarrow$ *n gerade*, indem die Kontraposition *n ungerade* $\Rightarrow$ n^2 *ungerade* bewiesen wird:

$$\begin{aligned} n \text{ ungerade} &\Rightarrow n = 2k+1,\ k \text{ ganze Zahl} \\ &\Rightarrow n^2 = (2k+1)^2 = 4k^2 + 4k + 1 \\ &\Rightarrow n^2 = \underbrace{2 \cdot (2k^2 + 2k)}_{\text{gerade}} + 1 \\ &\Rightarrow n^2 \text{ ungerade} \end{aligned}$$

Wir haben mit beiden Beweisen zusammen gezeigt: Wenn n gerade ist, dann ist n^2 gerade, und wenn n^2 gerade ist, dann ist n gerade. Eine solche Implikation in beide Richtungen oder Äquivalenz drückt man durch *dann und nur dann* oder *genau dann* aus, also: *Eine Zahl $n \in Z$ ist dann und nur dann gerade, wenn n^2 gerade ist*, oder: *Eine Zahl $n \in Z$ ist genau dann gerade, wenn n^2 gerade ist.*

Beweis durch vollständige Induktion

Bei Aussagen über natürliche (oder ganze) Zahlen hilft häufig das Beweisprinzip der vollständigen Induktion, das wir zunächst anhand eines einfachen Beispiels verdeutlichen. Für eine beliebig lange Schlange von Menschen sei bekannt, dass der erste in der Schlange stehende Mensch *Karl* heißt. Außerdem sei bekannt, dass hinter jedem Menschen, der *Karl* heißt, wieder ein Mensch steht, der *Karl* heißt. Dann muss offenbar jeder Mensch in der Schlange *Karl* heißen. Die beiden Aussagen *Der erste Mensch heißt Karl* und *Hinter jedem Karl steht wieder ein Karl* implizieren also, dass alle Menschen in der Schlange *Karl* heißen.

Prinzip der **vollständigen Induktion**: $A(1), A(2), A(3), \ldots$ sei eine Reihe von Aussagen.

- Induktionsanfang: Die Wahrheit von $A(1)$ wird nachgewiesen. (Im Beispiel: *Der erste Mensch in der Schlange heißt Karl.*)
- Induktionsschritt: $A(k) \Rightarrow A(k+1)$ wird nachgewiesen. (Im Beispiel: *Auf einen Menschen namens Karl folgt stets ein Mensch namens Karl.*)
- Dann ist $A(k)$ für alle $k = 1, 2, 3, \ldots$, also für jedes $n \in N$ wahr. (Im Beispiel: *Dann müssen alle Menschen in der Schlange Karl heißen.*)

Als mathematisches Beispiel beweisen wir die folgende Aussage (**Gaußsche Summenformel**): *Die Summe der ersten n natürlichen Zahlen ist gleich* $n(n+1)/2$.

Induktionsanfang: Für $n = 1$ gilt: $1 = 1 \cdot (1+1)/2$ ist wahr.
Induktionsschritt: Wir beginnen mit der Formel für die ersten k natürlichen Zahlen und formen sie durch Addition von $k+1$ auf beiden Seiten in die Formel für die ersten $k+1$ natürlichen Zahlen um:

$$\begin{aligned} 1+2+\ldots+k &= \frac{1}{2}k(k+1) \quad \mid +(k+1) \\ 1+2+\ldots+k+(k+1) &= \frac{1}{2}k(k+1)+(k+1) = \frac{k(k+1)}{2} + \frac{2(k+1)}{2} \\ &= \frac{k(k+1)+2(k+1)}{2} = \frac{(k+2)(k+1)}{2} = \frac{1}{2}(k+1)(k+2) \end{aligned}$$

Damit ist die Aussage bewiesen, denn aus der Formel für k folgt die Formel für $k+1$.

Aufgaben

7.14 (a) Beweisen Sie die erste binomische Formel.

(b) Beweisen Sie, dass $\sqrt{2}$ keine rationale Zahl ist.

(c) Beweisen Sie, dass für $n \in N$ und $n \geqq 2$ gilt: $n+1 < 2^n$.

Lösungen

7.14 (a) Die erste binomische Formel kann durch Nachrechnen bewiesen werden (direkter Beweis):

$$(a+b)^2 = (a+b) \cdot (a+b) = a^2 + ab + ba + b^2 = a^2 + ab + ab + b^2 = a^2 + 2ab + b^2$$

(b) Wenn $\sqrt{2}$ eine rationale Zahl ist, muss sie als Bruch zweier natürlicher Zahlen p und q darstellbar sein. Zeigt man, dass $\sqrt{2}$ nicht als Bruch darstellbar ist, muss $\sqrt{2}$ irrational sein (indirekter Beweis). Nehmen wir also an, dass $\sqrt{2} = \frac{p}{q}$. Quadrieren auf beiden Seiten ergibt $2 = \frac{p^2}{q^2}$, also $2q^2 = p^2$. Quadratzahlen müssen eine gerade Anzahl an Primfaktoren haben (Beispiel: $18 = 2 \cdot 3 \cdot 3$, wobei 2, 3 und 3 die Primfaktoren sind, die nur noch durch 1 und sich selbst teilbar sind; $18^2 = 2 \cdot 3 \cdot 3 \cdot 2 \cdot 3 \cdot 3$ hat dann eine gerade Anzahl, nämlich 6 Primfaktoren). Damit folgt ein Widerspruch, denn p^2 und q^2 haben jeweils eine gerade Anzahl an Primfaktoren, während $2q^2$ mit der 2 einen zusätzlichen Primfaktor, also eine ungerade Anzahl hat, so dass $2q^2$ ungleich p^2 sein muss. Daher ist $\sqrt{2}$ nicht als Bruch darstellbar und folglich irrational.

(c) Diese Aussage beweisen wir durch vollständige Induktion. Induktionsanfang: Für $n = 1$ gilt die Aussage nicht ($1 + 1 = 2^1$), der Induktionsanfang liegt bei $n = 2$: $2 + 1 < 2^2$ ist wahr. Induktionsschritt:

$$k + 1 < 2^k \quad | \cdot 2$$
$$2k + 2 < 2^{k+1} \quad \Longleftrightarrow \quad k + k + 2 < 2^{k+1}$$
$$k + 2 < k + k + 2 < 2^{k+1} \text{ (weil } k \geqq 2\text{), also: } (k+1) + 1 < 2^{k+1}$$

7.2 Mengen

Definition und Schreibweise

Eine **Menge** A ist eine spezifische Zusammenstellung von unterscheidbaren Elementen. Für jedes Element a muss eindeutig entschieden werden können, ob es zur Menge gehört oder nicht. Dabei werden folgende Schreibweisen verwendet:

$$a \in A : a \text{ ist Element von } A$$
$$a \notin A : a \text{ ist nicht Element von } A$$

Eine Menge, die kein Element enthält, heißt **leere Menge** und wird mit $\emptyset$ oder $\{\}$ bezeichnet.

Beispiele

- $A = \{1; 2; 3\}$, dann ist $2 \in A$, aber $4 \notin A$.
- $A = \{a \mid a^2 = 1\} = \{-1; 1\}$, gelesen: *A ist die Menge aller Elemente a, für die gilt* $a^2 = 1$. Der senkrechte Strich in der Mengenklammer ist also zu deuten als *für die gilt*.
- $A = \{1; 1; 1; 2; 3\}$ ist keine Menge, da nicht alle Elemente unterscheidbar sind.
- $A = \{x \mid x \text{ ist Einwohner von Deutschland}\}$ ist eine Menge.

Teilmengen

Sind A und B Mengen, so heißt A eine **Teilmenge** $A \subset B$ von B, wenn jedes Element von A auch Element von B ist. Ist A keine Teilmenge von B, so wird das durch $A \not\subset B$ dargestellt. Beziehungen zwischen Mengen lassen sich am besten mittels sogenannter **Venn-Diagramme** darstellen (nach dem englischen Mathematiker John Venn). In der Abbildung 7.2 bilden die Kreise die Mengen, das äußere Rechteck die Grundmenge, in der alle anderen betrachteten Mengen liegen. Wenn A und B zum Beispiel Mengen bestimmter natürlicher Zahlen wären, so würde die Grundmenge aus allen natürlichen Zahlen bestehen.

Abbildung 7.2 Teilmengen in Venn-Diagrammen

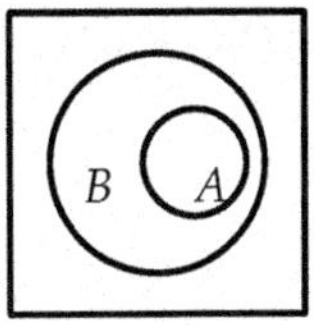

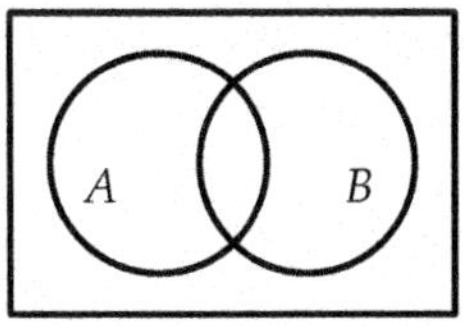

$A \subset B \iff \forall a(a \in A \rightarrow a \in B)$ $A \not\subset B \iff \exists a(a \in A \wedge a \notin B)$

Im linken Teil der Abbildung ist A eine Teilmenge von B, weil A komplett in B liegt. Wenn $A \subset B$ ist, kann man das auch mit den Symbolen der Logik aus dem letzten Abschnitt darstellen. Für alle a muss wahr sein, dass, wenn $a \in A$ ist, auch $a \in B$ ist. Im rechten Teil der Abbildung gibt es Elemente von A, die nicht in B liegen, also ist $A \not\subset B$.

Beispiele

- $A = \{1;2;3\}$, $B = \{1;2;3;4;5\}$, dann ist $A \subset B$ und $B \not\subset A$.
- $A = \{1;2;3\}$, $B = \{1;2;3\}$, dann ist $A \subset B$ und $B \subset A$, also $A = B$.
- Es gilt stets: $A \subset A$ und $\emptyset \subset A$.

Schnittmengen

Sind A und B Mengen, so heißt die Menge aller Elemente, die sowohl in A als auch in B liegen, die **Schnittmenge** $A \cap B$ von A und B (gelesen: A *geschnitten* B). Im linken Teil der Abbildung 7.3 stellt die graue Fläche die Schnittmenge von A und B dar. Im rechten Teil der Abbildung ist die Schnittmenge leer. In diesem Fall heißen A und B **teilerfremd** oder **disjunkt**.

Abbildung 7.3 Schnittmengen in Venn-Diagrammen

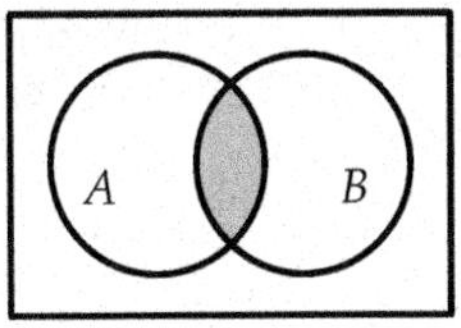

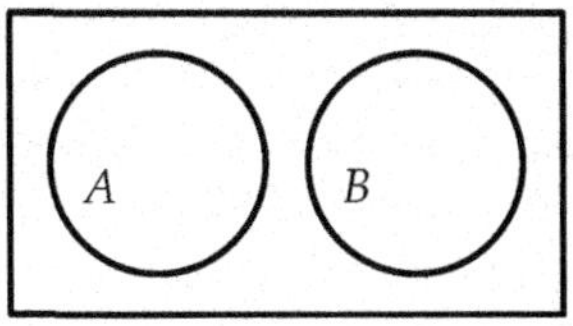

$A \cap B = \{a \mid a \in A \wedge a \in B\}$ $A \cap B = \emptyset$

Beispiele

- $A = \{1;2;3\}$, $B = \{1;2;3;4;5\}$, dann ist $A \cap B = \{1;2;3\}$.

- $A = \{1;2;3\}$, $B = \{5;7\}$, dann ist $A \cap B = \emptyset$.
- $A \cap A = A$; $A \cap \emptyset = \emptyset$; $A \subset M \Rightarrow A \cap M = A$.
- Es gelten Kommutativität und Assoziativität: $A \cap B = B \cap A$; $(A \cap B) \cap C = A \cap (B \cap C)$.

Vereinigungsmengen

Sind A und B Mengen, so heißt die Menge aller Elemente, die in A oder in B liegen, die **Vereinigungsmenge** $A \cup B$ von A und B (gelesen: A *vereinigt* B). Hier ist das logische nicht-ausschließliche *oder* gemeint, zu $A \cup B$ gehören also auch die Elemente, die sowohl in A als auch in B liegen. In der Abbildung 7.4 stellen die grau schraffierten Bereiche jeweils die Vereinigungsmengen von A und B dar.

Abbildung 7.4 Vereinigungsmengen in Venn-Diagrammen

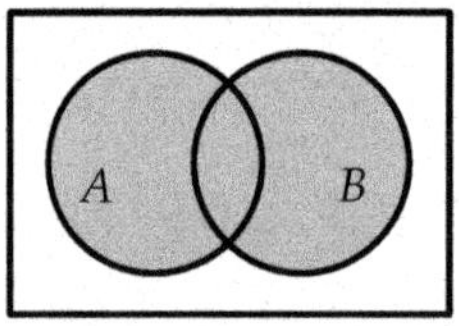

$A \cup B = \{a \mid a \in A \vee a \in B\}$

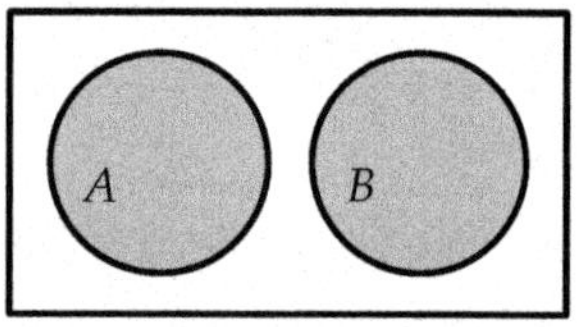

$A \cup B = \{a \mid a \in A \vee a \in B\}$

Beispiele

- $A = \{1;2;3\}$, $B = \{1;2;3;4;5\}$, dann ist $A \cup B = \{1;2;3;4;5\}$.
- $A = \{1;2;3\}$, $B = \{5;7\}$, dann ist $A \cup B = \{1;2;3;5;7\}$.
- $A \cup A = A$; $A \cup \emptyset = A$; $A \subset M \Rightarrow A \cup M = M$.
- Es gelten Kommutativität und Assoziativität: $A \cup B = B \cup A$; $(A \cup B) \cup C = A \cup (B \cup C)$.

Differenzmengen

Sind A und B Mengen, so heißt die Menge aller Elemente, die in A, aber nicht in B liegen, die **Differenzmenge** $A \setminus B$ (oder: $A - B$) von A und B (gelesen: A *ohne* B). In der Abbildung 7.5 stellen die schraffierten Bereiche jeweils Differenzmengen dar.

Beispiele

- $A = \{1;2;3\}$, $B = \{1;2;3;4;5\}$, dann ist $A \setminus B = \emptyset$.
- $A = \{1;2;3;4\}$, $B = \{2;4\}$, dann ist $A \setminus B = \{1;3\}$.
- $A \subset M \Rightarrow A \setminus M = \emptyset$.
- $A \setminus A = \emptyset$; $A \setminus \emptyset = A$.

Abbildung 7.5 Differenzmengen in Venn-Diagrammen

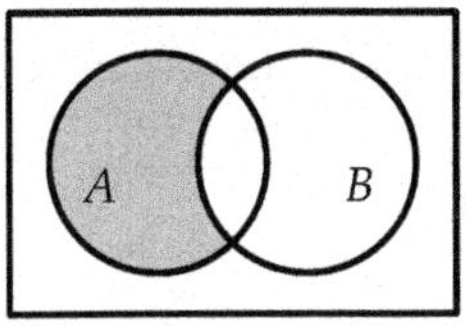

$A \setminus B = \{a \mid a \in A \wedge a \notin B\}$

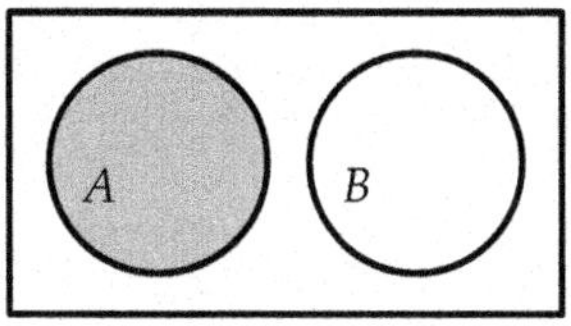

$A \setminus B = \{a \mid a \in A \wedge a \notin B\}$

Komplementärmengen

Alle Mengen sind letztlich Teilmengen einer (generellen) Grundmenge. Zum Beispiel sind die Mengen $\{1;2;3\}$ und $\{1;2;3;4;5\}$ Teilmengen der natürlichen Zahlen. Ist A eine Menge und M die entsprechende Grundmenge, so heißt $\overline{A}_M = M \setminus A$ (kurz: $\overline{A}$) die **Komplementärmenge** von A bezüglich M. In der Abbildung 7.6 stellt das äußere Rechteck die Grundmenge dar, in der A liegt. Der schraffierte Bereich ist die Komplementärmenge von A bezüglich der Grundmenge M. Komplementärmengen sind spezielle Differenzmengen.

Abbildung 7.6 Komplementärmenge im Venn-Diagramm

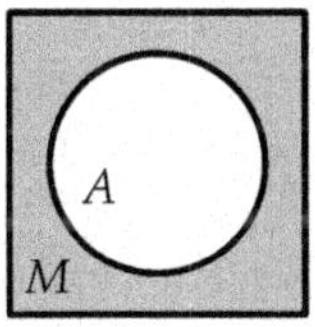

$\overline{A}_M = \{a \in M \mid a \notin A\}$

Beispiele

- $A = \{1;2;3\}$, $M = \{1;2;3;4;5\}$, dann ist $\overline{A}_M = \{4;5\}$.
- $\overline{M}_M = \emptyset$.
- Wenn $A \subset M$, dann gilt: $A \cap \overline{A}_M = \emptyset$, $A \cup \overline{A}_M = M$.

Zahlenmengen und Intervalle

Die wichtigsten Mengen in der Mathematik sind die Zahlenmengen, die bereits im Kapitel 1 dargestellt worden sind. Dort finden Sie auch die Definition von Intervallen (vgl. S. 1 bis 2).

Kartesisches Produkt

Eine Anordnung von Objekten der Form (a_1, a_2), bei der die Reihenfolge (anders als bei Mengen) eine Rolle spielt, heißt 2-Tupel. Handelt es sich um $n > 2$ Objekte, so spricht man allgemein von n-Tupeln.

Sind zwei Mengen A_1 und A_2 gegeben, so heißt die Menge

$$A_1 \times A_2 = \{(a_1, a_2) \mid a_1 \in A_1, a_2 \in A_2\}$$

aller 2-Tupel, bei denen das erste Obekt aus A_1 und das zweite Objekt aus A_2 ist, das **kartesische Produkt** von A_1 und A_2 (gelesen: A_1 *kreuz* A_2).

Zwei 2-Tupel (a_1, a_2) und (b_1, b_2) sind genau dann gleich, wenn $a_1 = b_1$ und $a_2 = b_2$. Im Allgemeinen ist $A_1 \times A_2 \neq A_2 \times A_1$.

Beispiele

- Von besonderer Bedeutung ist das kartesische Produkt der reellen Zahlen mit sich selbst:

  $$R^2 = R \times R = \{(x_1, x_2) \mid x_1 \in R, x_2 \in R\}$$

  ist der zweidimensionale Raum R^2 (alle Punkte der Zahlenebene), entsprechend repräsentiert der Raum R^3 alle Punkte des dreidimensionalen Raumes. Allgemein stellt R^n den n-dimensionalen Raum dar.

- Repräsentiert R die möglichen Bruttoeinkommen, N_0 die möglichen Anzahlen der Kinder und $A = \{0, 1, 2\}$ den möglichen Familienstand (ledig, verheiratet, geschieden), so enthält das kartesische Produkt $R \times N_0 \times A$ alle möglichen Kombinationen zur Beschreibung einer Person anhand dieser Kriterien. Das 3-Tupel $(50.000, 1, 2)$ bedeutet etwa, dass die betreffende Person ein Einkommen von 50.000 € sowie ein Kind hat und geschieden ist.

Aufgaben

7.15 Gegeben sind die Mengen $A = \{-1, 0, 1, 3, 4\}$, $B = \{-2, -1, 0, 3, 5\}$, $C = N$, $D = R$ und $E = \{x \in R \mid x \geqq -1\}$.

(a) Berechnen Sie die Schnittmengen aller möglichen Paare unterschiedlicher Mengen sowie die Schnittmenge aller angegebenen Mengen.

(b) Berechnen Sie die Vereinigungen aller möglichen Paare unterschiedlicher Mengen sowie die Vereinigung aller angegebenen Mengen.

(c) Bestimmen Sie die Komplemente aller angegebenen Mengen bezüglich R.

(d) Gehen Sie davon aus, dass A und B Teilmengen von Z sind, und verifizieren Sie die folgenden allgemeingültigen Regeln für die angegebenen Mengen A, B und C:

$$\begin{aligned}
\text{Distributivgesetze:} \quad & A \cup (B \cap C) = (A \cup B) \cap (A \cup C) \\
& A \cap (B \cup C) = (A \cap B) \cup (A \cap C) \\
\text{de Morgansche Gesetze:} \quad & \overline{A \cup B} = \overline{A} \cap \overline{B} \\
& \overline{A \cap B} = \overline{A} \cup \overline{B}
\end{aligned}$$

7.16 Zeichnen Sie im (x, y)-Koordinatensystem folgende Mengen ein:

(a) $\{(x,y) \in R^2 \mid x = 1\}$; (b) $\{(x,y) \in R^2 \mid y \geqq 2\}$;

(c) $\{(x,y) \in R^2 \mid 0 \leqq x \leqq 1,\ 0 \leqq y \leqq 2\}$; (d) das kartesische Produkt $[0,1] \times [0,2]$;

(e) $\{(x,y) \in R^2 \mid 0 \leqq x < 1,\ 0 \leqq y \leqq 2\}$; (f) das kartesische Produkt $[0,1) \times [0,2]$.

7.17 Eine Volkswirtschaft verfügt über insgesamt 100 Arbeitseinheiten pro Jahr. Zur Herstellung eines Quadratmeters Tuch (T) benötigt sie 10 Arbeitseinheiten, zur Herstellung eines Liters Wein (W) sind 5 Arbeitseinheiten erforderlich.

(a) Nehmen Sie an, es wird nur Tuch (nur Wein) produziert. Geben Sie die Menge aller pro Jahr erzeugbaren Quadratmeter Tuch (Liter Wein) an. Unterstellen Sie zunächst, beide Gütermengen seien nur in ganzzahligen Mengen produzierbar, und anschließend beliebige Teilbarkeit.

(b) Welche der folgenden Gütermengenkombinationen (T, W) sind produzierbar: (5,5), (10,10), (15,20), (20,0), (0,20), (-1,6)?

(c) Wie lautet die Menge aller produzierbaren Gütermengenkombinationen?

Lösungen

7.15 (a) $A \cap B = \{-1,0,3\}$; $A \cap C = \{1,3,4\}$; $A \cap D = A$; $A \cap E = A$; $B \cap C = \{3,5\}$; $B \cap D = B$; $B \cap E = \{-1,0,3,5\}$; $C \cap D = C$; $C \cap E = C$; $D \cap E = E$; $A \cap B \cap C \cap D \cap E = \{3\}$;

(b) $A \cup B = \{-2,-1,0,1,3,4,5\}$; $A \cup C = \{-1,0,1,2,3,\ldots\}$; $A \cup D = D$; $A \cup E = E$; $B \cup C = \{-2,-1,0,1,2,3,\ldots\}$; $B \cup D = D$; $B \cup E = \{x \in R \mid x = -2 \vee x \geqq -1\}$; $C \cup D = D$; $C \cup E = E$; $D \cup E = D$; $A \cup B \cup C \cup D \cup E = R$;

(c) $\bar{A} = \{x \in R \mid x \notin A\}$; $\bar{B} = \{x \in R \mid x \notin B\}$; $\bar{C} = \{x \in R \mid x \notin C\}$; $\bar{D} = \emptyset$; $\bar{E} = \{x \in R \mid x < -1\}$;

(d) Wir berechnen $A \cup (B \cap C)$ und $(A \cup B) \cap (A \cup C)$ und kommen zum selben Ergebnis:

$$A \cup (B \cap C) = A \cup \{3,5\} = \{-1,0,1,3,4,5\}$$
$$(A \cup B) \cap (A \cup C) = \{-2,-1,0,1,3,4,5\} \cap \{-1,0,1,2,3,\ldots\} = \{-1,0,1,3,4,5\}$$

Analog lässt sich zeigen, dass:

$$A \cap (B \cup C) = (A \cap B) \cup (A \cap C) = \{-1,0,1,3,4\}$$
$$\overline{A \cup B} = \overline{A} \cap \overline{B} = \{\ldots,-4,-3,2,6,7,8,\ldots\}$$
$$\overline{A \cap B} = \overline{A} \cup \overline{B} = \{\ldots,-4,-3,-2,1,2,4,5,6,7,\ldots\}$$

7.16 Siehe die Abbildung 7.7. Die Mengen in (c) und (d) sowie in (e) und (f) stimmen jeweils überein. In der Abbildung für (e) und (f) verdeutlicht die gestrichelte Linie, dass alle Punkte mit $x = 1$ nicht zur gesuchten Menge gehören.

7.17 (a) Wenn nur Tuch produziert wird, können maximal $100/10 = 10$ Einheiten produziert werden, da pro Quadratmeter 10 Arbeitseinheiten benötigt werden. Man sagt, der Inputkoeffizient der Arbeit in der Tuchproduktion ist gleich 10. Allgemein werden für T Quadratmeter Tuch also $10T$ Arbeitseinheiten benötigt. Die produzierbaren Stückzahlen ergeben sich daher aus

$$10T \leqq 100, \quad \text{also} \quad T \leqq 10.$$

Da keine negativen Stückzahlen produziert werden können, lauten die gesuchten Mengen:

$$\{T \in Z \mid 0 \leqq T \leqq 10\} \quad \text{bei Ganzzahligkeit und} \quad \{T \in R \mid 0 \leqq T \leqq 10\} \quad \text{bei Teilbarkeit}$$

Analog folgt aus $5W \leqq 100$ für die Weinproduktion:

$$\{W \in Z \mid 0 \leqq W \leqq 20\} \quad \text{bei Ganzzahligkeit und} \quad \{W \in R \mid 0 \leqq W \leqq 20\} \quad \text{bei Teilbarkeit}$$

(b) Man benötigt $10T$ Arbeitseinheiten für Tuch und $5W$ Arbeitseinheiten für Wein, insgesamt also $10T + 5W$ Arbeitseinheiten. Sie müssen nun lediglich alle Kombinationen einsetzen und prüfen, ob nicht mehr als die zur Verfügung stehenden 100 Arbeitseinheiten benötigt werden. Für $(5,5)$ erhält man $10 \cdot 5 + 5 \cdot 5 = 75 < 100$, so dass die Kombination produzierbar ist. Dagegen ist $(10,10)$ nicht möglich, weil dazu 150 Arbeitseinheiten erforderlich wären. Auch $(15,20)$ und $(20,0)$ sind nicht möglich, $(0,20)$ dagegen schon. Schließlich ist $(-1,6)$ nicht möglich, weil die Produktionsmengen nichtnegativ sein müssen.

(c) Aus $10T + 5W \leqq 100$ sowie $T \geqq 0$ und $W \geqq 0$ folgt für die gesuchte Menge der Produktionsmöglichkeiten im Fall der Ganzzahligkeit:

$$\{(T,W) \in Z^2 \mid 10T + 5W \leqq 100,\ T \geqq 0,\ W \geqq 0\}$$

Bei beliebiger Teilbarkeit ersetzt man Z^2 durch R^2.

Abbildung 7.7 Lösungen zur Aufgabe 7.16

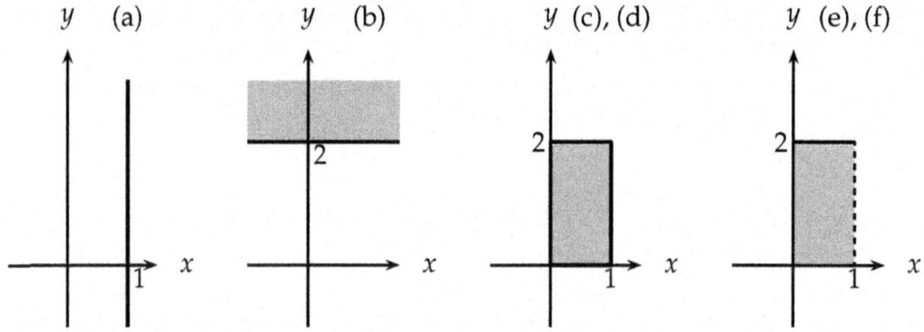

7.3 Iterative Nullstellenbestimmung

Gleichungen und Nullstellen

Das Lösen von Gleichungen spielt in der Mathematik und auch in diesem Buch eine wichtige Rolle. So müssen in der Finanzmathematik Gleichungen nach dem Zinssatz oder der Laufzeit aufgelöst werden, und in der Differentialrechnung werden Nullstellen von Funktionen und Ableitungen berechnet, um Extrema und Wendepunkte zu bestimmen.

Allgemein kann jede Gleichung durch einfaches Umformen in eine derartige Gestalt gebracht werden, dass auf einer Seite eine 0 steht. Betrachten wir beispielhaft die Gleichung:

$$0{,}1x^5 + x = 2$$

Wird nun auf beiden Seiten 2 subtrahiert, steht auf der rechten Seite eine 0. Die Lösung dieser Gleichung kann jetzt als **Nullstellensuche** formuliert werden:

$$0{,}1x^5 + x - 2 = 0$$

Leider gibt es nicht für alle Gleichungen einfache Verfahren, durch Umformungen die Nullstellen zu bestimmen. In den Abschnitten 1.5 und 4.3.2 sind zwar einige Ansätze zum Beispiel für lineare und quadratische Gleichungen vorgestellt worden, insbesondere für **nichtlineare Gleichungen** existiert jedoch in der Regel keine entsprechende Standardprozedur. Abhilfe kann ein sogenanntes **Iterationsverfahren** oder **numerisches Verfahren** schaffen, das mittels **systematischen Probierens** in den meisten Fällen eine Lösung findet.

Die Regula Falsi

Als grundlegendes numerisches Verfahren wird die **Regula Falsi** anhand der Abbildung 7.8 für die Funktion $f(x) = 0{,}1x^5 + x - 2$ erklärt, für die eine Nullstelle x_0 gesucht wird.

- Das **Regula-Falsi-Verfahren** startet mit der Suche nach zwei Stellen x_1 und x_2, für die die Funktionswerte unterschiedliche Vorzeichen haben. Für eine stetige Funktion kann aus diesen unterschiedlichen Vorzeichen geschlossen werden, dass irgendwo zwischen diesen beiden Werten mindestens eine Nullstelle liegen muss (das ist der **Nullstellensatz von Bolzano**, nach dem böhmischen Mathematiker und Philosophen Bernardus Bolzano).

  Wir starten hier mit $x_1 = 0$ und $y_1 = f(0) = -2$ sowie mit $x_2 = 2$ und $y_2 = f(2) = 3{,}2$.

Abbildung 7.8 Die Regula Falsi

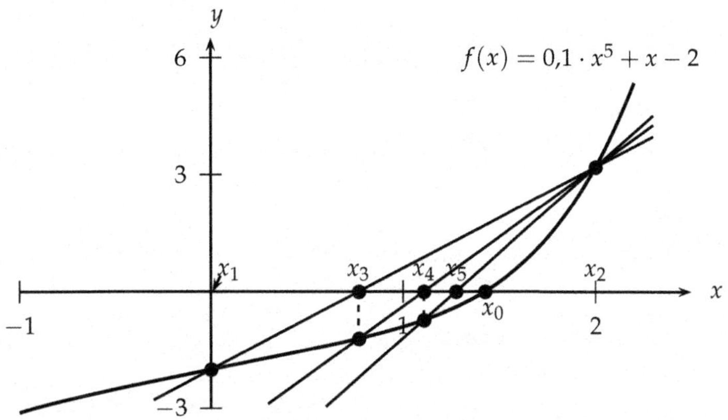

- Im zweiten Schritt werden diese beiden Punkte $(0/-2)$ und $(2/3{,}2)$ durch eine Sekante (Gerade) miteinander verbunden. Der Schnittpunkt dieser Sekante mit der x-Achse ist dann der neue Näherungswert x_3 für die Nullstelle mit dem Funktionswert $y_3 = f(x_3)$.
- Mit diesem neuen Näherungswert x_3 und demjenigen der beiden Startwerte, bei dem der Funktionswert ein zu y_3 unterschiedliches Vorzeichen hat, wird der zweite Schritt nun wiederholt.
- Das Verfahren endet, wenn durch Wiederholungen des zweiten Schrittes eine beliebige angestrebte Genauigkeit erreicht ist. Mögliche **Abbruchkriterien** sind: $|f(x_n)| < \varepsilon_1$ und/oder $|x_n - x_{n-1}| < \varepsilon_2$, wobei $\varepsilon_1 > 0$ und $\varepsilon_2 > 0$ zwei kleine, vorgegebene reelle Zahlen und x_n die n-te Näherung für die gesuchte Nullstelle sind ($||$ sind die Betragsstriche). Die Genauigkeit der Nullstelle wird im Allgemeinen umso höher sein, je kleiner $\varepsilon_1 > 0$ und $\varepsilon_2 > 0$ gewählt werden. Wir verwenden im Folgenden stets das (in Anwendungen allerdings oft zu ungenaue) Abbruchkriterium $|f(x_n)| < 0{,}01$.

Kommen wir nun zur Berechnung der neuen Näherungsstelle x_3. Mit der auf der Seite 136 angegebenen **2-Punkte-Formel** haben wir bereits eine Formel kennengelernt, mit der aus zwei gegebenen Punkten (x_1/y_1) und (x_2/y_2) die durch diese Punkte verlaufende Sekante (Gerade) berechnet werden kann:

$$y = \frac{y_2 - y_1}{x_2 - x_1} \cdot x + \frac{x_2 y_1 - x_1 y_2}{x_2 - x_1}$$

Zur Erinnerung: Der Term vor dem x beschreibt die Steigung, und der konstante hintere Term den Ordinatenabschnitt. Der neue Näherungswert, die Nullstelle x_3 dieser Sekante, berechnet sich nun, indem der y-Wert gleich 0 gesetzt und nach x aufgelöst wird:

$$0 = \frac{y_2 - y_1}{x_2 - x_1} \cdot x_3 + \frac{x_2 y_1 - x_1 y_2}{x_2 - x_1}$$

Subtraktion des konstanten Terms, Division mit der Steigung und Kürzen ergeben den neuen Näherungswert des Regula-Falsi-Verfahrens.

(Regula Falsi) Der neue Näherungswert der Nullstelle einer stetigen Funktion berechnet sich durch:

$$x_3 = \frac{x_1 y_2 - x_2 y_1}{y_2 - y_1}$$

Mit dieser Formel ergibt sich für das Beispiel mit den beiden Startwerten $(x_1/y_1) = (0/-2)$ und $(x_2/y_2) = (2/3{,}2)$ der erste Näherungswert durch:

$$x_3 = \frac{0 \cdot 3{,}2 - 2 \cdot (-2)}{3{,}2 - (-2)} = 0{,}77$$

Mit diesem Näherungswert werden im zweiten Schritt zwei neue Startwerte definiert, aus denen ein weiterer Näherungswert berechnet werden kann. In der nachfolgenden Tabelle können Sie erkennen, dass die beiden neuen Startwerte immer unterschiedliche Vorzeichen haben. Das Verfahren ist nach 9 Schritten beendet, weil hier eine Genauigkeit von 2 Dezimalstellen vorgegeben wurde. (In diesem Verfahren ist $x_n = x_{k+2} = x_{11}$, weil nach 9 Schritten 11 Werte für x einschließlich der beiden Startwerte berechnet worden sind. Wegen $|f(x_{11})| < 0{,}01$ ist das Abbruchkriterium erfüllt.) Der Wert $x = 1{,}42$ ist demnach eine Näherung einer Nullstelle der Funktion $f(x) = 0{,}1x^5 + x - 2$.

Schritte (k)	x_k	y_k	x_{k+1}	y_{k+1}	x_{k+2}	y_{k+2}
1	0,00	−2,00	2,00	3,20	0,77	−1,20
2	0,77	−1,20	2,00	3,20	1,11	−0,73
3	1,11	−0,73	2,00	3,20	1,27	−0,40
4	1,27	−0,40	2,00	3,20	1,35	−0,20
5	1,35	−0,20	2,00	3,20	1,39	−0,09
6	1,39	−0,09	2,00	3,20	1,41	−0,04
7	1,41	−0,04	2,00	3,20	1,41	−0,02
8	1,41	−0,02	2,00	3,20	1,42	−0,01
9	1,42	−0,01	2,00	3,20	1,42	0,00

Die Konvergenz der Regula Falsi gegen eine Nullstelle ist abhängig von den Startwerten. Je näher diese an der Nullstelle liegen, um so schneller konvergiert das Verfahren (nähert sich schneller der Nullstelle). Viele Funktionen haben mehrere Nullstellen, von denen die Regula Falsi abhängig von den Startwerten nur eine findet. Ist die betrachtete Funktion stetig und liegt im Startintervall eine Nullstelle, so **konvergiert** die Regula Falsi **sicher**. In einer der Aufgaben führt ein unterschiedlicher Startwert zu einer anderen Nullstelle.

Aufgaben

7.18 Berechnen Sie die Nullstellen der folgenden Funktionen mit der Regula Falsi für eine Genauigkeit von zwei Dezimalstellen ($|f(x_n)| < 0{,}01$). Geeignete Startwerte sind vorgegeben.
(a) $f(x) = x^3 - x - 5; x_1 = 0; x_2 = 2;$ (b) $f(x) = x^3 - 2x - 2; x_1 = 0; x_2 = 2;$
(c) $f(x) = x^2 - 4; x_1 = 1; x_2 = 3;$ (d) $f(x) = x^2 - 4; x_1 = -1; x_2 = -3.$

Lösungen

7.18 (a) $x_0 = 1{,}904$; (b) $x_0 = 1{,}769$; (c) $x_0 = 2$; (d) $x_0 = -2$. Die unterschiedlichen Lösungen der Aufgaben (c) und (d) zeigen die Startwertabhängigkeit des Verfahrens. Weil wir in (c) in der Nähe der Nullstelle $x_0 = 2$ starten, finden wir diese auch. In (d) starten wir in der Nähe der verbleibenden Nullstelle dieser quadratischen Funktion.

Das Sekantenverfahren

Zur Regula Falsi gehört, bei jedem Schritt zu überprüfen, welcher der beiden Startwerte ein anderes Vorzeichen von $f(x)$ liefert als die gefundene Näherung für die Nullstelle.

(Sekantenverfahren) Hier wird auf die Vorzeichenüberprüfung verzichtet und eine Nullstelle von $f(x)$ nur durch die folgende Folge von Näherungswerten gesucht:

$$x_{k+1} = x_k - f(x_k)\frac{x_k - x_{k-1}}{f(x_k) - f(x_{k-1})}$$

Der $(k+1)$-te Näherungswert wird also aus den beiden vorangehenden Werten bestimmt, so dass für die erste Berechnung zwei Startwerte gewählt werden müssen.

Das Sekantenverfahren hat gegenüber der Regula Falsi den Vorteil der einfacheren Anwendung, allerdings auch den Nachteil, dass es nicht immer konvergiert.

Wenn Sie die Formel für die Regula Falsi umschreiben, erkennen Sie, dass sich die angegebene Folge von Näherungswerten des Sekantenverfahrens direkt daraus ergibt:

$$\begin{aligned} x_3 &= \frac{x_1y_2 - x_2y_1}{y_2 - y_1} = \frac{x_2y_2 - x_2y_1 - x_2y_2 + x_2y_1 + x_1y_2 - x_2y_1}{y_2 - y_1} \\ &= \frac{x_2(y_2 - y_1) - x_2y_2 + x_1y_2}{y_2 - y_1} = x_2 - \frac{x_2y_2 - x_1y_2}{y_2 - y_1} = x_2 - y_2\frac{x_2 - x_1}{y_2 - y_1} \\ &= x_2 - f(x_2)\frac{x_2 - x_1}{f(x_2) - f(x_1)} \end{aligned}$$

Nun muss nur noch 3 durch $k+1$, 2 durch k und 1 durch $k-1$ ersetzt werden.

Als Beispiel betrachten wir die Funktion $f(x) = e^x - 100 \ln x$. Zur Anwendung des Sekantenverfahrens nehmen wir die Startwerte $x_1 = 1$ und $x_2 = 2$ (Rundung im Folgenden jeweils auf vier Nachkommastellen):

$$\begin{aligned} x_3 &= 2 - f(2)\frac{2-1}{f(2) - f(1)} = 2 - (-61{,}9257)\frac{1}{-61{,}9257 - e} = 1{,}0421; \\ x_4 &= 1{,}0421 - f(1{,}0421)\frac{1{,}0421 - 2}{f(1{,}0421) - f(2)} = 1{,}0217; \\ x_5 &= 1{,}0217 - f(1{,}0217)\frac{1{,}0217 - 1{,}0421}{f(1{,}0217) - f(1{,}0421)} = 1{,}0284. \end{aligned}$$

Für den Funktionswert folgt $f(x_5) = f(1{,}0284) = -0{,}0038$, so dass unser gewähltes Abbruchkriterium $|f(x_n) < 0{,}01$ erfüllt ist.

Das Newton-Verfahren

Bildet man den Grenzwert für den Bruch in der Folge für das Sekantenverfahren, so erkennt man, dass dadurch der Kehrwert der Sekantensteigung durch den Kehrwert der Tangentensteigung ersetzt wird. Das daraus folgende Verfahren geht auf den englischen Physiker und Mathematiker Isaac Newton zurück.

(Newton-Verfahren) Der $(k+1)$-te Näherungswert einer Nullstelle von $f(x)$ wird durch

$$x_{k+1} = x_k - \frac{f(x_k)}{f'(x_k)}$$

gebildet. Das Newton-Verfahren braucht daher nur einen Startwert.

Das Verfahren lässt sich gut auf den Fall nichtlinearer Gleichungssysteme verallgemeinern. Allerdings konvergiert es wie das Sekantenverfahren nicht immer gegen eine Nullstelle.

Als Beispiel betrachten wir wiederum die Funktion $f(x) = e^x - 100 \ln x$ mit dem Startwert $x_1 = 1$ und $f'(x) = e^x - 100/x$:

$$x_2 = 1 - \frac{f(1)}{f'(1)} = 1 - \frac{e}{e - 100} = 1{,}0279;$$

$$x_3 = 1{,}0279 - \frac{f(1{,}0279)}{f'(1{,}0279)} = 1{,}0279 - \frac{0{,}0434}{-94{,}4905} = 1{,}0284; \quad x_4 = 1{,}0284.$$

Das ist derselbe Wert, den wir zuvor mit dem Sekantenverfahren bestimmt haben.

Nimmt man als Startwert dagegen $x_1 = 4$, so ergibt sich diese Folge:

$$x_2 = 4 - \frac{f(4)}{f'(4)} = 4 - \frac{-84{,}0313}{29{,}5982} = 6{,}8391; \quad x_3 = 6{,}8391 - \frac{f(6{,}8391)}{f'(6{,}8391)} = 6{,}0324;$$

$$x_4 = 5{,}4401; \quad x_5 = 5{,}1521; \quad x_6 = 5{,}0944; \quad x_7 = 5{,}0924.$$

x_7 ist die Näherungslösung für eine zweite Nullstelle der Funktion, die das Abbruchkriterium erfüllt. Sie erkennen daran noch einmal, dass der Startwert in der Nähe der Nullstelle liegen sollte, die man finden möchte. Eine Skizze des Funktionsverlaufs kann dabei helfen.

Aufgaben

7.19 Wenn nicht anders angegeben, gehen Sie für die folgenden Aufgaben von dem Abbruchkriterium $|f(x_n)| < 0{,}01$ aus.

(a) Bestimmen Sie die Nullstellen von $f(x) = x^2 - 4$ mit dem Sekantenverfahren und mit dem Newton-Verfahren.

(b) Gegeben ist $f(x) = x^2$. Bestimmen Sie die Lösungen der Gleichung $f(x) = 4$ mit dem Sekantenverfahren und mit dem Newton-Verfahren.

(c) Berechnen Sie die Lösungen der Gleichung $x^2 = 2$ mit dem Newton-Verfahren und dem Abbruchkriterium $|f(x_n)| < 0{,}0001$.

(d) Bestimmen Sie die Lösungen der Gleichung $2x^3 + 4x - 20 = 0$ mit dem Newton-Verfahren. Begründen Sie allgemein, warum die Gleichung nur eine Lösung haben kann.

Lösungen

7.19 (a) $x_0 = 2$ und $x_0 = -2$; (b) Selbe Aufgabe wie (a) in anderer Formulierung; (c) $x_0 = 1{,}4142$ und $x_0 = -1{,}4142$. Mit der positiven Lösung haben Sie eine Näherung für $\sqrt{2}$ berechnet. (d) $x_0 = 1{,}8474$. Wegen $f'(x) = 6x^2 + 4 > 0$ für alle x ist die Funktion streng monoton steigend und kann die x-Achse nur einmal schneiden. Die Gleichung hat daher nur eine Lösung.

7.4 Integralrechnung

7.4.1 Das unbestimmte Integral

Stammfunktionen

Die **Integralrechnung** stellt in gewisser Hinsicht die Umkehrung der Differentialrechnung dar. Die ökonomischen Anwendungen sind, zumindest, was den Stoff für Studierende, die sich nicht gerade auf quantitative Methoden spezialisieren, jedoch eher begrenzt. Allerdings gibt es mindestens zwei wichtige Anwendungsbereiche, für die ein Grundverständnis der Integralrechnung wichtig ist, nämlich die dynamische Analyse wirtschaftstheoretischer Modelle mittels Differentialgleichnungen und die Wahrscheinlichkeitsrechnung. Dieser Abschnitt gibt daher eine kurze Einführung für diejenigen Leser, die sich mit solchen Anwendungsbereichen beschäftigen.

Nehmen Sie an, eine Funktion $f(x)$ sei die Ableitung einer anderen Funktion, die wir mit $F(x)$ bezeichnen. Dann muss $F(x)$ eine differenzierbare Funktion mit $F'(x) = f(x)$ sein, und man bezeichnet $F(x)$ als eine **Stammfunktion** von $f(x)$. Da additive Konstanten bei der Ableitung verschwinden, ist die Stammfunktion nur bis auf eine additive Konstante C bestimmt.

Zum Beispiel ist aufgrund der elementaren Ableitungsregeln aus dem Kapitel 5 bekannt, dass $f(x) = 3x^2$ die Ableitung von $F(x) = x^3$ ist. Also gilt

$$F(x) = x^3 \quad \text{und} \quad F'(x) = f(x) = 3x^2,$$

so dass $F(x) = x^3$ eine Stammfunktion von $f(x) = 3x^2$ ist. Allerdings gilt genauso

$$F(x) = x^3 + 10 \quad \text{und} \quad F'(x) = f(x) = 3x^2,$$

so dass auch $F(x) = x^3 + 10$ eine Stammfunktion von $f(x) = 3x^2$ ist. Das Gleiche gilt für jede beliebige andere Konstante C anstelle von 10, die zu x^3 addiert wird. Daher sind alle Stammfunktionen von $f(x) = 3x^2$ durch $F(x) = x^3 + C$ gegeben, wobei C eine beliebige Konstante ist.

Wir können damit das **unbestimmte Integral** einer Funktion $f(x)$ als die Menge ihrer Stammfunktionen definieren:

$$\int f(x)\, dx = F(x)$$

Dabei enthält $F(x)$ eine beliebige additive Konstante. Die linke Seite liest man als *Integral von $f(x)$ über x* (im Ausdruck $\int f(x,a)\, da$ wäre das Integral über a zu berechnen). Das unbestimmte Integral einer Funktion $f(x)$ ist also nichts Anderes als die Menge ihrer Stammfunktionen.

Integrationsregeln

Die praktische Bestimmung von Stammfunktionen verläuft genau umgekehrt zur Bestimmung von Ableitungen. Viele der elementaren Ableitungsregeln kann man mit etwas Übung rückwärts anwenden. Die Tabelle 7.1 listet die wichtigsten Grundregeln auf, die in Analogie zu den Ableitungsregeln als **Aufleitungsregeln** bezeichnet werden. In allen Fällen kann zur angegebenen Stammfunktion $F(x)$ noch eine beliebige Konstante C addiert werden.

Um die in der Tabelle angegebenen Aufleitungsregeln sinnvoll verwenden zu können, ist zusätzlich wichtig, dass die Stammfunktion einer Summe oder Differenz von Funktionen gleich der Summe oder Differenz der einzelnen Stammfunktionen ist und dass multiplikative Konstanten vor das Integral gezogen werden können:

$$\int [f(x) \pm g(x)]\, dx = \int f(x)\, dx \pm \int g(x)\, dx$$

$$\int c f(x)\, dx = c \int f(x)\, dx$$

Tabelle 7.1 Wichtige Aufleitungsregeln (a, b und k sind reelle Zahlen, b > 0)

$f(x)$	a	$x^k, k \neq -1$	$\frac{1}{x}$	e^x	b^x	$\ln x$	$\log_b x$
$F(x)$	ax	$\frac{1}{k+1}x^{k+1}$	$\ln\lvert x\rvert$	e^x	$\frac{b^x}{\ln b}$	$x\ln x - x$	$\frac{x\ln x - x}{\ln b}$

Beispiele

- $f(x) = 16x^7 \implies F(x) = 16 \cdot \frac{1}{7+1} \cdot x^{7+1} + C = 2x^8 + C$
- $f(x) = 21x^6 + 2x \implies F(x) = 3x^7 + x^2 + C$
- $f(x) = 21x^6 - 8x + 3 \implies F(x) = 3x^7 - 4x^2 + 3x + C$
- $f(x) = \frac{1}{2\sqrt{x}} = \frac{1}{2}x^{-1/2} \implies F(x) = x^{1/2} + C = \sqrt{x} + C$
- $f(x) = -20x^{-3} - x^{-2} - 1 \implies F(x) = 10x^{-2} + x^{-1} - x + C$
- $f(x) = -3/x^4 \implies F(x) = 1/x^3 + C$
- $f(x) = 2/x \implies F(x) = 2\ln\lvert x\rvert + C$
- $f(x) = 10/x + 2 \implies F(x) = 10\ln x + 2x + C$
- $f(x) = 4e^x \implies F(x) = 4e^x + C$
- $f(x) = 2x - 4e^x \implies F(x) = x^2 - 4e^x + C$
- $f(x) = 10^x \implies F(x) = \frac{1}{\ln 10}10^x + C$
- $f(x) = \ln 10 \cdot 10^x \implies F(x) = 10^x + C$
- $f(x) = 1 - \ln 10 \cdot 10^x \implies F(x) = x - 10^x + C$
- $f(x) = 10\ln x \implies F(x) = 10(x\ln x - x) + C$
- $f(x) = 3\log_{10} x + 10 \implies F(x) = \frac{3}{\ln 10}(x\ln x - x) + 10x + C$

Lineare Substitution

Mit den dargestellten Regeln kommt man schon an eine Grenze, wenn man die Stammfunktion von $f(x) = e^{2x}$ bestimmen will, da keine Information enthalten ist, wie mit der 2 im Exponenten umzugehen ist. Hier hilft die sogenannte **lineare Substitution**: Ist $z = ax + b$ mit $a \neq 0$ und $\tilde{F}(z)$ eine Stammfunktion von $f(z)$, so gilt:

$$\int f(ax+b)\,dx = \frac{1}{a}\tilde{F}(z) + C = \frac{1}{a}\tilde{F}(ax+b) + C$$

Diese Formel entspricht einer Umkehrung der Kettenregel für den Fall, dass die innere Funktion linear ist. Die Stammfunktion von $f(x) = e^{2x}$ können wir nun bestimmen, wobei $z = 2x$ gesetzt wird:

$$\int e^{2x}\,dx = \frac{1}{2}\tilde{F}(z) + C = \frac{1}{2} \cdot e^z + C = \frac{1}{2} \cdot e^{2x} + C$$

Beispiele

- $f(x) = (2x+3)^2 \implies F(x) = \frac{1}{2}\tilde{F}(2x+3) + C = \frac{1}{2} \cdot \frac{1}{3}(2x+3)^3 + C = \frac{1}{6}(2x+3)^3 + C$
- $f(x) = 2e^{3x} \implies F(x) = 2 \cdot \frac{1}{3}\tilde{F}(3x) + C = \frac{2}{3}e^{3x} + C$

Neben den hier dargestellten Verfahren zur Bestimmung von Stammfunktionen existieren weitere Regeln, die Sie vielleicht aus der Oberstufenmathematik kennen. Das sind insbesondere die Integration durch Substitution, die wir hier nur als Spezialfall der linearen Substitution betrachtet haben und die eine Umkehrung der Kettenregel der Differentialrechnung ist, und die partielle Integration, die eine Umkehrung der Produktregel ist. Da wir hier nur eine kurze Einführung in die Integralrechnung geben wollen, verzichten wir auf eine Darstellung und verweisen auf die Literaturhinweise am Ende des Kapitels. Angesichts der Leistungsfähigkeit moderner Computeralgebra-Systeme bei der Bestimmung von Stammfunktionen, die zum Teil auch schon in Taschenrechnern zu finden sind, stellt sich ohnehin die Frage, ob der nicht unerhebliche Aufwand zum Erlernen dieser Methoden noch gerechtfertigt ist (vgl. dazu den Abschnitt 7.6).

Aufgaben

7.20 Berechnen Sie die folgenden unbestimmten Integrale:

(a) $\int (4x-3)\,dx$; (b) $\int (2+x+x^2)\,dx$; (c) $\int (5e^x - 1.000)\,dx$;

(d) $\int (8e^x - 6\ln x)\,dx$; (e) $\int x\sqrt{x}\,dx$; (f) $\int 1/\sqrt{x}\,dx$;

(g) $\int 3e^{-2x}\,dx$; (h) $\int 2x^3 - 6e^{2x}\,dx$; (i) $\int 2(2x-5)^3\,dx$;

(j) $\int \frac{4}{(2x-5)^2}\,dx$; (k) $\int \frac{1}{2x-1}\,dx$; (l) $\int \ln(2x-5)\,dx$.

7.21 Beweisen Sie die Regel der linearen Substitution.

Lösungen

7.20 Für die Aufgabenteile (g) bis (l) benötigen Sie die Regel der linearen Substitution.

(a) $F(x) = 2x^2 - 3x + C$;

(b) $F(x) = \frac{1}{3}x^3 + \frac{1}{2}x^2 + 2x + C$;

(c) $F(x) = 5e^x - 1.000x + C$;

(d) $F(x) = 8e^x - 6x\ln x + 6x + C$;

(e) $F(x) = \frac{2}{5}x^{5/2} + C$ (weil $x\sqrt{x} = x^{3/2}$);

(f) $F(x) = 2x^{1/2} + C$ (weil $1/\sqrt{x} = x^{-1/2}$);

(g) $F(x) = -\frac{3}{2}e^{-2x} + C$;

(h) $F(x) = \frac{1}{2}x^4 - 3e^{2x} + C$;

(i) $F(x) = \frac{1}{4}(2x-5)^4 + C$;

(j) $F(x) = -2(2x-5)^{-1} + C$ $\left(\text{weil } \frac{4}{(2x-5)^2} = 4(2x-5)^{-2}\right)$;

(k) $F(x) = \frac{1}{2}\ln|2x-1| + C$;

(l) $F(x) = \frac{(2x-5)\ln(2x-5) - (2x-5)}{2} + C$.

7.21 Zum Beweis bildet man die Ableitung von $\frac{1}{a}\tilde{F}(ax+b) + C$ nach x mit der Kettenregel:

$$\left(\frac{1}{a}\tilde{F}(ax+b) + C\right)' = \frac{1}{a}\tilde{F}'(z) \cdot \frac{dz}{dx} = \frac{1}{a}f(z) \cdot a = f(ax+b)$$

7.4.2 Das bestimmte Integral

Integrationsgrenzen

Das **bestimmte Integral** entsteht als Grenzwert der negativen oder positiven Summe von näherungsweise durch Funktionen begrenzten Flächen. Auf seine Herleitung wollen wir hier nicht eingehen. Formal besteht der Unterschied zum unbestimmten Integral zunächst einmal darin, dass an das Integralzeichen **Integrationsgrenzen** geschrieben werden.

Die tatsächliche Flächenberechnung kann dann mit Hilfe der Stammfunktion erfolgen. Diesen Zusammenhang zwischen bestimmtem und unbestimmtem Integral gibt der sogenannte Hauptsatz der Differential- und Integralrechnung an.

> **(Hauptsatz der Differential- und Integralrechnung)** Wenn f stetig auf dem Intervall $[a, b]$ und F irgendeine Stammfunktion von f ist, so gilt für das bestimmte Integral:
>
> $$\int_a^b f(x)\,dx = F(b) - F(a)$$
>
> Für $F(b) - F(a)$ wird auch die Schreibweise $[F(x)]_a^b$ verwendet, a und b heißen **Integrationsgrenzen.**

Betrachten Sie als Beispiel die Abbildung 7.9, in der die Funktion $f(x) = x$ dargestellt wird. Diese Funktion begrenzt zusammen mit der x-Achse zwischen -2 und 2 eine Fläche, die aufgrund elementarer geometrischer Überlegungen einen Flächeninhalt von zweimal $(2 \cdot 2)/2 = 2$, also insgesamt 4 hat. Das bestimmte Integral mit den Integrationsgrenzen -2 und 2 misst diese Fläche, wobei allerdings die Fläche links von $x = 0$ negativ bewertet wird, weil die Funktion $f(x)$ dort unterhalb der x-Achse liegt. Da beide Teilflächen gleich groß sind, muss also der Wert des bestimmten Integrals gleich 0 sein. Unter Verwendung des Hauptsatzes erhält man entsprechend:

$$\int_{-2}^{2} x\,dx = \left[\frac{1}{2}x^2\right]_{-2}^{2} = \frac{1}{2} \cdot 2^2 - \frac{1}{2} \cdot (-2)^2 = 0$$

Um also die Fläche tatsächlich auszurechnen, die ja nie negativ sein kann, muss das bestimmte Integral abschnittsweise berechnet werden, um dann alle Teilflächen positiv zu bewerten. Wir wissen, dass die Funktion $f(x) = x$ bis $x = 0$ negativ, danach positiv ist. Also berechnen wir die Flächen links und rechts der 0 getrennt:

$$\int_{-2}^{0} x\,dx = \left[\frac{1}{2}x^2\right]_{-2}^{0} = \frac{1}{2} \cdot 0^2 - \frac{1}{2} \cdot (-2)^2 = -2$$

Der Wert des bestimmten Integrals ist also gleich minus der gesuchten Fläche; der Flächeninhalt selbst ist 2. Für die rechte Fläche erhalten wir:

$$\int_{0}^{2} x\,dx = \left[\frac{1}{2}x^2\right]_{0}^{2} = \frac{1}{2} \cdot 2^2 - \frac{1}{2} \cdot 0^2 = 2$$

Die gesamte in der Abbildung 7.9 dargestellte Fläche hat also den Inhalt 4, wovon wir uns bereits geometrisch überzeugt hatten. Der Vorteil des bestimmten Integrals ist, dass diese Berechnung auch mit nichtlinearen Funktionen möglich ist, bei denen die elementaren geometrischen Überlegungen versagen.

Abbildung 7.9 Fläche zwischen der x-Achse und f(x) = x zwischen −2 und 2

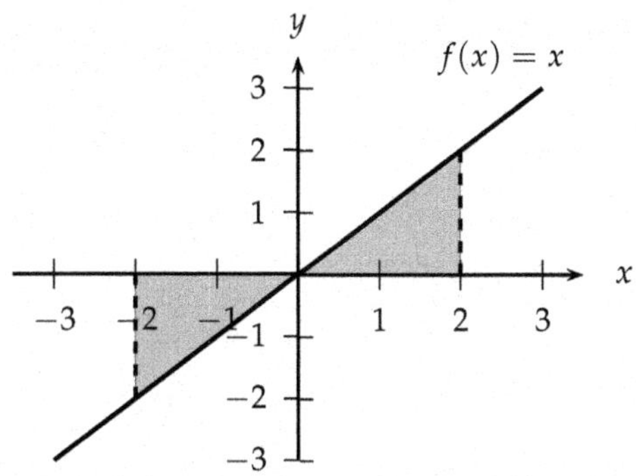

Für das bestimmte Integral gelten einige zusätzliche Rechenregeln, nämlich:

$$\int_a^b f(x)\,dx = \int_a^{x_0} f(x)\,dx + \int_{x_0}^b f(x)\,dx$$

$$\int_a^b f(x)\,dx = -\int_b^a f(x)\,dx$$

Außerdem ist es möglich, als obere Integrationsgrenze eine Variable, zum Beispiel x zu nehmen. Dann muss man unter dem Integralzeichen einen anderen Buchstaben, zum Beispiel t für die Integrationsvariable verwenden. Aus

$$\int_a^x f(t)\,dt = F(x) - F(a)$$

folgt dann unmittelbar:

$$F(x) = F(a) + \int_a^x f(t)\,dt$$

Da F eine Stammfunktion von f ist, gilt $F'(x) = f(x)$, oder anders ausgedrückt: Die Ableitung von

$$\int_a^x f(t)\,dt$$

nach x ist $f(x)$.

Flächenberechnung

Wie bereits bei der Diskussion des bestimmten Integrals gesehen, kann der Flächeninhalt der von $f(x)$ und der x-Achse zwischen $x = a$ und $x = b$ begrenzten Fläche durch

$$\int_a^b f(x)\,dx = F(b) - F(a)$$

berechnet werden, wenn die Funktion $f(x) \geqq 0$ auf dem Intervall $[a, b]$ ist. Ansonsten gilt:

- Ist $f(x) \leqq 0$, so wird der Absolutwert verwendet.

- Hat $f(x)$ Nullstellen in $[a, b]$, so werden die Absolutwerte der Integrale über die durch die Integrationsgrenzen und Nullstellen gebildeten Teilintervalle verwendet.

Manchmal soll auch die zwischen zwei Funktionen eingeschlossene Fläche berechnet werden. Ist zum Beispiel die Fläche zwischen den beiden Funktionen $f(x) = x + 2$ und $g(x) = x^2$ gesucht (vgl. die Abbildung 7.10), so berechnet man zunächst die Schnittpunkte (Nullstellen von $f(x) - g(x)$): $x_1 = -1$, $x_2 = 2$. Die gesuchte Fläche ergibt sich dann aus

$$\begin{aligned}\int_{-1}^{2} [f(x) - g(x)]\, dx &= \int_{-1}^{2} [x + 2 - x^2]\, dx \\ &= \left[\frac{1}{2}x^2 + 2x - \frac{1}{3}x^3\right]_{-1}^{2} \\ &= \left(2 + 4 - \frac{8}{3}\right) - \left(\frac{1}{2} - 2 + \frac{1}{3}\right) = 4{,}5\end{aligned}$$

Verwendet man $g(x) - f(x)$, so lautet das Ergebnis $-4{,}5$, so dass wieder der Absolutwert als Flächeninhalt zu verwenden ist.

Abbildung 7.10 Die Fläche zwischen $f(x) = x + 2$ und $g(x) = x^2$

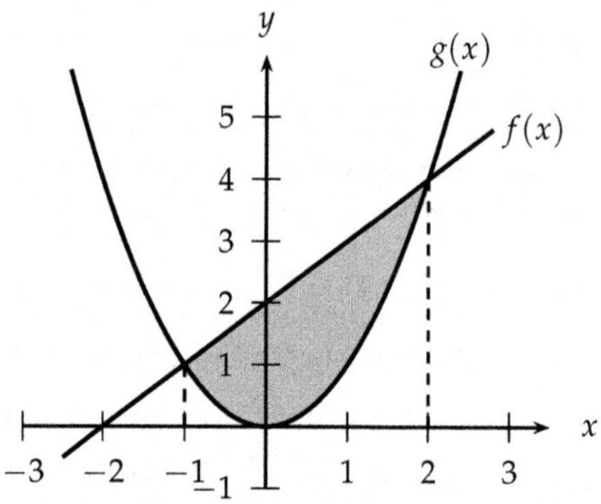

Aufgaben

7.22 Berechnen Sie die folgenden bestimmten Integrale und die durch die Funktionen und die x-Achse zwischen den Integrationsgrenzen eingeschlossenen Flächen:

(a) $\int_{-2}^{2} (4x - 3)\, dx$; (b) $\int_{-3}^{3} (x^2 - 4)\, dx$; (c) $\int_{0}^{T} ae^{-bx}\, dx$, $a > 0, b > 0$.

7.23 Berechnen Sie die von $f(x) = 10 - x^2$ und $g(x) = 3x^2 - 6$ eingeschlossene Fläche.

Lösungen

7.22 (a) Das bestimmte Integral ist:

$$\int_{-2}^{2} (4x - 3)\, dx = \left[2x^2 - 3x\right]_{-2}^{2} = 2 - 14 = -12$$

Da $4x - 3$ eine Nullstelle bei $x = 3/4$ hat, muss die Fläche durch die Beträge der Teilintegrale berechnet werden:

$$\left|\int_{-2}^{3/4} (4x-3)\,dx\right| + \left|\int_{3/4}^{2} (4x-3)\,dx\right| = \left|\left[2x^2 - 3x\right]_{-2}^{3/4}\right| + \left|\left[2x^2 - 3x\right]_{3/4}^{2}\right|$$

$$= \left|-\frac{9}{8} - 14\right| + \left|2 + \frac{9}{8}\right| = 15{,}125 + 3{,}125 = 18{,}25$$

(b) Das bestimmte Integral ist:

$$\int_{-3}^{3} (x^2 - 4)\,dx = \left[\frac{1}{3}x^3 - 4x\right]_{-3}^{3} = -3 - 3 = -6$$

Da $x^2 - 4$ Nullstellen bei $x = -2$ und $x = 2$ hat, muss die Fläche durch die Beträge der Teilintegrale berechnet werden:

$$\left|\int_{-3}^{-2} (x^2-4)\,dx\right| + \left|\int_{-2}^{2} (x^2-4)\,dx\right| + \left|\int_{2}^{3} (x^2-4)\,dx\right|$$

$$= \left|\left[\frac{1}{3}x^3 - 4x\right]_{-3}^{-2}\right| + \left|\left[\frac{1}{3}x^3 - 4x\right]_{-2}^{2}\right| + \left|\left[\frac{1}{3}x^3 - 4x\right]_{2}^{3}\right|$$

$$= \left|\frac{16}{3} - 3\right| + \left|-\frac{16}{3} - \frac{16}{3}\right| + \left|-3 + \frac{16}{3}\right| = \frac{7}{3} + \frac{32}{3} + \frac{7}{3} = 15{,}33$$

(c) Das bestimmte Integral ist:

$$\int_{0}^{T} ae^{-bx}\,dx = \left[-\frac{a}{b}e^{-bx}\right]_{0}^{T} = -\frac{a}{b}e^{-bT} - \left(-\frac{a}{b}\right) = \frac{a}{b}\left(1 - e^{-bT}\right)$$

Da ae^{-bx} keine Nullstellen hat und für $a > 0$ stets positiv ist, wird durch das berechnete bestimmte Integral auch die gesuchte Fläche angegeben.

7.23 Die Nullstellen von $f(x) - g(x)$ liegen bei 2 und -2. Die gesuchte Fläche ist daher:

$$\int_{-2}^{2} [f(x) - g(x)]\,dx = \int_{-2}^{2} [16 - 4x^2]\,dx = \left[16x - \frac{4}{3}x^3\right]_{-2}^{2} = \frac{64}{3} + \frac{64}{3} = 42{,}67$$

Die Produzentenrente

In der Theorie der Unternehmung gibt die **Kostenfunktion** $K(x)$ die Gesamtkosten in Abhängigkeit von der Produktionsmenge x an:

$$K(x) = K_f + K_v(x)$$

Dabei bezeichnet K_f die Fixkosten und $K_v(x)$ die variablen Kosten. Die Fixkosten sind die Kosten, die auch bei einer Produktionsmenge von $x = 0$ entstehen, also $K_f = K(0)$.

Die **Grenzkostenfunktion** $K'(x)$ ist die Ableitung der Kostenfunktion. In der Mikroökonomik wird gezeigt, dass die Grenzkostenkurve als **Angebotsfunktion** der Unternehmung bei vollständiger Konkurrenz interpretiert werden kann, was aus der Optimumbedingung für ein Gewinnmaximum $K'(x) = p$ folgt. Wir haben das auf der Seite 238 im Abschnitt 6.3.1 kurz dargestellt.

Nach dem Hauptsatz der Differential- und Integralrechnung gilt, wenn $K'(x)$ stetig ist:

$$K(x) = K(0) + \int_{0}^{x} K'(t)\,dt$$

Wegen $K(0) = K_f$ und $K(x) = K_f + K_v(x)$ muss also das Integral von 0 bis x über der Grenzkostenfunktion gleich den variablen Kosten $K_v(x)$ sein. Da die Grenzkosten nicht negativ sein können, ist dieses Integral gleich der Fläche unter der Grenzkostenkurve, in der Abbildung 7.11 für das Beispiel $K(x) = 0{,}25x^2 + 100$ und damit $K'(x) = 0{,}5x$ durch die hellgraue Fläche dargestellt, die sich für die Produktionsmenge $x = 60$ ergibt.

Angenommen wird jetzt, dass der Marktpreis $p = 30$ beträgt. Da die Grenzkostenkurve gleich der Angebotskurve ist, wird für das vorliegende Beispiel bei diesem Preis die Menge $x = 60$ angeboten, die auch in der Abbildung 7.11 dargestellt wird. Sie können diese Angebotsmenge direkt aus der Optimumbedingung $K'(x) = p$, hier also $0{,}5x = 30$, herleiten. Wir wissen nun, dass wir die variablen Kosten in der Abbildung durch die hellgraue Fläche darstellen können. Die Summe aus der hellgrauen und der grauen Fläche entspricht dem Rechteck mit den Seitenlängen $p = 30$ und $x = 60$, dessen Flächeninhalt gleich $30 \cdot 60$ beziehungsweise allgemein px, also der Erlös ist. Ziehen wir vom Erlös die variablen Kosten ab, so erhalten wir also das dunkelgraue Dreieck in der Abbildung 7.11. Dieses Dreieck wird in der Mikroökonomik als **Produzentenrente** bezeichnet. Wir haben soeben bewiesen, dass die Produzentenrente gleich dem Erlös abzüglich der variablen Kosten ist. Wegen

$$\text{Gewinn} = \text{Erlös} - (\text{Fixkosten} + \text{variable Kosten})$$

gilt damit

$$\text{Gewinn} + \text{Fixkosten} = \text{Erlös} - \text{variable Kosten} = \text{Produzentenrente}.$$

Die Produzentenrente ist also gleich dem Gewinn plus den Fixkosten.

Für das Beispiel in der Abbildung 7.11 können wir die Produzentenrente explizit berechnen. Die variablen Kosten sind:

$$K_v(60) = \int_0^{60} K'(t)\, dt = \int_0^{60} 0{,}5t\, dt = \left[0{,}25t^2\right]_0^{60} = 900 - 0 = 900$$

Der Erlös ist $px = 30 \cdot 60 = 1.800$. Damit ist die Produzentenrente gleich $1.800 - 900 = 900$. Ziehen wir davon noch die Fixkosten $K_f = 100$ ab, so erhalten wir den Gewinn $G = 800$. Zur Probe kann man das auch direkt nachrechnen:

$$G(x) = p \cdot x - K(x) = 30 \cdot x - 0{,}25 \cdot x^2 - 100 = 30 \cdot 60 - 0{,}25 \cdot 60^2 - 100 = 800$$

Aufgaben

7.24 Gegeben ist die Grenzkostenfunktion $K'(x) = 10 + 2x$. Die Fixkosten belaufen sich auf 1.000 Geldeinheiten, der Verkaufspreis des produzierten Produktes beträgt 210 Geldeinheiten. Berechnen Sie den Gewinn eines Unternehmens bei vollständiger Konkurrenz und die Produzentenrente und skizzieren Sie die Situation graphisch. Wie lautet die Kostenfunktion?

7.25 Wie ändert sich der Gewinn eines Unternehmens bei vollständiger Konkurrenz, wenn die Produzentenrente aufgrund einer Erhöhung des Absatzpreises um 100 ansteigt?

Lösungen

7.24 Notwendige Bedingung für ein Gewinnmaximum: $K'(x) = p$, also $10 + 2x = 210$. Daraus folgt $x = 100$. Die Produzentenrente ist gleich dem Erlös $px = 210 \cdot 100 = 21.000$ minus dem bestimmten Integral der Grenzkostenfunktion von 0 bis 100, also:

$$\int_0^{100} (10 + 2x)\, dx = \left[10x + x^2\right]_0^{100} = (10 \cdot 100 + 100^2) - (10 \cdot 0 + 0^2) = 11.000$$

Abbildung 7.11 Die Grenzkostenfunktion $K'(x) = 0{,}5x$ und die Produzentenrente

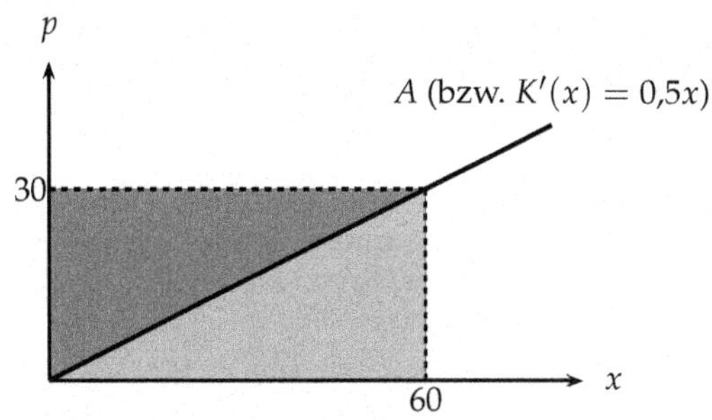

Damit erhalten wir als Produzentenrente 21.000 − 11.000 = 10.000. Der Gewinn ist $G = 10.000 - 1.000 = 9.000$.

Die Kostenfunktion lautet:

$$K(x) = K(0) + \int_0^x (10 + 2t)\, dt = 1.000 + \left[10t + t^2\right]_0^x = 1.000 + 10x + x^2$$

Damit können wir den Gewinn auch berechnen durch:

$$G(100) = 210 \cdot 100 - K(100) = 21.000 - (1.000 + 1.000 + 10.000) = 9.000$$

Sie können anhand der Gewinnfunktion überprüfen, dass auch die hinreichende Bedingung für ein Gewinnmaximum erfüllt ist. Die graphische Darstellung gleicht der Abbildung 7.11, wobei Sie die Grenzkostenfunktion $K'(x) = 10 + 2x$ zeichnen müssen, so dass zum Preis $p = 210$ auf der vertikalen Achse die Menge $x = 100$ auf der horizontalen Achse passt.

7.25 Aufgrund der Beziehung *Produzentenrente = Gewinn + Fixkosten* ist die Änderung der Produzentenrente gleich der Änderung des Gewinns, weil sich die Fixkosten wegen einer Erhöhung des Absatzpreises nicht ändern. Der Gewinn steigt also ebenfalls um 100.

7.4.3 Differentialgleichungen

Wachstumsraten

Die Wachstumsrate einer Größe y ist definiert als das Verhältnis ihrer Änderung in einem bestimmten Zeitraum zu ihrem Anfangswert. Von der Diskussion des Differentials wissen Sie, dass die Änderung einer Variablen y, die gemäß $y = f(x)$ differenzierbar von einer anderen Variablen x abhängt, näherungsweise durch die Ableitung $f'(x)$ dargestellt werden kann, wenn sich x um $dx = 1$ ändert. Interpretiert man die Variable x als **Zeit**, so liegt es also nahe,

$$\frac{f'(x)}{f(x)}$$

als **Wachstumsrate** zu bezeichnen. Tatsächlich werden Wachstumsraten in stetiger Zeit genau so definiert. Das englische Wort für *Zeit* lautet *time*, und daher wird in Anwendungen meist t anstelle von x als unabhängige Variable verwendet, wenn die Zeit gemeint ist. Ist also y eine Funktion der Zeit t, schreiben wir $y = y(t)$ mit der Ableitung $y'(t)$ oder kurz y'.

Zusätzlich hat sich in solchen Anwendungen die Schreibweise durchgesetzt, anstelle des Striches zur Kennzeichnung der Ableitung einen Punkt über die abhängige Variable zu setzen. Anstelle von $y'(t)$ schreibt man daher in der Regel $\dot{y}(t)$ oder kurz $\dot{y}$ und die Wachstumsrate kurz als $\dot{y}/y$. Wir bleiben hier jedoch bei der Schreibweise $y'(t)$.

Eine einfache Differentialgleichung

Angenommen, wir wissen von einer Variablen y, zum Beispiel einem Einkommen, dass sie mit konstanter Wachstumsrate n wächst, also

$$\frac{y'}{y} = \frac{dy}{dt}\frac{1}{y} = n,$$

wobei y' nur eine Kurzschreibweise für die Ableitung dy/dt von y nach der Zeit t ist. Ist es möglich, aus der Kenntnis der Wachstumsrate n auf den Zeitpfad des Einkommens y zu schließen? Multiplizieren wir die vorangehende Gleichung mit y auf beiden Seiten, so erhalten wir:

$$\frac{dy}{dt} = ny$$

Eine derartige Gleichung nennt man **Differentialgleichung**. Sie stellt allgemein einen Zusammenhang zwischen einer gesuchten Funktion y, einer Variablen t und den Ableitungen der gesuchten Funktion nach der Variablen t dar. Taucht nur die erste Ableitung auf, so handelt es sich um eine Differentialgleichung erster Ordnung, worauf wir uns hier beschränken wollen. Unsere Beispielgleichung ist darüber hinaus linear in y, und n ist eine Konstante. Man nennt sie daher auch **lineare Differentialgleichung erster Ordnung mit konstantem Koeffizienten**. Eine Differentialgleichung zu lösen, heißt, eine Funktion $y(t)$ zu finden, die sie auf einem bestimmten Intervall erfüllt.

Ist es möglich, die Variablen y und t zu trennen, so ist die Differentialgleichung **separierbar**. Eine derartige Gleichung nennt man **Differentialgleichung mit getrennten Variablen** oder **separierbare Differentialgleichung**. Die beiden Variablen y und t in unserem Beispiel können getrennt werden, indem die Gleichung mit dt multipliziert und durch y dividiert wird:

$$\frac{1}{y}\,dy = n\,dt$$

Nun taucht die Variable y einschließlich ihres Differentials nur noch links, die Variable t nur noch rechts auf (in diesem Beispiel lediglich als Differential). Beide Seiten können integriert werden:

$$\int \frac{1}{y}\,dy = \int n\,dt + C_1,$$

Dabei sind die Integrationskonstanten beider Seiten zu einer Konstanten C_1 zusammengefasst worden. Anhand der Differentiale ist auch zu erkennen, dass die linke Seite über y, die rechte Seite über t zu integrieren ist. Die Bestimmung der Stammfunktionen liefert:

$$\ln|y| = nt + C_1$$

Wendet man die natürliche Exponentialfunktion auf beide Seiten an, so folgt für $y > 0$:

$$y(t) = e^{nt+C_1} = e^{nt}e^{C_1}$$

Da e^{C_1} eine Konstante ist, können wir eine neue Konstante durch $C = e^{C_1}$ definieren. Damit erhalten wir die sogenannte **allgemeine Lösung** der Differentialgleichung:

$$y(t) = Ce^{nt}$$

Eine **spezielle Lösung** ergibt sich durch die Bestimmung der Konstanten C aus einer **Randbedingung**. Liegt beispielsweise der Startwert von $y(t)$ zum Zeitpunkt $t = 0$ fest, also zum

Beispiel $y(0) = y_0$, so handelt es sich um ein sogenanntes **Anfangswertproblem**. Einsetzen von $t = 0$ und $y(0) = y_0$ in die allgemeine Lösung ergibt

$$y_0 = Ce^0 = C$$

und damit die spezielle Lösung:

$$y(t) = y_0 e^{nt}$$

In der Aufgabe 7.26 (b) sind Sie aufgefordert zu zeigen, dass diese Lösung auch dann gilt, wenn y und damit auch y_0 negativ ist.

Um zu prüfen, dass diese Lösung tatsächlich die ursprüngliche Differentialgleichung $y' = ny$ erfüllt, setzen wir sie ein:

$$y' = ny$$
$$y_0 e^{nt} \cdot n = n \cdot y_0 e^{nt}$$

Die gefundene Lösung erfüllt die Gleichung also tatsächlich für alle $t \in R$.

Aufgaben

7.26 (a) Lösen Sie die Differentialgleichung $y' = 5y$ für die Anfangsbedingung $y(0) = 100$.

(b) Zeigen Sie, dass $y(t) = y_0 e^{nt}$ auch für $y_0 < 0$ die Lösung der Differentialgleichung $y' = ny$ ist.

(c) Der Kapitalstock K eines Unternehmens wächst durch den Überschuss der Bruttoinvestitionen $I > 0$ über die Abschreibungen δK:

$$K' = I - \delta K$$

Berechnen Sie den Zeitpfad des Kapitalstocks unter der Annahme, dass die Bruttoinvestitionen konstant sind. Der Startwert für K sei K_0.

(d) Berechnen Sie die Ableitung von $\ln y(t)$ nach t.

(e) Welchen Wert hat die Wachstumsrate von $z = x \cdot y$, wenn die Wachstumsrate von x gleich 0,05 und die Wachstumsrate von y gleich 0,02 ist?

Lösungen

7.26 (a) Trennung der Variablen und Integration liefert:

$$\int \frac{1}{y}\, dy = \int 5\, dt + C_1, \quad \text{also wie im Text} \quad y(t) = Ce^{5t}$$

Aus der Anfangsbedingung folgt $y(0) = Ce^0 = 100$, also $C = 100$. Die spezielle Lösung lautet:

$$y(t) = 100e^{5t}$$

(b) Für $y_0 < 0$ und damit $y(t) < 0$ ergibt sich aus $|y| = e^{nt+C_1}$, dass $-y = e^{nt}e^{C_1}$ beziehungsweise $y(t) = Ce^{nt}$ mit $C = -e^{C_1}$. Daher lautet die spezielle Lösung für $C = y_0 < 0$ ebenfalls $y(t) = y_0 e^{nt}$.

(c) Zunächst werden die Variablen getrennt und integriert:

$$\int \frac{1}{I - \delta K}\, dK = \int dt + C_1$$

Die Bildung der Stammfunktionen unter Verwendung der linearen Substitution liefert:

$$-\frac{1}{\delta} \ln |I - \delta K| = t + C_1$$

Nach Multiplikation mit $-\delta$ und Anwendung der e-Funktion auf beiden Seiten erhält man:

$$I - \delta K = e^{-\delta t - \delta C_1} = Ce^{-\delta t}$$

Dabei ist $C = e^{-\delta C_1}$. (Falls $I - \delta K < 0$ ist, müssen Sie aufgrund des Betrages mit $\delta K - I = Ce^{-\delta t}$ weiterrechnen und kommen am Ende zum selben Ergebnis.) Auflösen nach K ergibt:

$$K(t) = \frac{I}{\delta} - \frac{C}{\delta} e^{-\delta t}$$

Mit der Anfangsbedingung $K(0) = K_0$ folgt:

$$K_0 = \frac{I}{\delta} - \frac{C}{\delta}, \quad \text{also} \quad C = I - \delta K_0$$

Ersetzt man nun C in der allgemeinen Lösung, so erhält man die spezielle Lösung:

$$K(t) = \frac{I}{\delta} + \left(K_0 - \frac{I}{\delta}\right) e^{-\delta t}$$

Man erkennt an dieser Lösung, dass der Kapitalstock gegen die **Gleichgewichtslösung** $K = I/\delta$ konvergiert. Im Gleichgewicht ändert sich der Kapitalstock nicht mehr. Das erkennt man übrigens auch schon an der Gleichung $K' = I - \delta K$ selbst, denn wenn der Startwert $K_0 = I/\delta$ ist, gilt $K' = 0$.

(d) Nach der Kettenregel gilt:

$$\frac{d \ln y(t)}{dt} = \frac{1}{y(t)} \frac{dy(t)}{dt} = \frac{y'(t)}{y(t)}$$

Die Ableitung des Logarithmus von $y(t)$ nach t ergibt also die Wachstumsrate von y.

(e) Logarithmieren ergibt $\ln z = \ln x + \ln y$, also unter Verwendung des vorangehenden Aufgabenteils:

$$\frac{z'(t)}{z(t)} = \frac{d \ln z(t)}{dt} = \frac{d \ln x(t)}{dt} + \frac{d \ln y(t)}{dt} = \frac{x'(t)}{x(t)} + \frac{y'(t)}{y(t)} = 0{,}05 + 0{,}02 = 0{,}07$$

7.5 Wahrscheinlichkeitsrechnung

7.5.1 Grundlagen

Zufallsvorgänge

Die Wahrscheinlichkeitsrechnung beschäftigt sich mit Zufallsvorgängen, also Vorgängen, deren Ergebnisse nicht mit Sicherheit vorausgesagt werden können. Wenn Sie sich ein Unternehmen denken, das seinen Gewinn maximieren will, ist unmittelbar klar, dass viele Einflussfaktoren des Gewinns Zufallsvorgänge sind. Zum Beispiel können Sie nicht genau vorhersagen, wie sich die Konjunktur im nächsten Jahr entwickeln wird, wie das Wetter sein wird, wie viele Mitarbeiter kündigen werden, welche Preise Ihre Konkurrenten am Markt versuchen werden durchzusetzen usw. Auch wenn Ihr Unternehmen statistische Erhebungen auf der Grundlage von Stichproben macht, ist die korrekte Interpretation dieser Stichproben nur auf der Grundlage der Wahrscheinlichkeitsrechnung möglich. Die Wahrscheinlichkeitsrechnung spielt daher in den Wirtschaftswissenschaften eine wichtige Rolle, wird allerdings in der Regel nicht direkt zusammen mit der Mathematik, sondern im Rahmen eines Moduls zur Statistik behandelt, manchmal aber auch gar nicht. Dieser Abschnitt beschränkt sich daher auf einige grundlegende Aspekte der Wahrscheinlichkeitsrechnung, die Ihnen während Ihres Studiums *wahrscheinlich* einmal begegnen werden. Er soll auch einen einfacheren Einstieg in die Spezialliteratur ermöglichen.

Wir beginnen mit einigen Definitionen. Ein **Zufallsvorgang** führt zu einem von mehreren möglichen Ergebnissen, wobei vor der Durchführung unsicher ist, welches Ergebnis eintritt. Alle möglichen Ergebnisse eines Zufallsvorgangs kann man in einer Menge Ω (gelesen *Omega*) zusammenfassen, die als **Ergebnisraum** bezeichnet wird. Wenn Sie zum Beispiel mit einem sechsseitigen Würfel einmal werfen, gibt es sechs mögliche Ergebnisse, nämlich die Augenzahlen 1 bis 6. Der Ergebnisraum ist also $\Omega = \{1, 2, 3, 4, 5, 6\}$. Allgemein werden die Elemente von Ω mit ω_i (dem entsprechenden Kleinbuchstaben) bezeichnet und **Elementarereignisse** oder **Ergebnisse** genannt. Gibt es n mögliche Elementarereignisse, so ist also $\Omega = \{\omega_1, \ldots, \omega_n\}$.

Häufig interessiert man sich nicht nur für die Elementarereignisse, sondern für eine Kombination aus mehreren Elementarereignissen. Zum Beispiel kann man sich beim Würfeln für das Ereignis interessieren, eine gerade Zahl zu werfen. Da der Würfel drei Seiten mit geraden Augenzahlen hat, besteht das Ereignis *gerade Zahl würfeln* aus den Elementarereignissen 2, 4 und 6. Man fasst solche Ereignisse in Mengen zusammen und bezeichnet sie mit Großbuchstaben, zum Beispiel A. In unserem Beispiel ist dann $A = \{2, 4, 6\}$, eine Teilmenge von Ω. Man kann also die Teilmengen $A \subset \Omega$ allgemein als **Ereignisse** bezeichnen. Die Menge aller möglichen Ereignisse heißt **Ereignisraum.**

Axiome von Kolmogoroff

Eine **Wahrscheinlichkeit** ist eine Zahl, die einem Ereignis zugeordnet wird und mit der ausgedrückt werden soll, mit welcher relativen Häufigkeit dieses Ereignis voraussichtlich eintreten wird. Wenn Sie zum Beispiel mehrmals eine Münze werfen, so werden Sie davon ausgehen, dass in etwa der Hälfte der Fälle *Kopf* oben liegen wird und in etwa der Hälfte der Fälle *Zahl*. Die Wahrscheinlichkeiten für *Kopf* und *Zahl* sind dann jeweils 0,5 (also gleich 50%). Die Wahrscheinlichkeit eines Ereignisses $A \subset \Omega$ wird mit $P(A)$ bezeichnet (entsprechend dem Anfangsbuchstaben des englischen Wortes für eine Wahrscheinlichkeit, *Probability*).

Bleiben wir beim Münzwurf und betrachten die folgenden Ereignisse: A: *Kopf*, B: *Zahl*, C: *Kopf oder Zahl*, D: *weder Kopf noch Zahl*. Dann erscheint es sinnvoll, die folgenden Wahrscheinlichkeiten zuzuordnen:

$$P(A) = 0{,}5; \quad P(B) = 0{,}5; \quad P(C) = 1; \quad P(D) = 0$$

Kopf oder *Zahl* werden also jeweils in etwa der Hälfte der Fälle erwartet, weshalb wir jeweils die Wahrscheinlichkeit 0,5 zuordnen. Da es sicher ist, dass entweder *Kopf* oder *Zahl* eintritt, ist die Wahrscheinlichkeit für *Kopf oder Zahl* gleich 1. Da es unmöglich ist, dass weder *Kopf* noch *Zahl* eintritt, ist die Wahrscheinlichkeit für *weder Kopf noch Zahl* gleich 0.

Das Ereignis C im Beispiel kann mit Hilfe der Mengenlehre als Vereinigung der Ereignisse A und B aufgefasst werden. Denn die Vereinigung zweier Mengen besagt, dass das Element in A oder B liegen soll, hier also, dass ein Ergebnis aus A (hier: *Kopf*) oder B (hier: *Zahl*) eintreten soll. Da beide Mengen A und B hier jeweils aus nur einem Element bestehen, das nicht auch in der jeweils anderen Menge liegt, kann man die Wahrscheinlichkeiten einfach addieren:

$$P(C) = P(A \cup B) = P(A) + P(B) = 0{,}5 + 0{,}5 = 1$$

Diese Addition der Wahrscheinlichkeiten ist **nur** deshalb **sinnvoll**, weil A und B hier **teilerfremd (disjunkt)** sind, das heißt, ihre Schnittmenge ist leer: $A \cap B = \emptyset$. Die Schnittmenge zweier Ereignisse entspricht dem Ereignis, dass beide Ereignisse gleichzeitig eintreten.

Gegeben seien zwei Ereignisse $A \subset \Omega$ und $B \subset \Omega$. Dann gilt:

- $A \cup B$ bedeutet, dass A oder B eintritt (nichtausschließlich, wie beim logischen $\vee$).
- $A \cap B$ bedeutet, dass A und B eintreten (wie beim logischen $\wedge$).

Anhand des Beispiels kann man ein Gefühl dafür bekommen, welche Eigenschaften Wahrscheinlichkeiten haben sollten. Sie müssen zwischen 0 und 1 liegen, wobei die Wahrscheinlichkeit für ein unmögliches Ereignis 0 und für ein sicheres Ereignis 1 ist, und die Wahrscheinlichkeiten von Ereignissen, die sich gegenseitig ausschließen (wie A: *Kopf* und B: *Zahl*) sollten sich addieren ($P(A) + P(B) = 0{,}5 + 0{,}5 = 1$), um die Gesamtwahrscheinlichkeit dafür zu erhalten, dass A oder B eintritt. Genau diese Eigenschaften werden durch die Axiome des russischen Mathematikers Andrei Kolmogoroff postuliert, auf denen die moderne Wahrscheinlichkeitsrechnung aufbaut. (Ein *Axiom* ist eine unbewiesene Annahme innerhalb einer Theorie.)

(Axiome von Kolmogoroff) Sei Ω ein Ergebnisraum. Für die Wahrscheinlichkeiten beliebiger Ereignisse $A \subset \Omega$ und $B \subset \Omega$ muss gelten:

$$P(A) \geqq 0 \qquad \text{(Nichtnegativität)}$$
$$P(\Omega) = 1 \qquad \text{(Normierung)}$$
$$P(A \cup B) = P(A) + P(B), \text{ falls } A \cap B = \emptyset \qquad \text{(Additivität)}$$

Solange der Ergebnisraum nur endlich viele Elementarereignisse enthält, lassen sich aus diesen Axiomen alle Rechenregeln für Wahrscheinlichkeiten ableiten. Die Axiome reichen jedoch nicht aus, um die Wahrscheinlichkeiten von Elementarereignissen in konkreten Anwendungsfällen zu erhalten. Dazu sind weitere Informationen erforderlich, wie man sie zum Beispiel im Falle der später noch definierten Laplace-Experimente hat, zu denen auch der Münzwurf gehört.

Die hier gewählte Definition einer Wahrscheinlichkeit als erwartete relative Häufigkeit eines Ereignisses wird manchmal als **objektive Wahrscheinlichkeit** bezeichnet. Daneben gibt es die sogenannte **subjektive Wahrscheinlichkeit**. Wie wahrscheinlich ist es zum Beispiel aus Sicht eines Unternehmers, dass der Absatz eines Produktes im kommenden Jahr steigt? Dafür kann man keine objektiv definierte Wahrscheinlichkeit angeben, wohl aber eine durchaus rationale subjektive Einschätzung, die zum Beispiel auf sachverständiger Analyse beruht.

(Grundlegende Rechenregeln) Sei Ω ein Ergebnisraum, und A, B und A_i seien Teilmengen von Ω, also Ereignisse. Dann gilt für die Wahrscheinlichkeiten:

(a) $0 \leqq P(A) \leqq 1$

(b) $P(\emptyset) = 0$

(c) $P(A) \leqq P(B)$ falls $A \subset B$

(d) $P(\bar{A}) = 1 - P(A)$ (wobei $\bar{A} = \Omega \setminus A$)

(e) $P(A_1 \cup A_2 \cup \ldots \cup A_n) = P(A_1) + P(A_2) + \ldots + P(A_n)$, falls $A_1, A_2, \ldots, A_n$ paarweise disjunkt sind.

Anmerkungen und Beispiele

- Regel (a) besagt, dass jede Wahrscheinlichkeit zwischen 0 und 1 liegen muss.
- Regel (b) besagt, dass das unmögliche Ereignis die Wahrscheinlichkeit 0 hat. Wenn man eine Münze wirft und der nur theoretische Fall, dass sie auf der Kante stehen bleibt, vernachlässigt wird, ist die Wahrscheinlichkeit, weder *Kopf* noch *Zahl* zu werfen, gleich 0.
- Wenn A das Ereignis *Kopf* und B das Ereignis *Kopf oder Zahl* beschreibt, ist A eine Teilmenge von B und kann gemäß Regel (c) keine größere Wahrscheinlichkeit als B aufweisen.
- Ist beim Münzwurf A das Ereignis *Kopf* mit $P(A) = 0{,}5$, so ist $\bar{A} = \Omega \setminus A$ das Ereignis *Zahl*, denn $\Omega = \{Kopf, Zahl\}$, so dass $\Omega \setminus A = \{Zahl\}$. Die Wahrscheinlichkeit für *Kopf* muss daher gemäß Regel (d) gleich $1 - 0{,}5 = 0{,}5$ sein. Man nennt $\bar{A}$ das **Gegenereignis** oder **Komplementärereignis** von A. Logisch entspricht es der Negation, was auch durch die vergleichbare Schreibweise durch einen Querstrich angedeutet wird.
- Beim Werfen eines Würfels sei $A_1 = \{1\}$, $A_2 = \{4\}$ und $A_3 = \{6\}$. Diese Ereignisse sind paarweise disjunkt, und die Wahrscheinlichkeit, eine 1, 4 oder 6 zu würfeln, ist nach Regel (e) daher $P(A_1) + P(A_2) + P(A_3) = \frac{1}{6} + \frac{1}{6} + \frac{1}{6} = \frac{3}{6} = \frac{1}{2}$. (Wir haben hier einfach vorausgesetzt, dass jede Zahl für sich genommen mit der Wahrscheinlichkeit 1/6 eintritt, worauf wir im folgenden Abschnitt näher eingehen.)

Aufgaben

7.27 (a) Nehmen Sie an, die Wahrscheinlichkeit, bei einem bestimmten Glücksspiel nichts zu gewinnen, sei 0,99. Wie hoch ist die Wahrscheinlichkeit für einen Gewinn?

(b) Wie hoch ist die Wahrscheinlichkeit für A, beim einmaligen Würfeln eine 6 zu werfen? Wie hoch ist die Wahrscheinlichkeit für B, mindestens die Augenzahl 5 zu werfen? Wie hoch ist die Wahrscheinlichkeit für C, höchstens die Augenzahl 5 zu werfen? Berechnen Sie auch die Wahrscheinlichkeiten $P(A \cup B)$, $P(A \cap B)$, $P(A \cup C)$, $P(A \cap C)$, $P(B \cup C)$ und $P(B \cap C)$.

Lösungen

7.27 (a) Ein Gewinn ist das Gegenereignis mit Gewinnwahrscheinlichkeit $1 - 0{,}99 = 0{,}01 = 1\%$.

(b) $P(A) = 1/6$; $P(B) = 2/6$; $P(C) = 5/6$; $P(A \cup B) = 2/6$ (die Wahrscheinlichkeit für eine 6 oder eine 5 oder 6 ist gleich der Wahrscheinlichkeit für eine 5 oder 6); $P(A \cap B) = 1/6$ (die Wahrscheinlichkeit für eine 6 und eine 5 oder 6 ist gleich der Wahrscheinlichkeit für eine 6); $P(A \cup C) = 1$; $P(A \cap C) = 0$; $P(B \cup C) = 1$ und $P(B \cap C) = 1/6$.

Laplacesche Wahrscheinlichkeit

Ein **Laplace-Experiment** ist ein Zufallsvorgang, bei dem alle endlich vielen Elementarereignisse gleichwahrscheinlich sind (nach dem französischen Mathematiker Pierre Laplace). Diese Information kann verwendet werden, um die Wahrscheinlichkeiten der Elementarereignisse konkret festzulegen. Das haben wir bei unseren bisherigen, typischen Beispielen des Werfens einer Münze oder des Würfelns schon ausgenutzt. Voraussetzung ist dabei, dass es sich um eine faire Münze oder einen fairen Würfel handelt. Ein Würfel ist fair, wenn er keine Augenzahl bevorzugt, was in der Realität bedeutet, dass er symmetrisch aus einem vollständig homogenen Material mit glatter Oberfläche gefertigt sein muss, so dass keine Gründe vorliegen, die das häufigere Landen des Würfels auf einer bestimmten Seite bewirken könnten.

Wenn es also n Elementarereignisse gibt, die alle gleichwahrscheinlich sind, muss die Wahrscheinlichkeit für jedes Elementarereignis ω_i durch

$$P(\{\omega_i\}) = \frac{1}{n}$$

gegeben sein. Die Wahrscheinlichkeit eines Ereignisses ist dann gleich der Anzahl der für dieses Ereignis günstigen Ergebnisse dividiert durch die Anzahl n der Elemente in Ω:

$$P(A) = \frac{|A|}{|\Omega|} = \frac{|A|}{n}$$

Dabei wird die **Anzahl** der Elemente einer Menge durch Betragsstriche gekennzeichnet, zum Beispiel $|\Omega| = n$.

Als Beispiel betrachten wir wieder das einmalige Werfen eines fairen Würfels. Der Ergebnisraum ist $\Omega = \{1, 2, 3, 4, 5, 6\}$. Jedes Elementarereignis ω_i hat wegen $|\Omega| = 6$ die Wahrscheinlichkeit $1/6$. Das Ereignis $A = \{2, 4, 6\}$ (gerade Zahl würfeln) hat die Wahrscheinlichkeit $P(A) = 3/6 = 0{,}5$.

Wir betonen noch einmal, dass die Laplacesche Berechnung der Wahrscheinlichkeit darauf beruht, dass es endlich viele Elementarereignisse gibt, die alle gleichwahrscheinlich sind. In zahlreichen Anwendungsfällen sind diese Voraussetzungen jedoch nicht erfüllt.

Rechenregeln für Vereinigungen von Ereignissen

Bei der Vereinigung $A \cup B$ zweier Ereignisse A und B geht es darum, die Wahrscheinlichkeit dafür anzugeben, dass A oder B oder auch beide Ereignisse gleichzeitig eintreten. Wenn Sie sich noch einmal den linken Teil der Abbildung 7.4 ansehen, erkennen Sie, dass die Wahrscheinlichkeit $P(A \cup B)$ nicht einfach gleich der Summe von $P(A)$ und $P(B)$ ist, denn die Wahrscheinlichkeit der Schnittmenge von A und B, also des gleichzeitigen Eintretens beider Ereignisse, würde dann zweimal berücksichtigt. Das erklärt die folgende Regel, für die wir zusätzlich auch noch die Verallgemeinerung auf die Vereinigung dreier Ereignisse angeben.

(Additionssatz für Wahrscheinlichkeiten) Sei Ω ein Ergebnisraum und A, B und C seien Teilmengen von Ω. Dann gilt:

$$\begin{aligned} P(A \cup B) &= P(A) + P(B) - P(A \cap B) \\ P(A \cup B \cup C) &= P(A) + P(B) + P(C) - P(A \cap B) \\ &\quad - P(A \cap C) - P(B \cap C) + P(A \cap B \cap C) \end{aligned}$$

Die bei den grundlegenden Rechenregeln unter (e) angegebene einfache Addition von Wahrscheinlichkeiten ist nur möglich, wenn die beiden Ereignisse A und B sich nicht überschneiden, also disjunkt sind.

Beispiel

Angenommen, eine faire Münze wird zweimal geworfen. Wir betrachten die beiden Ereignisse

A: *beim ersten Wurf fällt Kopf* und B: *beide Würfe haben dasselbe Ergebnis.*

Gesucht ist die Wahrscheinlichkeit $P(A \cup B)$, also die Wahrscheinlichkeit, dass beim ersten Wurf *Kopf* fällt oder dass beide Würfe gleich sind (Ereignis B). Der erste Wurf wird vom zweiten Wurf nicht beeinflusst, so dass $P(A) = 0{,}5$ ist. Um $P(B)$ zu bestimmen, überlegen wir zunächst, wie viele Möglichkeiten es in Ω insgesamt gibt: *(Kopf,Zahl)*, *(Kopf,Kopf)*, *(Zahl,Zahl)* und *(Zahl,Kopf)*, also vier. Davon sind zwei Ergebnisse günstig für B: *(Kopf,Kopf)* und *(Zahl,Zahl)*. Also ist $P(B) = 2/4 = 0{,}5$. Würden wir nun einfach die beiden Wahrscheinlichkeiten addieren, so kämen wir auf $P(A \cup B) = 1$, was nicht sein kann, da es offenbar möglich ist, dass ein Ereignis eintritt, bei dem weder A noch B erfüllt ist. Dieses Ereignis ist *(Zahl,Kopf)* mit der Wahrscheinlichkeit $1/4 = 0{,}25$. Diese Wahrscheinlichkeit müssen wir von 1 abziehen, so dass $P(A \cup B) = 0{,}75$. Das können wir anhand des Additionssatzes bestätigen, wozu noch $P(A \cap B)$ bestimmt werden muss. $A \cap B$ bedeutet, dass sowohl A als auch B eintreten, dass also sowohl der erste Wurf *Kopf* ergibt als auch beide Würfe dasselbe Ergebnis haben. Dafür gibt es eine Möglichkeit, nämlich *(Kopf,Kopf)*, so dass $P(A \cap B) = 1/4 = 0{,}25$. Damit erhalten wir:

$$P(A \cup B) = P(A) + P(B) - P(A \cap B) = 0{,}5 + 0{,}5 - 0{,}25 = 0{,}75$$

Aufgaben

7.28 Wie groß ist jeweils die Wahrscheinlichkeit, beim zufälligen Ziehen einer Karte aus einem Spiel mit 32 Karten (a) eine Kreuzkarte, (b) ein Kreuzass oder (c) ein Ass zu ziehen?

7.29 Studentin S, die gerade aus einer Vorlesung über Wahrscheinlichkeitsrechnung kommt, will mit zwei Freunden in ein Restaurant gehen. S bevorzugt ein italienisches, einer der Freunde ein griechisches und der andere ein deutsches Restaurant. S schlägt vor, durch zweimaligen Münzwurf zu losen. Fällt zweimal *Kopf*, wird das deutsche, bei zweimal *Zahl* das griechische und wenn einmal *Kopf* und einmal *Zahl* fällt, das italienische Restaurant besucht. Warum macht S diesen Vorschlag?

7.30 Ein fairer Würfel wird zweimal geworfen. Bestimmen Sie den Ergebnisraum Ω und berechnen Sie die Wahrscheinlichkeiten für die folgenden Ereignisse:

(a) A_1: *die Summe der Augenzahlen ist 12*, A_2: *die Summe ... ist 10*, A_3: *die Summe ... ist 0.*

(b) B: *die erste Zahl ist größer als die zweite*

(c) C: *beide Zahlen sind gleich*

(d) D: *die erste Zahl ist 5*

(e) E: *die Summe der Augenzahlen ist kleiner als vier*

(f) F: *die Summe der Augenzahlen ist kleiner als 12*

(g) $P(A_1 \cap B)$, $P(A_2 \cap B)$ und $P(A_3 \cap B)$

(h) $P(A_1 \cup B)$, $P(A_2 \cup B)$ und $P(A_3 \cup B)$

(i) $P(B \cap C)$ (j) $P(B \cup C)$ (k) $P(C \cap D)$ (l) $P(C \cup D)$

Lösungen

7.28 Ein Spiel mit 32 Karten hat in der Regel je achtmal die Farben Karo, Herz, Pik und Kreuz. In jeder Farbe gibt es ein Ass. Die Laplaceschen Wahrscheinlichkeiten sind daher (a) $8/32 = 1/4$, (b) $1/32$ und (c) $4/32 = 1/8$.

7.29 Beim zweimaligen Münzwurf gibt es vier mögliche Ergebnisse: (*Kopf,Kopf*), (*Kopf,Zahl*), (*Zahl,Kopf*) und (*Zahl,Zahl*). Die Wahrscheinlichkeit für (*Kopf,Kopf*) ist also $1/4$, ebenso für (*Zahl,Zahl*). Dagegen ist die Wahrscheinlichkeit für einmal *Kopf* und einmal *Zahl*, also (*Kopf,Zahl*) oder (*Zahl,Kopf*), $2/4 = 1/2$.

7.30 Der Ergebnisraum besteht aus allen möglichen Variationen der beiden gewürfelten Zahlen: $\Omega = \{(1,1), (1,2), \ldots, (1,6), (2,1), (2,2), \ldots, (2,6), \ldots, (6,1), (6,2), \ldots, (6,6)\}$. Es gibt also 36 mögliche Ergebnisse, das heißt, $|\Omega| = 36$.

(a) Die Summe der Augenzahlen ist 12, wenn $(6,6)$ eintritt, also $|A_1| = 1$ und damit $P(A_1) = 1/36$. Dagegen ist die Summe der Augenzahlen 10, wenn $(4,6)$, $(5,5)$ oder $(6,4)$ eintritt, also $|A_2| = 3$, so dass $P(A_2) = 3/36 = 1/12$ ist. Schließlich kann die Summe der Augenzahlen nicht 0 sein, so dass $P(A_3) = 0$.

(b) Für B gibt es 5 Möglichkeiten, wenn die zweite Zahl eine 1 ist, 4 Möglichkeiten, wenn die zweite Zahl eine 2 ist usw. Das macht insgesamt 15 Möglichkeiten, also $P(B) = 15/36$.

(c) Es gibt 6 Möglichkeiten, also $P(C) = 1/6$.

(d) Es gibt 6 Möglichkeiten, also $P(D) = 1/6$.

(e) Es gibt 3 Möglichkeiten, also $P(E) = 1/12$.

(f) F ist das Gegenereignis zu A_1 mit $P(A_1) = 1/36$. Daher gilt $P(F) = 1 - P(\bar{F}) = 1 - 1/36 = 35/36$.

(g) Wenn beide Würfe 6 ergeben, kann die erste Zahl nicht größer als die zweite sein, also $P(A_1 \cap B) = 0$. Da $(6,4)$ das einzige Ergebnis ist, das sowohl in A_2 als auch in B ist, ist $P(A_2 \cap B) = 1/36$. Da $P(A_3) = 0$ ist, ist auch $P(A_3 \cap B) = 0$.

(h) Nach dem Additionssatz gilt $P(A_1 \cup B) = P(A_1) + P(B) - P(A_1 \cap B) = 1/36 + 15/36 - 0 = 16/36$, $P(A_2 \cup B) = P(A_2) + P(B) - P(A_2 \cap B) = 3/36 + 15/36 - 1/36 = 17/36$ und $P(A_3 \cup B) = P(A_3) + P(B) - P(A_3 \cap B) = 0 + 15/36 - 0 = 15/36$.

(i) $P(B \cap C) = 0$.

(j) $P(B \cup C) = P(B) + P(C) - P(B \cap C) = 15/36 + 1/6 - 0 = 21/36$.

(k) $P(C \cap D) = 1/36$.

(l) $P(C \cup D) = P(C) + P(D) - P(C \cap D) = 1/6 + 1/6 - 1/36 = 11/36$.

7.5.2 Bedingte Wahrscheinlichkeiten

Definition

Wir beginnen mit dem Beispiel des Würfelns mit einem fairen Würfel und den beiden Ereignissen, mindestens die Augenzahl 4 zu werfen ($A = \{4,5,6\}$) und eine gerade Zahl zu werfen ($B = \{2,4,6\}$). Dann gilt:

$$P(A) = \frac{3}{6} \quad \text{und} \quad P(B) = \frac{3}{6}$$

Die **bedingte Wahrscheinlichkeit** von A unter der Bedingung B, geschrieben als $P(A|B)$, ist definiert als die Wahrscheinlichkeit, dass A eintritt, unter der Bedingung, dass B eingetreten ist. Auch diese Wahrscheinlichkeit können wir als Anzahl der günstigen durch die Anzahl der möglichen Ergebnisse berechnen, wobei die möglichen Ergebnisse jetzt auf die Ergebnisse in B reduziert sind. Es gibt also zwei günstige Ergebnisse (Augenzahl 4 oder 6) und drei mögliche Ergebnisse (Augenzahl 4, 5 oder 6). Damit gilt:

$$P(A|B) = \frac{2}{3}$$

Wir können diesen Bruch mit 6 erweitern und erkennen, dass die bedingte Wahrscheinlichkeit als

$$P(A|B) = \frac{2/6}{3/6} = \frac{P(A \cap B)}{P(B)}$$

geschrieben werden kann, denn $P(A \cap B) = 2/6$ ist die Wahrscheinlichkeit, dass sowohl A als auch B eintreten (wobei die Schnittmenge hier 2 Ergebnisse, nämlich 4 und 6 enthält), und $P(B) = 3/6$ ist die Wahrscheinlichkeit, dass B eintritt.

Die **bedingte Wahrscheinlichkeit** von A unter der Bedingung B ist definiert als:

$$P(A|B) = \frac{P(A \cap B)}{P(B)}$$

Daraus ergibt sich der **Multiplikationssatz** für Wahrscheinlichkeiten:

$$P(A \cap B) = P(A|B) \cdot P(B)$$

Man kann diese Formeln analog für den Fall angeben, dass A die Bedingung darstellt:

$$P(B|A) = \frac{P(A \cap B)}{P(A)} \quad \text{und} \quad P(A \cap B) = P(B|A) \cdot P(A)$$

Baumdiagramme

Wir betrachten nun ein weiteres hypothetisches Beispiel. Angenommen, es sei bekannt, dass die Wahrscheinlichkeit für eine Mutter in Deutschland, blond zu sein, 0,5 beträgt (Ereignis B). Dann ist die Wahrscheinlichkeit für $\bar{B}$, dass eine Mutter nicht blond ist, ebenfalls 0,5:

$$P(B) = 0{,}5, \quad P(\bar{B}) = 1 - P(B) = 0{,}5$$

Ebenso sei die bedingte Wahrscheinlichkeit bekannt, dass die Tochter blond ist (Ereignis A), wenn die Mutter blond ist (wenn also die Bedingung B erfüllt ist). Diese Wahrscheinlichkeit sei gleich 0,6. Dann ist die bedingte Wahrscheinlichkeit, dass die Tochter nicht blond ist, wenn die Mutter blond ist, gleich 0,4:

$$P(A|B) = 0{,}6, \quad P(\bar{A}|B) = 1 - P(A|B) = 0{,}4$$

Entsprechend seien die bedingten Wahrscheinlichkeiten für die Haarfarbe der Tochter gegeben, wenn die Mutter nicht blond ist:

$$P(A|\bar{B}) = 0{,}2, \quad P(\bar{A}|\bar{B}) = 1 - P(A|\bar{B}) = 0{,}8$$

Diese Wahrscheinlichkeiten kann man übersichtlich anhand des **Baumdiagramms** in der Abbildung 7.12 darstellen.

Die erste Stufe des Baumdiagramms enthält die unbedingten Wahrscheinlichkeiten für die Haarfarbe der Mutter. Die zweite Stufe enthält die bedingten Wahrscheinlichkeiten für die Haarfarbe der Tochter. Am Ende des Baumdiagramms stehen die **gemeinsamen Wahrscheinlichkeiten**, also die Wahrscheinlichkeiten der Schnittmengen je zweier Ereignisse. Zum Beispiel ist $P(A \cap B) = P(A|B) \cdot P(B) = 0{,}6 \cdot 0{,}5 = 0{,}3$ die Wahrscheinlichkeit, dass sowohl die Tochter als auch die Mutter blond ist. Nach dem Multiplikationssatz erhält man diese Wahrscheinlichkeiten als Produkte der Wahrscheinlichkeiten entlang der entsprechenden Pfade des Baumdiagramms:

$$P(A \cap B) = 0{,}5 \cdot 0{,}6 = 0{,}3; \quad P(\bar{A} \cap B) = 0{,}5 \cdot 0{,}4 = 0{,}2;$$
$$P(A \cap \bar{B}) = 0{,}5 \cdot 0{,}2 = 0{,}1; \quad P(\bar{A} \cap \bar{B}) = 0{,}5 \cdot 0{,}8 = 0{,}4.$$

Beachten Sie, dass die Summe der von jeder Verzweigung ausgehenden Wahrscheinlichkeiten immer gleich eins sein muss, ebenso wie die Summe der gemeinsamen Wahrscheinlichkeiten am Ende des Baumdiagramms. Sie sollten diese Eigenschaft beim Erstellen eines Baumdiagramms stets überprüfen.

Abbildung 7.12 Baumdiagramm

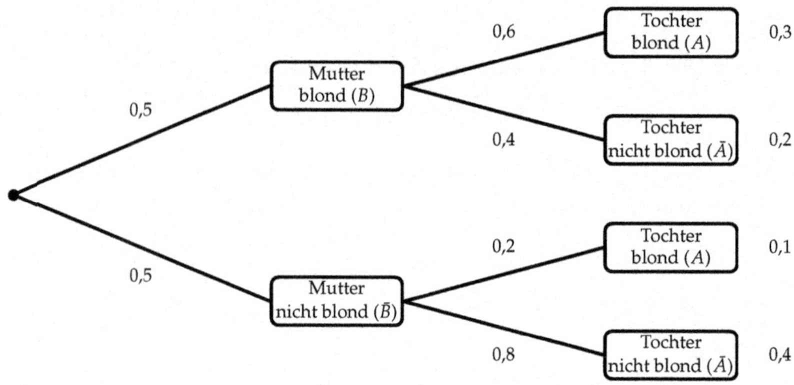

Wir können anhand des Baumdiagramms auch die unbedingte Wahrscheinlichkeit für die Haarfarbe der Tochter bestimmen. Denn wir kennen zum Beispiel die Wahrscheinlichkeit $P(A \cap B) = 0{,}3$, dass Tochter und Mutter blond sind, und die Wahrscheinlichkeit $P(A \cap \bar{B}) = 0{,}1$, dass die Tochter, aber nicht die Mutter blond ist. Da sich diese beiden Ereignisse gegenseitig ausschließen, kann man die Wahrscheinlichkeiten nach dem Additionssatz addieren, um die unbedingte Wahrscheinlichkeit zu erhalten, dass die Tochter blond ist: $P(A) = 0{,}3 + 0{,}1 = 0{,}4$. Entsprechend gilt $P(\bar{A}) = 0{,}2 + 0{,}4 = 0{,}6$.

Wir fassen die Ergebnisse in den folgenden **Pfadregeln** zusammen, die unmittelbar aus dem Multiplikations- und dem Additionssatz folgen:

- Die Wahrscheinlichkeit eines Pfades ist gleich dem Produkt der Wahrscheinlichkeiten entlang des Pfades.
- Die Wahrscheinlichkeit eines Ereignisses ist gleich der Summe der Wahrscheinlichkeiten der Pfade, die zu diesem Ereignis gehören.

Suchen wir zum Beispiel die Wahrscheinlichkeit, dass Mutter und Tochter die gleiche Haarfarbe haben, so müssen wir lediglich die Wahrscheinlichkeiten der Pfade addieren, für die beide blond oder beide nicht blond sind:

$$P(\{\textit{Haarfarbe gleich}\}) = P((A \cap B) \cup (\bar{A} \cap \bar{B})) = 0{,}3 + 0{,}4 = 0{,}7$$

Die Formel von Bayes

Wie groß ist zum Beispiel die Wahrscheinlichkeit, dass die Mutter blond ist, wenn vorausgesetzt wird, dass die Tochter blond ist, also $P(B|A)$? Diese Wahrscheinlichkeit kann nicht direkt anhand des Baumdiagramms abgelesen werden. Allerdings haben wir uns ja mittels der Pfadregeln bereits überlegt, dass $P(A \cap B) = 0{,}3$ und $P(A) = 0{,}4$ ist. Damit können wir die gesuchte Wahrscheinlichkeit berechnen:

$$P(B|A) = \frac{P(A \cap B)}{P(A)} = \frac{0{,}3}{0{,}4} = 0{,}75$$

Das heißt, in 3/4 der Fälle, in denen die Tochter blond ist, ist auch die Mutter blond. Die Wahrscheinlichkeit im Zähler dieser Formel haben wir zuvor mit der ersten Pfadregel berechnet: $P(A \cap B) = P(A|B) \cdot P(B)$, die Wahrscheinlichkeit im Nenner mit der zweiten Pfadregel: $P(A) = P(A \cap B) + P(A \cap \bar{B}) = P(A|B) \cdot P(B) + P(A|\bar{B}) \cdot P(\bar{B})$ (diese Formel heißt **Satz von der totalen Wahrscheinlichkeit**). Setzen wir diese Ergebnisse in $P(B|A)$ ein, so erhalten wir die **Formel von Bayes** für den vorliegenden Fall (nach dem englischen Mathematiker Thomas Bayes):

$$P(B|A) = \frac{P(A|B) \cdot P(B)}{P(A|B) \cdot P(B) + P(A|\bar{B}) \cdot P(\bar{B})} = \frac{0{,}6 \cdot 0{,}5}{0{,}6 \cdot 0{,}5 + 0{,}2 \cdot 0{,}5} = 0{,}75$$

Analog können damit auch die anderen bedingten Wahrscheinlichkeiten berechnet werden. Wenn die Bedingung nicht A, sondern $\bar{A}$ ist, benötigen wir dabei den Nenner:

$$P(\bar{A}) = P(\bar{A} \cap B) + P(\bar{A} \cap \bar{B}) = P(\bar{A}|B) \cdot P(B) + P(\bar{A}|\bar{B}) \cdot P(\bar{B}) = 0{,}4 \cdot 0{,}5 + 0{,}8 \cdot 0{,}5 = 0{,}6$$

(was übrigens auch direkt aus $P(\bar{A}) = 1 - P(A) = 1 - 0{,}4 = 0{,}6$ folgt):

$$P(\bar{B}|A) = \frac{P(A \cap \bar{B})}{P(A)} = \frac{P(A|\bar{B}) \cdot P(\bar{B})}{P(A)} = \frac{0{,}2 \cdot 0{,}5}{0{,}4} = 0{,}25$$

$$P(B|\bar{A}) = \frac{P(\bar{A} \cap B)}{P(\bar{A})} = \frac{P(\bar{A}|B) \cdot P(B)}{P(\bar{A})} = \frac{0{,}4 \cdot 0{,}5}{0{,}6} = 1/3$$

$$P(\bar{B}|\bar{A}) = \frac{P(\bar{A} \cap \bar{B})}{P(\bar{A})} = \frac{P(\bar{A}|\bar{B}) \cdot P(\bar{B})}{P(\bar{A})} = \frac{0{,}8 \cdot 0{,}5}{0{,}6} = 2/3$$

Die Ereignisse B und $\bar{B}$ bilden eine **Zerlegung** des Ergebnisraums Ω. Das bedeutet, die Vereinigung der beiden Mengen ergibt Ω, und die Schnittmenge der beiden Mengen ist leer. Allgemeiner können mehr als zwei Mengen eine Zerlegung bilden. Die Formel von Bayes kann damit so formuliert werden:

(Formel von Bayes) Ist $B_1, B_2, \ldots, B_k$ eine Zerlegung von Ω, so gilt:

$$P(B_j|A) = \frac{P(A|B_j) \cdot P(B_j)}{\sum_{i=1}^{k} P(A|B_i) \cdot P(B_i)}$$

Dabei wird vorausgesetzt, dass der Nenner positiv ist.

Die Anwendung der Formel von Bayes ist für Ungeübte nicht einfach. Daher bietet es sich an, anfangs stets ein Baumdiagramm zu zeichnen. Man kann sich dann das Vorgehen so merken. In der zweiten Stufe des Baumdiagramms stehen die bedingten Wahrscheinlichkeiten, zum Beispiel $P(A|B)$, am Ende des Baumdiagramms die gemeinsamen Wahrscheinlichkeiten. Um die umgekehrten bedingten Wahrscheinlichkeiten zu erhalten, zum Beispiel $P(B|A)$, dividiert man die gemeinsame Wahrscheinlichkeit $P(A \cap B)$ durch die Summe der gemeinsamen Wahrscheinlichkeiten, die das Ergebnis A enthalten. Anhand der Aufgabe 7.31 (a) wird das noch einmal verdeutlicht.

Aufgaben

7.31 (a) Eine Betrugserkennungssoftware erkennt einen Betrug zu 99,9% und warnt zu 0,5% fälschlicherweise. Wie groß ist die Wahrscheinlichkeit, dass ein Betrug vorliegt, wenn die Software warnt und die Betrugswahrscheinlichkeit 1% beträgt?

(b) Angenommen, 2% der Bevölkerung sind an einer bestimmten Krankheit erkrankt (Ereignis B mit $P(B) = 0{,}02$). Ein medizinisches Testverfahren reagiert positiv (Ereignis A) mit einer Wahrscheinlichkeit von 95%, wenn die getestete Person krank ist ($P(A|B) = 0{,}95$) und fälschlicherweise positiv mit einer Wahrscheinlichkeit von 10%, wenn die getestete Person gesund ist ($P(A|\bar{B}) = 0{,}1$). Wie groß ist die Wahrscheinlichkeit, dass eine zufällig ausgewählte Person krank ist, wenn der Test positiv ist?

(c) Gehen Sie von den Daten des vorangehenden Aufgabenteils aus. Wie groß ist die Wahrscheinlichkeit, dass eine Person krank ist, wenn nach einem positiven ersten Test ein zweiter, davon unabhängig durchgeführter Test wieder positiv ist?

(d) Ein Unternehmen erzeugt ein Produkt in drei verschiedenen Fabriken. In Fabrik I werden 50% der Gesamtproduktion mit einem Ausschussanteil von 2% erzeugt, in Fabrik II 30% mit einem Ausschussanteil von 4% und in Fabrik III 20% mit einem Ausschussanteil von 1%. Wie groß ist die Wahrscheinlichkeit, dass ein zufällig ausgewähltes Stück Ausschuss ist? Wenn ein zufällig ausgewähltes Stück Ausschuss ist, wie groß ist die Wahrscheinlichkeit, dass es aus der ersten, zweiten oder dritten Fabrik stammt?

Lösungen

7.31 (a) Die Abbildung 7.13 zeigt das Baumdiagramm. Zur Verdeutlichung des Ablesens der umgekehrten bedingten Wahrscheinlichkeit anhand des Diagramms sind einige Einträge fett dargestellt. Da die Wahrscheinlichkeit für einen Betrug gesucht ist, unter der Bedingung, dass die Software warnt, ist die gemeinsame Wahrscheinlichkeit für *Betrug* und *Warnung* durch die Summe aller gemeinsamen Wahrscheinlichkeiten mit *Warnung* zu dividieren:

$$P(\{Betrug|Warnung\}) = \frac{0{,}00999}{0{,}00999 + 0{,}00495} = 0{,}668675$$

(b) Gesucht ist die Wahrscheinlichkeit $P(B|A)$. Die Formel von Bayes liefert:

$$P(B|A) = \frac{P(A|B) \cdot P(B)}{P(A|B) \cdot P(B) + P(A|\bar{B}) \cdot P(\bar{B})} = \frac{0{,}95 \cdot 0{,}02}{0{,}95 \cdot 0{,}02 + 0{,}1 \cdot 0{,}98} = \frac{0{,}019}{0{,}019 + 0{,}098} = 0{,}162$$

Ein einziger positiver Test ist also wenig aussagekräftig.

(c) Gesucht ist wieder die Wahrscheinlichkeit $P(B|A)$, wobei jetzt $P(B) = 0{,}162$ ist, weil der Test ja bereits einmal positiv war. Die Formel von Bayes liefert:

$$P(B|A) = \frac{P(A|B) \cdot P(B)}{P(A|B) \cdot P(B) + P(A|\bar{B}) \cdot P(\bar{B})} = \frac{0{,}95 \cdot 0{,}162}{0{,}95 \cdot 0{,}162 + 0{,}1 \cdot 0{,}838} = \frac{0{,}154}{0{,}154 + 0{,}084} = 0{,}647$$

Ein zweiter positiver Test erhöht die Aussagekraft beträchtlich. Allerdings besteht immer noch eine große Fehlerwahrscheinlichkeit, weil das Testverfahren eine geringe Spezifität hat, was bedeutet, dass der Test bei relativ vielen gesunden Menschen positiv anzeigt (hier 10%).

(d) Wir bezeichnen mit B_i das Ereignis *Stück aus Fabrik i* und mit A das Ereignis *Stück ist Ausschuss.* Aus dem Satz von der totalen Wahrscheinlichkeit folgt:

$$P(A) = 0{,}5 \cdot 0{,}02 + 0{,}3 \cdot 0{,}04 + 0{,}2 \cdot 0{,}01 = 0{,}024 = 2{,}4\%$$

Die Formel von Bayes liefert $P(B_i|A) = \frac{P(A|B_i) \cdot P(B_i)}{P(A)}$, also $P(B_1|A) = 0{,}02 \cdot 0{,}5/0{,}024 = 0{,}417$, $P(B_2|A) = 0{,}04 \cdot 0{,}3/0{,}024 = 0{,}50$ und $P(B_3|A) = 0{,}01 \cdot 0{,}2/0{,}024 = 0{,}083$.

Stochastische Unabhängigkeit

Zwei Ereignisse A und B heißen **stochastisch unabhängig**, wenn gilt:

$$P(A \cap B) = P(A) \cdot P(B)$$

Da der allgemeine Multiplikationssatz besagt, dass $P(A \cap B) = P(A|B) \cdot P(B)$, gilt bei stochastischer Unabhängigkeit also $P(A|B) = P(A)$, das heißt, die Wahrscheinlichkeit von A

Abbildung 7.13 Baumdiagramm zur Aufgabe 7.31 (a)

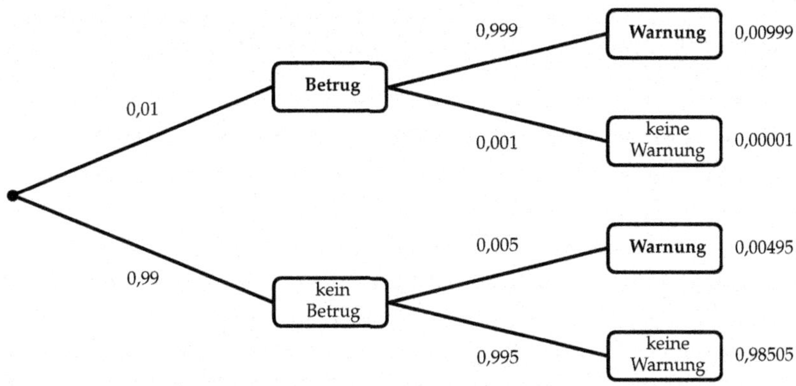

wird durch das Eintreten von B nicht beeinflusst. Man bezeichnet die Formel $P(A \cap B) = P(A) \cdot P(B)$ auch als **Multiplikationssatz für unabhängige Ereignisse**. In unserem Beispiel der Haarfarben von Mutter und Tochter sind A und B nicht stochastisch unabhängig, weil zum Beispiel gilt:

$$P(A \cap B) = P(A|B) \cdot P(B) = 0{,}6 \cdot 0{,}5 = 0{,}3 \neq P(A) \cdot P(B) = 0{,}4 \cdot 0{,}5 = 0{,}2$$

Die stochastische Unabhängigkeit spielt in der Statistik eine große Rolle, weil sie von zahlreichen statistischen Verfahren vorausgesetzt wird. In der Wahrscheinlichkeitsrechnung treten im Wesentlichen zwei Fragestellungen auf. Zum einen kann man in Anwendungen aus der Art der Problemstellung häufig schließen, dass Unabhängigkeit vorliegt. In diesem Fall vereinfacht sich die Berechnung von Wahrscheinlichkeiten für Schnittmengen nach dem Multiplikationssatz für unabhängige Ereignisse erheblich. Zum anderen kann man versuchen, die stochastische Unabhängigkeit für bestimmte Zufallsexperimente nachzuweisen.

Beispiele

- Beim mehrmaligen Würfeln mit einem fairen Würfel hat das Ergebnis des ersten Wurfes mit Sicherheit keinen Einfluss auf das Ergebnis des zweiten Wurfes usw. Jeder einzelne Wurf ist also stochastisch unabhängig von den anderen Würfen. Wenn Sie zum Beispiel die Wahrscheinlichkeit ausrechnen wollen, fünfmal hintereinander die 4 zu würfeln, ist die Wahrscheinlichkeit daher:

$$P(\{4\}) \cdot P(\{4\}) \cdot P(\{4\}) \cdot P(\{4\}) \cdot P(\{4\}) = \frac{1}{6} \cdot \frac{1}{6} \cdot \frac{1}{6} \cdot \frac{1}{6} \cdot \frac{1}{6} = \left(\frac{1}{6}\right)^5 = \frac{1}{7776}$$

- Betrachten Sie unser Eingangsbeispiel zu den bedingten Wahrscheinlichkeiten beim einmaligen Würfeln, $A = \{4,5,6\}$ und $B = \{2,4,6\}$ mit $P(A) = \frac{1}{2}$ und $P(B) = \frac{1}{2}$. Die Wahrscheinlichkeit $P(A \cap B)$ ist $2/6 = 1/3$, weil es zwei günstige Ergebnisse (4 und 6) und sechs mögliche Ereignisse gibt. A und B sind also nicht stochastisch unabhängig, weil

$$P(A \cap B) = \frac{1}{3} \neq P(A) \cdot P(B) = 0{,}25.$$

Weitere Anwendungen von Baumdiagrammen

Mit Hilfe von Baumdiagrammen können zahlreiche Fragestellungen der Wahrscheinlichkeitsrechnung gelöst werden, sowohl bei stochastisch unabhängigen als auch bei stochastisch abhängigen Ereignissen. Insbesondere bei mehrstufigen Zufallsversuchen (zum Beispiel mehrmaliges Würfeln, mehrmaliges Werfen einer Münze, mehrmaliges Ziehen aus einer Urne usw.) sind Baumdiagramme nützlich, wenn die Anzahl der Stufen nicht zu groß ist. Aus Platzgründen gehen wir darauf nicht mehr gesondert ein, verweisen aber auf die folgenden Aufgaben, die Beispiele dazu enthalten.

Aufgaben

7.32 In einer Urne sind 5 schwarze, 3 weiße und 2 rote Kugeln. Stellen Sie das zweimalige Ziehen einer Kugel für die Fälle ohne und mit Zurücklegen der jeweils gezogenen Kugel anhand eines Baumdiagramms dar. Wie groß ist in beiden Fällen die Wahrscheinlichkeit, dass beide Kugeln rot sind? Wie groß ist in beiden Fällen die Wahrscheinlichkeit, dass beide Kugeln dieselbe Farbe haben?

7.33 (a) Berechnen Sie die Wahrscheinlichkeit, beim dreimaligen Würfeln mit einem fairen Würfel zuerst eine 4, dann eine 5 und schließlich noch einmal eine 4 zu würfeln. Wie groß ist die Wahrscheinlichkeit, beim dreimaligen Würfeln zweimal eine 4 und einmal eine 5 zu würfeln?

(b) In einer Abfüllanlage für Getränke haben 3% der Flaschen nicht die richtige Füllmenge (Ereignis A), und 4% sind nicht korrekt verschlossen (Ereignis B). Wie groß ist die Wahrscheinlichkeit, dass eine Flasche fehlerhaft ist?

(c) Nehmen Sie an, Sie sind auf einer Feier mit insgesamt 24 Gästen. Würden Sie eine Wette darauf eingehen, dass mindestens zwei der Gäste am selben Tag Geburtstag haben?

Lösungen

7.32 In der Abbildung 7.14 wird das Baumdiagramm für den Fall ohne Zurücklegen dargestellt. Es gibt nur einen Pfad mit zwei roten Kugeln, die Wahrscheinlichkeit ist also $2/90$. Es gibt drei Pfade mit jeweils gleichfarbigen Kugeln, die Wahrscheinlichkeit dafür ist die Summe dieser Pfade, also $20/90 + 6/90 + 2/90 = 28/90$. Für das Ziehen mit Zurücklegen können Sie das Baumdiagramm abwandeln; die Wahrscheinlichkeiten auf der zweiten Stufe sind dann dieselben wie auf der ersten Stufe. Die Wahrscheinlichkeit für zwei rote Kugeln ist $4/100$, die Wahrscheinlichkeit für zwei gleichfarbige Kugeln $38/100$.

7.33 (a) Die erste gesuchte Wahrscheinlichkeit ist:

$$P(\{4\}) \cdot P(\{5\}) \cdot P(\{4\}) = \frac{1}{6} \cdot \frac{1}{6} \cdot \frac{1}{6} = \left(\frac{1}{6}\right)^3 = \frac{1}{216}$$

Dabei kommt es auf die Reihenfolge an. Wenn lediglich danach gefragt wird, zweimal eine 4 und einmal eine 5 zu würfeln, ist die Reihenfolge egal. Sie können die Wahrscheinlichkeit anhand eines Baumdiagramms berechnen, was aber schon recht aufwändig ist. Alternativ kann man sich überlegen, wie viele Anordnungen von zwei Vieren und einer Fünf es gibt: $(4,4,5)$, $(4,5,4)$ und $(5,4,4)$, also drei. Für jede dieser Anordnungen ist die Wahrscheinlichkeit gleich $1/216$. Die gesuchte Wahrscheinlichkeit ist also $3/216 = 1/72$.

(b) Ein Flasche ist fehlerhaft, wenn mindestens einer der Fehler auftritt. Gesucht ist also $P(A \cup B)$. Nach dem Additionssatz gilt $P(A \cup B) = P(A) + P(B) - P(A \cap B)$, wobei $P(A \cap B) = P(A) \cdot P(B)$, da man hier von der Unabhängigkeit der Ereignisse ausgehen kann. Also folgt:

$$P(A \cup B) = P(A) + P(B) - P(A \cap B) = 0{,}03 + 0{,}04 - 0{,}03 \cdot 0{,}04 = 0{,}0688$$

Man muss also davon ausgehen, dass knapp 7% der Flaschen fehlerhaft sind.

(c) Die Wahrscheinlichkeit, dass alle Gäste an unterschiedlichen Tagen Geburtstag haben (Ereignis A), ist

$$\frac{365}{365} \cdot \frac{364}{365} \cdot \frac{363}{365} \cdot \ldots \cdot \frac{342}{365} = 0{,}46,$$

denn für eine beliebige erste Person gibt es 365 von 365 Tagen als günstige Möglichkeiten. Für die zweite Person verbleiben dann 364 von 365 möglichen Tagen usw. Für die vierundzwanzigste Person verbleiben 342 von 365 möglichen Tagen. Dass mindestens zwei Gäste am selben Tag Geburtstag haben, ist das Gegenereignis zum Ereignis A. Also gilt:

$$P(\bar{A}) = 1 - P(A) = 1 - 0{,}46 = 0{,}54$$

Wenn Sie die Wette eingehen würden, wäre die Wahrscheinlichkeit zu gewinnen größer als 50%. Da die meisten Menschen dieses Ergebnis als überraschend empfinden, wird es als **Geburtstagsparadoxon** bezeichnet.

Abbildung 7.14 Baumdiagramm zur Aufgabe 7.32 ohne Zurücklegen

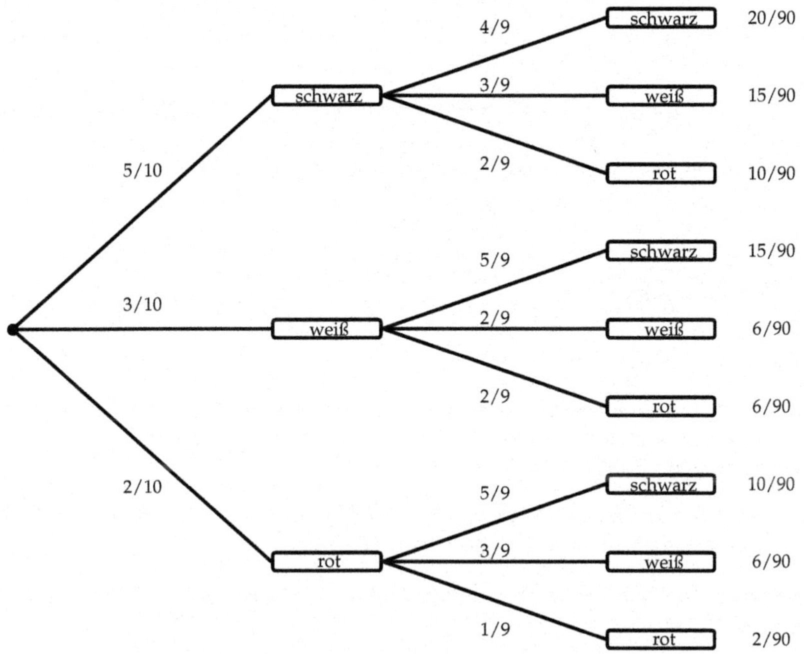

7.5.3 Kombinatorik

Gegenstand

Mit Baumdiagrammen können mehrstufige Zufallsvorgänge nur analysiert werden, wenn es sich um relativ wenige Elementarereignisse und Stufen handelt. Bei zahlreichen Möglichkeiten sind die Berechnungen manchmal mittels der **Kombinatorik** möglich. Ein wichtiger Fall, der zum Beispiel zur Berechnung der Wahrscheinlichkeiten beim Lotto *6 aus 49* verwendet werden kann, führt direkt zur sogenannten **hypergeometrischen Verteilung**, die auf der Seite 337 dargestellt wird.

Die Kombinatorik beschäftigt sich mit dem Zählen von verschiedenen Anordnungen oder Alternativen. Gerne wird sie auch als *Kunst des Zählens* bezeichnet. Die wichtigste Anwendung der Kombinatorik in den Wirtschaftswissenschaften ist die Wahrscheinlichkeitsrechnung. Denken Sie an die Laplacesche Definition der Wahrscheinlichkeit als Anzahl der günstigen Ergebnisse dividiert durch die Anzahl der möglichen Ergebnisse. Die Kombinatorik hilft, diese Anzahlen zu bestimmen.

Geordnete Proben mit Wiederholung

Betrachten wir zu Beginn beispielhaft die Anzahl an verschiedenen Möglichkeiten, ein Passwort aus 8 Buchstaben ohne Umlaute zu bilden. Für den ersten Buchstaben gibt es 26 verschiedene Möglichkeiten, ebenso für den zweiten und dritten usw., denn wir erlauben hier explizit, dass sich Buchstaben wiederholen dürfen. Weiterhin unterscheiden sich die Passwörter, je nachdem, an welcher Stelle die Buchstaben stehen. Das Passwort *aaaabbbb* ist ein anderes als *bbbbaaaa*, es kommt also auf die Ordnung an. Deshalb wird diese Variante auch als **geordnete Probe mit Wiederholung** bezeichnet.

Da für jeden Buchstaben genau 26 verschiedene Alternativen möglich sind, ergeben sich insgesamt $26^8 \approx 278$ Millionen verschiedene Kombinationen. Allgemeiner gibt es mit N verschiedenen Alternativen bei einer Probe vom Umfang m insgesamt

$$\underbrace{N \cdot N \cdot \ldots \cdot N}_{m-\text{mal}} = N^m$$

verschiedene Möglichkeiten.

Beispiele

- Anzahl der unterschiedlichen zweistelligen Zahlen im Dezimalsystem; hier wird eine Probe vom Umfang 2 aus der Menge $\{0, 1, 2, \ldots, 9\}$ mit 10 Elementen gezogen, so dass es $10^2 = 100$ Zahlen gibt (die Zahlen von 0 bis 99).
- Anzahl der KFZ-Kennzeichen mit zwei Buchstaben und drei Ziffern: $26 \cdot 26 \cdot 9 \cdot 10 \cdot 10 = 608.400$, wenn „0" als erste Ziffer nicht zugelassen wird.
- Die Anzahl verschiedener Würfe, die mit drei **unterscheidbaren** Würfeln erzielt werden können, ist 6^3.

Geordnete Proben ohne Wiederholung

Wenn wir unser Passwort-Beispiel nun derart beschränken, dass wir keinen Buchstaben mehrfach verwenden dürfen, dann ist intuitiv schon einmal klar, dass sich die Anzahl an verschiedenen Alternativen insgesamt reduziert. In Abgrenzung zur genannten Probe mit Wiederholung bezeichnen wir diese Variante als **geordnete Probe ohne Wiederholung**.

In unserem Beispiel haben wir für den ersten Buchstaben 26 verschiedene Möglichkeiten. Für jede dieser Möglichkeiten verbleiben für den zweiten Buchstaben nur noch 25 Alternativen, für den dritten 24 usw. Insgesamt ergibt sich die Anzahl der Möglichkeiten damit als:

$$\underbrace{26 \cdot 25 \cdot \ldots \cdot 19}_{8-\text{mal}} \approx 63 \text{ Millionen}$$

Zur Ableitung einer allgemeinen Formel für diese Variante der möglichen Anordnungsalternativen ist es sinnvoll, kurz auf die mathematische Definition der **Fakultät** einzugehen. Die

Fakultät von n wird geschrieben als $n!$ und ist definiert als das Produkt aller natürlichen Zahlen, die kleiner gleich n sind:

$$n! = 1 \cdot 2 \cdot \ldots \cdot (n-1) \cdot n \qquad \text{für alle } n \in N$$
$$0! = 1$$

Mit 4! ist zum Beispiel $1 \cdot 2 \cdot 3 \cdot 4 = 24$ gemeint, und $10! = 3.628.800$. Mit der Fakultät können wir die Anzahl der Möglichkeiten der Passworterstellung ohne Wiederholung auch folgendermaßen schreiben:

$$\underbrace{26 \cdot 25 \cdot \ldots \cdot 19}_{8-\text{mal}} = \frac{26!}{(26-8)!}$$

Verallgemeinert ergibt sich damit für eine geordnete Probe von m Elementen aus N Alternativen ohne Wiederholung, dass die Anzahl der Möglichkeiten gegeben ist durch:

$$\frac{N!}{(N-m)!}$$

Einen Spezialfall dieser geordneten Proben ohne Wiederholung stellt die Frage nach der Anzahl möglicher Anordnungen einer Menge bestehend aus N Elementen dar. Diese Möglichkeiten der Anordnung werden auch als **Permutationen** bezeichnet. Da die Anzahl der Anordnungen gleichbedeutend ist mit einer Probe der Größe N aus N, gibt es

$$\frac{N!}{(N-N)!} = N!$$

verschiedene Permutationen.

Beispiele

- In einer Urne liegen 5 Kugeln mit den Nummern 1 bis 5. Man zieht nacheinander 3 Kugeln ohne Zurücklegen und notiert ihre Nummern in der Reihenfolge, in der sie erscheinen. Damit gibt es $5 \cdot 4 \cdot 3 = 60$ verschiedene Möglichkeiten.
- Anzahl der möglichen unterschiedlichen Reihenfolgen von 4 Studierenden in einer Warteschlange vor einem Prüfungsraum: $4! = 24$.
- Wenn in den KFZ-Kennzeichen kein Buchstabe und keine Ziffer doppelt vorkommen darf, erhält man $26 \cdot 25 = 650$ Buchstabenkombinationen und $9 \cdot 9 \cdot 8 = 648$ Ziffernkombinationen. Insgesamt also $650 \cdot 648 = 421.000$ Möglichkeiten, wieder ohne die 0 als erste Ziffer.

Ungeordnete Proben ohne Wiederholung

Betrachten wir nun beispielhaft die Ziehung der Lottozahlen, bei der in der einfachsten Variante 6 Kugeln aus 49 gezogen werden. Ein wichtiger Unterschied zu den beiden vorherigen Zählvarianten ist nun, dass es unerheblich ist, in welchem Zug eine bestimmte Kugel gezogen wird. Nehmen wir einmal an, wir ziehen die Zahlen 2 4 6 8 10 12 genau in dieser Reihenfolge, dann ist diese Ziehung hinsichtlich des Ergebnisses gleichbedeutend mit der Ziehung 12 10 8 6 4 2. Auf die Ordnung kommt es nicht an, weshalb diese Variante auch als **ungeordnete Probe ohne Wiederholung** bezeichnet wird.

Jedes Ergebnis der Lottoziehung kann also durch $m = 6!$ verschiedene Reihenfolgen (Permutationen) gezogen werden. Die Gesamtanzahl unterschiedlicher Lottergebnisse ist deshalb die **Anzahl mit Berücksichtigung der Reihenfolge** korrigiert um die **Anzahl an Permutationen** für jedes Ergebnis:

$$\frac{49!}{(49-6)! \cdot 6!} = 13.983.816$$

Verallgemeinert ergibt sich damit für eine **ungeordnete Probe von *m* Elementen aus *N* Alternativen ohne Wiederholung**, dass die Anzahl der Möglichkeiten gegeben ist durch:

$$\frac{N!}{(N-m)! \cdot m!}$$

Dieser Ausdruck wird auch als **Binomialkoeffizient** bezeichnet und durch $\binom{N}{m}$ abgekürzt (gesprochen: *N über m*):

$$\binom{N}{m} = \frac{N!}{(N-m)! \cdot m!}$$

Der Binomialkoeffizient ist für alle $N, m \in N_0$ sowie für $N \geq m$ definiert.

Beispiele

- In einer Urne liegen 5 Kugeln mit den Nummern 1 bis 5. Man zieht nacheinander 3 Kugeln ohne Zurücklegen. Damit gibt es $\binom{5}{3} = 10$ verschiedene Möglichkeiten, wenn es nicht auf die Ordnung beziehungsweise Reihenfolge ankommt.

- In einer Fußballmannschaft mit 11 Spielern gibt es $\binom{11}{3} = 165$ verschiedene Alternativen, genau 3 Spieler auszuwechseln.

- In einer Klausur, bei der die Prüflinge 3 von 5 Aufgaben lösen müssen, gibt es insgesamt $\binom{5}{3} = 10$ verschiedene Klausuralternativen.

Ungeordnete Proben mit Wiederholung

Auf den (im Vergleich zu den bisher behandelten Fällen) aufwändigen Beweis der Formel für die Anzahl **ungeordneter Proben mit Wiederholung** wird hier verzichtet. Wir geben die Formel für die Anzahl der Möglichkeiten lediglich an:

$$\binom{N+m-1}{m}$$

Als Beispiel dient die Anzahl der Möglichkeiten beim Lottospiel 6 aus 49, wenn die Kugeln **zurückgelegt** würden:

$$\binom{49+6-1}{6} = \binom{54}{6} = 25.827.165$$

Die Ergebnisse werden in der Tabelle 7.2 zusammengefasst und im folgenden Abschnitt bei der Herleitung von Wahrscheinlichkeitsverteilungen verwendet.

Tabelle 7.2 Zusammenfassung der Kombinatorik

Ziehung	mit Wiederholung	ohne Wiederholung
geordnete	N^m	$\frac{N!}{(N-m)!}$
ungeordnete	$\binom{N+m-1}{m}$	$\binom{N}{m}$

Aufgaben

7.34 (a) Wie viele verschiedene Blätter kann ein Spieler beim Skatspiel erhalten, wenn er von 32 Karten 10 zugeteilt bekommt?

(b) Wie viele Möglichkeiten gibt es, aus einer zwölfköpfigen Gruppe ein dreiköpfiges Team zu bilden?

(c) 10 Personen treffen sich, und alle begrüßen sich mit Handschlag. Wie viele Handschläge sind das insgesamt?

(d) In einem Unternehmen gibt es 700 Mitarbeiter. Können alle unterschiedliche Initialen aus Vor- und Nachnamen haben?

(e) Wie viele Möglichkeiten gibt es, 10 Personen auf einer geraden (runden) Bank anzuordnen?

7.35 Gegeben ist die Menge $A = \{1, 10, a, X, z\}$. (a) Wie viele Permutationen gibt es? (b) Wie viele Möglichkeiten gibt es, 3 Elemente mit oder (c) ohne Wiederholung aus der Menge zu ziehen, wenn die Reihenfolge eine Rolle spielt? (d) Wie viele Möglichkeiten gibt es, 3 Elemente mit oder (e) ohne Wiederholung aus der Menge zu ziehen, wenn die Reihenfolge keine Rolle spielt?

7.36 Wie viele Tippreihen gibt es beim Lotto *6 aus 49* für (a) keine richtige Zahl, (b) 3 Richtige, (c) 5 Richtige, (d) 6 Richtige?

7.37 Ein Passwort muss 6 Stellen haben. Wie viele Passwörter gibt es, wenn (a) 6 Kleinbuchstaben, (b) 6 verschiedene Kleinbuchstaben, (c) 5 Kleinbuchstaben und eine Ziffer oder (d) 4 Kleinbuchstaben und 2 Ziffern enthalten sein müssen?

Lösungen

7.34 (a) $\binom{32}{10} = 64.512.240$; (b) $\binom{12}{3} = 220$; (c) $\binom{10}{2} = 45$; (d) Nein, denn es gibt nur $26^2 = 676$ verschiedene Kombinationen; (e) 10! auf einer geraden Bank, aber nur 9! auf einer runden Bank, weil es keinen Anfang des Tisches gibt.

7.35 (a) $5! = 120$; (b) $5^3 = 125$; (c) $5!/(5-3)! = 60$; (d) $\binom{5+3-1}{3} = \binom{7}{3} = 35$; (e) $\binom{5}{3} = 10$.

7.36 (a) Man muss 0 aus den 6 Richtigen und 6 aus den 43 Falschen ziehen und diese Möglichkeiten miteinander kombinieren, also $\binom{6}{0} \cdot \binom{43}{6} = 6.096.454$; (b) $\binom{6}{3} \cdot \binom{43}{3} = 246.820$; (c) $\binom{6}{5} \cdot \binom{43}{1} = 258$; (d) $\binom{6}{6} \cdot \binom{43}{0} = 1$.

7.37 (a) $26^6 = 308.915.776$; (b) $26!/(26-6)! = 165.765.600$;

(c) 26^5 (Buchstaben) $\cdot$ 10 (Ziffern) $\cdot$ 6 (die Ziffer kann an 6 Stellen stehen) $= 712.882.560$;

(d) $26^4 \cdot 10^2 \cdot \binom{6}{2} = 685.464.000$, wobei $\binom{6}{2}$ die Anzahl der Möglichkeiten ist, 4 Buchstaben mit 2 Ziffern zu vermischen. Das kann man auch so begründen: Es gibt $26^4 \cdot 10^2$ Möglichkeiten, erst 4 Buchstaben und dann 2 Ziffern mit Wiederholung hintereinander aufzuschreiben. Nun kann man noch die Reihenfolge so ändern, dass nicht zuerst die Buchstaben und dann die Ziffern kommen. Bei 6 Stellen gibt es 6! Permutationen. Allerdings interessiert jetzt nur noch, ob es sich um Buchstaben oder Ziffern handelt. Also sind 4! Permutationen der Buchstaben und 2! Permutationen der Ziffern nicht mehr zu unterscheiden, so dass es $6!/(4! \cdot 2!) = \binom{6}{2}$ Möglichkeiten für die Änderung der Reihenfolge gibt.

7.5.4 Zufallsvariablen

Definition

Den Ergebnissen von Zufallsvorgängen kann man häufig reelle Zahlen zuordnen. Beim Würfeln kann man zum Beispiel anstelle des Ereignisses A: *die Augenzahl ist 4* eine **Zufallsvariable** X definieren, die jedem möglichen Ereignis eine reelle Zahl zuordnet. Statt $P(A)$ können wir dann schreiben $P(X = 4)$. Wir können damit auch einfach zusammengesetzte Ereignisse darstellen, wie etwa *die Augenzahl ist höchstens 4*: $P(X \leqq 4)$.

Wenn die Anzahl der möglichen Werte x der Zufallsvariablen endlich oder abzählbar unendlich ist, heißt sie **diskret**. Gibt es ein Kontinuum an möglichen Werten, so heißt sie **stetig**. Die **Wahrscheinlichkeitsfunktion** oder **Wahrscheinlichkeitsverteilung** $f(x) = P(X = x)$ ordnet den möglichen numerischen Ergebnissen x die jeweilige Wahrscheinlichkeit zu. Die **Verteilungsfunktion** $F(x)$ gibt die **kumulierte Wahrscheinlichkeit** an:

$$P(X \leqq x) = F(x)$$

$F(x)$ ist die Summe aller Wahrscheinlichkeiten, dass X gleich allen möglichen kleineren Werten als x bis einschließlich x ist. Beachten Sie bitte die Unterscheidung von großen und kleinen Buchstaben. Mit X wird die Zufallsvariable bezeichnet, mit x die möglichen Ergebnisse. Im Falle stetiger Zufallsvariablen heißt $f(x)$ **Wahrscheinlichkeitsdichte**. Wir konzentrieren uns zunächst auf diskrete Zufallsvariablen und erläutern die stetigen Variablen später exemplarisch anhand der Normalverteilung.

Beispiel

Die folgende Tabelle stellt die Wahrscheinlichkeitsverteilung oder Wahrscheinlichkeitsfunktion $f(x)$ beim einmaligen Werfen eines fairen Würfels dar; die Zufallsvariable X beschreibt dabei die Augenzahl. Die Summe der Wahrscheinlichkeiten muss gleich eins sein.

x	1	2	3	4	5	6	$\sum$
$f(x)$	1/6	1/6	1/6	1/6	1/6	1/6	1

Die Verteilungsfunktion $F(x)$ erhält man durch Addition der einzelnen Wahrscheinlichkeiten (deshalb auch **kumulierte Wahrscheinlichkeitsverteilung** genannt). Sie wird in der Abbildung 7.15 tabellarisch und grafisch dargestellt. Verteilungsfunktionen von diskreten Zufallsvariablen haben generell eine solche Treppenform, weil die kumulierte Wahrscheinlichkeit bei Erreichen des nächsten diskreten Wertes sprunghaft ansteigt. Die Wahrscheinlichkeit für ein Ergebnis kleiner 4 ist zum Beispiel genauso groß wie die Wahrscheinlichkeit für ein Ergebnis kleiner oder gleich 3, nämlich 3/6. An der Stelle $x = 4$ springt die Wahrscheinlichkeit auf 4/6, denn $F(4)$ gibt die Wahrscheinlichkeit dafür an, eine 1, 2, 3 oder 4 zu würfeln. Sie sollten sich jedes der folgenden Beispiele zur Interpretation der Verteilungsfunktion genau ansehen:

$$F(3) = P(X \leqq 3) = P(X = 1) + P(X = 2) + P(X = 3) = 3/6$$
$$F(3{,}5) = P(X \leqq 3{,}5) = P(X = 1) + P(X = 2) + P(X = 3) = 3/6$$
$$F(4) = P(X \leqq 4) = P(X = 1) + P(X = 2) + P(X = 3) + P(X = 4) = 4/6$$
$$F(4) - F(3) = P(X \leqq 4) - P(X \leqq 3) = 4/6 - 3/6 = 1/6 = P(X = 4)$$
$$F(5) - F(3) = P(X \leqq 5) - P(X \leqq 3) = 5/6 - 3/6 = 2/6 = P(4 \leqq X \leqq 5)$$

Abbildung 7.15 Verteilungsfunktion für das einmalige Würfeln

$$F(x) = \begin{cases} 0 & x < 1 \\ 1/6 & 1 \leqq x < 2 \\ 2/6 & 2 \leqq x < 3 \\ 3/6 & 3 \leqq x < 4 \\ 4/6 & 4 \leqq x < 5 \\ 5/6 & 5 \leqq x < 6 \\ 1 & 6 \leqq x \end{cases}$$

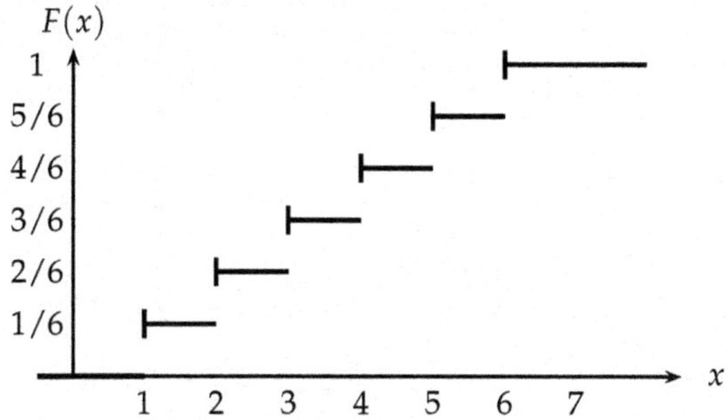

Für alle Werte $x < 1$ muss $F(x) = 0$ gelten, weil die kleinste Augenzahl beim Würfeln 1 ist. Für alle $x \geqq 6$ muss $F(x) = 1$ sein, weil jedes mögliche Ergebnis kleiner oder gleich 6 und erst recht kleiner oder gleich jeder Zahl ist, die größer als 6 ist.

Erwartungswert und Varianz

Der **Erwartungswert** $E(X)$ einer Zufallsvariablen ist das theoretische Gegenstück zum arithmetischen Mittel einer Reihe von Ergebnissen. Er entspricht anschaulich dem Durchschnittswert, den man erwarten kann, wenn das Zufallsexperiment sehr oft durchgeführt wird. Für eine diskrete Zufallsvariable werden die möglichen Ergebnisse nun mit x_i bezeichnet, wobei $i = 1, \ldots, n$ (dabei kann n auch unendlich sein). Dann ist der Erwartungswert definiert als:

$$E(X) = \sum_{i=1}^{n} x_i f(x_i)$$

Statt $E(X)$ wird für den Erwartungswert häufig einfach μ geschrieben (gesprochen *mü*). Für unser Beispiel des einmaligen Würfelns folgt:

$$\mu = E(X) = 1 \cdot \frac{1}{6} + 2 \cdot \frac{1}{6} + 3 \cdot \frac{1}{6} + 4 \cdot \frac{1}{6} + 5 \cdot \frac{1}{6} + 6 \cdot \frac{1}{6} = 3{,}5$$

Wenn man also sehr oft würfelt, kann man davon ausgehen, im Durchschnitt eine 3,5 zu würfeln (auch wenn es die Augenzahl 3,5 nicht gibt). Wenn Sie zum Beispiel erst eine 6, dann eine 1, dann eine 2 und dann eine 5 würfeln, ist der Durchschnttswert der Würfe 3,5.

Die **Varianz** $\text{Var}(X)$ einer Zufallsvariablen gibt an, wie hoch die durchschnittlich zu erwartende, quadrierte Abweichung der Realisationen vom Erwartungswert ist, sie ist also gleich dem Erwartungswert der quadrierten Abweichungen. Für diskrete Zufallsvariablen wird sie definiert durch:

$$\text{Var}(X) = E[(X-\mu)^2] = \sum_{i=1}^{n} (x_i - E(X))^2 f(x_i)$$

Die Varianz wird häufig durch σ^2 abgekürzt. Die **Standardabweichung** ist die positive Wurzel aus der Varianz und wird mit σ bezeichnet (gesprochen *sigma*). Für unser Beispiel des einmaligen Würfelns folgt:

$$\sigma^2 = \mathrm{Var}(X) = (1-3{,}5)^2 \cdot \frac{1}{6} + (2-3{,}5)^2 \cdot \frac{1}{6} + (3-3{,}5)^2 \cdot \frac{1}{6} + (4-3{,}5)^2 \cdot \frac{1}{6}$$
$$+(5-3{,}5)^2 \cdot \frac{1}{6} + (6-3{,}5)^2 \cdot \frac{1}{6} = 2{,}92$$

$$\sigma = \sqrt{\mathrm{Var}(X)} = 1{,}71$$

Je größer die Varianz und die Standardabweichung sind, desto mehr werden die Realisationen des Zufallsexperiments vom Erwartungswert nach oben und unten abweichen.

Häufig interessiert man sich für **Summen von Zufallsvariablen**. Wird zum Beispiel zweimal gewürfelt, so kann man das insgesamt gewürfelte Ergebnis als Summe der Realisationen der Zufallsvariablen X_1 für den ersten und X_2 für den zweiten Wurf auffassen: $X = X_1 + X_2$. Da sich die beiden Würfe gegenseitig nicht beeinflussen, liegen hier zwei stochastisch unabhängige Zufallsvariablen vor. Den Erwartungswert und die Varianz der Zufallsvariablen X können wir wie zuvor berechnen, doch geht es auch einfacher. Dazu geben wir zunächst ohne Beweis die folgenden Regeln an, die auch für weitere Fragestellungen von Bedeutung sind.

(Sätze über Erwartungswerte) Sind X_1 und X_2 Zufallsvariablen und $X = X_1 + X_2$, so gilt:

$$E(X) = E(X_1) + E(X_2)$$

(Diese Bedingung gilt analog bei Summen von mehr als zwei Zufallsvariablen.)

Sind X und Y zwei Zufallsvariablen mit $Y = aX + b$, wobei a und b reelle Zahlen sind, dann gilt:

$$E(Y) = aE(X) + b$$

(Sätze über Varianzen) Sind X und Y zwei Zufallsvariablen mit $Y = aX + b$, wobei a und b reelle Zahlen sind, dann gilt:

$$\mathrm{Var}(Y) = a^2\mathrm{Var}(X)$$

Die Varianz einer Zufallsvariablen X mit Erwartungswert $E(X) = \mu$ kann auch nach der folgenden Formel berechnet werden:

$$\mathrm{Var}(X) = E(X^2) - \mu^2$$

Sind X_1 und X_2 **stochastisch unabhängige** Zufallsvariablen und $X = X_1 + X_2$, so gilt:

$$\mathrm{Var}(X) = \mathrm{Var}(X_1) + \mathrm{Var}(X_2)$$

(Auch diese Bedingung gilt analog bei Summen von mehr als zwei Zufallsvariablen.)

Es gibt einen allgemeineren Satz über die Varianz der Summe zweier Zufallsvariablen X_1 und X_2, der auch gilt, wenn sie stochastisch abhängig sind. Ist $X = X_1 + X_2$, so gilt:

$$\mathrm{Var}(X) = \mathrm{Var}(X_1) + \mathrm{Var}(X_2) + 2 \cdot \mathrm{Cov}(X_1, X_2)$$

Dabei ist $\mathrm{Cov}(X_1, X_2)$ die sogenannte **Kovarianz** von X_1 und X_2, die definiert ist als:

$$\mathrm{Cov}(X_1, X_2) = E[(X_1 - E(X_1))(X_2 - E(X_2))]$$

Die Kovarianz misst den linearen Zusammenhang zweier Zufallsvariablen. Sind X_1 und X_2 stochastisch unabhängig, so ist ihre Kovarianz gleich 0, woraus die angegebene Formel folgt. (Die Umkehrung gilt nicht, das heißt, wenn die Kovarianz 0 ist, folgt daraus noch nicht die stochastische Unabhängigkeit. Man nennt zwei Zufallsvariablen **unkorreliert**, wenn ihre Kovarianz 0 ist.) Aus Platzgründen gehen wir hier nicht näher darauf ein.

Wir können mit diesen Sätzen direkt den Erwartungswert und die Varianz für die Zufallsvariable X: *Augensumme* beim zweimaligen Würfeln angeben (beachten Sie bitte die Rundungsdifferenzen):

$$E(X) = 3{,}5 + 3{,}5 = 7, \quad \mathrm{Var}(X) = 2{,}92 + 2{,}92 = 5{,}83$$

Die hypergeometrische Verteilung

Eine Urne enthalte N Kugeln, davon M schwarze und $N - M$ weiße, wobei $1 \leqq M \leqq N$ sei. Gesucht ist die Wahrscheinlichkeit für x schwarze Kugeln, wenn n Kugeln **ohne Zurücklegen** gezogen werden. Aus der Kombinatorik ist bekannt (vgl. die Tabelle 7.2), dass es $\binom{M}{x}$ Möglichkeiten gibt, x der M schwarzen Kugeln zu ziehen, und $\binom{N-M}{n-x}$ Möglichkeiten, $n - x$ der $N - M$ weißen Kugeln zu ziehen. Also gibt es insgesamt $\binom{M}{x} \cdot \binom{N-M}{n-x}$ Möglichkeiten, x schwarze und $n - x$ weiße Kugeln zu ziehen. Diese Anzahl wird durch die Anzahl $\binom{N}{n}$ aller ungeordneten Möglichkeiten, n Kugeln zu ziehen, dividiert, um die Wahrscheinlichkeit für x schwarze Kugeln zu erhalten. Das Ergebnis fassen wir so zusammen:

Die **Wahrscheinlichkeitsfunktion** der sogenannten **hypergeometrischen Verteilung** lautet für $x \in \{0, 1, \ldots, n\}$ und $x \leqq M$ sowie $n - x \leqq N - M$:

$$f(x) = P(X = x) = \frac{\binom{M}{x}\binom{N-M}{n-x}}{\binom{N}{n}}$$

Beispiel

Beim Lotto *6 aus 49* werden 6 aus 49 Kugeln ohne Zurücklegen gezogen. Eine siebte Kugel wird als Zusatzzahl aus denselben 49 Kugeln gezogen, eine achte Kugel als Superzahl aus den zusätzlichen Kugeln 0 bis 9 (die Informationen über Zusatzzahl und Superzahl benötigen Sie für die Aufgaben zu diesem Abschnitt).

Die Wahrscheinlichkeit für 4 Richtige kann zum Beispiel wie folgt errechnet werden. 4 Kugeln müssen aus den 6 Richtigen, 2 aus den 43 Falschen gezogen werden. Die hypergeometrische Verteilung ergibt daher:

$$P(X = 4) = \frac{\binom{6}{4}\binom{43}{2}}{\binom{49}{6}} = \frac{15 \cdot 903}{13.983.816} \approx 0{,}00097 = 0{,}097\%$$

Aufgaben

7.38 Wie groß ist die Wahrscheinlichkeit beim Lotto *6 aus 49* für (a) 3 Richtige; (b) 5 Richtige; (c) 5 Richtige plus Zusatzzahl; (d) 6 Richtige; (e) 6 Richtige plus Superzahl; (f) 6 Richtige ohne Superzahl?

7.39 An einer Vorlesung über Wahrscheinlichkeitsrechnung nehmen 100 Studierende teil, von denen 70 die hypergeometrische Verteilung verstanden haben. Von den 100 Studierenden werden 20 zufällig ausgewählt. Wie groß ist die Wahrscheinlichkeit, dass (a) 15 von ihnen oder (b) maximal 19 die hypergeometrische Verteilung verstanden haben?

Lösungen

7.38 (a) 3 Kugeln müssen aus den 6 Richtigen, 3 aus den 43 Falschen gezogen werden. Die hypergeometrische Verteilung ergibt:

$$P(X=3) = \frac{\binom{6}{3}\binom{43}{3}}{\binom{49}{6}} = \frac{20 \cdot 12.341}{13.983.816} \approx 0{,}018 = 1{,}8\%$$

(b) 5 Kugeln müssen aus den 6 Richtigen, 1 aus den 43 Falschen gezogen werden:

$$P(X=5) = \frac{\binom{6}{5}\binom{43}{1}}{\binom{49}{6}} = \frac{6 \cdot 43}{13.983.816} \approx 0{,}000018 = 0{,}0018\%$$

(c) 5 Kugeln müssen aus den 6 Richtigen, 1 aus der einen Zusatzzahl und 0 aus den verbleibenden 42 Falschen gezogen werden. Das ist eine Verallgemeinerung der hypergeometrischen Verteilung:

$$P((X=5) \cap \{\mathit{Zusatzzahl}\}) = \frac{\binom{6}{5}\binom{1}{1}\binom{42}{0}}{\binom{49}{6}} = \frac{6 \cdot 1 \cdot 1}{13.983.816} \approx 0{,}00000043 = 0{,}000043\%$$

(d) 6 Kugeln müssen aus den 6 Richtigen, 0 aus den 43 Falschen gezogen werden:

$$P(X=6) = \frac{\binom{6}{6}\binom{43}{0}}{\binom{49}{6}} = \frac{1 \cdot 1}{13.983.816} \approx 0{,}000000072 = 0{,}0000072\%$$

(e) 6 Kugeln müssen aus den 6 Richtigen gezogen werden und die siebte Kugel aus der einen Superzahl. Da es 13.983.816 Möglichkeiten gibt, 6 aus 49 zu ziehen, und 10 Möglichkeiten, eine Kugel aus den Kugeln 0 bis 9 zu ziehen, gibt es insgesamt $10 \cdot 13.983.816 = 139.838.160$ Möglichkeiten, von denen nur eine richtig ist:

$$P((X=6) \cap \{\mathit{Superzahl}\}) = \frac{1}{\binom{49}{6} \cdot 10} = \frac{1}{139.838.160} = 0{,}0000000072 = 0{,}00000072\%$$

(f) Im Aufgabenteil (d) ist lediglich die Wahrscheinlichkeit für 6 Richtige berechnet worden, unabhängig davon, ob die Superzahl auch richtig ist oder nicht. Genau genommen ist dort also berechnet worden, wie wahrscheinlich es ist, 6 Richtige mit oder ohne Superzahl zu haben. Die Ziehung der Superzahl ist stochastisch unabhängig von den anderen Ziehungen. Die Wahrscheinlichkeit, nicht die Superzahl zu haben, ist gleich $9/10$. Damit erhält man mit dem Multiplikationssatz für stochastisch unabhängige Ereignisse:

$$P((X=6) \cap \{\mathit{ohne\ Superzahl}\}) = \frac{9}{10} \cdot \frac{1}{13.983.816} \approx \frac{1}{15.537.573} \approx 0{,}000000064 = 0{,}0000064\%$$

Ähnliche Bemerkungen gelten für die Berechnung der Wahrscheinlichkeiten bei 3, 4 und 5 Richtigen ohne Zusatzzahl.

7.39 Bei Befragungen liegt in der Regel eine hypergeometrische Verteilung vor (ungeordnetes Ziehen ohne Zurücklegen). Hier ist $N = 100$, $M = 70$, $n = 20$. Die gesuchte Wahrscheinlichkeit (a) ist also:

$$P(X = 15) = \frac{\binom{70}{15}\binom{30}{5}}{\binom{100}{20}} = \frac{721.480.692.460.864 \cdot 142.506}{535.983.370.403.809.682.970} \approx 0{,}1918 = 19{,}18\%$$

Für (b) berechnet man die Wahrscheinlichkeit, dass 20 die Verteilung verstanden haben, und nutzt dann den Satz über die Gegenwahrscheinlichkeit:

$$P(X \leqq 19) = 1 - P(X = 20) = 1 - \frac{\binom{70}{20}\binom{30}{0}}{\binom{100}{20}} \approx 1 - 0{,}00030 = 0{,}9997 = 99{,}97\%$$

Die Binomialverteilung

Wir betrachten dasselbe Experiment wie bei der Herleitung der hypergeometrischen Verteilung, jetzt aber für den Fall **mit Zurücklegen**. Wenn jede gezogene Kugel wieder in die Urne zurückgelegt wird, ist jede einzelne Ziehung von allen anderen unabhängig. Daher ist die Wahrscheinlichkeit, eine der M schwarzen aus den insgesamt N Kugeln zu ziehen, jedes Mal gleich $p = M/N$, die Wahrscheinlichkeit für eine weiße Kugel ist jedes Mal $1 - p$. Für das Ziehen einer speziellen Anordnung von x schwarzen und $n - x$ weißen Kugeln ist die Wahrscheinlichkeit damit gleich $p^x(1-p)^{n-x}$. Insgesamt gibt es $\binom{n}{x}$ solcher Anordnungen (Permutationen von n Elementen mit jeweils x und $n - x$ ununterscheidbaren). Für $x \in \{0, 1, \ldots, n\}$ lautet also die **Wahrscheinlichkeitsfunktion** der **Binomialverteilung**:

$$f(x) = P(X = x) = \binom{n}{x} p^x (1-p)^{n-x}$$

Wir können die Binomialverteilung auch als Verteilung einer Summe von Zufallsvariablen auffassen. Ein **Bernoulli-Experiment** (nach dem schweizerischen Mathematiker Jakob Bernoulli) ist ein Zufallsvorgang mit nur zwei möglichen Ergebnissen, Erfolg ($X_i = 1$, schwarze Kugel) und Misserfolg ($X_i = 0$, weiße Kugel). Wenn ein solches Experiment n-mal wiederholt wird und die Erfolgswahrscheinlichkeit p ist, dann hat die Zufallsvariable $X = \sum_i^n X_i$ die zuvor angegebene **Binomialverteilung**. Eine Kurzschreibweise dafür ist $X \sim B(n; p)$.

Der Erwartungswert einer $B(1; p)$-verteilten Zufallsvariablen X_i, also eines Bernoulli-Experiments ist:

$$E(X_i) = 1 \cdot p + 0 \cdot (1-p) = p$$

Unter Verwendung der Sätze über Erwartungswerte folgt daraus der Erwartungswert einer $B(n; p)$-verteilten Zufallsvariablen $X = \sum_{i=1}^n X_i$:

$$E(X) = \sum_{i=1}^{n} E(X_i) = np$$

Die Varianz einer $B(1; p)$-verteilten Zufallsvariablen X_i ist:

$$\mathrm{Var}(X_i) = (1-p)^2 \cdot p + (0-p)^2 \cdot (1-p) = p(1-p)$$

Weil die X_i stochastisch unabhängig sind, folgt unter Verwendung der Sätze über Varianzen daraus die Varianz einer $B(n;p)$-verteilten Zufallsvariablen $X = \sum_{i=1}^{n} X_i$:

$$\operatorname{Var}(X) = \sum_{i=1}^{n} \operatorname{Var}(X_i) = np(1-p)$$

Wenn $X \sim B(n;p)$ verteilt ist, lautet die **Wahrscheinlichkeitsfunktion**:

$$f(x) = P(X = x) = \begin{cases} \binom{n}{x} p^x (1-p)^{n-x} & \text{für } x \in \{0, 1, \ldots, n\} \\ 0 & \text{sonst} \end{cases}$$

Der Erwartungswert und die Varianz sind gegeben durch:

$$E(X) = np, \quad \operatorname{Var}(X) = np(1-p)$$

Beispiele

- Erfahrungsgemäß seien bei der Produktion eines Bauteils 5% der Produktion Ausschuss. Wie groß ist die Wahrscheinlichkeit, dass die Lieferung von 100 Stück 5 Stück Ausschuss enthält? Die Binomialverteilung ergibt:

$$P(X = 5) = \binom{100}{5} 0{,}05^5 \cdot 0{,}95^{95} = 0{,}18 = 18\%$$

- Gehen Sie vom vorangehenden Beispiel aus. Wie viel Stück müssen geliefert werden, damit die Wahrscheinlichkeit für mindestens ein Stück Ausschuss 90 Prozent oder mehr beträgt?

$$P(x \geqq 1) = 1 - P(x = 0) = 1 - \binom{n}{0} 0{,}05^0 \cdot 0{,}95^n = 1 - 0{,}95^n$$

Diese Wahrscheinlichkeit soll mindestens 90% betragen, also:

$$0{,}90 \leqq 1 - 0{,}95^n \quad \Rightarrow \quad n \cdot \underbrace{\ln 0{,}95}_{<0} \leqq \ln 0{,}1 \quad \Rightarrow \quad n \geqq \frac{\ln 0{,}1}{\ln 0{,}95} = 44{,}89, \quad \text{also } 45$$

- Häufig wird in Anwendungen nach kumulierten Wahrscheinlichkeiten gefragt. In unserem ersten Beispiel der Produktion eines Bauteils mit 5% Ausschuss könnte die Frage etwa lauten, wie hoch die Wahrscheinlichkeit $P(X \leqq 5)$ für höchstens 5 Stück Ausschuss bei einer Lieferung von 100 Stück ist. In diesem Fall müsste man die Berechnungen für $P(X = 0)$, $P(X = 1)$, $P(X = 2)$, $P(X = 3)$, $P(X = 4)$ und $P(X = 5)$ durchführen und die Ergebnisse addieren, was recht aufwändig ist. In den meisten Statistiklehrbüchern finden Sie daher Tabellen der kumulierten Wahrscheinlichkeiten, also der Verteilungsfunktion der Binomialverteilung für bestimmte Werte von n und p. Wir wollen hier nicht weiter darauf eingehen und uns mit dem Hinweis begnügen, dass die Binomialverteilung zum einen für große Werte von n durch die Normalverteilung approximiert werden kann, für die wir eine Tabelle angeben, und zum anderen in der Praxis heute eher Software-Lösungen zur Anwendung kommen, die eine Tabellierung überflüssig machen.

Aufgaben

7.40 Eine Multiple-Choice Klausur besteht aus 5 Fragen mit jeweils 3 Antworten, von denen jeweils nur eine richtig ist. Wie groß ist bei zufälliger Auswahl die Wahrscheinlichkeit (a) alle Fragen richtig zu haben; (b) 3 Fragen richtig zu haben; (c) mindestens 3 Fragen richtig zu haben; (d) die zweite Frage richtig zu haben?

7.41 (a) Berechnen Sie die Wahrscheinlichkeit, mit einem idealen Würfel bei 20 Würfen genau zweimal die 6 zu werfen.

(b) Wie oft müssen Sie einen idealen Würfel mindestens werfen, um mit einer Wahrscheinlichkeit von mindestens 90% mindestens eine 6 zu werfen?

Lösungen

7.40 (a) $P(X = 5) = (1/3)^5 = 1/243 \approx 0{,}0041 = 0{,}41\%$ (Sie können auch die Binomialverteilung verwenden).

(b) Die Binomialverteilung ergibt:

$$P(X=3) = \binom{5}{3}\left(\frac{1}{3}\right)^3\left(\frac{2}{3}\right)^2 = \frac{40}{243} \approx 0{,}1646 = 16{,}46\%$$

(c) Sie müssen nun die Wahrscheinlichkeiten $P(X = 3)$, $P(X = 4)$ und $P(X = 5)$ addieren:

$$P(X \geqq 3) = \binom{5}{3}\left(\frac{1}{3}\right)^3\left(\frac{2}{3}\right)^2 + \binom{5}{4}\left(\frac{1}{3}\right)^4\left(\frac{2}{3}\right)^1 + \binom{5}{5}\left(\frac{1}{3}\right)^5\left(\frac{2}{3}\right)^0 \approx 0{,}2099 = 20{,}99\%$$

(d) $P(X_2 = 1) = 1/3$.

7.41 (a) Auch hier liegt eine Binomialverteilung vor:

$$P(X=2) = \binom{20}{2}\left(\frac{1}{6}\right)^2\left(\frac{5}{6}\right)^{18} = 0{,}1982 = 19{,}82\%$$

(b) Sei A das Ereignis, mindestens eine 6 zu würfeln. Dann ist $\bar{A}$ das Ereignis, keine 6 zu würfeln. Bei n Würfen beträgt die Wahrscheinlichkeit $P(\bar{A}) = (5/6)^n$. Unter Verwendung des Gegenereignisses gilt also:

$$P(A) = 1 - P(\bar{A}) = 1 - \left(\frac{5}{6}\right)^n$$

Diese Wahrscheinlichkeit soll mindestens 90% betragen:

$$1 - \left(\frac{5}{6}\right)^n \geqq 0{,}9 \iff 0{,}1 \geqq \left(\frac{5}{6}\right)^n \iff \ln 0{,}1 \geqq n \cdot \ln(5/6)$$

Dividiert man die letzte Ungleichung durch $\ln(5/6) < 0$, so ist zu beachten, dass sich das Ungleichheitszeichen umdreht. Als Lösung erhält man daher $n \geqq 12{,}63$. Man muss also mindestens 13 Mal würfeln.

Die Normalverteilung

Die wichtigste **stetige Verteilung** ist die **Normalverteilung**. Ihre Wahrscheinlichkeitsdichte hat die Form einer Glocke und wird auch als **Gaußsche Glockenkurve** bezeichnet (nach dem deutschen Mathematiker Carl Gauß). Bezeichnet man den Erwartungswert wieder mit μ und die Standardabweichung mit σ, so lautet ihre Wahrscheinlichkeitsdichte:

$$f(x) = \frac{1}{\sigma\sqrt{2\pi}} e^{-\frac{1}{2}\left(\frac{x-\mu}{\sigma}\right)^2}$$

In der Abbildung 7.16 wird diese Dichtefunktion für $\mu = 0$ und $\sigma = 1$ dargestellt. Wir verzichten hier auf den Beweis, dass μ und σ tatsächlich Erwartungswert und Standardabweichung der Normalverteilung sind.

Bei stetigen Verteilungen bezeichnet $f(x)$ nicht die Wahrscheinlichkeitsverteilung, sondern die **Wahrscheinlichkeitsdichte**. Stellen Sie sich zum Beispiel die Körpergröße von männlichen Personen in Deutschland im Alter zwischen 20 und 50 Jahren vor. Wie groß ist die Wahrscheinlichkeit, dass eine daraus zufällig ausgewählte Person **exakt** 1,85 Meter groß ist? Wenn man unterstellt, dass beliebig genau nachgemessen werden kann, ist diese Wahrscheinlichkeit so gut wie 0. Wenn wir dagegen nach der Wahrscheinlichkeit fragen, dass eine beliebig ausgewählte Person zwischen 1,84 und 1,86 Meter groß ist, ist die Wahrscheinlichkeit sicher positiv. Die Wahrscheinlichkeit bei stetigen Zufallsvariablen ist dementsprechend gleich der Fläche unter der Wahrscheinlichkeitsdichte. Diese Fläche ist gleich 0, wenn exakt ein Wert gegeben ist, denn ein Integral von zum Beispiel 1,85 bis 1,85 hat den Wert 0. Dagegen ist das Integral einer positiven Funktion über ein positives Intervall größer als 0. In der Abbildung 7.16 entspricht zum Beispiel die Wahrscheinlichkeit, dass die Zufallsvariable einen Wert zwischen -1 und 1 erreicht, der grauen Fläche.

Abbildung 7.16 Die Wahrscheinlichkeitsdichte der Standardnormalverteilung

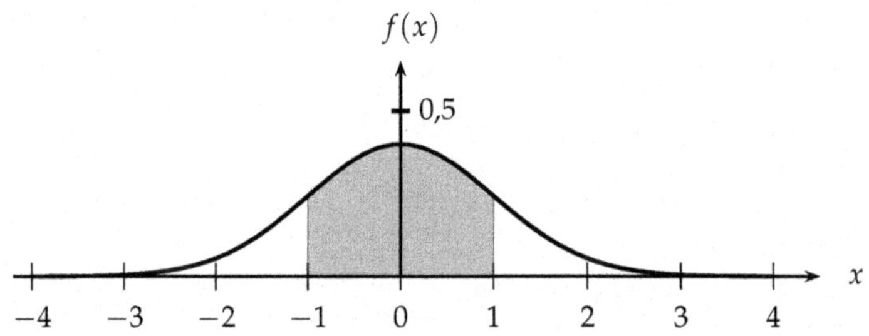

Die Wahrscheinlichkeit im Falle einer stetigen Verteilung wie der Normalverteilung kann daher im Prinzip durch ein Integral über die Wahrscheinlichkeitsdichte $f(x)$ berechnet werden:

$$P(a \leqq X \leqq b) = \int_a^b f(x)\,dx$$

Die **Verteilungsfunktion** ist bei stetigen Zufallsvariablen enstprechend keine Summe, sondern das Integral der Wahrscheinlichkeitsdichte

$$P(X \leqq x) = F(x) = \int_{-\infty}^{x} f(t)\,dt,$$

wobei die untere Integralgrenze gleich $-\infty$ ist, um keine möglichen Werte auszuschließen. Tatsächlich ist diese Definition der Verteilungsfunktion sogar die exakte Definition einer stetigen Zufallsvariablen. Eine Zufallsvariable X ist stetig, wenn ihre Verteilungsfunktion $F(x)$ als Integral einer Wahrscheinlichkeitsdichte $f(x)$ dargestellt werden kann. Das Integral von $-\infty$ bis ∞ muss dabei gleich eins sein.

Erwartungswert und Varianz werden analog zu diskreten Verteilungen definiert, wobei das Integral an die Stelle der Summe tritt.

Sei X eine stetige Zufallsvariable mit Wahrscheinlichkeitsdichte $f(x)$. Dann sind Erwartungswert μ und Varianz σ^2 durch die folgenden Formeln gegeben:

$$\mu = E(X) = \int_{-\infty}^{\infty} x \cdot f(x)\,dx$$

$$\sigma^2 = \mathrm{Var}(X) = \int_{-\infty}^{\infty} (x-\mu)^2 \cdot f(x)\,dx$$

Die auf der Seite 336 angegeben Sätze über Erwartungswerte und Varianzen gelten auch für stetige Zufallsvariablen.

Leider kann man das Integral im Fall der Normalverteilung nicht einfach ausrechnen, da für ihre Wahrscheinlichkeitsdichte keine elementar darstellbare Stammfunktion existiert. Man müsste die Fläche also stets durch numerische Verfahren näherungsweise bestimmen. Heute ist das mit statistischen Softwarepaketen zwar kein Problem mehr, doch ohne solche Software besteht der Ausweg in der Tabellierung der sogenannten **Standardnormalverteilung**.

Ist eine Zufallsvariable normalverteilt mit Erwartungswert $E(X) = \mu$ und Varianz $\mathrm{Var}(X) = \sigma^2$, so schreibt man kurz $X \sim N(\mu;\sigma^2)$. Da man die Verteilung nicht für jeden Wert von μ und σ^2 tabellieren kann, geschieht dies nur für den Fall $\mu = 0$ und $\sigma^2 = 1$. Man spricht dann von einer **Standardnormalverteilung** und schreibt $X \sim N(0;1)$. Die Verteilungsfunktion der Standardnormalverteilung wird mit $\Phi(x)$ (gesprochen *phi*) bezeichnet; Sie finden sie in der Tabelle 7.3. Da die Wahrscheinlichkeitsdichte um $\mu = 0$ symmetrisch ist, müssen nur positive Werte tabelliert werden, denn die **Symmetrie** impliziert $\Phi(-x) = 1 - \Phi(x)$.

Die Wahrscheinlichkeiten für normalverteilte Zufallsvariablen mit Erwartungswerten und Varianzen ungleich 0 und 1 können nach der folgenden Regel anhand der Werte der Standardnormalverteilung berechnet werden:

Die Zufallsvariable X sei $N(\mu;\sigma^2)$ verteilt. Dann ist die **standardisierte** Zufallsvariable $(X-\mu)/\sigma$ standardnormalverteilt: $\frac{X-\mu}{\sigma} \sim N(0;1)$. Es gilt:

$$P(X \leqq b) = \Phi\left(\frac{b-\mu}{\sigma}\right)$$

und

$$P(a \leqq X \leqq b) = \Phi\left(\frac{b-\mu}{\sigma}\right) - \Phi\left(\frac{a-\mu}{\sigma}\right)$$

Beispiele

- Sei $X \sim N(0;1)$, und gesucht sei die Wahrscheinlichkeit, dass X einen Wert zwischen -1 und 1 annimmt. Dann gilt

$$\begin{aligned} P(-1 \leqq X \leqq 1) &= \Phi(1) - \Phi(-1) = \Phi(1) - (1 - \Phi(1)) \\ &= 2\Phi(1) - 1 = 2 \cdot 0{,}8413 - 1 = 0{,}6826, \end{aligned}$$

da anhand der Tabelle $\Phi(1) = 0{,}8413$ abgelesen werden kann. Diese Wahrscheinlichkeit entspricht der grauen Fläche in der Abbildung 7.16. Weil die Normalverteilung stetig ist, gilt auch $P(-1 < X < 1) = 0{,}6826$, denn $P(X = 1) = P(X = -1) = 0$.

Tabelle 7.3 Verteilungsfunktion Φ der Standardnormalverteilung

	0,00	0,01	0,02	0,03	0,04	0,05	0,06	0,07	0,08	0,09
0,0	0,5000	0,5040	0,5080	0,5120	0,5160	0,5199	0,5239	0,5279	0,5319	0,5359
0,1	0,5398	0,5438	0,5478	0,5517	0,5557	0,5596	0,5636	0,5675	0,5714	0,5753
0,2	0,5793	0,5832	0,5871	0,5910	0,5948	0,5987	0,6026	0,6064	0,6103	0,6141
0,3	0,6179	0,6217	0,6255	0,6293	0,6331	0,6368	0,6406	0,6443	0,6480	0,6517
0,4	0,6554	0,6591	0,6628	0,6664	0,6700	0,6736	0,6772	0,6808	0,6844	0,6879
0,5	0,6915	0,6950	0,6985	0,7019	0,7054	0,7088	0,7123	0,7157	0,7190	0,7224
0,6	0,7257	0,7291	0,7324	0,7357	0,7389	0,7422	0,7454	0,7486	0,7517	0,7549
0,7	0,7580	0,7611	0,7642	0,7673	0,7704	0,7734	0,7764	0,7794	0,7823	0,7852
0,8	0,7881	0,7910	0,7939	0,7967	0,7995	0,8023	0,8051	0,8078	0,8106	0,8133
0,9	0,8159	0,8186	0,8212	0,8238	0,8264	0,8289	0,8315	0,8340	0,8365	0,8389
1,0	0,8413	0,8438	0,8461	0,8485	0,8508	0,8531	0,8554	0,8577	0,8599	0,8621
1,1	0,8643	0,8665	0,8686	0,8708	0,8729	0,8749	0,8770	0,8790	0,8810	0,8830
1,2	0,8849	0,8869	0,8888	0,8907	0,8925	0,8944	0,8962	0,8980	0,8997	0,9015
1,3	0,9032	0,9049	0,9066	0,9082	0,9099	0,9115	0,9131	0,9147	0,9162	0,9177
1,4	0,9192	0,9207	0,9222	0,9236	0,9251	0,9265	0,9279	0,9292	0,9306	0,9319
1,5	0,9332	0,9345	0,9357	0,9370	0,9382	0,9394	0,9406	0,9418	0,9429	0,9441
1,6	0,9452	0,9463	0,9474	0,9484	0,9495	0,9505	0,9515	0,9525	0,9535	0,9545
1,7	0,9554	0,9564	0,9573	0,9582	0,9591	0,9599	0,9608	0,9616	0,9625	0,9633
1,8	0,9641	0,9649	0,9656	0,9664	0,9671	0,9678	0,9686	0,9693	0,9699	0,9706
1,9	0,9713	0,9719	0,9726	0,9732	0,9738	0,9744	0,9750	0,9756	0,9761	0,9767
2,0	0,9772	0,9778	0,9783	0,9788	0,9793	0,9798	0,9803	0,9808	0,9812	0,9817
2,1	0,9821	0,9826	0,9830	0,9834	0,9838	0,9842	0,9846	0,9850	0,9854	0,9857
2,2	0,9861	0,9864	0,9868	0,9871	0,9875	0,9878	0,9881	0,9884	0,9887	0,9890
2,3	0,9893	0,9896	0,9898	0,9901	0,9904	0,9906	0,9909	0,9911	0,9913	0,9916
2,4	0,9918	0,9920	0,9922	0,9925	0,9927	0,9929	0,9931	0,9932	0,9934	0,9936
2,5	0,9938	0,9940	0,9941	0,9943	0,9945	0,9946	0,9948	0,9949	0,9951	0,9952
2,6	0,9953	0,9955	0,9956	0,9957	0,9959	0,9960	0,9961	0,9962	0,9963	0,9964
2,7	0,9965	0,9966	0,9967	0,9968	0,9969	0,9970	0,9971	0,9972	0,9973	0,9974
2,8	0,9974	0,9975	0,9976	0,9977	0,9977	0,9978	0,9979	0,9979	0,9980	0,9981
2,9	0,9981	0,9982	0,9982	0,9983	0,9984	0,9984	0,9985	0,9985	0,9986	0,9986
3,0	0,9987	0,9987	0,9987	0,9988	0,9988	0,9989	0,9989	0,9989	0,9990	0,9990
3,1	0,9990	0,9991	0,9991	0,9991	0,9992	0,9992	0,9992	0,9992	0,9993	0,9993
3,2	0,9993	0,9993	0,9994	0,9994	0,9994	0,9994	0,9994	0,9995	0,9995	0,9995
3,3	0,9995	0,9995	0,9995	0,9996	0,9996	0,9996	0,9996	0,9996	0,9996	0,9997
3,4	0,9997	0,9997	0,9997	0,9997	0,9997	0,9997	0,9997	0,9997	0,9997	0,9998
3,5	0,9998	0,9998	0,9998	0,9998	0,9998	0,9998	0,9998	0,9998	0,9998	0,9998
3,6	0,9998	0,9998	0,9999	0,9999	0,9999	0,9999	0,9999	0,9999	0,9999	0,9999
3,7	0,9999	0,9999	0,9999	0,9999	0,9999	0,9999	0,9999	0,9999	0,9999	0,9999
3,8	0,9999	0,9999	0,9999	0,9999	0,9999	0,9999	0,9999	0,9999	0,9999	0,9999
3,9	1,0000	1,0000	1,0000	1,0000	1,0000	1,0000	1,0000	1,0000	1,0000	1,0000

Hinweise zur Verwendung:

- In der Tabelle ist stets ein Wert aus der ersten Spalte zu einem Wert aus der ersten Zeile zu addieren. Wo sich diese Werte kreuzen, steht der entsprechende Wert der Verteilungsfunktion. Beispiel: $\Phi(2{,}84) = 0{,}9977$.
- Für negative Werte kann die Beziehung $\Phi(-x) = 1 - \Phi(x)$ verwendet werden. Beispiel: $\Phi(-2{,}84) = 1 - \Phi(2{,}84) = 1 - 0{,}9977 = 0{,}0023$.
- Ist $X \sim N(\mu;\sigma^2)$, so ist $(X-\mu)/\sigma \sim N(0;1)$. Beispiel: $X \sim N(5;16)$, also $\sigma = \sqrt{16} = 4$, dann folgt

$$P(X \leq 8) = P\left(\frac{X-5}{4} \leqq \frac{8-5}{4}\right) = P\left(\frac{X-5}{4} \leqq 0{,}75\right) = \Phi(0{,}75) = 0{,}7734.$$

■ Sei $X \sim N(10;4)$, also $\mu = 10$, $\sigma^2 = 4$ und damit $\sigma = 2$. Dann ist $(X-10)/2$ eine $N(0;1)$-verteilte Zufallsvariable. Die Wahrscheinlichkeit, dass $8 \leqq X \leqq 12$, ist:

$$P(8 \leqq X \leqq 12) = P(X \leqq 12) - P(X \leqq 8) = \Phi\left(\frac{12-10}{2}\right) - \Phi\left(\frac{8-10}{2}\right)$$
$$= \Phi(1) - \Phi(-1) = 0{,}6826$$

Das Ergebnis stimmt mit der im vorangehenden Beispiel berechneten Wahrscheinlichkeit überein.

Bedeutung der Normalverteilung

Der **zentrale Grenzwertsatz** besagt vereinfacht: Wenn $X_1, \ldots, X_n$ identisch verteilte, stochastisch unabhängige Zufallsvariablen sind, dann ist sowohl ihre Summe als auch ihr arithmetisches Mittel approximativ, also näherungsweise für großes n, normalverteilt. Daraus ergibt sich, dass eine Zufallsvariable als näherungsweise normalverteilt angesehen werden darf, wenn sie als Summe von vielen kleinen, unabhängigen Zufallseinflüssen entsteht (der zentrale Grenzwertsatz gilt in abgeschwächter Form auch unter schwächeren Voraussetzungen).

Zum Beispiel führt die folgende Regel für die Approximation einer Binomialverteilung, die die Summe von n Bernoulli-Variablen ist, zu guten Ergebnissen.

Sei X binomialverteilt mit $\mu = np$ und $\sigma = \sqrt{np(1-p)}$. Wenn die **Faustregel** $\sigma > 3$ erfüllt ist, ist die standardisierte Zufallsvariable $(X-\mu)/\sigma$ approximativ standardnormalverteilt. Bezeichnet Φ die Verteilungsfunktion der Standardnormalverteilung, so gelten:

$$P(X \leqq b) \approx \Phi\left(\frac{b+0{,}5-\mu}{\sigma}\right)$$

und

$$P(a \leqq X \leqq b) \approx \Phi\left(\frac{b+0{,}5-\mu}{\sigma}\right) - \Phi\left(\frac{a-0{,}5-\mu}{\sigma}\right)$$

Die Addition beziehungsweise Subtraktion von 0,5 bezeichnet man als **Stetigkeitskorrektur**. Dadurch wird die Näherung in der Regel besser, weil die Binomialverteilung eine diskrete, die Normalverteilung aber eine stetige Verteilung ist.

Auch die hypergeometrische Verteilung kann in vielen Fällen gut durch die Normalverteilung approximiert werden. Denn wenn die Anzahl n der gezogenen Objekte im Verhältnis zur gesamten Anzahl N der Objekte sehr klein ist, unterscheiden sich die Wahrscheinlichkeiten beim Ziehen ohne Zurücklegen nicht sehr vom Ziehen mit Zurücklegen. Eine gängige Faustregel ist $n/N \leqq 0{,}05$; die Wahrscheinlichkeit p der Binomialverteilung wird dann durch $p = M/N$ approximiert. Die hypergeometrische Verteilung kann also in solchen Fällen durch die Binomialverteilung und diese wiederum bei Gültigkeit der Faustregel $\sigma = \sqrt{np(1-p)} > 3$ durch die Normalverteilung approximiert werden.

Trotzdem sei vor einer zu unkritischen Anwendung der Normalverteilung gewarnt. Wir haben hier nur zwei ausgewählte diskrete Verteilungen und nur die Normalverteilung als stetige Verteilung behandelt. Tatsächlich gibt es zahlreiche weitere diskrete und stetige Verteilungen, mit denen bestimmte Zufallsvorgänge adäquat beschrieben werden können. Insbesondere, wenn die eigentlich korrekte Verteilung sehr asymmetrisch ist oder wenn sie auch in den extremen Werten, die weitab vom Mittelwert liegen, relativ hohe Wahrscheinlichkeiten aufweist, kann die Verwendung der

Normalverteilung in die Irre führen. Als Beispiele seien Einkommensverteilungen und Aktienkurse genannt. Während die Normalverteilung symmetrisch ist, sind Einkommensverteilungen in aller Regel nicht symmetrisch, weil es einerseits extrem hohe Einkommen gibt, aber andererseits das niedrigste Einkommen durch 0 nach unten beschränkt ist. Während die Normalverteilung impliziert, dass sehr große Abweichungen vom Mittelwert relativ selten auftreten, weisen Aktienkurse relativ häufig solche großen Abweichungen auf.

Beispiele

- Sei X binomialverteilt mit $n = 50$ und $p = 0{,}4$, also $\mu = 20$ und $\sigma = 3{,}46 > 3$. Gesucht ist die Wahrscheinlichkeit, dass X zwischen 17 und 23 liegt. Die exakte Berechnung mittels der diskreten Binomialverteilung ergibt:
$$P(17 \leqq X \leqq 23) = P(X \leqq 23) - P(X \leqq 16) = 0{,}8438 - 0{,}1561 = 0{,}6877$$
Die Werte der Verteilungsfunktion haben wir einer hier nicht angegebenen Tabelle der Binomialverteilung mit $n = 50$ und $p = 0{,}4$ entnommen. Beachten Sie, dass Sie den Wert der Verteilungsfunktion an der Stelle $x = 16$ abziehen müssen, denn X soll zwischen 17 und 23 **einschließlich** der 17 liegen. Bei stetigen Verteilungen muss man darauf nicht achten. Mittels der Normalverteilung mit Stetigkeitskorrektur erhält man die für praktische Anwendungen mehr als gute Näherung:
$$P(17 \leqq X \leqq 23) \approx \Phi\left(\frac{23 + 0{,}5 - 20}{3{,}46}\right) - \Phi\left(\frac{17 - 0{,}5 - 20}{3{,}46}\right) = \Phi(1{,}01) - \Phi(-1{,}01)$$
$$= \Phi(1{,}01) - (1 - \Phi(1{,}01)) = 2\Phi(1{,}01) - 1 = 2 \cdot 0{,}8438 - 1 = 0{,}6876$$
- Bei der Fertigung eines KFZ-Zubehörteils sei die Ausschussquote konstant gleich 3%. Gesucht ist die Wahrscheinlichkeit, dass von 1.000 produzierten Teilen höchstens 40 Stück fehlerhaft sind. Wegen $n = 1.000$ und $p = 0{,}03$ gilt $\mu = 30$ und $\sigma = 5{,}39$. Die Approximation durch die Normalverteilung ist daher möglich und ergibt:
$$P(X \leqq 40) \approx \Phi\left(\frac{40 + 0{,}5 - 30}{5{,}39}\right) = \Phi(1{,}95) = 0{,}9744 = 97{,}44\%$$

Aufgaben

7.42 (a) Gegeben ist eine $N(100; 64)$-verteilte Zufallsvariable X. Berechnen Sie die Wahrscheinlichkeiten $P(X < 110)$, $P(X \leqq 110)$, $P(X \geqq 90)$ und $P(90 \leqq X \leqq 110)$.

(b) Gegeben ist eine $N(\mu; \sigma^2)$-verteilte Zufallsvariable X. Berechnen Sie $P(\mu - \sigma \leqq X \leqq \mu + \sigma)$.

(c) Die erreichte Punktzahl in einem Eignungstest ist näherungsweise $N(100; 2500)$-verteilt. Wie hoch ist die Punktzahl, die voraussichtlich maximal 10% der Teilnehmer erreichen?

(d) Eine Stadt hat 100.000 Einwohner, von denen 70.000 für den Bau einer Umgehungsstraße sind. Von den 100.000 Einwohnern werden 1.000 zufällig ausgewählt. Wie groß ist die Wahrscheinlichkeit, dass davon zwischen 690 und 710 für den Bau sind?

Lösungen

7.42 (a) Wegen $\sigma^2 = 64$ ist $\sigma = 8$ und $(X - 100)/8$ ist $N(0; 1)$-verteilt. Unter Verwendung der Tabelle 7.3 erhält man:
$$P(x < 110) = P(X \leqq 110) = P\left(\frac{X - 100}{8} \leqq \frac{110 - 100}{8}\right) = \Phi(1,25) = 0{,}8944;$$
$$P(X \geqq 90) = 1 - P(X \leqq 90) = 1 - \Phi(-10/8) = 1 - (1 - \Phi(1,25)) = \Phi(1{,}25) = 0{,}8944;$$
$$P(90 \leqq X \leqq 110) = P(X \leqq 110) - P(X \leqq 90) = \Phi(1{,}25) - \Phi(-1{,}25)$$
$$= \Phi(1{,}25) - (1 - \Phi(1{,}25)) = 2\Phi(1,25) - 1 = 0{,}7888$$

(b) Die Wahrscheinlichkeit ist:

$$P(\mu - \sigma \leqq X \leqq \mu + \sigma) = P\left(\frac{\mu - \sigma - \mu}{\sigma} \leqq \frac{X - \mu}{\sigma} \leqq \frac{\mu + \sigma - \mu}{\sigma}\right) = \Phi(1) - \Phi(-1)$$
$$= \Phi(1) - (1 - \Phi(1)) = 2\Phi(1) - 1 = 0{,}6826 = 68{,}26\%$$

Allgemein kann man also davon ausgehen, dass in knapp 70% der Fälle die Realisation einer normalverteilten Zufallsvariablen nicht weiter als die Standardabweichung σ vom Mittelwert entfernt liegen wird. Man bezeichnet das Intervall von $\mu - \sigma$ bis $\mu + \sigma$ auch als σ-Bereich.

(c) Gesucht ist der Wert c, für den $P(X \geqq c) = 1 - P(X \leqq c) \leqq 0{,}1$, also $P(X \leqq c) \geqq 0{,}9$. Aus

$$P(X \leqq c) = P\left(\frac{X - 100}{50} \leqq \frac{c - 100}{50}\right) = \Phi\left(\frac{c - 100}{50}\right) \geqq 0{,}9$$

erhält man unter umgekehrter Verwendung der Tabelle 7.3, dass $(c - 100)/50 = 1{,}29$ sein muss, also $c = 164,5$. Voraussichtlich erreichen also maximal 10% der Teilnehmer mindestens 165 Punkte.

(d) Hier handelt es sich um eine hypergeometrische Verteilung mit $N = 100.000$, $M = 70.000$ und $n = 1.000$. Da $n/N = 0{,}01 < 0{,}05$ ist, kann die hypergeometrische Verteilung durch die Binomialverteilung approximiert werden, wobei $p = 70.000/100.000 = 0{,}7$. Wegen $\sigma = \sqrt{1.000 \cdot 0{,}7 \cdot 0{,}3} = 14{,}49 > 3$ kann die Binomialverteilung durch die Normalverteilung mit $\mu = 1.000 \cdot 0{,}7 = 700$ und $\sigma = 14{,}49$ approximiert werden. Die gesuchte Wahrscheinlichkeit ist daher:

$$P(690 \leqq X \leqq 710) = \Phi\left(\frac{710 - 700}{14{,}49}\right) - \Phi\left(\frac{690 - 700}{14{,}49}\right) = 0{,}5098 = 50{,}98\%$$

7.6 Software

Wir schließen das Buch mit ein paar wenigen Hinweisen zur Verwendung von Software in mathematischen wirtschaftswissenschaftlichen Anwendungen ab. Vielleicht kennen Sie aus der Schule schon Taschenrechner, die sogenannte Computeralgebra-Systeme (CAS) enthalten (zum Beispiel ClassPad 300, TI-89 oder HP-48, um Modelle von unterschiedlichen Herstellern zu nennen). Im Unterschied zu einfacheren Taschenrechnern können diese CAS-Rechner nicht nur mit Zahlen, sondern auch mit Symbolen rechnen. Eine vergleichbare Einschränkung galt früher auch im Hinblick auf mathematische Software für Computer.

Mit der Entwicklung von CAS spielt die rechnergestützte Anwendung der Mathematik auch in den Wirtschaftswissenschaften eine immer größere Rolle, wobei die Verwendung zum Beispiel auf einem PC sehr viel komfortabler und weitreichender sein kann als auf einem Taschenrechner. Zu den bekanntesten kommerziellen Produkten gehören *Mathematica* und *Maple*, die beide sehr umfangreich und leistungsfähig sind. Als frei erhältliche Open-Source-Alternativen seien *Maxima* und *Reduce* genannt. Wenn Sie sich für die Möglichkeiten solcher Software interessieren und einen einfach zu bedienenden Einstieg suchen, sollten Sie einen Blick auf *Maxima* in Kombination mit der graphischen Benutzeroberfläche *wxMaxima* werfen.

Ein einfaches Beispiel zeigt den Unterschied zwischen CAS und numerischer Software auf. In *Maxima* können Sie zum Beispiel den Befehl `diff(x^a,x);` eingeben und erhalten als Ergebnis die Ableitung der Funktion $f(x) = x^a$ nach x, also ax^{a-1}. Mit einer numerischen Software ist das nicht möglich. Sie müssten a spezifizieren und könnten zum Beispiel die Ableitung der Funktion x^5 an der Stelle $x = 3$ mit dem Ergebnis 405 berechnen. Mit CAS können Sie zum Beispiel auch relativ komplizierte Stammfunktionen berechnen; wir haben im Abschnitt 7.4 mit dieser Begründung auf die Darstellung weitergehender Methoden zur Ermittlung von Stammfunktionen verzichtet.

Mit CAS können Sie zwar auch numerische Probleme lösen, doch werden diese Systeme bei sehr umfangreichen numerischen Berechnungen relativ langsam. Wenn solche Probleme wiederholt gelöst werden müssen, sind auf numerische Berechnungen spezialisierte Programme besser geeignet. Ein bekanntes kommerzielles System ist *Matlab*, eine freie Open-Source-Alternative ist *GNU Octave*. Darüber hinaus existieren auch spezialisierte Lösungen, zum Beispiel die freie Software *Dynamics Solver* zur numerischen Lösung von Differentialgleichungen oder die ebenfalls freie Software *Gretl* zur statistischen Analyse ökonomischer Zeitreihen und Querschnittsdaten. Allgemeinere, nicht auf die Zeitreihenanalyse und Ökonometrie fokussierte Statistikpakete sind das kommerzielle *SPSS* und das freie *R*. Wir müssen hier nicht ausführen, wo Sie die genannten Softwarepakete erhalten. Bei Eingabe der Namen in eine Suchmaschine Ihrer Wahl werden Sie sie im Internet problemlos finden.

Literaturhinweise

Eine umfangreiche Darstellung der Logik, die sich an Nichtmathematiker wendet, liefert das Standardwerk von Quine (2005). Auf der Logik baut unmittelbar die sogenannte Schaltalgebra auf, die für Wirtschaftsinformatiker interessant ist. Eine Einführung finden Sie in Teschl und Teschl (2008).

Die Grundlagen der Mengenlehre werden in den meisten Büchern zur Mathematik für Wirtschaftswissenschaftler dargestellt, zum Beispiel in Luderer und Würker (2011) oder Tietze (2011), die ebenso wie Teschl und Teschl (2007) beide auch die Integralrechnung ausführlicher behandeln.

Weitergehende Darstellungen der Integralrechnung und auch der Differentialgleichungen finden Sie in den Büchern von Heuser (2009a, 2008). Dort finden Sie auch Aussagen zur Konvergenz des Newton-Verfahrens und seiner Verallgemeinerung auf Gleichungssysteme. Speziell den Differentialgleichungen widmet sich Heuser (2009b). Eine Einführung in die sogenannte qualitative Theorie der Differentialgleichungen finden Sie in Simon und Blume (1994), eine umfangreiche Darstellung in Gandolfo (2010).

Die Wahrscheinlichkeitsrechnung ist in den meisten Büchern zur Statistik für Wirtschaftswissenschaftler enthalten. Standardwerke sind zum Beispiel Bamberg et al. (2012) sowie Fahrmeir et al. (2009). Dort finden Sie neben zahlreichen weiteren Wahrscheinlichkeitsverteilungen auch Darstellungen der hier nicht behandelten deskriptiven und induktiven Statistik.

Zu *Maxima* und *wxMaxima* gibt es eine frei erhältliche Einführung mit ökonomischen Anwendungen von Leydold und Petry (2011). Frühe Anwendungen von *Mathematica* in den Wirtschaftswissenschaften finden sich bei Varian (1993) und Bobzin et al. (1995). Eine Einführung in die Verwendung von *R* zur Analyse statistischer Daten liefern Hatzinger et al. (2011).

Literatur

Bamberg, G., Baur, F., & Krapp, M. (2012). *Statistik*. München: Oldenbourg.

Beavis, B., & Dobbs, I. M. (1990). *Optimization and Stability Theory for Economic Analysis*. Cambridge: Cambridge University Press.

Bobzin, H., Buhr, W., & Christiaans, T. (1995). Außenhandelstheorie mit Mathematica. *Das Wirtschaftsstudium*, 24, 360–375, 382–384.

Christiaans, T. (2010). Das totale Differenzial und die Ableitung impliziter Funktionen. *Das Wirtschaftsstudium*, 39, 982–988, 991–992.

Dorfman, R., Samuelson, P. A., & Solow, R. M. (1958). *Linear Programming and Economic Analysis*. New York: McGraw-Hill.

Fahrmeir, L., Künstler, R., Pigeot, I., & Tutz, G. (2009). *Statistik – Der Weg zur Datenanalyse*. Berlin: Springer.

Fischer, G. (2010). *Lineare Algebra*. Wiesbaden: Vieweg + Teubner.

Gandolfo, G. (2010). *Economic Dynamics*. Berlin: Springer.

Gohout, W. (2009). *Operations Research – Einige ausgewählte Gebiete der linearen und nichtlinearen Optimierung*. München: Oldenbourg.

Hatzinger, R., Hornik, K., & Nagel, H. (2011). *R – Einführung durch angewandte Statistik*. München: Pearson.

Hettich, G., Jüttler, H., & Luderer, B. (2012). *Mathematik für Wirtschaftswissenschaftler und Finanzmathematik*. München: Oldenbourg.

Heuser, H. (2008). *Lehrbuch der Analysis, Bd. 2*. Wiesbaden: Vieweg + Teubner.

— (2009a). *Lehrbuch der Analysis, Bd. 1*. Wiesbaden: Vieweg + Teubner.

— (2009b). *Gewöhnliche Differentialgleichungen*. Wiesbaden: Vieweg + Teubner.

Jänich, K. (2008). *Lineare Algebra*. Berlin: Springer.

Katzner, D. W. (1970). *Static Demand Theory*. New York: Macmillan.

Küpper, H.-U., & Helber, S. (2004). *Ablauforganisation in Produktion und Logistik*. Stuttgart: Schäffer-Poeschel.

Leydold, J., & Petry, M. (2011). *Introduction to Maxima for Economics*. Wien: Wirtschaftsuniversität. `http://statmath.wu.ac.at/~leydold/maxima/MaximaSkript.pdf`. Zugegriffen: 31. Juli 2013.

Luderer, B. (2011). *Starthilfe Finanzmathematik*. Wiesbaden: Vieweg + Teubner.

Luderer, B., & Würker, U. (2011). *Einstieg in die Wirtschaftsmathematik*. Stuttgart: Vieweg + Teubner.

Postel, H. (2012). *Aufgabensammlung Mathematik*. Braunschweig: Schrödel.

Quine, W. V. O. (2005). *Grundzüge der Logik*. Frankfurt: Suhrkamp.

Rolles, G., & Unger, M. (Hrsg.). (2010). *Duden Basiswissen Mathematik: 5.–10. Klasse*. Mannheim: Bibliographisches Institut.

Simon, C., & Blume, L. (1994). *Mathematics for Economists*. New York: Norton.

Sydsaeter, K., & Hammond, P. (2009). *Mathematik für Wirtschaftswissenschaftler*. München: Pearson.

Takayama, A. (1985). *Mathematical Economics*. Cambridge: Cambridge University Press.

Teschl, G., & Teschl, S. (2007). *Mathematik für Informatiker, Band 2: Analysis und Statistik*. Berlin: Springer.

— (2008). *Mathematik für Informatiker, Band 1: Diskrete Mathematik und Lineare Algebra*. Berlin: Springer.

Tietze, J. (2011). *Einführung in die angewandte Wirtschaftsmathematik*. Wiesbaden: Vieweg + Teubner.

Varian, H. R. (Hrsg.). (1993). *Economic and Financial Modeling with Mathematica*. New York: Springer.

Varian, H. R. (1994). *Mikroökonomie*. München: Oldenbourg, amerikanische Originalausgabe: Microeconomic Analysis, 1992, New York: Norton.

— (2011). *Grundzüge der Mikroökonomik*. München: Oldenbourg, amerikanische Originalausgabe: Intermediate Microeconomics, 2010, New York: Norton.

Wöhe, G. (2010). *Einführung in die Allgemeine Betriebswirtschaftslehre*. München: Vahlen.

Index

Printed by Printforce, the Netherlands